Praxisnahe Finanzbuchhaltung (SKR03)

mit DATEV Kanzlei-Rechnungswesen Version 2020

Von der Einführung bis zum Jahresabschluss

Günter Lenz

Verlag:
BILDNER Verlag GmbH
Bahnhofstraße 8
94032 Passau

http://www.bildner-verlag.de
info@bildner-verlag.de

ISBN: 978-3-8328-0418-3
Bestellnummer: 0442

Autor: Günter Lenz, Betriebswirt und Fachbereichsleiter kaufmännische Qualifizierung
Kölner Wirtschaftsfachschule - Wifa-Gruppe - GmbH
Koblenzer Straße 121 - 123, 53177 Bonn-Bad Godesberg
www.wifa.de

Herausgeber: Christian Bildner

Druck: Digital Print Group, Neuwieder Straße 17, 90411 Nürnberg

Bildnachweis: Cover vorne: © Drobot Dean - stock.adobe.com
Kapitelbild: © rdnzl - stock.adobe.com

Vorwort

Inhalte

In dieser Schulungsunterlage lernen Sie als Anwender im Programm DATEV Kanzlei-Rechnungswesen die praxisorientierte Buchhaltung. Sie eignet sich insbesondere für Neuanwender mit Grundkenntnissen der theoretischen Buchhaltung. Die Arbeitsabläufe in der Finanzbuchhaltung werden systematisch im Programm umgesetzt, Schritt-für-Schritt ausführlich beschrieben und durch zahlreiche Beispiele ergänzt. Dieses Lehrbuch eignet sich für den Kontenrahmen SKR03. Im Anhang finden Sie einen Kontenplan für die Übungsfirma mit Kontenbezeichnungen und Kontonummern vom Kontenrahmen SKR03. Dieser Kontenplan ist außerdem im PDF-Dateiformat kostenlos zum Download verfügbar und kann jederzeit ausgedruckt werden.

Die Schulungsunterlage beinhaltet unter anderem folgende Themenschwerpunkte:

- Grundbedienung DATEV Arbeitsplatz und DATEV Kanzlei-Rechnungswesen
- Hilfefunktionen
- Firmenneuanlage und Firmenstammdaten
- Kontenstammdaten
- Stammdaten Debitoren und Kreditoren
- Rechtliche Bestimmungen und Belegnummernkreise
- Buchungserfassung und Buchungsarten
- Saldovortragsbuchen / Eröffnungsbilanz
- Buchen von Vor- und Umsatzsteuer
- Kassenbuchungen, Kassenbericht
- Offene Postenbuchführung (OPOS)
- Buchen von Eingangs- und Ausgangsrechnungen
- Buchen von digitalen Belegen
- Buchen von Bankvorgängen
- Spezielle Buchungen (Gutschriften, Anlagevermögen, GWG, Löhne und Gehälter)
- Monatsabschluss
- Mahnwesen
- Zahlungsverkehr
- Jahresabschlussbuchungen (Abschreibungen, Abgrenzungen, Rückstellungen)
- Jahresabschluss
- Jahreswechsel und Saldenübernahme
- E-Bilanz
- Elektronische Kontoauszüge buchen

Für die Übungsteile haben wir uns für die Firma Perm GmbH entschieden. Diese Firma stellt PCs her und bietet ihren Kunden PCs und andere Hardware an. Die Abteilung Buchhaltung ist für alle anfallenden Buchungsvorgänge verantwortlich. Anhand des Übungsbeispiels werden das Programm und seine Bedienung praxisorientiert und anschaulich erklärt.

Es beginnt mit der Gründung des Unternehmens und der Umsetzung im Programm DATEV Arbeitsplatz und DATEV Kanzlei-Rechnungswesen. Die Arbeiten der täglichen Buchhaltung werden Schritt für Schritt im Programm näher gebracht und übungsmäßig trainiert. Anhand des Übungsbeispiels werden Auswertungen, Listen, Abschlüsse und Meldungen ebenfalls behandelt. Wiederholungen bei den Abläufen der Buchhaltung sind gewollt und sollen den Lernerfolg steigern. Das DATEV Rechenzentrum wird als Instanz von DATEV natürlich themenmäßig an den entsprechenden Stellen erwähnt und einbezogen. Bevor mit DATEV Kanzlei-Rechnungswesen gearbeitet werden kann, muss auch der Umgang mit dem Softwarekonzept DATEV und dem Programm DATEV Arbeitsplatz erlernt werden.

Hinweise

- Sämtliche Buchungen erfolgen aus programmtechnischen Gründen im Vorjahr, da nur so Jahresabschluss und Jahreswechsel auf das nachfolgende Jahr behandelt und durchgeführt werden können.
- Themen mit dem Hinweis Info sind Löschvorgänge und werden informativ dargestellt. Sie sollen übungstechnisch nicht durchgeführt werden.

Schreibweise

Alle Programmbeschriftungen, wie z. B. Befehle, Schaltflächen und die Bezeichnung von Dialogfenstern sind zur besseren Unterscheidung farbig und kursiv gesetzt. Beispiel: *Datei* ▶ *Beenden*. Von Ihnen einzugebende Angaben sind in anderer Farbe und abweichender Schrift hervorgehoben. Beispiel: Geben Sie das Datum 02.01.2020 ein.

Verwendete Symbole

Wichtige Sachverhalte, die Sie unbedingt beachten sollten, sind mit diesem Symbol gekennzeichnet.

Wichtige Hinweise und Tipps erkennen Sie an diesem Symbol.

Fragen zu einem Thema und praktische Übungsteile sind mit diesem Symbol gekennzeichnet.

Download von Kontenplan, Musterlösungen und Lösungsbuch

Soweit Übungsaufgaben bzw. deren Lösungen auch ausgedruckte Listen und Auswertungen umfassen, können Sie die Musterlösungen im pdf-Dateiformat kostenlos herunterladen. Zu finden auf unserer Homepage unter **www.bildner-verlag.de/00442**. Hier finden Sie auch den Kontenplan der Übungsfirma zum Download.

Das Lösungsbuch zu den Übungsaufgaben ist im PDF-Dateiformat verfügbar und kann ebenfalls unter **www.bildner-verlag.de/00442** kostenlos heruntergeladen werden.

Inhalt

Wichtiger Hinweis zum Buchungsjahr 2020

In dem vom Bundestag am 29.06.2020 verabschiedeten zweiten Corona-Steuerhilfegesetz wurden befristet vom 01.07.2020 bis 31.12.2020 ermäßigte Steuersätze beschlossen. Konkret wurden diese von 19% auf 16% und von 7% auf 5% gesenkt. Bitte beachten Sie dies bei Ihren Buchungen für diesen Zeitraum. Verwenden Sie die in DATEV bereits hinterlegten zeitabhängigen Standard-Automatik-Konten wie zum Beispiel *8400 Erlöse*, so ändert sich der Steuersatz bei entsprechendem Belegdatum/ Leistungsdatum automatisch. Wenn Sie individuelle Konten anlegen (siehe Beispiel *8401 Erlöse Hardware 19% USt* Kapitel 5.5 auf Seite 84), so vergessen Sie bitte nicht, ggf. ein weiteres Konto mit einer anderen Kontonummer und dem ermäßigten Steuersatz 16% anzulegen.

Die Steuersatzsenkungen können unter anderem folgende Vorgänge betreffen:

- Erlöse
- Wareneingang/ Aufwand
- Zahlungen
- Fremdleistungen
- Bewirtungskosten
- Sachbezüge
- Steuerbuchungen

Weitere Informationen und Beispiele finden Sie unter Dok.-Nr.: 1018032 in der DATEV LEXinform/Info-Datenbank online oder über die Suchfunktion (siehe Seite 66). Dort finden Sie auch die Kontenrahmenänderungen Konjunkturpaket 2020 SKR03 als PDF-Datei.

Zur Vereinfachung und zum besseren Verständnis verzichten wir in unseren Übungsteilen auf die ermäßigten Steuersätze.

1 Grundbedienung DATEV Arbeitsplatz

In diesem Kapitel lernen Sie, wie ...

- Sie DATEV Arbeitsplatz starten und beenden,
- Sie Menüs aufrufen und bedienen,
- das Programm aufgebaut ist,
- Symbolleisten ein- und ausgeblendet werden,
- Sie mit DATEV Arbeitsplatz umgehen.

1.1 Programm starten und beenden

DATEV Arbeitsplatz starten

Sie befinden sich auf der Windows Desktop Oberfläche:

- Klicken Sie auf die Windows-Startschaltfläche und anschließend auf *DATEV* ▶ *DATEV Arbeitsplatz* oder geben Sie im Suchfeld der Taskleiste die ersten Zeichen des Programms DATEV Arbeitsplatz ein und klicken danach auf *DATEV Arbeitsplatz*.

- Alternativ können Sie das Programm mit einem Doppelklick auf das Symbol auf der Desktopoberfläche starten.

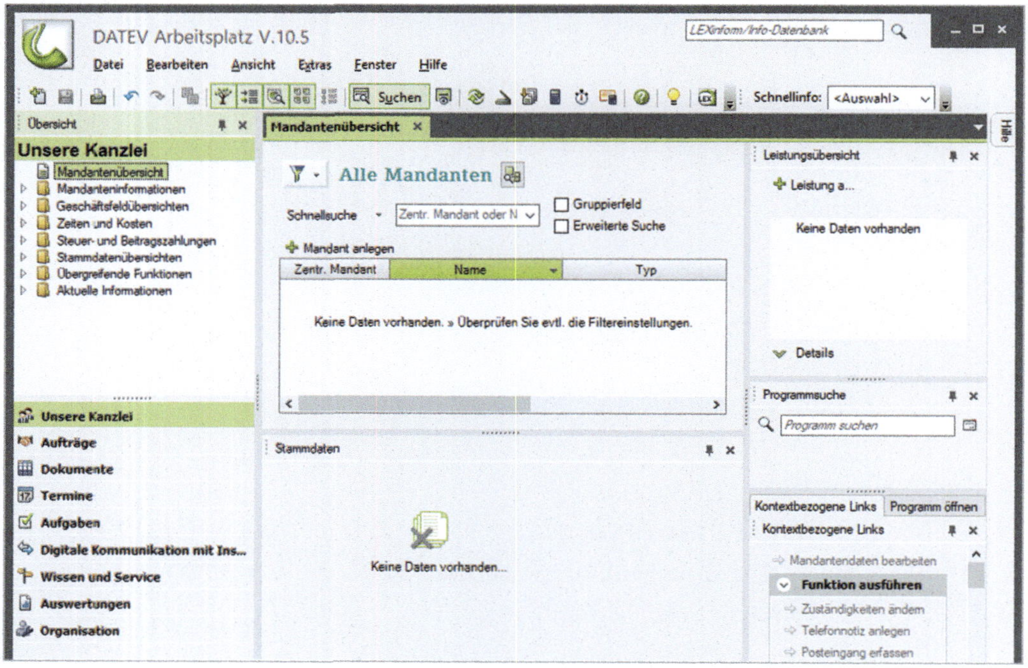

Bild 1.1 DATEV Arbeitsplatz

Programm beenden

Das Programm beenden Sie, indem Sie in der oberen Ecke auf das Symbol *Schließen* ✕ klicken oder Sie wählen den Menüpunkt *Datei* ▶ *Beenden* oder drücken die Tastenkombination Alt+F4. Das Hinweisfenster, ob Sie das Programm wirklich beenden möchten, bestätigen Sie mit Klick auf die Schaltfläche *Ja*.

Übung: DATEV Arbeitsplatz starten und beenden:

Beenden und starten Sie das Programm DATEV Arbeitsplatz erneut.

1.2 Das Konzept DATEV Arbeitsplatz

Mit der Einführung der DATEV Software DATEV Arbeitsplatz erhalten Sie einen zentralen Einstieg in das gesamte DATEV Software-Angebot. Hier werden Ihnen aktuelle Informationen zu einem Mandanten angezeigt. Darüber hinaus unterstützt es prozessorientiert die Arbeitsabläufe in einer Kanzlei.

Vorteile:

- Alle mit dem Mandanten (Firma) vereinbarten Leistungen (z. B. Buchführung) und die wichtigsten Informationen dazu werden in einem Überblick angezeigt.
- Der Buchhaltungssachbearbeiter findet in der Übersicht nach Leistungen sortiert seine zu bearbeitenden Mandanten.
- Durch eine zentrale Stammdatenpflege müssen Stammdaten lediglich einmal im Arbeitsplatz angelegt werden.

Daraus folgt:

- Ein einheitlicher Zugriff auf die Daten aus allen Programmen heraus,
- Änderungen und Verfügbarkeiten werden in allen Programmen integriert,
- eine Erhöhung der Datensicherheit,
- Mandantenanfragen lassen sich durch einfache Filter- und Suchfunktionen schneller beantworten.

1.3 Grundbegriffe Kanzlei, Mandant und Leistung

Kanzlei

Mit dem Begriff Kanzlei bezeichnet man die Steuerkanzlei eines Steuerberaters. Um eine Kanzlei anzulegen, müssen im Programm die DATEV-Beraternummer der Kanzlei und das aktuelle Geschäftsjahr angegeben werden. Sie sind Stammdaten, die übergreifend für alle Mandanten Gültigkeit haben.

Mandant

Als Mandant bezeichnet man die Kunden eines Steuerberaters, z. B. ein Unternehmen. In DATEV Arbeitsplatz ist also der Mandant das Unternehmen.

Leistung

Als Leistung bezeichnet man Dienstleistungen, die Sie in Ihrer Kanzlei für Ihren Mandanten erbringen, z. B. die Buchhaltung oder weitere Leistungen wie Lohnbuchhaltung usw. Als Beispiel in Bild 1.2 die Firma Musterholz GmbH mit der zentralen Mandantennummer 1 ❶ und der Leistung *Buchführung 2020* ❷.

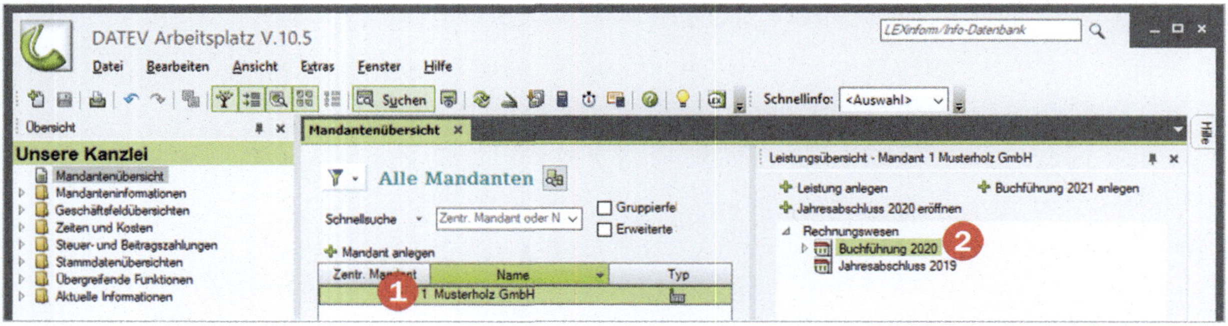

Bild 1.2 Beispiel Firma Musterholz GmbH

1.4 Programmbedienung DATEV Arbeitsplatz

Nachdem Sie das Programm erneut gestartet haben, folgt hier Grundsätzliches zur Bedienung. DATEV Arbeitsplatz verfügt über folgende vier Bereiche:

Bild 1.3 Programmaufbau DATEV Arbeitsplatz

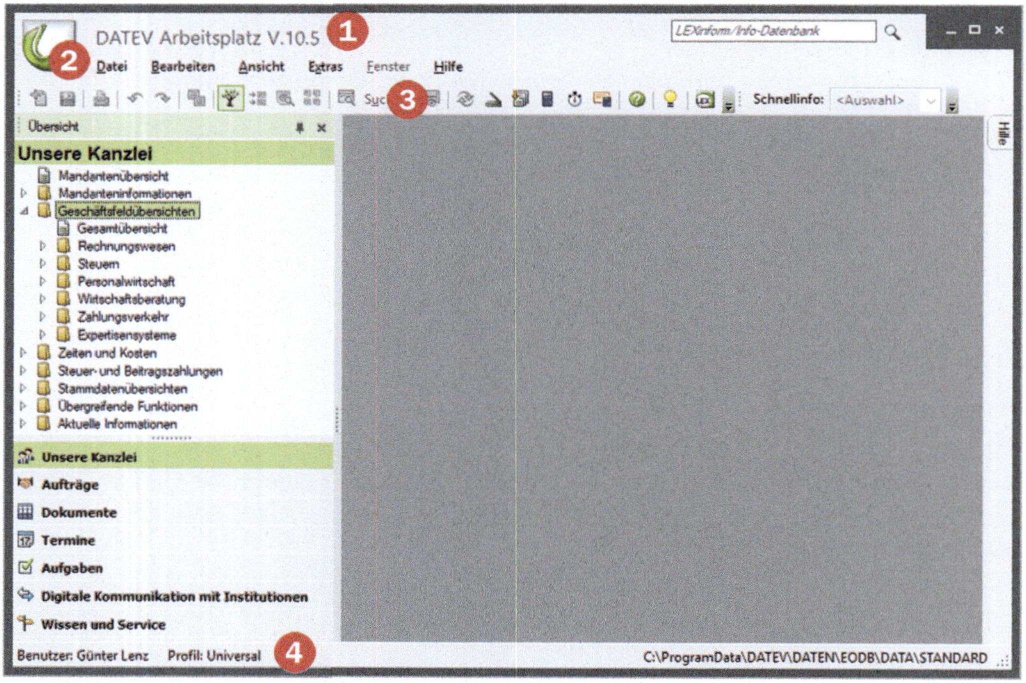

1. **Titelleiste:** Sie zeigt den Programmnamen und die installierte Version.
2. **Menüleiste**
3. **Symbolleisten:** Über die Symbole können Programmfunktionen durch Anklicken schnell ausgeführt werden. Sie lassen sich ein- und ausblenden. Im Bild werden die Symbolleisten Standard und Schnellinfo angezeigt.
4. **Statusleiste:** Sie zeigt Informationen und Meldungen an, die Ihnen Auskunft über den aktuellen Programmstatus geben.

Menübedienung

Wie in fast jedem Windows-Programm lassen sich die Menüpunkte sowohl über einen entsprechenden Klick auf das Menü sowie auch über Tastaturbefehle aufrufen.

Bild 1.4 Menüleiste

Mit den folgenden Möglichkeiten können Sie Menüpunkte aufrufen:

Mit der Maus	Klicken Sie auf einen Menüpunkt und anschließend auf den entsprechenden Befehl, z. B. Menü *Extras* ▶ *Einstellungen*
Tastatur, in Verbindung mit der Taste Alt	Dazu benutzen Sie die Alt-Taste in Verbindung mit dem unterstrichenen Buchstaben. Drücken Sie zuerst die Alt-Taste und anschließend bei gedrückter Alt-Taste den unterstrichenen Buchstaben. Zum Beispiel Alt+X für Extras, anschließend E für Einstellungen
Funktionstaste F10	Drücken Sie die Funktionstaste F10 und anschließend die entsprechenden Cursorpfeiltasten auf der Tastatur bis zum Menüpunkt *Extras*. Dann Pfeil nach unten bis *Einstellungen* und drücken abschließend die Enter-Taste.
Tastenkombination (Shortcut)	Manche Menübefehle lassen sich auch über entsprechende Shortcuts aktivieren, z. B. Strg+F5 für den integrierten Taschenrechner. Der entsprechende Shortcut steht neben dem entsprechenden Befehl.

Übung: Menübedienung

Wählen Sie nacheinander die unten aufgeführten Befehle aus.

Tipp: Ein Dialogfenster schließen Sie entweder durch Drücken der Esc-Taste auf der Tastatur oder durch Klick auf das Symbol ×.

- *Extras* ▶ *Taschenrechner…*
- *Ansicht* ▶ *Einstellungen Liste…*
- *Hilfe* ▶ *Info…*
- *Ansicht* ▶ *Programm öffnen*

Umgang mit Symbolleisten

Nach der ersten Installation von DATEV Arbeitsplatz werden automatisch die Symbolleisten *Standard* und *Schnellinfo* angezeigt. Mit dem aktiven Symbol *Mandant anlegen* können bereits grundlegende Befehle ausgeführt werden. Wenn Sie den Mauszeiger über ein Symbol führen, erscheint eine Kurzinformation zum Symbol. Außerdem lassen sich die Symbolleisten ein- und auch wieder ausblenden. Um beispielsweise die Symbolleiste *Schnellinfo* auszublenden, wählen Sie den Menübefehl *Ansicht* ▶ *Symbolleisten*. Hier wird per Mausklick eine Symbolleiste im Programmfenster angezeigt (Häkchen) und wieder eingeblendet.

Bild 1.5 Symbolleisten ein- und ausblenden

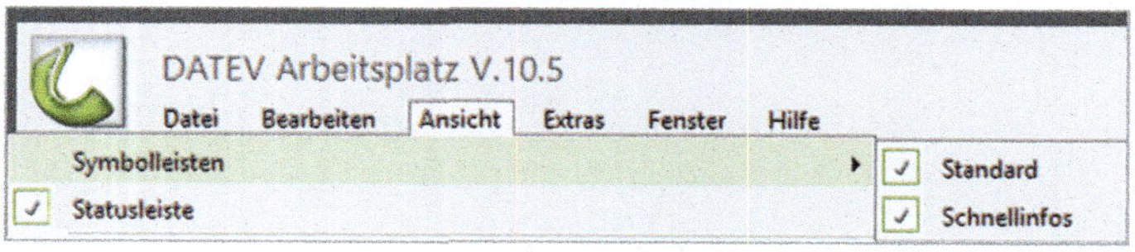

Über die Anfasser an ihrem linken Rand (❶ und ❷) lassen sich die Symbolleisten durch Ziehen mit gedrückter Maustaste frei platzieren.

Bild 1.6 Symbolleiste verschieben

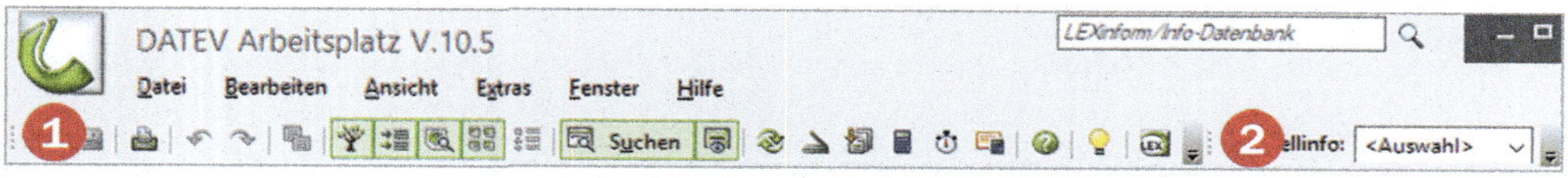

Der Arbeitsbereich von DATEV Arbeitsplatz

Bild 1.7 Arbeitsbereich

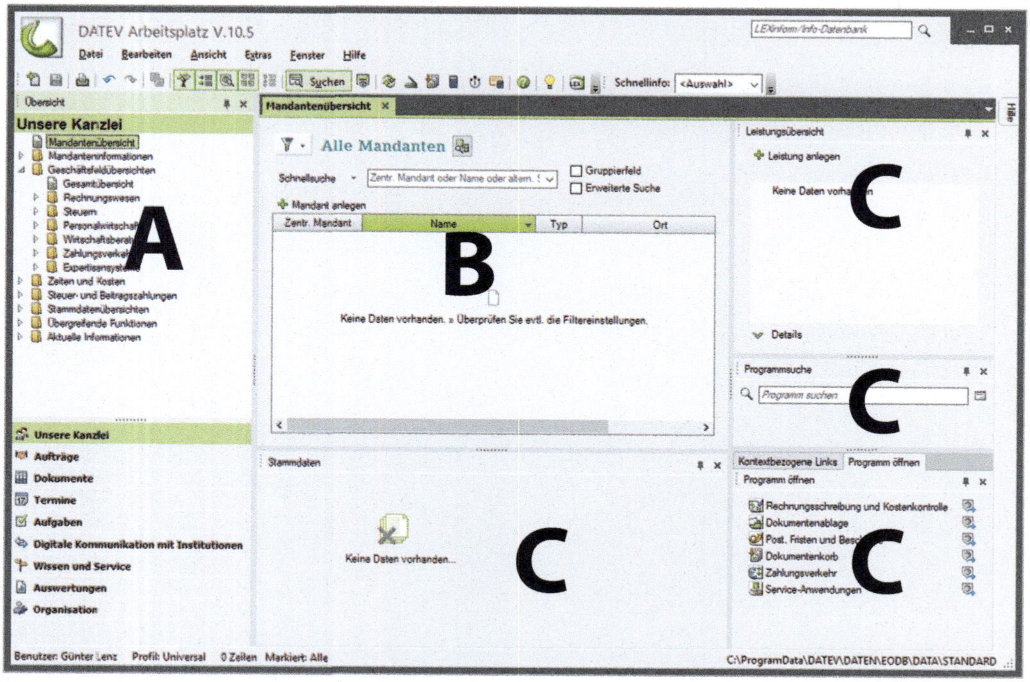

Der Arbeitsbereich von DATEV Arbeitsplatz wird in die drei Bereiche Navigationsbereich (A), Arbeitsbereich (B) und Zusatzbereiche (C) aufgeteilt.

A. Der Navigationsbereich

Auf der linken Seite befindet sich der Navigationsbereich. Standardmäßig werden hier zunächst die Kanzlei ❶ und die Mandantenübersicht ❷ (siehe Bild 1.8) angezeigt. Die weiteren Abschnitte des Navigationsbereichs befinden sich unterhalb ❸.

Die Mandantenübersicht ermöglicht Ihnen einen mandantenbezogenen Einstieg. Es werden alle Mandanten der Kanzlei aufgeführt, unabhängig davon, welche Leistung für den Mandanten erbracht wird. Aus den Geschäftsfeldübersichten können Sie direkt die Bearbeitung eines Mandanten leistungsbezogen starten. Dazu gehen Sie wie folgt vor:

1 Klicken Sie, wie in Bild 1.9 dargestellt, auf das Ordnersymbol *Geschäftsfeldübersichten* ❶, dann auf *Rechnungswesen* ❷ und auf *Buchführung* ❸. Mit Klick auf das Dreiecksymbol ⊿ können die Ordner auch wieder geschlossen werden.

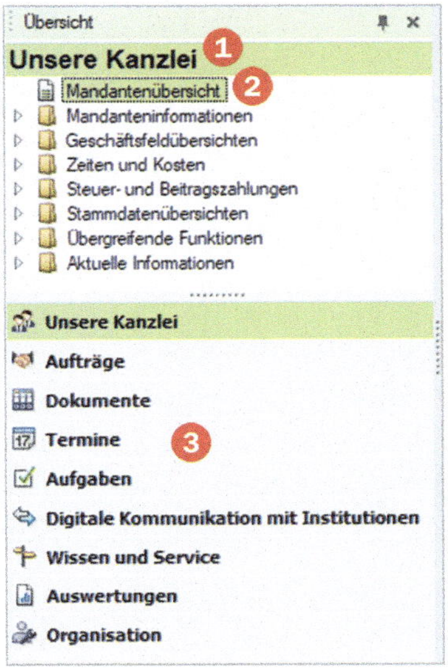

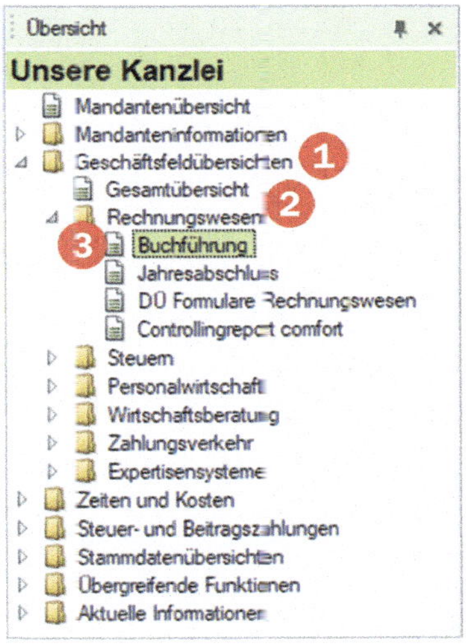

Bild 1.8 Kanzlei und Mandantenübersicht

Bild 1.9 Rechnungswesen - Buchführung anzeigen

2 Lassen Sie sich nun mit Doppelklick auf den Eintrag *Rechnungswesen* ▶ *Buchführung* ❹ im Arbeitsbereich zusätzlich das Arbeitsblatt *Buchführung* anzeigen.

3 Schließen Sie dann das Arbeitsblatt *Buchführung* ❺, indem Sie auf das Symbol X klicken (Bild 1.10).

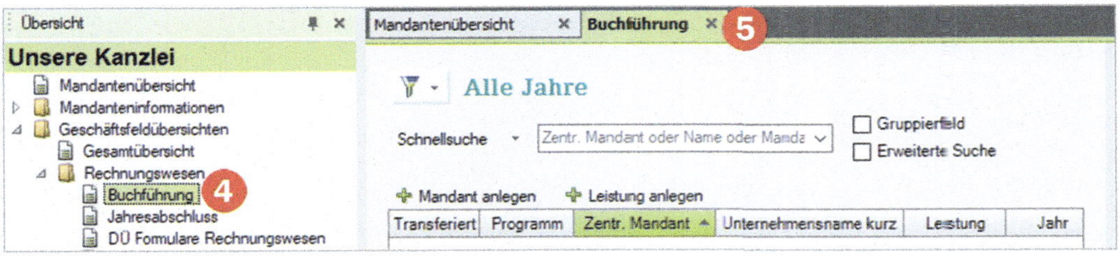

Bild 1.10 Arbeitsblatt Buchführung

Über den Ordner *Stammdatenübersichten* stehen Ihnen die zentralen Adressdaten der Mandanten sowie die integrierte Institutionsverwaltung von DATEV zur Verfügung.

4 Klicken Sie doppelt auf den Eintrag *Finanzamt*. Das Arbeitsblatt *Finanzamt* wird geöffnet und zeigt alle hinterlegten Finanzämter aus der Institutionsverwaltung (Bild 1.11) an. **Tipp**: Über das Eingabefeld *Schnellsuche* kann schnell nach einem bestimmten Finanzamt gesucht werden.

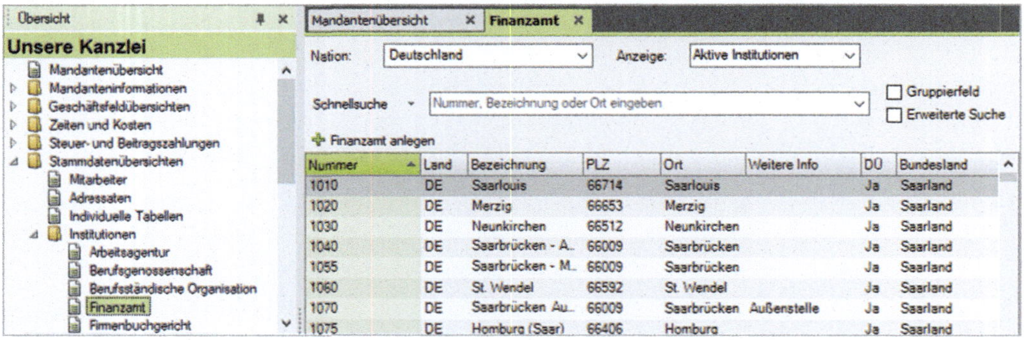

Bild 1.11 Arbeitsblatt Finanzamt

5 Schließen Sie das Arbeitsblatt *Finanzamt* mit dem X-Symbol.

Im Ordner *Aktuelle Informationen* können Sie sich verschiedene aktuelle Informationen anzeigen lassen, darunter z. B. Zahlungsverkehrsdaten, Fälligkeiten von Kunden- und Lieferantenrechnungen, Posteingänge sowie Online-Informationen zu DATEV.

6 Klicken Sie im geöffneten Ordner *Aktuelle Informationen* doppelt auf den Eintrag *Heute*, um das Arbeitsblatt *Heute* anzuzeigen. Die nachfolgenden Hinweisfenster bestätigen Sie jeweils mit *OK* bzw. brechen die Dialogfenster mit Klick auf die Schaltfläche *Abbrechen* ab.

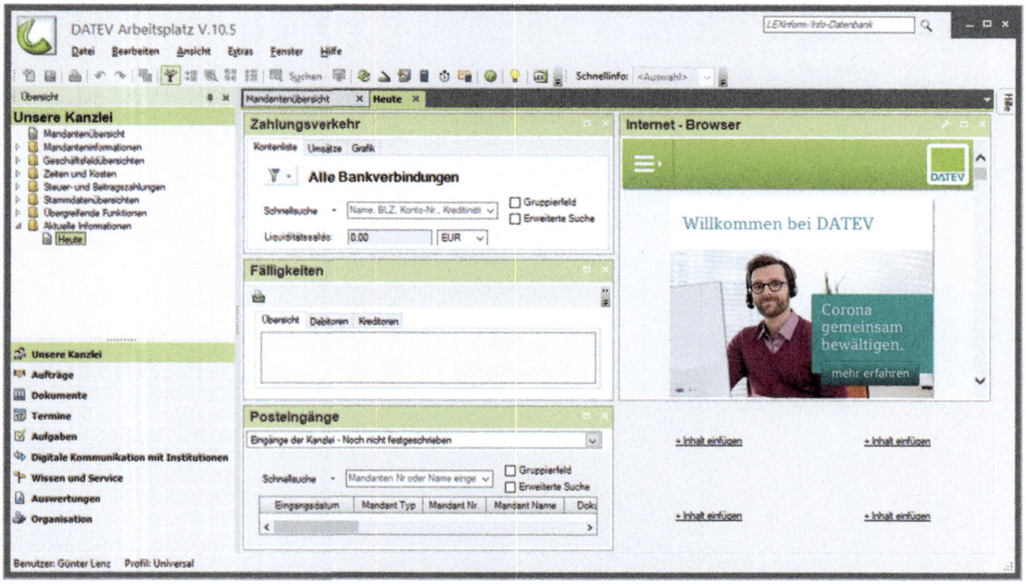

Bild 1.12 Arbeitsblatt Heute (Kann je nach Voreinstellung innerhalb der Kanzlei von der Abbildung abweichen).

Tipp: Über den Link *+ Inhalt einfügen* können Sie weitere aktuelle Informationen wie z. B. Fristen und Bescheide, Abgleichinformationen, Aufgaben usw. anzeigen lassen.Sollte der Bildschirm bereits komplett mit Informationsfenster belegt sein, können Sie ein beliebiges Informationsfenster schließen und kommen somit auf den Link *+ Inhalt einfügen*, um ein anderes Informationsfenster anzeigen zu lassen.

7 Schließen Sie dann das Arbeitsblatt *Heute*, indem Sie auf das Symbol X klicken.

Zusätzlich befinden sich unterhalb des Ordners *Aktuelle Informationen* die Ordner *Zeiten und Kosten*, *Steuer- und Beitragszahlungen* sowie *Übergreifenden Funktionen*. Diese sind für den Programmbereich DATEV Eigenorganisation vorgesehen und für den Bereich der Finanzbuchhaltung nur bedingt relevant.

Hinweis: Das Programm DATEV Eigenorganisation ermöglicht der Kanzlei eine bequeme und schnelle Rechnungsschreibung unter Berücksichtigung von erfassten Zeiten und Kosten, Sicherheit in punkto Dokumentation geschäftsrelevanter Korrespondenz durch ein integriertes Posteingangs- und -ausgangsbuch sowie eine Fristenüberwachung.

Im Zuge der Digitalisierung können Dokumente und Belege mandantenorientiert mit einem integrierten Dokumentenmanagementsystem organisiert werden.

Im Navigationsbereich finden Sie unterhalb des Eintrags *Unsere Kanzlei* noch folgende weitere Abschnitte, siehe Bild 1.12:

- Aufträge, Dokumente, Termine und Aufgaben sind zusätzliche Werkzeuge für den Programmbereich DATEV Eigenorganisation.
- Unter Digitale Kommunikation mit Institutionen finden Sie Übersichten zu elektronischen Einsprüchen und elektronischen Übermittlungen.
- Wissen und Service Service-Anwendungen bietet zum einen über eine spezielle Zugangsberechtigung Zugriff auf das auf dem DATEV RZ liegende Nachschlagewerk „lexinform/Info Datenbank pro“ zum anderen können Sie z. B. über den webbasierten DATEV-Shop Produkte und Dienstleistungen bestellen.
- Auswertungen: „Auskunftssystem“ und „Daten-Analyse-System“ werden angezeigt.
- Organisation: Bereiche, die nicht für die tägliche Arbeit bestimmt sind, z. B. der Installationsmanager, die Rechteverwaltung und weitere.

B. Der eigentliche Arbeitsbereich

Der Arbeitsbereich zeigt die Übersichten in Form von Arbeitsblättern an. Diese werden nebeneinander in Registern angeordnet. Mit Klick auf die entsprechenden Register können Sie zu einem anderen Arbeitsblatt wechseln. Das aktive Arbeitsblatt wird durch einen grünen Reiter gekennzeichnet.

Bild 1.13 auf der nächsten Seite zeigt das Beispiel *Geschäftsfeldübersichten* ▶ *Rechnungswesen* ▶ *Buchführung*.

Tipp: Über den Menüpunkt *Fenster* können Sie zu weiteren Arbeitsblättern wechseln sowie einzelne Arbeitsblätter oder alle Arbeitsblätter schließen.

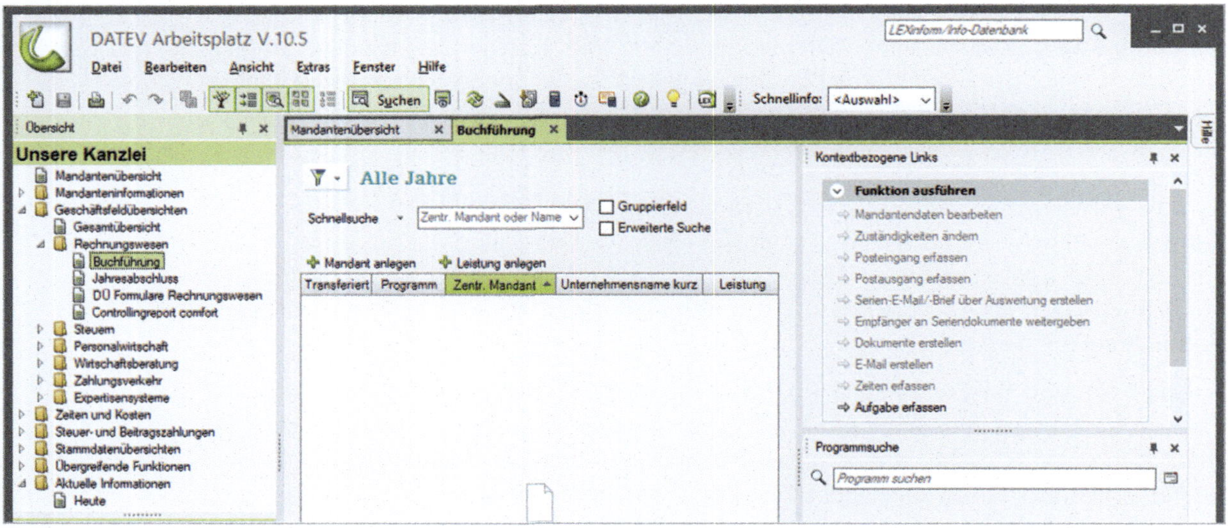

Bild 1.13 Der Arbeitsbereich

C. Der Zusatzbereich

1 Zum Anzeigen klicken Sie im Arbeitsbereich auf das Arbeitsblatt *Mandantenübersicht* ❶.

2 Am rechten Rand wird der erste Zusatzbereich sichtbar. Hierzu zählen die *Leistungsübersicht* ❷, die *Programmsuche* ❸ und *Kontextbezogene Links / Programm öffnen* ❹.

Bild 1.14 Mandantenübersicht - Zusatzbereich

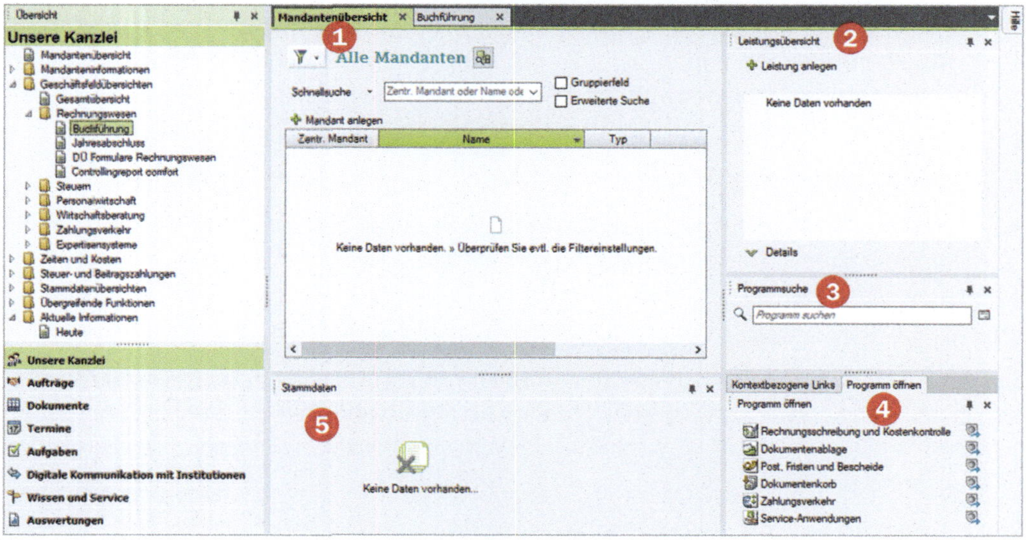

Am unteren Rand erscheint ggf. ein zweiter Zusatzbereich ❺ mit Informationen zu den Stammdaten eines Mandanten. Da im Beispiel in Bild 1.14 noch kein Mandant angelegt ist, werden hier auch noch keine Daten angezeigt. Bei einem bestehenden Mandanten erhalten

Sie hier Angaben zum Unternehmen. Als Beispiel im Bild unten die Firma Musterholz GmbH mit der Mandantennummer 1.

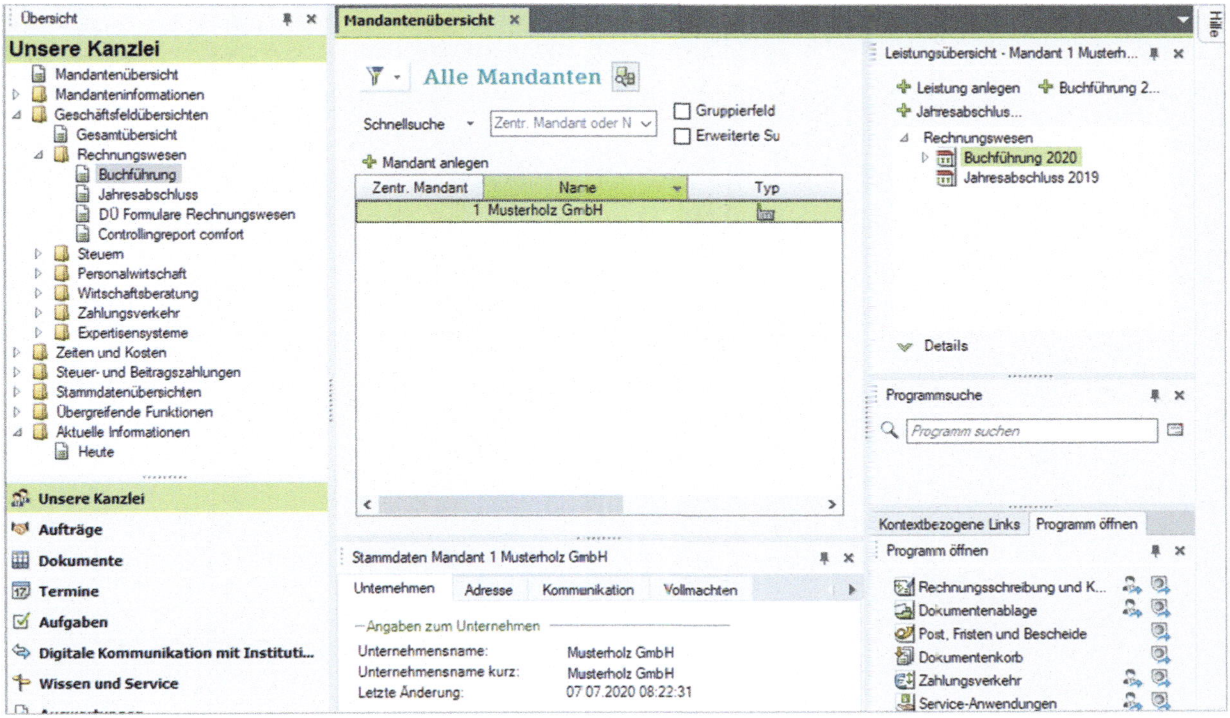

Bild 1.15 Stammdaten Mandant 1

1.5 DATEV Arbeitsplatz anpassen

Der DATEV Arbeitsplatz lässt sich nach individuellen Wünschen anpassen. Dazu stehen Ihnen im Programm mehrere Möglichkeiten zur Verfügung.

Einzelne Bereiche lassen sich über Symbole (Bild 1.16) in der Symbolleiste ein- und ausblenden. Alternativ verwenden Sie das Menü *Ansicht*.

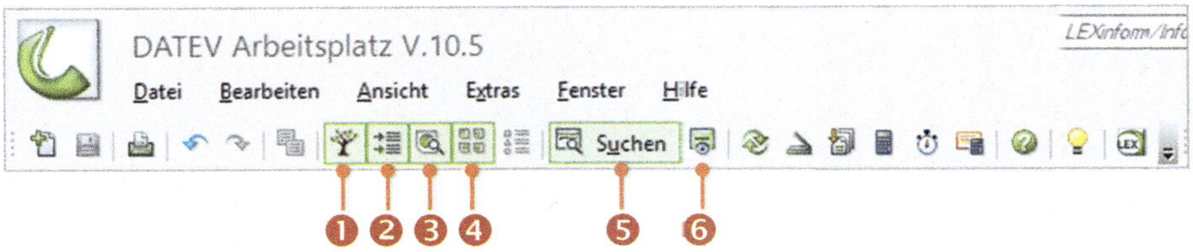

Bild 1.16 Bereiche ein- und ausblenden

1. Navigationsbereich: Übersicht
2. Zusatzbereich: Kontextbezogene Links
3. Zusatzbereich: Programmsuche
4. Zusatzbereich: Programm öffnen
5. Arbeitsbereich: Suchen
6. Arbeitsbereich: Gruppierfeld

Bereiche ein- und ausklappen

Sie können auch einzelne Bereiche mittels des Pin-Symbols automatisch einklappen. Klicken Sie auf ein Pin-Symbol und der Bereich wird reduziert. Um einen Bereich wieder einzublenden, klicken Sie auf das entsprechende Register mit dem Namen des Bereichs (Bild 1.18).

Bild 1.17 Programm öffnen: ausgeklappt

Bild 1.18 Programm öffnen: eingeklappt

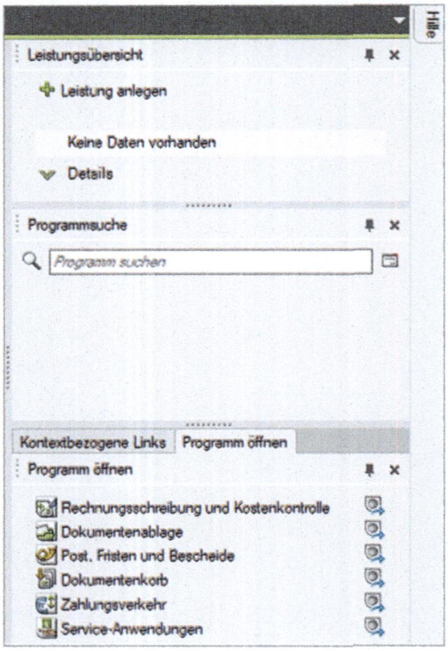

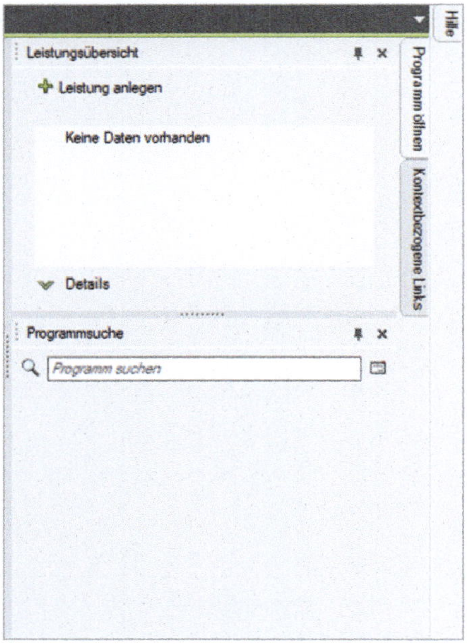

Hinweis: Um einen Bereich wieder dauerhaft auszuklappen, klicken Sie nach dem Einblenden wieder auf das Pin-Symbol.

Hilfefunktion

Bild 1.19 Hilfe anzeigen

Um die Hilfefunktion aufzurufen, klicken Sie in der Standardsymbolleiste auf das Symbol *Hilfe* ❶. Das Hilfefenster wird jetzt am rechten Fensterrand angezeigt ❷.

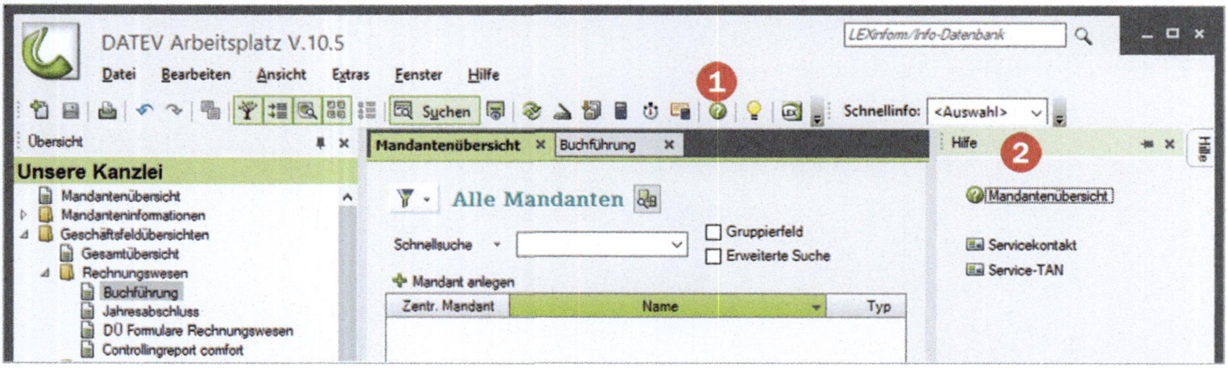

Wenn Sie die Hilfe aktivieren möchten, klicken Sie auf den Eintrag *Mandantenübersicht*. Sie gelangen anschließend zur Hilfefunktion von DATEV Arbeitsplatz. Schließen Sie dann den Zusatzbereich für die Hilfe wieder, indem Sie auf das *X*-Symbol klicken,

Tipp: Möchten Sie beim nächsten Start das Programm wieder mit den Standardeinstellungen der Grundkonfiguration starten, dann klicken Sie im Menü *Extras* ▶ *Einstellungen…* ▶ *Allgemeine Einstellungen* auf die Schaltfläche *Fenstereinstellungen auf Standard zurücksetzen*.

Übungen: Grundbedienung DATEV Arbeitsplatz

- Öffnen Sie aus der Übersicht *Unsere Kanzlei* das Arbeitsblatt *Rechnungswesen / Jahresabschluss*.
- Öffnen Sie aus der Übersicht *Unsere Kanzlei* das Arbeitsblatt *Personalwirtschaft / Lohnabrechnung*.
- Lassen Sie aus der Übersicht *Unsere Kanzlei* das Arbeitsblatt *Stammdatenübersichten / Institutionen / Arbeitsagentur* anzeigen.
- Suchen Sie über die Schnellsuche die Arbeitsagentur Siegen.
- Schließen Sie im Arbeitsbereich die Arbeitsblätter *Lohnabrechnung*, *Arbeitsagentur* und *Jahresabschluss*.
- Blenden Sie im Arbeitsblatt *Mandantenübersicht* den Zusatzbereich für Kontextbezogene Links aus.
- Lassen Sie die Übersicht *Unsere Kanzlei* automatisch einklappen.
- Stellen Sie die Einstellungen wieder auf die Standardeinstellungen zurück.
- Schließen Sie im Arbeitsbereich das Arbeitsblatt *Buchführung*.
- Beenden und starten Sie das Programm DATEV Arbeitsplatz.

2 Die Unternehmensgründung

In diesem Kapitel lernen Sie, welche ...

- Vorüberlegungen Sie anstellen sollten,
- Vorüberlegungen wir für den Übungsfall verwenden.

Bevor wir uns dem eigentlichen Übungsfall und DATEV Kanzlei-Rechnungswesen widmen, sind einige Vorüberlegungen und wichtige Vorarbeiten zu erledigen.

Vorüberlegung	Übungsfirma
Mit welchem Geschäftsjahr wollen Sie beginnen?	Geschäftsjahr 2019, Beginn 01.01.2019, Ende 31.12.2019.
Haben wir evtl. ein abweichendes Wirtschaftsjahr?	Nein
Mit welchem Kontenrahmen soll gearbeitet werden?	In unserem Fall mit dem Standardkontenrahmen SKR03.
Welche Versteuerungsart wird vorgenommen: Ist-Versteuerung oder Soll-Versteuerung?	Soll-Versteuerung, Umsatzsteuervoranmeldung monatlich.
Werden die Auswertungen der Buchhaltung im DATEV-Rechenzentrum vorgenommen?	Nein, ohne die Anbindung DATEV-Rechenzentrum.
Sollen Daten aus anderen Programmen importiert werden können wie z.B. elektronische Bankauszüge u. ä.?	Ja. Es sollen zu einem späteren Zeitpunkt Daten importiert werden.
Benötigt die Firma ein Kassenbuch?	Ja. Es wird eine Geschäftskasse geführt.
Woher kommen die Stammdaten für die neue Firma?	Stammdaten der Firma Perm GmbH wurden von der Geschäftsleitung zur Verfügung gestellt.
Woher kommen die Salden wie z.B. Eröffnungsbilanz, Summen und Saldenlisten, Offene Posten Kunden / Lieferanten?	Die Eröffnungsbilanz sowie offene Posten von Kunden und Lieferanten werden uns vom Steuerberater mitgeteilt.
Werden Daten aus Kanzlei-Rechnungswesen in andere Programme exportiert?	Nein, kein Export der Daten.
Wie wird die Datensicherung realisiert?	Die Datensicherung wird benutzerseitig durchgeführt und archiviert.

!

Achtung

In unserem Übungsfall arbeiten wir mit dem Jahr 2019, damit in diesem Buch der Jahresabschluss und der Jahreswechsel auf das Jahr 2020 durchgeführt und thematisch behandelt werden können.

Würde man das Jahr 2020 angeben, wäre kein Jahreswechsel auf das Jahr 2021 möglich, da der Kontenrahmen für das Jahr 2021 erst mit einem Programmupdate im Dezember 2020 ins Programm DATEV Kanzlei-Rechnungswesen übernommen werden kann.

In diesem Buch wird der Kontenrahmen SKR03 verwendet. Im Anhang finden Sie zum Lehrbuch einen Kontenplan mit Kontenbezeichnungen und Kontennummern, der in dieser Unterlage verwendeten Konten. Dieser ist auch zum Download verfügbar. Dieser ist auch zum Download verfügbar.

Ein wichtiger Hinweis:

Wenn Sie die Buchhaltung für eine Firma durchführen oder in der Abteilung Buchhaltung arbeiten, sollten Sie folgende Punkte immer beachten:

- Machen Sie sich mit der Firma vertraut.
- Was macht die Firma genau?
- Wie sind die Geschäftsabläufe in der Firma?
- Welche Ware wird produziert/vertrieben?
- Welcher Wareneinsatz wird für die Produktion benötigt?

Notizen:

3 Arbeit mit Mandanten

In diesem Kapitel lernen Sie, ...

- was das DATEV-Rechenzentrum ist und die Bedeutung von DATEV am PC,
- wie Mandanten angelegt werden,
- wie Mandantenstammdaten bearbeitet und erweitert werden.

3.1 Das DATEV-Rechenzentrum

Welche Funktion hat das DATEV-Rechenzentrum?

Das Grundprinzip des DATEV-Rechenzentrums beruht auf dem System der Arbeitsteilung. Es unterstützt bei zentralen Funktionen wie z. B.

- **Der Archivierung und Datensicherung**
  Archivierung über die gesetzliche Aufbewahrungspflicht von 10 Jahren, Datensicherung, Datenerhaltung auch über externe Datenträger, die vom Rechenzentrum zur Verfügung gestellt werden, z. B. bei Betriebsprüfungen, sowie digitale Belege zu archivieren.
- **Der Nutzung von Übermittlungsdiensten zu diversen Behörden**
  z. B. Umsatzsteuervoranmeldung und zusammenfassende Meldung, EU-Meldungen, eigene Kontenumsätze von Banken an das Rechenzentrum übermitteln und diese dann wieder elektronisch über das Rechenzentrum einspielen.
- **Ausgabemedium und Druckdienste**
  Über das Rechenzentrum lassen sich zentrale Auswertungen der Buchhaltungsdaten erstellen. Dazu gehören z. B. das Drucken von Massendaten, Kontenblättern und weiteren Druckdaten. Die Ausdrucke werden Ihnen per Post zugesandt.

Voraussetzung, dass mit DATEV-Rechenzentrum gearbeitet werden kann, ist eine zusätzliche Online-Verbindung zum Rechenzentrum. Außerdem muss der Mandant beim DATEV-Rechenzentrum angemeldet werden. Beachten Sie, dass dies teilweise kostenpflichtig ist.

!

Achtung: In unserem Übungsbeispiel wird ausschließlich ohne das DATEV-Rechenzentrum gearbeitet. Alle Auswertungen, Übermittlungen, Sicherungen und Archivierungen werden vom PC aus eigenständig geführt.

3.2 Mandant anlegen

Um einen Mandanten anzulegen, sind eine Vielzahl von Programm- und Adressdaten des Mandanten einzugeben. In unserem Übungsfall werden die Daten sowohl von der Geschäftsführung als auch vom mitwirkenden Steuerberater Herrn Wichtig mitgeteilt.

Zum Anlegen der Firma gehen Sie wie folgt vor:

1 Aktivieren Sie im Programm die *Mandantenübersicht* ❶ und klicken Sie auf den Link *Mandant anlegen* ❷ (Bild 3.1).

Hinweis: Alternativ können Sie einen neuen Mandanten auch über den Menüpunkt *Datei* ▶ *Neu* oder mit der Tastenkombination Strg+N oder mit Klick auf das Symbol *Neu* in der Standardsymbolleiste anlegen.

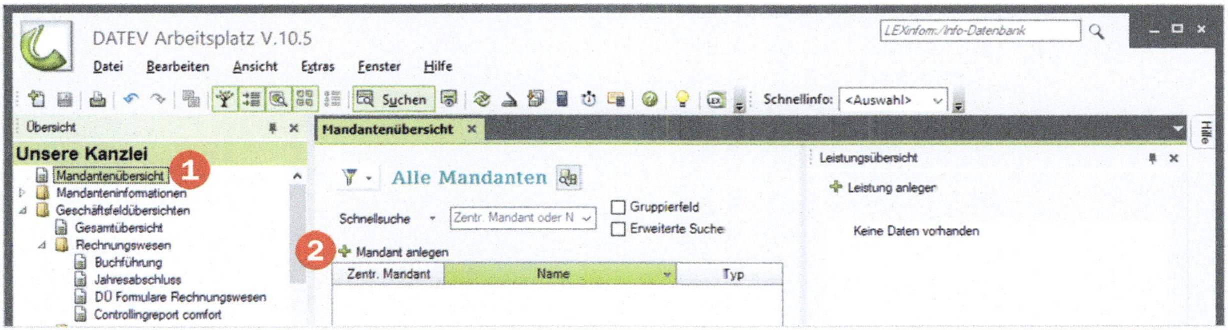

Bild 3.1 Mandantenübersicht

2 Es öffnet sich das Programmfenster *Neuen Mandanten anlegen - Stammdaten - Mandant* mit dem Arbeitsblatt *Mandat* ❸.

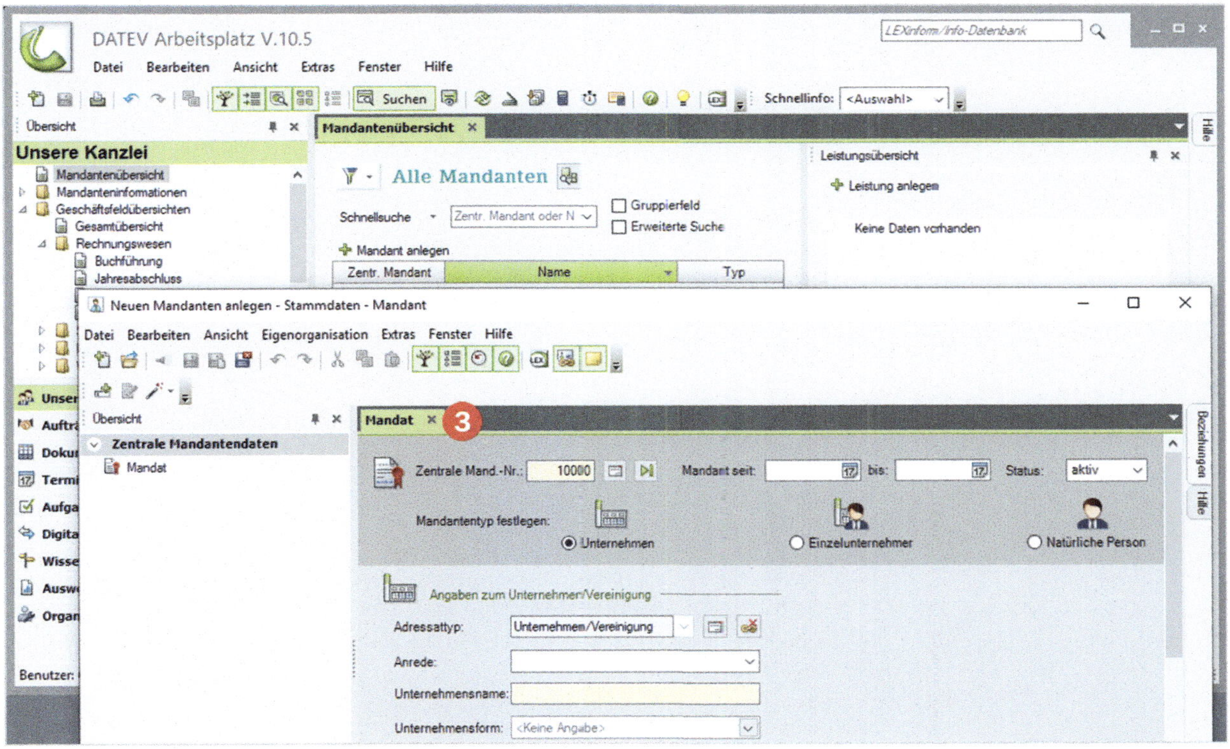

Bild 3.2 Neuen Mandanten anlegen

Zentrale Mandantendaten

1 Im nächsten Schritt müssen jetzt die Mandatsdaten angegeben werden. Dazu stellt Ihnen das Programm diverse Eingabefelder zur Verfügung.

Geben Sie die zentralen Mandantendaten der Firma Perm GmbH, wie in der nachfolgenden Abbildung (Bild 3.3) dargestellt, ein. Die Felder, die zwingend einen Eintrag erfordern, sind gelb gekennzeichnet. Felder, bei denen im aktuellen Zusammenhang keine Daten erfasst werden dürfen, sind gesperrt und grau hinterlegt.

Bild 3.3 Zentrale Mandantendaten

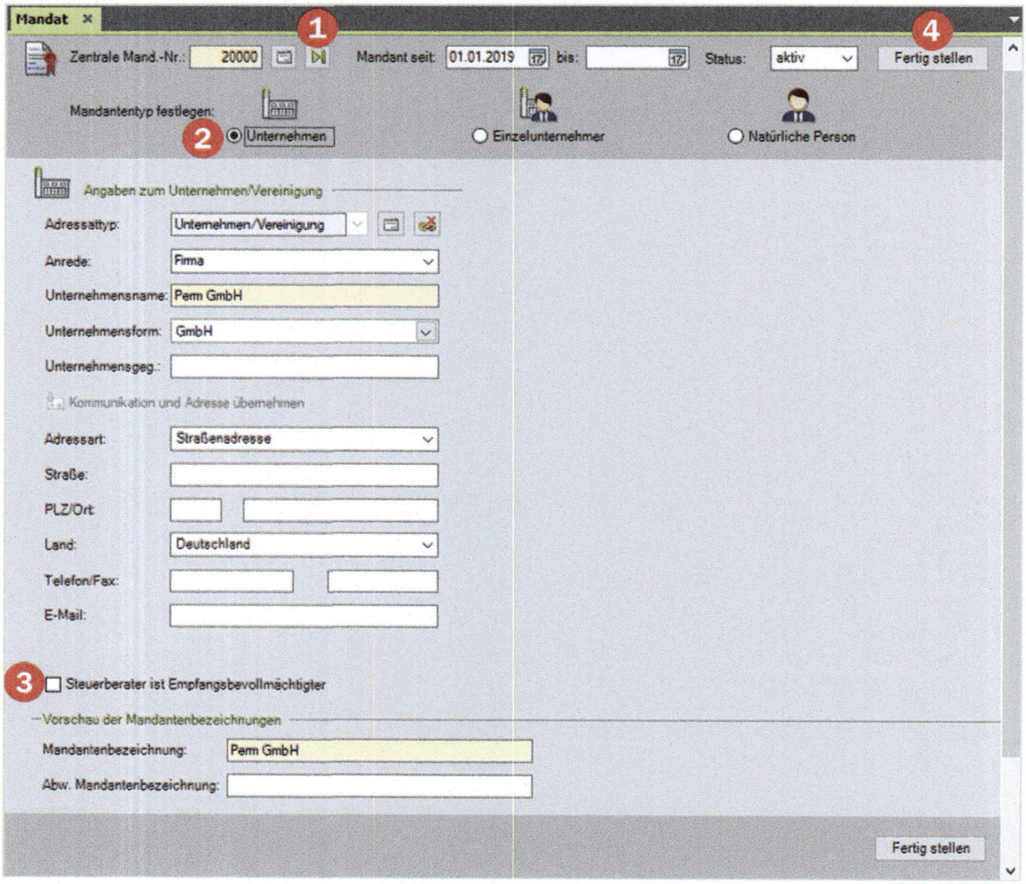

❶ Mit Klick auf das Symbol *Nächste freie Mandantennummer* kann ein Vorschlag für eine neu zu vergebende Mandantennummer vom Programm gezeigt werden. Mit dem Symbol *Mandantenauswahl* können auch die bereits erfassten Mandanten eingesehen werden.

❷ Über die Optionsgruppe *Mandantentyp festlegen* kann zwischen Unternehmen, Einzelunternehmen und natürliche Person ausgewählt werden.

❸ Ist der Steuerberater auch empfangsberechtigt, kann dieser mit dem Kontrollkästchen *Steuerberater ist Empfangsbevollmächtigter* aktiviert werden.

2 Klicken Sie anschließend auf die Schaltfläche *Fertigstellen* ❹.

3 Im nächsten Schritt muss die eigentliche Leistung für die Firma Perm GmbH festgelegt werden. Aktivieren Sie das Kontrollkästchen *Buchführung* ❺, siehe Bild 3.4 (Häkchen). Zusätzlich werden nun das aktuelle Jahr, die Beraternummer und die Mandantennummer angezeigt. Der Datenpfad für den Mandanten ist ebenfalls sichtbar.

Hinweis: Die DATEV-Beraternummer wird der Steuerkanzlei / dem Mandanten von DATEV mitgeteilt. Die Mandanten-Nr. kann frei zugeordnet werden, sofern Sie noch nicht vergeben wurde.

Achtung: Da wir in unserem Übungsfall mit dem Geschäftsjahr 2019 beginnen, muss unbedingt das Jahr 2019 angegeben werden. Beraternummer: 129805. Geben Sie diese Daten - wie nachfolgend dargestellt - ein und bestätigen Sie mit *OK*.

!

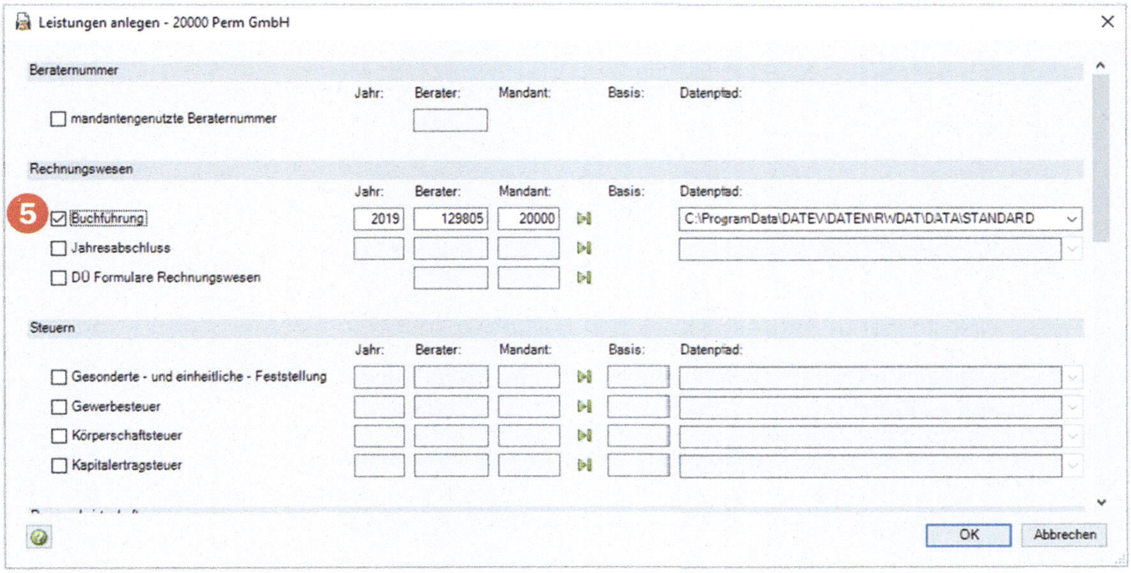

Bild 3.4 Leistungen anlegen

4 Im nächsten Schritt sind die Unternehmensdaten des Mandanten Perm GmbH zu hinterlegen. Zunächst sind die Adressdaten vom Unternehmen zu erfassen. Geben Sie im Register *Adresse* die Adressdaten wie folgt ein (Bild 3.5).

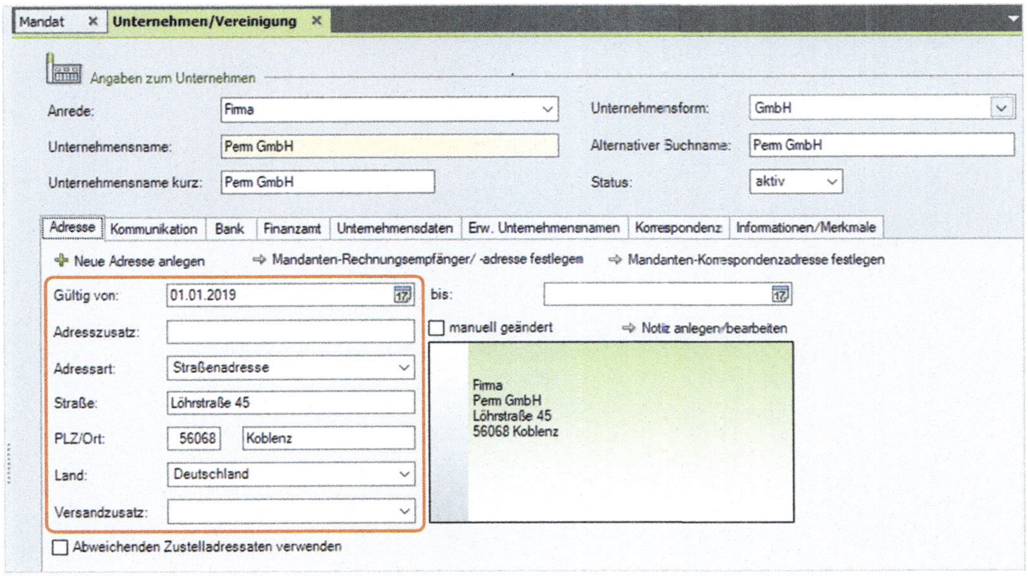

Bild 3.5 Adressdaten erfassen

5 Klicken Sie anschließend auf das Register *Kommunikation* und erfassen Sie die Kommunikationsdaten für die Übungsfirma Perm GmbH.

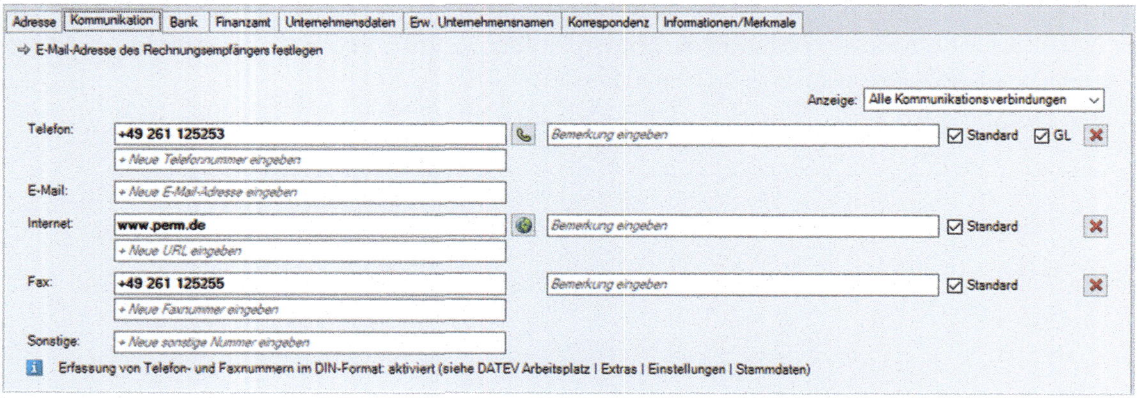

Bild 3.6 Kommunikationsdaten

Achtung: Ein ⚠ Symbol weist ggf. darauf hin, dass in den Systemeinstellungen des Betriebssystems für eine Internettelefoniemöglichkeit bzw. Faxfunktion zusätzliche Einstellungen vorgenommen werden müssen.

6 Klicken Sie auf das Register *Finanzamt*, um die Finanzamtsdaten zu erfassen. Unser Steuerberater hat uns die Daten für die Finanzamtangaben und die Steuernummer mitgeteilt: Finanzamt Koblenz, Steuernummer 22/127/31666

Geben Sie im Feld *Gültig von* den 01.01.2019 ein. Um anschließend das Finanzamt auszuwählen klicken Sie auf das Auswahlfeld *Finanzamt* und geben hier den Ort Koblenz ein. Das Finanzamt wird angezeigt und kann übernommen werden (Bild 3.7).

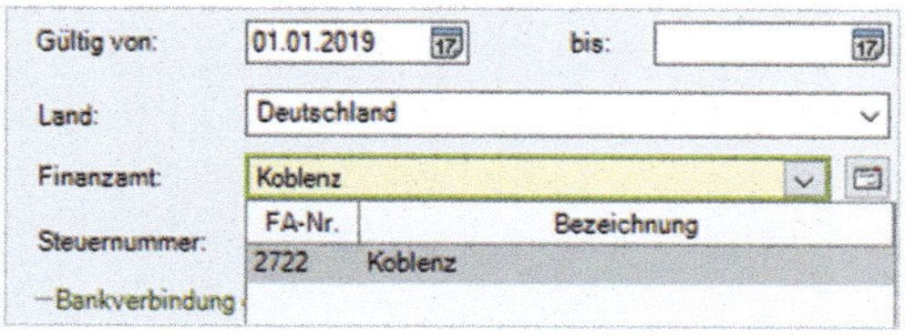

Bild 3.7 Ort eingeben und Finanzamt übernehmen

Im Feld *Steuernummer* geben Sie die Steuernummer der Firma Perm GmbH 22/127/31666 ein, siehe Bild 3.8.

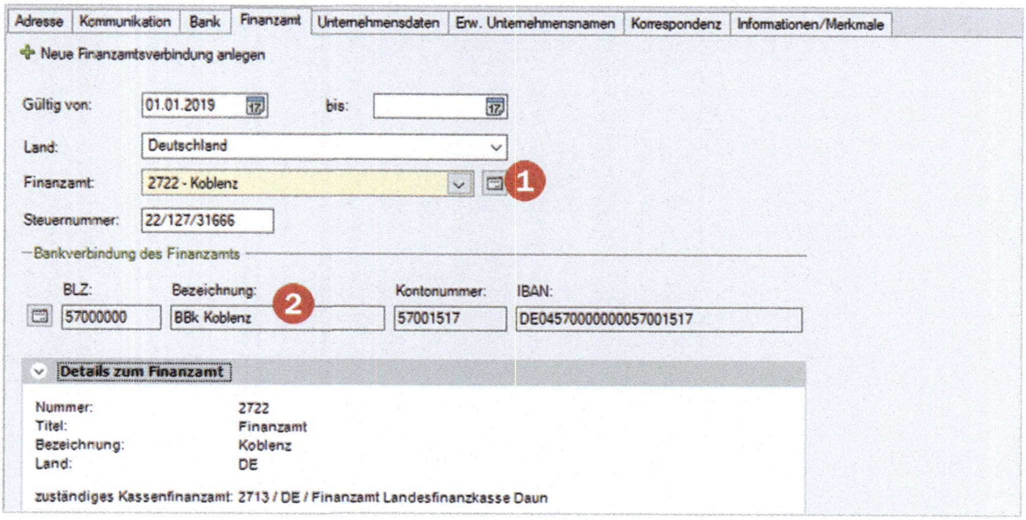

Bild 3.8 Register Finanzamt

❶ Über das Symbol *Finanzamt auswählen* kann auf die Institutionsverwaltung und auf die hinterlegten Finanzämter zugegriffen werden.

❷ Die Bankverbindung des Finanzamts Koblenz wird automatisch hinterlegt.

7 Klicken Sie auf das Register *Unternehmensdaten*, um wichtige Unternehmensdaten für die Firma Perm GmbH zu hinterlegen. Geben Sie die Unternehmensdaten - wie nachfolgend abgebildet - an:

Bild 3.9 Unternehmensdaten

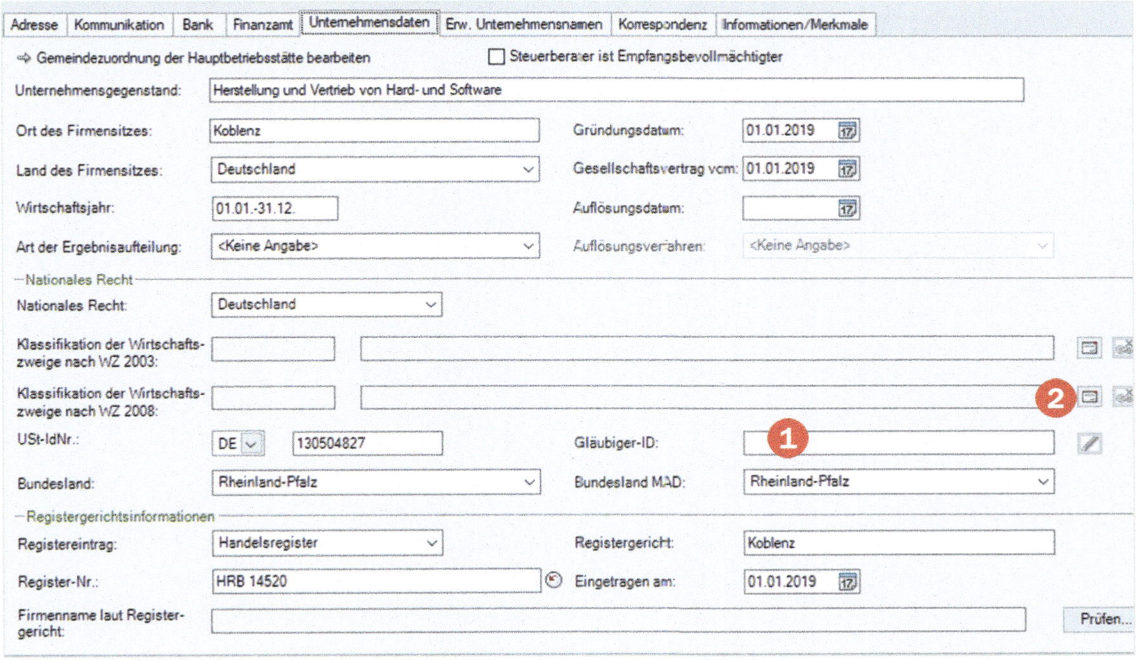

Hinweis: Die Gläubiger-Identifikationsnummer (siehe Bild 3.9 ❶) ist ein verpflichtendes Merkmal zur kontounabhängigen, eindeutigen Kennzeichnung des Gläubigers einer Lastschrift. Sie wird im Rahmen des SEPA-Lastschriftsverfahrens, das zum 01.02.2014 verpflichtend wurde, verwendet. Sie ermöglicht zusammen mit der Mandatsreferenz eine eindeutige Identifizierbarkeit eines Mandats einer Lastschrift. Unternehmen müssen diese bei der Deutschen Bundesbank beantragen.

Achtung: Zusätzlich ist zwingend der Branchenschlüssel für das Unternehmen einzutragen. Hierbei wird unterschieden nach der Klassifizierung der Wirtschaftszweige nach WZ 2003 und nach WZ 2008.

8 Unsere Übungsfirma wird am 01.01.2019 gegründet. Klicken Sie daher bei *Klassifikation der Wirtschaftszweige nach WZ 2008* auf das Symbol *Branchenschlüsselauswahl* ❷ (siehe Bild 3.9 oben).

9 Im jetzt erscheinenden Fenster geben Sie den Suchbegriff für die Branche ein. Firma Perm GmbH stellt Hard- und Software her und vertreibt diese. Geben Sie daher im Feld *Suchen nach:* den Begriff Hardware ❸ (Bild 3.10) ein und klicken anschließend auf die

Schaltfläche *Suchen* (Bild 3.10). Im Bereich *Suchtreffer* ❹ werden anschließend die gefundenen Branchenschlüssel aufgelistet.

Bild 3.10 Branchenschlüssel-Auswahl

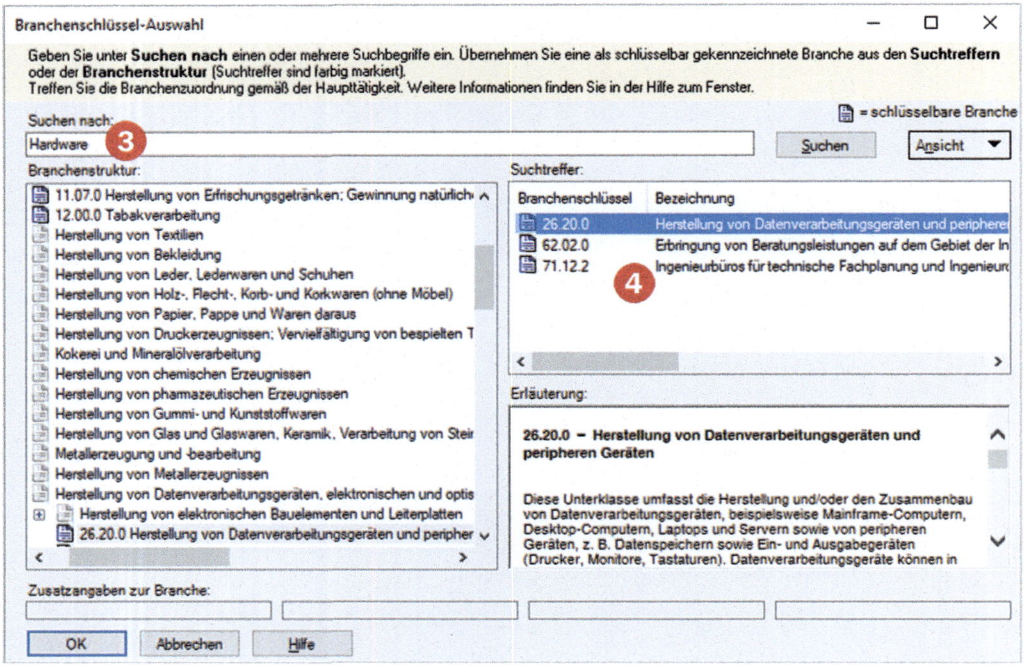

10 Wählen Sie den Schlüssel *26.20.0* aus den Suchtreffern aus und klicken Sie anschließend auf die Schaltfläche *OK*. Nun wird mit den Unternehmensdaten der Branchenschlüssel für die Firma Perm GmbH 26.20.0 „Herstellung von Datenverarbeitungsgeräten und peripheren Geräten" angezeigt ❺.

Bild 3.11 Ergebnis

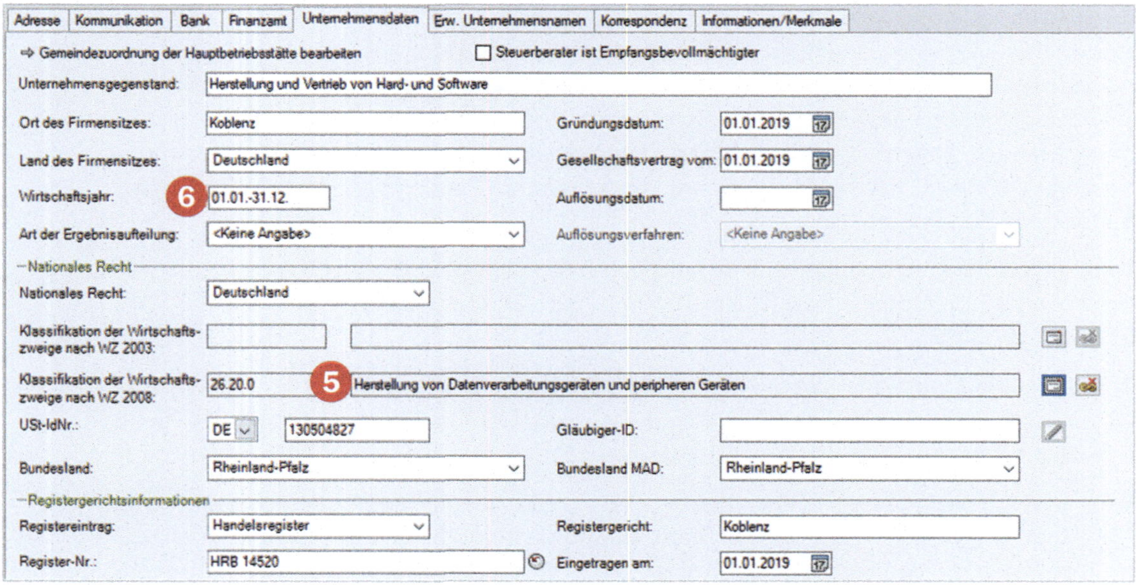

Im Feld *Wirtschaftsjahr* ⑥ legen Sie Beginn und Ende des Wirtschaftsjahrs fest.

11 Klicken Sie für den nächsten Schritt auf das Register *Erw. Unternehmensnamen*. Hier können Sie für Auswertungen und Listen in Kanzlei-Rechnungswesen einen erweiterten Unternehmensnamen angeben. Geben Sie den erweiterten Unternehmensnamen wie folgt an:

Bild 3.12 Erweiterter Unternehmensname

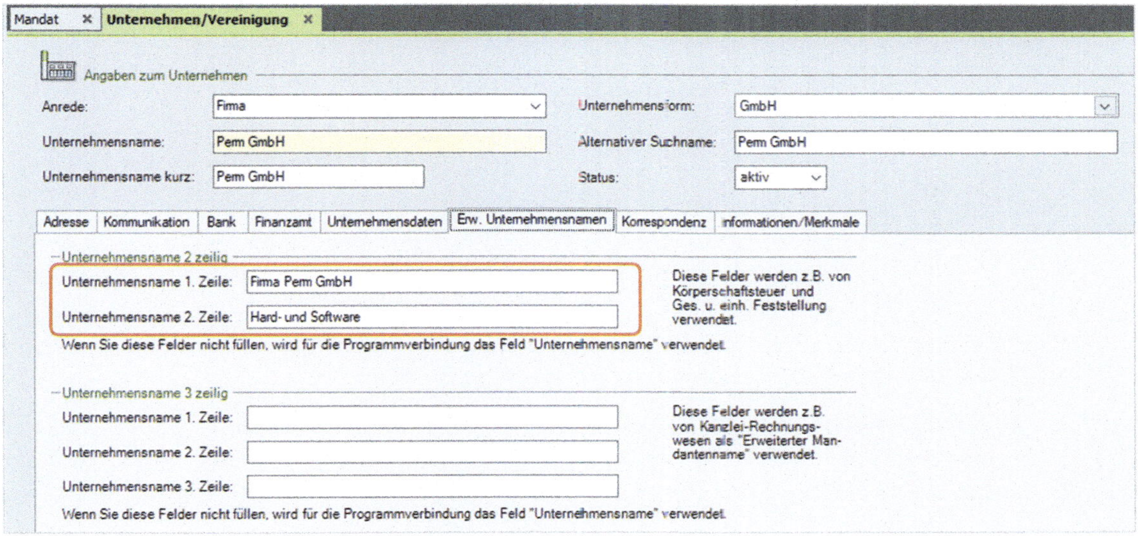

12 Klicken Sie auf das Register *Korrespondenz*. Hier können Sie für den Schriftverkehr die persönliche Anrede und die Grußformel definieren. Geben Sie die Korrespondenzstandards - wie nachfolgend dargestellt - an:

Bild 3.13 Register Korrespondenz

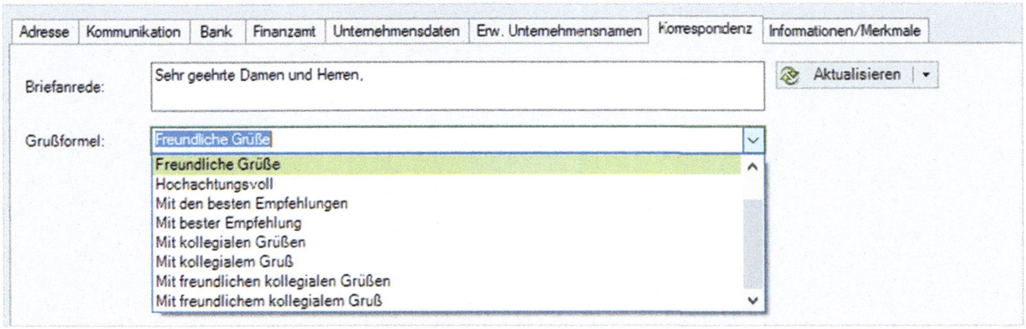

Über den Pfeil der Schaltfläche *Aktualisieren* kann ein Standardeintrag mit der Briefanrede „Sehr geehrte Damen und Herren" und der Grußformel „Mit freundlichen Grüßen" übernommen und ggf. angepasst werden.

13 Klicken Sie zuletzt auf das Register *Informationen/Merkmale*. Zur Unterstützung der Mandantenstammbindung können Sie zu einem Mandanten (Firma) individuelle Informationen/Merkmale (z. B. Vorlieben, Interessen und Hobbys usw.) zu Personen oder zur Firma über den Link *Information/Merkmal zuordnen* auswählen oder neue hinterlegen.

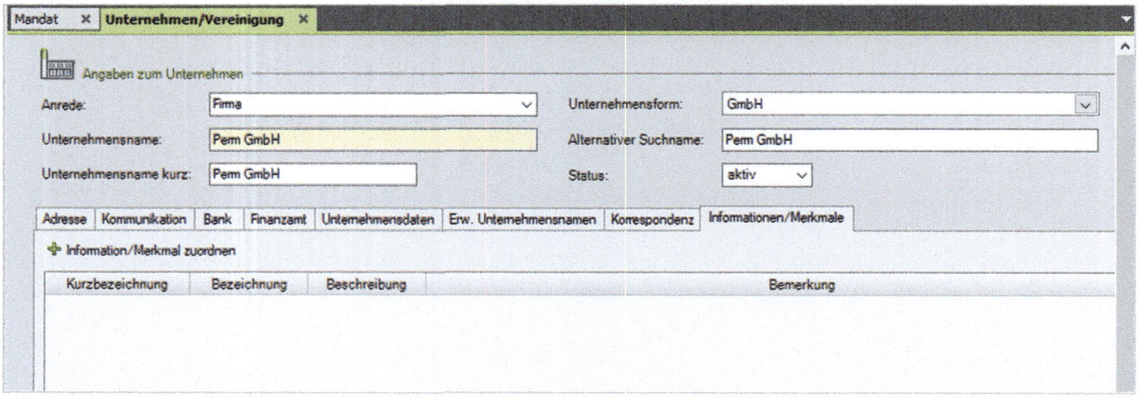

Bild 3.14 Information/Merkmal

14 Klicken Sie abschließend in der Standardsymbolleiste auf das Symbol *Speichern*.

Bis auf das Register *Bank* sind alle zentralen Stammdaten angelegt. Die Bankdaten werden in dieser Schulungsunterlage als separates Thema behandelt.

!

Achtung: Beim Anlegen des Mandanten wurden bisher lediglich die zentralen Stammdaten der Firma Perm GmbH erfasst. Welche Daten für den Mandanten zusätzlich für die Buchführung anzulegen sind, sehen Sie im Abschnitt *Hinweise* (Bild 3.15).

Sie erhalten unter anderem den Hinweis, dass für die Buchhaltung ein Kontenrahmen erforderlich ist ❶ (Bild 3.15).

Bild 3.15 Weitere Daten

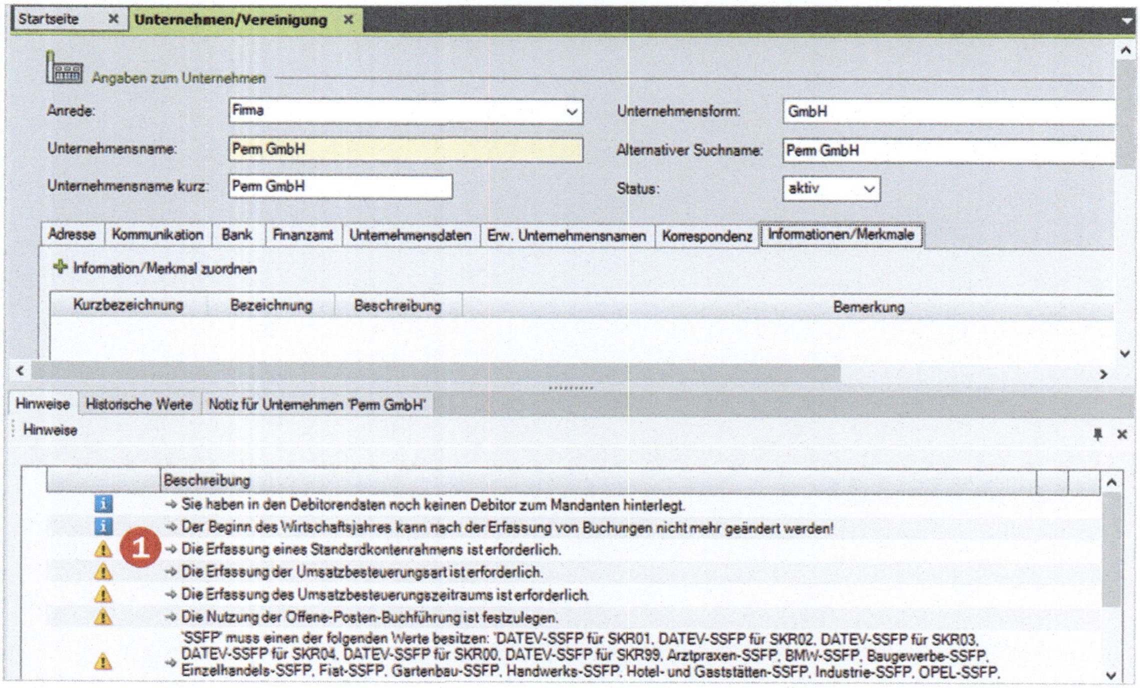

Mandantendaten Rechnungswesen

Im nächsten Schritt sind jetzt die Mandantendaten Rechnungswesen für die Firma Perm GmbH zu erfassen.

1 Klicken Sie dazu in der Übersicht unter *Mandantendaten Rechnungswesen* doppelt auf den Eintrag *Grunddaten Rechnungswesen* ❶ (Bild 3.16). Das Arbeitsblatt *Grunddaten Rechnungswesen* ❷ wird zur Eingabe geöffnet, Beginn und Ende des Wirtschaftsjahres wurden bereits aus den zentralen Mandantendaten übernommen.

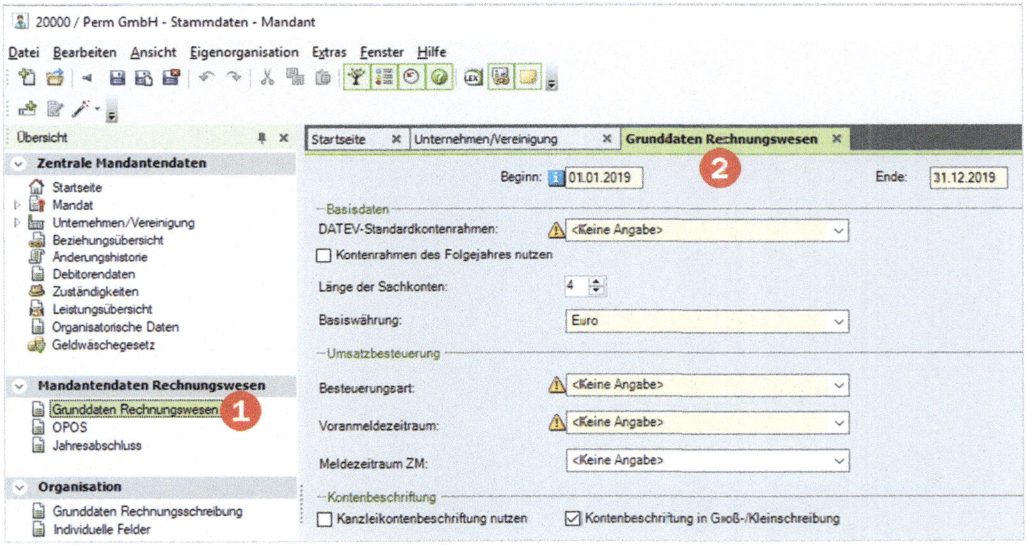

Bild 3.16 Grunddaten Rechnungswesen erfassen

2 **Kontenrahmen**
Um den Kontenrahmen zu hinterlegen, klicken Sie auf den Dropdown-Pfeil des Kombinationsfeldes *DATEV-Standardkontenrahmen* und wählen den, vom Steuerberater Wichtig vorgeschlagenen Kontenrahmen, *SKR03 (DATEV-SKR Prozessgliederung)* aus.

Achtung: Ein Wechsel des Kontenrahmens während des Geschäftsjahres ist später nicht mehr möglich.

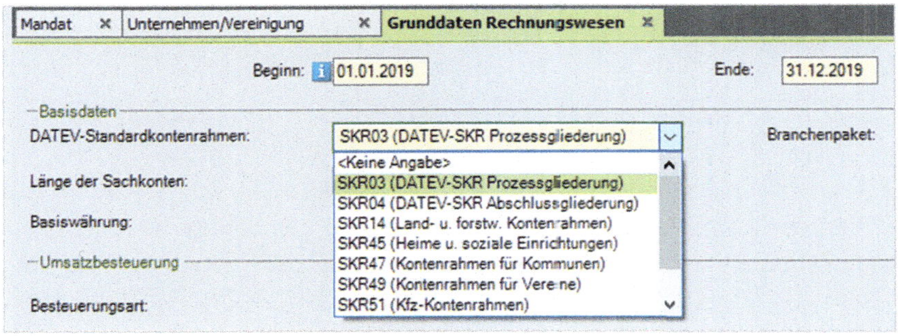

Bild 3.17 Kontenrahmen auswählen

3 **Länge der Sachkonten und Basiswährung**
In unserem Übungsfall ist die Basiswährung Euro. Die Standardeinstellung für die Länge der Sachkonten ist mit 4 Stellen vollkommen ausreichend.

4 **Umsatzbesteuerung**

Geben Sie die Einstellungen für die Umsatzbesteuerung wie folgt an: Über das Feld *Besteuerungsart* legen Sie fest, ob das Unternehmen die Umsatzsteuer nach der Sollversteuerung oder die Istversteuerung abführen muss. Außerdem muss über das Feld *Voranmeldungszeitraum* der Voranmeldezeitraum angegeben werden.

Laut Herrn Wichtig sind Sollversteuerung ❶ und Voranmeldezeitraum monatlich ❷ anzugeben.

Bild 3.18 Umsatzbesteuerung

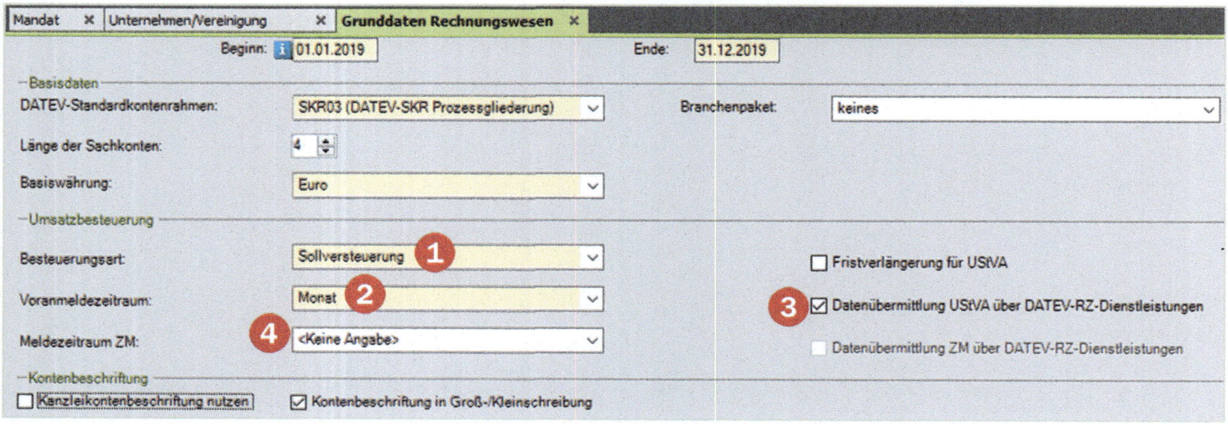

5 Die Datenübermittlung der Umsatzsteuervoranmeldung soll nicht über das DATEV-Rechenzentrum erfolgen. Deaktivieren Sie daher das Kontrollkästen *Datenübermittlung USTVA über DATEV RZ* ❸.

Hinweis: Über das Kombinationsfeld *Meldezeitraum-ZM* ❹ kann der Meldezeitraum für Umsätze in Länder der EU angegeben werden.

Exkurs Umsatzsteuer

Normalerweise entsteht die Umsatzsteuer mit Ablauf des Voranmeldungszeitraums, in dem die Leistungen ausgeführt worden sind (Sollversteuerung). Es besteht jedoch auf Antrag die Möglichkeit, dass die Umsatzsteuer mit Ablauf des Voranmeldungszeitraums an das Finanzamt abgeführt werden muss, in dem Entgelte vereinnahmt worden sind (Istversteuerung). Letzteres ist jedoch nur möglich, wenn der Gesamtumsatz 600.000,00 € nicht überschreitet oder der Unternehmer von der Buchführungspflicht befreit ist oder eine freiberufliche Tätigkeit ausübt.

Die Umsatzsteuervoranmeldung muss monatlich abgegeben werden, wenn die Umsatzsteuer des vorherigen Jahres 7.500,00 € überschritten hat, sonst beträgt dieser Zeitraum ein Vierteljahr. Lag die Steuer im letzten Jahr höchstens bei 1.000,00 €, kann das Finanzamt von der Verpflichtung zur Abgabe der Voranmeldungen und Einrichtung der Vorauszahlungen befreien (§ 18 Abs. 2 UStG).

6 **Kontenbeschriftung, Kontenfunktionen, Anlagespiegelfunktionen und Kontenüberleitung**
In diesem Schritt werden die Einstellungen für den ausgewählten Standardkontenrahmen beeinflusst. Es können individuelle Kontenfunktionen vorgenommen und diese kanzleiweit eingerichtet werden.

Aktivieren Sie das Kontrollkästchen *Individuelle Funktionen nutzen* ❻, damit im späteren Verlauf dieses Buches Konten umbenannt werden können.

Bild 3.19 Einstellungen Standardkontenrahmen

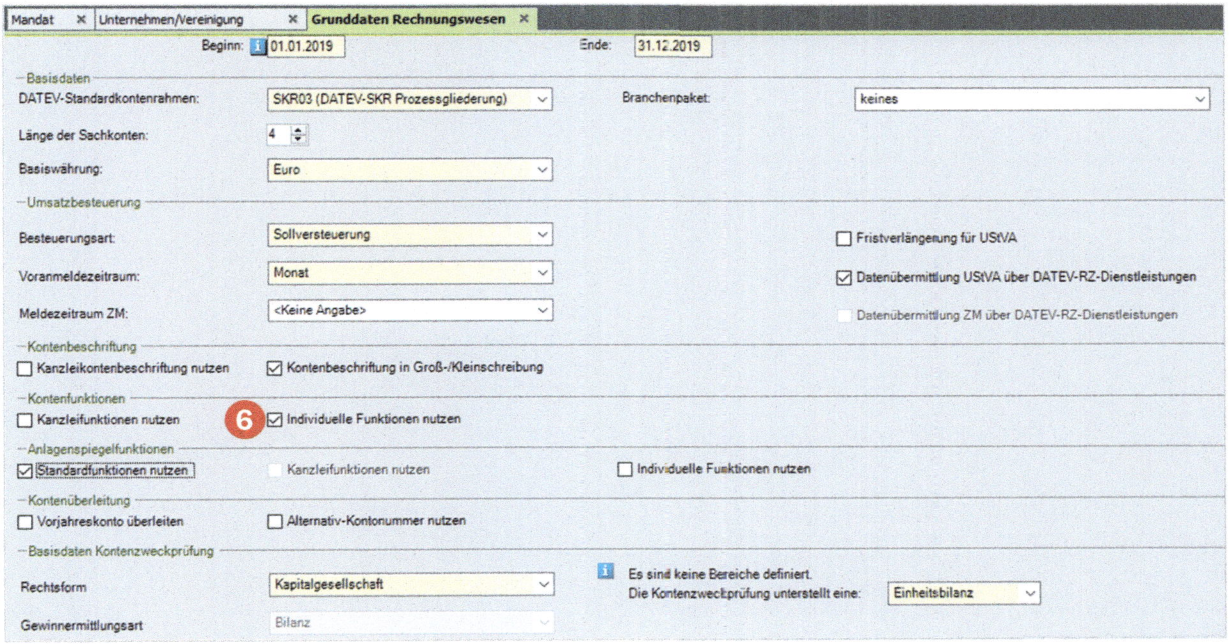

Hinweis: Durch die Angabe der Gesellschaftsform GmbH werden in der Rubrik *Basisdaten Kontenzweckprüfung* automatisch die Rechtsform Kapitalgesellschaft, die Kontenzweckprüfung unterstellt eine Einheitsbilanz mit der Gewinnermittlungsart Bilanz und können ggf. auf ihr Unternehmen angepasst werden.

Die weiteren Einstellungen:

- **Kanzleikontenbeschriftungen:** Ermöglicht kanzleiweites Einrichten und ist anschließend bei mehreren Mandanten zu verwenden.
- **Groß-/ Kleinschreibung:** ist standardmäßig aktiviert und nur zu ändern, wenn die Kontenbeschriftung generell in Großbuchstaben angezeigt werden soll.
- **Kontenfunktionen:** Mit Hilfe der Einstellung individuell können Konten im Kontenrahmen Zusatzfunktionen hinterlegt werden, z. B. automatische Privatbuchungen bei Telefonrechnungen und ähnliches.

7 Klicken Sie abschließend auf das Symbol *Speichern*. Die *Grunddaten Rechnungswesen* für den Mandanten Perm GmbH sind jetzt erfasst (Bild 3.20).

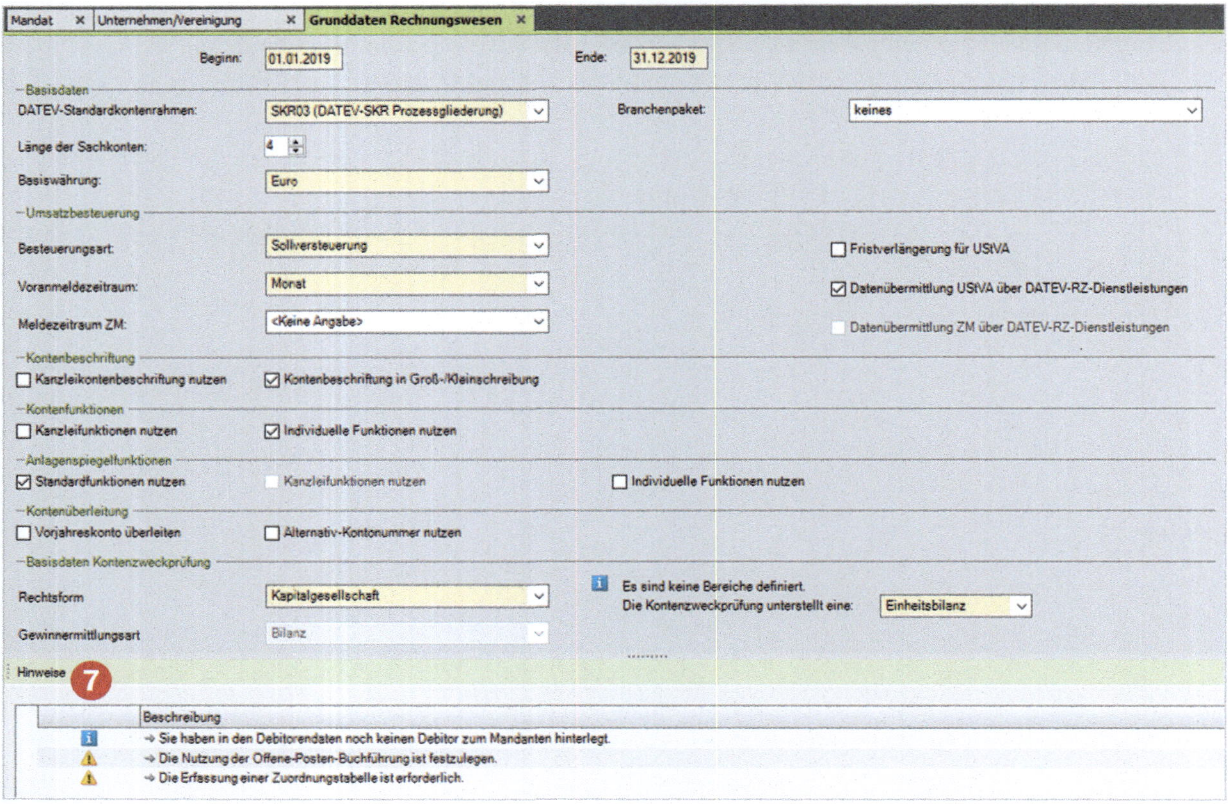

Bild 3.20 Alle erfassten Grunddaten Rechnungswesen

Hinweis: Laut dem Register *Hinweise* unterhalb ❼ sind jetzt lediglich noch die Einstellungen für die Offene-Posten-Buchführung und eine Zuordnungstabelle für die Eröffnungsbilanz bzw. den Jahresabschluss festzulegen. Darüber hinaus erhalten Sie auch den Hinweis, dass der Beginn des Wirtschaftsjahres nach der Erfassung von Buchungen nicht mehr geändert werden kann.

Die Bankdaten werden in diesem Buch thematisch separat behandelt.

Stammdaten Offene-Posten-Buchführung

1 Im vorletzten Schritt sind die Stammdaten für die Offene-Posten-Buchführung zu hinterlegen. Dazu klicken Sie in der Übersicht unter *Mandanten Rechnungswesen* doppelt auf den Eintrag *OPOS* ❶.

Nun wird das Arbeitsblatt *OPOS* für die Erfassung der Offenen-Posten-Daten für den Mandanten Perm GmbH geöffnet ❷ (Bild 3.21). Über Registerkarten ❸ können weitere Einstellungen für die OPOS-Nutzung festgelegt werden.

Hinweis: Als OPOS wird in DATEV die Offene-Posten-Buchführung verstanden, das heißt, Rechnungen, Zahlungen und Gutschriften werden auf Personenkonten (Debitoren/Kunden und Kreditoren/Lieferanten) gebucht. Man bezeichnet dies in der Praxis als Kontokorrentkonten.

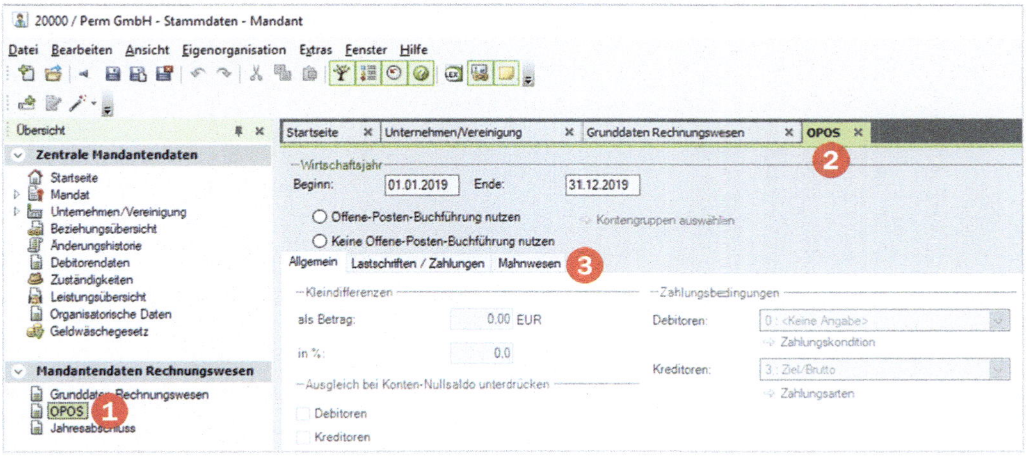

Bild 3.21 Arbeitsblatt OPOS

Laut Herrn Wichtig, dem mitwirkenden Steuerberater, sind folgende Grundeinstellungen für die Offene-Posten-Buchführung notwendig:

- Es sind alle Debitoren- und Kreditorenkreise anzugeben.
- Kunden erhalten ein allgemeines Zahlungsziel von 14 Tagen.

2 Aktivieren Sie die Option *Offene-Posten-Buchführung nutzen* (Bild 3.22).

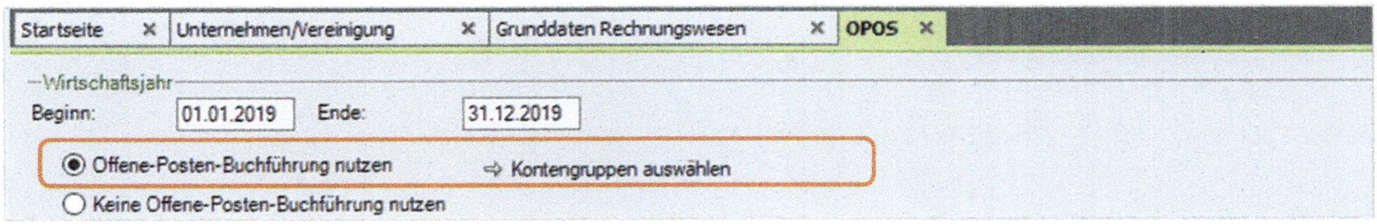

Bild 3.22 Offene-Posten-Buchführung nutzen

3 Klicken Sie daneben auf den Link *Kontengruppen auswählen*. Es öffnet sich das gleichnamige Fenster (Bild 3.23). Die Bereiche von Konto 10000 - 69999 sind für Debitoren (Kunden) reserviert. Die Bereiche von Konto 70000 - 99999 sind für Kreditoren (Lieferanten) reserviert. Sie können natürlich individuell angepasst werden.

Für den Übungsfall sollen alle Kontengruppen genutzt werden (alle Kontrollkästchen aktiviert), klicken Sie zum Übernehmen auf die Schaltfläche *OK*.

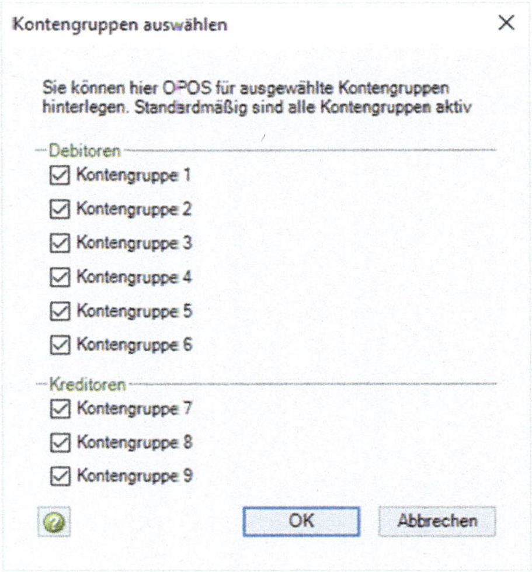

Bild 3.23 Kontengruppen auswählen

4 Laut Herrn Wichtig haben die Kunden ein allgemeines Zahlungsziel von 14 Tagen. Dazu klicken Sie im Register *Allgemein* unter *Debitoren* auf den Link *Zahlungskondition* ❶ (Bild 3.24).

Geben Sie das Zahlungsziel 14 ❷ Tage ein und klicken Sie auf die Schaltfläche *OK*.

Bild 3.24 Zahlungsziel festlegen

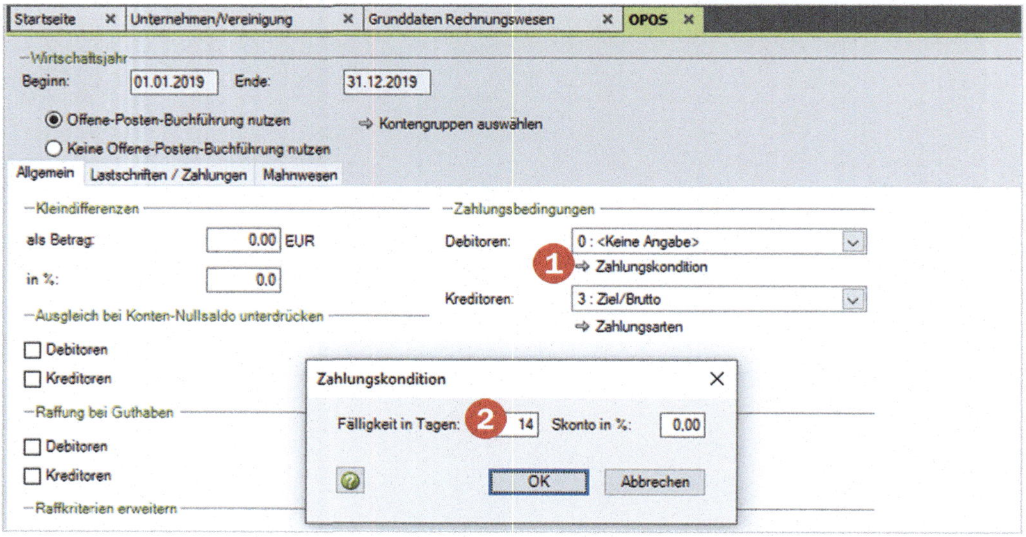

5 Klicken Sie zum Übernehmen der Einstellungen in der Symbolleiste auf das Symbol *Speichern* .

Die Grundeinstellungen für die OPOS Nutzung sind für die Firma Perm GmbH erfasst. Weitere Einstellungen zur Offenen-Posten-Buchführung für den Zahlungsverkehr oder das Mahnwesen werden in diesem Buch separat behandelt.

Jahresabschluss

Im letzten Schritt ist eine Zuordnungstabelle für die Eröffnungsbilanz/Jahresabschluss anzugeben.

Bild 3.25 Jahresabschluss

1 Klicken Sie in der Übersicht doppelt auf den Eintrag *Jahresabschluss* ❶.

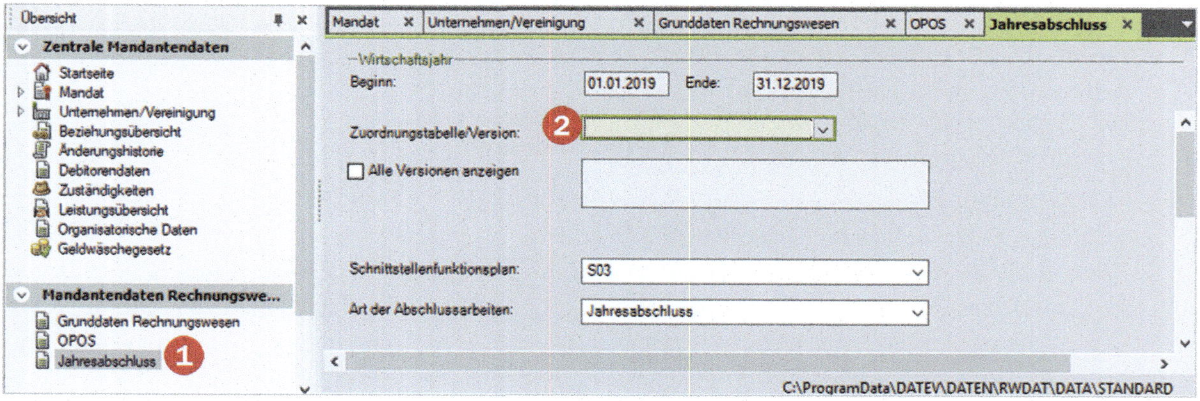

2 Für die Firma Perm GmbH wählen wir die Form „Kapitalgesellschaft nach HGB erweiterter Aufbau". Dazu klicken Sie auf den Dropdown-Pfeil *Zuordnungstabelle/Version* ❷ und wählen den Eintrag, wie in Bild 3.26 dargestellt ❸.

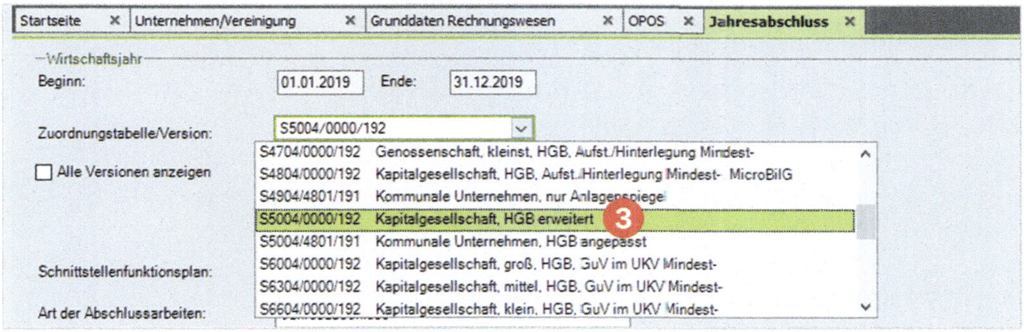

Bild 3.26 Zuordnungstabelle auswählen

3 Im Feld *Art der Abschlussarbeiten* wählen Sie den Eintrag *Eröffnungsbilanz* ❹ (Bild 3.27).

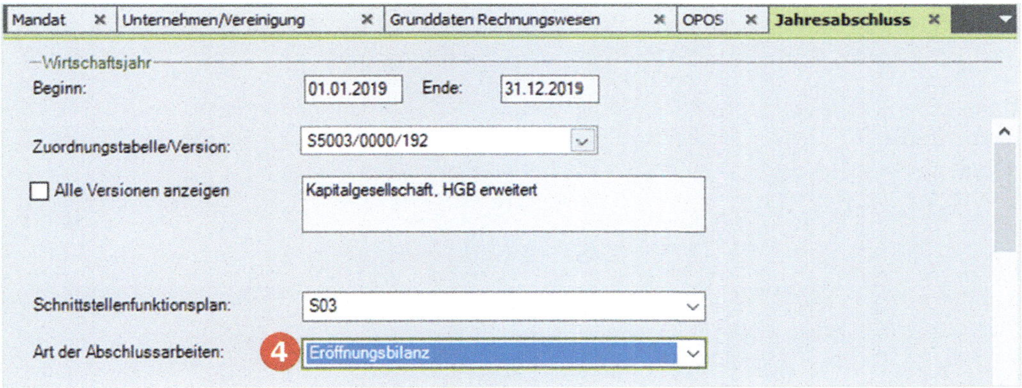

Bild 3.27 Art der Abschlussarbeiten

Hinweise

- Über den Eintrag *Änderungshistorie* können die erfassten Stammdaten kontrolliert und ggf. ausgedruckt werden.
- Über die zentralen Einträge Debitorendaten und Zuständigkeiten sowie über die Rubrik Organisation können Einstellungen zum DATEV Eigenorganisationsprogramm hinterlegt werden.
- Über das Programmpaket Eigenorganisation können Sie beispielsweise in Ihrer Kanzlei den kompletten Prozess vom Posteingang bis zum Postausgang steuern und optimieren. Sie können Fristen berechnen und überwachen, sodass Sie keine Fristen versäumen und in Verbindung mit der Dokumentenablage bzw. DATEV DMS (Dokumentenmanagementsystem) können digitale Belege elektronisch weiterverarbeitet werden.

In Kapitel 15 dieses Buches wird auf das Thema Buchen von digitalen Belegen speziell eingegangen.

4 Klicken Sie zuletzt in der Symbolleiste auf das Symbol *Speichern* .

Der Mandant Perm GmbH ist angelegt. Mit dem Anlegen der zentralen Stammdaten und den Mandantendaten Rechnungswesen kann ab sofort die Buchhaltung für die Firma vorgenommen werden.

Mit Klick auf die entsprechenden Reiter kann in der Übersicht zwischen den einzelnen Eingaben gewechselt und Änderungen oder Ergänzungen vorgenommen werden. Natürlich können Sie auch mit Doppelklick in der Übersicht zwischen den zentralen Mandantendaten und den Mandantendaten für das Rechnungswesen wechseln.

Bild 3.28 Eingaben kontrollieren

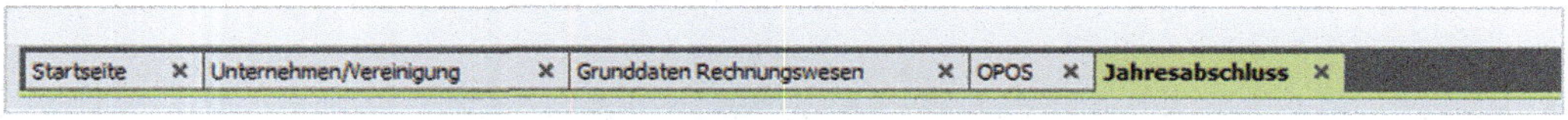

5 Stammdaten Mandant beenden

Schließen Sie abschließend das Programm *Stammdaten Mandant*, indem Sie den Menüpunkt *Datei* und *Beenden* wählen. In der Mandantenübersicht ist jetzt der Mandant 20000 Perm GmbH aufgeführt (Bild 3.29 unten).

In der Leistungsübersicht ❶ sehen Sie, dass jetzt über das Programm *DATEV Rechnungswesen* die Buchführung für das Jahr 2019 durchgeführt werden kann.

Bild 3.29 Der soeben angelegte Mandant

Darüber hinaus haben Sie hier die Möglichkeit, weitere Leistungen für den Mandanten 20000 Perm GmbH, z. B. *Jahresabschluss 2019* zu eröffnen oder Sie können eine neue Leistung für den Mandanten anlegen.

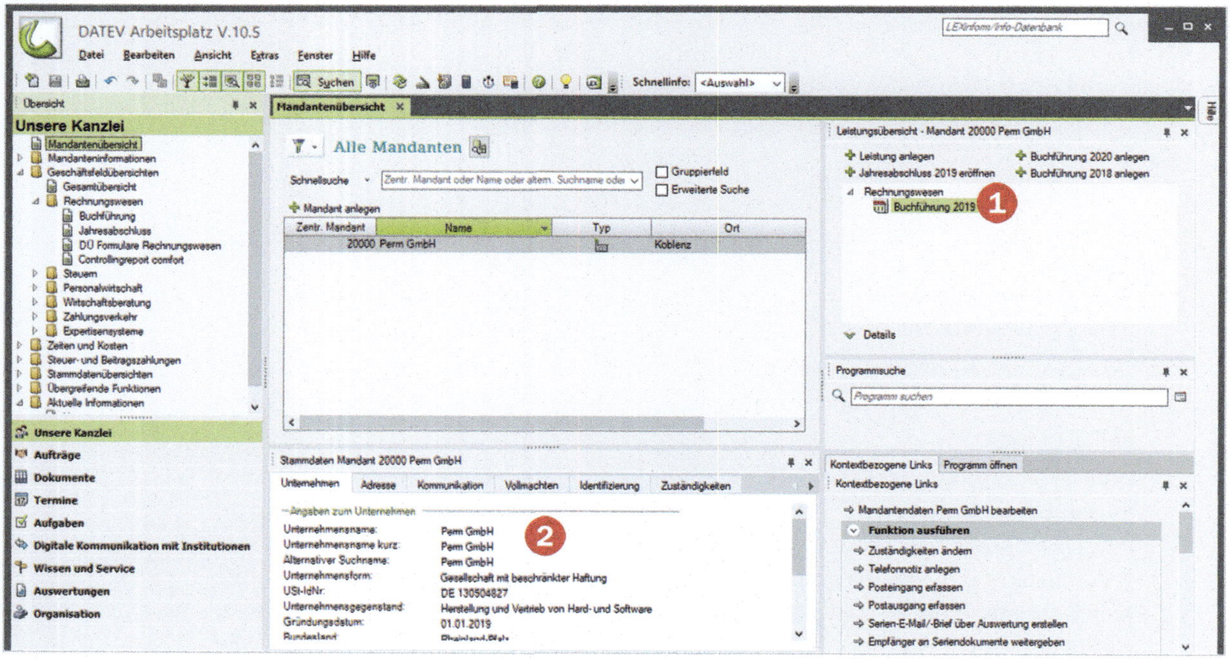

Im Zusatzbereich *Stammdaten* unten ❷ werden jetzt alle erfassten Stammdaten zur Firma Perm GmbH angezeigt. Dies ermöglicht Ihnen einen schnellen Überblick über die Daten, z. B. Adress- und Kommunikationsdaten, benutzen Sie dazu die Register.

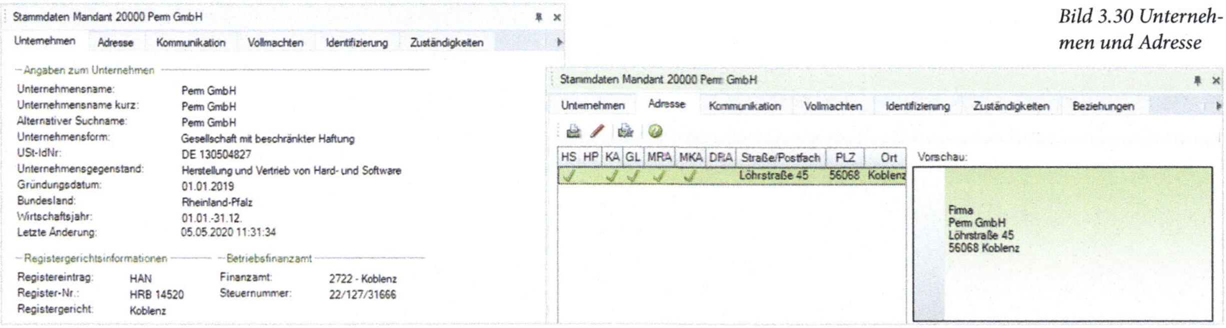

Bild 3.30 Unternehmen und Adresse

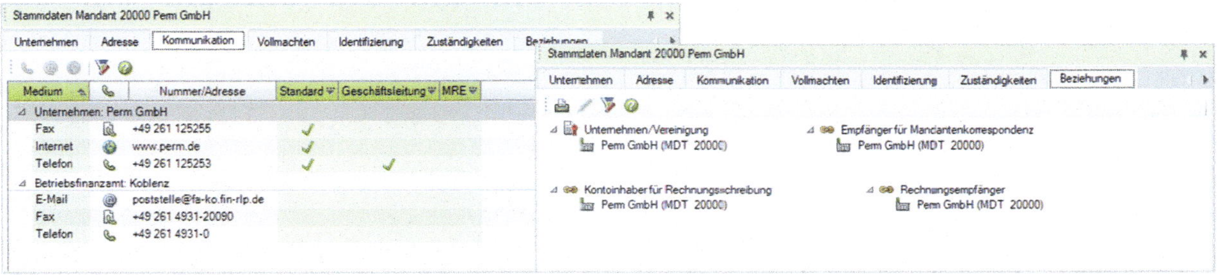

Bild 3.31 Kommunikation und Beziehungen

Über die Register *Vollmachten*, *Identifizierung*, *Zuständigkeiten*, *Notiz* und *Information/Merkmale* können ggf. noch weitere Stammdaten zum Mandanten angezeigt werden.

3.3 Mandantenstammdaten bearbeiten

Ausgangssituation

Die Geschäftsleitung bittet uns, weitere Stammdaten in den Bestand aufzunehmen. Dazu zählen zusätzliche Kommunikationsdaten und der Meldezeitraum zusammenfassende Meldung für Umsätze in die EU.

Um die Mandantenstammdaten zu bearbeiten, klicken Sie in der Mandantenübersicht doppelt auf den Mandanten 20000 Perm GmbH.

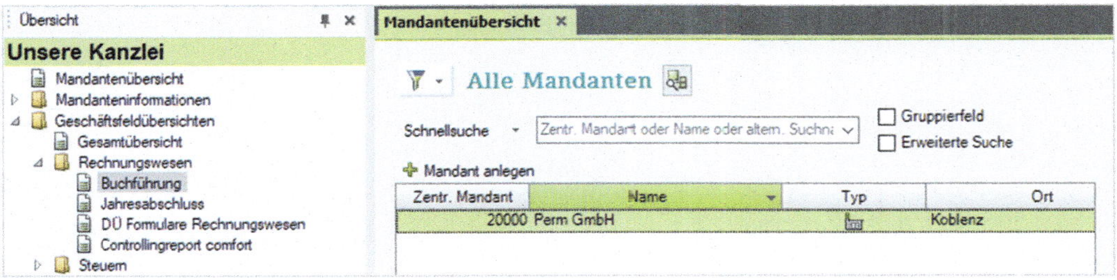

Bild 3.32 Mandanten anzeigen

Das Programm *Stammdaten Mandant* mit den Stammdaten des Mandanten 20000, Perm GmbH wird mit der Startseite angezeigt.

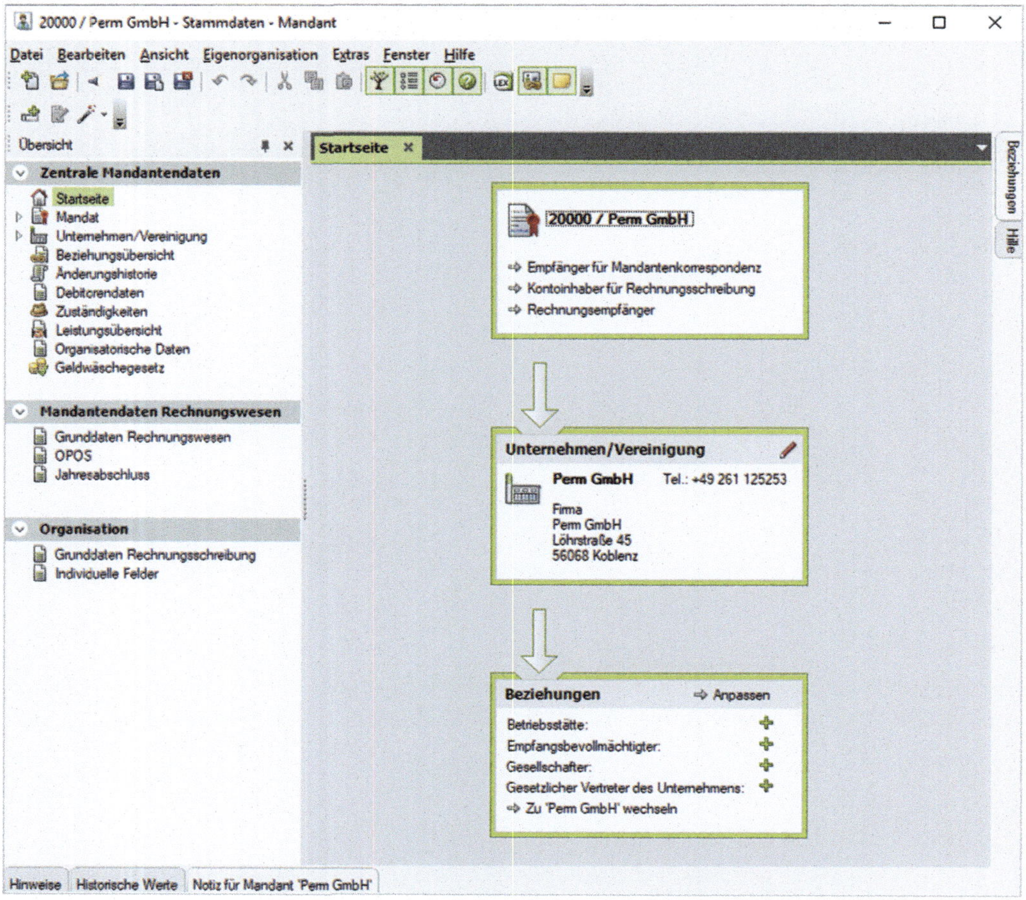

Bild 3.33 Stammdaten Mandant - Startseite

- Im Arbeitsblatt *Startseite* können Sie die Mandateinstellungen, hinterlegte Stammdaten zum Unternehmen/Vereinigung und zusätzliche Beziehungen einsehen bzw. ergänzen.
- In der *Übersicht* können Sie die Einträge *Zentrale Mandantendaten*, *Mandantendaten Rechnungswesen* und *Organisation* auswählen.

E-Mail Adresse ergänzen

Im ersten Schritt sollen die Kommunikationsdaten um eine E-Mail-Adresse erweitert werden.

1 Klicken Sie im Arbeitsblatt *Startseite* auf das Feld *Unternehmen/Vereinigung*, *Perm GmbH* (Bild 3.33).

Dadurch wird zusätzlich das Arbeitsblatt *Unternehmen/Vereinigung* geöffnet (Bild 3.34).

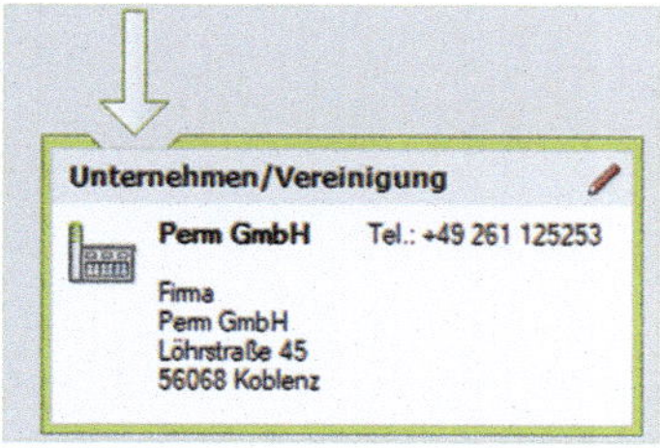

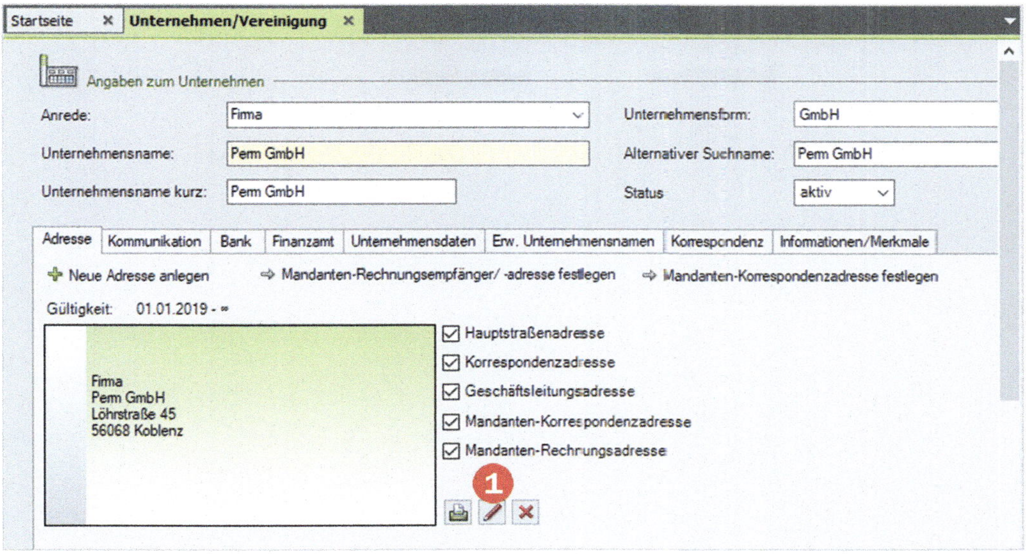

Bild 3.34 Arbeitsblatt Unternehmen

Tipp: Mit Klick auf das Symbol *Korrektur / Ergänzung* ❶ können hier die Adressdaten geändert werden.

2 Klicken Sie auf das Register *Kommunikation* ❶ (Bild unten). Es werden alle bisher erfassten Kommunikationsdaten angezeigt. Ergänzen Sie die Kommunikationsdaten um die E-Mail-Adresse: buchhaltung@perm.de.

Bild 3.35 E-Mail-Adressen eingeben

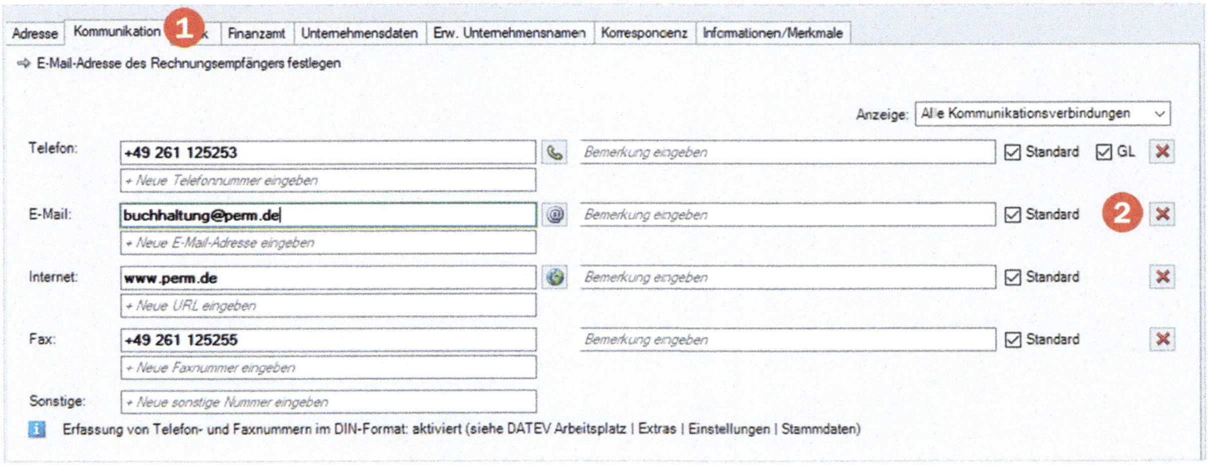

Hinweis: Über das Symbol *Löschen* ❷ kann ein Eintrag auch wieder entfernt werden.

Meldezeitraum ändern

Der Meldezeitraum *zusammenfassende Meldungen (ZM)* für Umsätze in die EU soll auf vierteljährlich festgelegt werden.

1 Klicken Sie in der Übersicht, *Mandantendaten Rechnungswesen* doppelt auf den Eintrag *Grunddaten Rechnungswesen*.

2 Ergänzen Sie den *Meldezeitraum ZM* um den Eintrag *Quartal* ❶.

Bild 3.36 Grunddaten Rechnungswesen ändern

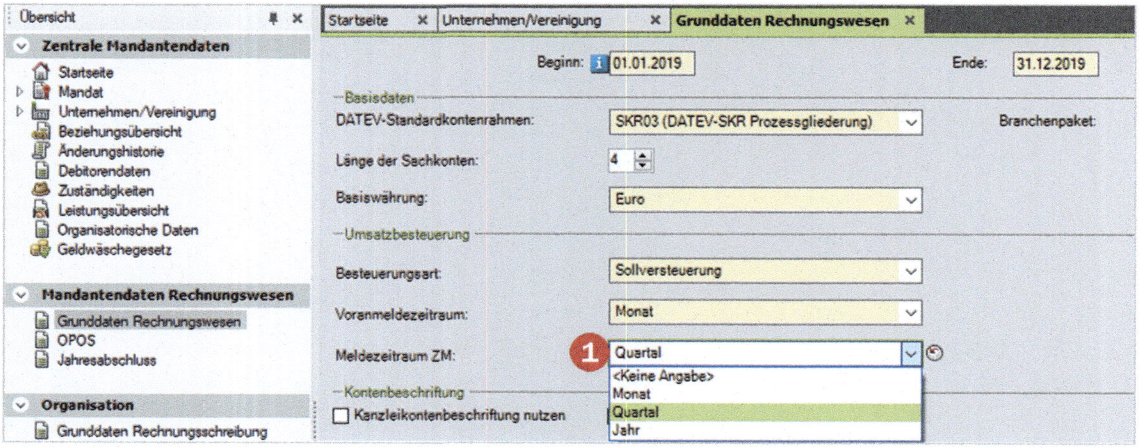

3 Speichern Sie anschließend die Änderungen, indem Sie in der Symbolleiste auf das Symbol *Speichern und schließen* klicken. Die E-Mailadresse und der Meldezeitraum ZM-Meldungen sind nun gespeichert.

Übung: Mandantenadressdaten erweitern

Herr Perm möchte eine zweite Telefonnummer in den Kontaktdaten hinterlegt haben.

Erfassen Sie in den Kommunikationsdaten die folgende weitere Telefonnummer: +49 261 1252800 Geschäftsleitung

Bild 3.37 Übersicht Kommunikation

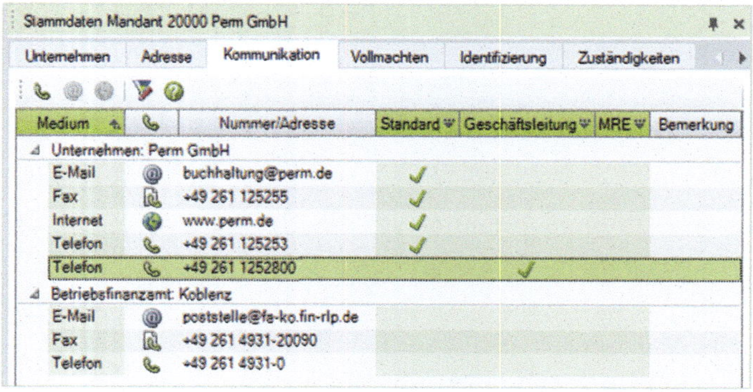

Tipps

- Über das Telefonsymbol kann bei entsprechender technischer Konfiguration eine Telefonverbindung aufgebaut werden.
- Über das Symbol @ kann eine E-Mail an den Adressaten erstellt werden.
- Über das Symbol (web) wird die Adresse im Internetbrowser dargestellt.

Übersicht Mandanten anlegen und bearbeiten

Das Neuanlegen von Mandanten oder Ändern bzw. Ergänzen von Mandantenstammdaten können Sie aus DATEV Arbeitsplatz auf verschiedene Weise durchführen, hier eine Übersicht.

- **Mandantenübersicht**

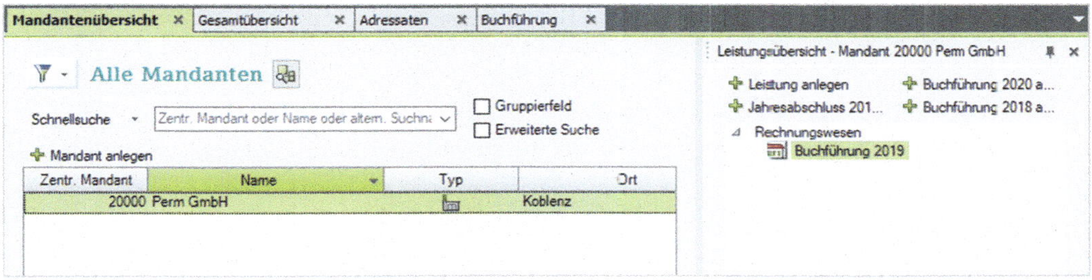

Bild 3.38 Mandantenübersicht

- **Geschäftsfeldübersichten / Gesamtübersicht**

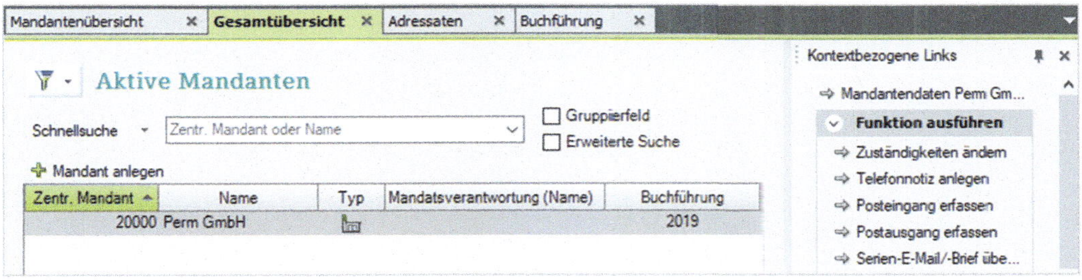

Bild 3.39 Gesamtübersicht

- **Stammdatenübersichten / Adressaten**

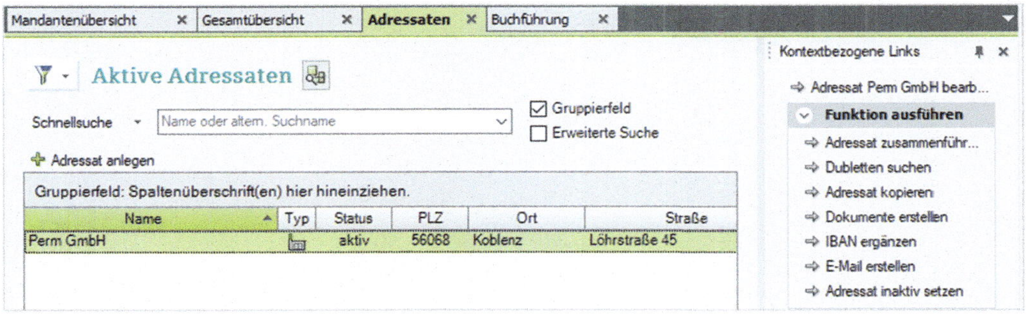

Bild 3.40 Adressdaten

- **Rechnungswesen / Buchführung**
  Im Gegensatz zu den anderen Übersichten können hier die Mandantendaten nur über die Funktion *Mandantendaten bearbeiten* ❶ ergänzt werden.

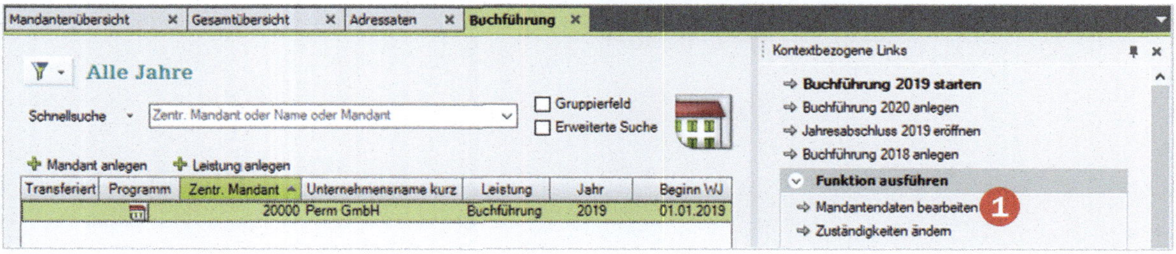

Bild 3.41 Rechnungswesen

Wichtiger Hinweis: Die Mandantenstammdaten können Sie aus der Mandantenübersicht oder *Geschäftsfeldübersichten/Gesamtübersicht* über den rechten Zusatzbereich ▶ *Kontextbezogene Links* Rubrik *Basisfunktionen* oder mit einem Rechtsklick auf dem Befehl *Basisfunktionen* ▶ *Sichern…* sichern und bei Bedarf einspielen (siehe Bild 3.42).

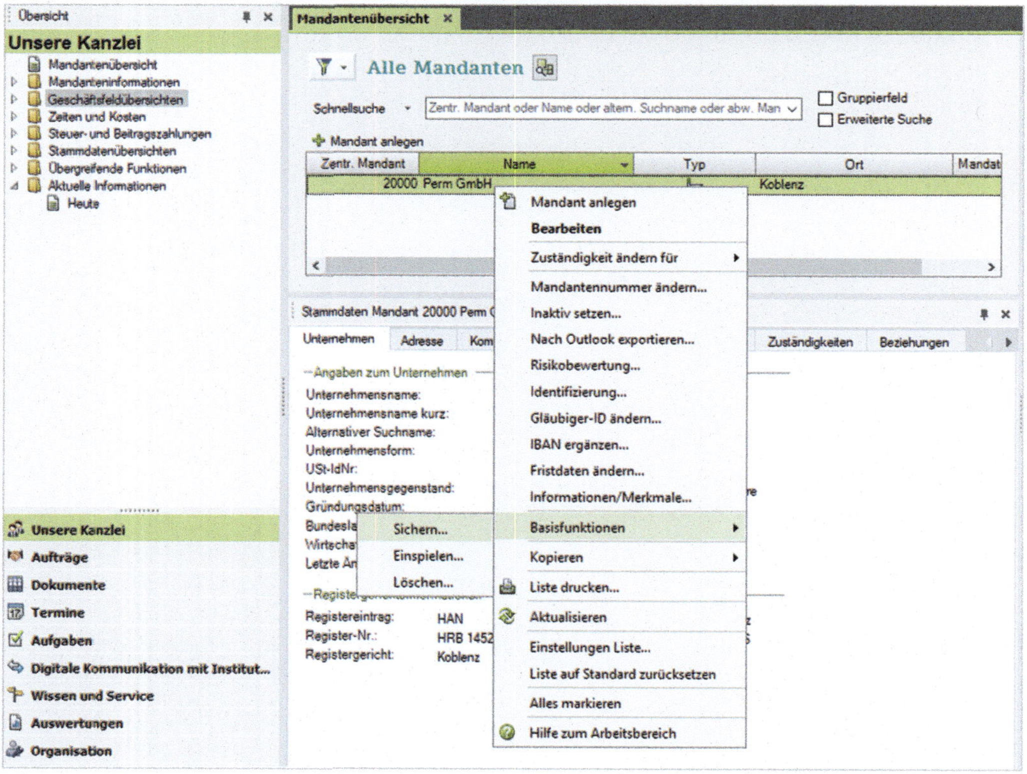

Bild 3.42 Basisfunktionen Sichern

4 Grundbedienung DATEV Kanzlei-Rechnungswesen

In diesem Kapitel lernen Sie, wie ...

- Sie einen Mandanten öffnen und beenden,
- das Programm DATEV Kanzlei-Rechnungswesen aufgebaut ist,
- Sie mit dem Hilfssystem in DATEV Kanzlei-Rechnungswesen umgehen,
- Mandanten gesichert und wieder eingespielt werden,
- ein Mandant gelöscht werden kann.

4.1 Mandanten in Kanzlei-Rechnungswesen öffnen und beenden

Mandanten öffnen

Um einen Mandanten in DATEV Kanzlei-Rechnungswesen zu öffnen, gehen Sie wie folgt vor:

1 Öffnen Sie in der Übersicht *Unsere Kanzlei* die *Geschäftsfeldübersicht* ▶ *Rechnungswesen/Buchführung* und klicken Sie dann im Arbeitsbereich auf den Mandanten 20000 Perm GmbH ❶.

Bild 4.1 Mandanten auswählen

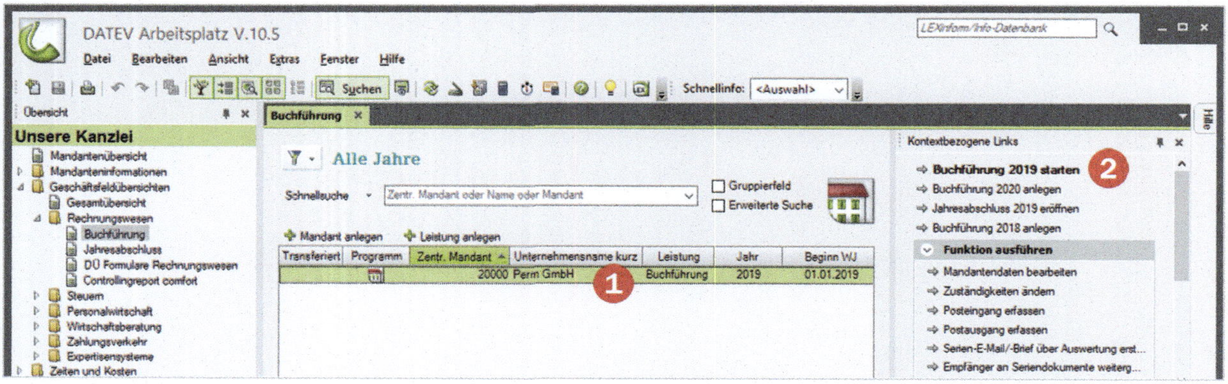

2 Um die Buchführung für den Mandanten durchzuführen, klicken Sie anschließend rechts im Zusatzbereich *Kontextbezogene Links* auf den Eintrag *Buchführung 2019 starten* ❷.

Alternativ können Sie den Mandanten auch mit einem Doppelklick im Arbeitsblatt *Buchführung* öffnen.

3 Das Programm DATEV Kanzlei-Rechnungswesen startet und öffnet den Bestand der Finanzbuchhaltung für den Mandanten 20000 Perm GmbH.

Hinweis: Bei einer Erstinstallation wird Ihnen automatisch das Arbeitsblatt *Top-Themen* mit aktuellen Themen rund um das Thema Rechnungswesen angezeigt (Bild 4.2).

Unterhalb des Arbeitsblattes können Sie das Arbeitsblatt deaktivieren, damit es nicht bei jedem Programmstart erneut erscheint. Es kann bei Bedarf jederzeit mit einem Doppelklick auf den Eintrag *Top-Themen* erneut angezeigt werden.

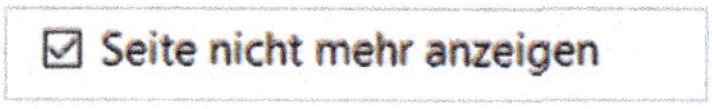

4 Aktivieren Sie das Kontrollkästchen *Seite nicht mehr anzeigen*.

In der Titelleiste sind folgende Informationen zum geöffneten Mandanten sichtbar (Bild 4.2):

- Zentrale Mandantennummer: 20000
- Mandantenname: Perm GmbH
- Beraternummer: 129805
- Mandantennummer: 20000
- Geschäftsjahr: 2019

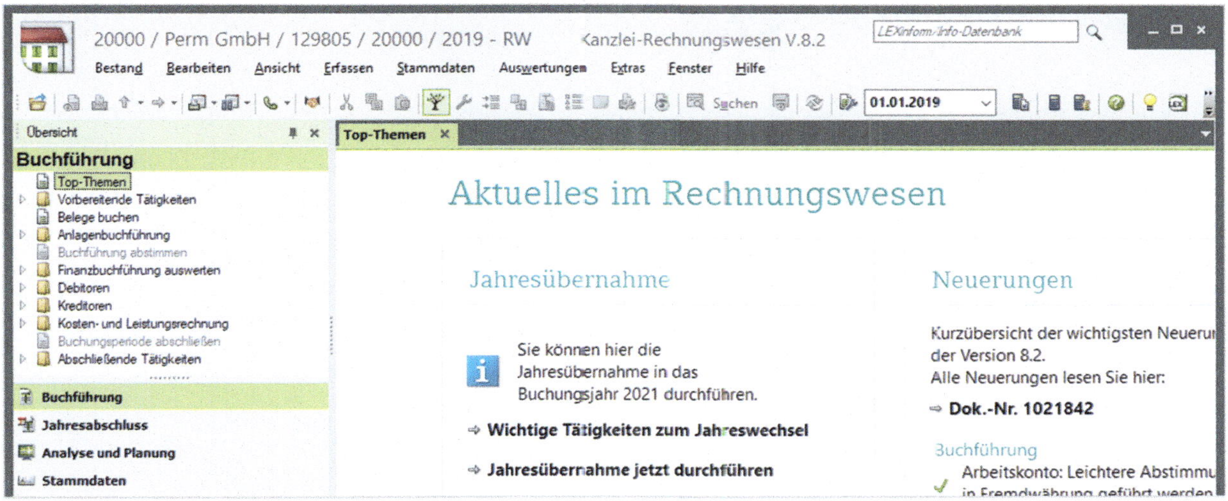

Bild 4.2 DATEV Kanzlei-Rechnungswesen

Über den Menüpunkt *Bestand* können die zuletzt genutzten Mandanten schnell geöffnet werden. Standardmäßig werden vier Einträge angezeigt, über den Menüpunkt *Extras* ▶ *Einstellungen* und die Auswahl *Menü* können diese ggf. erweitert werden.

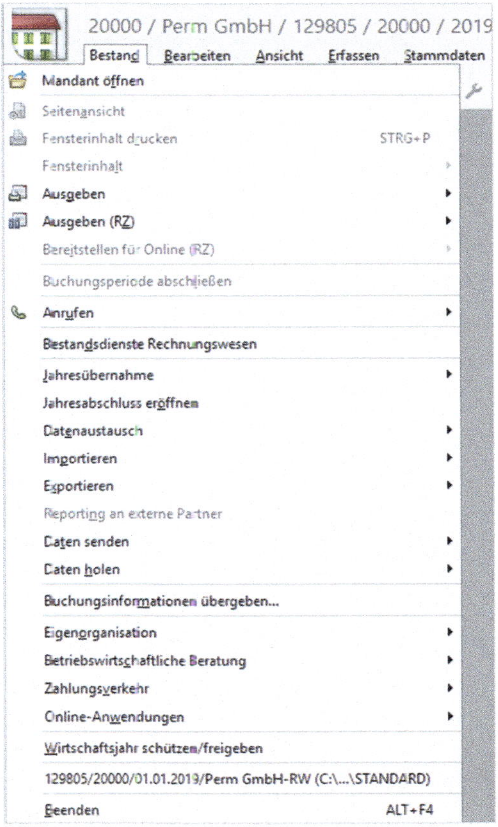

Bild 4.3 Menü Bestand

Mandanten beenden

1 Um einen Mandanten in DATEV Kanzlei-Rechnungswesen zu beenden, wählen Sie den Menüpunkt *Bestand* ▶ *Beenden* oder klicken auf das *Schließen*-Symbol am oberen rechten Fensterrand oder drücken die Tastenkombination Alt+F4.

Sie befinden sich anschließend wieder in DATEV Arbeitsplatz in der Übersicht *Rechnungswesen/Buchführung*.

Hinweis: Alternativ können Sie aus DATEV Arbeitsplatz heraus einen Mandanten in DATEV Kanzlei-Rechnungswesen auch öffnen, indem Sie in der Übersicht auf *Mandantenübersicht* ❶ klicken, den Mandanten ❷ auswählen und dann in der *Leistungsübersicht* auf *Buchführung 2019* ❸ klicken, siehe Bild unten.

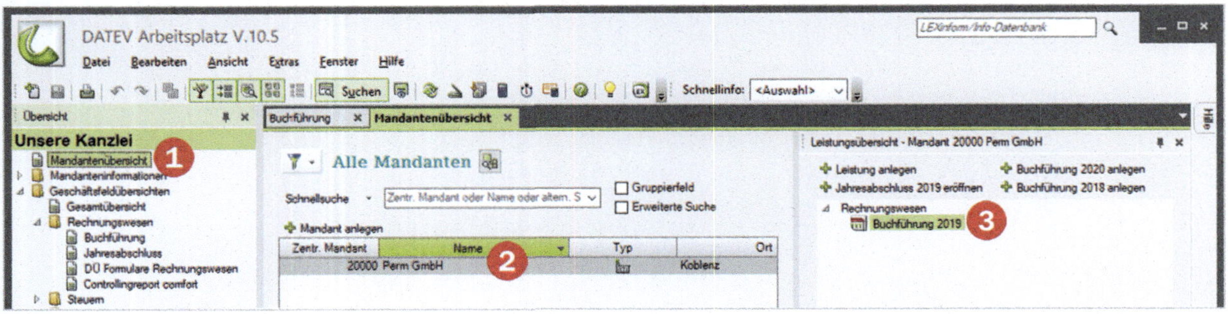

Bild 4.4 DATEV Arbeitsplatz

Übung: Start und Beenden von DATEV Kanzlei-Rechnungswesen

Aufgabe 1

Öffnen Sie den Mandanten Perm GmbH in Kanzlei-Rechnungswesen.

Aufgabe 2

Sie möchten die Anzahl der zuletzt geöffneten Mandanten auf 6 erweitern.

? Über welchen Befehl können Sie dies durchführen?

....

....

Die Lösung zu Aufgabe 2 finden Sie im Lösungsbuch, siehe Vorwort S. 4.

4.2 Programmaufbau Kanzlei-Rechnungswesen

Standardmäßig wird Ihnen in der Übersicht die Buchführung mit den entsprechenden Einträgen aufgeführt. Die Bedienung der Struktur ist hierbei identisch mit der vom DATEV Arbeitsplatz.

Bild 4.5 Kanzlei Rechnungswesen - Übersicht

- Über die Rubrik *Buchführung* wird die eigentliche Buchführung vorgenommen. Zusätzlich stehen Ihnen hier noch folgende weitere Rubriken zur Verfügung.

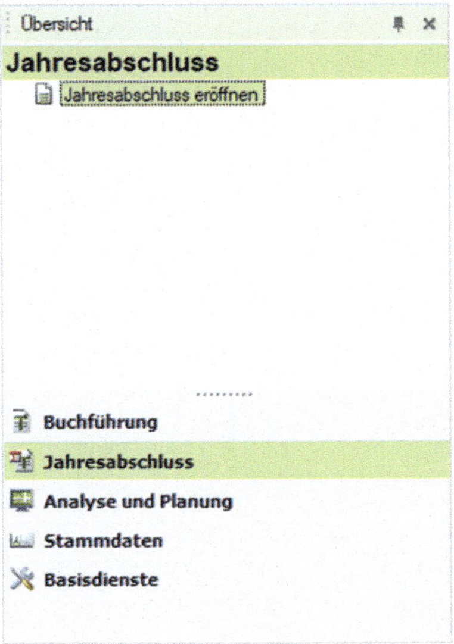

Bild 4.6 Jahresabschluss

Bild 4.7 Stammdaten

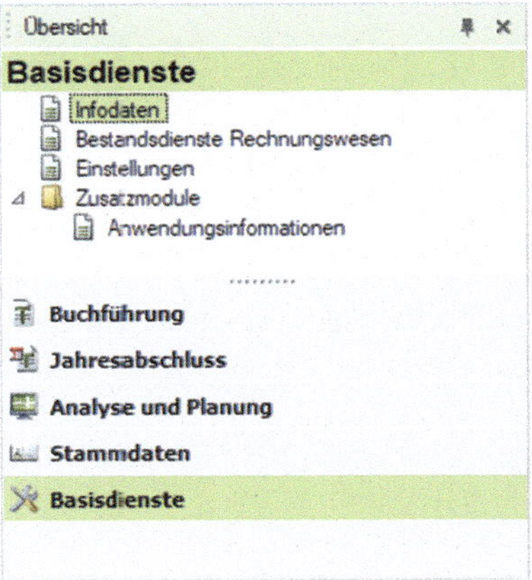

Bild 4.8 Basisdienste

- Klicken Sie auf die Rubrik *Jahresabschluss* (Bild 4.6).
  Über diese Rubrik kann die Eröffnungsbilanz und zum Ende des Geschäftsjahres der Jahresabschluss aktiviert werden.
- Klicken Sie auf die Rubrik *Stammdaten*.
  In der Rubrik *Stammdaten* (Bild 4.7) können Sie die Mandantenstammdaten sowie auch die Stammdaten der Buchführung anlegen oder erweitern.
- Klicken Sie dann auf die Rubrik *Basisdienste* (Bild 4.8).
  In dieser Rubrik können Sie auf die Bestandsdienste Rechnungswesen wechseln, Einstellungen bearbeiten oder Infodaten aus der Buchhaltung einsehen.
- Über die Rubrik *Analyse und Planung* lassen sich für ein Unternehmen Planungen, Prognosen und Lagen analysieren.
- Klicken Sie zuletzt wieder auf die Rubrik *Buchführung*.

4.3 Die Hilfe in DATEV Kanzlei-Rechnungswesen

DATEV Kanzlei-Rechnungswesen unterstützt verschiedene Hilfemöglichkeiten. Sie können von jeder beliebigen Programmstelle aus aktiviert und in Anspruch genommen werden. Die Hilfe unterteilt sich in folgende Bereiche:

- Allgemeine Hilfe,
- kontextbezogene Hilfe in Dialogfenstern,
- Lexinform/Info-Datenbank.

Die allgemeine Hilfe

Die Programmhilfe öffnen Sie über den Befehl *Hilfe* ▶ *Inhalt, Index und Suchen…* oder durch Drücken der F1-Taste oder über das *?*-Symbol in der Symbolleiste. Das Dialogfenster enthält die Registerkarten *Inhalt*, *Index*, *Suchen* und *Favoriten*.

Bild 4.9 Allgemeine Hilfe

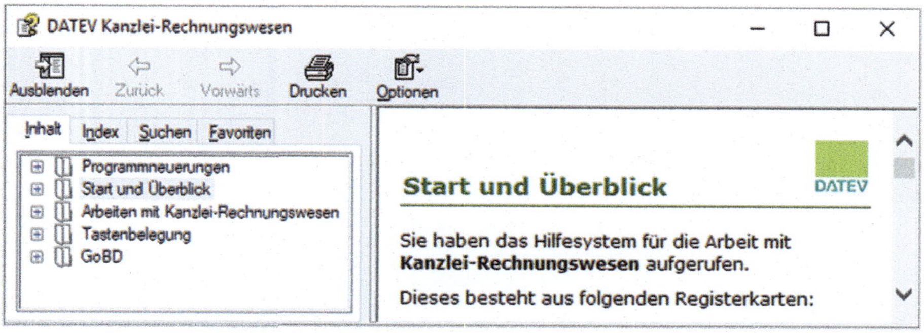

Das Register Inhalt

Ausgangssituation
Sie möchten die Arbeitsoberfläche von DATEV Kanzlei-Rechnungswesen kennenlernen.

Um dieses Hilfethema in der Inhaltsübersicht aufzurufen, gehen Sie wie folgt vor:

1 Klicken Sie im Register *Inhalt* auf das Plussymbol ⊞ links vom Eintrag *Start und Überblick*. Unterhalb erscheinen die dazugehörigen Hilfethemen.

2 Im zweiten Schritt klicken Sie auf das Plussymbol vor *Arbeitsoberfläche DATEV Programme*. Nun erscheinen die einzelnen Hilfeeinträge zum ausgewählten Thema.

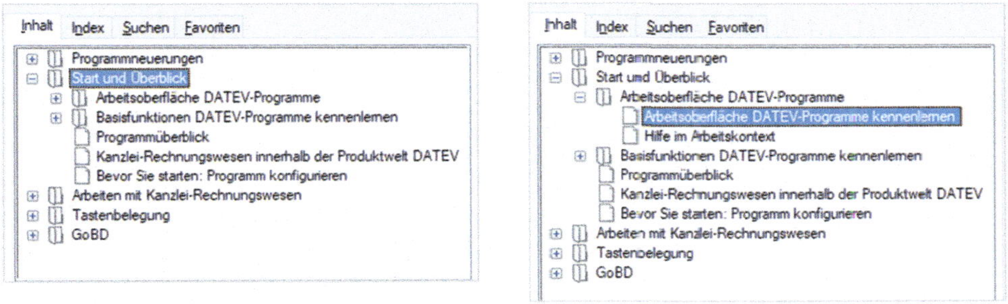

Bild 4.10 Hilfethemen einblenden

3 Um den Hilfetext einzusehen, klicken Sie auf den Eintrag *Arbeitsoberfläche DATEV-Programme kennenlernen*. Der dazugehörige Hilfetext erscheint im rechten Teil des Fensters.

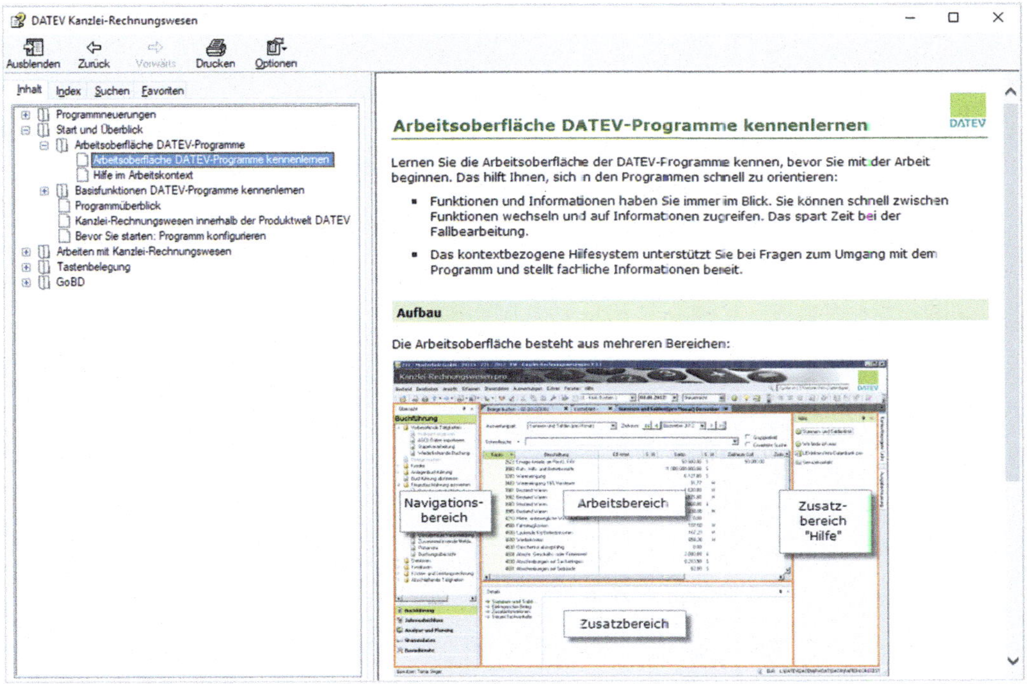

Bild 4.11 Beispiel Arbeitsoberfläche kennenlernen

Tipp: Mit einem Klick auf das Buchsymbol ⊟ 📖 oder mit Doppelklick schließen Sie das zuvor aufgerufene Hilfethema wieder. Möchten Sie ein anderes Hilfethema schnell öffnen, können Sie dieses ebenfalls mit Doppelklick auf ein Buchsymbol ⊞ 📖 öffnen.

Das Register Index

Ausgangssituation
Sie möchten sich über die seit dem Jahr 2013 abzugebende E-Bilanz informieren.

Das Register *Index* zeigt eine alphabetisch geordnete Liste der Hilfethemen an. Es wird wie folgt genutzt:

1 Klicken Sie auf das Register *Index*.

2 Geben Sie, wie in der folgenden Abbildung dargestellt, E-Bilanz in das Eingabefeld *Zu suchendes Schlüsselwort* ein. Eine alphabetisch geordnete Liste, beginnend mit dem Schlüsselwort, wird unterhalb angezeigt.

3 Mit Doppelklick auf einen Eintrag, hier *Übersicht,* wird rechts der dazugehörige Hilfetext angezeigt.

Bild 4.12 Hilfe per Index aufrufen

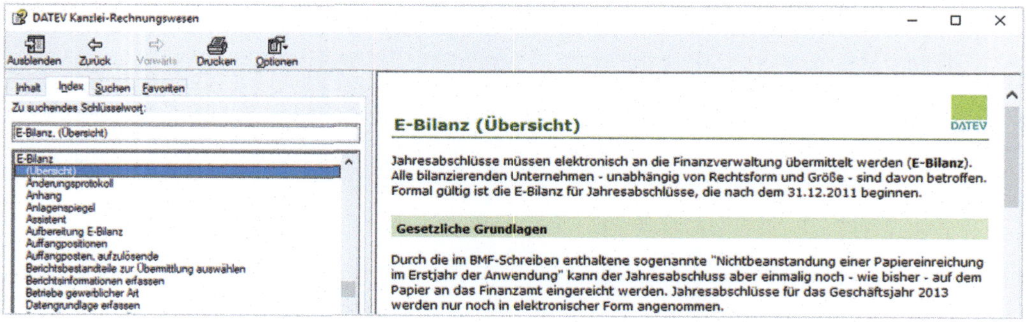

Das Register Suchen

Ausgangssituation
Sie suchen Informationen, wie die Stammdaten der Bank erfasst werden können.

Im Register *Suchen* können Sie gezielt nach einem Stichwort suchen, dabei gehen Sie folgendermaßen vor:

1 Klicken Sie auf das Register *Suchen*.

2 Geben Sie, wie in Bild 4.13 dargestellt, Bank anlegen unter *Suchbegriff(e) eingeben* in die Eingabezeile ein und klicken Sie dann auf *Themen auflisten*.

3 Unterhalb erscheint eine Trefferliste mit Hilfethemen, nach Relevanz geordnet.

4 Um den Hilfetext anzuzeigen, klicken Sie auf *Bank bearbeiten* und anschließend auf die Schaltfläche *Anzeigen*.

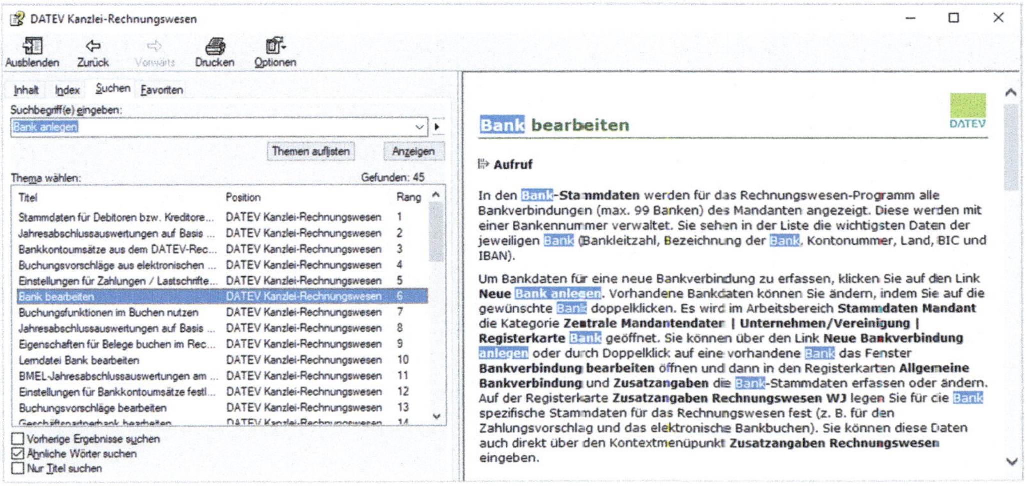

Bild 4.13 Nach Suchbegriff suchen

Das Register Favoriten

> **Ausgangssituation**
> Sie möchten den Hilfetext zum Thema Bank anlegen zu den Favoriten hinzufügen.

Im Register *Favoriten* können Hilfethemen dauerhaft als Favoriten hinterlegt werden. Dazu gehen Sie wie folgt vor:

1 Klicken Sie auf das Register *Favoriten*. Falls Sie zuvor ein Hilfethema aufgerufen haben, z. B. über die Suche das Thema *Bank bearbeiten*, wird dieses automatisch als Thema übernommen.

2 Um das Hilfethema den Favoriten hinzuzufügen, klicken Sie auf die Schaltfläche *Hinzufügen*. Das Thema wird im Register *Favoriten* gespeichert und kann hier bei Bedarf jederzeit wieder angezeigt werden. Sie müssen also bei einer späteren Suche nicht erneut über die Register *Index* oder *Suchen* nach diesem Thema suchen.

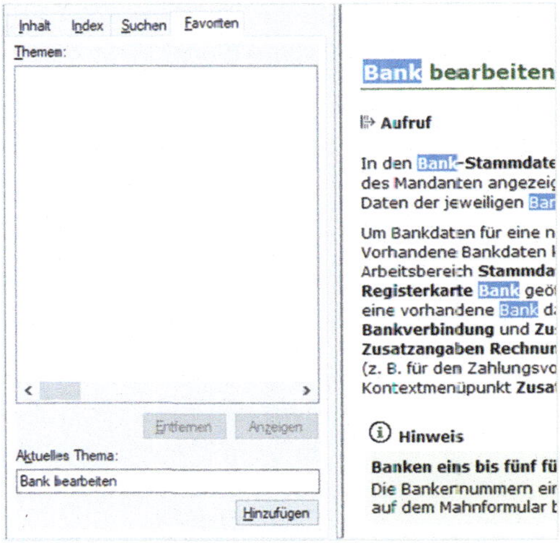

Bild 4.14 Hilfe zu Favoriten hinzufügen

Über die Schaltfläche *Anzeigen* wird rechts der dazugehörige Hilfetext angezeigt. Mit der Schaltfläche *Entfernen* können Sie einen Eintrag aus den Favoriten löschen.

3 Schließen Sie dann das Hilfefenster mit Klick auf das *Schließen*-Symbol ✕ .

Kontextbezogene Hilfe

Die kontextbezogene Hilfe wird Ihnen in Dialogfenstern, z. B. *Extras* ▶ *Einstellungen…* über das *?*-Symbol ❶ angeboten. Ein Klick auf das Symbol zeigt kontextbezogene Hilfethemen zum Dialogfenster, z. B. *Einstellungen*, an.

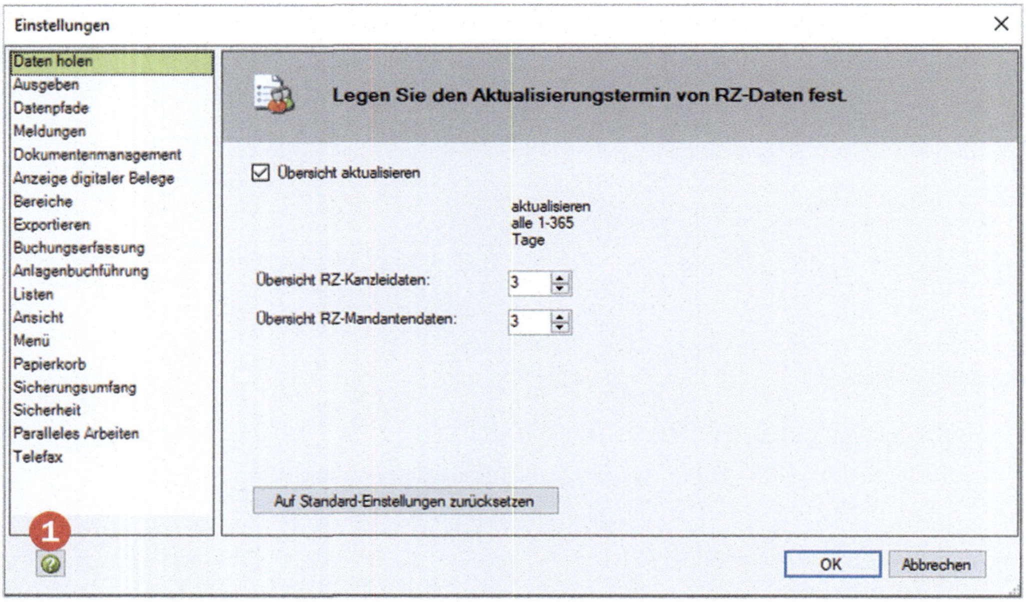

Bild 4.15 Kontextbezogene Hilfe in Dialogfenstern

Hinweis: Während des Buchens kann die kontextbezogene Hilfe über das Symbol *?* am rechten Fensterrand eingeblendet werden.

LEXinform/Info-Datenbank

LEXinform/Info-Datenbank unterstützt Sie dabei, Informationen in der Datenbank von LEXinform, Elektronisches Wissen und über die Informations-Datenbank zu finden. Sie können zielgenau Informationen und Dokumente suchen, LEXinform fungiert hierbei auch als Nachschlagewerk (Lexika).

Achtung: DATEV hatte bis zum Ende des Jahres 2017 auf Bestellung für Bildungsträger die LEXinform-DVD kostenlos ausgeliefert. Seit Januar 2018 ist diese Hilfefunktion nur noch über das DATEV Rechenzentrum (mit Legitimation über eine Smartcard und Pin) nutzbar. Benutzer ohne Smartcard können allerdings über die DATEV Onlinehilfe auf verschieden angebotene Hilfethemen zu LEXinform/El. Wissen und der Info-Datenbank verfügen.

In den DATEV-Programmen kann LEXinform über das Symbol bzw. die Informationsdatenbank über das Symbol gestartet werden, wenn Sie eine Anbindung an das DATEV Rechenzentrum besitzen. Da Sie höchstwahrscheinlich keinen direkten Zugang zum Rechenzentrum besitzen, können Sie lediglich auf die Onlinehilfe über einen Internet-Browser auf Informationen zu LEXinform/Info-Datenbank zurückgreifen. Um die Hilfemöglichkeit von LEXinform online anzeigen zu lassen, gehen Sie wie folgt vor:

1 Starten Sie Ihren Internet-Browser und geben Sie die folgende URL ein: https://www.datev.de/dnlexom/client/app/index.html#/start

Die Onlinehilfe zu LEXinform/Info-Datenbank online wird Ihnen angezeigt. Achtung: Die Inhalte können aufgrund der Onlinepräsenz natürlich variieren.

Bild 4.16 Onlinehilfe LEXinform/Info-Datenbank online

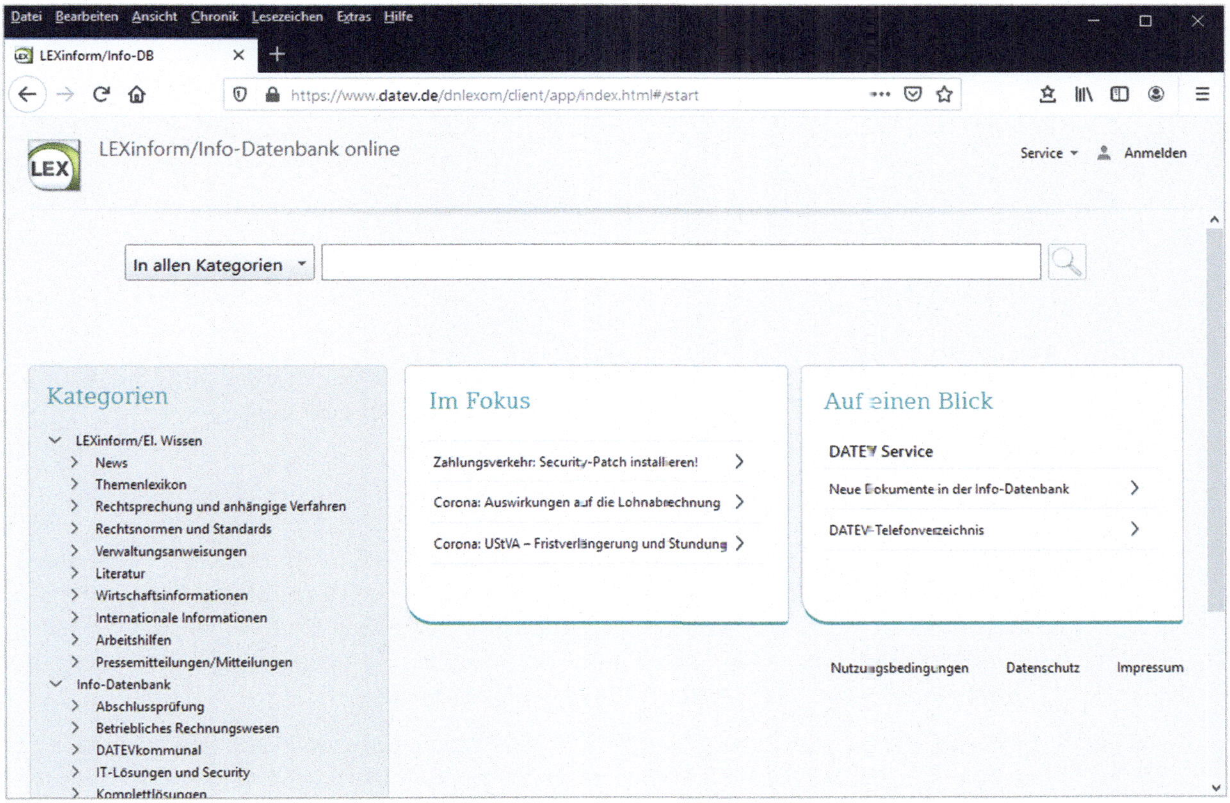

Auf dieser Internetseite haben Sie jetzt die Möglichkeit, nach Hilfetexten zu einem bestimmten Thema über die Kategorien oder über Suchbegriffe zu suchen.

Hinweis: Sollte der Link aufgrund einer Umstellung auf der Internetseite nicht mehr funktionieren, wechseln Sie über die Webadresse www.datev.de auf die Startseite von DATEV und suchen dort nach dem Begriff LEXinform.

2 Schließen Sie anschließend den Internet-Browser, indem Sie rechts oben auf das Schließen-Symbol ✕ klicken.

Die Lösungen finden Sie im Lösungsbuch, siehe Vorwort S. 4

Übung: Allgemeine Hilfe

Aufgabe 1

Suchen Sie über die Hilfe Informationen über:
- Kontenrahmen
- Mandant einspielen
- Anlegen von Geschäftspartnern

Aufgabe 2

Fügen Sie die Suche nach dem Anlegen von Geschäftspartnern den Favoriten hinzu.

Aufgabe 3

Suchen Sie über das Register Inhalt die Tastenbelegungen für Belege buchen.

4.4 Mandantensicherung und Mandantenverwaltung

Mandanten sichern

Ein zentrales und wichtiges Element von DATEV Kanzlei-Rechnungswesen ist die Datensicherung, damit im Falle eines Datenverlustes, beim Programmabsturz oder bei fehlerhaften Eingaben auf eine Datensicherung zurückgegriffen werden kann. Diese Arbeitsschritte sollten Sie sicher beherrschen, denn sie werden in der Praxis täglich - mindestens jedoch vor Monatsabschlüssen und vor dem Jahresabschluss - durchgeführt.

Achtung: Eine Datensicherung in DATEV Kanzlei-Rechnungswesen kann nur außerhalb des Programms selbst durchgeführt werden. Das Programm muss also zwingend beendet sein, um eine Datensicherung ablaufen zu lassen.

Um eine Datensicherung der Firma Perm GmbH zu erstellen, gehen Sie wie folgt vor:

1. Beenden Sie das Programm DATEV Kanzlei-Rechnungswesen über den Menüpunkt *Bestand* ▶ *Beenden*.
2. Aktivieren Sie in DATEV Arbeitsplatz die *Geschäftsfeldübersicht* ▶ *Rechnungswesen/Buchführung*.
3. Klicken Sie im rechten Zusatzbereich auf den Link *Bestandsdienste Rechnungswesen* ❶, um das gleichnamige Programm zu starten (Bild 4.17).

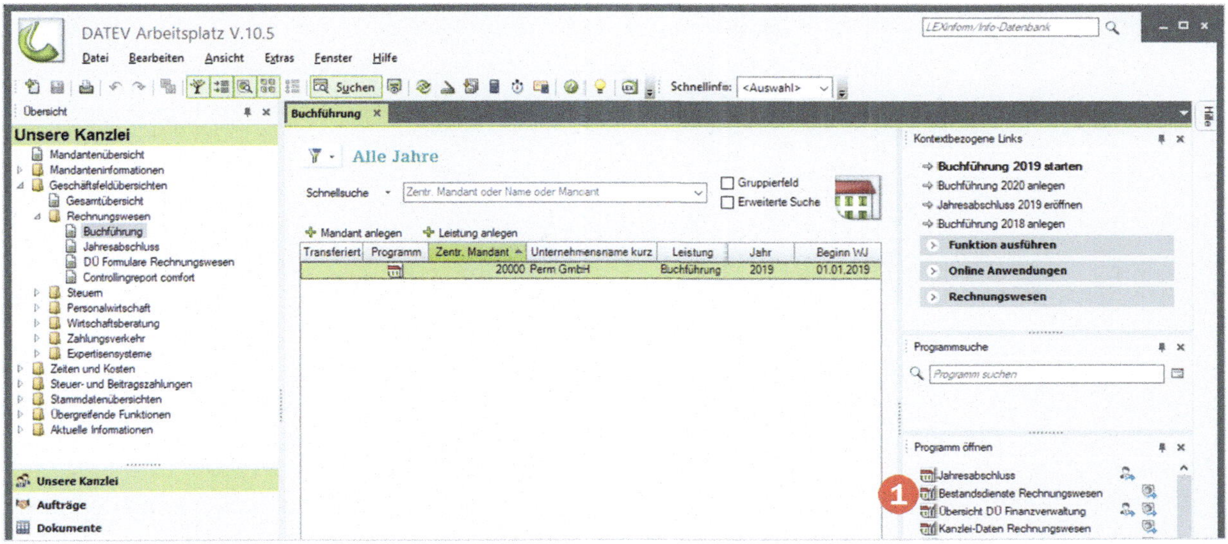

Bild 4.17 Arbeitsplatz

4 Klicken Sie in der Übersicht doppelt auf den Eintrag *Bestands-Manager* ▶ *Mandant* und klicken auf den Mandanten Perm GmbH 20000, Beraternummer 129805. Im rechten Zusatzbereich werden Ihnen jetzt die verfügbaren Funktionen angezeigt (Bild 4.18).

5 Klicken Sie im Zusatzbereich *Basisfunktionen* auf den Link *Sichern* ❷.

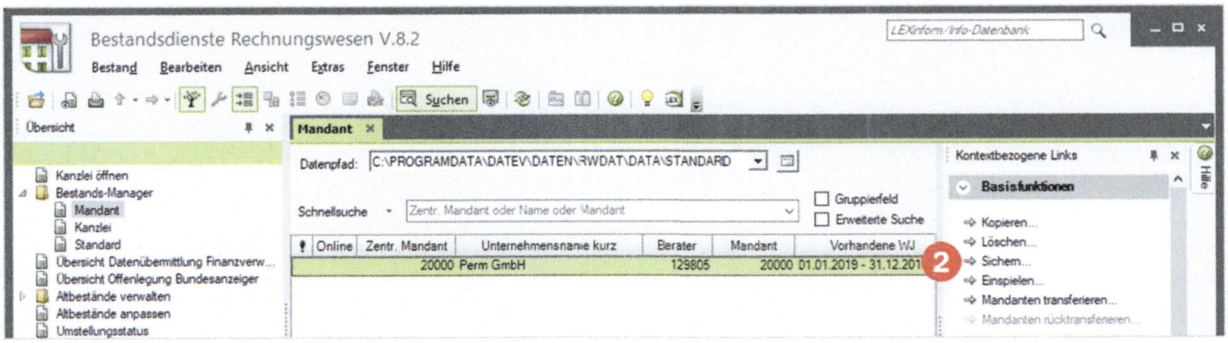

Bild 4.18 Bestandsdienste Rechnungswesen

Mit Klick auf *Einspielen...* können Sie eine Sicherung wieder einspielen.

6 Das Fenster *Mandant sichern* zeigt Beraternummer und Mandantennummer an, ggf. können Sie den Umfang der Datensicherung festlegen (Bild 4.20). Im das Auswahlfeld *Sicherung erstellen für Rechnungswesen* können Sie anstelle der aktuellen Einstellung *ab V.8.2* auch eine frühere Version von DATEV Kanzlei-Rechnungswesen angeben. Klicken Sie auf die Schaltfläche *Sichern*.

7 Im nächsten Schritt werden Speicherort und Name der Sicherung festgelegt (Bild 4.19). Als Speicherort wird standardmäßig zunächst der Ordner *Dokumente* vorgeschlagen. Über das Symbol *Ordner suchen* ❸ können Sie einen anderen Speicherort wählen. Wählen Sie in unserem Fall als Speicherort den Ordner *Dokumente* auf der Festplatte.

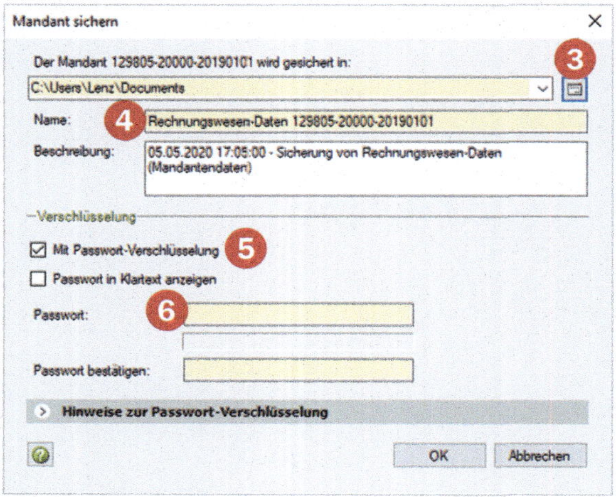

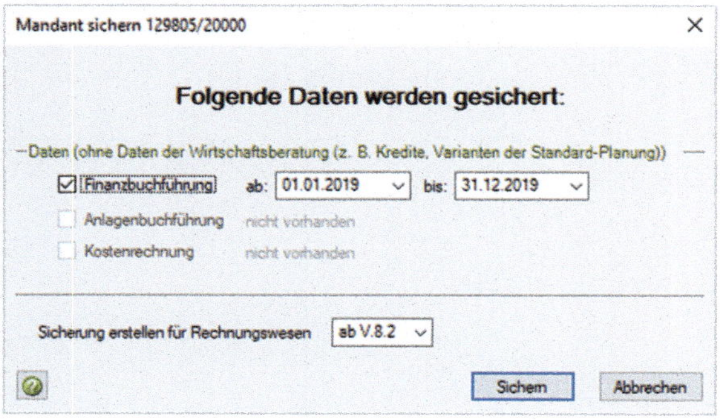

Bild 4.19 Speicherort und Name

Bild 4.20 Sicherungsumfang

8 Im Feld *Name* geben Sie den Namen der Sicherung ein ❹ sowie optional darunter eine Beschreibung.

9 Optional können Sie eine Verschlüsselung der Daten mit Passwort festlegen ❺.Geben Sie dazu im Feld *Passwort* ❻ ein Passwort für die Sicherung ein, dieses müssen Sie im Feld *Passwort bestätigen* ein zweites Mal eingeben. Möchten Sie keine Passwort-Verschlüsselung durchführen, dann deaktivieren Sie das Kontrollkästchen *Mit Passwort-Verschlüsselung*.

Tipp: Über das Kontrollkästchen *Passwort in Klartext anzeigen*, wird Ihnen das Passwort während der Eingabe angezeigt.

10 Klicken Sie anschließend auf die Schaltfläche *OK*, damit wird die Datensicherung im angegebenen Ordner durchgeführt. Nach erfolgter Sicherung erhalten Sie eine Meldung (Bild 4.22). Klicken Sie abschließend auf die Schaltfläche *OK*.

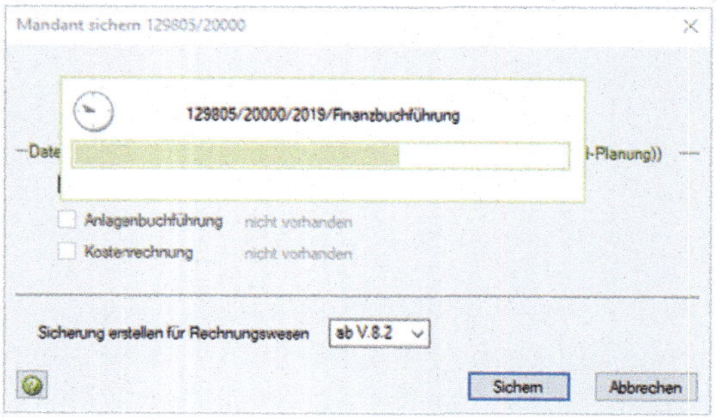

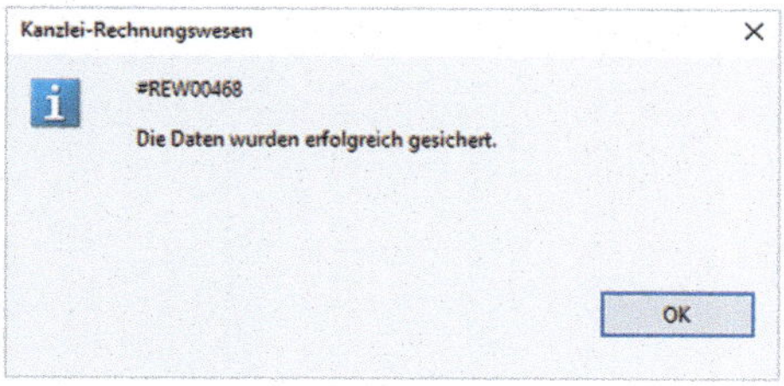

Bild 4.21 Datensicherung wird durchgeführt

Bild 4.22 Die Daten wurden gesichert

Im angegebenen Ordner wird eine Datei mit der Endung dvsdRW gespeichert. Diese Datei wird beim Rücksichern wieder eingespielt.

Wichtiger Hinweis: Die Speicherung sollte möglichst auf einem externen Datenträger erfolgen, da der Computer, auf dem das Programm installiert ist, aufgrund von betriebssystembedingten Fehlern oder Hardwarefehlern ausfallen kann. Die Sicherung kann auch auf einem beliebigen Speicherort auf der Festplatte durchgeführt werden, sollte dann aber anschließend auf einen externen Datenträger übertragen werden.

Mandanten rücksichern

In der Praxis sichern Sie die Daten eines Mandanten zurück, wenn Daten zerstört wurden oder Sie einen bestimmten Datenstand einspielen wollen. Das Rücksichern von Mandanten wird in Kanzlei-Rechnungswesen als Einspielen bezeichnet.

1 Klicken Sie rechts im Zusatzbereich *Basisfunktionen* auf den Link *Einspielen...* (siehe Bild 4.18 auf Seite 69), um das Dialogfenster *Mandanten einspielen* zu öffnen.

2 Klicken Sie auf das Symbol *Ordner suchen* ❶, um den Speicherort der Sicherung auszuwählen. Unter *Verfügbare Sicherungen* wird die Sicherung mit Name, Beraternummer, Mandantennummer und Sicherungsdatum angezeigt ❷. Falls hier mehrere Sicherungen erscheinen, wählen Sie anhand des Kontrollkästchens ❸ die gewünschte aus.

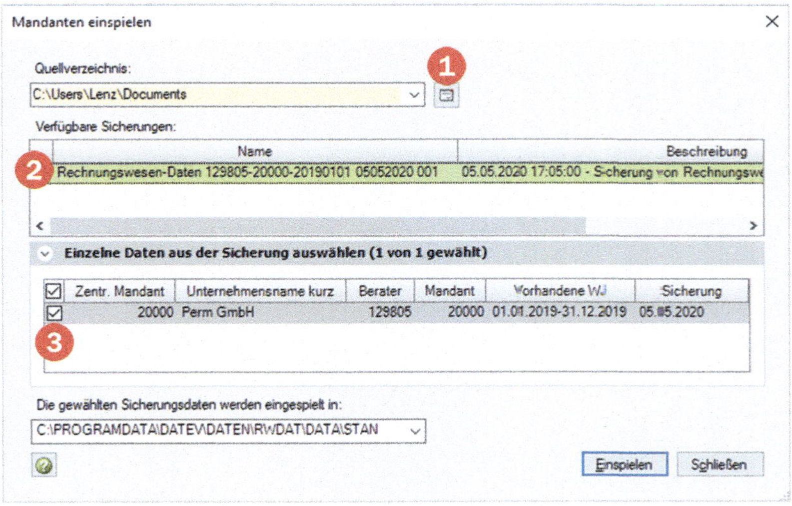

Bild 4.23 Mandanten einspielen

3 Wenn Sie bei der Datensicherung ein Passwort vereinbart haben, so werden Sie anschließend aufgefordert, dieses im Feld *Passwort* einzugeben.

4 Klicken Sie anschließend auf die Schaltfläche *Einspielen*. Sie erhalten die, in Bild 4.24 abgebildete Zusammenfassung, die Sie mit der Schaltfläche *Einspielen* bestätigen.

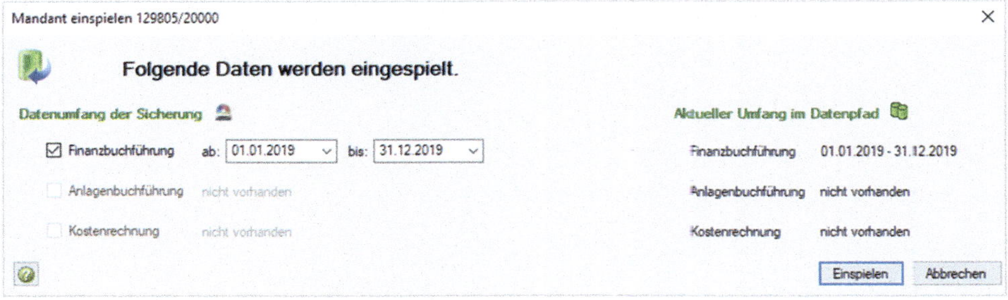

Bild 4.24 Datenumfang der Sicherung

5 Existieren bereits Daten, werden diese überschrieben. Bestätigen Sie die Sicherheitsabfrage, indem Sie auf die Schaltfläche *Ja, alle* klicken. Sie erhalten nach erfolgreicher Rücksicherung abschließend eine Meldung, dass die Daten, also der Mandant 20000 Perm GmbH, eingespielt wurden.

Bild 4.25 Sicherheitswarnung

Bild 4.26 Abschließende Meldung

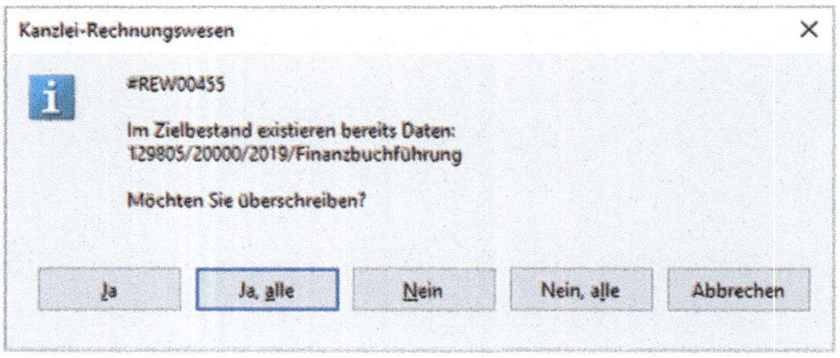

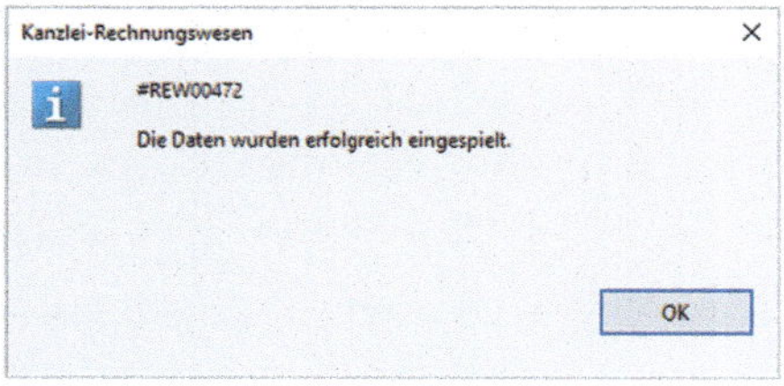

6 Schließen Sie abschließend das Fenster *Mandanten einspielen*, indem Sie auf die Schaltfläche *Schließen* klicken.

Funktionen zur Mandantenverwaltung

Für die Mandantenverwaltung stehen Ihnen im rechten Zusatzbereich die folgenden Möglichkeiten zur Verfügung.

Bild 4.27 Mandantenverwaltung - Zusatzfunktionen

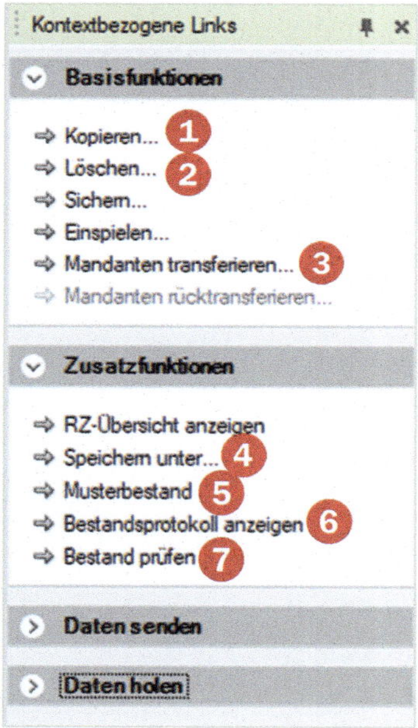

1. Falls mehrere Datenpfade angelegt sind, kann der einzelne Mandant von einem Datenpfad in einen anderen kopiert werden. Die Daten des ursprünglichen Mandanten bleiben erhalten.
2. Über den Link *Löschen…* können Sie die Mandantendaten löschen. Sie sind jedoch noch im Papierkorb vorhanden und könnten unter Umständen wieder hergestellt werden.
3. Über diesen Link können Sie Datenbestände auf ein anderes Laufwerk kopieren. Nur für kurzfristigen Gebrauch z. B. auf einem Notebook, bestimmt, da der aktuelle Datenbestand gesperrt wird.
4. Über den Link *Speichern unter* können Sie einen Mandanten unter einer anderen Beraternummer oder einer anderen freien Mandantennummer speichern.
5. Über diesen Link können Sie mehrere Übungsmandanten einspielen und mit diesen Datenbeständen testweise üben.
6. Welche Befehle in der Mandantenverwaltung ausgeführt wurden, können über den Link *Bestandsprotokoll anzeigen* aufgeführt werden.
7. Bei Problemen mit einem Bestand können Sie anhand des Links *Bestand prüfen* den Bestand auf Fehler untersuchen lassen.

Die Zusatzbereiche *Daten senden* und *Daten holen* sind bei einer Anbindung an das DATEV-Rechenzentrum für die Mandantenverwaltung wichtig.

Über das Arbeitsblatt *Standard* kann eingesehen werden, welche Kontenrahmen, Zuordnungstabellen und weitere Grunddaten standardmäßig eingespielt sind.

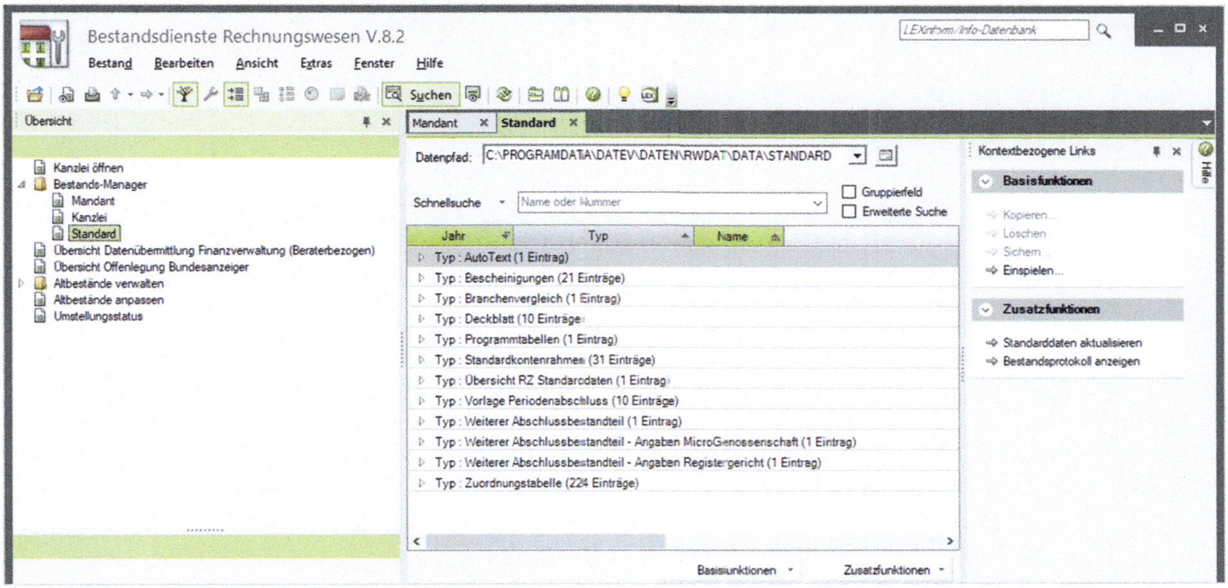

Bild 4.28 Arbeitsblatt Standard

Übung: Datensicherung

Frage 1

? Weshalb sind Datensicherungen im Programm wichtig?

....

....

....

Frage 2

? Sie möchten einen Mandanten löschen. Über welchen Befehl können Sie dies durchführen?

....

....

Beenden Sie das Programm *Bestandsdienste Rechnungswesen*.

Die Lösungen finden Sie im Lösungsbuch, siehe Vorwort S. 4

Notizen:

5 Stammdaten Kontenplan

In diesem Kapitel lernen Sie, ...

- wie Sie den Kontenplan aufrufen und einsehen,
- welche Bedeutung Automatikkonten im Kontenplan haben,
- wie Sie ein individuelles Konto anlegen,
- wie man Kontenbeschriftungen ändert,
- wie ein Konto gesucht werden kann,
- wie Sie diverse Sachkontenlisten ausdrucken.

5.1 Grundlagen

Sie buchen auf Konten. Alle Konten, die Ihnen zur Verfügung stehen, bilden den Kontenrahmen. In DATEV Kanzlei-Rechnungswesen finden Sie eine Vielzahl von Kontenrahmen. Die am häufigsten in der Praxis vorkommenden Kontenrahmen sind der SKR03 und SKR04.

SKR03

Beim SKR03 sind die Konten nach dem Leistungsprozess im Unternehmen geordnet. Das System wird auch Prozessgliederungssystem genannt.

- **Beispiel 1**: Das Konto Pkw gehört zum Anlagevermögen und befindet sich daher in der Kontenklasse 0. Der Pkw wird langfristig über einen Kredit über 5 Jahre finanziert. Das Konto Verbindlichkeiten gegü. Kreditinstituten gehört deshalb ebenfalls in die Kontenklasse 0.

  Das heißt, in einer Kontenklasse sind Mittelverwendung und Mittelherkunft ersichtlich (Prozesssystem).

- **Beispiel 2**: Der Wareneinkauf von Handelswaren befindet sich in der Kontenklasse 3. Am Ende des Jahres wird gemäß Inventur der Endbestand an Handelswaren ermittelt. Auch dieses Konto Warenbestand an Handelswaren befindet sich in der gleichen Kontenklasse. Wareneinkauf und Warenbestand werden in einer Kontenklasse geführt.

Die Kontenklassen vom SKR03 im Überblick:

Kontenklasse 0	Anlagevermögen und Kapitalkonten
Kontenklasse 1	Finanz- und Privatkonten
Kontenklasse 2	Abgrenzungskonten
Kontenklasse 3	Wareneingangs- und Bestandskonten
Kontenklasse 4	Betrieblicher Aufwand
Kontenklasse 5	frei
Kontenklasse 6	frei
Kontenklasse 7	Bestände an Erzeugnissen
Kontenklasse 8	Erlöskonten
Kontenklasse 9	Vortragskonten – statistische Konten

SKR04

Der SKR04 orientiert sich in den Kontenklassen am Aufbau des Jahresabschlusses gemäß § 266 HGB.

- **Beispiel 1**: Konto Kasse gehört zum Umlaufvermögen. Das Konto Kasse muss sich daher in der Kontenklasse 1 befinden.

- **Beispiel 2**: Konto Erlöse 19 % USt gehört zu den betrieblichen Erträgen. Das Konto Erlöse 19 % USt muss sich deshalb in der Kontenklasse 4 befinden.

Die Kontenklassen vom SKR04 im Überblick:

Kontenklasse 0	Anlagevermögen
Kontenklasse 1	Umlaufvermögen
Kontenklasse 2	Eigenkapitalkonten
Kontenklasse 3	Fremdkapitalkonten
Kontenklasse 4	Betriebliche Erträge
Kontenklasse 5	Betriebliche Aufwendungen
Kontenklasse 6	Betriebliche Aufwendungen
Kontenklasse 7	Weitere Erträge und Aufwendungen
Kontenklasse 8	frei
Kontenklasse 9	Vortragskonten – statistische Konten

In dieser Schulungsunterlage arbeiten wir mit dem Kontenrahmen SKR03.

5.2 Kontenplan

Der Kontenplan gehört zu den wichtigsten Stammdaten in Kanzlei-Rechnungswesen, da das Programm diese Konten zum Verarbeiten von Buchungssätzen benötigt. Er enthält alle Sachkonten des zugeordneten Standardkontenrahmens und Konten, die im Mandanten individuell angelegt werden können.

1 Klicken Sie in DATEV Arbeitsplatz auf den Mandanten Perm GmbH und anschließend auf den Link *Buchführung 2019 starten* ❶.

Bild 5.1 Buchführung starten

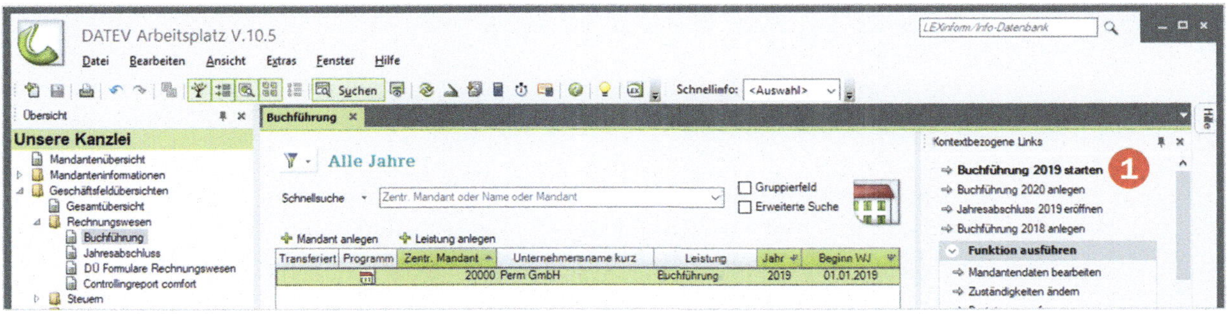

2 Um den Kontenplan aufzurufen, klicken Sie auf den Menüpunkt *Stammdaten* ▶ *Sachkonten* ▶ *Kontenplan….*

3 Im Arbeitsblatt werden alle Konten des Kontenrahmens SKR03 angezeigt. Mit der vertikalen Bildlaufleiste ❷ können Sie zu weiteren Konten blättern.

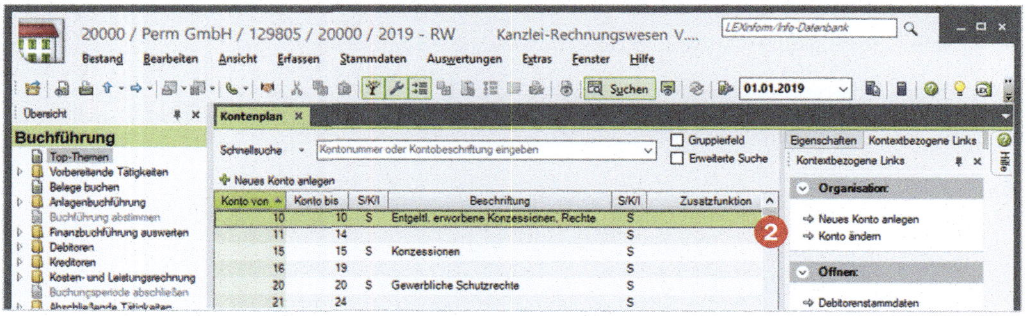

Bild 5.2 Arbeitsblatt Kontenplan

4 Der Kontenumfang kann über den Zusatzbereich *Eigenschaften* eingegrenzt werden. Klicken Sie daher im rechten Zusatzbereich auf das Register *Eigenschaften* ❸. Hier finden Sie folgende Optionen zum Kontenumfang ❹ (Bild 5.3):

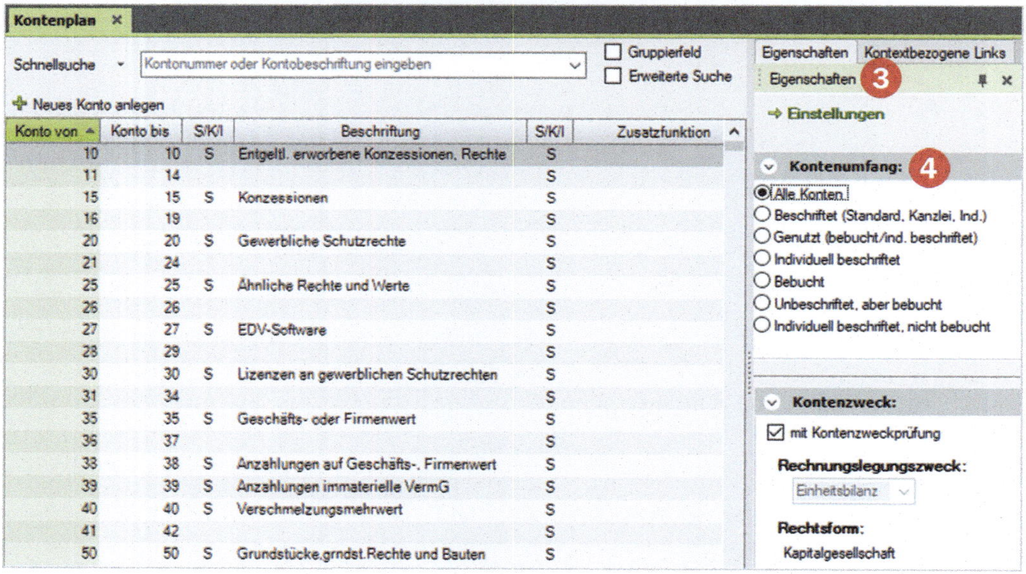

Bild 5.3 Kontenumfang: Alle Konten

- **Alle Konten:** Es werden alle Konten von 1 - 9999 aufgeführt. Konten, die beschriftet sind, werden in einer eigenen Zeile dargestellt, freie Konten in einer Zeile mit der Angabe Konto von - Konto bis (Bild oben).
- **Beschriftet (Standard)** bedeutet: Es werden nur die Konten, die standardmäßig beschriftet sind, dargestellt, siehe Bild 5.4.
- **Genutzt:** Es werden nur die Konten dargestellt, die bereits bebucht und / oder individuell beschriftet worden sind.
- **Individuell beschriftet:** Nur die im Mandanten manuell beschrifteten Konten werden Ihnen angezeigt.
- **Bebucht:** Nur Konten, die tatsächlich gebucht wurden, werden dargestellt.
- **Unbeschriftet, aber bebucht:** Konten, die gebucht aber noch nicht beschriftet wurden. Dies deutet zumeist auf einen Fehler hin.

- **Individuell beschriftet, nicht bebucht:** Neu angelegte Konten, die jedoch noch nicht gebucht wurden.

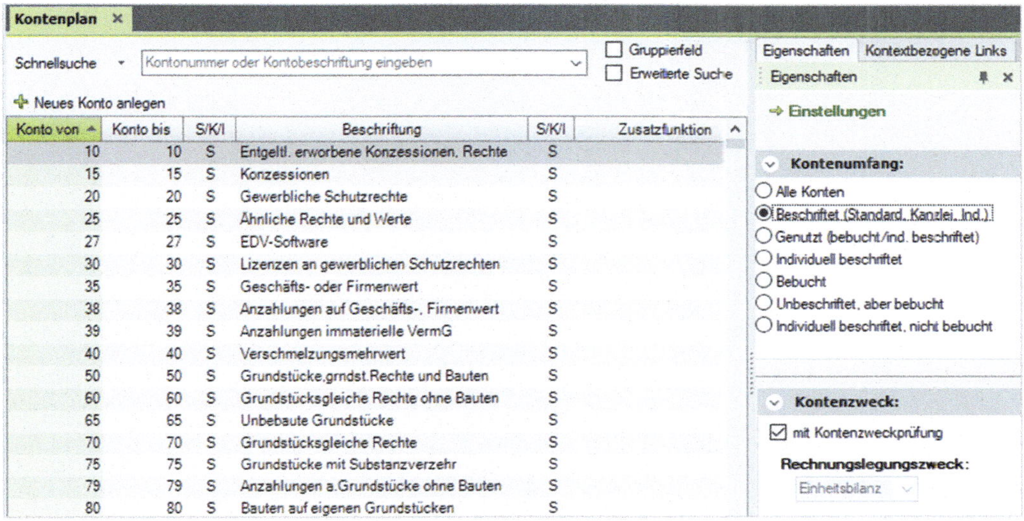

Bild 5.4 Beschriftet (Standard)

Die Bedeutung der Spaltenüberschriften

Konto von / Konto bis	Kontonummer des Kontos
S/K/I	Art von Kontenbeschriftung
S	Kontenbeschriftung nach dem Standardkontenrahmen
I	Individuell selbst angelegtes Konto
K	Individuell angelegte Kontenbeschriftung Kanzleiweit
Kontenfunktionen	Die Spalten *Zusatzfunktion* und *Funktionsbezeichnung* geben an, ob und welche Funktion (näheres dazu siehe Umgang mit Automatikkonten) bei einem Konto hinterlegt ist.

5.3 Konten im Kontenplan suchen

Um ein bestimmtes Konto im Kontenrahmen zu suchen, steht Ihnen im Programm DATEV Kanzlei-Rechnungswesen zunächst die Schnellsuche zur Verfügung.

Anhand des Namens suchen

Beispiel: Sie möchten die Konten, die mit Büro beginnen, im Kontenplan anzeigen lassen. Dazu geben Sie im Feld *Schnellsuche* den Begriff Büro ein. Das Programm zeigt nun unterhalb das Anlagekonto *Büroeinrichtung* und das Aufwandskonto *Bürobedarf* an (Bild 5.5).

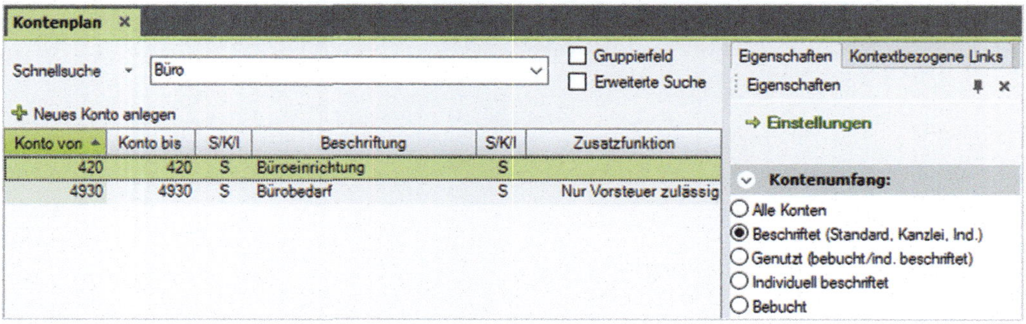

Bild 5.5 Nach Kontoname suchen

Anhand der Kontonummer suchen

Sie können natürlich auch, wenn Sie die entsprechende Kontonummer kennen, die Kontonummer im Suchfeld eintragen. Beispiel: Sie möchten das Konto 4210 Miete anzeigen lassen. Dazu geben Sie im Suchfeld die Kontonummer 4210 ein und das Programm zeigt Ihnen das Konto *4210 Miete, unbewegliche Wirtschaftsgüter*, an.

Tipp: Wenn Sie nur die ersten Ziffern, z. B. 42, der Kontonummer eingeben, erscheinen alle Konten, die mit diesen Ziffern beginnen. Geben Sie weitere Ziffern ein, z. B. 421, verringert sich der Umfang der Kontenauswahl automatisch.

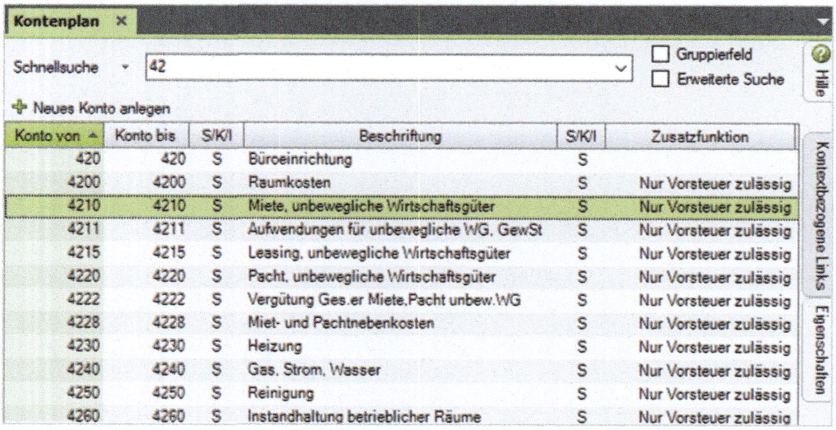

Bild 5.6 Kontonummer suchen

Weitere Suchmöglichkeiten

Mit Klick auf den Dropdown-Pfeil der Schaltfläche *Schnellsuche* kann die Suche im Kontenplan noch weiter verfeinert werden.

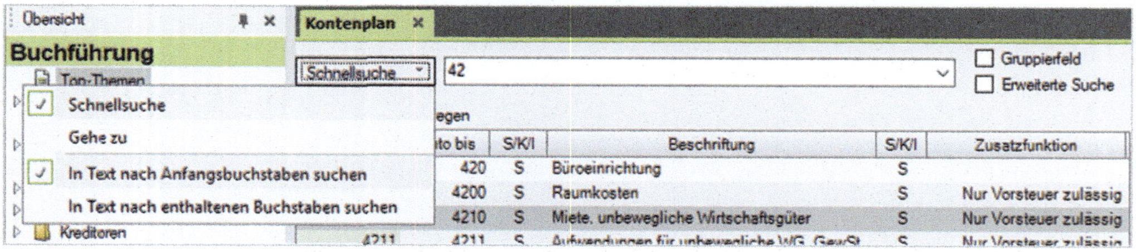

Bild 5.7 Suchoptionen

- **Beispiel: Enthaltene Zeichenfolge**
  Sie suchen ein Konto im Kontenrahmen SKR03, dessen Bezeichnung die Zeichenfolge „Masch" enthält. Hierzu aktivieren Sie den Eintrag *In Text nach enthaltenen Buchstaben suchen* und geben anschließend im Suchfeld Masch ein. So erhalten Sie alle Konten, in deren Name die angegebene Zeichenfolge enthalten ist.

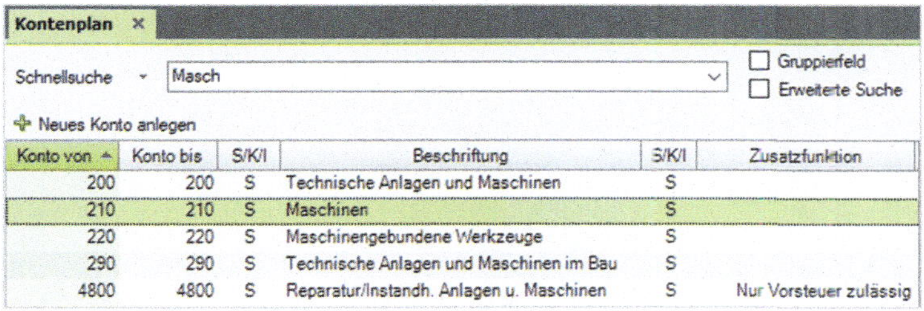

Bild 5.8 Nach enthaltenen Buchstaben suchen

- **Nach Anfangsbuchstaben suchen**
  Mit der Standardeinstellung *In Text nach Anfangsbuchstaben suchen,* werden dagegen nur Konten angezeigt, deren Name mit dieser Zeichenfolge beginnt:

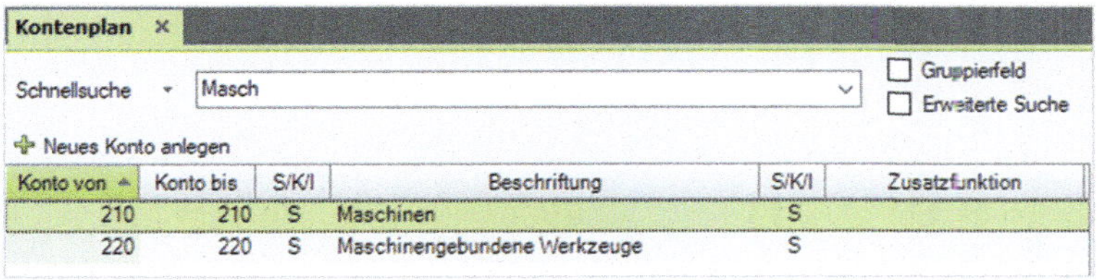

Bild 5.9 Nach Anfangsbuchstaben suchen

- **Erstes gefundenenes Konto markieren**
  Eine andere Möglichkeit der Suche erhalten Sie mit der Einstellung *Gehe zu*. Dadurch werden einzelne Konten bzw. das erste gefundene Konto im Kontenplan markiert. Beispiel: Sie suchen Konten, die mit den Ziffern 120 beginnen. Aktivieren Sie die Einträge *Gehe zu* und *In Text nach Anfangsbuchstaben suchen* ❶.

  Hinweis: Sobald Sie die Einstellung *Gehe zu* gewählt haben, kann die Suchrichtung angegeben werden. Zusätzlich erhalten Sie neben dem Suchfeld das Symbol Lupe, um den nächsten Treffer zu markieren.

1 Geben Sie im Suchfeld die Ziffern 120 ein. Damit wird zunächst das Konto *120 Geschäfts-, Fabrik-u. and. Bauten im Bau* markiert ❷.

2 Um das nächste Konto zu markieren, klicken Sie auf das Symbol Lupe ❸ oder drücken die Taste F3. Nun wird das Konto *1200 Bank* markiert.

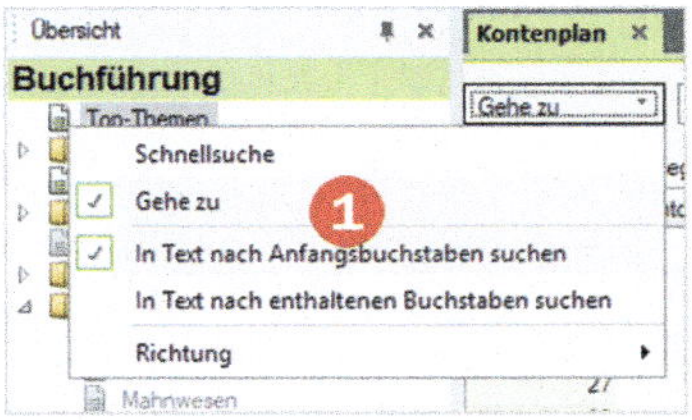

Bild 5.10 Aktivieren Sie die Einstellung Gehe zu

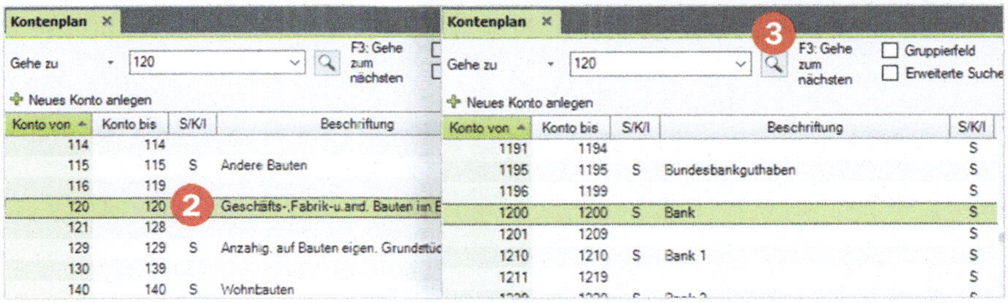

Bild 5.11 Das erste gefundene Konto wird markiert

3 Mit Klick auf das Lupensymbol oder der Taste F3 gelangen Sie der Reihe nach zu den verfügbaren Konten 1201 bis 1209. Nach dem letzten Konto erhalten Sie den Hinweis, dass kein weiterer Eintrag gefunden wurde.

Die Lösungen finden Sie im Lösungsbuch, siehe Vorwort S. 4

Übung: Konten suchen

Starten Sie einen Suchlauf nach folgenden Konten:

- Konten, die mit Reparatur beginnen.

  ....

- Das Konto mit der Nummer 4970.

  ....

- Das Konto Technische Anlagen und Maschinen.

  ....

5.4 Die Bedeutung von Automatikkonten im Kontenplan

Wozu werden Automatikkonten verwendet?

Bei automatischen Konten wird das Herausrechnen der Umsatzsteuer bzw. der Vorsteuer durch die Symbole *AM* und *AV* bewirkt, die im Kontenplan unter HFTyp (Hauptfunktionstyp) aufgeführt sind. Automatische Konten werden in der praktischen Buchführung beim Wareneingang und beim Warenverkauf verwendet.

- AV = Automatische Berechnung der Vorsteuer (VSt)
- AM = Automatische Berechnung der Umsatzsteuer (USt)

Wenn mit automatischen Konten gebucht wird, nimmt das Programm die richtige Steuerbuchung ohne Hinzutun des Buchhalters vor. Der diesem Automatikkonto zugeordnete Bruttobetrag wird dort nur Netto gebucht, die Vorsteuer bzw. die Umsatzsteuer erscheint automatisch auf den Steuerkonten.

Hinweis: Ein Konto mit der Zusatzfunktion *Keine Umsatzsteuer* lässt keine Berechnung der Umsatzsteuer zu, (z. B. bei Finanzkonten). Finanzkonten sind mit dem HFTyp *F* = Finanzkonto gekennzeichnet. Sammelkonten sind mit dem Schlüssel *S* versehen.

Automatikkonten anzeigen

1 Suchen Sie alle Konten, die mit Wareneingang beginnen.

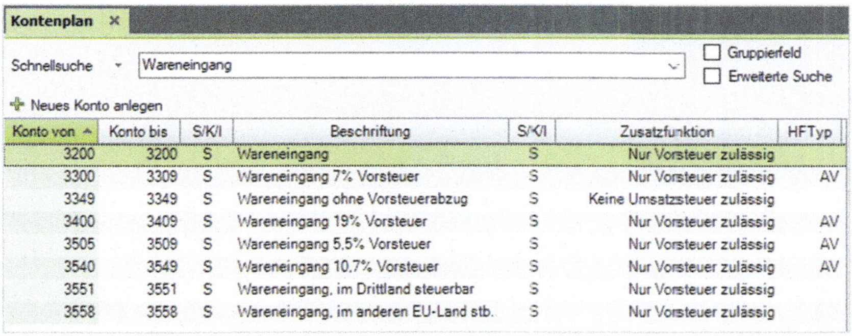

Konto von	Konto bis	S/K/I	Beschriftung	S/K/I	Zusatzfunktion	HFTyp
3200	3200	S	Wareneingang	S	Nur Vorsteuer zulässig	
3300	3309	S	Wareneingang 7% Vorsteuer	S	Nur Vorsteuer zulässig	AV
3349	3349	S	Wareneingang ohne Vorsteuerabzug	S	Keine Umsatzsteuer zulässig	
3400	3409	S	Wareneingang 19% Vorsteuer	S	Nur Vorsteuer zulässig	AV
3505	3509	S	Wareneingang 5,5% Vorsteuer	S	Nur Vorsteuer zulässig	AV
3540	3549	S	Wareneingang 10,7% Vorsteuer	S	Nur Vorsteuer zulässig	AV
3551	3551	S	Wareneingang, im Drittland steuerbar	S	Nur Vorsteuer zulässig	
3558	3558	S	Wareneingang, im anderen EU-Land stb.	S	Nur Vorsteuer zulässig	

Bild 5.12 Wareneingangskonten

Bis auf das Konto 3349 erscheint bei allen Wareneingangskonten unter *Zusatzfunktion* der Eintrag *Nur Vorsteuer zulässig*. Dies bedeutet, dass bei den Konten nur die Vorsteuer errechnet werden kann. Bei den Konten 3300 bis 3309 und 3400 bis 3558 handelt es sich um Konten mit automatischer Vorsteuer (HFTyp *AV*).

Hinweis: Je nach Programmversion können aufgrund der zeitlich begrenzten Mehrwertsteuersenkung vom 01.07. - 31.12.2020 an Ihrem Arbeitsplatz weitere Konten mit der Beschriftung 7%/5% Vorsteuer bzw. 19%/16% Vorsteuer und weitere neue Konten aufgeführt sein.

2 Suchen Sie nun alle Konten, die mit *Erlöse* beginnen.

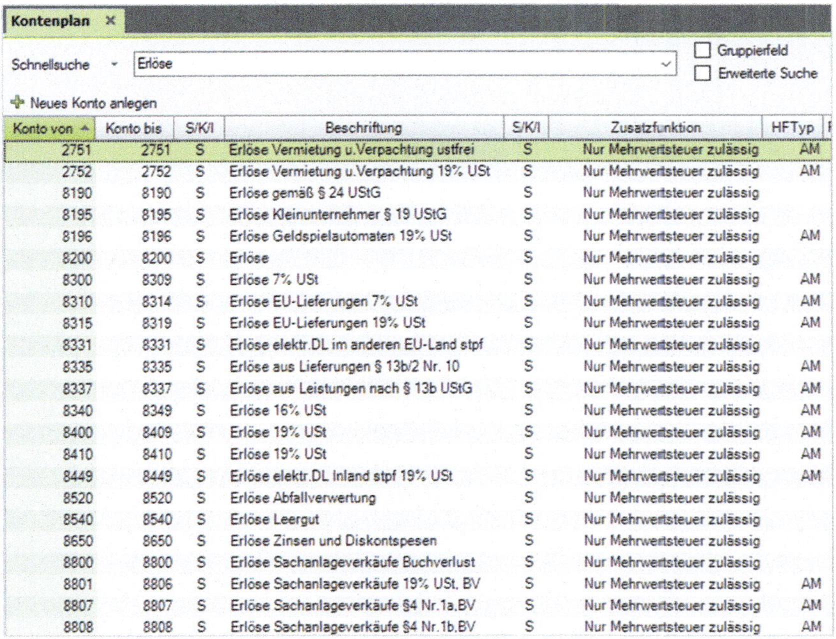

Konto von	Konto bis	S/K/I	Beschriftung	S/K/I	Zusatzfunktion	HFTyp
2751	2751	S	Erlöse Vermietung u.Verpachtung ustfrei	S	Nur Mehrwertsteuer zulässig	AM
2752	2752	S	Erlöse Vermietung u.Verpachtung 19% USt	S	Nur Mehrwertsteuer zulässig	AM
8190	8190	S	Erlöse gemäß § 24 UStG	S	Nur Mehrwertsteuer zulässig	
8195	8195	S	Erlöse Kleinunternehmer § 19 UStG	S	Nur Mehrwertsteuer zulässig	
8196	8196	S	Erlöse Geldspielautomaten 19% USt	S	Nur Mehrwertsteuer zulässig	AM
8200	8200	S	Erlöse	S	Nur Mehrwertsteuer zulässig	
8300	8309	S	Erlöse 7% USt	S	Nur Mehrwertsteuer zulässig	AM
8310	8314	S	Erlöse EU-Lieferungen 7% USt	S	Nur Mehrwertsteuer zulässig	AM
8315	8319	S	Erlöse EU-Lieferungen 19% USt	S	Nur Mehrwertsteuer zulässig	AM
8331	8331	S	Erlöse elektr.DL im anderen EU-Land stpf	S	Nur Mehrwertsteuer zulässig	
8335	8335	S	Erlöse aus Lieferungen § 13b/2 Nr. 10	S	Nur Mehrwertsteuer zulässig	AM
8337	8337	S	Erlöse aus Leistungen nach § 13b UStG	S	Nur Mehrwertsteuer zulässig	AM
8340	8349	S	Erlöse 16% USt	S	Nur Mehrwertsteuer zulässig	AM
8400	8409	S	Erlöse 19% USt	S	Nur Mehrwertsteuer zulässig	AM
8410	8410	S	Erlöse 19% USt	S	Nur Mehrwertsteuer zulässig	AM
8449	8449	S	Erlöse elektr.DL Inland stpf 19% USt	S	Nur Mehrwertsteuer zulässig	AM
8520	8520	S	Erlöse Abfallverwertung	S	Nur Mehrwertsteuer zulässig	
8540	8540	S	Erlöse Leergut	S	Nur Mehrwertsteuer zulässig	
8650	8650	S	Erlöse Zinsen und Diskontspesen	S	Nur Mehrwertsteuer zulässig	
8800	8800	S	Erlöse Sachanlageverkäufe Buchverlust	S	Nur Mehrwertsteuer zulässig	
8801	8806	S	Erlöse Sachanlageverkäufe 19% USt, BV	S	Nur Mehrwertsteuer zulässig	AM
8807	8807	S	Erlöse Sachanlageverkäufe §4 Nr.1a,BV	S	Nur Mehrwertsteuer zulässig	AM
8808	8808	S	Erlöse Sachanlageverkäufe §4 Nr.1b,BV	S	Nur Mehrwertsteuer zulässig	AM

Bild 5.13 Erlöskonten

Bei allen angezeigten Erlöskonten handelt es sich um Konten, bei denen in der Spalte *Zusatzfunktion* der Eintrag *Nur Mehrwertsteuer zulässig* angezeigt wird. Dies bedeutet, dass den Konten nur die Umsatzsteuer errechnet werden kann. Bei den Konten mit dem HFTyp *AM* handelt es sich um Konten mit automatischer Umsatzsteuer.

Hinweis: Je nach Programmversion können aufgrund der zeitlich begrenzten Mehrwertsteuersenkung vom 01.07. - 31.12.2020 an Ihrem Arbeitsplatz weitere Konten mit der Beschriftung 7%/5% Umsatzsteuer bzw. 19%/16% Umsatzsteuer und weitere neue Konten aufgeführt sein.

Übung: Konten mit Zusatzfunktionen suchen

? Prüfen Sie bei folgenden Konten, welche Zusatzfunktion bei dem Konto hinterlegt wurde und ob es sich bei dem Konto um ein Automatikkonto handelt.

Die Lösungen finden Sie im Lösungsbuch, siehe Vorwort S. 4

Konto	Zusatzfunktion	HFTyp
8820		
1000		
3970		
4925		

5.5 Individuelles Konto anlegen / Kontenbeschriftungen ändern

Im DATEV - Kontenrahmen sind für die Konten bereits Standardbeschriftungen und -funktionen hinterlegt. Zusätzlich haben Sie die Möglichkeit, individuelle Kontenbeschriftungen als Konten einzurichten.

Ausgangssituation

Im Gespräch mit Steuerberater Wichtig und den Gesellschaftern der Firma Perm wurde vereinbart, dass die Firma individuelle Konten für den Wareneinkauf und -verkauf anwenden soll.

Warenverkäufe / Wareneinkäufe sollen wie folgt angelegt werden:

Kontonummer	HFTyp	Bezeichnung
8401	AM	Erlöse Hardware 19% USt
8402	AM	Erlöse Software 19% USt
8403	AM	Erlöse Zubehör 19% USt
8301	AM	Erlöse Handbücher 7% USt

3401	AV	Wareneingang Hardware 19% VSt
3402	AV	Wareneingang Software 19% VSt
3403	AV	Wareneingang Zubehör 19% VSt
3301	AV	Wareneingang Handbücher 7% VSt

Sachkonto neu anlegen

Um das erste Sachkonto, *8401 Erlöse Hardware 19% USt* anzulegen, gehen Sie wie folgt vor:

1 Klicken Sie im Kontenplan auf den Link *Neues Konto anlegen*.

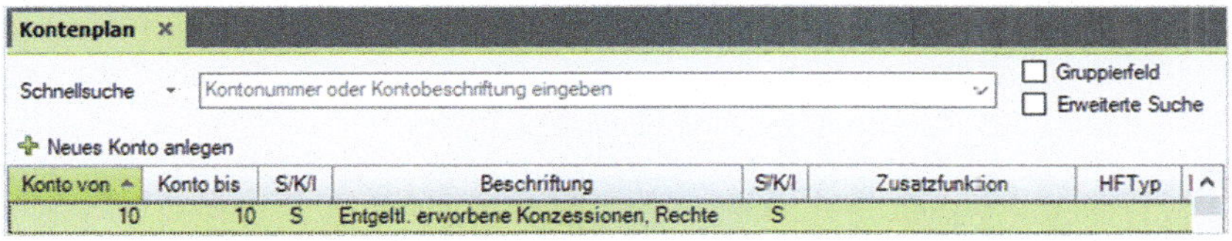

Bild 5.14 Neues Konto anlegen

2 Das Fenster *Konto neu anlegen / ändern* wird geöffnet (Bild 5.15 unten). Geben Sie im Feld *Konto* die Kontonummer 8401 ein und drücken Sie anschließend die Tabulatortaste.

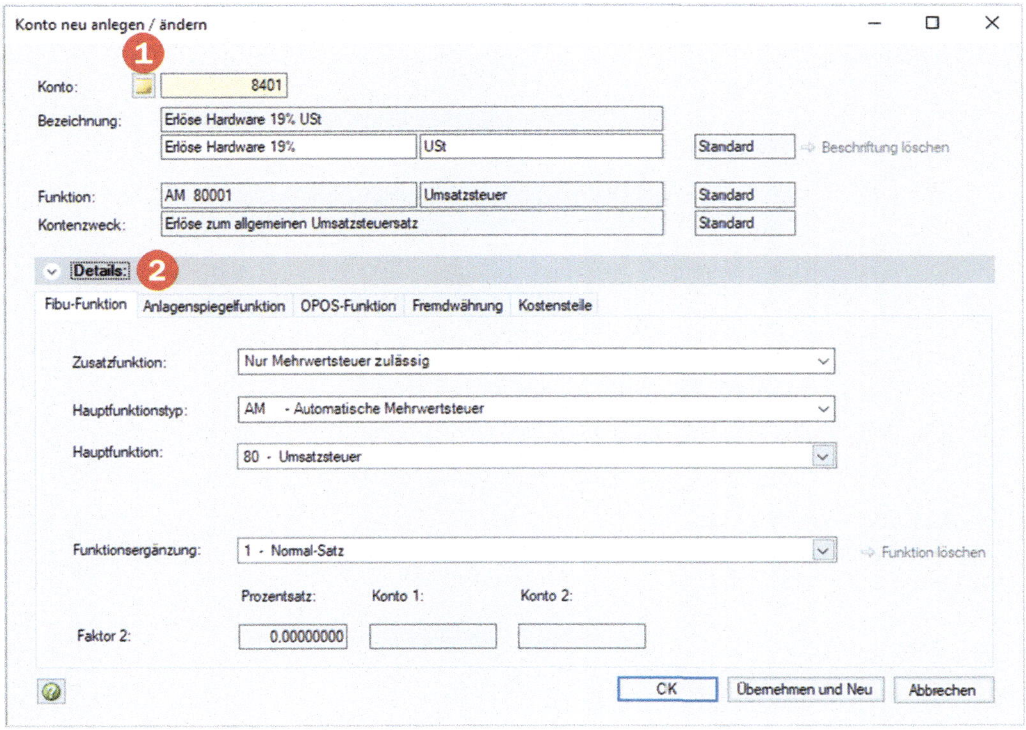

Bild 5.15 Konto neu anlegen

1. Über dieses Symbol können Sie zu einem Konto individuelle Notizen hinterlegen.
2. Details anzeigen.

Sobald Sie die Kontonummer eingegeben haben, werden die Eigenschaften des übergeordneten Kontos *8400 Erlöse 19% USt Automatikkonto* übernommen.

3 Geben Sie im Feld *Bezeichnung* den Text Erlöse Hardware 19% USt ein. Der Bezeichnungstext für ein Konto darf max. 40 Zeichen umfassen, aufgeteilt in zwei Felder mit jeweils 20 Zeichen.

Tipp: Löschen Sie am besten den Text bis auf den Text Erlöse und schreiben anschließend die Beschriftung für das neue Konto in das Feld.

Hinweis: Mit Klick auf *Details* können die FIBU-Funktionen, Anlagespiegelfunktionen und OPOS-Funktionen des Kontos eingesehen werden.

4 Klicken Sie abschließend auf die Schaltfläche *OK*.

Tipp: Mit Klick auf die Schaltfläche *Übernehmen und Neu* können Sie das neue Konto übernehmen und anschließend gleich ein weiteres neues Konto anlegen.

Das neu erfasste Konto kann jetzt bebucht werden. Es erscheint im Kontenplan (Bild 5.16) und hat die selben Eigenschaften wie das Standardkonto *8400 Erlöse 19% USt*.

Bild 5.16 Das neue Konto

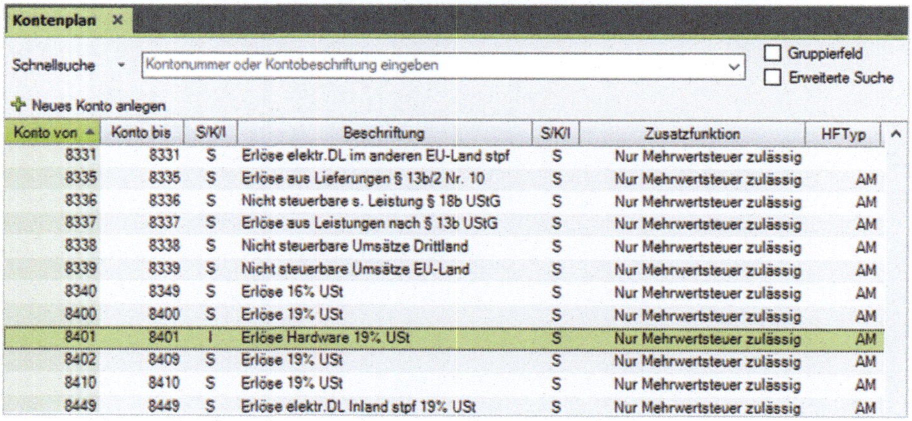

Konto von	Konto bis	S/K/I	Beschriftung	S/K/I	Zusatzfunktion	HFTyp
8331	8331	S	Erlöse elektr.DL im anderen EU-Land stpf	S	Nur Mehrwertsteuer zulässig	
8335	8335	S	Erlöse aus Lieferungen § 13b/2 Nr. 10	S	Nur Mehrwertsteuer zulässig	AM
8336	8336	S	Nicht steuerbare s. Leistung § 18b UStG	S	Nur Mehrwertsteuer zulässig	AM
8337	8337	S	Erlöse aus Leistungen nach § 13b UStG	S	Nur Mehrwertsteuer zulässig	AM
8338	8338	S	Nicht steuerbare Umsätze Drittland	S	Nur Mehrwertsteuer zulässig	AM
8339	8339	S	Nicht steuerbare Umsätze EU-Land	S	Nur Mehrwertsteuer zulässig	AM
8340	8349	S	Erlöse 16% USt	S	Nur Mehrwertsteuer zulässig	AM
8400	8400	S	Erlöse 19% USt	S	Nur Mehrwertsteuer zulässig	AM
8401	8401	I	Erlöse Hardware 19% USt	S	Nur Mehrwertsteuer zulässig	AM
8402	8409	S	Erlöse 19% USt	S	Nur Mehrwertsteuer zulässig	AM
8410	8410	S	Erlöse 19% USt	S	Nur Mehrwertsteuer zulässig	AM
8449	8449	S	Erlöse elektr.DL Inland stpf 19% USt	S	Nur Mehrwertsteuer zulässig	AM

Sachkontenbeschriftung ändern

Ausgangssituation

Herr Münchbacher möchte außerdem, dass bei den Banken die Bankbezeichnung mit angezeigt wird.

Kontonummer 1200	Sparkasse Koblenz
Kontonummer 1210	PSD Bank Koblenz

Die Kontenbeschriftung für das Konto *1210 Bank 1* soll daher jetzt in *PSD Bank Koblenz* geändert werden. Um die Sachkontenbeschriftung eines Standardkontos zu ändern, gehen Sie wie folgt vor:

1 Suchen Sie das Konto im Kontenplan, indem Sie als Suchbegriff die Nummer, hier 1210 eingeben.

2 Klicken Sie doppelt auf das Konto *1210 Bank 1*. Nun wird das Fenster *Konto ändern* geöffnet.

3 Ändern Sie hier die Bezeichnung des Kontos auf *PSD Bank Koblenz*.

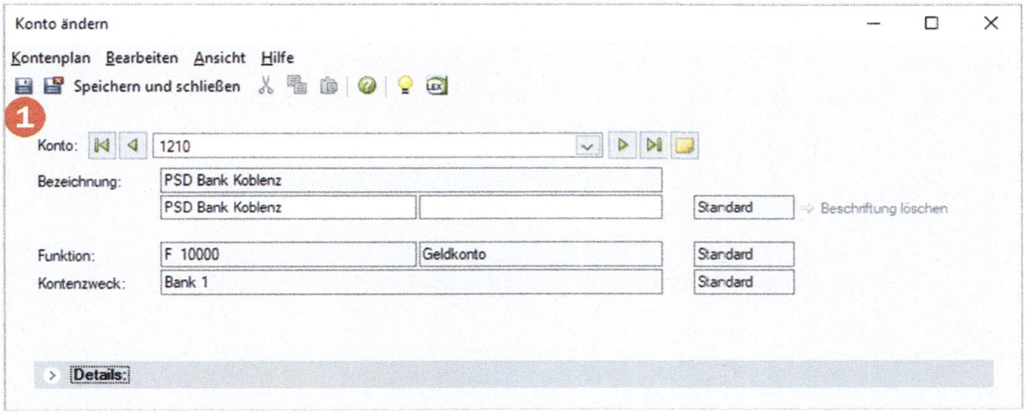

Bild 5.17 Konto ändern

❶ Änderungen speichern.

4 Klicken Sie anschließend auf die Schaltfläche *Speichern und schließen*. Die Beschriftung des Kontos 1210 wurde zu PSD Bank Koblenz geändert. Individuell neu angelegte Konten oder geänderte Konten werden im Kontenplan mit dem Kürzel I = Individuelles Konto gekennzeichnet.

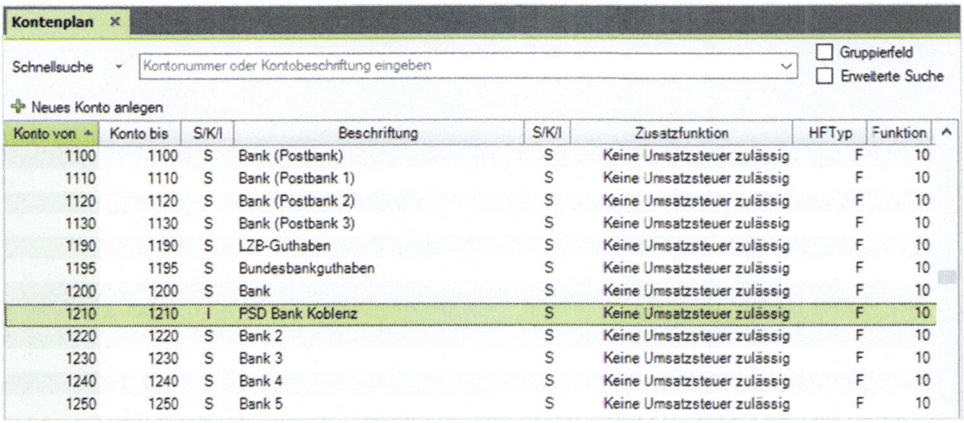

Bild 5.18 Kontobezeichnung geändert

Hinweis: Wenn das geänderte Konto im Kontenplan nicht angezeigt wird, dann wählen Sie im rechten Zusatzbereich *Eigenschaften* als angezeigten Kontenumfang *Individuell beschriftet*.

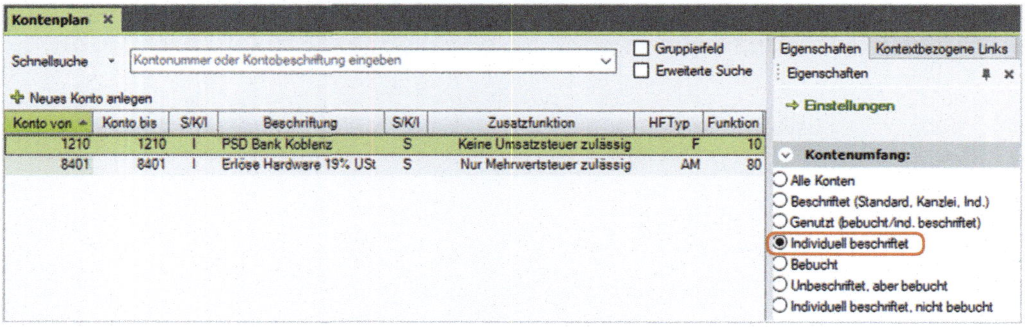

Bild 5.19 Das geänderte Konto

Tipp: Ein bestehendes Konto können Sie auch über den Link *Neues Konto anlegen* ändern. Geben Sie dann die Kontonummer des bestehenden Kontos ein. Die Bezeichnung bzw. die Details können anschließend geändert werden.

Übung: Sachkonten anlegen und Kontenbezeichnung ändern

Aufgabe 1

Legen Sie die noch fehlenden Konten an bzw. ändern Sie die Beschriftung des Kontos 1200.

Kontonummer	HFTyp	Bezeichung
8402	AM	Erlöse Software 19% USt
8403	AM	Erlöse Zubehör 19% USt
8301	AM	Erlöse Handbücher 7% USt
3401	AV	Wareneingang Hardware 19% VSt
3402	AV	Wareneingang Software 19% VSt
3403	AV	Wareneingang Zubehör 19% VSt
3301	AV	Wareneingang Handbücher 7% VSt
1200	F	Sparkasse Koblenz

Aufgabe 2

Kontrollieren Sie Ihre Eingaben, indem Sie im Kontenplan nur die individuell beschriebenen Konten anzeigen lassen.

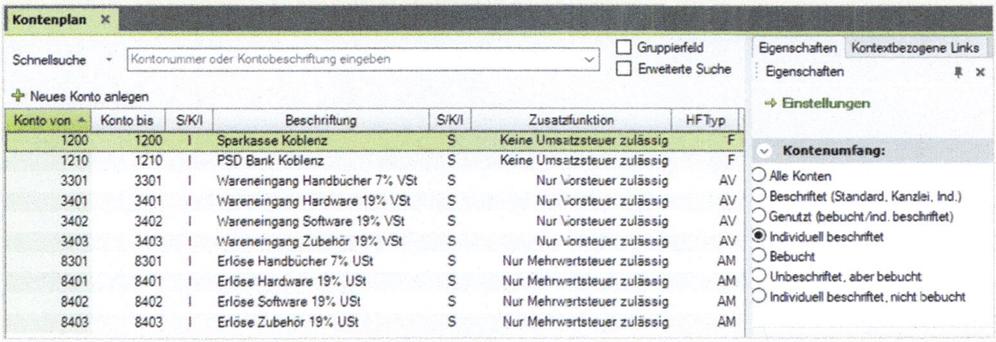

Konto von	Konto bis	S/K/I	Beschriftung	S/K/I	Zusatzfunktion	HFTyp
1200	1200	I	Sparkasse Koblenz	S	Keine Umsatzsteuer zulässig	F
1210	1210	I	PSD Bank Koblenz	S	Keine Umsatzsteuer zulässig	F
3301	3301	I	Wareneingang Handbücher 7% VSt	S	Nur Vorsteuer zulässig	AV
3401	3401	I	Wareneingang Hardware 19% VSt	S	Nur Vorsteuer zulässig	AV
3402	3402	I	Wareneingang Software 19% VSt	S	Nur Vorsteuer zulässig	AV
3403	3403	I	Wareneingang Zubehör 19% VSt	S	Nur Vorsteuer zulässig	AV
8301	8301	I	Erlöse Handbücher 7% USt	S	Nur Mehrwertsteuer zulässig	AM
8401	8401	I	Erlöse Hardware 19% USt	S	Nur Mehrwertsteuer zulässig	AM
8402	8402	I	Erlöse Software 19% USt	S	Nur Mehrwertsteuer zulässig	AM
8403	8403	I	Erlöse Zubehör 19% USt	S	Nur Mehrwertsteuer zulässig	AM

Bild 5.20 Die individuell beschrifteten Konten

Klicken Sie anschließend in der Rubrik *Kontenumfang* wieder auf die Option *Alle Konten*.

5.6 Erweiterte Suchfunktionen und Gruppierung

Die Suche nach Konten im Kontenplan kann je nach angelegten individuellen Konten sehr vielfältig sein. DATEV Kanzlei-Rechnungswesen bietet für diesen Zweck die Möglichkeit, die erweiterte Suchfunktion bzw. Filter und Gruppierungen zu nutzen.

Suchen und filtern

Beispiel: Sie möchten, dass alle Anlagekonten der Kontenklasse 0 angezeigt werden. Dazu gehen Sie wie folgt vor:

1 Aktivieren Sie per Mausklick das Kontrollkästen *Erweiterte Suche* ❶.

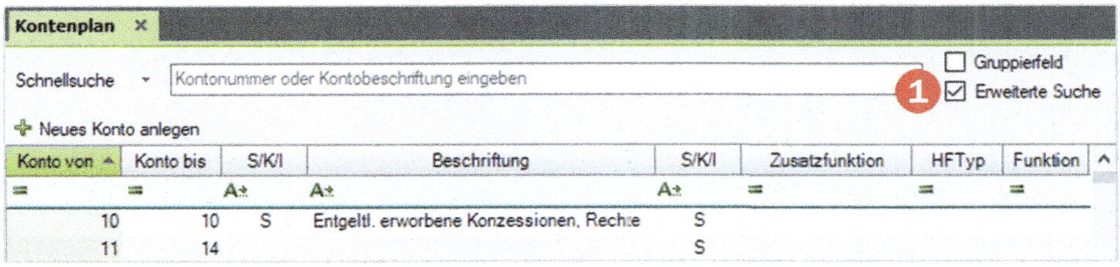

Bild 5.21 Erweiterte Suche

Unterhalb der Spaltenüberschriften werden Ihnen jetzt Eingabefelder für die erweiterte Suche und zusätzliche Filter zur Verfügung gestellt. Jede Spalte erhält entweder das Symbol A* d.h. „Suchbegriff beginnt mit" oder =, das bedeutet „gleich" als Suchmöglichkeit. Mit Klick auf die Symbole sind weitere Filtermöglichkeiten verfügbar.

2 Um die Konten der Kontenklasse 0 anzeigen zu lassen, klicken Sie in der Spalte *Konto von* auf das Symbol, wählen den Eintrag *größer oder gleich* und tragen dann daneben den Wert 0 ein (Bild 5.22).

3 In der Spalte *Konto bis* klicken Sie ebenfalls auf das Symbol, anschließend auf *kleiner als* und tragen den Wert 1000 ein (Bild 5.23).

Bild 5.22 Konto von

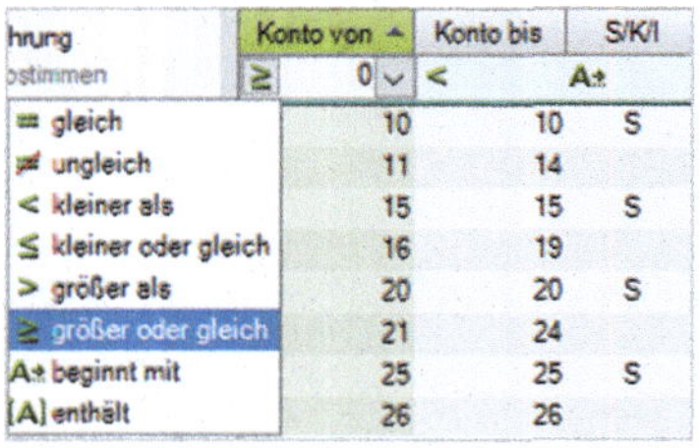

Bild 5.23 Konto bis

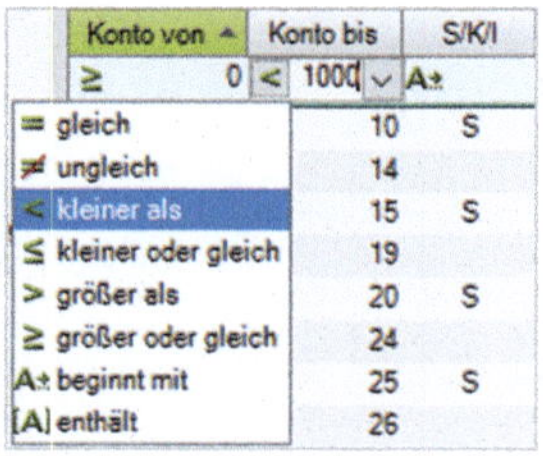

Als Ergebnis werden alle Konten der Kontenklasse 0 angezeigt.

Bild 5.24 Ergebnis

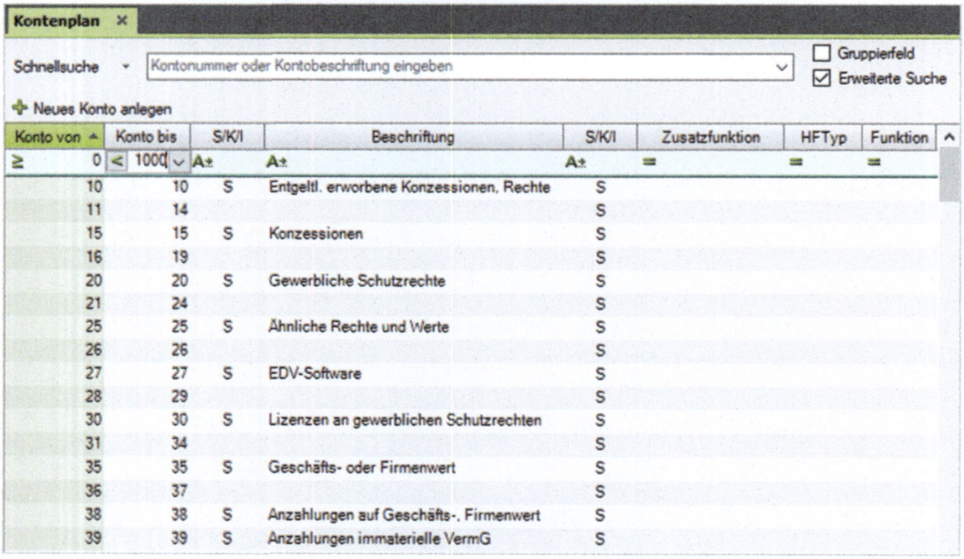

Suche löschen

Wenn wieder alle Konten angezeigt werden sollen, löschen Sie die Suchwerte 0 und 1000 in den Feldern *Konto von* und *Konto bis*.

Nach Textinformationen filtern

Wenn Sie eine Spalte mit Textinformationen filtern möchten, stehen Ihnen die Filtermöglichkeiten *enthält* und *beginnt mit* zur Verfügung:

Beispiel: Sie möchten alle Konten mit automatischer Vorsteuer filtern (*AV* in der Spalte *HFTyp*). Dazu klicken Sie in dieser Spalte auf das Symbol und auf [A] *enthält* ❶. Wählen Sie daneben den Eintrag *AV* aus ❷. Als Ergebnis werden alle Konten mit dem Hauptfunktionstyp automatische Vorsteuer *AV* und *SAV* angezeigt.

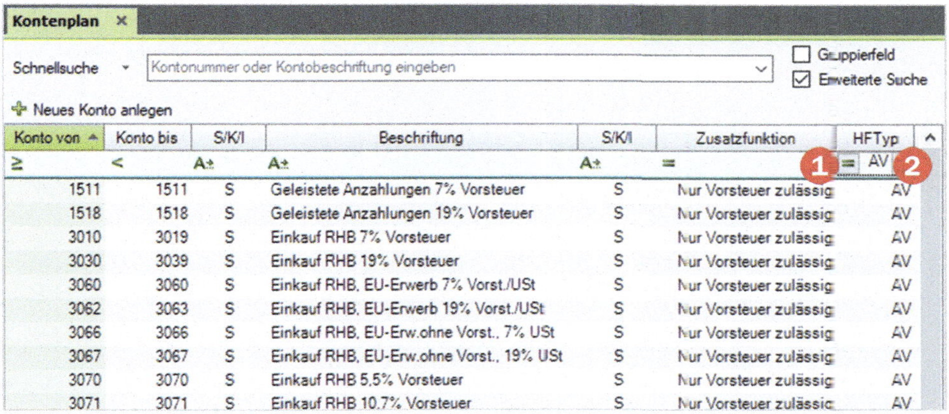

Konto von	Konto bis	S/K/I	Beschriftung	S/K/I	Zusatzfunktion	HFTyp
≥	<	A±	A±	A±	=	= AV
1511	1511	S	Geleistete Anzahlungen 7% Vorsteuer	S	Nur Vorsteuer zulässig	AV
1518	1518	S	Geleistete Anzahlungen 19% Vorsteuer	S	Nur Vorsteuer zulässig	AV
3010	3019	S	Einkauf RHB 7% Vorsteuer	S	Nur Vorsteuer zulässig	AV
3030	3039	S	Einkauf RHB 19% Vorsteuer	S	Nur Vorsteuer zulässig	AV
3060	3060	S	Einkauf RHB, EU-Erwerb 7% Vorst./USt	S	Nur Vorsteuer zulässig	AV
3062	3063	S	Einkauf RHB, EU-Erwerb 19% Vorst./USt	S	Nur Vorsteuer zulässig	AV
3066	3066	S	Einkauf RHB, EU-Erw.ohne Vorst., 7% USt	S	Nur Vorsteuer zulässig	AV
3067	3067	S	Einkauf RHB, EU-Erw.ohne Vorst., 19% USt	S	Nur Vorsteuer zulässig	AV
3070	3070	S	Einkauf RHB 5,5% Vorsteuer	S	Nur Vorsteuer zulässig	AV
3071	3071	S	Einkauf RHB 10,7% Vorsteuer	S	Nur Vorsteuer zulässig	AV

Bild 5.25 Konten mit automat. Vorsteuer filtern (AV)

Möchten Sie, dass nur die Konten mit dem Hauptfunktionstyp *AV* angezeigt werden, so wählen Sie die Möglichkeit A± *beginnt mit*. Löschen Sie anschließend den Suchwert *AV* wieder.

Die erweiterte Suche kann auch sehr gut für die Suche nach einem bestimmten Konto genutzt werden. Beispiel: Geben Sie im Feld *Beschriftung* kfz ein. Jetzt werden alle Konten, in deren Beschriftung der Begriff *kfz* enthalten ist, angezeigt.

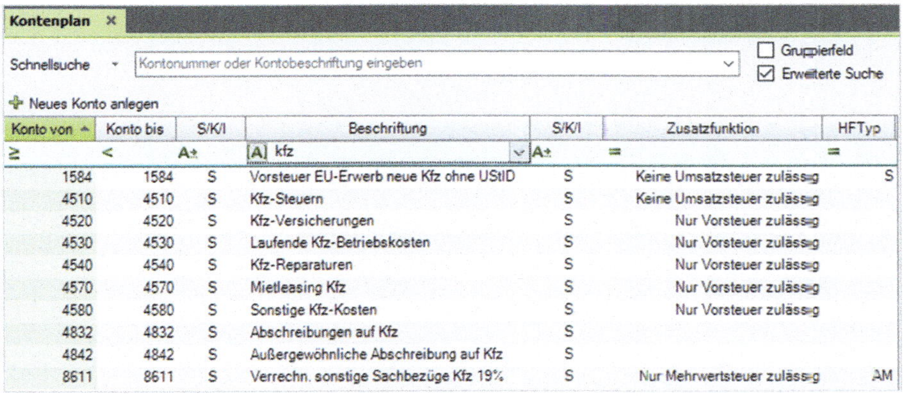

Konto von	Konto bis	S/K/I	Beschriftung	S/K/I	Zusatzfunktion	HFTyp
≥	<	A±	[A] kfz	A±	=	=
1584	1584	S	Vorsteuer EU-Erwerb neue Kfz ohne UStID	S	Keine Umsatzsteuer zulässig	S
4510	4510	S	Kfz-Steuern	S	Keine Umsatzsteuer zulässig	
4520	4520	S	Kfz-Versicherungen	S	Nur Vorsteuer zulässig	
4530	4530	S	Laufende Kfz-Betriebskosten	S	Nur Vorsteuer zulässig	
4540	4540	S	Kfz-Reparaturen	S	Nur Vorsteuer zulässig	
4570	4570	S	Mietleasing Kfz	S	Nur Vorsteuer zulässig	
4580	4580	S	Sonstige Kfz-Kosten	S	Nur Vorsteuer zulässig	
4832	4832	S	Abschreibungen auf Kfz	S		
4842	4842	S	Außergewöhnliche Abschreibung auf Kfz	S		
8611	8611	S	Verrechn. sonstige Sachbezüge Kfz 19%	S	Nur Mehrwertsteuer zulässig	AM

Bild 5.26 Suche Kfz

Übung: Erweiterte Suche

Aufgabe 1

Lassen Sie sich alle Konten der Kontenklasse 9 anzeigen.

Aufgabe 2

Lassen Sie sich alle Konten der Kontenklasse 3 anzeigen.

Aufgabe 3

Filtern Sie alle Konten, bei denen in der Zusatzfunktion nur Vorsteuer zulässig ist.

Die Lösungen finden Sie im Lösungsbuch, siehe Vorwort S. 4

Gruppierungsmöglichkeiten

Neben der erweiterten Suche bietet DATEV Kanzlei-Rechnungswesen die Möglichkeit, im Kontenplan nach einzelnen Spalten zu gruppieren.

Beispiel: Sie möchten die Konten im Kontenplan nach individuell angelegten Konten und Standardkonten gruppieren. Dazu gehen Sie wie folgt vor:

1 Schalten Sie die erweiterte Suche aus und aktivieren Sie das Kontrollkästchen *Gruppierfeld* ❶. Als Kontenumfang wählen Sie im Zusatzbereich *Eigenschaften* die Einstellung *Beschriftet (Standard, Kanzlei, Ind.)* ❷.

Oberhalb der Überschriften erscheint jetzt der Bereich *Gruppierfeld* ❸. Hier können Sie eine Spaltenüberschrift als Gruppierfeld festlegen, indem Sie sie mit der Maus in diesen Bereich ziehen.

Bild 5.27 Gruppierfeld

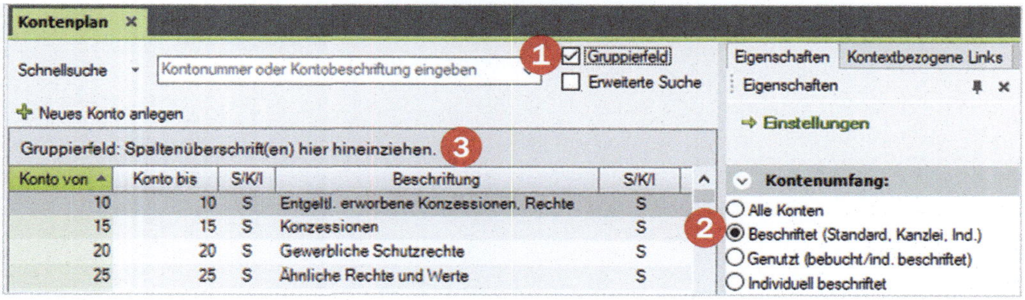

2 Klicken Sie auf die Spaltenüberschrift *S/K/I* und ziehen sie diese mit der Maus in das Gruppierfeld.

Bild 5.28 Gruppieren

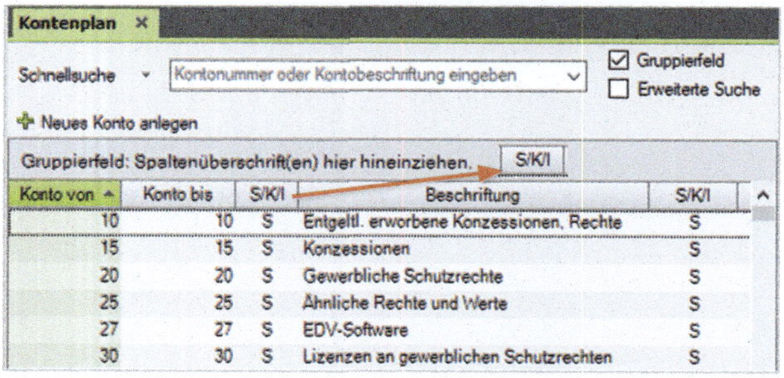

3 Die Konten werden nach individuellen Konten *I* und Standardkonten *S* gruppiert. Klicken Sie auf die Dreiecke ❹, um die Konten der jeweiligen Gruppe einzublenden.

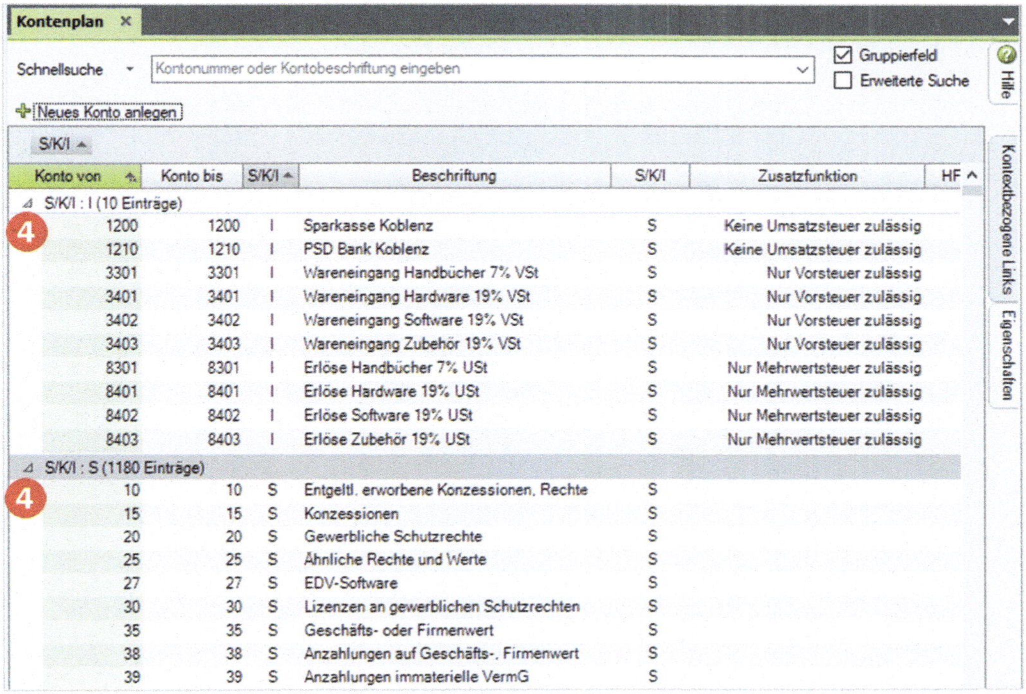
Kontenplan ×

Schnellsuche ▾ Kontonummer oder Kontobeschriftung eingeben

☑ Gruppierfeld
☐ Erweiterte Suche

Hilfe

Neues Konto anlegen

S/K/I

Konto von	Konto bis	S/K/I	Beschriftung	S/K/I	Zusatzfunktion	HF
S/K/I : I (10 Einträge)						
1200	1200	I	Sparkasse Koblenz	S	Keine Umsatzsteuer zulässig	
1210	1210	I	PSD Bank Koblenz	S	Keine Umsatzsteuer zulässig	
3301	3301	I	Wareneingang Handbücher 7% VSt	S	Nur Vorsteuer zulässig	
3401	3401	I	Wareneingang Hardware 19% VSt	S	Nur Vorsteuer zulässig	
3402	3402	I	Wareneingang Software 19% VSt	S	Nur Vorsteuer zulässig	
3403	3403	I	Wareneingang Zubehör 19% VSt	S	Nur Vorsteuer zulässig	
8301	8301	I	Erlöse Handbücher 7% USt	S	Nur Mehrwertsteuer zulässig	
8401	8401	I	Erlöse Hardware 19% USt	S	Nur Mehrwertsteuer zulässig	
8402	8402	I	Erlöse Software 19% USt	S	Nur Mehrwertsteuer zulässig	
8403	8403	I	Erlöse Zubehör 19% USt	S	Nur Mehrwertsteuer zulässig	
S/K/I : S (1180 Einträge)						
10	10	S	Entgeltl. erworbene Konzessionen, Rechte	S		
15	15	S	Konzessionen	S		
20	20	S	Gewerbliche Schutzrechte	S		
25	25	S	Ähnliche Rechte und Werte	S		
27	27	S	EDV-Software	S		
30	30	S	Lizenzen an gewerblichen Schutzrechten	S		
35	35	S	Geschäfts- oder Firmenwert	S		
38	38	S	Anzahlungen auf Geschäfts-, Firmenwert	S		
39	39	S	Anzahlungen immaterielle VermG	S		

Bild 5.29 Gruppierte Konten

Gruppierung aufheben

Um eine Gruppierung aufzuheben, klicken Sie auf das Gruppierfeld *S/K/I* und ziehen es mit der Maus nach oben aus dem Bereich heraus. Nun werden wieder alle Konten angezeigt.

Übung: Konten gruppieren

Aufgabe 1

Gruppieren Sie nach Zusatzfunktionen, Kontenumfang: Alle Konten.

Aufgabe 2

Gruppieren Sie nach Hauptfunktionstyp, Kontenumfang: Individuell beschriftet.

Aufgabe 3

Heben Sie die Gruppierung wieder auf und lassen Sie im Kontenumfang erneut alle Konten anzeigen.

Die Lösungen finden Sie im Lösungsbuch, siehe Vorwort S. 4

Filter und Gruppierung in anderen Programmteilen

!

Wichtiger Hinweis: Die Filtermöglichkeiten der erweiterten Suche sowie Gruppieren stehen Ihnen nicht nur für den Kontenplan in DATEV Kanzlei-Rechnungswesen, sondern auch in DATEV Arbeitsplatz sowie in DATEV Bestandsdienste Rechnungswesen zur Verfügung.

Als Beispiel im Bild unten DATEV Arbeitsplatz: Arbeitsblatt *Mandantenübersicht*

Bild 5.30 Mandantenübersicht filtern und gruppieren

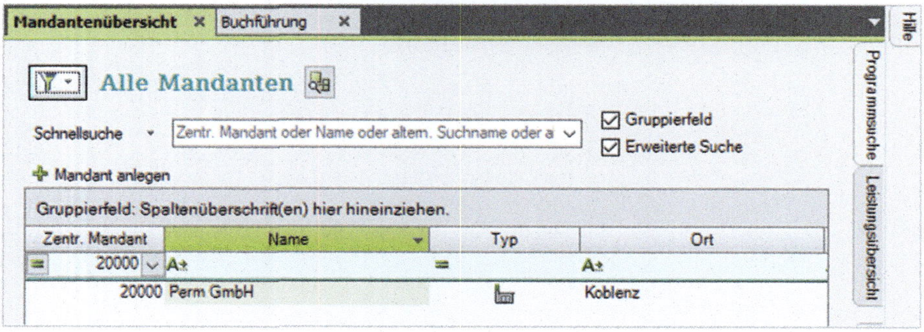

5.7 Kontenlisten drucken

Ausgangssituation
Herr Wichtig möchte eine Kontenliste mit den von Ihnen angelegten Konten ausgedruckt haben.

Kontenlisten können natürlich auch ausgedruckt werden. Um die individuell erstellten Konten auszudrucken, gehen Sie wie folgt vor:

1 Wählen Sie im Kontenplan, Zusatzbereich *Eigenschaften* den Kontenumfang *Individuell beschriftet* ❶.

Bild 5.31 Kontenumfang auswählen

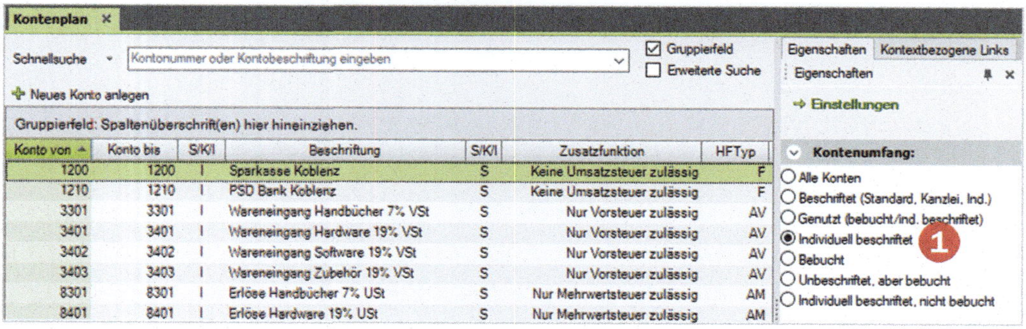

2 Im nächsten Schritt klicken Sie in der Symbolleiste auf das Symbol *Seitenansicht* . Der ausgewählte Kontenumfang, in diesem Beispiel individuell angelegte Konten, wird in einem zusätzlichen Arbeitsblatt in der Seitenansicht angezeigt.

3 Um die Konten auszudrucken, klicken Sie hier auf das Symbol *Drucken* ❷. Im nächsten Schritt können Sie den Druckumfang auswählen ❸, klicken Sie auf *OK*.

Bild 5.32 Seitenansicht und drucken

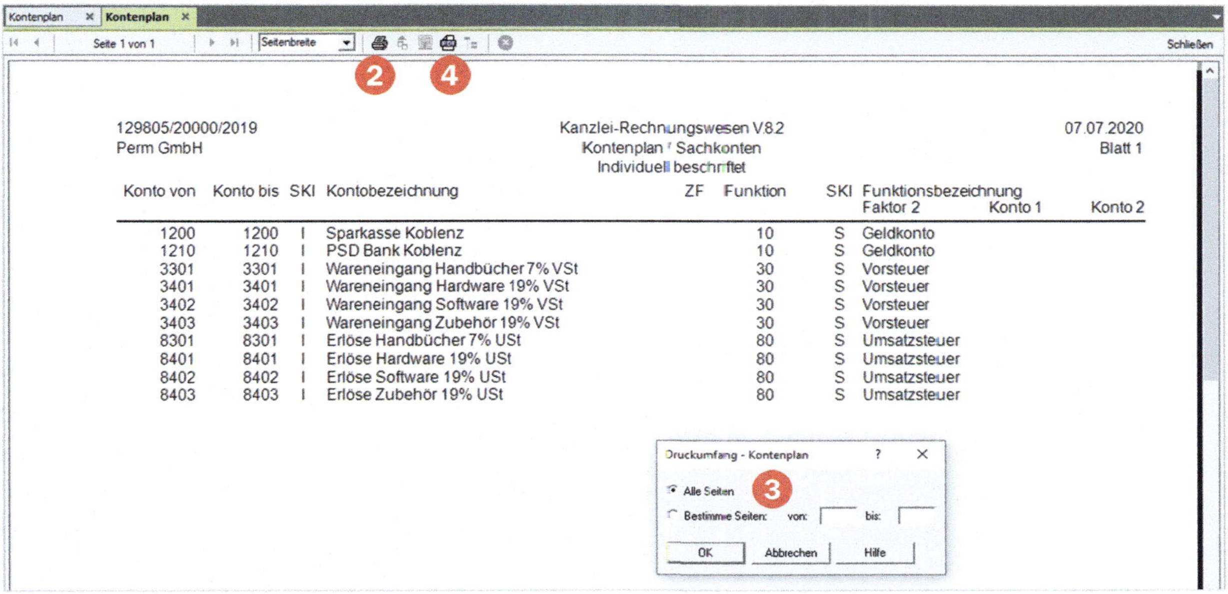

Tipp: Sie können die Liste auch über das Symbol *PDF* ❹ als PDF-Datei speichern und die Kontenliste z. B. als Anhang per E-Mail dem Steuerberater zukommen lassen.

4 Schließen Sie das Arbeitsblatt *Seitenansicht*, indem Sie auf die Schaltfläche *Schließen* klicken.

Hinweis: Über das Symbol *Fensterinhalt drucken* in der Standardsymbolleiste können Sie natürlich auch den Kontenplan direkt ausdrucken lassen. Achten Sie allerdings darauf, dass nicht alle Konten ausgedruckt werden. Ein kompletter Kontenplan mit allen Konten Kontenrahmen DATEV-SKR03 umfasst mindestens 24 Seiten!

Ausgewählte Konten drucken

Ausgangssituation

Anruf von Herrn Wichtig. Er bedankt sich bei Ihnen für die schnell erhaltene Kontenliste. Er möchte allerdings zusätzlich eine Liste aller Konten der Kontenklasse 8 von Ihnen erhalten.

Um die Konten der Kontenklasse 8 auszudrucken, nutzen Sie die erweiterte Suche und gehen wie folgt vor:

1 Aktivieren Sie die erweiterte Suche und geben Sie die, in Bild 5.33 dargestellten Kriterien ein.

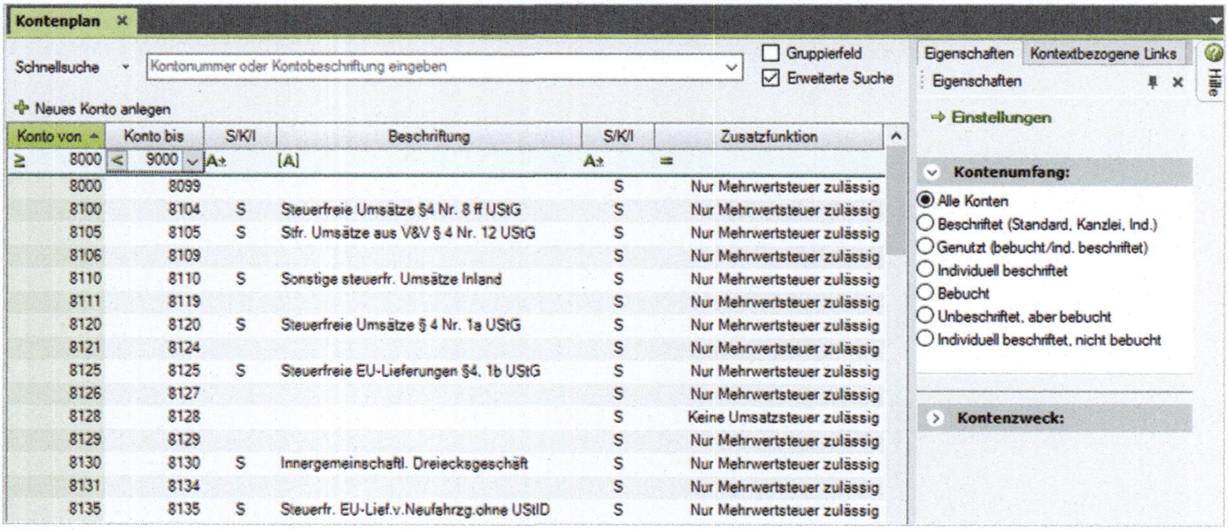

Konto von	Konto bis	S/K/I	Beschriftung	S/K/I	Zusatzfunktion
≥ 8000	< 9000	A±	[A]	A±	=
8000	8099			S	Nur Mehrwertsteuer zulässig
8100	8104	S	Steuerfreie Umsätze §4 Nr. 8 ff UStG	S	Nur Mehrwertsteuer zulässig
8105	8105	S	Stfr. Umsätze aus V&V § 4 Nr. 12 UStG	S	Nur Mehrwertsteuer zulässig
8106	8109			S	Nur Mehrwertsteuer zulässig
8110	8110	S	Sonstige steuerfr. Umsätze Inland	S	Nur Mehrwertsteuer zulässig
8111	8119			S	Nur Mehrwertsteuer zulässig
8120	8120	S	Steuerfreie Umsätze § 4 Nr. 1a UStG	S	Nur Mehrwertsteuer zulässig
8121	8124			S	Nur Mehrwertsteuer zulässig
8125	8125	S	Steuerfreie EU-Lieferungen §4. 1b UStG	S	Nur Mehrwertsteuer zulässig
8126	8127			S	Nur Mehrwertsteuer zulässig
8128	8128			S	Keine Umsatzsteuer zulässig
8129	8129			S	Nur Mehrwertsteuer zulässig
8130	8130	S	Innergemeinschaftl. Dreiecksgeschäft	S	Nur Mehrwertsteuer zulässig
8131	8134			S	Nur Mehrwertsteuer zulässig
8135	8135	S	Steuerfr. EU-Lief.v.Neufahrzg.ohne UStID	S	Nur Mehrwertsteuer zulässig

Bild 5.33 Kontenklasse 8 mit der erweiterten Suche filtern

2 Um das Suchergebnis auszudrucken, klicken Sie mit der rechten Maustaste an eine beliebige Stelle der Liste und wählen den Befehl *Liste drucken…*. Die Seitenansicht mit den Konten der Kontenklasse 8 wird angezeigt.

Bild 5.34 Seitenansicht

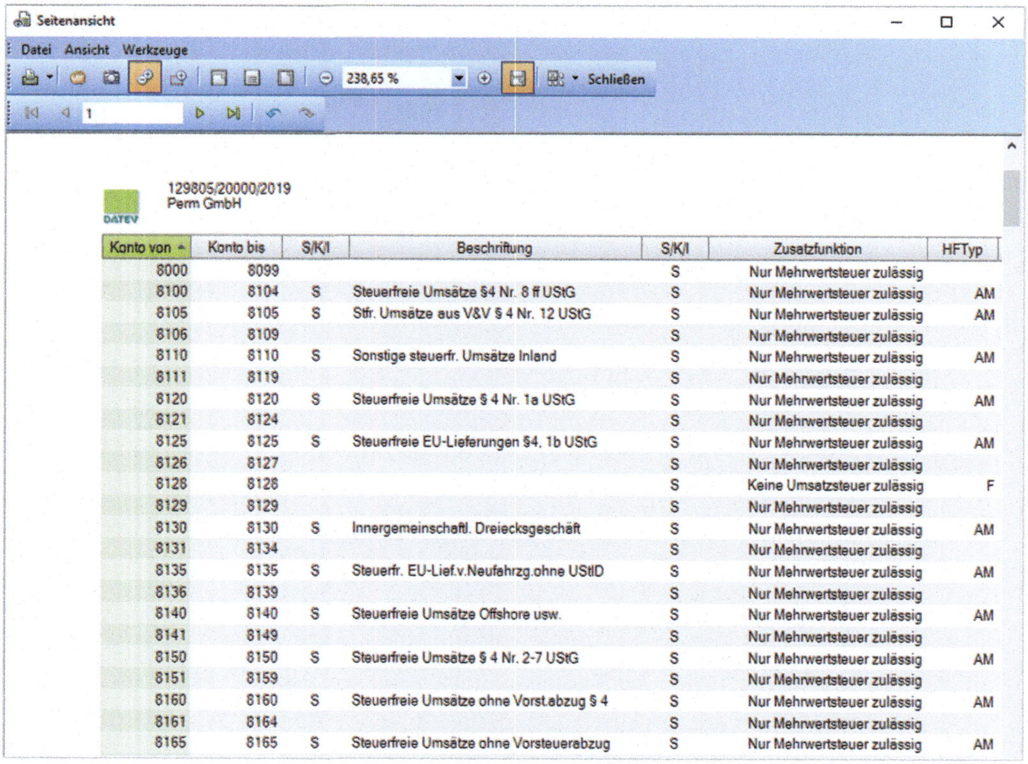

Konto von	Konto bis	S/K/I	Beschriftung	S/K/I	Zusatzfunktion	HFTyp
8000	8099			S	Nur Mehrwertsteuer zulässig	
8100	8104	S	Steuerfreie Umsätze §4 Nr. 8 ff UStG	S	Nur Mehrwertsteuer zulässig	AM
8105	8105	S	Stfr. Umsätze aus V&V § 4 Nr. 12 UStG	S	Nur Mehrwertsteuer zulässig	AM
8106	8109			S	Nur Mehrwertsteuer zulässig	
8110	8110	S	Sonstige steuerfr. Umsätze Inland	S	Nur Mehrwertsteuer zulässig	AM
8111	8119			S	Nur Mehrwertsteuer zulässig	
8120	8120	S	Steuerfreie Umsätze § 4 Nr. 1a UStG	S	Nur Mehrwertsteuer zulässig	AM
8121	8124			S	Nur Mehrwertsteuer zulässig	
8125	8125	S	Steuerfreie EU-Lieferungen §4. 1b UStG	S	Nur Mehrwertsteuer zulässig	AM
8126	8127			S	Nur Mehrwertsteuer zulässig	
8128	8128			S	Keine Umsatzsteuer zulässig	F
8129	8129			S	Nur Mehrwertsteuer zulässig	
8130	8130	S	Innergemeinschaftl. Dreiecksgeschäft	S	Nur Mehrwertsteuer zulässig	AM
8131	8134			S	Nur Mehrwertsteuer zulässig	
8135	8135	S	Steuerfr. EU-Lief.v.Neufahrzg.ohne UStID	S	Nur Mehrwertsteuer zulässig	AM
8136	8139			S	Nur Mehrwertsteuer zulässig	
8140	8140	S	Steuerfreie Umsätze Offshore usw.	S	Nur Mehrwertsteuer zulässig	AM
8141	8149			S	Nur Mehrwertsteuer zulässig	
8150	8150	S	Steuerfreie Umsätze § 4 Nr. 2-7 UStG	S	Nur Mehrwertsteuer zulässig	AM
8151	8159			S	Nur Mehrwertsteuer zulässig	
8160	8160	S	Steuerfreie Umsätze ohne Vorst.abzug § 4	S	Nur Mehrwertsteuer zulässig	AM
8161	8164			S	Nur Mehrwertsteuer zulässig	
8165	8165	S	Steuerfreie Umsätze ohne Vorsteuerabzug	S	Nur Mehrwertsteuer zulässig	AM

3 Um die Liste auszudrucken, klicken Sie auf das Menü *Datei* ▶ *Liste drucken…*.

4 Im nachfolgenden Fenster *Liste drucken* können Sie festlegen, welche Spalten gedruckt werden sollen. Klicken Sie auf die Option *Bestimmte Spalten* ❶ und aktivieren nur die Kontrollkästchen der Spalten *Konto von*, *Konto bis*, *Beschriftung*, *S/K/I*, *Zusatzfunktion* und *HFTyp* ❷.

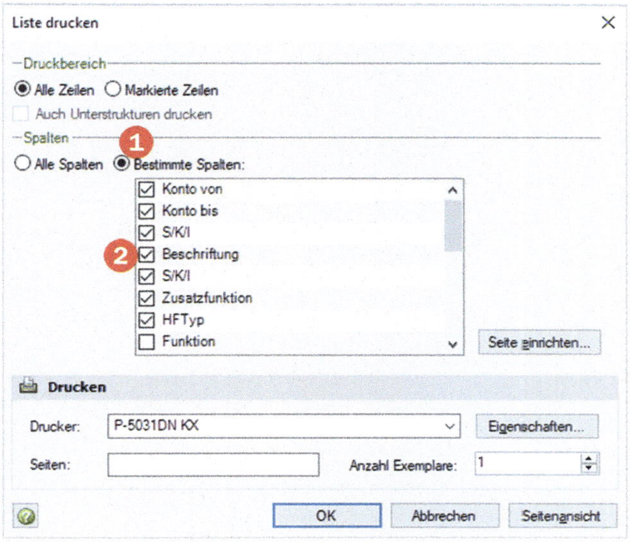

Bild 5.35 Spalten auswählen

5 Klicken Sie anschließend auf die Schaltfläche *Seitenansicht*. Sie erhalten nun die Liste der Konten der Kontenklasse 4 mit den ausgewählten Spalten.

6 Um die Liste zu drucken, klicken Sie auf das Symbol *Drucken* und schließen dann das Fenster mit dem Symbol *X*.

Tipp: Per Rechtsklick und den Befehl *Liste öffnen mit Excel* können Sie die Liste exportieren, anschließend in Excel bearbeiten und ausdrucken.

Übung: Kontenplan ausdrucken

Herr Wichtig möchte zusätzlich eine Liste des Kontenbereichs 4800 bis einschließlich Konto 4900 ausgedruckt erhalten.

- Suchen Sie den Kontenbereich über die erweiterte Suche und drucken anschließend mit der rechten Maustaste über den Befehl *Liste drucken...* die Liste mit folgenden Spalten: *Konto von*, *Konto bis*, *Beschriftung*, *S/K/I*.

- Schließen Sie dann das Arbeitsblatt *Kontenplan*.

Den Ausdruck finden Sie unter 05_Kontenplan_SKR03_Kontenklasse 4.pdf

Die Lösungen finden Sie im Lösungsbuch, siehe Vorwort S. 4

6 Stammdaten Banken und Zahlungsbedingungen

In diesem Kapitel lernen Sie, wie ...

- Sie Hausbanken anlegen,
- Hausbanken für den Zahlungsverkehr hinterlegt werden können,
- individuelle Zahlungsbedingungen im Programm aufgestellt werden.

Die Hausbanken eines Mandanten werden in den Mandantenstammdaten des Mandanten hinterlegt. Das Programm nutzt hierfür die Programmverbindung zum Programm *Mandanten Stammdaten*.

Die Bankdaten werden zentral verwaltet und können in verschiedenen Programmfunktionen, wie zum Beispiel dem automatischen Zahlungsverkehr, genutzt werden. Sie sind unter anderem auch für die Bearbeitung von elektronischen Belegen und für Zahlungsträger zur Umsatzsteuervoranmeldung notwendig.

6.1 Hausbank anlegen

Ausgangssituation

Hausbanken der Firma Perm sind die Sparkasse Koblenz und die PSD Bank Koblenz. Die Bankdaten Sparkasse Koblenz:

Bankleitzahl:	57050120	BIC:	MALADE51KOB
Kontonummer:	112607	IBAN:	DE97 5705 0120 0000 1126 07

Die Bank soll auch für den Zahlungsverkehr eingerichtet werden.

Um die Hausbank für die Firma Perm GmbH zu hinterlegen, gehen Sie wie folgt vor:

1 Wählen Sie den Menüpunkt *Stammdaten* ► *Banken* oder klicken Sie auf die Navigationsschaltfläche *Stammdaten* und dort doppelt auf den Eintrag *Banken*.

2 Klicken Sie auf *Neue Bank anlegen* ❶ (Bild 6.1).

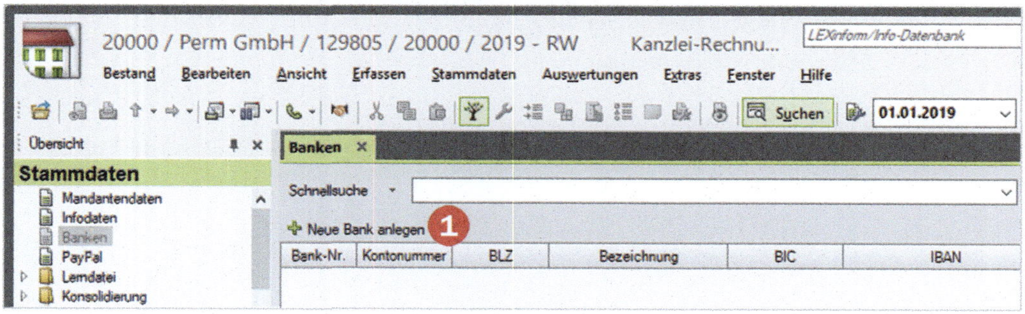

Bild 6.1 Neue Bank anlegen

Das Programm wechselt nun augenblicklich zum Programm *Stammdaten Mandant* für die Firma Perm GmbH, damit hier im Register *Bank* die Bankverbindung der Hausbank angelegt werden kann (Bild 6.2).

3 Geben Sie im Feld *Gültig von* das Datum 01.01.2019 ein ❷.

4 Im Feld *Bank* kann jetzt die Bezeichnung der Bank eingetragen oder über das Symbol *Kreditinstitut auswählen* gesucht werden. Klicken Sie auf das Symbol *Kreditinstitut auswählen* ❸ (Bild 6.2).

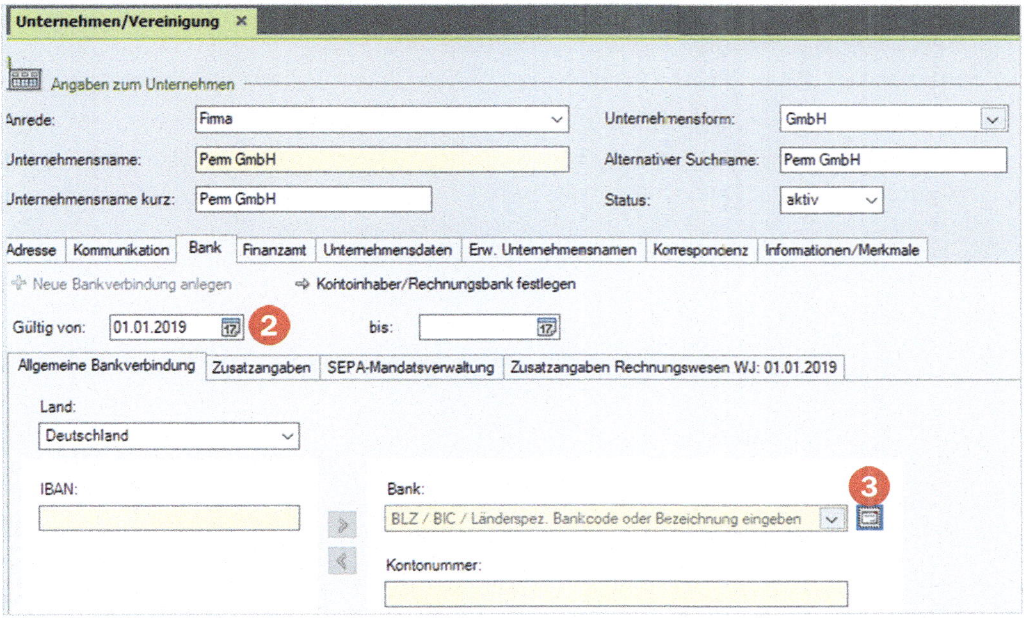

Bild 6.2 Stammdaten Mandant

5 Das gleichnamige Fenster wird geöffnet. Geben Sie im Feld *Schnellsuche* den Ort Koblenz ein. Nun werden unterhalb alle programmseitig hinterlegten Bankverbindungen aus Koblenz aufgelistet. Klicken Sie auf den Eintrag *Sparkasse Koblenz* und anschließend auf die Schaltfläche *OK*. Ist die Bankverbindung nicht aufgeführt, kann diese über *Kreditinstitut anlegen* ❹ erfasst werden.

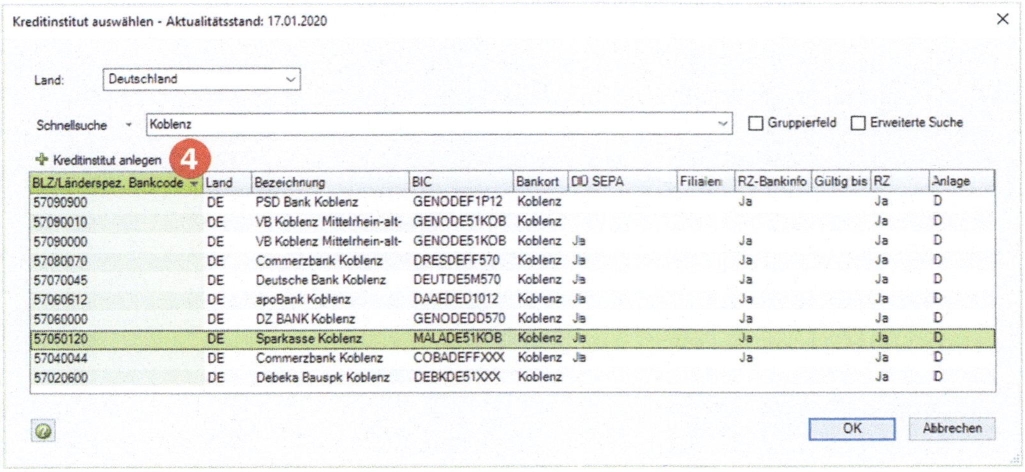

Bild 6.3 Kreditinstitut auswählen

6 Die Bankleitzahl und die Bankbezeichnung werden übernommen. Zusätzlich wird der BIC-Code der Sparkasse Koblenz angezeigt (Bild 6.4 auf der nächsten Seite).

Hinweis: Der BIC (Bank Identifier Code) - auch SWIFT-Code genannt - hier: MALADE51KOB ist der international standardisierte Bankcode, damit Kreditinstitute eindeutig identifiziert werden können.

7 Geben Sie im Feld *Kontonummer* die Kontonummer für die Sparkasse Koblenz 112607 ein und drücken Sie anschließend die Tab-Taste. Das Programm bildet nun automatisch im Feld *IBAN* die IBAN Nr. DE97 5705 0120 0000 1126 07 zur Sparkasse Koblenz.

Tipp: Über dieses Pfeilsymbol [>] können aus einer hinterlegten IBAN Bank und Kontonummer ermittelt werden. Mit diesem Pfeilsymbol [<] können Sie aus Bankleitzahl und Kontonummer die IBAN ermitteln lassen.

Bild 6.4 Bankdaten erfassen

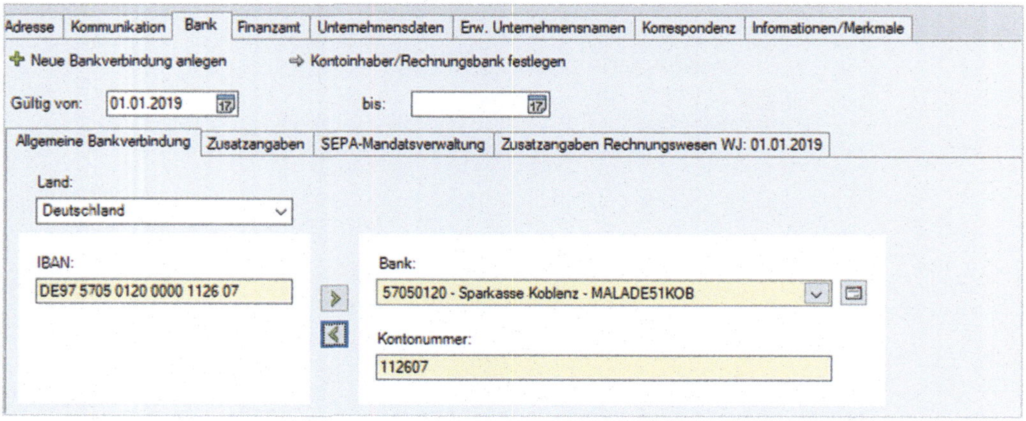

Die IBAN (Internation Bank Account Number) ist eine standardisierte internationale Kontonummer für grenzüberschreitende Zahlungen innerhalb Europas. Sie wird aus der Bankleitzahl und der Kontonummer gebildet und eingetragen. Wichtig ist hierbei, die vorgeschlagene IBAN-Nummer mit dem ersten Bankauszug zu vergleichen.

Hinweise zu IBAN und BIC:

Im Zuge der Realisierung des einheitlichen europäischen Zahlungsraumes wurde seit Anfang 2008 auch die bis dahin für Auslandsüberweisungen zu benutzende EU-Standardüberweisung durch die so genannte SEPA-Überweisung (Single Euro Payments Area) oder Euro-Überweisung abgelöst. Seit dem 01.02.2014 ist dieses Verfahren auch für Inlandsüberweisungen verpflichtend.

Das Besondere an der neuen SEPA-Überweisung ist, dass mit ihr sowohl Inlandsüberweisungen als auch internationale Überweisungen innerhalb der EU möglich sind. Diese Internationalisierung bedeutete aber auch, dass die bisher bei Überweisungen verwendeten nationalen Kontonummern und Bankleitzahlen durch einheitliche Formate ersetzt werden mussten.

Zu diesem Zweck hat das ECBS, das European Committee for Banking Standards bzw. Europäisches Normierungsgremium, die IBAN als neue europäische Kontonummer eingeführt.

Anstelle der bisherigen Bankleitzahlen tritt der BIC (Bank Identifier Code = internationale Bankleitzahl), welcher von der SWIFT festgelegt wird und daher oftmals auch als SWIFT-Code bezeichnet wird. Zur problemlosen Nutzung dieses neuen Systems sind alle Unternehmen und Organisationen dazu angehalten, ihre Kontoangaben auf IBAN und BIC umzustellen.

8 Klicken Sie abschließend auf das Symbol *Speichern und Schließen*. Die erste Hausbank der Firma Perm GmbH, Sparkasse Koblenz, mit den hinterlegten Konteninformationen ist erfasst.

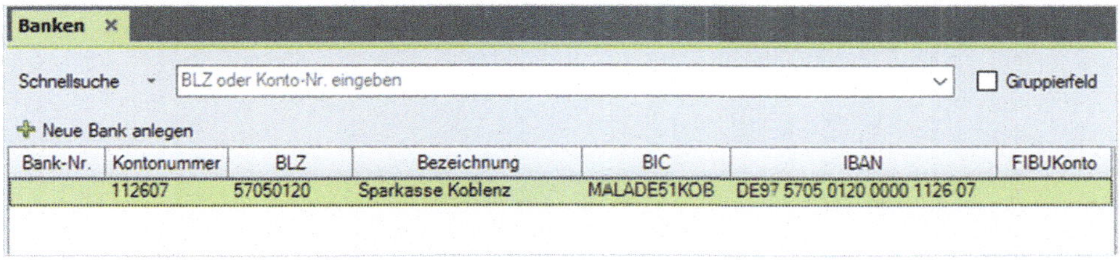

Bild 6.5 Die erfasste Hausbank

Übung: Bankdaten anlegen

Legen Sie die zweite Hausbank der Firma Perm GmbH mit folgenden Bankdaten an:

Gültig ab:	01.01.2019
IBAN:	DE60 5709 0900 0013 3160 20
Bankbezeichnung:	PSD Bank Koblenz
BIC:	GENODEF1P12
Bankleitzahl:	57090900
Kontonummer:	13316020

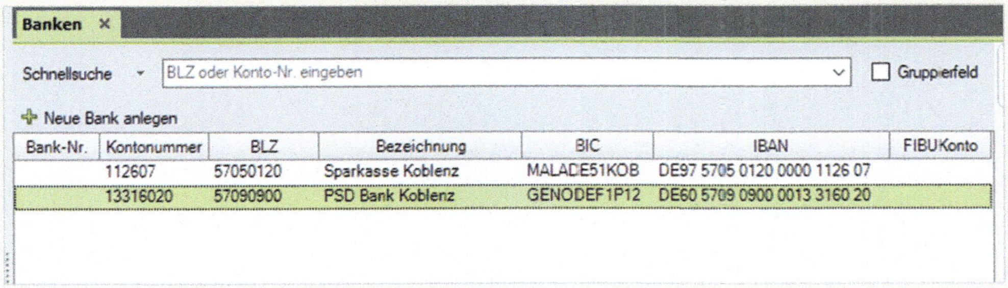

Bild 6.6 Die zweite Hausbank

6.2 Hausbanken für den Zahlungsverkehr hinterlegen

Zusätzlich, wie bereits beschrieben, können Hausbanken auch in verschiedenen Programmfunktionen verwendet werden, z. B. Zahlungsverkehr, elektronische Kontoauszüge. Dazu müssen bei den Hausbanken jedoch zusätzliche Einstellungen hinterlegt werden.

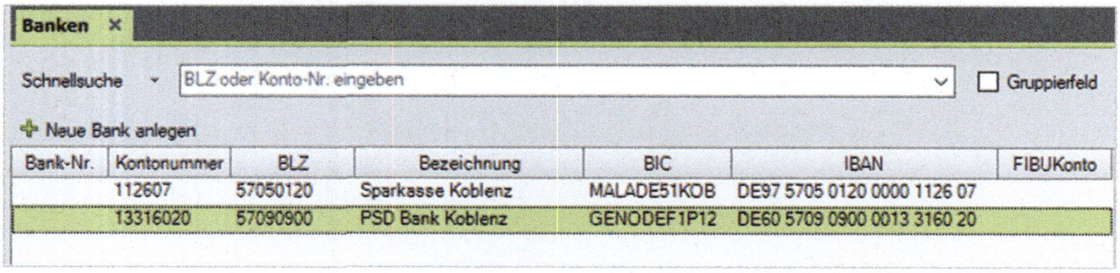

Bild 6.7 Die Hausbanken

1 Klicken Sie doppelt auf den Eintrag *Sparkasse Koblenz*. Die beiden Hausbanken werden nun zur Bearbeitung im Programm *Stammdaten Mandant* aufgeführt.

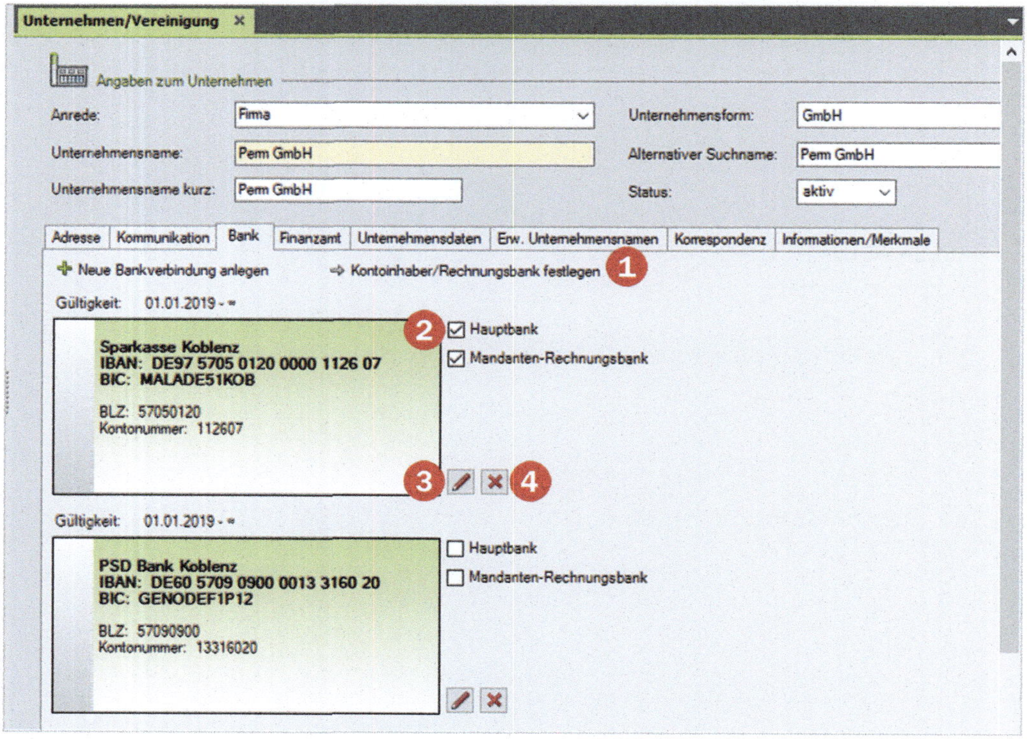

Bild 6.8 Hausbanken bearbeiten

1. Über diesen Link können Sie den Kontoinhaber bestimmen.
2. Die Sparkasse Koblenz ist, da sie als erste Bank angelegt wurde, automatisch die Hauptbank.
3. Das Symbol Korrektur/Ergänzung.
4. Über dieses Symbol können Sie eine Bank löschen.

2 Klicken Sie bei der Sparkasse Koblenz auf das Symbol *Korrektur/Ergänzung*. Dadurch werden die bisher erfassten Bankdaten dieser Bankverbindung angezeigt.

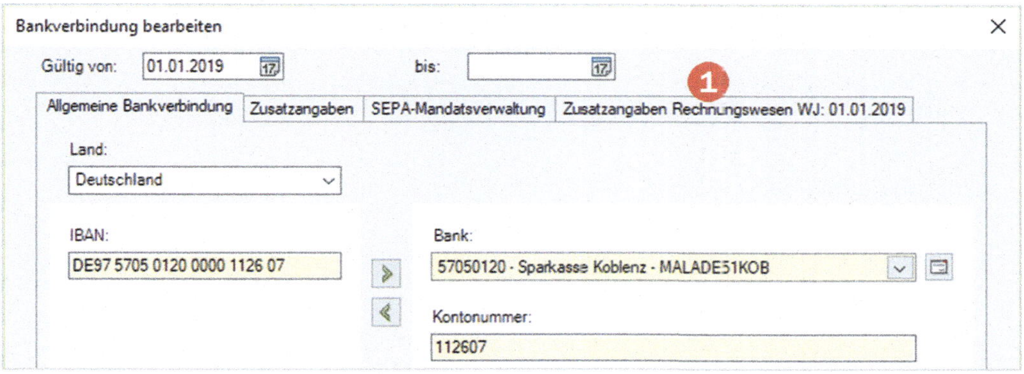

Bild 6.9 Bankverbindung bearbeiten

Im Register *SEPA-Mandatsverwaltung* können Sie Angaben für das SEPA Lastschriftverfahren (z. B. Bankeinzug Kunden) hinterlegen.

3 Klicken Sie auf das Register *Zusatzangaben Rechnungswesen WJ: 01.01.2019* ❶. Hier können die Einstellungen für den Zahlungsverkehr und für elektronische Bankbuchungen definiert werden, siehe Bild 6.10.

4 Aktivieren Sie das Kontrollkästchen *Rechnungswesen Bank*. Die Bankennummer wird jetzt vom Programm automatisch vergeben.

5 Nun müssen die Transitkonten für den Zahlungsverkehr hinterlegt werden. Geben Sie sowohl bei *Debitoren* als auch bei *Kreditoren* das Konto 1360 Geldtransit ein.

6 Die Textlänge für den Verwendungszweck kann individuell bis max. 14 Stellen festgelegt werden. Geben Sie 14 Stellen an.

7 Als FIBU-Konto geben Sie das Konto 1200 *Sparkasse Koblenz* an.

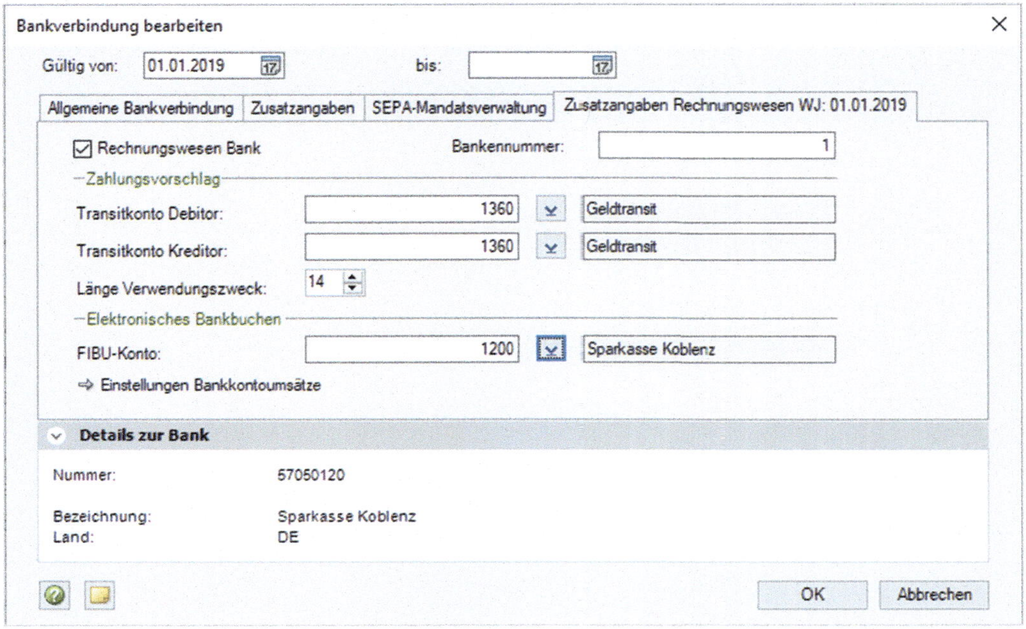

Bild 6.10 Zusatzangaben Rechnungswesen

Hinweis: Über den Link *Einstellungen Bankkontoumsätze* können über das DATEV-Rechenzentrum oder über diverse Bankprogramme elektronische Bankauszüge übernommen werden. Falls Sie das Dialogfenster *Einstellungen Bankkontoumsätze* geöffnet haben, klicken Sie auf die Schaltfläche *Abbrechen* (Bild 6.11 und Bild 6.12).

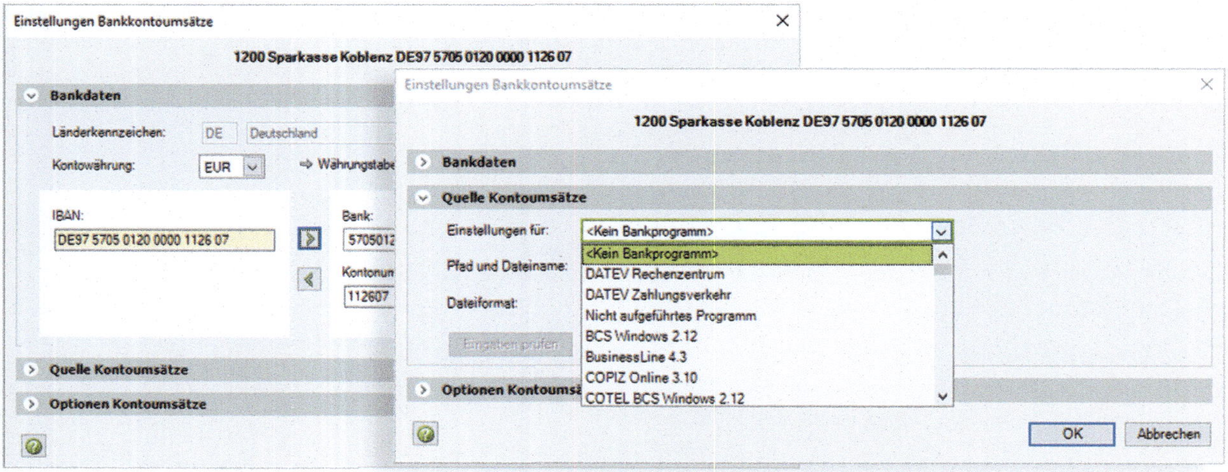

Bild 6.11 Einstellungen Bankkontoumsätze 1

Bild 6.12 Einstellungen Bankkontoumsätze 2

8 Klicken Sie auf das Register *Zusatzangaben* (Bild 6.13). Hier können Sie allgemeine Einstellungen zur Sparkasse Koblenz, wie z. B. Kundennummer, Kreditlinien und Zinsprozentsätze, hinterlegen. Klicken Sie anschließend auf die Schaltfläche *OK*.

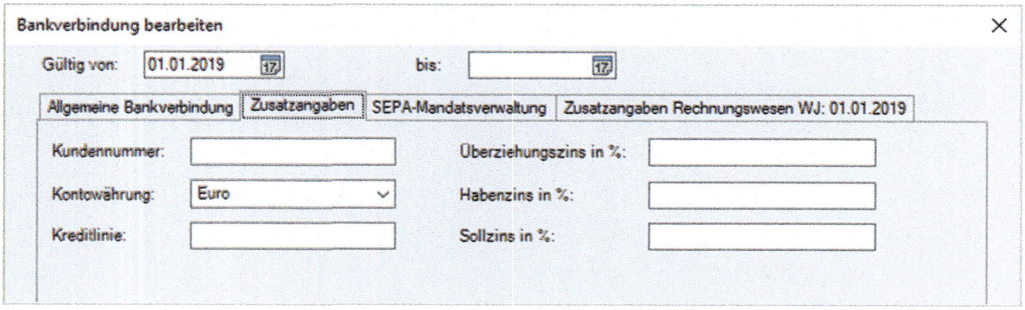

Bild 6.13 Zusatzangaben

9 Klicken Sie zuletzt auf das Symbol *Speichern und Schließen*. In der Übersicht der Banken ist die Sparkasse jetzt mit der Bankennummer 1 und dem FIBU-Konto 1200 aufgeführt (Bild 6.14).

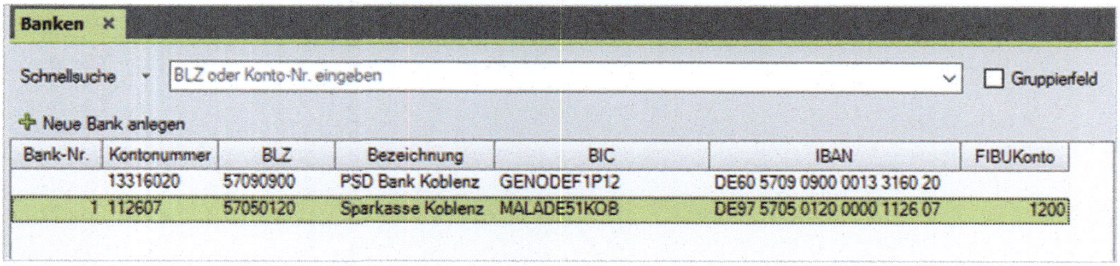

Bild 6.14 Bankenübersicht

Übung: Bankdaten für den Zahlungsverkehr vervollständigen

Aufgabe 1

Legen Sie im Kontenplan das Konto 1361 Geldtransit PSD Bank Koblenz an.

Aufgabe 2

Legen Sie für die Hausbank PSD Bank Koblenz folgende Details für den Zahlungsverkehr und für Elektronisches Bankbuchen fest:

Transitkonto Debitor:	Konto 1361	Geldtransit PSD Bank Koblenz
Transitkonto Kreditor:	Konto 1361	Geldtransit PSD Bank Koblenz
Länge Verwendungszweck:	14 Zeichen	
Fibu - Konto:	Konto 1210	PSD Bank Koblenz

Schließen Sie anschließend das Arbeitsblatt *Banken*, indem Sie auf das Symbol ✖ klicken.

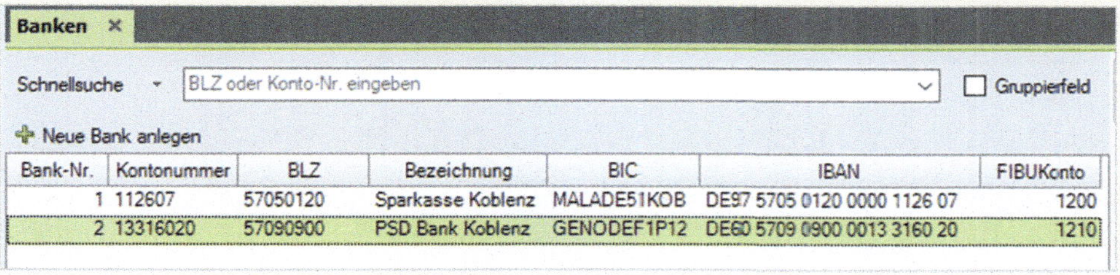

Bild 6.15 Ergebnis

6.3 Zahlungsbedingungen

Zahlungsbedingungen anlegen

Im Programm DATEV Kanzlei-Rechnungswesen haben Sie die Möglichkeit, Zahlungsbedingungen für Lieferanten und Kunden zu hinterlegen. Die Zahlungsbedingung dient der Ermittlung von Fälligkeiten und bildet die Grundlage für einen termingerechten Zahlungsvorschlag, natürlich auch für das Mahnwesen. Sie können Zahlungsbedingungen mit einer Nettofälligkeit und mit bis zu zwei Skontofälligkeiten für den Zeitraum und den Skontoprozentsatz hinterlegen. Dabei werden zwei Fälle unterschieden:

- **Fälligkeit in Tagen:** Hierbei erfolgt die Fälligkeitsermittlung über die Angabe von Tageswerten, gerechnet vom Belegdatum der Rechnung.
- **Fälligkeit mit Datum:** Es wird mit einer festen Datumsangabe als Fälligkeit gearbeitet. Dabei können bis zu drei Fälligkeitszeiträume angegeben werden. In Abhängigkeit vom Rechnungsdatum definieren Sie die Skonto- und Nettofälligkeit mit Datumsangaben.

! Grundsätzlich gilt: Wenn keine Zahlungsbedingung hinterlegt wurde, ist das Fälligkeitsdatum einer Rechnung mit dem Belegdatum gleichzusetzen. Die Rechnung ist somit sofort fällig. Änderungen in der Zahlungsbedingung wirken sich nur auf neu erfasste Rechnungen aus.

Ausgangssituation

Herr Münchbacher hat zusammen mit dem Steuerberater Herrn Wichtig die Zahlungsbedingungen für Kunden der Firma Perm festgelegt.

Alle Kunden erhalten ein Zahlungsziel von 14 Tagen. Das allgemeine Zahlungsziel wurde bereits in den Mandantenstammdaten der Firma Perm GmbH in den OPOS Einstellungen erfasst (Bild 6.16).

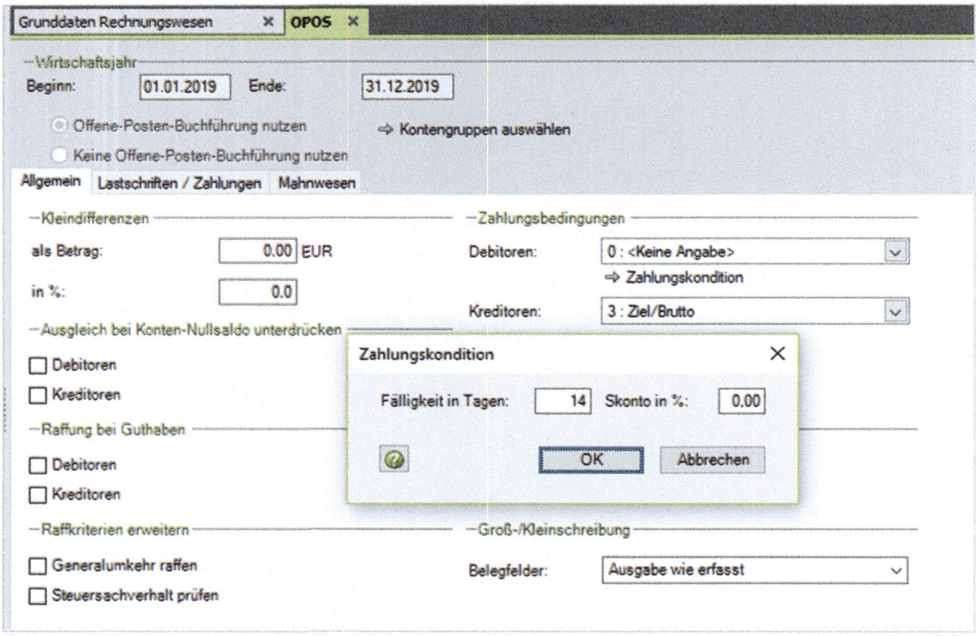

Bild 6.16 Allgemeines Zahlungsziel

Für gute Kunden sollen die Zahlungsbedingungen wie folgt festgelegt werden:

- Das Zahlungsziel soll 30 Tage betragen. Innerhalb von 14 Tagen gewährt unsere Übungsfirma Skontoabzug in Höhe von 2 %.
- Topkunden erhalten sogar ein Zahlungsziel von 60 Tagen. Skontoabzug gewährt die Firma innerhalb von 14 Tagen in Höhe von 3 %.

Zum Hinterlegen einer Zahlungsbedingung gehen Sie wie folgt vor:

1. Wählen Sie den Menüpunkt *Stammdaten* ▶ *Debitoren* ▶ *Zahlungsbedingungen* oder klicken Sie auf die Navigationsschaltfläche *Stammdaten*, klicken dort auf den Ordner *Debitoren* und anschließend doppelt auf den Eintrag *Zahlungsbedingungen*.

2 Klicken Sie im Arbeitsblatt *Zahlungsbedingungen* auf den Link *Neue Zahlungsbedingung anlegen* ❶ (Bild 6.17).

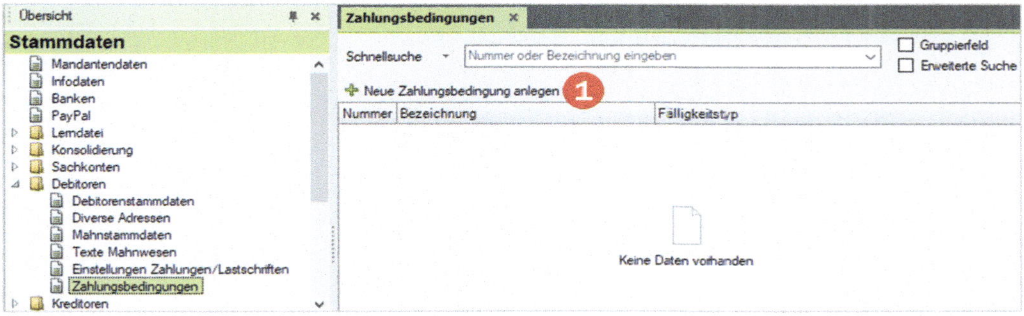

Bild 6.17 Zahlungsbedingung anlegen

3 Geben Sie im nächsten Schritt als Bezeichnung für die Zahlungsbedingung ein: 14 Tage 2 % Skonto / 30 Tage netto (siehe Bild 6.18).

Hinweis: Die Nummer der Zahlungsbedingung wird vom Programm automatisch vorgeschlagen, kann aber individuell angepasst werden.

4 Im Feld *Fälligkeitstyp* kann nun entweder *Fälligkeit in Tagen* oder *Fälligkeit mit Datum* ausgewählt werden, siehe Seite 107. Für diese Zahlungsbedingung wählen Sie den Standardeintrag *Fälligkeit in Tagen*. Geben Sie die Fälligkeiten wie folgt ein:

Im Feld *Skonto 1* tragen Sie den Wert 200 und im Feld *fällig innerhalb von* den Wert 14 ein. Die Eingabe 200 wird automatisch in 2,00 umgewandelt. Im Feld *ohne Abzug fällig innerhalb von* tragen Sie den Wert 30 als Nettofälligkeit ein.

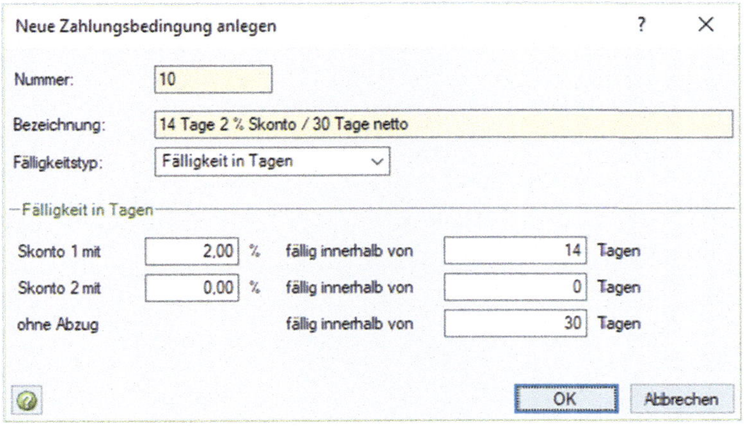

Bild 6.18 Neue Zahlungsbedingung

5 Klicken Sie zuletzt auf die Schaltfläche *OK*. Die Zahlungsbedingung für gute Kunden ist nun im Programm hinterlegt und kann später individuell den Kunden (Debitoren) zugewiesen werden.

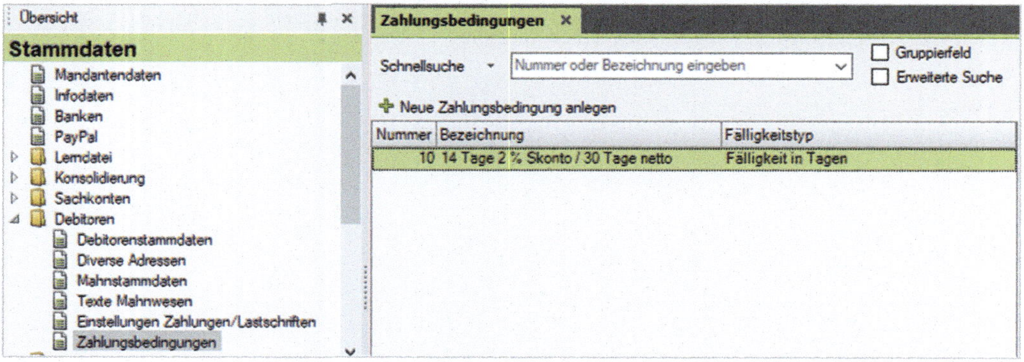

Bild 6.19 Die erfasste Zahlungsbedingung

Hinweis: Eine einmal erfasste Zahlungsbedingung kann auch einem Lieferanten (Kreditoren) zugeordnet werden.

Übung: Zahlungsbedingung anlegen

Legen Sie die Zahlungsbedingung mit der Nummer 20 an (Bild 6.20):
14 Tage 3 % Skonto, Nettofälligkeit in 60 Tagen.

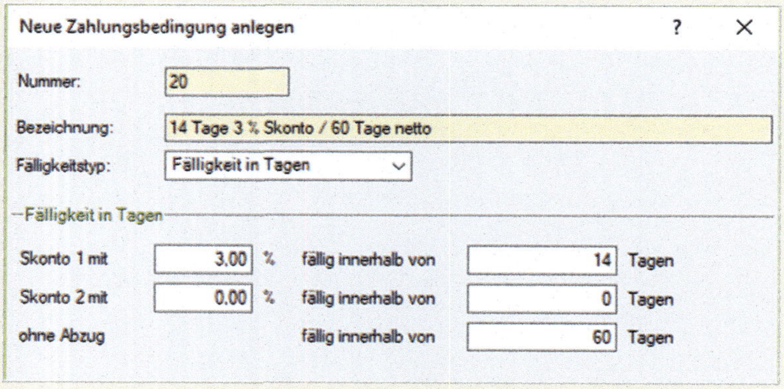

Bild 6.20 Übungsaufgabe

Als Ergebnis werden die beiden Zahlungsbedingungen im Arbeitsblatt *Zahlungsbedingungen* wie folgt angezeigt.

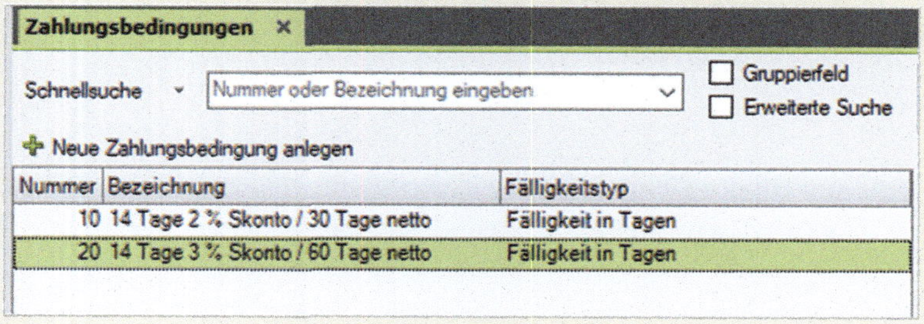

Bild 6.21 Ergebnis

Zahlungsbedingungen bearbeiten

Um eine Zahlungsbedingung zu ändern, klicken Sie doppelt auf die zu ändernde Zahlungsbedingung und können diese anschließend im Fenster *Zahlungsbedingung bearbeiten* individuell anpassen. Als Beispiel die Zahlungsbedingung 10: 14 Tage 2 % Skonto / 30 Tage netto (Bild 6.22).

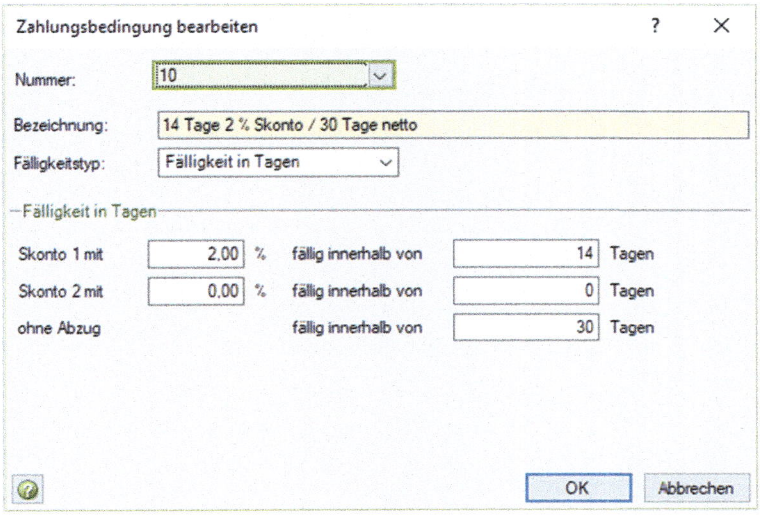

Bild 6.22 Zahlungsbedingung bearbeiten

Zahlungsbedingung löschen

(INFO! Bitte nicht durchführen)

Info

Um eine Zahlungsbedingung zu löschen, klicken Sie mit der rechten Maustaste auf die zu löschende Zahlungsbedingung und anschließend auf den Befehl *Löschen*.

Sie erhalten anschließend nochmals ein Fenster mit der Sicherheitsabfrage, ob die Zahlungsbedingung tatsächlich gelöscht werden soll.

Schließen Sie danach das Arbeitsblatt *Zahlungsbedingungen*, indem Sie auf das Symbol *Schließen* klicken.

Notizen:

7 Stammdaten Debitoren und Kreditoren

In diesem Kapitel lernen Sie, wie Sie ...

- Kunden /(Debitoren) in DATEV Kanzlei-Rechnungswesen anlegen,
- Kundendaten bearbeiten,
- die Geschäftspartnerliste Debitoren aufrufen und drucken können,
- Lieferanten (Kreditoren) in DATEV Kanzlei-Rechnungswesen anlegen,
- Lieferantendaten bearbeiten,
- die Geschäftspartnerliste Kreditoren aufrufen und drucken können.

7.1 OPOS-Einstellungen Personenkonten

Voraussetzung, dass Personenkonten hinterlegt werden können, ist die unbedingte OPOS-Nutzung in den Stammdaten des Mandanten. Wurde irrtümlicherweise vergessen, OPOS zu aktivieren oder möchten Sie die Einstellungen für die OPOS-Nutzung nochmals kontrollieren, gehen Sie wie folgt vor:

1 Wählen Sie den Menüpunkt *Stammdaten* ▶ *Mandantendaten* oder klicken Sie auf die Navigationsschaltfläche *Stammdaten* und anschließend doppelt auf den Eintrag *Mandantendaten*. Das Programm *Stammdaten Mandant* für den Mandanten 20000 Perm GmbH mit dem Arbeitsblatt *Grunddaten Rechnungswesen* ❶ wird geöffnet (Bild 7.1).

Bild 7.1 Grunddaten Rechnungswesen

2 Klicken Sie anschließend in der Rubrik *Mandantendaten Rechnungswesen* doppelt auf den Eintrag *OPOS* ❷. Das Arbeitsblatt *OPOS* mit den Einstellungen zur OPOS-Nutzung wird angezeigt (Bild 7.2). Wurde die OPOS-Nutzung nicht aktiviert, kann dies an dieser Stelle nachgeholt werden ❸. Beachten Sie, dass Sie nur mit Personenkonten buchen können, wenn die OPOS-Nutzung aktiviert wurde.

Bild 7.2 Arbeitsblatt OPOS

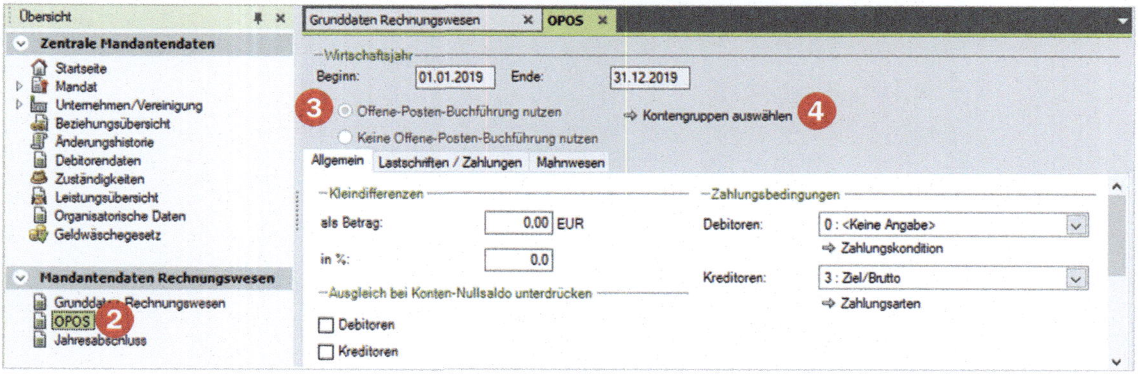

3 Um die Kontengruppen für die Personenkonten nochmals zu kontrollieren, klicken Sie auf den Link *Kontengruppen auswählen* ❹.

- Personenkonten sind bei vierstelligen Sachkonteneinstellungen fünfstellig. Sie unterteilen sich in Debitoren (Kunden) und Kreditoren (Lieferanten).
- Die Kontengruppen 1 – 6 sind für Debitoren (Kunden) reserviert. Dies bedeutet, Sie können Kunden (Debitoren) mit den Kontennummern 10000 bis 69999 anlegen.
- Die Kontengruppen 7 – 9 sind für Kreditoren (Lieferanten) reserviert. Sie können also Lieferanten (Kreditoren) mit den Kontennummern 70000 bis 99999 anlegen.

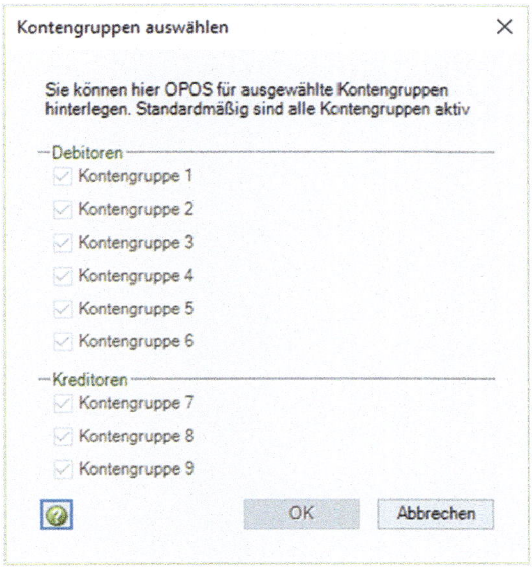

Bild 7.3 Kontengruppen auswählen

4 Klicken Sie abschließend auf die Schaltfläche *Abbrechen* und schließen Sie das Programm *Stammdaten Mandant*, indem Sie auf das Symbol ✕ klicken. Sie befinden sich nun wieder im Programm DATEV Kanzlei-Rechnungswesen.

7.2 Kunden (Debitoren) anlegen

Grundlagen

Mit der Anlage eines Kunden (Debitoren) in den Stammdaten entsteht ein Personenkonto, das bebucht werden kann. Die Debitorenkonten werden zwar gebucht, ihre Saldi aber über Sammelkonten abgeschlossen. Es sind die Sachkonten 1400 ff. Forderungen aus Lieferungen und Leistung. In DATEV Kanzlei-Rechnungswesen ist das Konto *1400*, *Forderungen aus Lieferungen und Leistung* als Sammelkonto standardmäßig bereits angelegt.

Ausgangssituation

Für unseren Mandanten Firma Perm GmbH soll der erste Kunde (Debitor) hinterlegt werden. Es handelt sich um den Kunden Hans Müller aus Koblenz.

Um den Kunden Hans Müller, Koblenz anzulegen, nehmen Sie folgende Schritte vor:

1. Wählen Sie den Menüpunkt *Stammdaten* ▶ *Debitoren* ▶ *Debitorenstammdaten* oder klicken Sie auf die Navigationsschaltfläche *Stammdaten* und klicken dort im geöffneten Ordner *Debitoren* doppelt auf den Eintrag *Debitorenstammdaten* ❶.

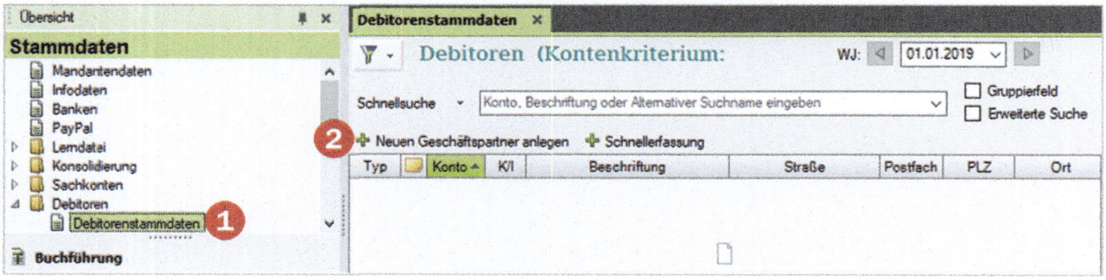

Bild 7.4 Debitorenstammdaten

2. Klicken Sie auf den Link *Neuen Geschäftspartner anlegen* ❷. Das Dialogfenster *Neuen Geschäftspartner anlegen* wird geöffnet.

   Die erste Debitorennummer 10000 wird vom Programm automatisch vorgeschlagen und kann natürlich individuell geändert werden.

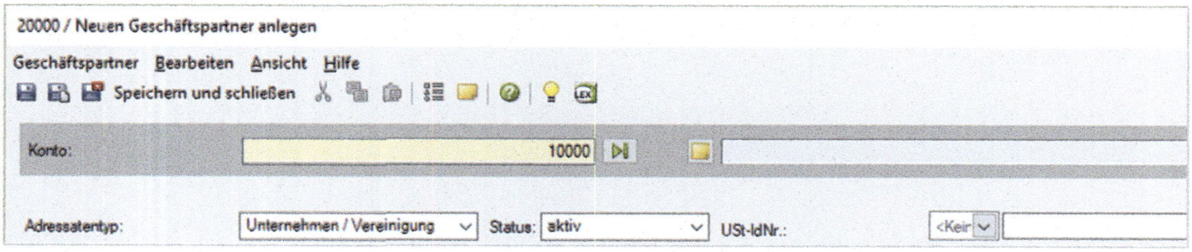

Bild 7.5 Neuen Debitor anlegen

3. Als Adressatentyp ist zunächst *Unternehmen/Vereinigung* vorbelegt. Klicken Sie auf den Dropdown-Pfeil des Feldes *Adressatentyp* und wählen Sie *Natürliche Person*.

4. Geben Sie im nächsten Schritt die folgenden Grunddaten (Bild 7.6) von Herrn Hans Müller ein. Der Kurzname wird bei der Eingabe aus Nachname und Vorname gebildet und automatisch als Kontenbezeichnung übernommen. Der Kurzname kann natürlich nach eigenen Wünschen angepasst werden.

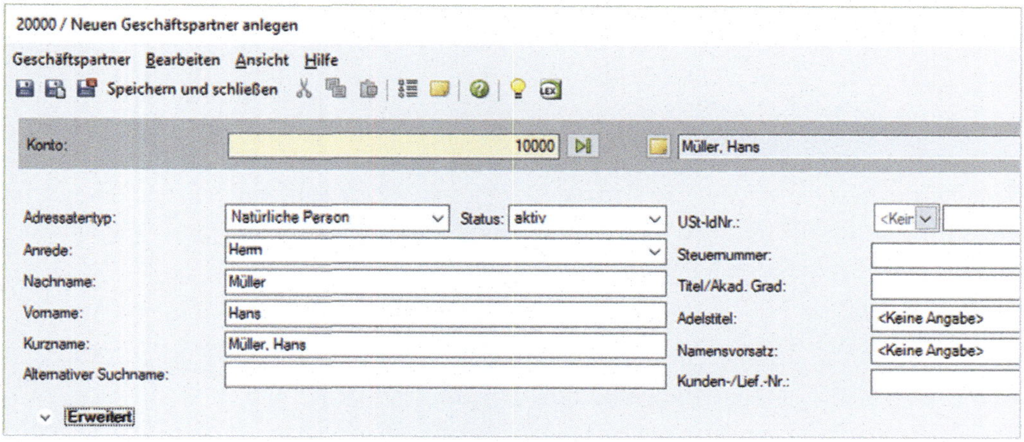

Bild 7.6 Grunddaten eingeben

Weitere Stammdaten erfassen

Die Grunddaten für das erste Debitorenkonto 10000 Müller, Hans sind somit erfasst. Falls ohne Mahnwesen gearbeitet wird, sind die Angaben für das Personenkonto ausreichend. In der Praxis wird natürlich mit dem integrierten Mahnwesen, automatischen Bankeinzügen usw. gearbeitet. Im Kapitel Mahnwesen dieses Buches wird dieses Thema umfassend behandelt. Daher ist es wichtig, dass Sie lernen, weitere Stammdaten für den Kunden anzulegen.

Geben Sie die Adressdaten von Herrn Müller - wie nachfolgend abgebildet - ein ❶:

Bild 7.7 Adressdaten erfassen

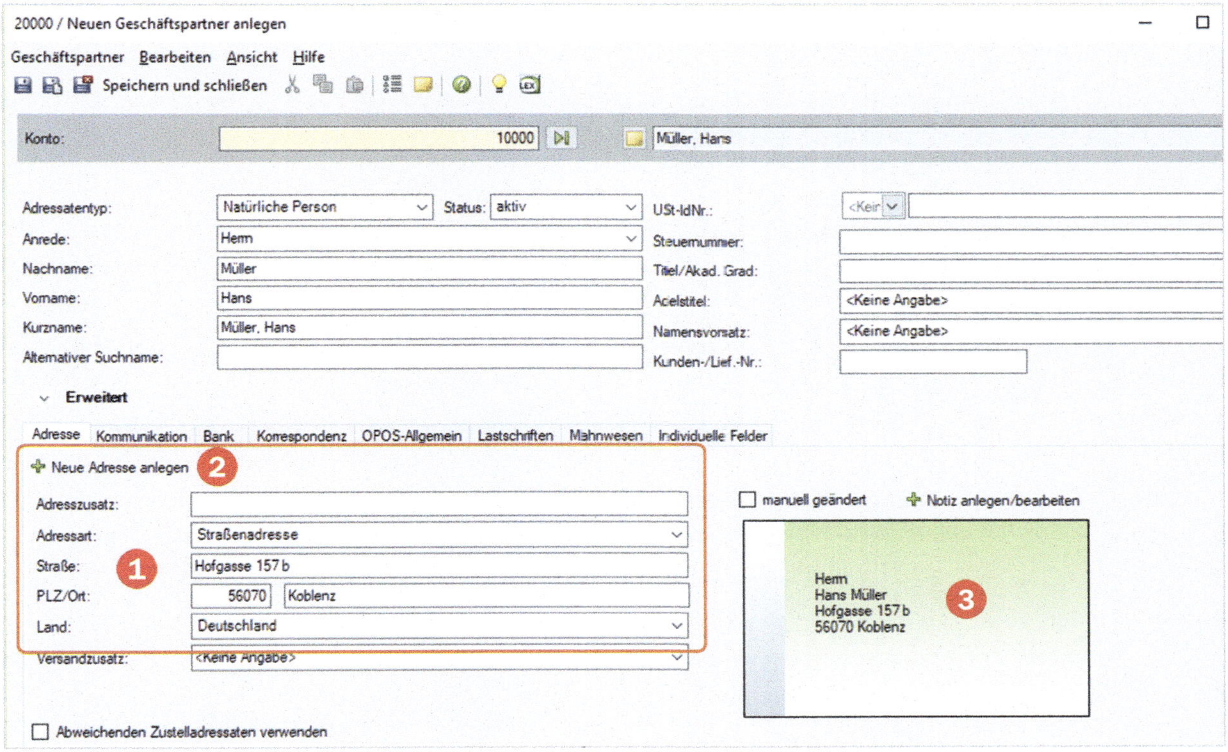

❷ Über diesen Link können Sie zusätzliche Adressen erfassen.

❸ Die Visitenkarte wird durch die Eingabe der Adressdaten automatisch vervollständigt.

Über Registerkarten können weitere Stammdaten für den Kunden hinterlegt werden:

Bild 7.8 Weitere Register

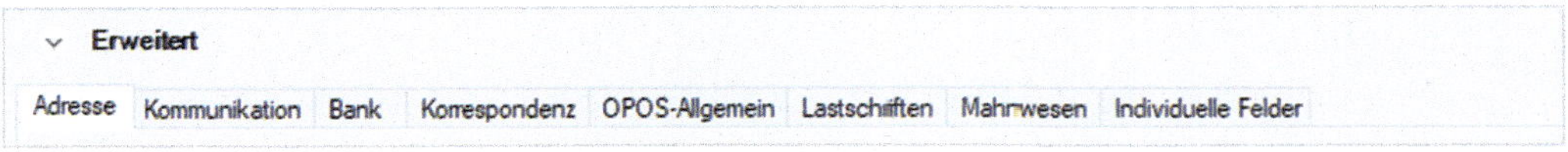

- Im Register *Kommunikation* können Sie Kontaktdaten des Kunden, wie z. B. Telefonnummern, E-Mail-Adressen und Faxnummern erfassen.
- Die Registerkarten *Bank* und *Lastschriften* werden benötigt, wenn der Kunde Ihnen einen Bankeinzug erteilt und der Rechnungsbetrag über den programminternen Zahlungsverkehr eingezogen wird.

- In der Registerkarte *Korrespondenz* können Sie Angaben wie z. B. Kundennummer, Ansprechpartner, die persönliche Anrede in Brieftexten, Grußformeln und die Sprache erfassen.
- Ist mit einem Kunden eine gesonderte Zahlungsbedingung vereinbart, kann diese Zahlungsbedingung über das Register *OPOS-Allgemein* dem Kunden zugewiesen werden. Wenn für den Kunden keine Zahlungsbedingung hinterlegt wird, gilt das in der OPOS-Nutzung hinterlegte allgemeine Zahlungsziel von 14 Tagen.
- Besondere Einstellungen für das Mahnwesen können dem Kunden über das Register *Mahnwesen* zugewiesen werden.
- Als letztes Register stehen Ihnen noch *Individuelle Felder* zur Verfügung. Diese sind ohne Funktion und können frei, z. B. für einen Kundenvermerk, definiert werden.

Ausgangssituation

Für den Kunden Hans Müller sollen noch folgende Kundenstammdaten erfasst werden:

Telefonnummer:	+49 261 5263520
E-Mail:	mueller.hans@gmt.de
Briefanrede:	Sehr geehrter Herr Müller,
Grußformel:	Freundliche Grüße
Indiv. Feld 1:	Erster Bestellkunde

1 Klicken Sie auf das Register *Kommunikation* und geben Sie Telefonnummer und E-Mail Adresse wie unten abgebildet ein:

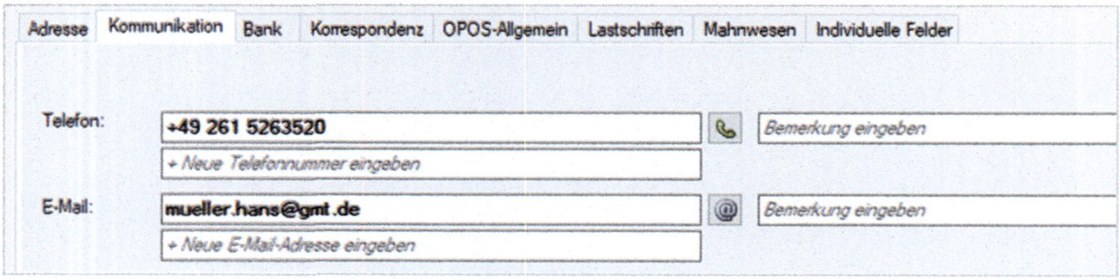

Bild 7.9 Telefonnummer und E-Mail

2 Klicken Sie auf das Register *Korrespondenz* und geben Sie Briefanrede und Grußformel ein:

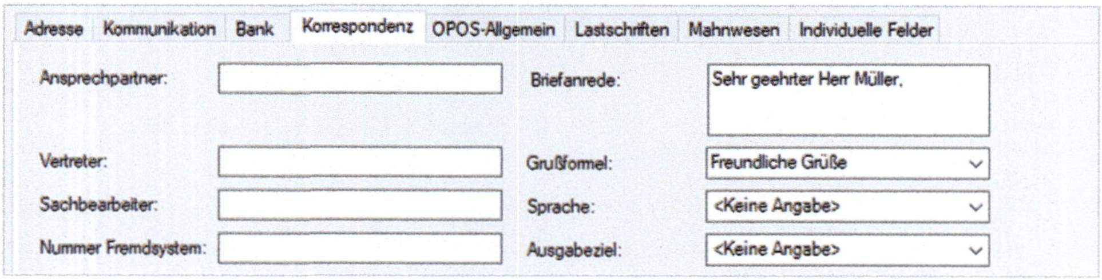

Bild 7.10 Korrespondenz

3 Klicken Sie zuletzt auf das Register *Individuelle Felder* und geben in das Feld *Indiv. Feld 1* den Text Erster Bestellkunde ein.

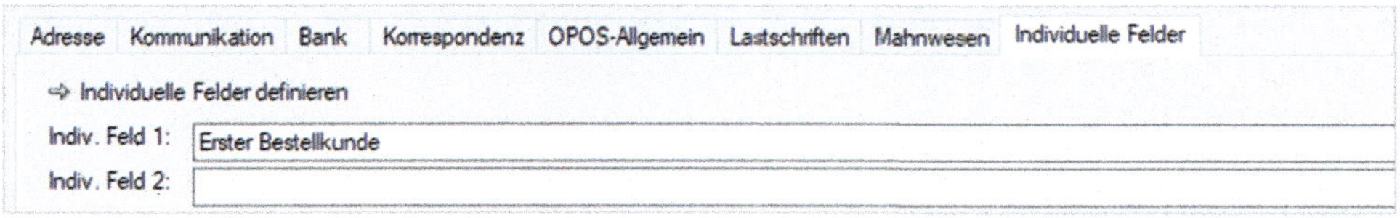

Bild 7.11 Individuelle Felder

4 Klicken Sie abschließend auf das Symbol *Speichern und Schließen*. Im Arbeitsblatt *Debitorenstammdaten* ist nun der Kunde 10000 Müller, Hans als erster Kunde (Debitor) der Firma Perm GmbH angelegt. Mit diesem Personenkonto kann ab sofort gebucht werden. In der Liste sehen Sie die erfassten Informationen zum Kunden.

5 Mit Klick auf das Register *Details* ❶ am rechten Rand können Sie alle erfassten Stammdaten zum markierten Kunden einsehen.

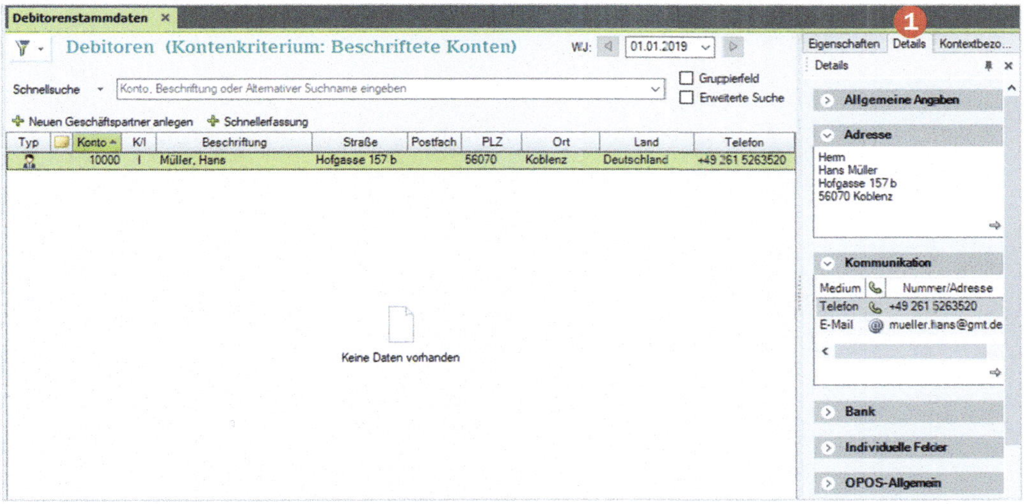

Bild 7.12 Stammdaten einsehen

Ausgangssituation

Als nächster Debitor (Kunde) soll eine Firma als Kunde angelegt werden. Hierbei handelt es sich um die Firma Mösch GmbH aus Koblenz. Folgende Kundendaten liegen Ihnen vor:

Firma Mösch GmbH, IT-Einzelhandel
Rheinallee 15, 56070 Koblenz
USt-ID-Nr: DE 148787117
Telefon: +49 261 456231
Telefax: +49 261 456233
E-Mail: info@moesch.de
Ansprechpartner: Sebastian Mösch
Sehr geehrter Herr Mösch,
Freundliche Grüße
Zahlungsbedingung: 14 Tage 2 %, 30 Tage netto

1 Klicken Sie auf den Link *Neuen Geschäftspartner anlegen*. Die nächste freie Debitorennummer 10001 wird automatisch vorgeschlagen. Sie kann natürlich individuell geändert werden.

2 Geben Sie zunächst die Grunddaten für das Debitorenkonto Firma Mösch GmbH ein (siehe Bild 7.13).

Achtung: Bei Firmenkunden ist zwingend die USt-IdNr. oder die Steuernummer zu erfassen. Ist die Steuernummer oder die USt-IdNr. nicht bekannt, kann sie auch noch nachträglich erfasst werden.

3 Geben Sie im nächsten Schritt die Adressdaten der Firma ein (Register *Adresse*).

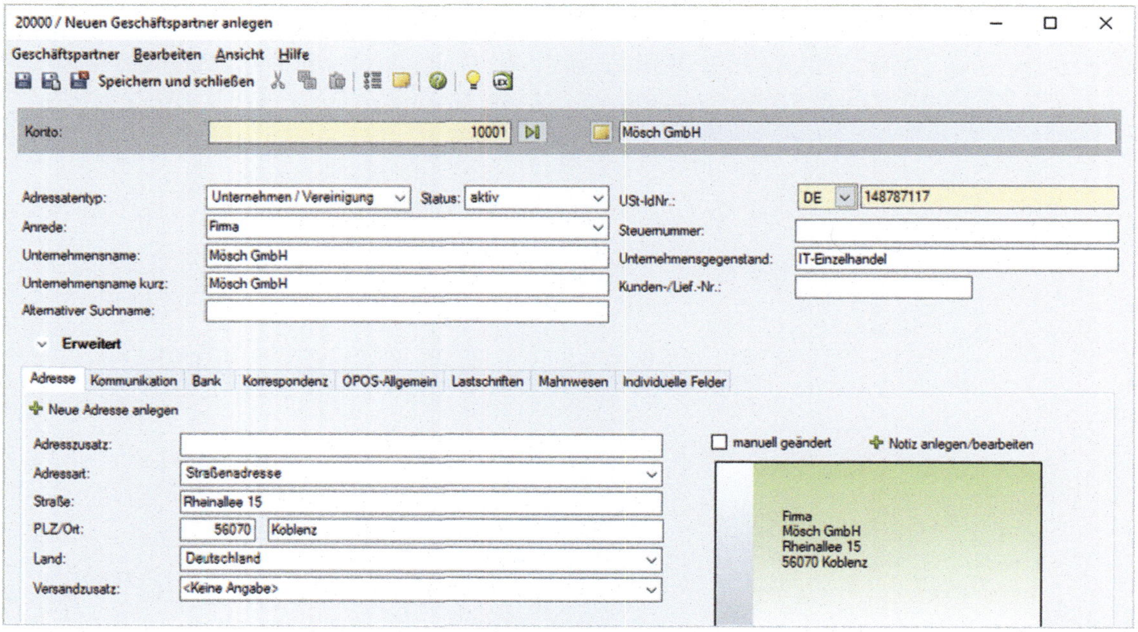

Bild 7.13 Debitorenkonto Firma Mösch

4 Geben Sie im Register *Kommunikation* Telefon- und Faxnummer sowie die E-Mail-Adresse ein. Im Register *Korrespondenz* geben Sie Ansprechpartner und Briefanrede ein:

Bild 7.14 Kommunikation und Korrespondenz

5 Klicken Sie auf das Register *OPOS-Allgemein*, um die Zahlungsbedingung für den Kunden zu hinterlegen.

6 Klicken Sie auf den Dropdown-Pfeil des Feldes *Zahlungsbedingungen* und wählen Sie den Eintrag *10: 14 Tage 2 % Skonto / 30 Tage netto* aus (siehe Bild 7.15).

Hinweis: Über den Link *Neue Zahlungsbedingung anlegen* (siehe Bild 7.15) kann ggf. eine neue Zahlungsbedingung für den Kunden angelegt werden. Diese steht anschließend auch für alle anderen Kunden sowie Lieferanten zur Verfügung.

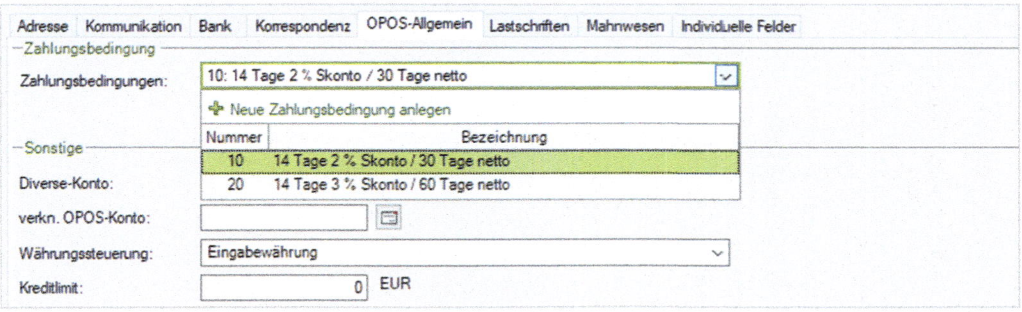

Bild 7.15 Zahlungsbedingungen zuweisen

7 Der zweite Debitor (Kunde) mit den dazugehörigen Stammdaten ist angelegt, klicken Sie abschließend auf das Symbol *Speichern und schließen*.

Im Arbeitsblatt *Debitorenstammdaten* ist das Konto 10001, Mösch GmbH als zweites Debitorenkonto aufgeführt. In den Details sind die hinterlegten Stammdaten ersichtlich.

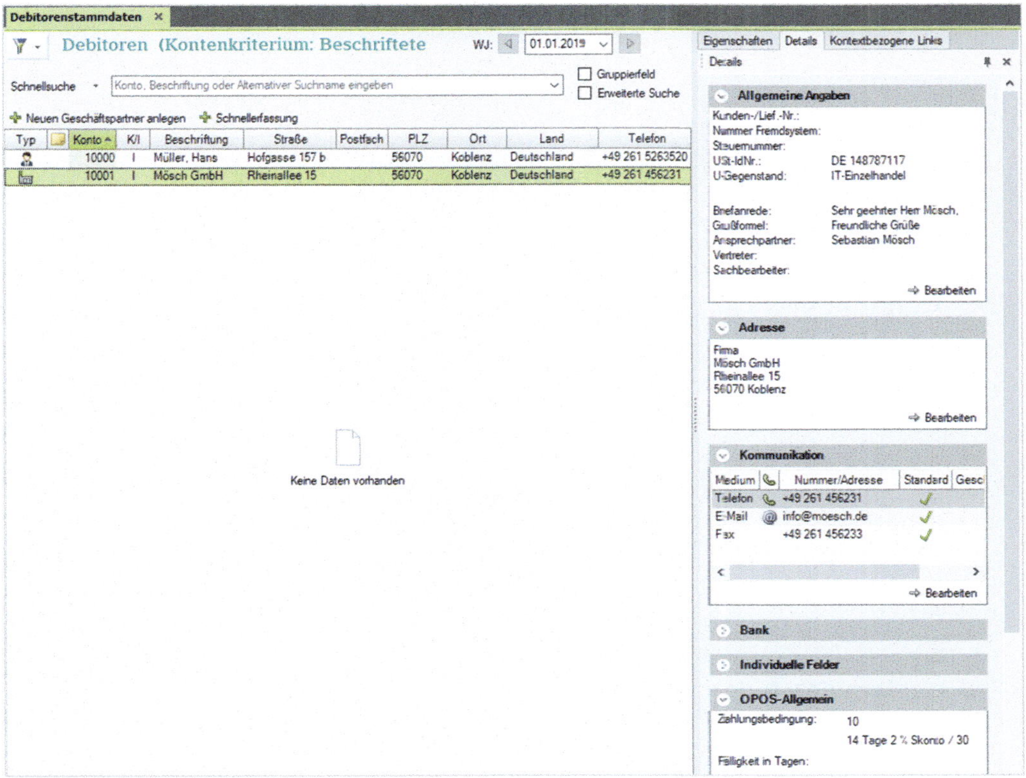

Bild 7.16 Debitorenkonto mit Stammdaten

Hinweis zur Liste der Debitorenkonten (Bild 7.16):
Anhand des Symbols in der linken Spalte (*Typ*) erkennen Sie, ob es sich bei den Kunden um eine natürliche Person oder ein Unternehmen/Vereinigung handelt.

Tipp: Über das Symbol *Speichern und Neu* im Dialogfenster *Neuen Geschäftspartner anlegen*, können Sie den bestehenden Kunden speichern und anschließend sofort einen neuen Kunden anlegen, ohne das Dialogfenster *Neuen Geschäftspartner anlegen* zu verlassen.

Übung: Kunden (Debitoren) anlegen

Legen Sie die folgenden Kunden neu an:

Aufgabe 1

Debitorennummer: 10002	Kontenbeschriftung/Kurzname: Klein, Wilma
Frau	Telefon: +49 228 526130
Wilma Klein	Sehr geehrte Frau Klein,
Honigweg 7	Freundliche Grüße
53115 Bonn	

Aufgabe 2

Debitorennummer: 10003	Kontenbeschriftung/Kurzname: Polster AG
Firma	Telefon: +49 69 1005030
Polster AG	Sehr geehrte Frau Pesch,
Vertrieb von Lederwaren	Freundliche Grüße
Mainblick 52	Ansprechpartner: Sabine Pesch
60311 Frankfurt am Main	
USt-IdNr.: DE 114208670	
Steuernummer: 47 246 84833	
Zahlungsbedingung:	Nr. 10 14 Tage 2 %, 30 Tage netto

Aufgabe 3

Debitorennummer: 10004	Kontenbeschriftung/Kurzname: Tischler, Franz
Herrn	Telefon: +49 221 589152
Franz Tischler	E-Mail: franz.tischler@wej.de
Vogelberg 70	Sehr geehrter Herr Tischler,
50667 Köln	Freundliche Grüße

Im Arbeitsblatt *Debitorenstammdaten* sind anschließend die folgenden Debitorenkonten (Bild 7.17) ersichtlich. Klicken Sie ggf. auf die Überschrift *Konto*, um die Debitoren nach Debitorennummer zu sortieren.

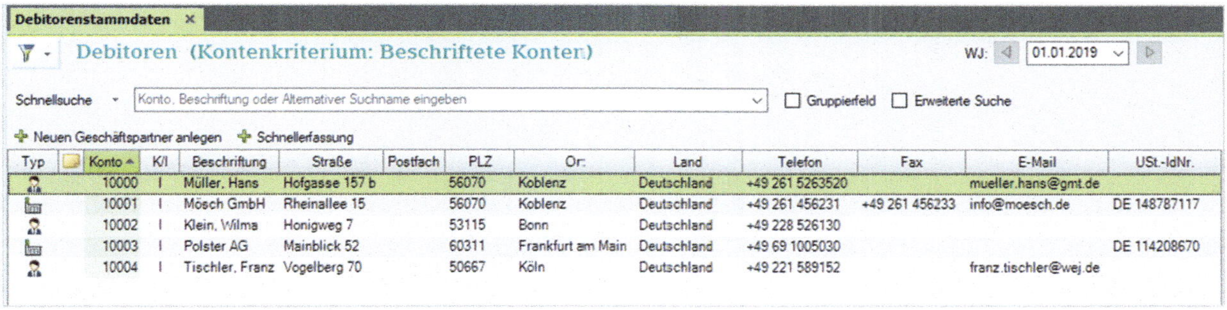

Bild 7.17 Ergebnis

7.3 Debitorenstammdaten bearbeiten

Debitorendaten ändern

Ausgangssituation

Anruf Firma Polster AG: Frau Pesch gibt Ihnen weitere Kontaktdaten zu Ihrer Firma. Sie erhalten folgende zusätzliche Daten:

E-Mail-Adresse:	sabine.pesch@polster-ag.de
Fax-Nummer:	+49 69 1005099

Um die zusätzlichen Kontaktdaten zum Debitor 10003, Polster AG zu erfassen, klicken Sie im Arbeitsblatt *Debitorenstammdaten* doppelt auf den Eintrag *10003, Polster AG* ❶ (Bild 7.18).

Hinweis: Einen Debitor können Sie alternativ auch über die rechte Maustaste und den Befehl *Bearbeiten* oder über den Menüpunkt *Bearbeiten* oder über den Zusatzbereich *Kontextbezogene Links* und den Link *Bearbeiten* ❷ aufrufen.

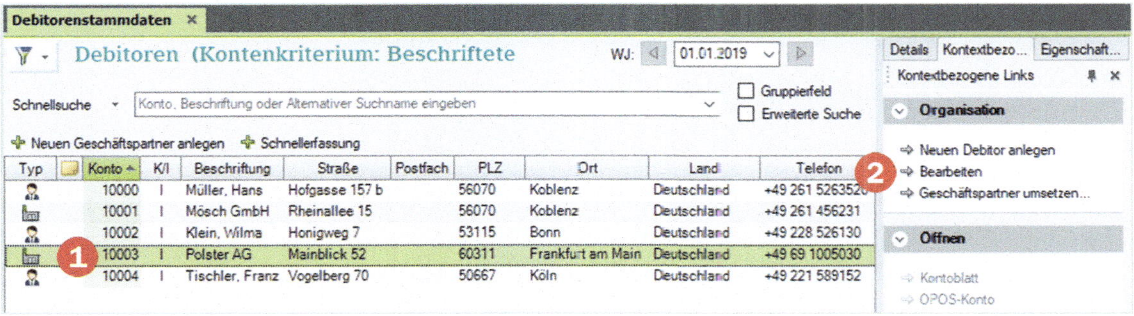

Bild 7.18 Debitorenkonto bearbeiten

Die Debitorenstammdaten für die Kontonummer 10003, Polster AG werden zur Bearbeitung angezeigt (Bild 7.19 auf der nächsten Seite).

Über das Symbol *Adresse bearbeiten* ❸, Register *Adresse*, können Sie die Adressdaten vervollständigen. Sie können sogar angeben, aus welchem Grund die Adresse geändert wird.

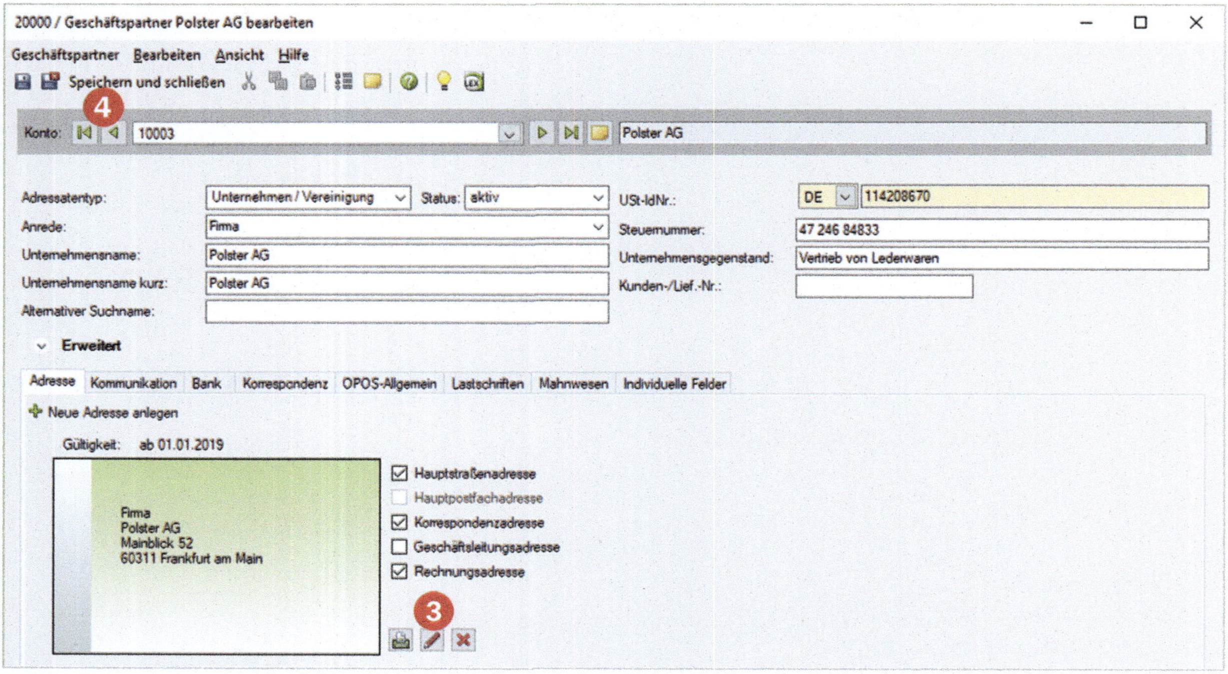

Bild 7.19 Adresse bearbeiten

4 Navigation zwischen Debitorenkonten

8 Um Faxnummer und E-Mail-Adresse einzugeben, klicken Sie auf das Register *Kommunikation* und geben die zusätzlichen Kontaktdaten wie in Bild 7.20 ein.

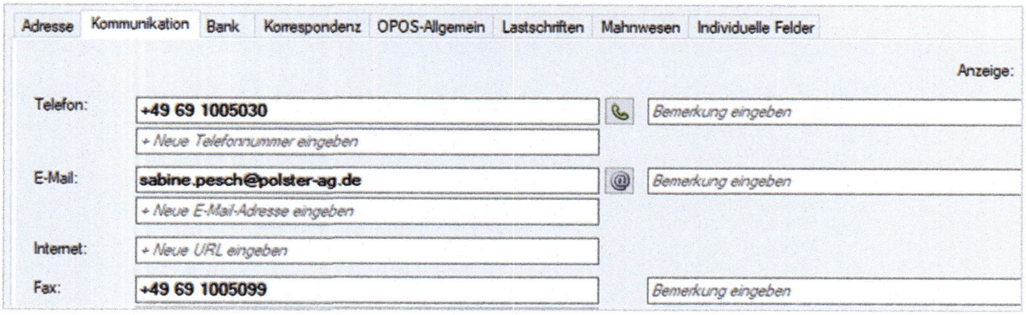

Bild 7.20 Kommunikationsdaten erweitern

9 Speichern Sie abschließend die Änderungen, indem Sie auf das Symbol *Speichern und schließen* klicken.

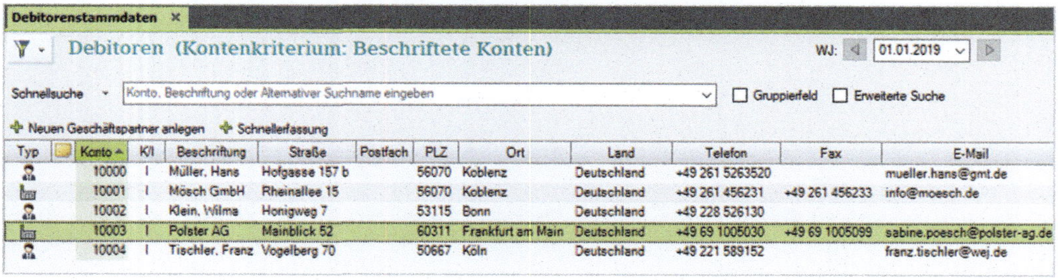

Bild 7.21 Die erweiterten Daten

Übung: Debitorenstammdaten bearbeiten

Erweitern bzw. ändern Sie die jeweiligen Debitorenkonten.

Aufgabe 1

Anruf von Herrn Hans Müller aus Koblenz. Er ist umgezogen, die neue Adresse: Löhrstraße 65 in 56068 Koblenz.

Aufgabe 2

Sie erhalten eine E-Mail von Herrn Franz Tischler. Er teilt Ihnen seine neue Faxnummer mit: +49 221 589154.

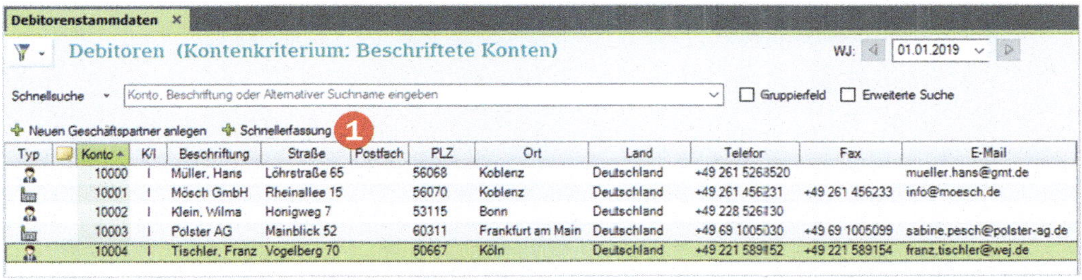

Typ		Konto	K/I	Beschriftung	Straße	Postfach	PLZ	Ort	Land	Telefon	Fax	E-Mail
		10000	I	Müller, Hans	Löhrstraße 65		56068	Koblenz	Deutschland	+49 261 5263520		mueller.hans@gmt.de
		10001	I	Mösch GmbH	Rheinallee 15		56070	Koblenz	Deutschland	+49 261 456231	+49 261 456233	info@moesch.de
		10002	I	Klein, Wilma	Honigweg 7		53115	Bonn	Deutschland	+49 228 526130		
		10003	I	Polster AG	Mainblick 52		60311	Frankfurt am Main	Deutschland	+49 69 1005030	+49 69 1005099	sabine.pesch@polster-ag.de
		10004	I	Tischler, Franz	Vogelberg 70		50667	Köln	Deutschland	+49 221 589152	+49 221 589154	franz.tischler@wej.de

Bild 7.22 Ergebnis zur Kontrolle

Tipp: Über den Link *Schnellerfassung* ❶ erhalten Sie eine Erfassungsmaske für das Anlegen eines neuen Kunden, mit der lediglich die wichtigsten Adress- und Kernkommunikationsdaten sowie die Bankverbindung erfasst werden. Sind außer den oben genannten Stammdaten weitere Daten zu erfassen (z. B. Zahlungsbedingungen), können diese in der Schnellerfassungsmaske über die Schaltfläche *Weitere Angaben* erfasst werden.

Debitorenkonten löschen

(INFO! Bitte nicht durchführen.)

Sie können nicht mehr benötigte Debitorenkonten manuell löschen. Allerdings muss dabei beachtet werden, dass die Kontonummer und die Kontenbeschriftung gelöscht wird.

Info

Vorsicht: Solange das Debitorenkonto noch nicht bebucht wurde, ist das Löschen des Kontos unproblematisch. Wenn Sie dagegen bereits Buchungen auf dem Konto vorgenommen haben, bleiben diese ohne Beschriftung bestehen.

Ein nicht mehr benötigtes oder falsch angelegtes Debitorenkonto können Sie mit Rechtsklick und den Befehl *Löschen* entfernen. Sie erhalten anschließend nochmals eine Sicherheitsabfrage, ob das Konto tatsächlich gelöscht werden soll.

7.4 Geschäftspartnerliste Debitoren drucken

Die Geschäftspartnerliste gibt einen Überblick über die angelegten Kunden. Sie können die Liste als Geschäftspartnerprotokoll oder als Adressliste aufbereiten lassen.

- **Geschäftspartnerprotokoll:** Im Geschäftspartnerprotokoll Debitoren wird für den ausgewählten Bereich der komplette Debitorensatz angezeigt.
- **Adressliste:** Mit der Adressliste erhalten Sie eine Aufstellung der gesamten Debitoren mit der vollständigen Anschrift.

Um das Geschäftspartnerprotokoll auszugeben, gehen Sie wie folgt vor:

1 Klicken Sie am rechten Fensterrand auf das Register *Eigenschaften* ❶, um den Zusatzbereich *Eigenschaften* einzublenden.

2 Klicken Sie im Zusatzbereich *Eigenschaften* auf den Link *Druckeinstellungen* ❷, um zwischen *Adressliste*, *Geschäftspartnerprotokoll* und *Änderungsprotokoll* zu wählen. Klicken Sie auf die Option *Geschäftspartnerprotokoll* ❸.

Bild 7.23 Eigenschaften - Druckeinstellungen

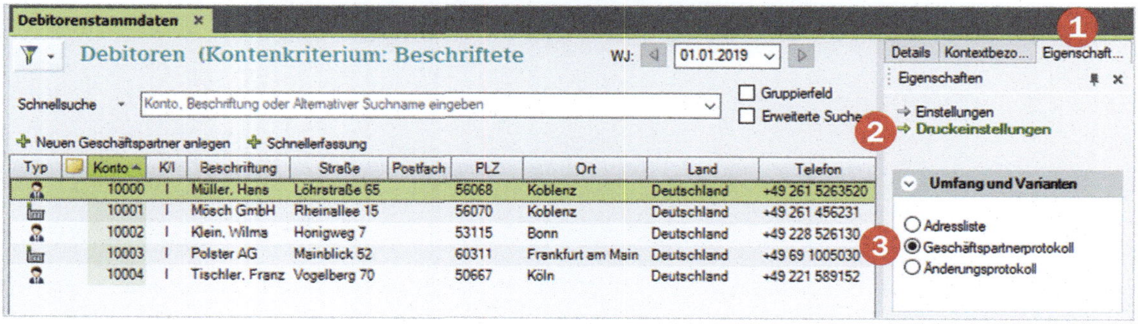

3 Im nächsten Schritt klicken Sie in der Standardsymbolleiste auf das Symbol *Seitenansicht* .

Bild 7.24 Seitenansicht Geschäftspartnerprotokoll

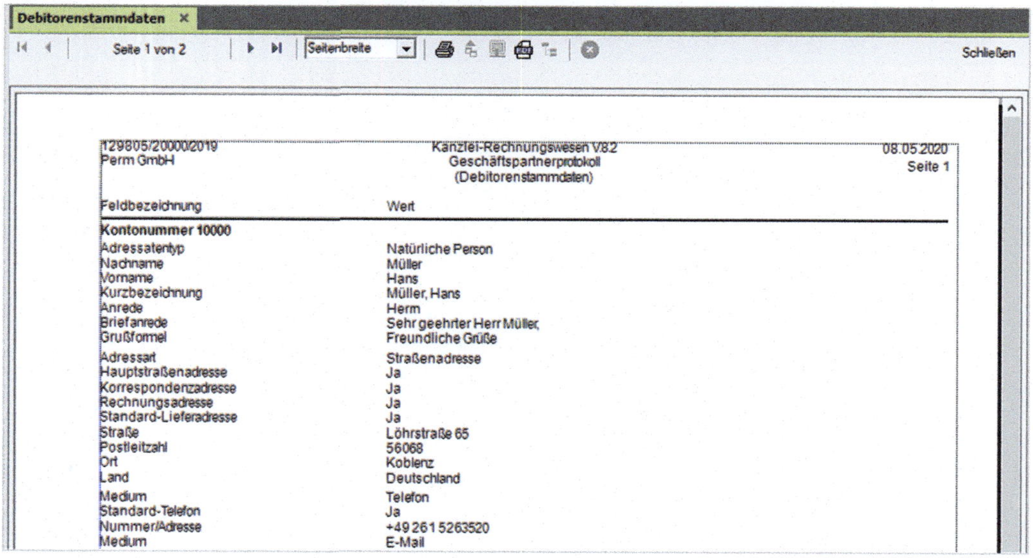

4 Klicken Sie auf das Symbol *Drucken* , um das Geschäftspartnerprotokoll auszudrucken. Damit alle Seiten ausgedruckt werden, klicken Sie auf die Option *Alle Seiten* und anschließend auf *OK*. Schließen Sie danach das Fenster *Seitenansicht* mit der Schaltfläche *Schließen*.

Übung: Debitoren drucken

Geschäftspartnerliste Debitoren prüfen

Vergleichen Sie Ihr ausgedrucktes Geschäftspartnerprotokoll mit der Musterlösung im Lösungsbuch. Ändern Sie ggf. Fehleingaben.

Adressliste Debitoren ausdrucken

Drucken Sie die Debitoren als Adressliste aus. Vergleichen Sie Ihre Adressliste mit der Musterlösung im Lösungsbuch (Adressliste Debitoren).

Die Lösungen finden Sie im Lösungsbuch, siehe Vorwort S. 4

Achtung: Gleichen Sie Ihre Liste unbedingt mit dem im Lösungsbuch aufgeführten Geschäftspartnerprotokoll und der Adressliste ab, da die hier erfassten Stammdaten sehr wichtig für den weiteren Verlauf des Übungsfalles sind.

Tipp: Genau wie bei den Sachkonten können Sie auch bei den Debitorenstammdaten per Rechtsklick und den Befehl *Liste drucken* nur bestimmte Spalten oder markierte Debitoren ausdrucken oder die Liste nach Microsoft Excel exportieren und dort weiter bearbeiten.

5 Schließen Sie zuletzt das Arbeitsblatt *Debitorenstammdaten*, indem Sie auf das Symbol *Schließen* dieses Arbeitsblatts klicken.

7.5 Lieferanten (Kreditoren) anlegen

Grundlagen

Mit der Anlage eines Lieferanten (Kreditoren) in den Stammdaten entsteht ein Personenkonto, das bebucht werden kann. Die Kreditorenkonten werden zwar gebucht, ihre Saldi aber über Sammelkonten abgeschlossen. Es sind die Sachkonten 1600 ff., Verbindlichkeiten aus Lieferungen und Leistungen.

In DATEV Kanzlei-Rechnungswesen sind die Sachkonten standardmäßig bereits angelegt. Kreditorenkonten sind nicht angelegt, sie müssen im Kontenplan erst hinterlegt werden.

Ausgangssituation

Für unseren Mandanten Firma Perm soll der erste Lieferant (Kreditor) erfasst werden. Es handelt sich um die Firma Fiebiger aus Köln.

Um den Lieferanten anzulegen, gehen Sie wie folgt vor:

1 Wählen Sie den Menüpunkt *Stammdaten* ▶ *Kreditoren* ▶ *Kreditorenstammdaten* oder klicken Sie auf die Navigationsschaltfläche *Stammdaten* und klicken dort im geöffneten Ordner *Kreditoren* doppelt auf den Eintrag *Kreditorenstammdaten* ❶.

2 Klicken Sie auf den Link *Neuen Geschäftspartner anlegen* ❷, um das gleichnamige Dialogfenster zu öffnen.

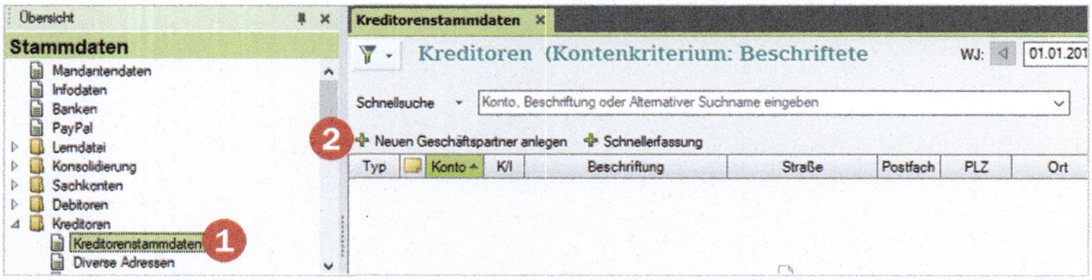

Bild 7.25 Kreditoren anlegen

Die erste Kreditorennummer 70000 wird vom Programm automatisch vorgeschlagen und kann natürlich individuell geändert werden.

3 Geben Sie die Grunddaten für das Kreditorenkonto Firma Fiebiger, Köln wie in Bild 7.26 ein. Der Kurzname wird aus dem Unternehmensnamen gebildet und automatisch als Kontenbezeichnung übernommen. Der Kurzname kann natürlich auch nach eigenen Wünschen angepasst werden.

Im Feld *Kunden-/Lief.-Nr.* kann die Lieferantennummer des Geschäftspartners eingetragen werden.

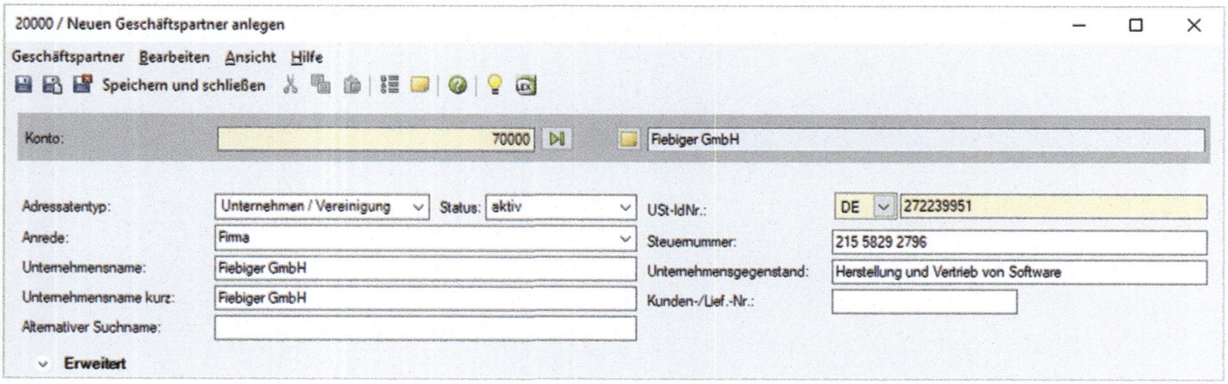

Bild 7.26 Grunddaten eingeben

!

Achtung: Bei Firmen ist zwingend die USt-IdNr. oder die Steuernummer erforderlich. Ist die Steuernummer oder die USt-IdNr. nicht bekannt, kann sie auch nachträglich erfasst werden.

Die Grunddaten für das erste Kreditorenkonto 70000 Fiebiger GmbH sind somit erfasst. Für die eigentliche Buchführung sind die Grunddaten des Lieferanten hinterlegt. Falls ohne automatischen Zahlungsverkehr gearbeitet wird, sind die Angaben für das Personenkonto ausreichend.

Weitere Stammdaten

In der Praxis wird natürlich mit dem integrierten Zahlungsverkehr, automatischen Bankeinzügen usw. gearbeitet. Dies wird im Kapitel automatischer Zahlungsverkehr entsprechend thematisch behandelt. Daher ist es wichtig, dass Sie lernen, weitere Stammdaten für den Lieferanten anzulegen.

1 Geben Sie die Adressdaten der Firma Fiebiger wie folgt ein:

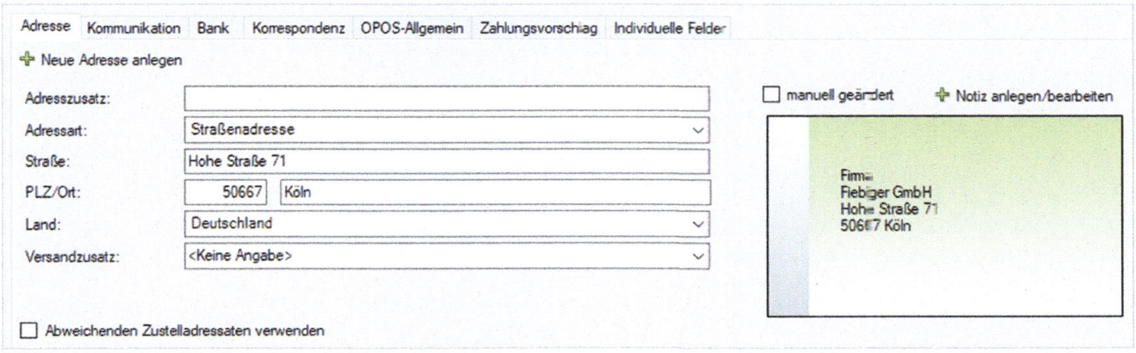

Bild 7.27 Adresse

Oftmals reichen für Lieferanten die Adressdaten nicht aus. Häufig sind zusätzlich Kommunikationsdaten, Bankverbindungen für den Zahlungsverkehr und auch Lieferantenzahlungsbedingungen erforderlich. Die Angaben sind auf den Eingangsrechnungen und den Belegen ersichtlich.

2 Klicken Sie auf das Register *Kommunikation* und geben Sie die folgenden Kommunikationsdaten für den Kreditor 70000 Firma Fiebiger GmbH ein:

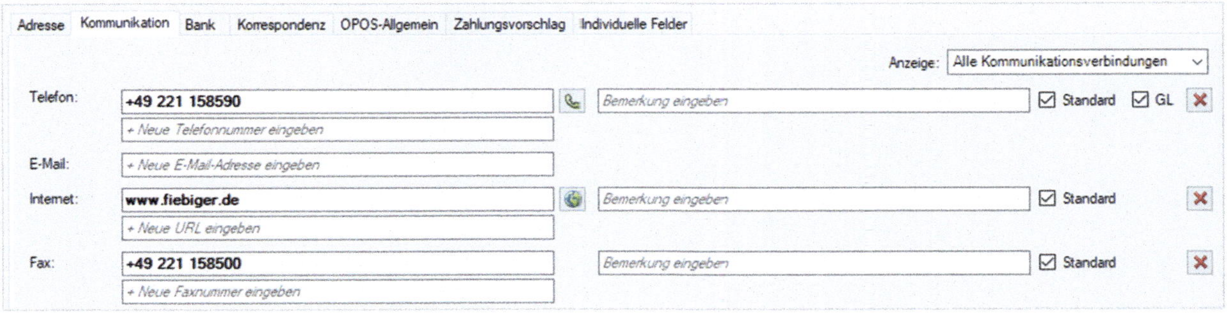

Bild 7.28 Kommunikation

3 Klicken Sie anschließend auf das Register *Bank*, um die wichtigen Bankverbindungen für den Zahlungsverkehr zu erfassen.

4 Geben Sie im Eingabefeld *Bank* als Suchbegriff Sparkasse KölnBonn ein ❶. Mit Klick auf die Bank kann jetzt die *Sparkasse KölnBonn* übernommen werden. Bankleitzahl und BIC werden ebenfalls automatisch übernommen (Bild 7.29).

Mit Klick auf das Symbol *Kreditinstitut auswählen* ❷, ist eine ausführliche Suche möglich oder Sie können eine neue Bank in der Institutsverwaltung erfassen (Bild 7.29 auf der nächsten Seite).

Bild 7.29 Bankverbindung

5 Im Feld *Kontonummer* geben Sie die Kontonummer 12369 ein.

6 Klicken Sie auf das Symbol *IBAN ermitteln* [◁], um aus Bankleitzahl und Kontonummer die IBAN ermitteln zu lassen.

Tipp: Über das Symbol *Bank und Kontonummer ermitteln* [▷] können aus einer erfassten IBAN-Nr. Bank und Kontonummer ermittelt werden.

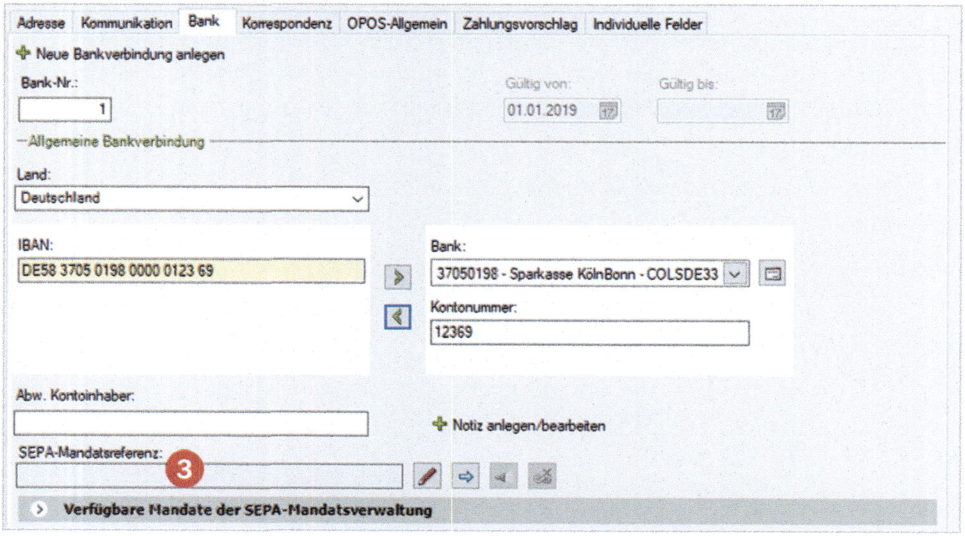

Bild 7.30 Die erfassten Bankdaten

Hinweise

- Seit dem 01.02.2014 muss bei Lastschriftverfahren eine SEPA-Mandatsreferenz angelegt werden ❸.
- Prüfen Sie in der Praxis unbedingt auf der Eingangsrechnung, ob die IBAN mit dem Vorschlag übereinstimmt.

7 Klicken Sie anschließend auf das Register *Korrespondenz* und tragen Sie Ansprechpartner, Briefanrede und Grußformel für die Firma Fiebiger ein (Bild 7.31).

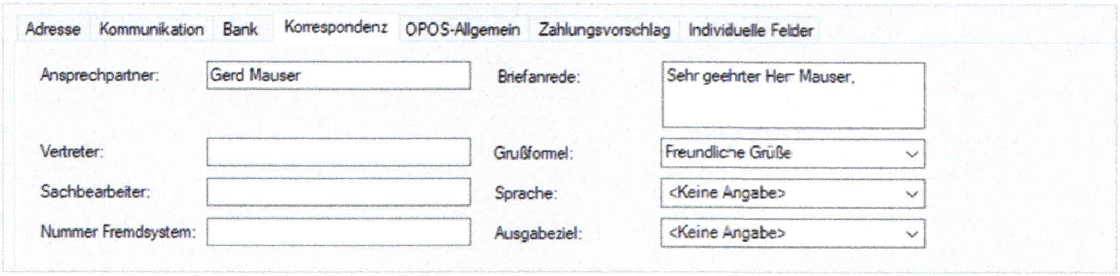

Bild 7.31 Korrespondenz

8 Im letzten Schritt klicken Sie auf das Register *OPOS-Allgemein* und geben die Zahlungsbedingungen für Eingangsrechnungen der Firma Fiebiger GmbH ein.

Kreditor Fiebiger hat ein Zahlungsziel von 30 Tagen auf den Eingangsrechnungen angegeben. Die Firma gewährt keinen Skontoabzug.

9 Klicken Sie auf den Link *Zahlungsarten* und tragen im Feld *Zahlungsart 3* den Wert 30 für das Zahlungsziel 30 Tage ein.

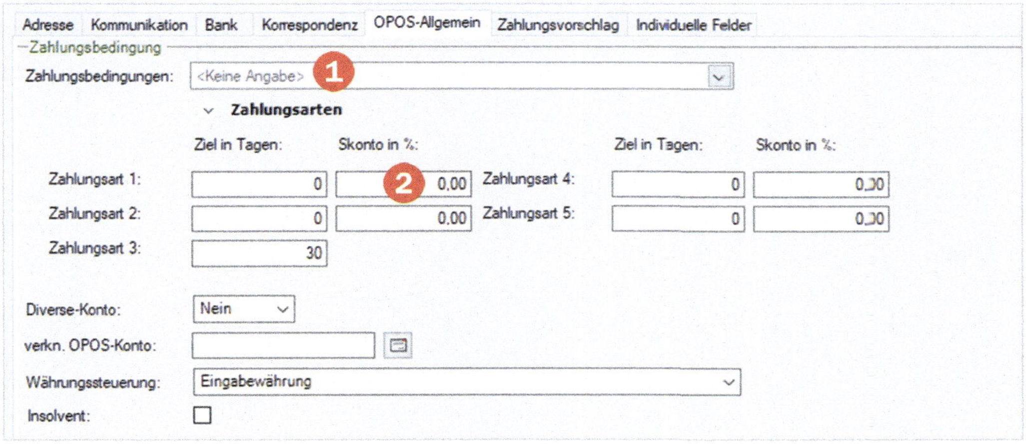

Bild 7.32 Zahlungsart

❶ Ist die Zahlungsbedingung eines Lieferanten identisch mit den Zahlungsbedingungen für Kunden, können Sie diese über das Auswahlfeld Zahlungsbedingungen zuweisen.
Wichtig: Die Angabe der Zahlungsart ist in diesem Fall nicht mehr erforderlich.

❷ Gewährt eine Firma Skonto, können Sie dies ggf. hier zusätzlich angeben.

Hinweis: Im Register *Zahlungsvorschlag* können Einstellungen für den automatischen Zahlungsverkehr für den Lieferanten hinterlegt werden. Das Thema automatischer Zahlungsverkehr wird in diesem Buch separat durchgeführt, daher sind hier zurzeit noch keine Angaben notwendig. Im Register *Individuelle Felder* können Sie bis zu 10 Zusatzinformationen zum Lieferanten erfassen.

10 Klicken Sie abschließend auf das Symbol *Speichern und Schließen*.

Im Arbeitsblatt *Kreditorenstammdaten* ist der Kreditor (Lieferant) 70000, Firma Fiebiger GmbH als erster Lieferant der Firma Perm GmbH angelegt. Mit diesem Personenkonto kann ab sofort gebucht werden. Zusätzlich werden alle erfassten Informationen zum Lieferanten aufgelistet.

Mit Klick auf das Register *Details* am rechten Rand können Sie alle erfassten Stammdaten zum Lieferanten einsehen.

Bild 7.33 Das erste Kreditorenkonto

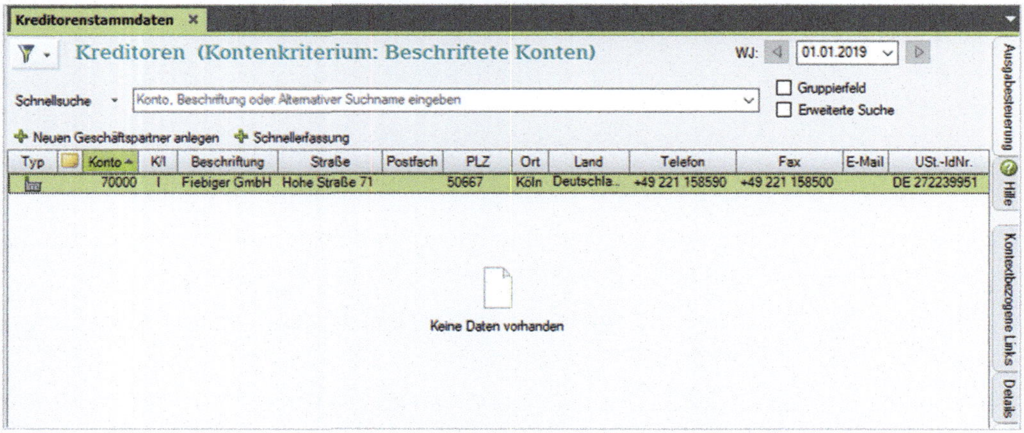

Übung: Lieferanten (Kreditoren) anlegen

Legen Sie vier weitere Lieferanten der Firma Perm GmbH an:

Aufgabe 1

Kreditorennummer: 70001	Kontenbeschriftung: Highdrive GmbH
Adressatentyp/Anrede:	Unternehmen/Vereinigung/Firma
Unternehmen- u. Kurzname:	Highdrive GmbH
USt-IdNr.:	DE 207295940
Steuernummer:	207 129 20538
Unternehmensgegenstand:	PC Großhandel
Adresse:	Halbrichgasse 5, 96052 Bamberg
Kontaktdaten:	Tel. +49 951 60740
	Fax +49 951 60749
Bankverbindung:	BLZ: 75090300 LIGA Bank Regensburg
	BIC: GENODEF1M05
	IBAN: DE13 7509 0300 0109 0424 40
Ansprechpartner:	Verena Holbein
Briefanrede/Grußformel:	Sehr geehrte Frau Holbein,
	Freundliche Grüße
Zahlungsarten:	zahlbar 14 Tage Nettofälligkeit

Aufgabe 2

Kreditorennummer: 70002	Kontenbeschriftung: Kuroyu Deutschland AG
Adressatentyp / Anrede:	Unternehmen/Vereinigung / Firma
Unternehmensname	Kuroyu Deutschland AG
Kurzname:	Kuroyu AG
USt-IdNr.:	DE 118513912
Steuernummer:	42 740 81017
Unternehmensgegenstand:	Herst. und Vertr. von Drucker und Plotter
Adressart:	Postfachadresse:
	90 03 , 21083 Hamburg
Kontaktdaten:	Tel. +49 40 751990
	E-Mail: welter@kuroyu.de
	Fax +49 40 751999
Bankverbindung:	BLZ: 20690500 Sparda-Bank Hamburg
	BIC: GENODEF1S11
	KtoNr: 8015205212
	IBAN: DE38 2069 0500 8015 2052 12
Sachbearbeiter:	Peter Welter
Briefanrede / Grußformel:	Sehr geehrter Herr Welter,
	Freundliche Grüße
Zahlungsarten:	zahlbar 30 Tage Nettofälligkeit

Aufgabe 3

Kreditorennummer: 70003	Kontenbeschriftung: Wanden KG
Adressatentyp/Anrede:	Unternehmen/Vereinigung/Firma
Unternehmen- u. Kurzname:	Wanden KG
USt-IdNr.:	DE 208300748
Steuernummer:	22 139 3378 3
Unternehmensgegenstand:	Softwareentwicklung
Adresse:	Trierer Straße 17-22, 56072 Koblenz
Kontaktdaten:	Tel. +49 261 705003
	E-Mail: nikitin@wanden.com
	Fax +49 261 705009
Bankverbindung:	BLZ: 57050120 Sparkasse Koblenz
	BIC: MALADE51KOB
	KtoNr: 22003628
	IBAN: DE02 5705 0120 0022 0036 28
Ansprechpartner:	Ivana Nikitin
Briefanrede/Grußformel:	Sehr geehrte Frau Nikitin,
	Freundliche Grüße
Zahlungsarten:	zahlbar 30 Tage Nettofälligkeit

Aufgabe 4

Kreditorennummer: 70004	Kontenbeschriftung: Hofmeister e.K., Wolfgang
Adressatentyp:	Natürliche Person
Anrede:	Firma
Unternehmen- u. Kurzname:	Hofmeister e.K.
Vorname:	Wolfgang
Steuernummer:	206 5964 0914
Adresse:	Rosental 85, 53111 Bonn
Kontaktdaten:	Tel. +49 228 359017
	E-Mail: w.hofmeister@t-one.de
	Fax +49 228 359010
Bankverbindung:	BLZ: 38040007 Commerzbank Bonn
	BIC: COBADEFFXXX
	KtoNr: 12036090
	IBAN: DE23 3804 0007 0012 0360 90
Briefanrede/Grußformel:	Sehr geehrter Herr Hofmeister,
	Freundliche Grüße
Zahlungsarten:	zahlbar 14 Tage Nettofälligkeit

7.6 Kreditorenstammdaten bearbeiten

Natürlich kommt es vor, dass die Kreditorenstammdaten eines Lieferanten (Kreditors) ergänzt oder geändert werden müssen. Um die Kreditorendaten zu bearbeiten, klicken Sie im Arbeitsblatt *Kreditorenstammdaten* (Bild 7.34) doppelt auf den zu bearbeitenden Kreditor und können anschließend die Änderung bzw. Ergänzung vornehmen.

Bild 7.34 Kreditorenstammdaten

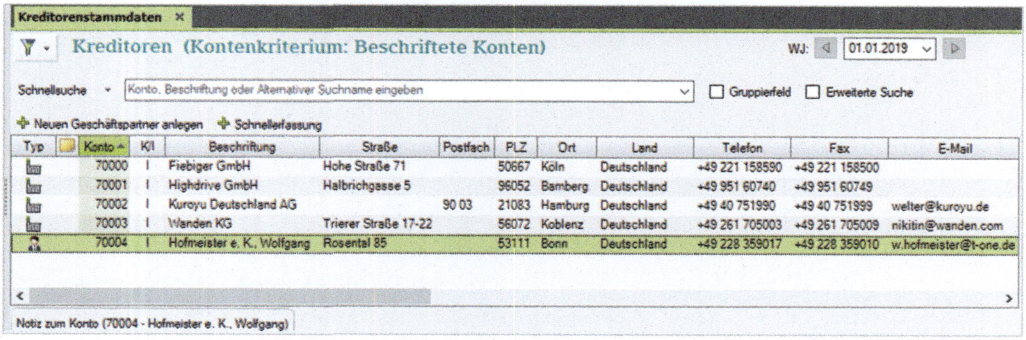

Hinweis: Einen Kreditor können Sie auch über die rechte Maustaste und den Befehl *Bearbeiten* oder über den Menüpunkt *Bearbeiten* ► *Bearbeiten* oder über den Zusatzbereich *Kontextbezogene Links* und den Link *Bearbeiten* zur Bearbeitung aufrufen.

Navigation zwischen Kreditorenkonten

Möchten Sie gleich mehrere Kreditoren bearbeiten, können Sie im Dialogfenster *Kreditor Bearbeiten* über die Navigationsschaltflächen zu den zu bearbeitenden Kreditoren wechseln. Hierbei stehen Ihnen folgende Möglichkeiten zur Verfügung:

Bild 7.35 Die Navigationsschaltflächen

1. zum ersten Kreditor wechseln
2. zurück zum Vorherigen blättern
3. vorwärts zum Nächsten blättern
4. zum letzten Kreditor wechseln
5. Über dieses Symbol können Sie Notizen zu einem Kreditorenkonto erfassen.

Zusätzlich können Sie im Eingabefeld eine Kreditorennummer eingeben oder über einen Klick auf den Dropdown-Pfeil einen Kreditor auswählen.

Tipp: Die Navigationsschaltflächen stehen Ihnen mit denselben Funktionen sowohl im Debitorenstamm als auch im Sachkontenplan bei der Bearbeitung eines Debitoren- oder Sachkontos zur Verfügung.

Übung: Kreditorenstammdaten bearbeiten

Ergänzen bzw. ändern Sie die angegebenen Kreditorenkonten.

Aufgabe 1

Anruf Frau Ivana Nikitin, Firma Wanden KG. Sie teilt Ihnen die neue Umsatzsteueridentifizierungsnummer mit. Die neue USt-IdNr. lautet: DE 148720722

Aufgabe 2

Sie erhalten eine E-Mail von Frau Holbein, Firma Highdrive GmbH.

E-Mail-Adresse: verena.holbein@highdrive.de
Internet Adresse: www.highdrive.de

Kreditorenkonten löschen

(INFO! Bitte nicht durchführen)

Info

Sie können nicht mehr benötigte Kreditorenkonten manuell löschen. Allerdings muss dabei beachtet werden, dass die Kontonummer und die Kontenbeschriftung gelöscht werden.

Vorsicht: Solange das Kreditorenkonto noch nicht bebucht wurde, ist das Löschen des Kontos unproblematisch. Wenn Sie dagegen bereits Buchungen auf dem Konto vorgenommen haben, bleiben diese ohne Beschriftung bestehen.

Ein nicht mehr benötigtes oder falsch angelegtes Kreditorenkonto können Sie per Rechtsklick und den Befehl *Löschen* entfernen. Sie erhalten anschließend nochmals eine Sicherheitsabfrage, ob das Konto tatsächlich gelöscht werden soll.

7.7 Geschäftspartnerliste Kreditoren drucken

Genauso wie bei den Debitoren können Sie auch für die Kreditoren die Geschäftspartnerliste ausdrucken lassen. Um das Geschäftspartnerprotokoll auszugeben, gehen Sie wie folgt vor:

1. Klicken Sie am rechten Fensterrand auf das Register *Eigenschaften*, um den Zusatzbereich *Eigenschaften* anzuzeigen.
2. Klicken Sie im Zusatzbereich *Eigenschaften* auf den Link *Druckeinstellungen*. Sie können jetzt wählen, ob Sie eine Adressliste, das Geschäftspartnerprotokoll oder ein Änderungsprotokoll ausdrucken möchten (Bild 7.36).
3. Klicken Sie auf die Option *Geschäftspartnerprotokoll*.

Bild 7.36 Geschäftspartnerprotokoll drucken

4. Im nächsten Schritt klicken Sie in der Standardsymbolleiste auf das Symbol *Seitenansicht*, um das Geschäftspartnerprotokoll aller Lieferanten in der Seitenansicht zu kontrollieren.
5. Klicken Sie auf das Symbol *Drucken*, um das Geschäftspartnerprotokoll auszudrucken (Bild 7.37).
6. Im nächsten Schritt können Sie angeben, ob Sie alle Seiten oder nur bestimmte Seiten ausdrucken möchten. Wählen Sie die Option *Alle Seiten* und klicken Sie auf die Schaltfläche *OK*.

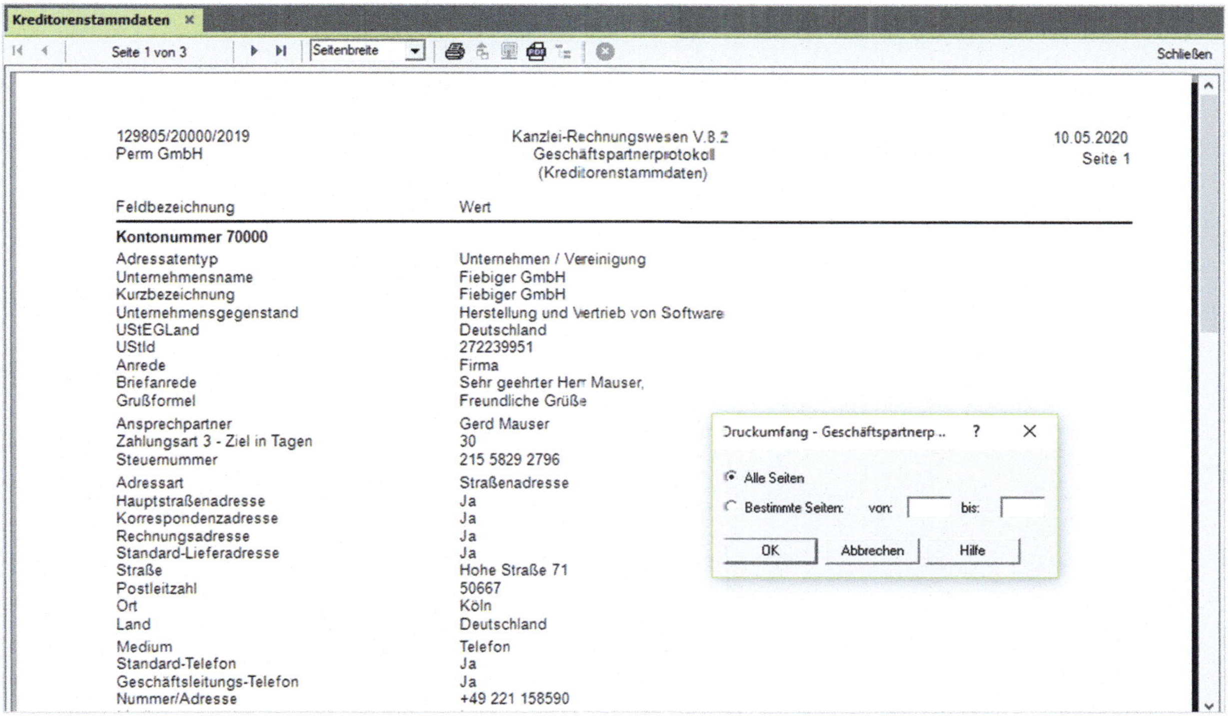

Bild 7.37 Seitenansicht Geschäftspartnerprotokoll

7 Schließen Sie anschließend das Fenster *Seitenansicht*, indem Sie auf die Schaltfläche *Schließen* klicken.

Übung: Geschäftspartnerliste Kreditoren drucken

Geschäftspartnerliste Kreditoren prüfen

✎ Vergleichen Sie Ihr ausgedrucktes Geschäftspartnerprotokoll mit der Musterlösung im Lösungsbuch. Ändern Sie ggf. Fehleingaben.

Adressliste Kreditoren ausdrucken

✎ Drucken Sie die Kreditoren als Adressliste aus. Vergleichen Sie Ihre Adressliste mit der Musterlösung im Lösungsbuch und ändern Sie ggf. Fehleingaben.

Die Lösungen finden Sie im Lösungsbuch, siehe Vorwort S. 4

Achtung: Gleichen Sie unbedingt Ihre Liste mit dem, im Lösungsbuch aufgeführten Geschäftspartnerprotokoll und mit der Adressliste ab, da die eingegebenen Daten sehr wichtig für den weiteren Verlauf des Übungsfalles sind.

Tipps

- Genau wie bei den Sachkonten und Debitorenstammdaten können Sie auch bei den Kreditorenstammdaten per Klick mit der rechten Maustaste und den Befehl *Liste drucken* nur bestimmte Spalten oder markierte Kreditoren ausdrucken oder die Liste nach Excel exportieren und dort weiter bearbeiten.

- Über den Zusatzbereich *Eigenschaften* und den Link *Einstellungen* werden im Kontenumfang lediglich die Kreditoren angezeigt. Mit Auswahl der Option *Debitoren und Kreditoren* werden Ihnen alle angelegten Personenkonten angezeigt. Alle Such-, und Gruppierfeldmöglichkeiten sowie die erweiterte Suche, die Sie bereits bei den Sachkonten kennengelernt haben, können hier genauso angewandt werden.
- Über den Link *Schnellerfassung* erhalten Sie eine Erfassungsmaske für das Anlegen eines neuen Lieferanten bei der lediglich die wichtigsten Adress- und Kernkommunikationsdaten sowie die Bankverbindung erfasst werden. Sind außer den oben genannten Stammdaten weitere Daten zu erfassen (z.B. Zahlungsarten), können diese in der Schnellerfassungsmaske über die Schaltfläche *Weitere Angaben* erfasst werden.

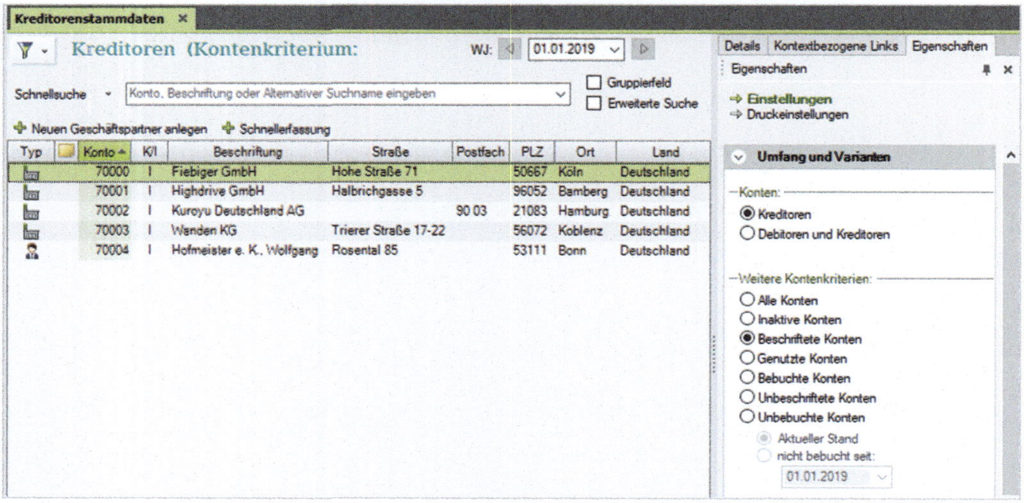

Bild 7.38 Zusatzbereich Eigenschaften

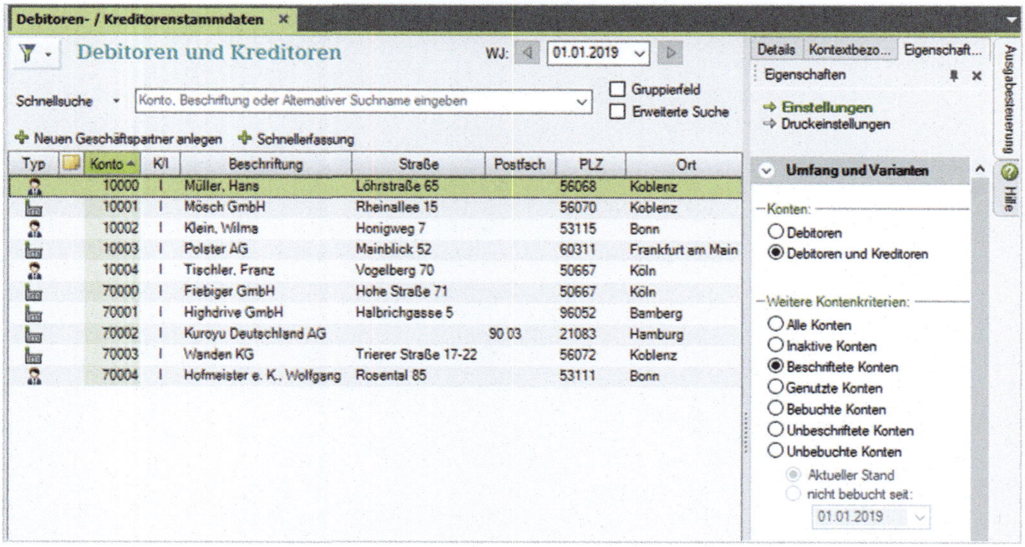

Bild 7.39 Debitoren und Kreditoren anzeigen

8 EDV-Kontierungsregeln und rechtliche Bestimmungen

In diesem Kapitel lernen Sie, ...

- was man unter EDV-Kontierungsregeln bei DATEV versteht,
- was allgemeine Kontierungsregeln sind,
- was man unter Kontierungsregeln für Personenkonten versteht,
- die rechtlichen Bestimmungen in Verbindung mit den GoB bzw. GoBD.

8.1 Kontierungsregeln

Die EDV-Kontierung wird entweder auf den Belegen selbst, über elektronische Belege oder auf DATEV Buchungslisten vorgenommen. Diese Buchungslisten haben in DATEV eine sehr lange Tradition. Die Buchungsmaske im Programm DATEV Kanzel-Rechnungswesen orientiert sich daher immer noch an dieser traditionellen Form. Dabei haben die Buchungslisten unter anderem folgende Spalten:

GU	Wkz	Soll	Haben	BU	K	Gegenkonto Nr.	Beleg Nr.	Beleg-Datum	K	Konto Nr.

Legende:
GU = Generalumkehr (Stornierung)
BU = Steuer- und Buchungsschlüssel
Wkz = Währungskennzeichen,
K = Personenkonto

Die Eingabefelder beim Buchen in DATEV haben später genau denselben Aufbau.

Allgemeine Kontierungsregeln

- Die Eintragungen in der Soll- bzw. der Habenspalte beziehen sich stets auf das Feld Konto Nr. **(nicht auf das Feld Gegenkonto Nr.)**.
- Ist der Betrag in der Soll-Spalte angegeben, wird er im Feld Konto Nr. im Soll gebucht.
- Da jeder Betrag doppelt zu buchen ist, wird er automatisch auf dem Feld Gegenkonto Nr. gegengebucht.

Ein Beispiel soll dieses System erläutern: Barkauf von Briefmarken im Wert von 65,00 EUR, der Buchungssatz dazu:

Soll		Haben	Betrag
Porto (4910)	an	Kasse (1000)	65,00

DATEV Buchungsliste

GU	Wkz	Soll	Haben	BU	K	Gegenkonto Nr.	Beleg Nr.	Beleg-Datum	K	Konto Nr.
	EUR	65,00				Kasse (1000)				Porto (4910)

Der Betrag von 65,00 EUR wird auf dem Konto Porto (4910) im Soll gebucht, das Gegenkonto ist dann demzufolge im Haben.

Wird der Betrag in der Haben-Spalte angegeben, wird dieser im Feld Konto Nr. im Haben gebucht. Dasselbe Beispiel, Barkauf von Briefmarken im Wert von 65,00 EUR, soll auch dieses System erläutern:

Der gleiche Buchungssatz

Soll		Haben	Betrag
Porto (4910)	an	Kasse (1000)	65,00

DATEV Buchungsliste

GU	Wkz	Soll	Haben	BU	K	Gegenkonto Nr.	Beleg Nr.	Beleg-Datum	K	Konto Nr.
	EUR		65,00			Porto (4910)				Kasse (1000)

Der Betrag von 65,00 EUR wird auf dem Konto Kasse (1000) im Haben gebucht, das Gegenkonto ist dann demzufolge im Soll.

Wie Sie sehen, ergeben beide Kontierungsmöglichkeiten dieselbe buchmäßige Auswirkung auf den Konten.

Übung: EDV-Kontierung DATEV

Kontieren Sie die folgenden Geschäftsvorfälle nach den beiden Möglichkeiten der EDV-Kontierung:

- Banküberweisung (1200) der Kfz-Steuer (4510) im Wert von 1.600,00 EUR.
- Zinsgutschrift (2650) der Bank (1200) für das laufende Konto im Wert von 360,00 EUR.
- Zinslastschrift der Bank (1200) für einen kurzfristige Verbindlichkeiten (2110) im Wert von 550,00 EUR.
- Barzahlung (1000) von Löhnen (4110) im Wert von 5.600,00 EUR.

Die Lösungen finden Sie im Lösungsbuch, siehe Vorwort S. 4

Kontierungsregeln bei Personenkonten

Die Personenkonten Kunden (Debitoren) und Lieferanten (Kreditoren) sind stets fünfstellig. In der Buchungsliste sind zwei Spalten *K* integriert. Diese Spalte bzw. dieses Feld steht für das Personenkonto. Ein Buchungsbeispiel soll dies erläutern.

Beispiel: Der Kunde Will mit der Debitorennummer 10500 begleicht eine Kundenrechnung im Wert von 1.590,00 EUR.

Buchungssatz:

Soll		Haben	Betrag
Bank (1200)	an	Kunde Will (10500)	1.590,00 EUR

1 – 6 stehen für einen Debitor, 7 – 9 für einen Kreditor

GU	Wkz	Soll	Haben	BU	K	Gegen-konto Nr.	Beleg Nr.	Beleg-Datum	K	Konto Nr.
	EUR	1.590,00			1	0500 (Kunde Will)				Bank 1200

Der Betrag von 1.590,00 EUR wird auf dem Konto Bank (1200) im Soll gebucht. Das Personenkonto Debitoren (10500) demzufolge im Haben.

oder

1 – 6 stehen für einen Debitor, 7 – 9 für einen Kreditor

GU	Wkz	Soll	Haben	BU	K	Gegen-konto Nr.	Beleg Nr.	Beleg-Datum	K	Konto Nr.
	EUR		1.590,00			Bank 1200			1	0500 (Kunde Will)

Der Betrag von 1.590,00 EUR wird auf dem Personenkonto Debitoren (10500) im Haben gebucht. Das Konto Bank (1200) demzufolge im Soll.

Hinweis: Beim Abschluss der Personenkonten werden die Summen der Debitoren und Kreditoren durch das Programm auf die Sammelkonten Forderungen aus Lieferungen und Leistung (*1400*) bzw. Verbindlichkeiten aus Lieferungen und Leistungen (*1600*) übertragen.

Übung: EDV-Kontierung DATEV Personenkonten

Kontieren Sie die folgenden Geschäftsvorfälle. Das Personenkonto soll jeweils das Gegenkonto sein:

- Banküberweisung des Kunden Schulz, Debitoren-Nr. 10690 im Wert von 1.500,00 EUR.
- Banküberweisung an den Lieferanten Loblein, Kreditoren-Nr. 70900 im Wert von 500,00 EUR.
- Banküberweisung des Kunden Frei, Debitoren-Nr. 30500 im Wert von 5.500,00 EUR.
- Barzahlung an den Lieferanten Adams, Kreditoren-Nr. 90800 im Wert von 1.900,00 EUR.

Die Lösungen finden Sie im Lösungsbuch, siehe Vorwort S. 4

8.2 Rechtliche Bestimmungen

Bevor wir mit dem Buchen in DATEV Kanzlei-Rechnungswesen beginnen, sollen die rechtlichen Bestimmungen der Buchführung aufgezeigt werden. Für die Arbeit mit der Buchhaltung, besonders der EDV-Buchhaltung, existieren eine Vielzahl gesetzlicher Vorschriften. Im Folgenden werden die wichtigsten Gesetze aufgelistet, die Bestimmungen zur Buchführung enthalten.

- Handelsgesetzbuch HGB, Einkommensteuergesetz,
- Körperschaftssteuergesetz, Umsatzsteuergesetz,
- Gewerbesteuergesetz, Aktiengesetz,
- Bilanzrichtlinie-Umsetzungsgesetz (BilRUG), Bilanzrechtsmodernisierungsgesetz (BilMog) und GmbH-Gesetz.

Bestimmungen des HGB

Besonders wichtige Bestimmungen für die Buchhaltung liefert das HGB (Handelsgesetzbuch). Es besagt unter anderem, dass bei der Buchführung die „Grundsätze ordnungsgemäßer Buchführung" (GoB) angewendet werden müssen. Die Grundsätze umfassen u. a. folgende Punkte:

- Die Buchführung muss so beschaffen sein, dass einem sachverständigen Dritten innerhalb angemessener Zeit ein Überblick über die Geschäftsvorfälle und über die Lage des Unternehmens vermittelt werden kann.
- Keine Buchung ohne Beleg! Alle Buchungen müssen jederzeit anhand der Belege nachprüfbar sein. Sie müssen geordnet aufbewahrt werden und laufend nummeriert sein.
- Eine Aufbewahrungspflicht von 10 Jahren gilt z.B. für Inventare, Bilanzen, Gewinn- und Verlustrechnungen, Haupt-, Grund-, und Nebenbücher, Rechnungen, Quittungen und Buchungsbelege.
- 6 Jahre müssen z.B. Geschäftsbriefe, Mahnvorgänge und Dauerauftragsunterlagen aufbewahrt werden.
- Alle Geschäftsvorfälle sind fortlaufend und vollständig, richtig, zeitgerecht und geordnet zu buchen.

8.3 Speicherbuchführung (GoBD)

Der Fortschritt der IT hat es erforderlich gemacht, dass spezielle Vorschriften für die Buchführung mittels EDV entwickelt wurden. Diese Vorschriften finden sich in den „Grundsätzen zur ordnungsmäßigen Führung und Aufbewahrung von Büchern, Aufzeichnungen und Unterlagen in elektronischer Form sowie zum Datenzugriff" (GoBD).

Sie besagt u. a., dass eine zeitgerechte Erfassung und Ordnung von Grundbuchaufzeichnungen vorliegen muss, dass Buchungen und Aufzeichnungen unveränderbar sein müssen und regelt die Aufbewahrungspflicht von elektronischen Belegen und Daten. Bilanz und GuV müssen immer auch ausgedruckt aufbewahrt werden.

Die wichtigsten Bestimmungen der GoBD sind:

- Für die Speicherbuchführung gelten auch die Grundsätze ordnungsgemäßer Buchführung.
- Der Buchführungspflichtige hat zu gewährleisten, dass die gespeicherten Buchungen jederzeit innerhalb einer angemessenen Frist lesbar gemacht werden können. Auf Verlangen hat er die gespeicherten Buchungen unverzüglich auszudrucken.
- Die richtige und vollständige Erfassung der buchungspflichtigen Geschäftsvorfälle (Grundbuchfunktion) und der Bestände muss gewährleistet sein.
- Die Geschäftsvorfälle sind zeitgerecht zu erfassen und so zu speichern, dass sie geordnet darstellbar sind.
- Buchungen müssen einzeln und nach Konten geordnet dargestellt werden können.
- Die einzelnen Konten müssen nach Salden fortgeschrieben und nach Abschlussposition dargestellt werden können.
- Buchungen müssen auch in der Speicherbuchführung durch Belege nachgewiesen werden.
- Der Buchführungspflichtige ist während der Aufbewahrungspflicht für die sichere und dauerhafte Speicherung der Daten verantwortlich.
- Datenträger, auf denen Buchungen gespeichert sind, müssen 10 Jahre aufbewahrt werden; Datenträger, die ausschließlich Belegfunktionen haben, 6 Jahre.
- Geschäftsvorfälle sind zeitgerecht zu erfassen und so zu speichern, dass sie geordnet darstellbar sind. Zum Beispiel sind unbare Geschäftsvorfälle (etwa Zahlung einer Rechnung mit EC-Karte) innerhalb von zehn Tagen, Dokumentation von Kontokorrentbeziehungen (z. B. Eingangsrechnungen von Lieferanten) innerhalb von acht Tagen und Kassenvorgänge täglich zu erfassen.
- Die Finanzbehörde besitzt das Recht, auf die Finanzbuchhaltungsdaten elektronisch (z. B. über Datenexport) zugreifen zu dürfen.

8.4 Elektronische Belege

Die Digitalisierung ist in der Finanzbuchhaltung nicht mehr wegzudenken. Immer häufiger haben Sie heutzutage mit digitalen Belegen, z. B. einer Rechnung via E-Mail im PDF-Format oder ein eigentlich papierhafter Beleg wurde zum Zweck der Archivierung digitalisiert (eingescannt), zu tun.

Es spielt laut den GoBD keine Rolle, auf welchem Weg ein Beleg zu einer Datei wurde. Aufgabe der Buchhaltung ist es auch, die elektronischen Dateien so zu verwalten, dass die digitalen Belege in einem elektronischen Ablagesystem revisionssicher (fälschungssicher) gespeichert und jederzeit ohne großen Aufwand wiedergefunden, gedruckt oder angezeigt werden kann.

Die Tendenz zum papierlosen und platzsparenden Büro ist hierbei nicht mehr aufzuhalten. Archivierungssoftware für digitale Belege bieten viele namhafte Softwarehersteller wie z. B. Lexware und DATEV sowie eine Vielzahl weiterer Anbieter an.

Was ist bei der Belegarchivierung zu beachten?

Laut GoBD sind folgende Punkt zu beachten:

- **Unveränderbarkeit**
  Dateien und Dokumente sind so zu speichern, dass diese sich nachträglich nicht verändern lassen. Falls es, aus welchem Grund auch immer, trotzdem zu Änderungen kommt, sind diese genau zu dokumentieren. Darüber hinaus müssen allen Versionen aufbewahrt werden, damit die Änderungen nachvollziehbar bleiben.
- **Verfügbarkeit**
  Die Daten gelten dann als verfügbar, wenn diese über den geforderten Zeitraum (z. B. Belege 10 Jahre) aufbewahrt werden. Hierbei ist zu beachten, dass die Betriebsprüfer vom Finanzamt die notwendigen Informationen wahlweise direkt aus den System ziehen dürfen oder von einem Mitarbeiter im Unternehmen recherchieren lassen oder die Aushändigung eines maschinenlesbaren Datenträgers verlangen. Die eingesetzte Software muss hierbei alle drei Möglichkeiten zur Verfügung stellen. Dies wird auch als Zugriffseffizienz bezeichnet.
- **Vollständigkeit**
  Steuerlich relevante Daten sind vollständig über den gesamten Zeitraum aufzubewahren.
- **Nachvollziehbarkeit**
  Hierbei spricht das Steuerrecht vom geordneten Aufbewahren, welches es einem fachverständigen Dritten gestattet, die Unterlagen in angemessener Zeit zu überprüfen. Hierbei gilt, dass klassische Ordnungskriterien wie Kontierung und Belegnummern auch im virtuellen Umfeld gelten. Der Begriff geordnet bedeutet, dass die Betriebsprüfer sauber strukturierte und indizierte Einträge erwarten, welche sich leicht zeitlich und logisch einordnen lassen.

Näheres dazu finden Sie im Kapitel Digitale Belege buchen.

Die Lösungen finden Sie im Lösungsbuch, siehe Vorwort S. 4

Fragen zum Thema GoBD

Frage 1

? Wie lange müssen Buchungsbelege aufbewahrt werden?

....

....

Frage 2

? Warum sind Belege vorzukontieren, bevor sie gebucht werden?

....

....

....

9 Buchungserfassung / Saldenvortragsbuchungen

In diesem Kapitel lernen Sie, wie ...

- wie Sie Buchungen in DATEV Kanzlei-Rechnungswesen eingeben,
- was man unter einem Buchungsstapel versteht,
- wie Buchungssätze über die Buchungsmaske erfasst werden,
- was man unter einer Primanota versteht,
- wie Sie Saldenvorträge buchen,
- wie Buchungssätze geändert und gelöscht werden können.

9.1 Buchungsarten in DATEV Kanzlei-Rechnungswesen

Für das Buchen in DATEV Kanzlei-Rechnungswesen stehen Ihnen verschiedene Möglichkeiten zur Verfügung.

- Die häufigste in der Praxis vorkommende Buchungsart ist das Belege buchen. Beim Belege buchen wird jeder Buchungssatz in einem Buchungsstapel einzeln eingegeben und sofort auf den entsprechenden Konten verbucht. Unter „Verbuchen" versteht man, dass die Buchungen in die Auswertungen direkt einfließen, z. B. in die Kontenblätter, in der Theorie das Hauptbuch. Verarbeitete Buchungen können nachträglich geändert werden, solange sie nicht im System festgeschrieben sind.
- Die letzte Buchungsart, die verwendet werden kann, ist die Buchungsart wiederkehrende Buchungen. Wie der Name schon vermuten lässt, können über diese Art Buchungen hinterlegt werden, z. B. immer wiederkehrende Monatsmieten, die dann in den entsprechenden Intervallen verarbeitet werden.

Im weiteren Verlauf dieses Buches wird zumeist auf die häufigste Art, das Belege buchen über einen Buchungsstapel eingegangen. Die Grundlagen beziehen sich aber auch auf alle anderen Buchungsarten.

Grundsätzlich gilt:

Wir buchen, egal in welcher Buchungsart gebucht wird, Soll an Haben.

9.2 Vorbereitende Tätigkeiten

1 Klicken Sie auf den Navigationsbereich *Buchführung*. Vor dem eigentlichen Belege buchen erscheint der Ordner *Vorbereitende Tätigkeiten*.

Die Arbeitsabläufe im Programm DATEV Kanzlei-Rechnungswesen sind prozessorientiert aufgebaut: Es beginnt mit den vorbereitenden Tätigkeiten und endet mit den abschließenden Tätigkeiten.

2 Klicken Sie auf den Ordner *Vorbereitende Tätigkeiten*, damit die weiteren verfügbaren Einträge sichtbar werden (Bild 9.1).

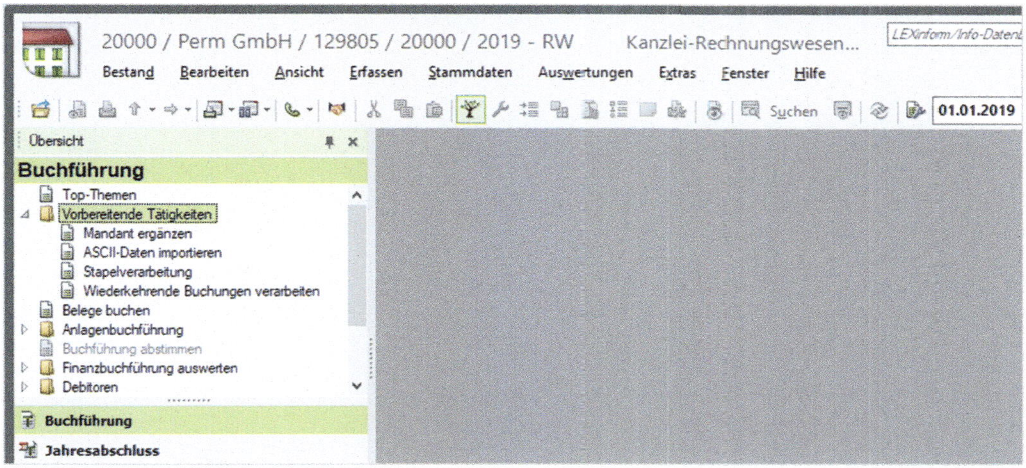

Bild 9.1 Buchführung - Vorbereitende Tätigkeiten

Bei den vorbereitenden Tätigkeiten wird auf extern gespeicherte Daten zurückgegriffen. Hierbei unterscheidet man zwischen den Vorgängen *Mandant ergänzen* und *ASCII-Daten importieren*.

- Über *Mandant ergänzen* können Sie Daten aus dem DATEV-Rechenzentrum holen, um diese anschließend in der Buchführung des Mandanten einzuarbeiten. Dieser Dienst kann natürlich nur in Anspruch genommen werden, wenn der Mandant mit der Anbindung an das DATEV-Rechenzentrum arbeitet. Dabei erleichtert es die Arbeit des Buchhalters, da die jeweiligen Buchungen, z. B. Lohnbuchungen, für den Zeitraum von … bis … übernommen werden können.

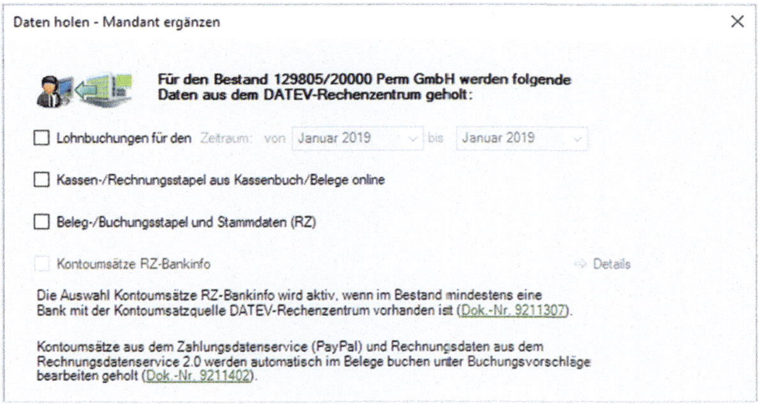

Bild 9.2 Mandant ergänzen

- Mit *ASCII-Daten importieren* können Daten für die Buchführung übernommen werden, die nicht in DATEV Kanzlei-Rechnungswesen selbst gespeichert wurden.

- Über *Stapelverarbeitung* können Sie Buchungssätze von anderen Programmen einlesen. So können z. B. Buchungen aus einem externen Rechnungserstellungsprogramm eingelesen werden. Im Zeitalter der elektronischen Verarbeitung kann dies auch verwendet werden, um z. B. elektronische Bankbelege oder elektronische Kassenvorgänge einzulesen.

Programmintern können für den Zahlungsverkehr Ausgleichsbuchungen erzeugt werden, die dann über die Stapelverarbeitung verbucht werden oder im Bereich des Mahnwesens, bei dem Mahngebühren und -zinsen auf die Personenkonten anfallen.

Bild 9.3 Stapelverarbeitung

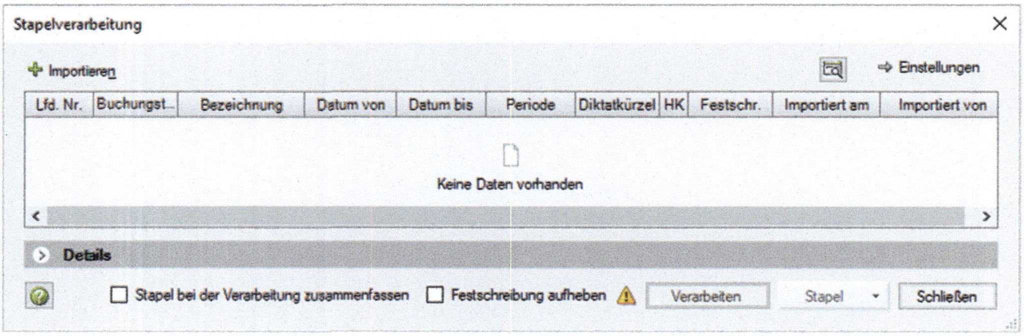

- Zuletzt steht Ihnen der Eintrag *Wiederkehrende Buchungen verarbeiten* zur Verfügung. Über diesen Befehl können zuvor erfasste wiederkehrende Buchungen in die Buchhaltung des Mandanten übernommen werden.

9.3 Buchungsstapel anlegen

In einem Buchungsstapel werden artverwandte Buchungen einer Buchungsperiode zusammengefasst. Für einen Buchungszeitraum können beliebig viele Buchungsstapel angelegt werden. Es kann beispielsweise ein Buchungsstapel *Februar* für die Eröffnungsbuchungen, ein zweiter Buchungsstapel für Ausgangsrechnungen im Februar und ein dritter für Eingangsrechnungen angelegt werden.

Damit der Buchhalter die Buchungsstapel später eindeutig zuordnen kann, sollte jeder Buchungsstapel eine aussagekräftige Bezeichnung erhalten.

Die jeweilige Buchungsperiode wird beim Anlegen des Buchungsstapels festgelegt und beginnt mit einem Anfangsdatum (z. B. 01.02.2019) und einem Enddatum (z. B. 28.02.2019). Das Enddatum bestimmt dabei, in welchen Buchungsmonat die Buchungen einfließen.

Ausgangssituation

Die Daten der Eröffnungsbilanz und die offenen Debitoren- und Kreditorensalden der Firma Perm GmbH werden uns über den Steuerberater Herrn Wichtig mitgeteilt. Die Eröffnungsbilanz sowie die Debitoren- und Kreditorensalden müssen jetzt gebucht werden.

- Die Firma wird am 01.01.2019 gegründet.
- Die Buchhaltung und die Bilanz werden zum 01.02.2019 eingerichtet.

Die Eröffnungsbilanz

Aktiva	Eröffnungsbilanz	Firma Perm GmbH	Passiva
Geschäftsbauten	500.000,00 €	Gezeichnetes Kapital	874.045,40 €
Pkw	68.000,00 €	Verbindlichkeiten gegenüber Kreditinstituten 1-5 J.	64.500,00 €
Lkw	136.000,00 €	Verbindlichkeitem aus Lieferungen und Leistungen Sammelkonto	16.170,00 €
Ladeneinrichtung	85.000,00 €	Verbindlichkeiten aus Lohn und Gehalt	17.350,00 €
Sonstige Betriebs- und Geschäftsausstattung	38.300,00 €	Umsatzsteuer 19 %	2.926,00 €
Bestand Waren	53.900,00 €		
Kasse	5.300,00 €		
Sparkasse Koblenz	34.988,12 €		
PSD Bank Koblenz	35.030,98 €		
Forderungen aus Lieferungen und Leistung Sammelkonto	15.400,00 €		
Abziehbare Vorsteuer 19 %	3.072,30 €		
	974.991,40 €		974.991,40 €

01.02.2019

gez. Unterschrift der beiden Gesellschafter

Debitorensalden

Folgende Rechnungen wurden im Januar bereits fakturiert:

Kunde Hans Müller, Rechnung vom 18.01.2019 BelegNr. AR01-2019	10.000,00 EUR
Kunde Firma Polster AG, Rechnung vom 28.01.2019 BelegNr. AR02-2019	5.000,00 EUR
Kunde Hans Müller, Rechnung vom 30.01.2019 BelegNr. AR03-2019	850,00 EUR
Kunde Firma Polster AG, Rechnungskorrektur (Kundengutschrift) vom 30.01.2019, BelegNr. KGS01-2019	450,00 EUR

Die Belege liegen der Buchhaltung vor.

Kreditorensalden

Folgende Rechnungen sind im Januar bereits eingegangen.

Lieferant Highdrive GmbH, Rechnung vom 11.01.2019 BelegNr. ER2019A513	5.000,00 EUR
Lieferant Wanden KG, Rechnung vom 17.01.2019 BelegNr. ER2-2019	8.500,00 EUR
Lieferant Highdrive GmbH, Rechnung vom 25.01.2019 BelegNr. ER2019A528	3.200,00 EUR
Lieferant Wanden KG ,Lieferantengutschrift vom 30.01.2019 BelegNr. GS1-2019	530,00 EUR

Die Belege liegen der Buchhaltung vor.

Um den Buchungsstapel für die Eröffnungsbuchungen anzulegen, gehen Sie wie folgt vor:

1 Wählen Sie den Menüpunkt *Erfassen* ▶ *Belege buchen* oder klicken Sie in der Übersicht doppelt auf den Eintrag *Belege buchen* (Bild 9.4). Das Dialogfenster *Neuen Buchungsstapel anlegen* wird geöffnet.

2 Geben Sie im Feld *Datum von* den 01.02.2019 als Datum der Eröffnungsbilanz ein und im Feld *Datum bis* den 01.02.2019. Als Bezeichnung tragen Sie Eröffnungsbuchungen Sachkonten ein (Bild 9.5).

3 Das Diktatkürzel kann verwendet werden, um ein Namenszeichen zu hinterlegen z. B. *le* für den Anfangsbuchstaben des Buchhalters. Damit ist erkennbar, wer die Buchung vorgenommen hat. Geben Sie in das Feld *Diktatkürzel* Ihr Namenszeichen ein.

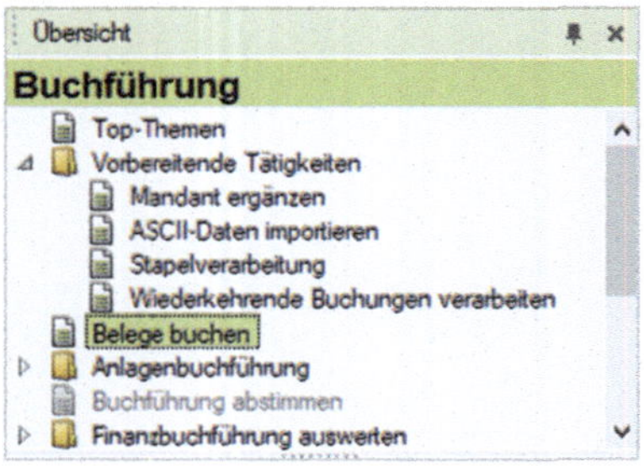

Bild 9.4 Übersicht - Belege buchen

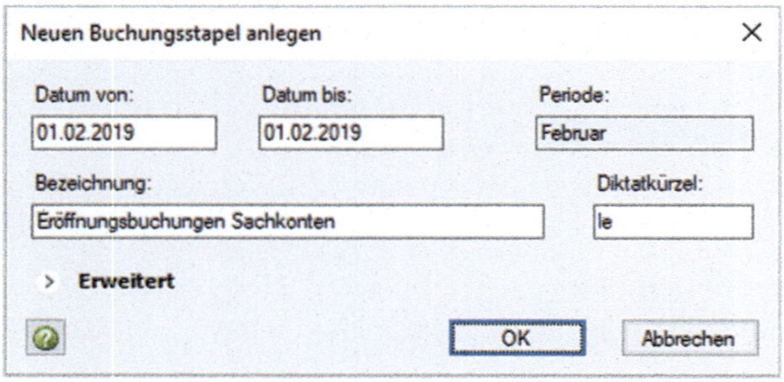

Bild 9.5 Neuer Buchungsstapel

Hinweis: Die Buchungsperiode Februar wird durch die Eingabe des Datums automatisch gebildet.

4 Klicken Sie abschließend auf die Schaltfläche *OK*. Der Buchungsstapel ist neu angelegt. Es kann in diesem sofort gebucht werden.

Wichtiger Hinweis: Bevor die eigentlichen Saldenvortragsbuchungen der Eröffnungsbilanz gebucht werden, folgen im weiteren Verlauf zunächst wichtige Einstellungen für das Buchungsfenster und Erklärungen zum DATEV Buchungssatz in DATEV Kanzlei-Rechnungswesen.

9.4 Das Buchungsfenster in DATEV Kanzlei-Rechnungswesen

Bereiche des Fensters Belege buchen

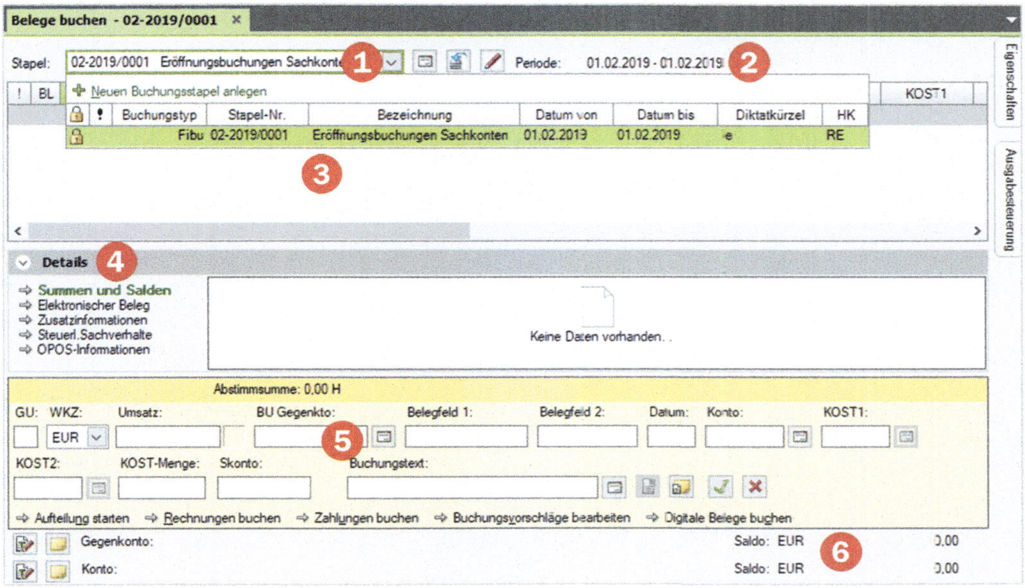

Bild 9.6 Das Fenster Belege buchen

1. Buchungsstapel auswählen
2. Informationen Buchungsstapel
3. Primanota
4. Details zum Buchungssatz anzeigen
5. Buchungsmaske
6. Salden

Buchungsstapelinformationen

Hier finden Sie Bezeichnung und Datum des Buchungsstapels sowie verschiedene Symbole.

Über das Symbol *Buchungsstapel auswählen* können Sie die Buchungsstapeldaten einsehen, andere Buchungsstapel auswählen, Buchungen importieren und auch neue Buchungsstapel anlegen.

Mit dem Symbol *letzten Stapel öffnen* wird der zuletzt angelegte Stapel geöffnet.

Mit Hilfe des Symbols *Stapeldaten ändern* können die Bezeichnung und der Diktatschlüssel des Buchungsstapels geändert werden. Die Datumsangaben lassen sich allerdings nicht ändern.

Tipp: Mit Klick auf den Dropdown-Pfeil (Auswahl) können über eine Schnellübersicht ebenfalls die Buchungsstapel eingesehen und neue Buchungsstapel angelegt werden.

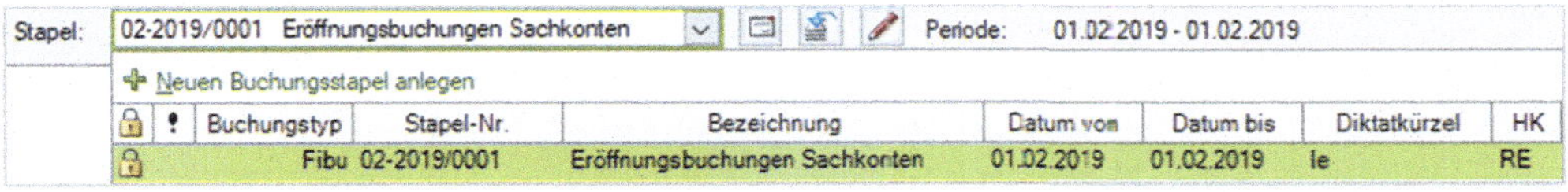

Bild 9.7 Schnellübersicht

Die weiteren Bereiche (siehe Bild 9.6)

- Der Bereich Primanota zeigt die eingegebenen Buchungssätze an.
- Details zum Buchungssatz lassen sich über die Schaltfläche *Details* ein- und ausblenden.
- Die eigentliche Buchungsmaske.
- Unterhalb der Buchungsmaske erhalten Sie Informationen zu den Salden der verwendeten Konten.

Buchungsmaske und Feldbezeichnungen

Bild 9.8 Buchungsmaske

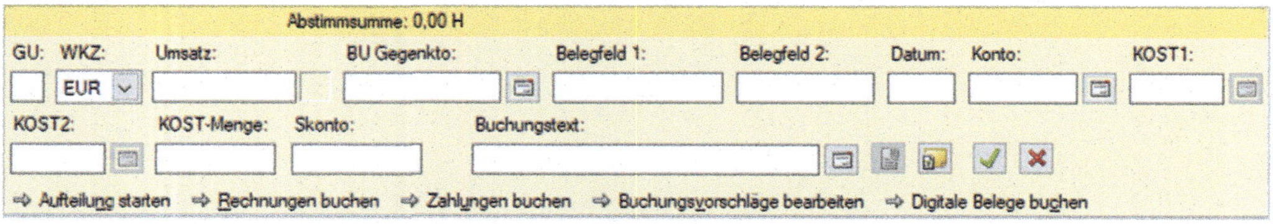

GU Generalumkehr (Stornierung)
Wird eine erfasste und festgeschriebene Buchung storniert, wird diese im Feld *GU* (Generalumkehr) mit dem Schlüssel *G* gekennzeichnet. Näheres zu diesem Thema erfahren Sie im Kapitel 18.4.

WKZ (Währungskennzeichen)
Sie wählen hier aus der Liste die Währung (*WKZ*) aus, in der Sie die Buchung eingeben möchten. Standardeinstellung ist die Währung EUR = Euro. Ist die Rechnung in einer anderen Währung ausgestellt, kann diese ausgewählt werden und der Betrag über einen internen Währungsumrechner umgerechnet werden.

Umsatz
Im Feld *Umsatz* geben Sie den Buchungsbetrag (Brutto-Umsatz) ein. Beachten Sie:

- Wenn Sie nach der Eingabe die Enter-Taste drücken, handelt es sich um eine Soll-Buchung.
- Das Betätigen der +-Taste auf dem Nummernblock bewirkt eine Haben-Buchung.
- Die Saldoart (Soll/Haben) bezieht sich immer auf das Feld *Konto*.
- Nachkommabeträge können ohne Sonderzeichen (Punkt oder Komma) eingegeben werden. Die letzten beiden Stellen des Umsatzbetrages stellen immer den Nachkommabetrag dar.

Näheres dazu siehe Kap. 9.5, Der DATEV - Buchungssatz.

Tipp: Am besten gewöhnen Sie sich an, die Eingabe der Sollbuchung (Enter-Taste) oder Habenbuchung (+ Taste) immer über den Nummernblock der Tastatur vorzunehmen.

BU (Buchungsschlüssel)
Sie geben hier einen zweistelligen Berichtigungs- und Steuerschlüssel ein. Dieses Thema wird zurzeit noch nicht benötigt und wird beim Buchen mit Steuern behandelt.

Gegenkonto

Sie erfassen hier das Gegenkonto. Die Kontennummer kann hierbei ein Sachkonto, z. B. Kasse 1000, oder ein Personenkonto, z. B. 10500 für einen Debitor, sein.

Belegfeld 1

Hier geben Sie die Beleg- bzw. die Rechnungsnummer ein. Das Feld unterliegt der Schlepplogik, das bedeutet: Wird ein neuer Buchungssatz eingegeben, wird die Belegnummer mitgeschleppt.

Belegfeld 2

Das Feld *Belegfeld 2* benötigen Sie für die Offene-Posten-Buchführung (OPOS). Sie können hier für eine Buchung zusätzliche Angaben zur Fälligkeitsermittlung oder zur Banksteuerung im Zahlungsvorschlag oder eine Belegnummer erfassen. Für die Hauptbuchführung ist dieses Feld ohne Bedeutung.

Datum

Geben Sie ein Datum (z. B. Buchungs- oder Belegdatum) ein. Dabei wird geprüft, ob das Datum kleiner oder gleich dem Buchungsstapeldatum ist. Das Feld unterliegt ebenfalls der Schlepplogik.

Konto

Hier erfassen Sie das Konto. Genauso wie beim Gegenkonto geben Sie hier ein Sachkonto, z. B. Bank, oder ein Personenkonto, z. B. 70800 für einen Kreditor, ein. Das Feld unterliegt ebenfalls der Schlepplogik.

KOST1

Hier erfassen Sie Informationen für die Kostenrechnung, z. B. Kostenstellen. In unserem Mandant wird ohne Kostenrechnung gearbeitet, daher wird dieses Feld nicht benötigt.

KOST2

Hier können Sie über ein weiteres Feld Angaben für die Kostenrechnung z.B. für eine zweite Kostenstelle erfassen. In unserem Mandant wird ohne Kostenrechnung gearbeitet, daher wird dieses Feld nicht benötigt.

KOST-Menge

Hier erfassen Sie weitere Informationen für die Kostenrechnung, z. B. Mengenangaben. In unserem Mandant wird ohne Kostenrechnung gearbeitet, daher nicht erforderlich.

Skonto

Hier erfassen Sie den Skontobetrag. Der Betrag im Feld *Umsatz* berechnet sich aus dem Rechnungsbetrag abzüglich des Skontos. Der Skontobetrag wird einschließlich der Umsatzsteuer eingegeben. Für den Skontobetrag stehen 10 Stellen zur Verfügung, die letzten beiden Stellen sind automatisch zwei Nachkommastellen.

Buchungstext

Sie können hier einen individuellen Buchungstext eingeben, der maximal 60 Zeichen lang ist.

Um individuelle Buchungstexte als Textkonstanten zu erfassen und zu übernehmen, klicken Sie neben dem Eingabefeld auf das Symbol *Buchungstext auswählen*. Das Dialogfenster *Buchungstexte* öffnet sich, Sie können neue Texte erfassen, bestehende ändern oder löschen sowie von anderen Mandanten individuelle Texte übernehmen.

Die Symbole der Buchungsmaske

	Information zu einem digitalen Beleg
	Zusatzinformation anlegen
	Mit der Schaltfläche *Übernehmen* wird der Buchungssatz übernommen und steht anschließend in der Primanota.
	Löschen, alle Eingaben, die Sie in der Buchungszeile eingetragen haben, werden verworfen.

Links verwenden

Zusätzlich stehen Ihnen in der Buchungsmaske folgende Links zur Verfügung:

Bild 9.9 Links

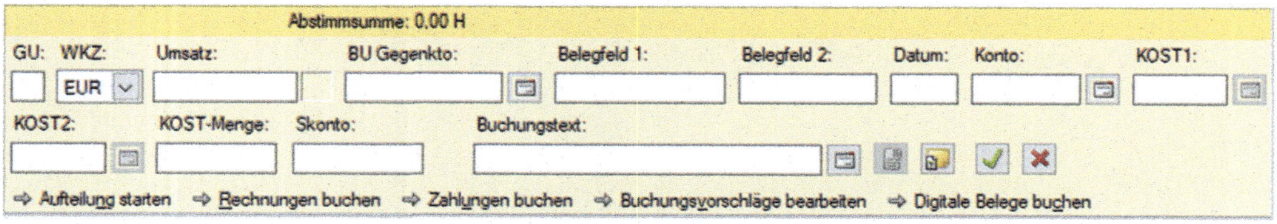

Aufteilung starten
Startet oder beendet die Bearbeitung von Buchungen im Rahmen einer Aufteilung. Die Programmfunktion *Aufteilen* nutzen Sie, um Buchungen zu erfassen, die sich aus mehreren Positionen zu verschiedenen Sachkonten oder unterschiedlichen Steuersätzen zusammensetzen.

Rechnungen buchen
Für die Offene-Posten-Buchführung können Sie mit Hilfe der Funktion *Rechnungen buchen* das Gegenkonto mit Hilfe von Suchfunktionen (OPOS-Suche) vorbelegen. Die Suche kann über die Rechnungsnummer, das Konto, oder über das Debitoren- bzw. Kreditorennummernkonto durchgeführt werden.

Zahlungen buchen
Innerhalb der Offenen-Posten-Buchführung können Sie mit Hilfe dieser Funktion den Eingang einer Zahlung von einem Debitoren oder Kreditoren verbuchen.

Buchungsvorschläge bearbeiten

Über den Link *Buchungsvorschläge bearbeiten* können Sie alternativ zur manuellen Bearbeitung von Kontoauszügen und Kassen sowie Rechnungen diese in Dateiform einlesen und automatisch in Buchungsvorschläge umwandeln. Darüber hinaus lassen sich die Belege prüfen bzw. ergänzen und endgültig verbuchen.

Digitale Belege

Digitale Belege können über die DATEV Belegverwaltung aus DATEV Unternehmen online oder DATEV DMS (Dokumentenmanagement-System) bzw. DATEV digitale Dokumentenablage übernommen werden.

Die Buchungsmaske anpassen

Aus den Erläuterungen zu den Datenfeldern in der Buchungsmaske ist erkennbar, dass die Buchungsmaske individuell angepasst werden kann.

Ausgangssituation

In unserem Übungsfall wird nicht mit der Kostenrechnung gearbeitet. Auch ein abweichendes *Belegfeld 2, Datum* ist nicht erforderlich. Diese Felder lassen sich ausblenden.

Die Felder *BU* und *Gegenkonto* sollen, anstatt wie in der Standardeinstellung als einziges Feld, in zwei Feldern angezeigt werden.

1 Klicken Sie im Arbeitsblatt *Belege buchen – 02-2019/0001* am rechten Rand auf das Register *Eigenschaften*, um den Zusatzbereich anzuzeigen.

2 Klicken Sie hier auf den Link *Buchungssatz* (Bild 9.10) ❶.

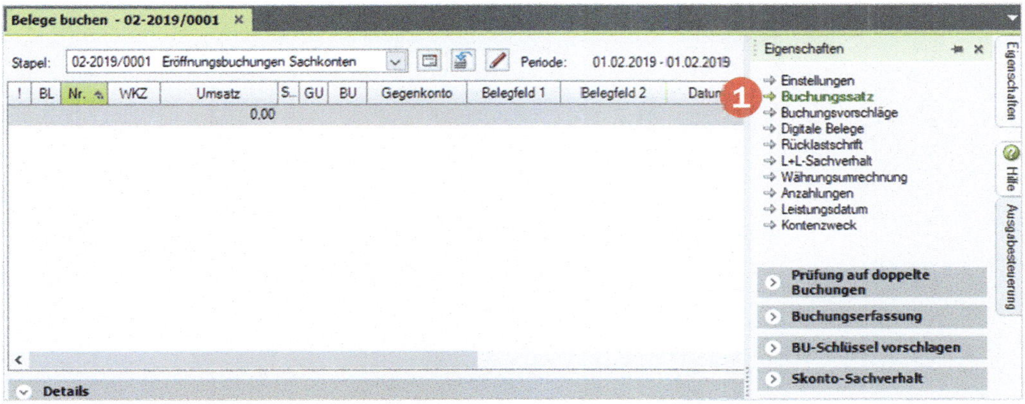

Bild 9.10 Eigenschaften - Buchungssatz

Anzeige ändern

3 Nun können im Abschnitt *Buchungserfassung* die Einstellungen für den Buchungssatz geändert oder ergänzt werden. Aktivieren Sie das Kontrollkästchen *Feld BU und Gegen-*

konto getrennt ❷ (Bild 9.11). Dadurch erhalten Sie in der Buchungszeile zwei Felder: Ein Feld für den Buchungsschlüssel *BU* und ein Feld für das *Gegenkonto* (Bild 9.12).

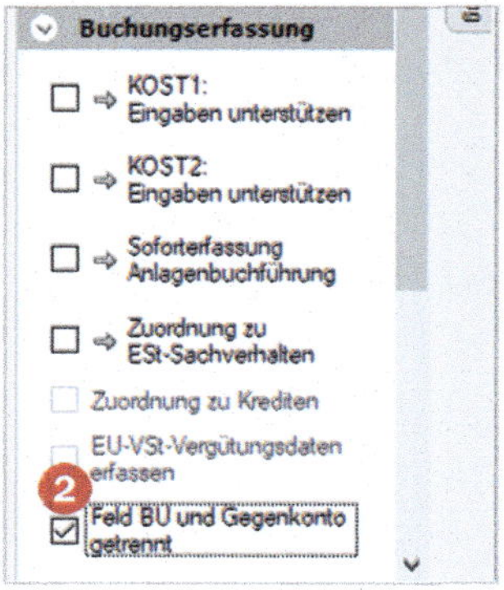

Bild 9.11 Einstellung aktivieren

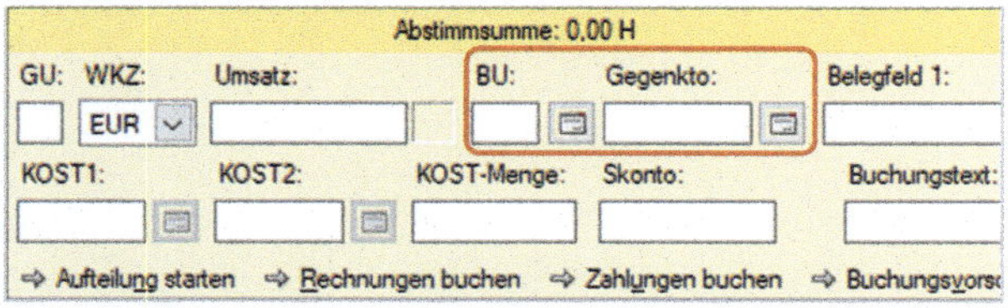

Bild 9.12 BU und Gegenkonto in zwei Feldern

Felder ausblenden

Im nächsten Schritt sollen die nicht benötigten Felder *Belegfeld 2*, *KOST 1*, *KOST 2* und *KOST-Menge* ausgeblendet werden.

1 Klicken Sie erneut auf den Zusatzbereich *Eigenschaften* ▶ *Buchungssatz*.

2 Blenden Sie den Abschnitt *Buchungserfassung* mit einem Klick aus und klicken Sie stattdessen auf *Optionale Erfassungsfelder*. Die optionalen Erfassungsfelder werden eingeblendet (Bild 9.13).

3 Deaktivieren Sie die Kontrollkästchen der Felder *Belegfeld2*, *Kost-Datum*, *KOST1*, *KOST2* und *KOST-Menge* (Bild 9.14).

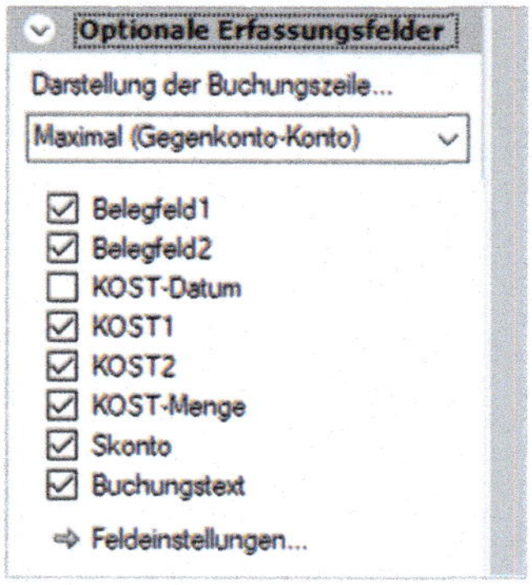

Bild 9.13 Optionale Felder

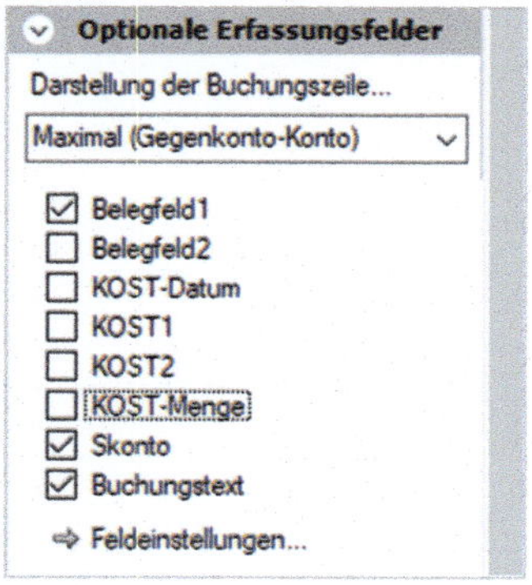

Bild 9.14 Felder ausblenden

Die ausgeblendeten Felder *Belegfeld2*, *Kost1*, *Kost2* und *Kost-Menge* erscheinen nun nicht mehr in der Buchungsmaske. Auf diese Weise lässt sich die Buchungsmaske individuell an die entsprechenden Bedürfnisse anpassen.

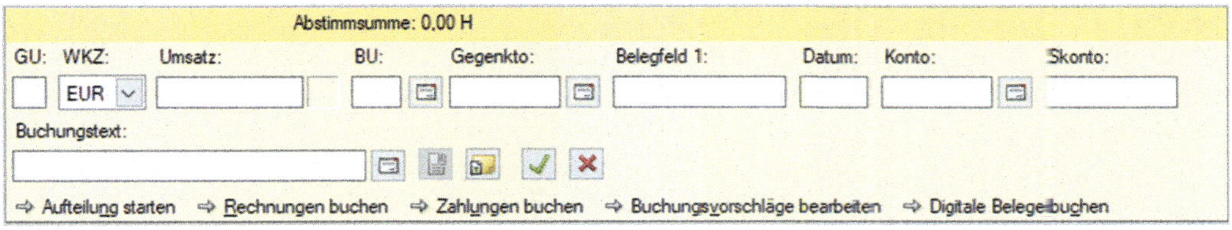

Bild 9.15 Das Ergebnis

Tipp: Im Abschnitt *Optionale Erfassungsfelder* lässt sich über das Auswahlfeld *Darstellung der Buchungszeile...* die Buchungsmaske schnell anhand von verschiedenen Voreinstellungen anpassen (siehe Bild 9.13).

Übung: Buchungsmaske anpassen

Aufgabe 1

Erweitern Sie die optionalen Erfassungsfelder, indem Sie das Feld *KOST 1* anzeigen lassen.

Aufgabe 2

Blenden Sie das Feld *Skonto* aus der Buchungsmaske aus.

Aufgabe 3

Stellen Sie die Buchungsmaske wie unten abgebildet ein:

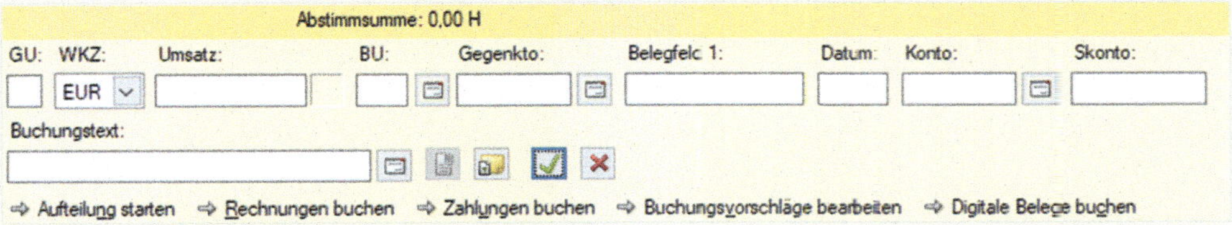

9.5 Der DATEV - Buchungssatz

In Kapitel 8 (Punkt 8.1. bis 8.3) haben Sie die Kontierungsregeln für das Buchen in DATEV kennengelernt. Der DATEV-Buchungssatz hat einen ganz bestimmten Aufbau: Er beginnt mit der Eingabe des Bruttobetrags und der Erzeugung einer Soll- oder einer Habenbuchung im Feld des Umsatzbetrages.

Sollbuchung durch Betätigen der Enter-Taste

Beispiel:

- Eingabe im Feld *Umsatz*: 50,00 und Betätigen der Enter-Taste.
- Ergebnis: Der Betrag von 50,00 EUR wird auf dem Feld *Konto* im **Soll** gebucht.

Bild 9.16 Sollbuchung

1. Das Feld *Gegenkonto* wird im Haben gebucht.
2. Das Feld *Konto* wird im Soll gebucht.

Habenbuchung durch Betätigen der Plus-Taste (+)

- Eingabe Feld *Umsatz*: 50,00 und Betätigen der Plus-Taste.
- Ergebnis: Der Betrag von 50,00 EUR wird auf dem Feld *Konto* im **Haben** gebucht.

Bild 9.17 Habenbuchung

1. Das Feld *Gegenkonto* wird im Soll gebucht.
2. Das Feld *Konto* wird im Haben gebucht.

Der Grund für diese Methode wird deutlich, sobald die Salden der Bilanz vorgetragen werden.

Übung: Buchungstechnik DATEV

Die Lösungen finden Sie im Lösungsbuch.

Aufgabe 1

Geben Sie einen beliebigen Betrag ein, bei dem das Feld *Konto* im Soll gebucht wird.

Aufgabe 2

Geben Sie einen beliebigen Betrag ein, bei dem das Feld *Gegenkonto* im Soll gebucht wird.

Aufgabe 3

Geben Sie einen beliebigen Betrag ein, bei dem das Feld *Konto* im Haben gebucht wird.

Klicken Sie abschließend auf das Symbol *Verwerfen* [X].

9.6 Buchen von Saldenvorträgen der Sachkonten

Die Vorträge von Salden der Sachkonten werden über das Konto *Saldenvorträge Sachkonten* gebucht.

Die Buchungssätze lauten bei AKTIVA der Bilanz:

Soll	an	Haben
Aktivkonto der Bilanz	an	Saldenvorträge Sachkonten 9000

Beispiel Bilanz PC Perm GmbH:

Soll		Haben	Betrag
Geschäftsbauten 90	an	Saldenvorträge Sachkonten 9000	500.000,00 EUR

Die Buchungssätze lauten bei PASSIVA der Bilanz:

Soll	an	Haben
Saldenvorträge Sachkonten 9000	an	Passivkonto der Bilanz

Beispiel Bilanz PC Perm GmbH:

Soll		Haben	Betrag
Saldenvorträge Sachkonten 9000	an	Verbindlichkeiten gegenüber Kreditinstituten 1-5 J. 640	64.500,00 EUR

Ausgangssituation
Die ersten beiden Aktiva -Posten der Bilanz und zwei Konten der Passiva sollen jetzt gebucht werden.

Aktivkonten buchen

1 Geben Sie den Betrag 500000,00 ein und drücken Sie anschließend auf dem Nummernblock die Plus-Taste (+).

2 Im Feld *Gegenkto* geben Sie das Konto 90 ein. Die Bezeichnung *Geschäftsbauten* des Kontos wird automatisch unterhalb angezeigt.

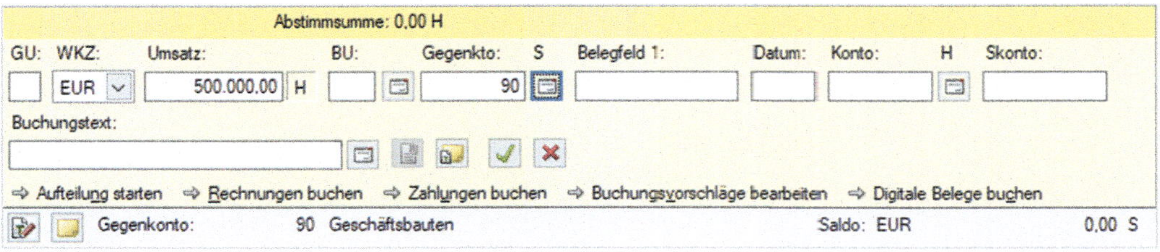

Bild 9.18 Betrag und Gegenkonto eingeben

3 Im Feld *Belegfeld 1* geben Sie EBW2019 (Eröffnungsbilanzwert) und im Feld *Datum* den 01.02. ein.

4 Im Feld *Konto* geben Sie das Konto 9000 *Saldenvorträge Sachkonten* ein. Die Bezeichnung des Kontos wird auch hier automatisch angezeigt.

Hinweis: Anstatt auf das Symbol *Übernehmen* zu klicken, können Sie auch auf der Tastatur die Enter- bzw. Eingabetaste drücken.

EBW = Abkürzung für Eröffnungsbilanzwert

5 Geben Sie zuletzt im Feld *Buchungstext* EBW Geschäftsbauten ein und klicken auf das Symbol *Übernehmen*.

Der erste Buchungssatz für die Saldenvorträge zur Eröffnungsbilanz der Firma Perm GmbH ist erfasst (Bild 9.19).

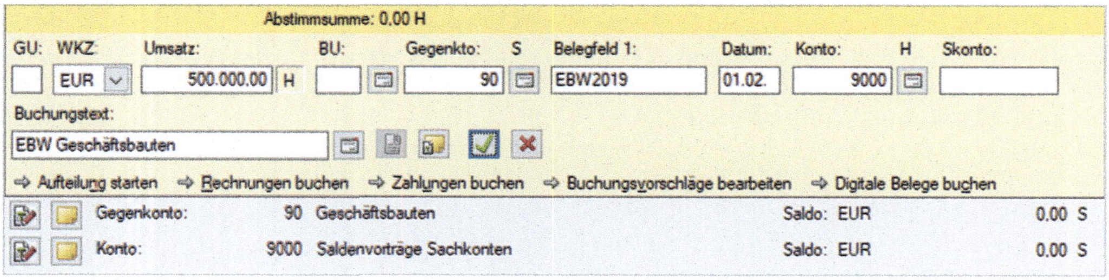

Bild 9.19 Buchungssatz

In der Primanota wird der Buchungssatz wie in Bild 9.20 angezeigt, die Bedeutung: Der Wert von 500.000,00 EUR wurde im Feld *Konto 9000* im Haben gebucht. Das Feld *Gegenkonto*, Konto *90* wird somit automatisch im Soll gebucht.

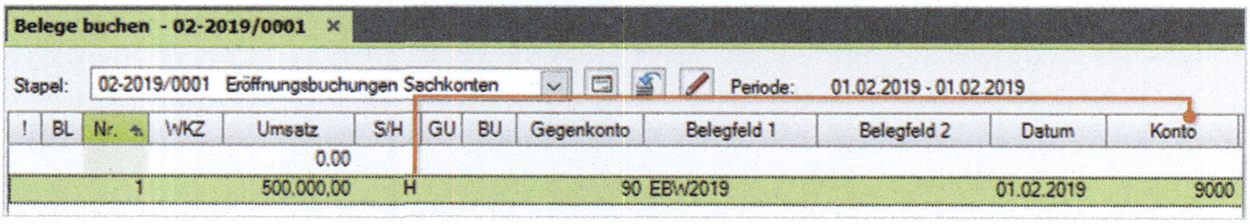

Bild 9.20 Primanota

Um die Details zur Buchung nochmals einzusehen, klicken Sie auf den Link *Details zu Nr. 1*. Ergebnis: Konto *90 Geschäftsbauten* wurde im Soll mit 500.000,00 EUR gebucht. Das Saldenvortragskonto *Sachkonten 9000* im Haben mit 500.000,00 EUR (Bild 9.21).

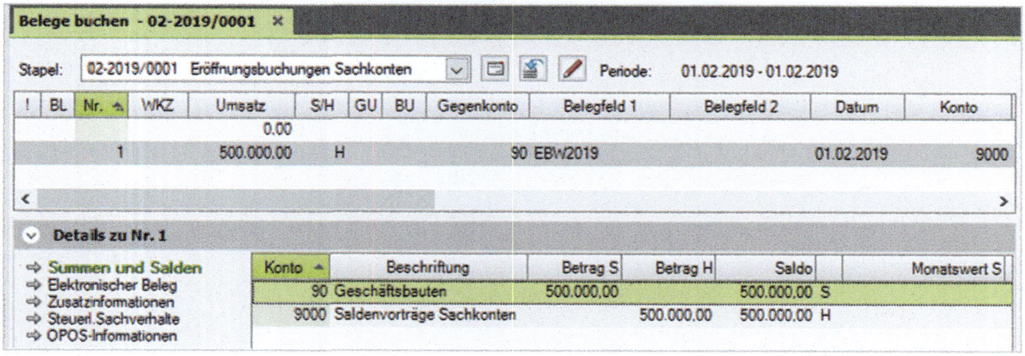

Bild 9.21 Details zur Buchung

Die Schleppfunktion

Die Buchungsmaske hat nach Eingabe des ersten Buchungssatzes einige Eingaben in die neue Buchungszeile übernommen. Dies wird als Schleppfunktion verstanden.

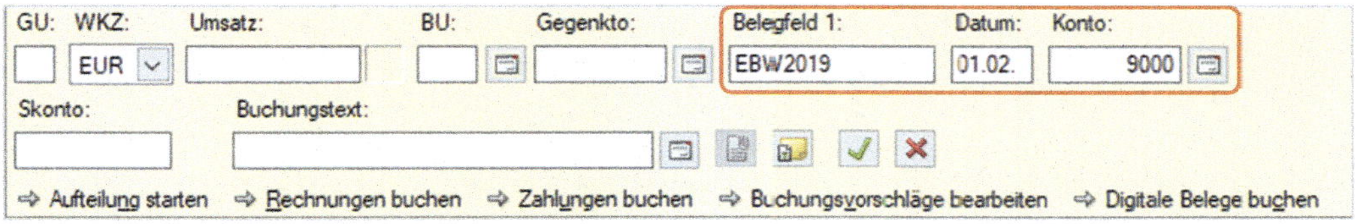

Bild 9.22 Schleppfunktion

Durch das Schleppen des Buchungssatzes werden *Belegfeld 1*, *Datum* und das *FIBU-Konto* im Feld *Konto* automatisch in den neuen Buchungssatz übernommen. Für die weiteren Aktivkonten, die noch gebucht werden sollen, werden lediglich der Umsatzbetrag, das Gegenkonto und der Buchungstext benötigt.

Die zweite Buchung

Jetzt soll das zweite Aktivkonto aus der Eröffnungsbilanz der Firma Perm GmbH vorgetragen werden.

Buchungssatz: *PKW* (Soll) an *Saldenvorträge Sachkonten* (Haben) 68.000,00 EUR.

1 Geben Sie im Feld *Umsatz* den Betrag von 68.000,00 ein. Drücken Sie anschließend auf dem Nummernblock die Plus-Taste (+). Das Saldovortragskonto *9000 Saldenvorträge Sachkonten* wird im Haben gebucht.

2 Im Feld *Gegenkto* fehlt jetzt die Konto-Nr für das Konto *PKW*. Das Konto kann über den Kontenplan gesucht werden, dazu stellt das Programm mit dem Symbol *Konto auswählen* eine Suchfunktion zur Verfügung. Klicken Sie auf dieses Symbol neben dem Feld *Gegenkto* ❶.

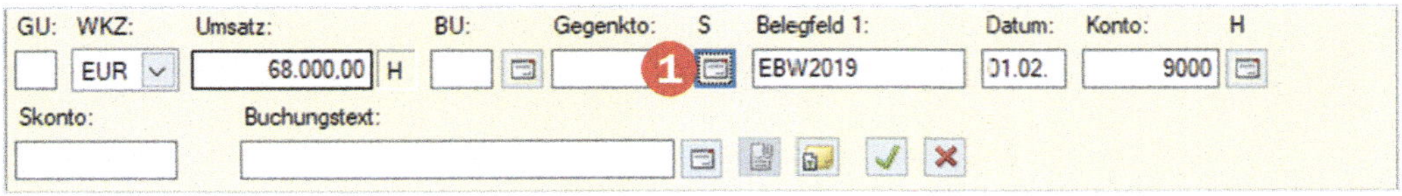

Bild 9.23 Die 2. Buchung

3 Geben Sie im nächsten Schritt im Feld *Schnellsuche* Pkw ein ❷.

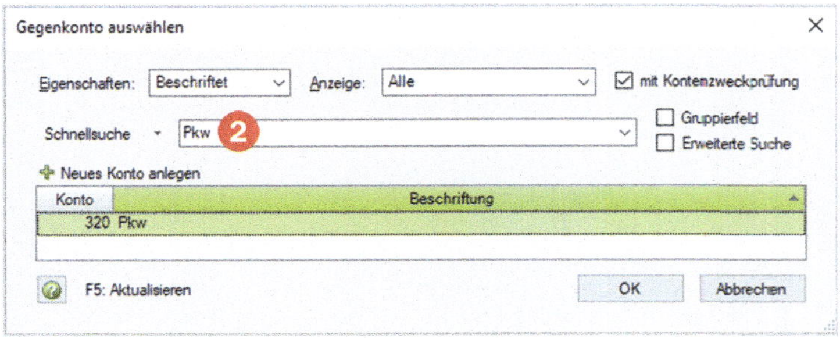

Bild 9.24 Gegenkonto auswählen

4 Übernehmen Sie anschließend das Konto *320 Pkw*, indem Sie auf die Schaltfläche *OK* klicken.

Hinweis: Auf diesem Weg lässt sich auch nach entsprechenden Konten im Kontenplan suchen. Ein ausführliches Kontieren des Beleges ersetzt dies jedoch nicht (siehe GoB).

5 Geben Sie im vorletzten Schritt lediglich noch den Buchungstext EBW Pkw ein.

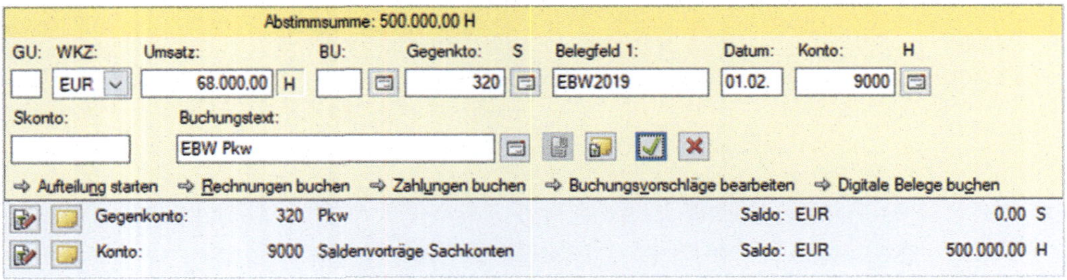

Bild 9.25 Die komplette 2. Buchungserfassung

Tipp: Wenn Sie vom Feld *Gegenkto* direkt zum Feld *Buchungstext* springen möchten, drücken Sie auf der Tastatur die Ende-Taste.

6 Übernehmen Sie die Buchung, indem Sie die Enter-Taste auf der Tastatur betätigen oder auf das Symbol *Übernehmen* klicken.

In der Primanota ❶ wird die Buchung jetzt als zweite Buchung aufgeführt. Bedeutung: Der Wert von 68.000,00 EUR wurde im Feld *Konto* Kto-Nr *9000* im Haben gebucht. Das Feld *Gegenkonto* Kto-Nr *320 PKW* wird somit automatisch im Soll gebucht.

Auch in diesem Fall können Sie im Abschnitt *Details zu Nr. 2* ❷ die Summen und Salden der Buchung einsehen und kontrollieren.

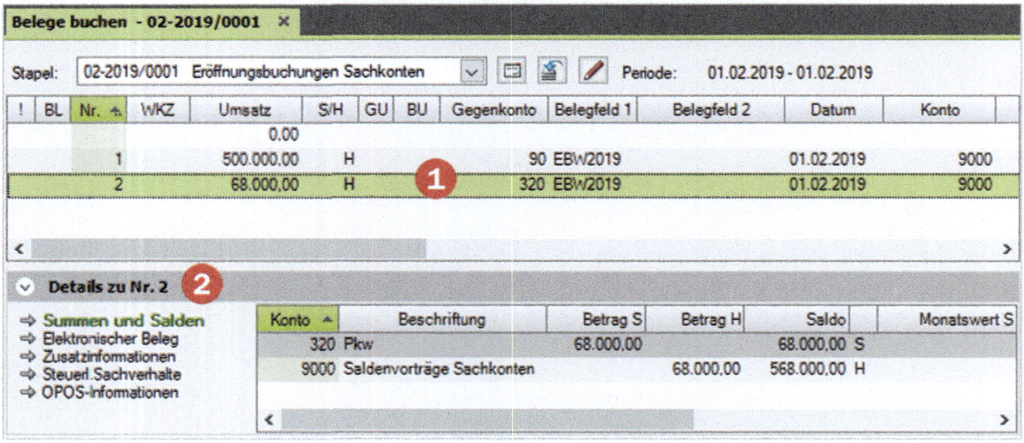

Bild 9.26 Ergebnis 2. Buchung

Passivkonten buchen

Im nächsten Schritt sollen die Passivkonten *Verbindlichkeiten gegenüber Kreditinstituten 1-5 Jahre 640* und *Verbindlichkeiten aus Lohn und Gehalt 1740* vorgetragen werden.

!

Achtung: Damit das Konto 9000 anschließend weiter geschleppt werden kann, geben Sie eine Soll-Buchung (Enter-Taste) ein.

Geben Sie die beiden Buchungssätze - wie in den Abbildungen dargestellt - ein.

Buchungssatz 1

Saldenvorträge Sachkonten 9000 (Soll) an

Verbindlichkeiten gegenüber Kreditinstituten 1-5 Jahre 640 (Haben)

Betrag: 64.500,00 EUR

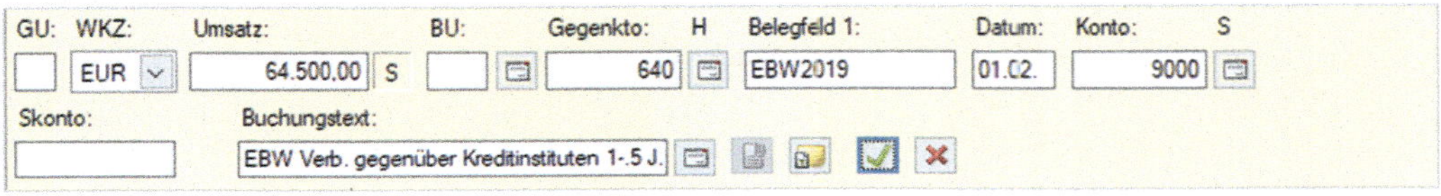

Bild 9.27 Buchungssatz 1

Buchungssatz 2

Saldenvorträge Sachkonten 9000 (Soll) an

Verbindlichkeiten aus Lohn und Gehalt 1740 (Haben)

Betrag: 17.350,00 EUR

Bild 9.28 Buchungssatz 2

Ergebnis: Die beiden Passivkonten aus der Eröffnungsbilanz der Übungsfirma Perm GmbH sind vorgetragen. In der Primanota werden sie als 3. und 4. Buchungssatz angezeigt (Bild 9.29).

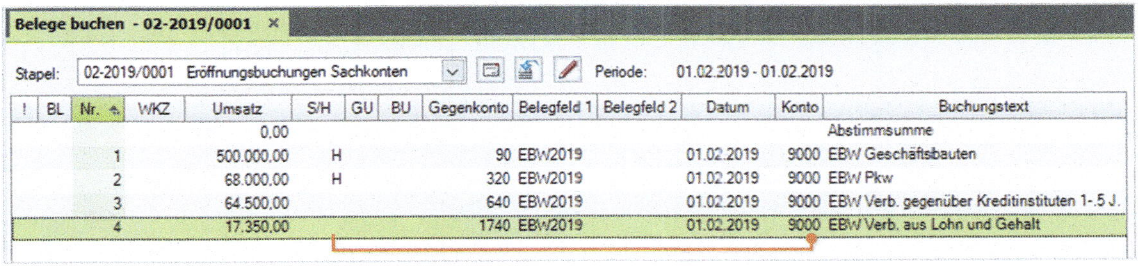

!	BL	Nr.	WKZ	Umsatz	S/H	GU	BU	Gegenkonto	Belegfeld 1	Belegfeld 2	Datum	Konto	Buchungstext
				0,00									Abstimmsumme
		1		500.000,00	H			90	EBW2019		01.02.2019	9000	EBW Geschäftsbauten
		2		68.000,00	H			320	EBW2019		01.02.2019	9000	EBW Pkw
		3		64.500,00				640	EBW2019		01.02.2019	9000	EBW Verb. gegenüber Kreditinstituten 1-.5 J.
		4		17.350,00				1740	EBW2019		01.02.2019	9000	EBW Verb. aus Lohn und Gehalt

Bild 9.29 Ergebnis

Die Bedeutung der Spalte S/H

H	=	Betrag im Feld *Konto* wurde im Haben gebucht.
Keine Anzeige	=	Betrag im Feld *Konto* wurde im Soll gebucht.

Die Erklärung am Beispiel von Buchungssatz 4: Der Wert von 17.350,00 EUR wurde im Feld Konto *9000* im Soll gebucht. Das Feld Gegenkonto *1740 Verbindlichkeiten aus Lohn und Gehalt* wird somit automatisch im Haben gebucht.

Auch hier können Sie über die Details die Summen und Salden der markierten Buchung einsehen und kontrollieren.

Bild 9.30 Details

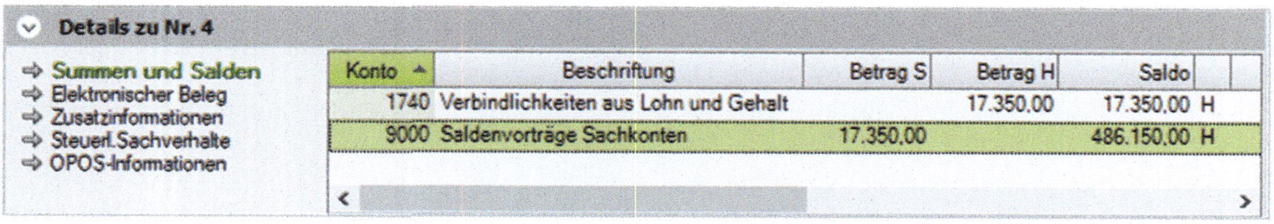

Die Lösung zur Kontierung der Konten finden Sie im Lösungsbuch

Übung: Saldenvorträge Sachkonten buchen

Kontieren Sie die noch fehlenden Konten in der Bilanz und buchen Sie anschließend alle Vorträge.

Hinweis: Beachten Sie, dass die Salden des Kontos *Forderungen aus Lieferungen und Leistung* und die *Verbindlichkeiten aus Lieferungen und Leistungen* Sammelkonten der Personenkonten sind und nicht gebucht werden können. Sie werden über die Saldenvorträge der Debitoren und Kreditoren automatisch im Programm gebildet.

Kontennummern	Aktivkonten	Betrag
?	Lkw	136.000,00 €
?	Ladeneinrichtung	85.000,00 €
?	Sonstige Betriebs- und Geschäftsausstattung	38.300,00 €
?	Bestand Waren	53.900,00 €
?	Kasse	5.300,00 €
?	Sparkasse Koblenz	34.988,12 €
?	PSD Bank Koblenz	35.030,98 €
?	Abziehbare Vorsteuer 19 %	3.072,30 €

Kontennummern	Passivkonten	Betrag
?	Gezeichnetes Kapital	874.045,40 €
?	Umsatzsteuer 19 %	2.926,00 €

9.7 Abstimmen der Saldenvortragsbuchungen

Die Salden der Eröffnungsbilanz sind gebucht. Ein wesentliches Merkmal der Buchhaltung ist das Abstimmen der Konten, um zu sehen, ob korrekt gebucht wurde. Dies lässt sich über verschiedene Möglichkeiten kontrollieren.

Eine einfache und schnelle Möglichkeit besteht darin, die Ansicht des Buchens zu wechseln und dort das Saldenvortragskonto *Sachkonten* und die Aktiv- und Passivkonten zu prüfen. Der Eröffnungsbilanzwert muss bei jedem Aktiv- und Passivkonto ersichtlich sein. Er muss sich mit der Eröffnungsbilanz decken.

Wechseln Sie zur Prüfung der Salden die Ansicht, dazu gehen Sie wie folgt vor:

1 Wählen Sie den Menüpunkt *Ansicht* ▶ *FIBU-Konto* oder verwenden Sie die Tastenkombination Strg+Umschalt+F oder klicken Sie auf das Symbol *FIBU-Konto anzeigen* in der Symbolleiste *Buchen*.

2 Geben Sie im Feld *Konto* die Kto-Nr 90 ein und drücken Sie anschließend die Enter-Taste. Nun werden die Nummer des Kontos und der entsprechende Eröffnungsbilanzwert angezeigt.

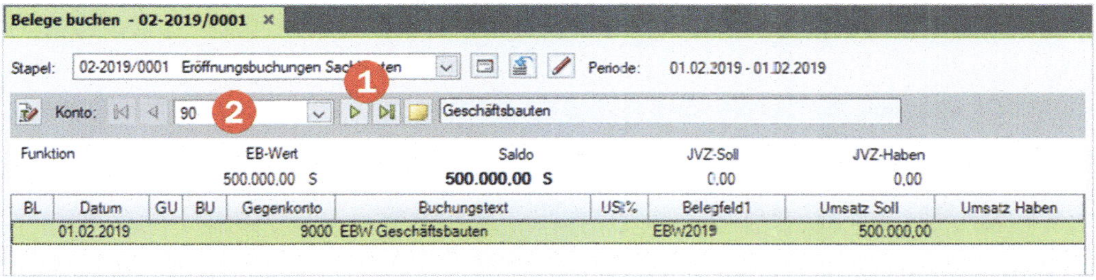

Bild 9.31 Konto anzeigen

❶ Über die Pfeilsymbole können Sie alle Konten, die gebucht wurden, nacheinander kontrollieren und mit der Eröffnungsbilanz abstimmen.

❷ Oder geben Sie das Konto, welches Sie abstimmen möchten, hier ein. Der entsprechende Eröffnungsbilanzwert wird dann direkt angezeigt.

Übung: Saldenvortragsbuchungen abstimmen

Stimmen Sie über diese Ansicht alle Konten mit der Eröffnungsbilanz auf Seite 151 ab. Der Saldo des *Saldovortragskontos 9000* muss zurzeit einen Wert von 770,00 EUR im Haben ausweisen.

Hinweis: Die Sammelkonten *Forderungen aus Lieferungen und Leistung* und *Verbindlichkeiten aus Lieferungen und Leistungen* werden erst durch die Saldenvorträge der Debitoren und Kreditoren ersichtlich.

Ansichten wechseln

Sie können beim Buchen der Belege mit den beiden folgenden Methoden sehr schnell zwischen verschiedenen Ansichten wechseln:

- Wechseln Sie zur Primanota über den Menüpunkt *Ansicht* ▶ *Primanota* oder mit der Tastenkombination Strg+Umschalt+P oder mit Klick auf das Symbol *Primanota anzeigen* in der Symbolleiste *Buchen*.
- Zum OPOS-Konto wechseln Sie über den Menüpunkt *Ansicht* ▶ *OPOS-Konto* oder die Tastenkombination Strg+Umschalt+O oder mit Klick auf das Symbol *OPOS-Konto anzeigen* in der Symbolleiste *Buchen*.

Hinweis: Sollte die Symbolleiste *Buchen* nicht sichtbar sein, können Sie diese über den Menüpunkt *Ansicht* ▶ *Symbolleisten* ▶ *Buchen* anzeigen lassen.

9.8 Korrektur und Löschen von Buchungen

Buchungen korrigieren

Buchungssätze können in der Primanotaansicht, der FIBU-Konto-Ansicht und der OPOS-Konto-Ansicht korrigiert werden. Vorrausetzung dazu ist, dass der Buchungsstapel geöffnet ist.

Achtung: Buchungen können nur solange geändert und gelöscht werden, wie es auch einen Buchungsstapel dazu gibt. Die Buchungsstapel werden nach Ablauf der Buchungsperiode festgeschrieben. Nachdem sie festgeschrieben wurden, können keine Korrekturen innerhalb der Buchungssätze mehr durchgeführt werden. Die Buchungssätze müssen in diesem Fall storniert werden. In DATEV Kanzlei-Rechnungswesen nennt man dies eine Generalumkehrbuchung = Stornobuchung.

In unserem Übungsfall könnte es vorgekommen sein, dass ein Buchungssatz falsch gebucht wurde. Um den Buchungssatz zu ändern, gehen Sie wie folgt vor:

Klicken Sie auf den Buchungssatz, den Sie ändern möchten; entweder in der Primanota oder einer beliebigen anderen Ansicht. Jetzt stehen folgende Möglichkeiten zur Verfügung, um den Buchungssatz wieder in die Buchungsmaske zu übertragen:

- Doppelklick auf den Buchungssatz.
- Klick mit der rechten Maustaste und dann der Befehl *Buchung bearbeiten*.
- Menüpunkt *Bearbeiten* ▶ *Buchung bearbeiten*.
- Funktionstaste F9.
- Klick auf das Symbol *Buchung bearbeiten* in der Symbolleiste *Buchen*.

Beispiel: Buchungssatz 3 aus den Saldenvortragsbuchungen

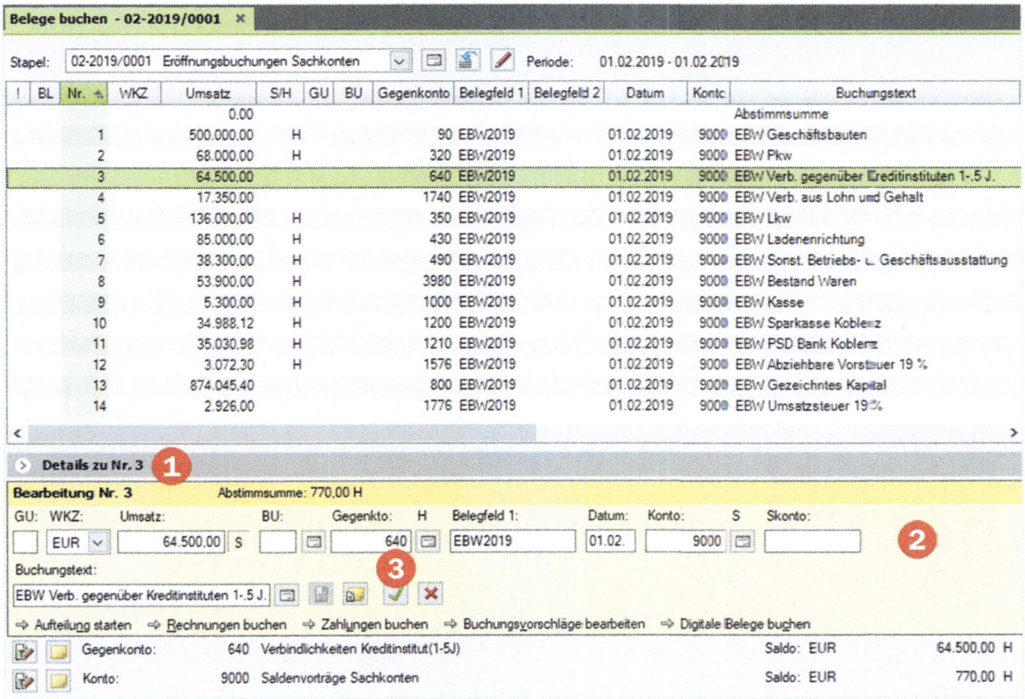

Bild 9.32 Buchungssatz 3 bearbeiten

1. Oberhalb der Buchungsmaske ist ersichtlich, dass Sie den Buchungssatz 3 bearbeiten.
2. Die Änderungen der Buchungseingaben für den Buchungssatz 3 können jetzt gegebenenfalls durchgeführt werden.
3. Übernehmen Sie anschließend die Änderung, indem Sie auf das Symbol *Übernehmen* klicken oder die Enter-Taste drücken.

Tipp: Buchungssatz kopieren
Möchten Sie einen Buchungssatz kopieren, können Sie dies durchführen, indem Sie den zu kopierenden Buchungssatz markieren und dann entweder auf das Symbol *Buchungssatz kopieren* klicken (Symbolleiste *Buchen)* oder den Menüpunkt *Bearbeiten* ▶ *Buchungssatz kopieren* verwenden oder die Funktionstaste F8 drücken.

Löschen von Buchungen in einem Buchungsstapel

Info

(INFO! Bitte nicht durchführen)

Buchungssätze können genauso wie beim Ändern in der Primanotaansicht, der FIBU-Konto-Ansicht und in der OPOS-Konto-Ansicht gelöscht werden. Voraussetzung auch hierbei ist, dass der entsprechende Buchungsstapel geöffnet ist. So gehen Sie beim Löschen von Buchungssätzen vor:

Zunächst müssen der zu löschende Buchungssatz bzw. die zu löschenden Buchungssätze markiert werden:

- Wenn Sie lediglich einen Buchungssatz löschen möchten, klicken Sie ihn in einer der zuvor genannten Ansichten an.
- Falls Sie mehrere Buchungssätze löschen möchten, können Sie wie folgt vorgehen:
  - Eine Gruppe von Buchungssätzen markieren Sie, indem Sie den ersten zu löschenden Buchungssatz anklicken, anschließend die Umschalt-Taste drücken und gedrückt halten, während Sie den letzten Buchungssatz der Gruppe anklicken.
  - Nicht zusammenhängende Buchungssätze können Sie markieren, indem Sie den ersten zu löschen Buchungssatz anklicken, anschließend klicken Sie mit gedrückter Strg-Taste die weiteren noch zu markierenden Buchungssätze an.
  - Sollen alle Buchungssätze markiert werden, drücken Sie die Tastenkombination Strg+A.

Um die markierten Buchungssätze zu löschen, klicken Sie auf das Symbol *Buchung löschen* in der Symbolleiste *Buchen* oder wählen den Befehl *Bearbeiten* ▶ *Buchung löschen* oder drücken Sie auf der Tastatur die Funktionstaste F5 oder die Enf-Taste.

Sie erhalten anschließend nochmals eine Sicherheitsabfrage, ob die Buchung bzw. die Buchungssätze tatsächlich gelöscht werden sollen. Wenn Sie mit *Ja* bestätigen, werden der Buchungssatz bzw. die Buchungssätze gelöscht.

Bild 9.33 Buchungssatz löschen

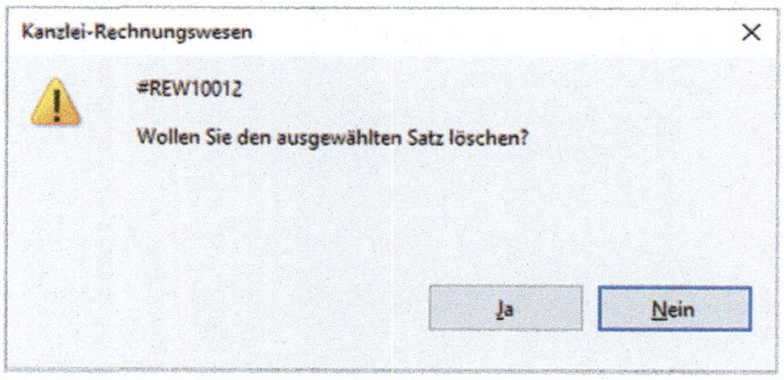

9.9 Buchungsstapel schließen und öffnen

Einen Buchungsstapel schließen Sie, indem Sie auf das Symbol *Schließen* des Registers *Arbeitsblatt* ▶ *Belege buchen-02-2019/0001* klicken. Sie erhalten anschließend folgenden Hinweis:

Bild 9.34 Erfassung beenden

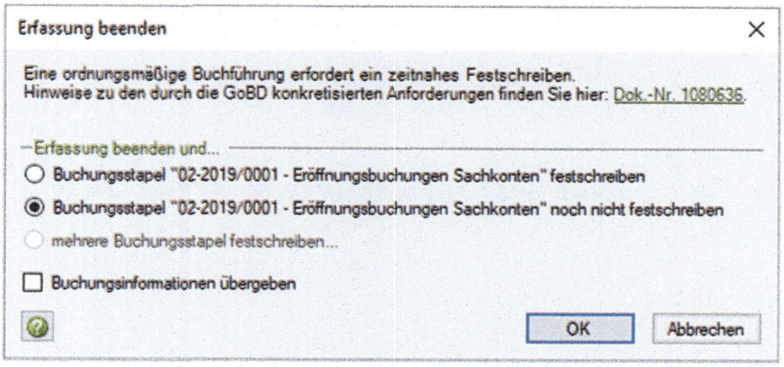

Hinweis: Die Buchungssätze sollen jetzt noch nicht festgeschrieben werden, wählen Sie daher die Standardoption *... noch nicht festschreiben* aus und klicken Sie anschließend auf die Schaltfläche *OK*.

Vorhandenen Buchungsstapel öffnen

Um einen vorhandenen Buchungsstapel zu öffnen, gehen Sie wie folgt vor:

1 Wählen Sie den Menüpunkt *Erfassen* ▶ *Belege buchen* oder klicken Sie in der Übersicht doppelt auf den Eintrag *Belege buchen*.

2 Das Dialogfenster *Stapel auswählen* mit dem Buchungsstapel *Eröffnungsbuchungen Sachkonten* wird Ihnen angezeigt. Da zurzeit nur ein einziger Buchungsstapel angelegt ist, ist dieser Stapel automatisch markiert.

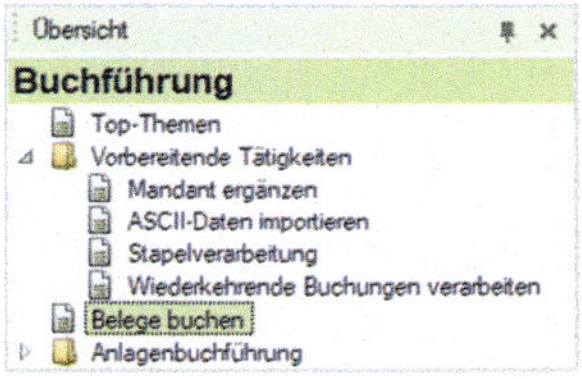

Bild 9.35 Belege buchen

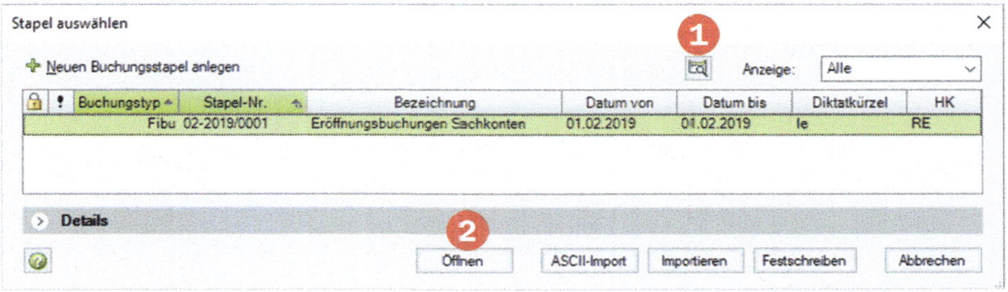

Bild 9.36 Buchungsstapel markieren

Tipp: In der Praxis sind unter Umständen sehr viele Buchungsstapel vorhanden. Mit Klick auf das Symbol *Suchen* ❶ (Bild 9.36) kann in diesem Fall über Suchfunktionen nach dem Buchungsstapel gesucht werden.

3 Um den markierten Buchungsstapel zu öffnen, klicken Sie auf die Schaltfläche *Öffnen* ❷ (Bild 9.36). Das Arbeitsblatt *Belege buchen* mit der Primanota der bisher erfassten *Eröffnungsbuchungen Sachkonten* wird angezeigt.

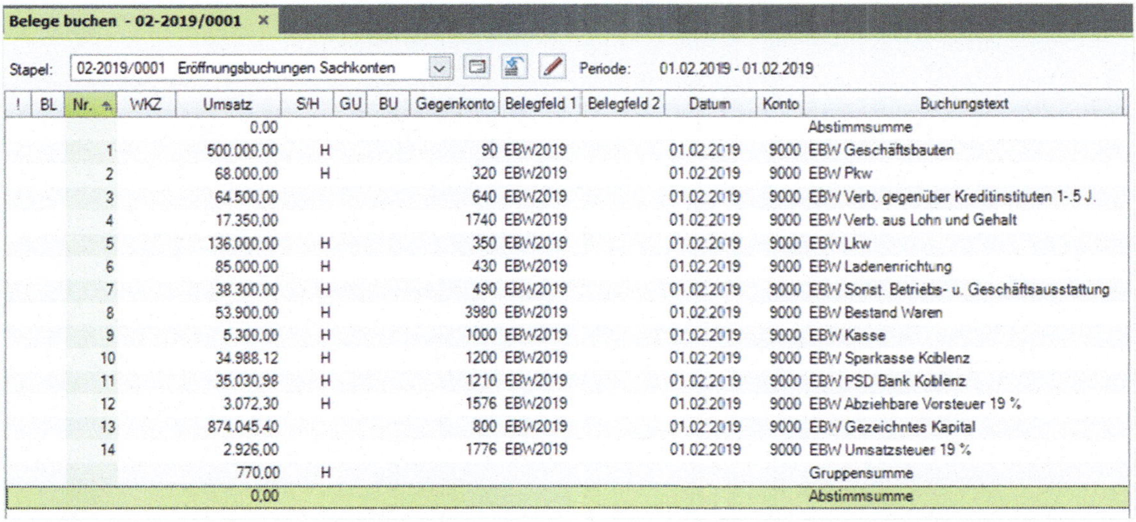

!	BL	Nr.	WKZ	Umsatz	S/H	GU	BU	Gegenkonto	Belegfeld 1	Belegfeld 2	Datum	Konto	Buchungstext
				0.00									Abstimmsumme
		1		500.000,00	H			90	EBW2019		01.02.2019	9000	EBW Geschäftsbauten
		2		68.000,00	H			320	EBW2019		01.02.2019	9000	EBW Pkw
		3		64.500,00				640	EBW2019		01.02.2019	9000	EBW Verb. gegenüber Kreditinstituten 1-.5 J.
		4		17.350,00				1740	EBW2019		01.02.2019	9000	EBW Verb. aus Lohn und Gehalt
		5		136.000,00	H			350	EBW2019		01.02.2019	9000	EBW Lkw
		6		85.000,00	H			430	EBW2019		01.02.2019	9000	EBW Ladeneinrichtung
		7		38.300,00	H			490	EBW2019		01.02.2019	9000	EBW Sonst. Betriebs- u. Geschäftsausstattung
		8		53.900,00	H			3980	EBW2019		01.02.2019	9000	EBW Bestand Waren
		9		5.300,00	H			1000	EBW2019		01.02.2019	9000	EBW Kasse
		10		34.988,12	H			1200	EBW2019		01.02.2019	9000	EBW Sparkasse Koblenz
		11		35.030,98	H			1210	EBW2019		01.02.2019	9000	EBW PSD Bank Koblenz
		12		3.072,30	H			1576	EBW2019		01.02.2019	9000	EBW Abziehbare Vorsteuer 19 %
		13		874.045,40				800	EBW2019		01.02.2019	9000	EBW Gezeichnetes Kapital
		14		2.926,00				1776	EBW2019		01.02.2019	9000	EBW Umsatzsteuer 19 %
				770,00	H								Gruppensumme
				0,00									Abstimmsumme

Bild 9.37 Primanota Eröffnungsbuchungen Sachkonten

9.10 Ansicht Primanota anpassen

Die Primanota lässt sich genau wie die Buchungsmaske nach individuellen Wünschen anpassen. Wenn die Buchungsmaske angepasst wurde, ist es sinnvoll, die Ansicht auf die Primanota ebenfalls zu ändern. Dazu gehen Sie wie folgt vor:

1 Klicken Sie mit der rechten Maustaste in den Bereich der Primanota und auf den Befehl *Einstellungen Liste…* ❶.

Bild 9.38 Rechte Maustaste

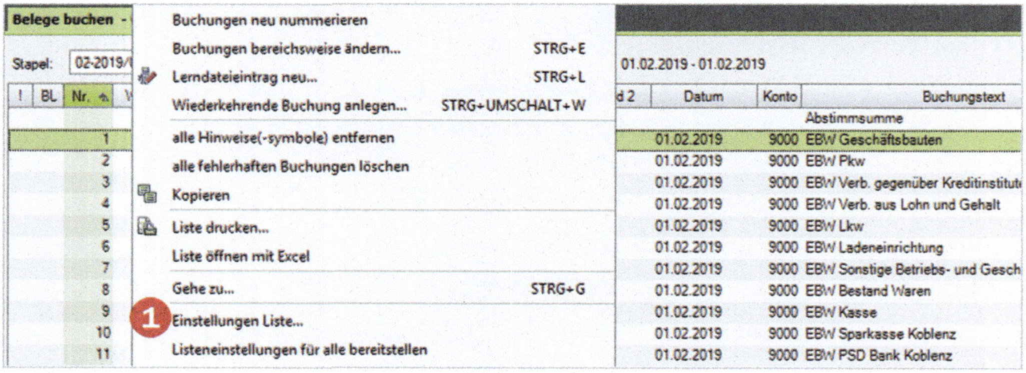

2 Dann klicken Sie im Dialogfenster *Einstellungen Liste* auf *Spalten* ❷.

3 Über die Kontrollkästchen der Spalte *Anzeigen* ❸ können nun nicht benötigte Spalten ausgeblendet werden. Blenden Sie die Spalten *Belegfeld 2*, *KOST1*, *KOST2* und *KOST-Menge* aus.

Bild 9.39 Einstellungen Liste

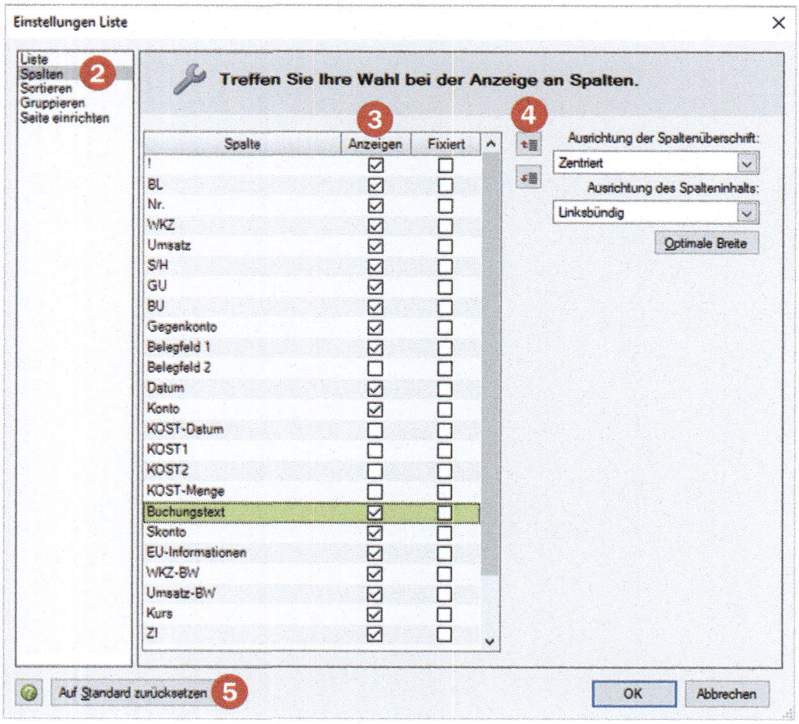

Reihenfolge ändern

Darüber hinaus können Sie über Symbole ❹ die Reihenfolge der Spalten ebenfalls anpassen: Die Spalte *Buchungstext* soll rechts von der Spalte *Konto* angezeigt werden.

4 Klicken Sie auf zum Markieren auf die Spalte *Buchungstext* und anschließend auf das Symbol *nach oben verschieben* (siehe Bild 9.39). Die Spalte *Buchungstext* wird nur vor der Spalte *Skonto* angezeigt.

Über das Symbol *nach unten verschieben* können Sie natürlich auch Spalten nach unten verschieben.

5 Übernehmen Sie anschließend die Änderungen, indem Sie auf die Schaltfläche *OK* klicken. Die Primanota wird in der individuell angepassten Form dargestellt.

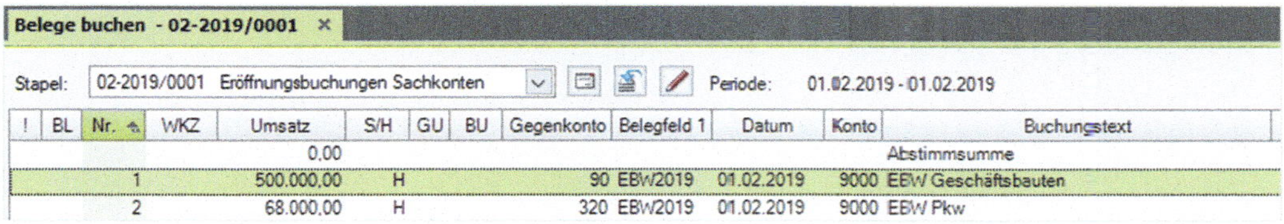

Bild 9.40 Die geänderte Reihenfolge

Tipp: Möchten Sie die Einstellungen der Liste wieder auf die Standardeinstellungen zurücksetzen, können Sie dies im Dialogfenster *Einstellungen Liste...* mit der gleichnamigen Schaltfläche vornehmen ❺ (Bild 9.39).

9.11 Buchen von Saldenvorträgen der Debitoren

Die Vorträge der Salden von Personenkonten (Debitoren = Kunden) werden über das Konto *Saldenvorträge Debitoren* gebucht.

Der Buchungssatz lautet bei Personenkonten Debitoren:

Soll	an	Haben
Personenkonto des Debitors	an	Saldenvorträge Debitoren 9008

Beispiel Kunde Müller:

Soll		Haben	Betrag
Müller Hans, Koblenz 10000	an	Saldenvorträge Debitoren 9008	10.000,00 EUR

Das Forderungskonto *Forderungen aus Lieferungen und Leistung* (Sammelkonto *1400*) wird beim Buchen des Personenkontos automatisch mit gebucht.

Ausgangssituation (Bitte noch nicht direkt buchen!)
Firma Perm GmbH hat bereits im Januar drei Kundenrechnungen und eine Gutschrift ausgestellt. Die drei Kundenrechnungen und die Gutschrift für den Kunden Firma Polster AG sind vorzutragen. Belege liegen der Buchhaltung vor.

Debitorensalden

Kunde Hans Müller, Rechnung vom 18.01.2019 BelegNr. AR01-2019	10.000,00 EUR
Kunde Firma Polster AG, Rechnung vom 28.01.2019 BelegNr. AR02-2019	5.000,00 EUR
Kunde Hans Müller, Rechnung vom 30.01.2019 BelegNr. AR03-2019	850,00 EUR
Kunde Firma Polster AG, Rechnungskorrektur ((Kundengutschrift) vom 30.01.2019, BelegNr. KGS01-2019	450,00 EUR

Die Debitorenvorträge sollen in einem neuen Buchungsstapel mit dem Namen *Saldenvorträge Debitoren* erfasst werden.

Um die erste Kundenrechnung vorzutragen, gehen Sie wie folgt vor:

1 Klicken Sie in der Primanota auf das Symbol *Buchungsstapel auswählen* ❶.

Bild 9.41 Buchungsstapel

2 Klicken Sie auf den Link *Neuen Buchungsstapel anlegen* ❷. Das Fenster *Neuen Buchungsstapel anlegen* wird geöffnet. Geben Sie die folgenden Angaben für den Buchungsstapel ein, im Feld *Diktatkürzel* geben Sie Ihr Namenszeichen ein.

Bild 9.42 Neuer Buchungsstapel

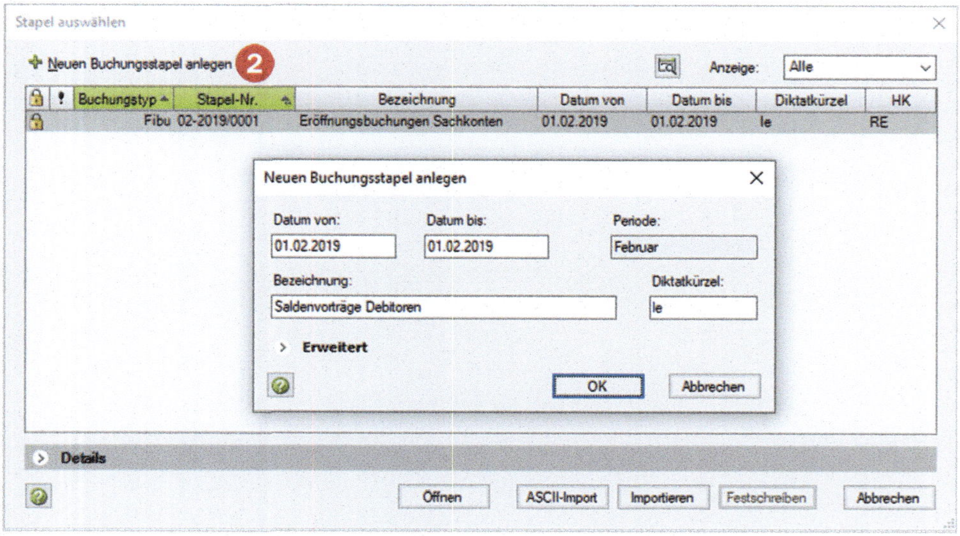

3 Geben Sie jetzt die erste Saldenvortragsbuchung für den Kunden 10000, Hans Müller mit der Ausgangsrechnungsnummer AR01-2019 ein (Bild 9.43) und übernehmen Sie anschließend die Buchung.

Achtung: Achten Sie darauf, nicht das Minuszeichen auf dem Nummernblock für die AR-Nummer zu verwenden, da dies als Schnelltaste für das Zurückspringen zum vorherigen Feld belegt ist.

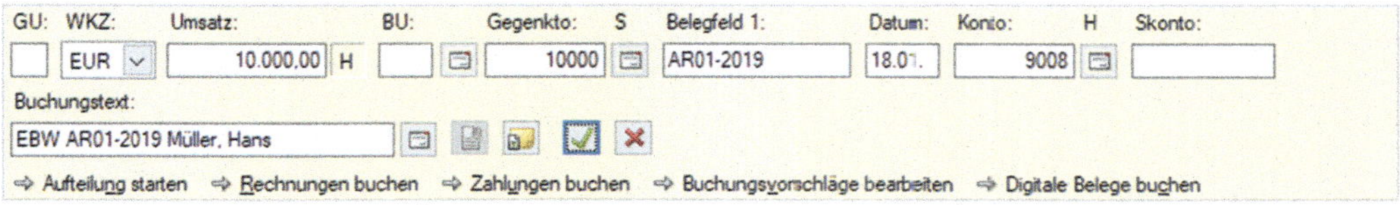

Bild 9.43 Erste Saldovortragsbuchung Debitor buchen

Und noch ein wichtiger Hinweis: Da es sich bei der Buchung um den Vortrag einer Rechnung für einen Kunden (hier Hans Müller) handelt, ist es sehr wichtig, die Belegnummer der Rechnung und das Rechnungsdatum für die Offene-Posten-Buchhaltung einzutragen.

4 Lassen Sie sich anschließend mit Klick auf den Eintrag *Details zu Nr. 1* die Summen und Salden der Buchung anzeigen. Über die Summen und Salden dieser Buchung sehen Sie, dass das Sammelkonto *1400 Forderungen aus Lieferungen und Leistung* automatisch mit gebucht wurde.

Das Personenkonto *10000* des Kunden Hans Müller ist mit einem Forderungsbetrag von 10.000,00 EUR im Soll gebucht. Das Konto *9008 Saldenvorträge Debitoren* mit einem Betrag von 10.000,00 EUR im Haben.

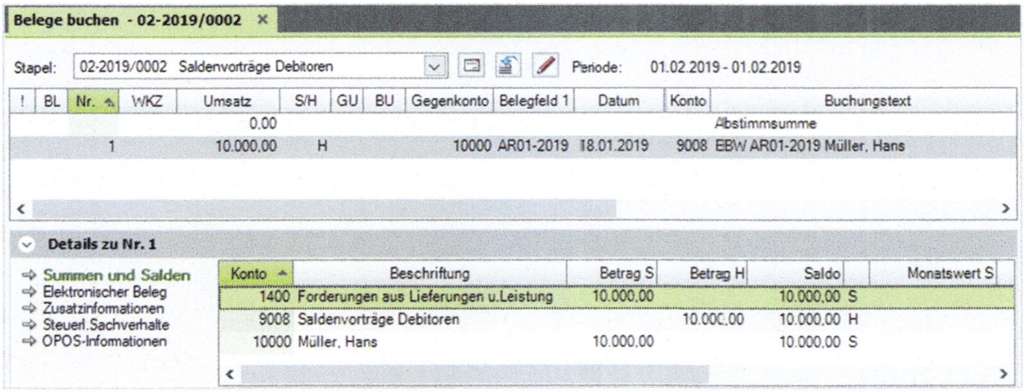

Bild 9.44 Details zur Buchung

Debitorengutschrift vortragen

Der Buchungssatz für eine Vortragsbuchung einer Gutschrift Debitor (Rechnungskorrektur) lautet allgemein:

Soll	an	Haben
Saldenvorträge Debitoren 9008	an	Personenkonto des Debitors

Übung: Saldenvorträge Debitoren buchen

Aufgabe 1

Buchen Sie die beiden Saldenvortragsbuchungen für den Kunden Firma Polster AG und die zweite Rechnung des Kunden Herrn Hans Müller.

Beachten Sie, dass es sich bei der dritten Saldovortragsbuchung um eine Gutschrift (Rechnungskorrektur) handelt!

Kunde Firma Polster AG Rechnung vom 28.01.2019 BelegNr. AR02-2019	5.000,00 EUR
Kunde Hans Müller Rechnung vom 30.01.2019 BelegNr. AR03-2019	850,00 EUR
Kunde Firma Polster AG, Rechnungskorrektur (Kundengutschrift) vom 30.01.2019, BelegNr. KGS01-2019	450,00 EUR

Aufgabe 2

Stimmen Sie die Salden der Konten über die FIBU-Konto-Ansicht ab.

Wechseln Sie danach mit Klick auf das Symbol zur Primanota-Ansicht.

Beschriftung	Konto	Saldo	Soll/Haben
Forderungen aus Lieferungen und Leistung	1400	15.400,00 EUR	Soll
Kunde Firma Polster AG	10003	4.550,00 EUR	Soll
Kunde Müller, Hans	10000	10.850,00 EUR	Soll
Saldenvorträge Debitoren	9008	15.400,00 EUR	Haben

9.12 Buchen von Saldenvorträgen der Kreditoren

Die Vorträge der Salden der Personenkonten (Kreditoren = Lieferanten) werden über das Konto *Saldenvorträge Kreditoren* gebucht.

Der Buchungssatz lautet bei Personenkonten Kreditoren:

Soll	an	Haben
Saldenvorträge Kreditoren 9009	an	Personenkonto vom Kreditor

Beispiel Lieferant Highdrive

Soll		Haben	Betrag
Saldenvorträge Kreditoren 9009	an	Highdrive, Bamberg 70001	5.000,00 EUR

Das Verbindlichkeitenkonto *Verbindlichkeiten aus Lieferungen und Leistungen* (Sammelkonto *1600*) wird beim Buchen des Personenkontos automatisch mit gebucht.

Ausgangssituation (Bitte noch nicht direkt buchen!)
Kreditorensalden: Folgende Rechnungen sind bereits im Januar eingegangen.

Lieferant Highdrive GmbH Rechnung vom 11.01.2019 BelegNr. ER2019A513	5.000,00 EUR
Lieferant Wanden KG Rechnung vom 17.01.2019 BelegNr. ER2-2019	8.500,00 EUR
Lieferant Highdrive GmbH Rechnung vom 25.01.2019 BelegNr. ER2019A528	3.200,00 EUR
Lieferant Wanden KG Lieferantengutschrift vom 30.01.2019 BelegNr. GS1-2019	530,00 EUR

Belege liegen der Buchhaltung vor.

Die Buchungen sind in einem neuen Buchungsstapel Saldenvorträge Kreditoren zu buchen.

Wiederholungsübung: Neuen Buchungsstapel anlegen

Legen Sie den folgenden Buchungsstapel neu an:

Datum von:	01.02.
Datum bis:	01.02.
Bezeichnung:	Saldenvorträge Kreditoren
Namenskürzel:	Ihr Namenszeichen

1 Geben Sie im neu angelegten Buchungsstapel *Saldenvorträge Kreditoren* die erste Saldenvortragsbuchung für die Eingangsrechnung ER2019A513 vom 11.01.2019 für den Lieferanten Firma Highdrive wie folgt ein (Bild 9.45):

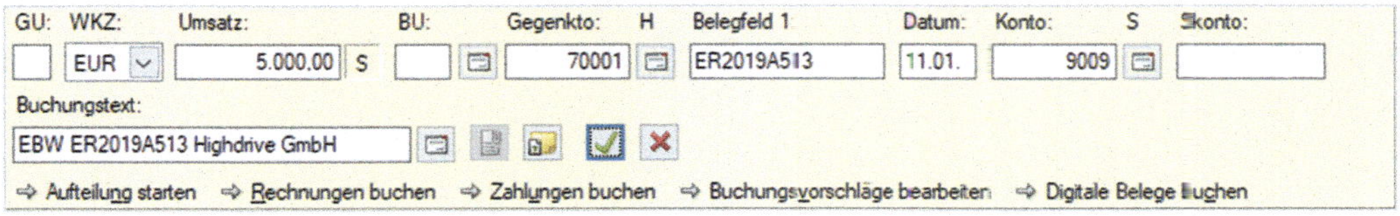

Bild 9.45 Saldovortrag Kreditoren buchen

Wichtiger Hinweis: Da es sich bei der Buchung um den Vortrag einer Eingangsrechnung des Lieferanten Firma Highdrive GmbH handelt, ist es sehr wichtig, die Belegnummer der Rechnung und das Rechnungsdatum für die Offene-Posten-Buchhaltung anzugeben.

2 Lassen Sie sich anschließend mit Klick auf *Details zu Nr. 1* die Summen und Salden der Buchung anzeigen. Über die Summen und Salden dieser Buchung sehen Sie, dass das Sammelkonto *1600 Verbindlichkeiten aus Lieferungen und Leistungen* automatisch mit gebucht wurde.

Das Personenkonto *70001* des Lieferanten Highdrive GmbH ist mit einem Verbindlichkeitenbetrag von 5.000,00 EUR im Haben gebucht. Das Konto *9009 Saldenvorträge Kreditoren* mit einem Betrag von 5.000,00 EUR im Soll.

Bild 9.46 Details anzeigen

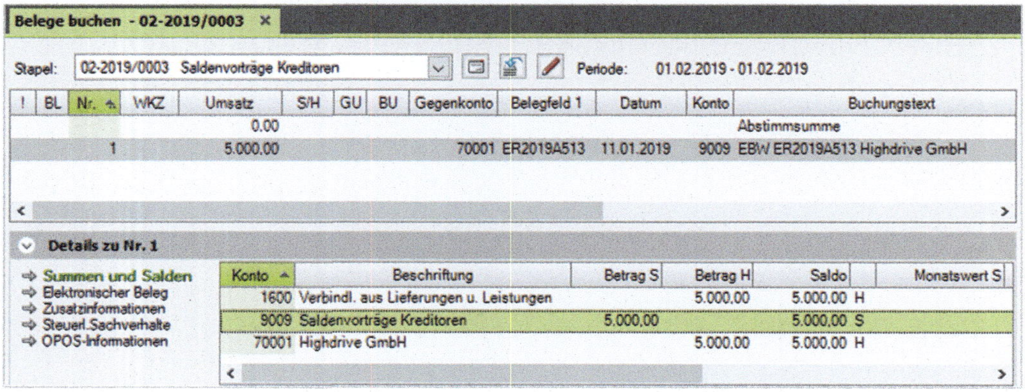

Kreditorengutschrift vortragen

Der Buchungssatz für eine Vortragsbuchung einer Gutschrift eines Kreditors lautet allgemein:

Soll	an	Haben
Personenkonto des Kreditors	an	Saldenvorträge Kreditoren 9009

Übung: Saldenvorträge Kreditoren buchen

Aufgabe 1

Buchen Sie die beiden Saldenvortragsbuchungen für den Lieferanten Wanden KG, Koblenz und die zweite Rechnung vom Lieferanten Highdrive GmbH, Bamberg.

Beachten Sie, dass es sich bei der dritten Saldovortragsbuchung um eine Lieferantengutschrift handelt!

Lieferant Wanden KG Rechnung vom 17.01.2019 BelegNr. ER2-2019	8.500,00 EUR
Lieferant Highdrive GmbH Rechnung vom 25.01.2019 BelegNr. ER2019A528	3.200,00 EUR
Lieferant Wanden KG Lieferantengutschrift vom 30.01.2019 BelegNr. GS1-2019	530,00 EUR

Aufgabe 2

Stimmen Sie die Salden der Konten über die FIBU-Konto-Ansicht ab.

Wechseln Sie anschließend zurück zur Primanota-Ansicht.

Beschriftung	Konto	Saldo	Soll/Haben
Verbindlichkeiten aus Lieferungen und Leistungen	1600	16.170,00 EUR	Haben
Lieferant Highdrive GmbH, Bamberg	70001	8.200,00 EUR	Haben
Lieferant Wanden KG, Koblenz	70003	7.970,00 EUR	Haben
Saldenvorträge Kreditoren	9009	16.170,00 EUR	Soll

Aufgabe 3

Schließen Sie anschließend den Buchungsstapel *Saldenvorträge Kreditoren*. Die Buchungsstapel sind noch nicht festzuschreiben!

9.13 Summenvorträge buchen

In bestimmten Fällen kann es auch vorkommen, dass GuV - Konten vorgetragen werden müssen. Das Vortragskonto für Summenvorträge heißt *9090*.

Die Buchungssätze für das Buchen der Summenvorträge lauten:

Aufwandskonten

Soll	an	Haben
Aufwandskonto	an	Summenvortrag 9090

Ertragskonten

Soll	an	Haben
Summenvortrag 9090	an	Ertragskonto

9.14 Ergebnis der Vortragsbuchungen

Für unsere Übungsfirma Perm GmbH sind jetzt alle Salden der Eröffnungsbilanz vorgetragen. Durch die Vorträge der Debitoren- und Kreditorensalden decken sich die Salden der Sammelkonten *Forderungen aus Lieferungen und Leistung* und *Verbindlichkeiten aus Lieferungen und Leistungen*, die automatisch gebildet wurden, mit der Eröffnungsbilanz.

Bild 9.47 Eröffnungsbilanz

Eröffnungsbilanz Firma Perm GmbH

Aktiva		Passiva	
Geschäftsbauten	500.000,00 €	Gezeichnetes Kapital	874.045,40 €
Pkw	68.000,00 €	Verbindlichkeiten gegenüber Kreditinstituten 1-5 J.	64.500,00 €
Lkw	136.000,00 €	Verbindlichkeitem aus Lieferungen und Leistungen Sammelkonto	16.170,00 €
Ladeneinrichtung	85.000,00 €	Verbindlichkeiten aus Lohn und Gehalt	17.350,00 €
Sonstige Betriebs- und Geschäftsausstattung	38.300,00 €	Umsatzsteuer 19 %	2.926,00 €
Bestand Waren	53.900,00 €		
Kasse	5.300,00 €		
Sparkasse Koblenz	34.988,12 €		
PSD Bank Koblenz	35.030,98 €		
Forderungen aus Lieferungen und Leistung Sammelkonto	15.400,00 €		
Abziehbare Vorsteuer 19 %	3.072,30 €		
	974.991,40 €		974.991,40 €

01.02.2019

gez. Unterschrift der beiden Gesellschafter

Bild 9.48 Salden Debitoren

Konto: 1400 — Forderungen aus Lieferungen u.Leistung

Funktion	EB-Wert	Saldo	JVZ-Soll	JVZ-Haben
90	15.400,00 S	**15.400,00 S**	0,00	0,00

BL	Datum	GU	BU	Gegenkonto	Buchungstext	USt%	Belegfeld1	Umsatz Soll	Umsatz Haben
	18.01.2019			9008	EBW AR01-2019 Müller, Hans		AR01-2019	10.000,00	
	28.01.2019			9008	EBW AR02-2019 Polster AG		AR02-2019	5.000,00	
	30.01.2019			9008	EBW AR03-2019 Müller, Hans		AR03-2019	850,00	
	30.01.2019			9008	EBW KGS01-2019 Polster AG		KGS01-2019		450,00

Bild 9.49 Salden Kreditoren

Konto: 1600 — Verbindl. aus Lieferungen u. Leistungen

Funktion	EB-Wert	Saldo	JVZ-Soll	JVZ-Haben
91	16.170,00 H	**16.170,00 H**	0,00	0,00

BL	Datum	GU	BU	Gegenkonto	Buchungstext	USt%	Belegfeld1	Umsatz Soll	Umsatz Haben
	11.01.2019			9009	EBW ER2019A513 Highdrive GmbH		ER2019A513		5.000,00
	17.01.2019			9009	EBW ER2-2019 Wanden KG		ER2-2019		8.500,00
	25.01.2019			9009	EBW ER2019A528 Highdrive GmbH		ER2019A528		3.200,00
	30.01.2019			9009	EBW GS1-2019 Wanden KG		GS1-2019	530,00	

10 Die Eröffnungsbilanz

In diesem Kapitel lernen Sie, wie ...

- wie die Eröffnungsbilanz eingerichtet werden kann,
- welche Auswertungen für die Eröffnungsbilanz bestimmt werden können,
- wie die Eröffnungsbilanz ausgedruckt wird.

10.1 Die Eröffnungsbilanz einrichten

Nachdem die Eröffnungsbuchungen mit DATEV Kanzlei-Rechnungswesen erfasst wurden, kann im nächsten Schritt die Eröffnungsbilanz eingerichtet und ausgedruckt werden.

Dazu muss im ersten Schritt die Form der Bilanz und der Jahresabschluss eröffnet werden. Dabei gehen Sie wie folgt vor:

1 Klicken Sie in der Übersicht auf die Rubrik *Jahresabschluss*.

2 Klicken Sie doppelt auf den Eintrag *Jahresabschluss eröffnen*.

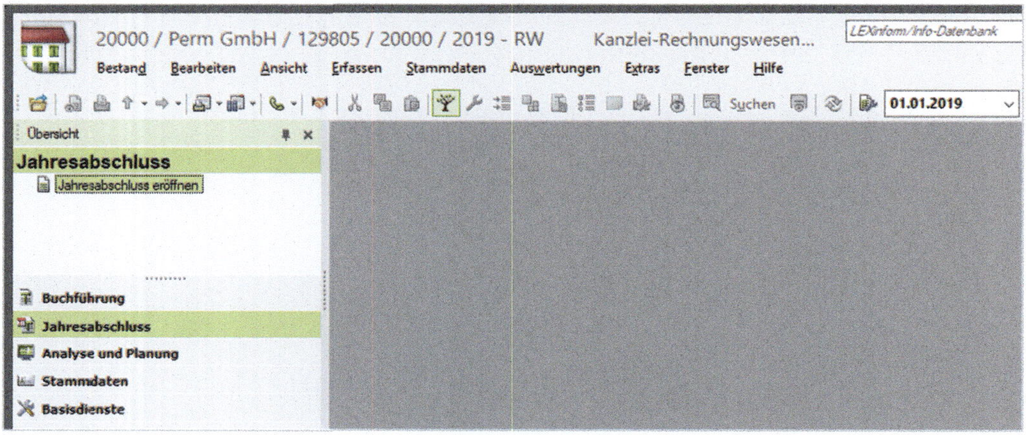

Bild 10.1 Jahresabschluss eröffnen

3 Sie erhalten zunächst den Hinweis, dass der Jahresabschluss eröffnet und die Leistung *Jahresabschluss* für den Mandanten angelegt wird. Außerdem erscheinen die Menüpunkte zur Bearbeitung des Jahresabschlusses, in unserem Fall für die Eröffnungsbilanz. Klicken Sie auf die Schaltfläche *Ja*, um den Jahresabschluss zu eröffnen.

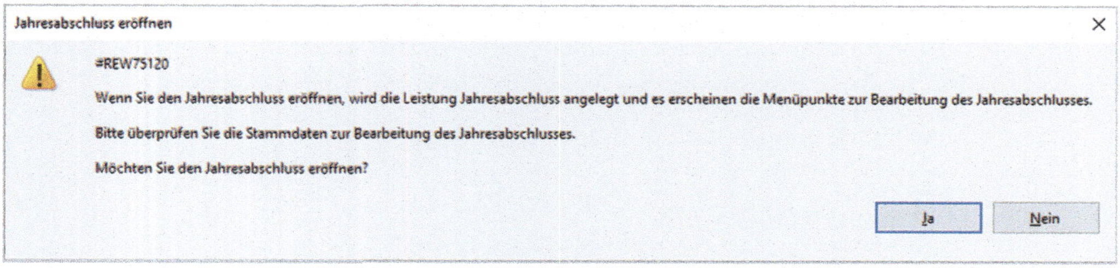

Bild 10.2 Meldung Jahresabschluss eröffnen

Nun erscheint das Fenster *Jahresabschluss*, in dem die Einstellungen zum Jahresabschluss angezeigt werden, siehe Bild 10.3.

- Im Feld *Art der Abschlussarbeiten* ist die Voreinstellung „*Eröffnungsbilanz*" ausgewählt. Beim Anlegen des Mandanten Perm GmbH in Kapitel 3.2 Seite 46, haben wir bereits im Vorfeld zunächst die Eröffnungsbilanz festgelegt. DATEV Kanzlei-Rechnungswesen unterscheidet nur über das Feld *Art der Abschlussarbeiten* die verschiedenen Bilanzformen. Außer der Eröffnungs- und Schlussbilanz kann auch ggf. eine Zwischenbilanz oder eine Anpassungsbilanz angegeben werden. Die Abschlussart bestimmt, wie die Saldobildung in der jeweiligen Bilanz erfolgen soll. Bei der Eröffnungsbilanz werden nur die Konten mit den Eröffnungsbilanzwerten berücksichtigt.

- Für die Eingabe von Eröffnungsbilanzwerten sind im SKR03 unter anderem folgende Konten vorgesehen: Konto *9000 Saldenvorträge Sachkonten*, Konto *9008 Saldenvorträge Debitoren* und Konto *9009 Saldenvorträge Kreditoren*.
- Bei einer Eröffnungsbilanz werden nur die Werte des Kontos berücksichtigt, die durch Buchungen unter Verwendung eines Saldenvortragskontos entstanden sind.

Bild 10.3 Einstellungen Jahresabschluss

- Im Feld *Bearbeitungsform* können Sie wählen, ob die Buchungsstapel für die Eröffnungsbilanz übernommen werden sollen oder nicht. Damit ggf. eine Korrektur einer Buchung erfolgen kann, ist die Voreinstellung *integriert* sinnvoll.

4 Nach einem Klick auf die Schaltfläche *OK* wechselt das Programm automatisch in den Bereich des Jahresabschlusses (hier: Eröffnungsbilanz) und zeigt die verfügbaren Befehle in der Übersicht an (Bild 10.4 auf der nächsten Seite).

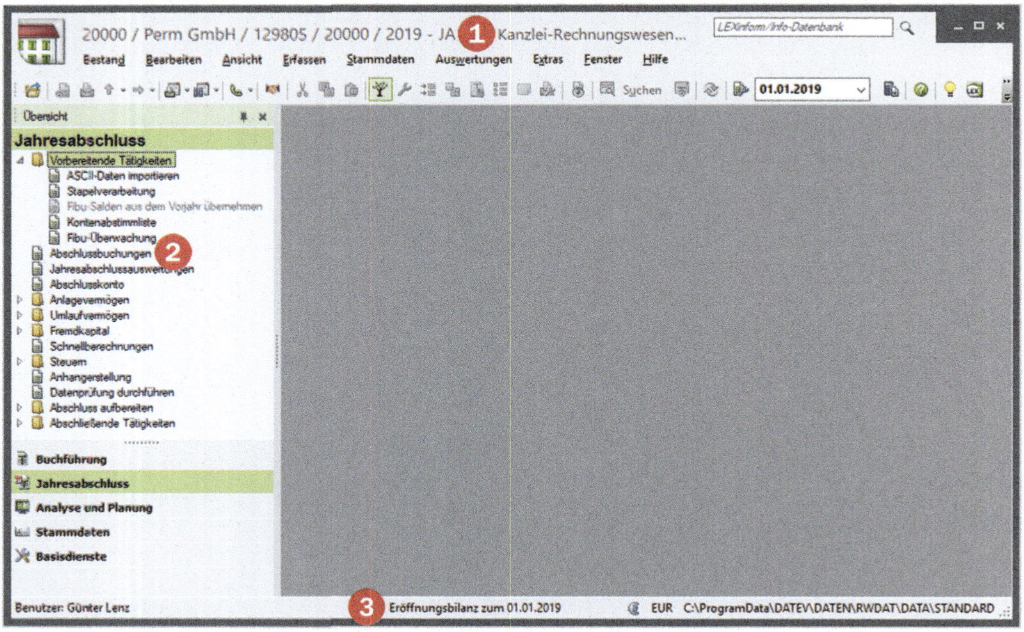

Bild 10.4 Übersicht Jahresabschluss

1. Neue Leistung: JA = Jahresabschluss
2. Über den Eintrag *Abschlussbuchungen* können bei einem integrierten Bestand die gebuchten Vortragsbuchungen aufgerufen und eingesehen werden.
3. Eröffnungsbilanz zum 01.01.2019

Hinweis: Wenn Sie das Programm DATEV Kanzlei-Rechnungswesen schließen, können Sie aus dem DATEV Arbeitsplatz heraus das Programm DATEV Kanzlei-Rechnungswesen Jahresabschluss für den Mandanten 20000 Perm GmbH über den Link *Jahresabschluss* erneut starten.

10.2 Auswertungen für die Eröffnungsbilanz festlegen

Ausgangssituation

Herr Wichtig, der Steuerberater, möchte ein Deckblatt für die Eröffnungsbilanz, die Eröffnungsbilanz, die Kontennachweise zur Bilanz und die Kontokorrentkonten (Personenkontensalden Debitoren und Kreditoren) ausgedruckt erhalten.

Auswertungen wählen

DATEV Kanzlei-Rechnungswesen verfügt über vielfache Varianten, die Bilanzen zu bestimmen. Je nach Bilanzart, Eröffnungsbilanz, Zwischenbilanz, Anpassungsbilanz und Schlussbilanz stehen diverse Möglichkeiten für die Auswertung der Bilanz zur Verfügung. Auswertungen für die Eröffnungsbilanz legen Sie wie folgt fest:

1 Klicken Sie auf den Menüpunkt *Auswertungen* ▶ *Jahresabschluss* ▶ *Jahresabschlussauswertungen* oder klicken Sie im Navigationsmenü *Jahresabschluss* doppelt auf den Eintrag *Jahresabschlussauswertungen*.

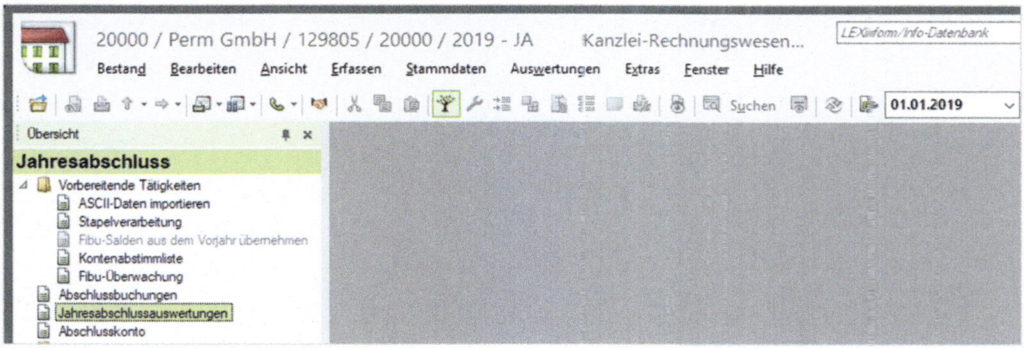

Bild 10.5 Jahresabschlussauswertungen

2 Nun wird die Eröffnungsbilanz angezeigt: Im Bereich *Eigenschaften* sind die Standardauswertungen *Bilanz*, *Kontennachweise zur Bilanz*, *Gewinn- und Verlustrechnung* und *Kontennachweise zur Gewinn- und Verlustrechnung* verfügbar ❶ (Bild 10.6).

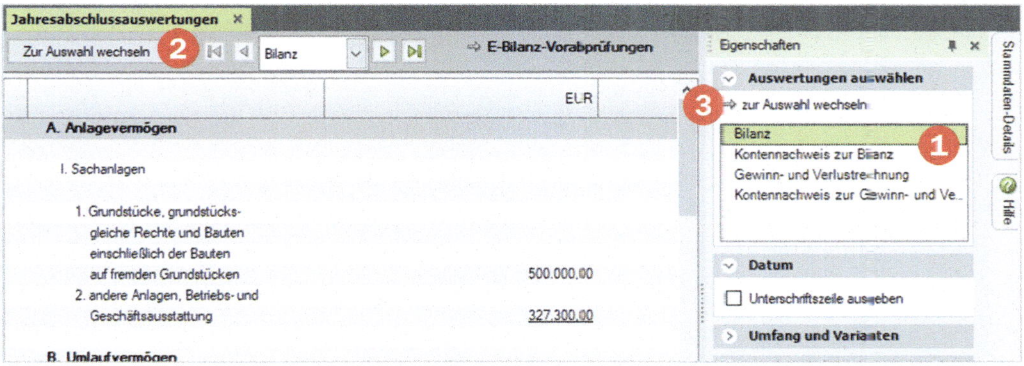

Bild 10.6 Art der Auswertung auswählen

Hinweis: Da wir lediglich die Salden der Bilanz gebucht haben, werden die Auswertungen *Gewinn- und Verlustrechnung* und *Kontenachweise zur Gewinn- und Verlustrechnung* nicht benötigt. Sie sind für eine Schlussbilanz, Anpassungs- oder Zwischenbilanz erforderlich.

3 Um die Auswertungen für die Eröffnungsbilanz genauer zu bestimmen, klicken Sie auf die Schaltfläche *Zur Auswahl wechseln* ❷ oder im rechten Zusatzbereich auf den Link *Zur Auswahl wechseln* ❸.

4 Im nächsten Schritt können verschiedene Auswertungen für die Eröffnungsbilanz ausgewählt werden (Bild 10.7).

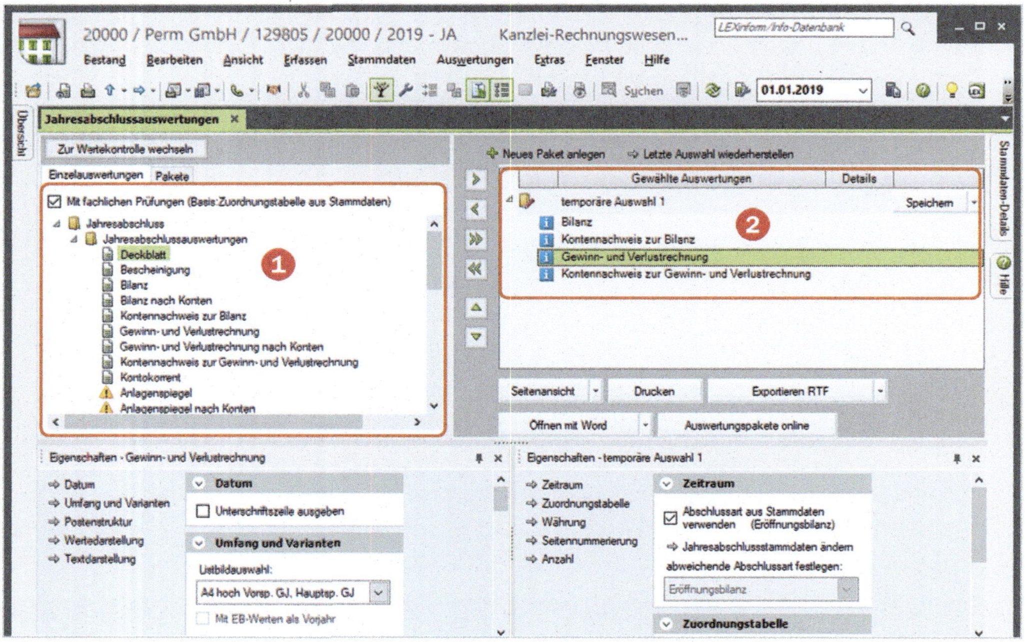

Bild 10.7 Auswertung auswählen

1 Verfügbare Einzelauswertungen

2 Die Standardeinstellung der gewählten Auswertungen

5 Da wir die Gewinn- und Verlustrechnung nicht benötigen, klicken Sie im Bereich *Gewählte Auswertungen* auf *Gewinn- und Verlustrechnung* und anschließend auf das Symbol *Entfernen*.

Entfernen Sie auf diese Weise auch die Auswertung *Kontennachweis zur Gewinn- und Verlustrechnung*. Die entfernten Auswertungen stehen wieder in den Einzelauswertungen für eine Zwischen-, Anpassungs- oder Schlussbilanz zur Verfügung. Als gewählte Auswertungen sind jetzt nur noch *Bilanz* und *Kontennachweise zur Bilanz* vorhanden.

Bild 10.8 Ergebnis

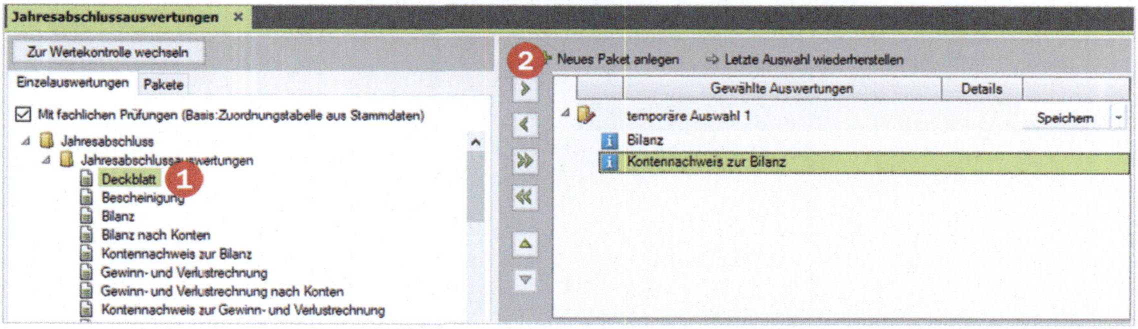

Herr Wichtig möchte außer der Bilanz und den Kontennachweisen zur Bilanz zusätzlich ein Deckblatt und die Kontokorrentkonten ausgedruckt haben. Diese beiden Auswertungen stehen als Einzelauswertungen zur Verfügung und können optional in die gewählten Auswertungen übernommen werden.

6 Um das Deckblatt zu übernehmen, klicken Sie auf den Eintrag *Deckblatt* ❶ und anschließend auf das Symbol *Auswählen* [>] ❷ (Bild 10.8).

Klicken Sie dann auf den Eintrag *Kontokorrent* und ebenfalls auf das Symbol *Auswählen*. Die Auswertungen für die Eröffnungsbilanz sind damit ausgewählt.

Bild 10.9 Die ausgewählten Auswertungen

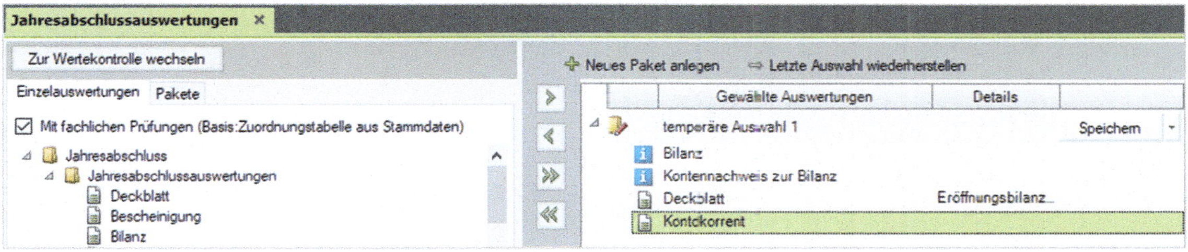

Die Reihenfolge, in der die Auswertungen angezeigt werden sollen, kann ebenfalls festgelegt werden:

Bild 10.10 Reihenfolge ändern

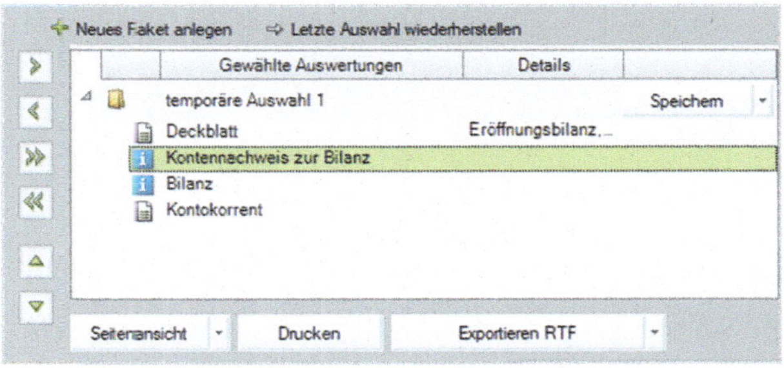

7 Damit das Deckblatt als erste Auswertung erscheint, klicken Sie auf den Eintrag *Deckblatt* und anschließend so lange auf das Symbol *nach oben* [△], bis das Deckblatt an erster Stelle erscheint. Über das Symbol *nach unten* [▽] kann ein markierter Eintrag nach unten verschoben werden.

8 Die Kontennachweise zur Bilanz sollen vor der Bilanz angezeigt werden. Verschieben Sie mit derselben Methode die Bilanz an die dritte Stelle.

Einzelauswertungen lassen sich über diesen Weg sehr leicht zusammenstellen und können individuell für einen Mandanten festgelegt werden.

Auswertungen anzeigen und kontrollieren

Die gewünschten Auswertungen für Herrn Wichtig sind ausgewählt und können im nächsten Schritt zur Kontrolle angezeigt und ausgedruckt werden.

1 Zum Anzeigen der Auswertungen klicken Sie auf die Schaltfläche *Zur Wertekontrolle wechseln* (Bild 10.11) ❶.

Bild 10.11 Wertekontrolle

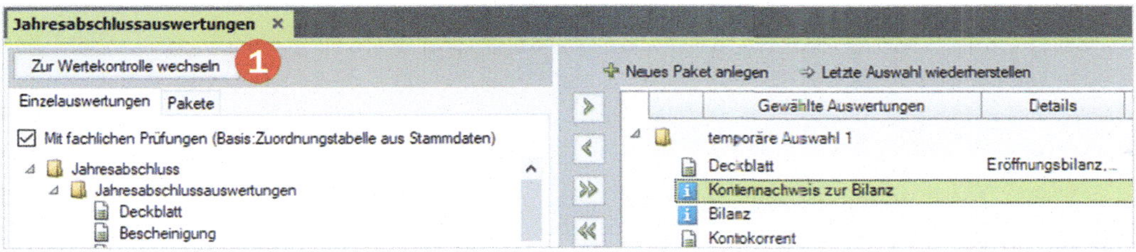

2 Damit zunächst das Deckblatt angezeigt wird, klicken Sie im rechten Zusatzbereich auf das Register *Eigenschaften* ❶ und auf den Eintrag *Deckblatt (Eröffnungsbilanz, Berater...)* ❷, siehe Bild 10.12.

Bild 10.12 Auswertungen anzeigen

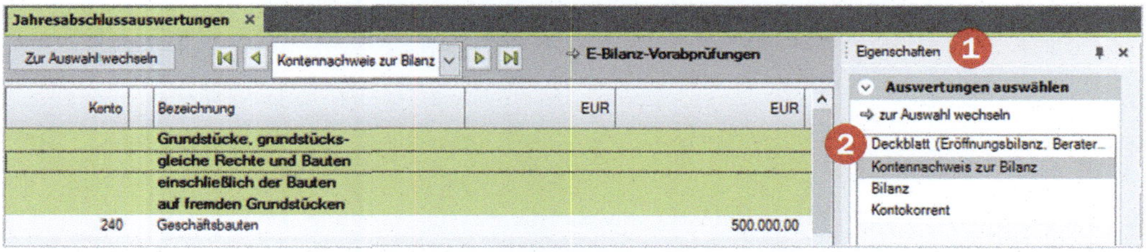

Bild 10.13 Deckblatt Eröffnungsbilanz

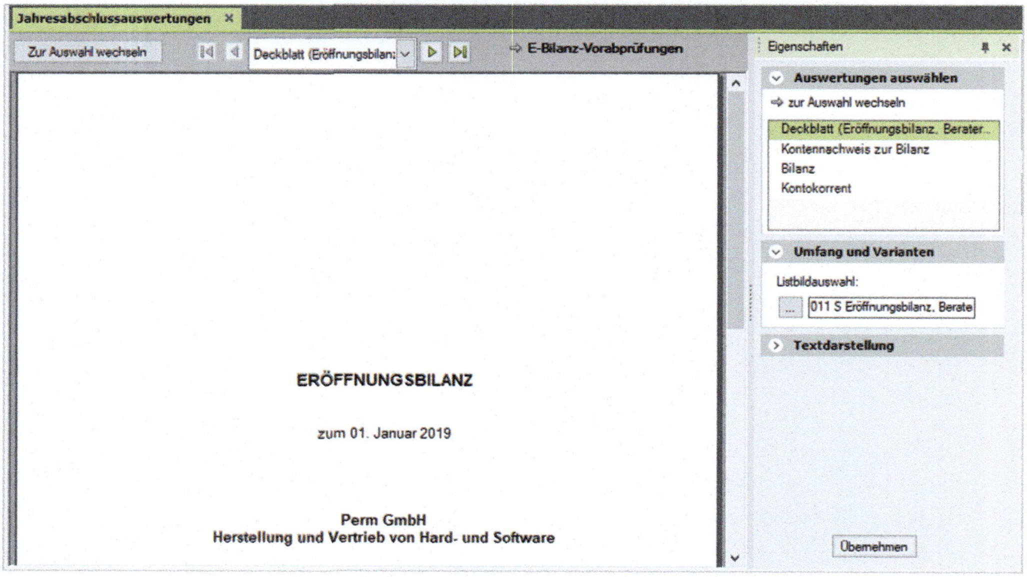

3 Lassen Sie sich anschließend die wichtigen Kontennachweise zur Eröffnungsbilanz anzeigen; dazu klicken Sie im rechten Zusatzbereich auf das Register *Eigenschaften* und auf *Kontennachweis zur Bilanz* (Bild 10.12). Nun werden die Kontennachweise getrennt nach AKTIVA und PASSIVA aufgeführt.

!

Auf den folgenden Seiten sind nur Auszüge abgebildet. Die vollständige Bilanz steht als PDF-Datei zum Download zur Verfügung: 10_Eroeffnungsbilanz.pdf

Die gebuchten Saldenvorträge der Eröffnungsbilanz sollten sich mit den Kontennachweisen zur Bilanz decken. Bis auf eine Ausnahme decken sich alle Werte mit den Saldenvortragsbuchungen. Die Vorträge der Steuern abziehbare Vorsteuer 19 % und Umsatzsteuer 19 % werden sofort innerhalb der Bilanz miteinander verrechnet, so dass eine sonstige Forderung (Vorsteuerüberhang) von 146,30 EUR in der Bilanz ausgewiesen wird.

Eröffnungsbilanz Firma Perm GmbH

Aktiva			Passiva
Geschäftsbauten	500.000,00 €	Gezeichnetes Kapital	874.045,40 €
Pkw	68.000,00 €	Verbindlichkeiten gegenüber Kreditinstituten 1-5 J.	64.500,00 €
Lkw	136.000,00 €	Verbindlichkeitem aus Lieferungen und Leistungen Sammelkonto	16.170,00 €
Ladeneinrichtung	85.000,00 €	Verbindlichkeiten aus Lohn und Gehalt	17.350,00 €
Sonstige Betriebs- und Geschäftsausstattung	38.300,00 €	Umsatzsteuer 19 %	2.926,00 €
Bestand Waren	53.900,00 €		
Kasse	5.300,00 €		
Sparkasse Koblenz	34.988,12 €		
PSD Bank Koblenz	35.030,98 €		
Forderungen aus Lieferungen und Leistung Sammelkonto	15.400,00 €		
Abziehbare Vorsteuer 19 %	3.072,30 €		
	974.991,40 €		974.991,40 €

01.02.2019

gez. Unterschrift der beiden Gesellschafter

Bild 10.14 Eröffnungsbilanz (Kontrolle)

AKTIVA (Bilanzsumme aufgrund der Verrechnung Steuer 972.065,40 EUR)

Jahresabschlussauswertungen ×

Zur Auswahl wechseln | Kontennachweis zur Bilanz | ⇨ E-Bilanz-Vorabprüfungen

Konto	Bezeichnung	EUR	EUR
	Grundstücke, grundstücksgleiche Rechte und Bauten einschließlich der Bauten auf fremden Grundstücken		
90	Geschäftsbauten		500.000,00
	andere Anlagen, Betriebs- und Geschäftsausstattung		
320	Pkw	68.000,00	
350	Lkw	136.000,00	
430	Ladeneinrichtung	85.000,00	
490	Sonstige Betriebs-u.Gesch.ausstattung	38.300,00	327.300,00
	fertige Erzeugnisse und Waren		
3980	Bestand Waren		53.900,00
	Forderungen aus Lieferungen und Leistungen		
1400	Forderungen aus Lieferungen u.Leistung		15.400,00
	sonstige Vermögensgegenstände		
1576	Abziehbare Vorsteuer 19%	3.072,30	
1776	Umsatzsteuer 19%	-2.926,00	146,30
	Kassenbestand, Bundesbankguthaben, Guthaben bei Kreditinstituten und Schecks		
1000	Kasse	5.300,00	
1200	Sparkasse Koblenz	34.988,12	
1210	PSD Bank Koblenz	35.030,98	75.319,10
	Summe Aktiva		972.065,40

Stammdaten-Details | Eigenschaften | Hilfe

Bild 10.15 Aktiva

PASSIVA

Bild 10.16 Passiva

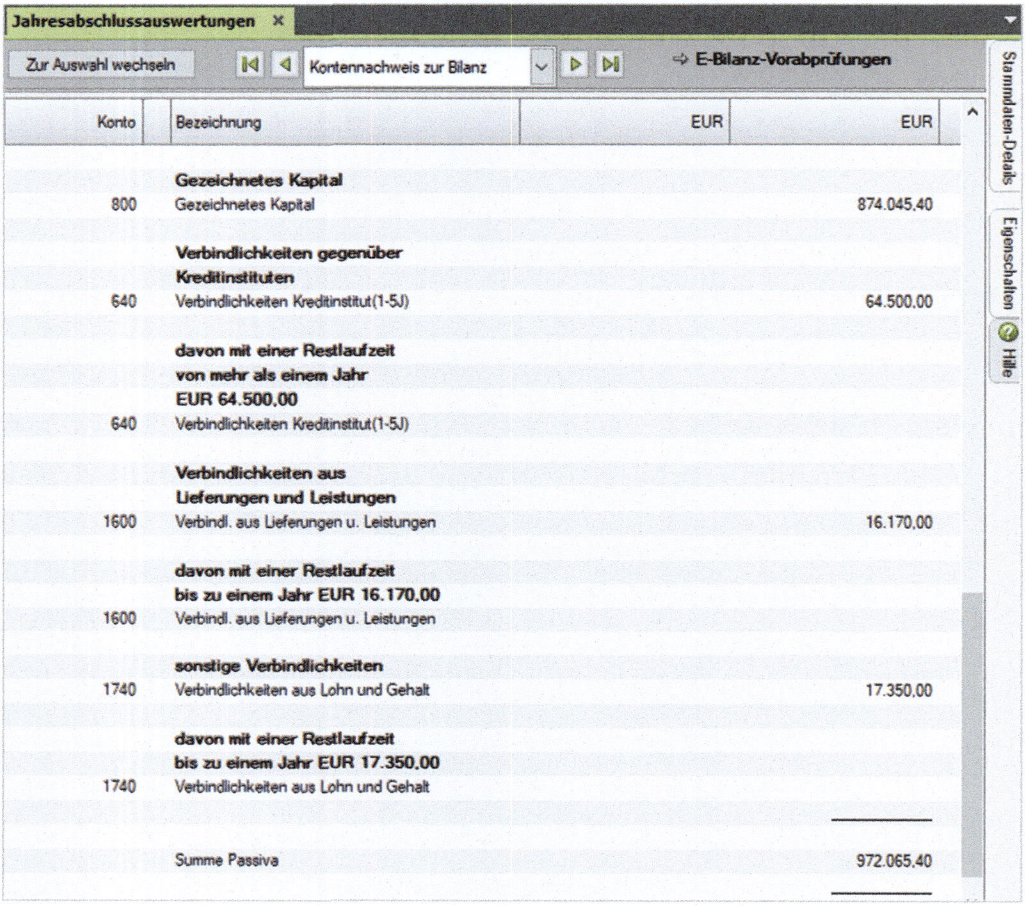

Hinweis: Der Link *E-Bilanz-Vorabprüfungen* kann für die Schlussbilanz am Ende des Geschäftsjahres benutzt werden.

4 Wählen Sie anschließend im Zusatzbereich die Auswertung *Bilanz*, um die Eröffnungsbilanz zur Firma Perm GmbH anzuzeigen.

Bild 10.17 Eröffnungsbilanz

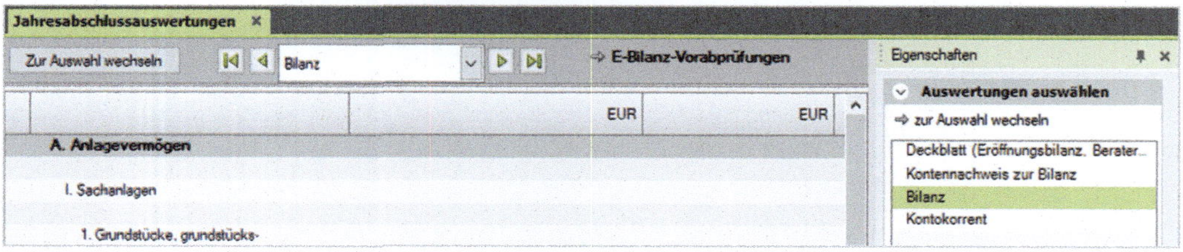

5 Klicken Sie zuletzt auf die Auswertung *Kontokorrent*. Hier werden die gebuchten Saldenvorträge Debitoren und Kreditoren angezeigt. Die Summen ergeben die Forderungen aus Lieferungen und Leistung bzw. Verbindlichkeiten aus Lieferungen und Leistung der Bilanz.

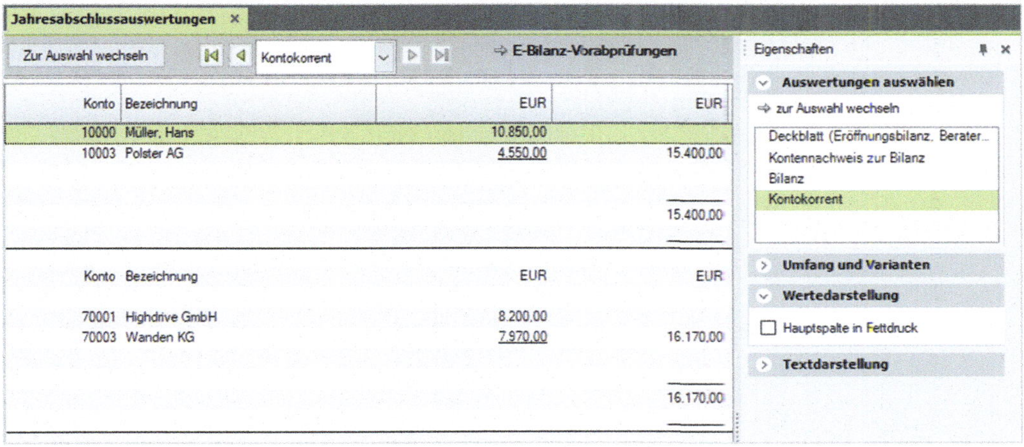

Bild 10.18 Auswertung Kontokorrent

Wichtiger Hinweis: Sollten Sie in den Salden einen Fehler feststellen, können Sie in den Kontennachweisen zur Bilanz, der Bilanz im unteren Zusatzbereich sowie in der Auswertung Kontokorrent mit einem Doppelklick das Konto und aus dem Konto die Buchung per Doppelklick auswählen und korrigieren. Dies ist allerdings nur möglich, so lange die Buchungsstapel noch nicht festgeschrieben wurden.

10.3 Eröffnungsbilanz drucken

Umfang festlegen

Nachdem die Auswertungen zur Eröffnungsbilanz angezeigt und kontrolliert wurden, können sie gedruckt werden. Je nach Einzelauswertung sind über den rechten Zusatzbereich in den *Eigenschaften* weitere Optionen verfügbar. In fast jeder Auswertung haben Sie die Möglichkeit, über die Eigenschaften zusätzlich z. B. Datum, Umfang und Varianten, Wertdarstellung und Textdarstellung anzupassen.

Ausgangssituation
Herr Wichtig möchte, dass die Eröffnungsbilanz mit Datum vom 01.02.2019 von den Gesellschaftern unterschrieben wird.

Um zur Eröffnungsbilanz die Unterschriftzeile mit dem Datum hinzuzufügen, gehen Sie wie folgt vor:

1. Klicken Sie im Zusatzbereich *Eigenschaften* auf die Auswertung *Bilanz*, diese ist nun markiert ❶ (Bild 10.19).
2. Klicken Sie unterhalb auf die Rubrik *Datum* ❷.

3 Diese öffnet sich: Aktivieren Sie das Kontrollkästchen *Unterschriftszeile ausgeben* ❸, wählen Sie die Option *Datum auswählen* ❹ und klicken Sie auf das Kalender-Symbol ❺, um den 01.02.2019 auszuwählen (Bild 10.19).

4 Klicken Sie abschließend auf die Schaltfläche *Übernehmen* ❻. Die Eröffnungsbilanz wird später mit dem Unterzeichnerdatum 01.02.2019 ausgedruckt.

Bild 10.19 Bilanz anpassen

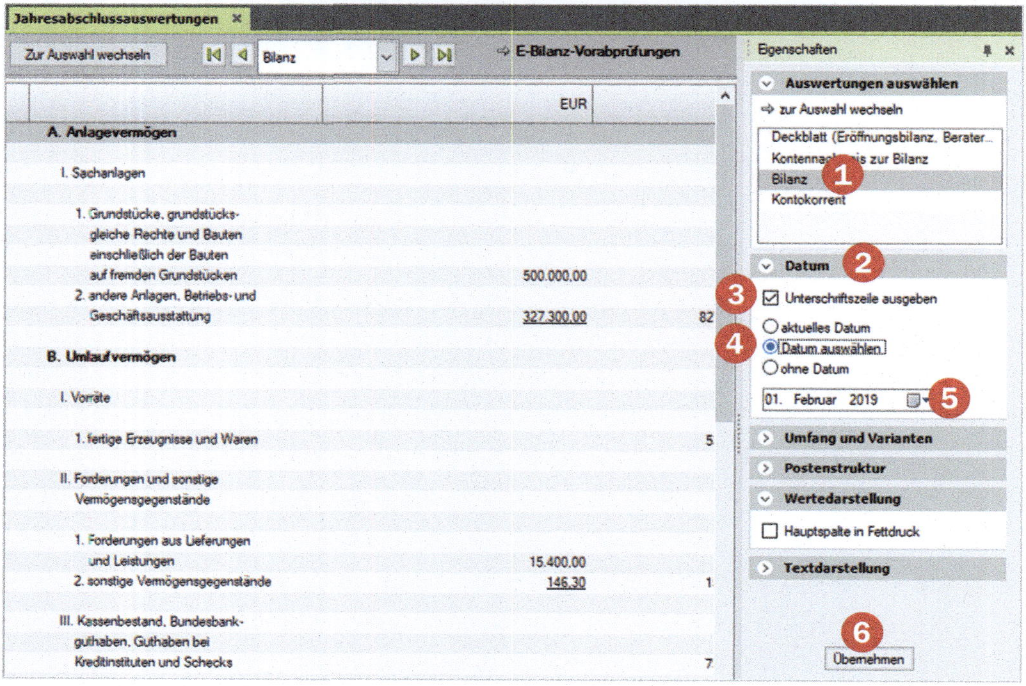

Wiederholungsübung: Auswertung Bilanz

Verschieben Sie die Reihenfolge der Auswertungen, sodass die Bilanz an zweiter Stelle angezeigt wird.

Drucken der Eröffnungsbilanz

Ausgangssituation

Herr Wichtig möchte, dass Sie die Eröffnungsbilanz mit den Auswertungen Deckblatt, Bilanz, Kontennachweis zur Bilanz und dem Kontokorrent ausdrucken.

Um die Bilanz auszudrucken, gehen Sie wie folgt vor:

1 Klicken Sie in der Rubrik *Auswertungen auswählen* auf den Eintrag *Bilanz* (*Unterschriftsdatum: 01. Februar 2019*).

2 Um die Bilanz zunächst in der Seitenansicht zu kontrollieren, klicken Sie in der Standardsymbolleiste auf das Symbol *Seitenansicht*. Den Hinweis, dass die Buchungsstapel noch nicht festgeschrieben wurden, können Sie einfach bestätigen.

Die vollständige Bilanz steht als PDF-Datei zum Download zur Verfügung: 10_Eroeffnungsbilanz.pdf

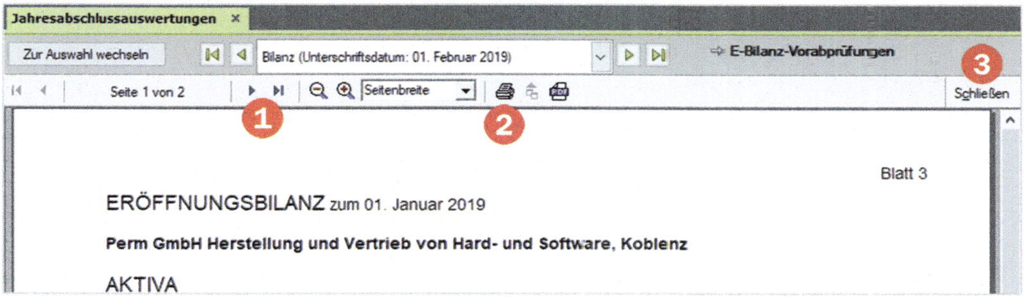

Bild 10.20 Seite 1, Aktiva

3 Mit Klick auf das Symbol *nächste Seite* ❶ werden die Passiva angezeigt.

4 Um die Eröffnungsbilanz auszudrucken, klicken Sie auf das Symbol *Drucken* ❷.

5 Im nächsten Schritt können Sie angeben, ob Sie alle Seiten oder nur bestimmte Seiten drucken möchten. Klicken Sie auf die Option *Alle Seiten* und anschließend auf die Schaltfläche *OK*.

6 Beenden Sie abschließend die Seitenansicht, indem Sie auf die Schaltfläche *Schließen* ❸ klicken.

Nun wird wieder das Arbeitsblatt *Jahresabschlussauswertungen* angezeigt.

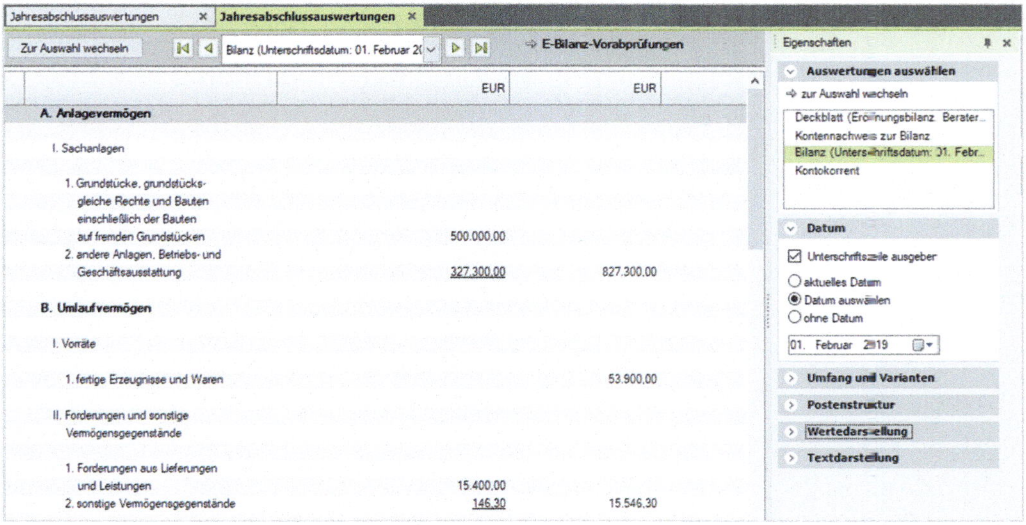

Bild 10.21 Jahresabschlussauswertungen

Tipp: Über das Symbol *Fensterinhalt Drucken* können alle Auswertungen mit einem einzigen Befehl ausgedruckt werden.

Übung: Eröffnungsbilanz ausdrucken

Aufgabe 1

- Drucken Sie über die Seitenansicht das Deckblatt, die Kontennachweise zur Bilanz und Kontokorrent aus.
- Vergleichen und kontrollieren Sie alle Angaben mit der PDF-Datei 10_Eroeffnungsbilanz.pdf.

Aufgabe 2

- Beenden Sie das Programm DATEV Kanzlei-Rechnungswesen.

Aufgabe 3

- Sichern Sie über *Bestandsdienste Rechnungswesen* den Mandanten Perm GmbH.

Aufgabe 4

- Öffnen Sie den Mandanten Perm GmbH über den Link *Buchführung 2019 starten*.

Hinweis: Über das Programm *Jahresabschluss* ❶ kann die Eröffnungsbilanz erneut aufgerufen werden (Bild 10.22).

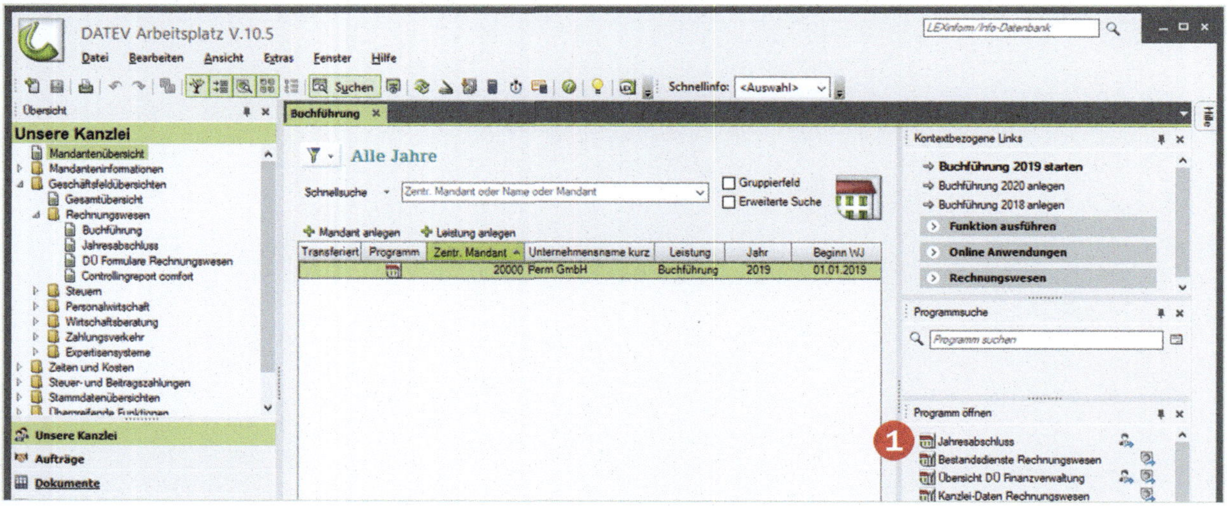

Bild 10.22 Eröffnungsbilanz aufrufen

11 Buchen von Vor- und Umsatzsteuer

In diesem Kapitel lernen Sie, ...

- was Vor- und Umsatzsteuerbuchungen sind,
- wie Vorsteuer- und Umsatzsteuerbuchungen über Automatikkonten gebucht werden,
- welche Bedeutung Steuerschlüssel in DATEV Kanzlei-Rechnungswesen haben,
- wie Sie Vorsteuer- und Umsatzsteuerbuchungen über Steuerschlüssel buchen.

11.1 Grundlagen

Vorsteuer und Umsatzsteuer werden in DATEV Kanzlei-Rechnungswesen automatisch gebucht. Der Umsatzbetrag, der in der Buchungszeile eingetragen wird, muss Brutto eingegeben werden. Das Programm zieht aus dem Bruttobetrag den Steuerbetrag, entweder Vorsteuer oder Umsatzsteuer, automatisch heraus. Dabei gibt es jedoch verschiedene Aspekte zu berücksichtigen:

- Wird ein Automatikkonto verwendet, weiß die Kontenart automatisch, dass aus dem Umsatzwert die Mehrwertsteuer herauszurechnen ist.
- Wird kein Automatikkonto verwendet, muss der Buchhalter über einen Steuerschlüssel entscheiden, ob die Mehrwertsteuer gebucht wird.
- Die Steuer, die beim Einkauf anfällt, nennt man Vorsteuer:
  Der allgemeine Steuersatz beträgt 19 % und der ermäßigte Steuersatz 7 %,.
- Die Steuer, die beim Verkauf anfällt, nennt man Umsatzsteuer:
  Allgemeiner Steuersatz 19 %, ermäßigter Steuersatz 7 %.

Hinweis: Die Verwendung dieser Methode ist in DATEV Kanzlei-Rechnungswesen unbedingt erforderlich, da nur so der Umsatzsteuer- bzw. Vorsteuerbetrag in die Umsatzsteuer-Voranmeldung einfließt.

11.2 Buchen von Vorsteuer und Umsatzsteuer über Automatikkonten

Im Kapitel 5.4, Bedeutung von Automatikkonten im Kontenplan, wurden bereits die Bedeutung und das Anlegen von Konten mit Automatikfunktionen erläutert. Automatikkonto bedeutet:

- Aus dem eingegebenen Betrag wird automatisch die Steuer herausgerechnet,
- Steuerbeträge werden auf bestimmten Steuerkonten gesammelt,
- Der Wert der Steuer wird in die entsprechenden Kennzahlen der Umsatzsteuer- Voranmeldung eingestellt,
- AM steht für automatische Mehrwertsteuer,
- AV steht für automatische Vorsteuer.

Ausgangssituation (Bitte noch nicht direkt buchen!)
Anhand der täglichen Buchhaltung der Firma Perm GmbH sollen die ersten Geschäftsvorfälle gebucht werden.

Es liegen vier Belege von der Tagesgeschäftskasse vor.

1. Beleg	Barverkäufe Zubehör im Wert 595,00 EUR brutto vom 01.02.2019 Kassenbelegnummer: KA01
2. Beleg	Bareinkauf Hardware im Wert 481,95 EUR brutto vom 01.02.2019 Kassenbelegnummer: KA02
3. Beleg	Barverkäufe Handbücher im Wert 321,00 EUR brutto vom 01.02.2019 Kassenbelegnummer: KA03
4. Beleg	Bareinkauf Handbücher im Wert 214,00 EUR brutto vom 01.02.2019 Kassenbelegnummer: KA04

Um die Belege zu buchen, benötigen wir einen neuen Buchungsstapel für den Monat Februar, in dem die Kassenbuchungen verbucht werden.

Wiederholungsübung: Neuen Buchungsstapel anlegen

Legen Sie folgenden Buchungsstapel neu an:
Datum von: 01.02.2019 Datum bis: 28.02.2019

Tipp: Geben Sie im Feld *Datum von:* eine 2 ein und wechseln anschließend mit der Tabulatortaste auf das Feld *Datum bis:*. Es wird automatisch der 01.02. 2019 eingetragen.

Tragen Sie im Feld *Datum bis:* ebenfalls eine 2 ein und wechseln wieder mit Tabulatortaste in das Feld *Bezeichnung:*. Es wird automatisch der 28.02.2019 eingetragen.

Bezeichnung: Kassenbuchungen Februar
Namenskürzel: Ihr Namenszeichen

Barverkauf buchen

Als erster Kassengeschäftsfall soll der *Barverkauf* gebucht werden. Der Beleg muss zunächst kontiert und kann anschließend gebucht werden. Allgemeiner Buchungssatz:

Soll	Betrag	an	Haben	Betrag
Kasse 1000	595,00 EUR	an	Erlöse Zubehör 19% USt 8403	500,00 EUR
			Umsatzsteuer 19% 1776	95,00 EUR

Da wir über ein Automatikkonto buchen, wird aus dem Umsatzbetrag die Umsatzsteuer (*1776*) automatisch herausgerechnet und verbucht.

1 Geben Sie jetzt die Buchung ein. Damit das Konto *Kasse* geschleppt wird, geben Sie - wie Bild 11.1 dargestellt - eine Soll-Buchung ein:

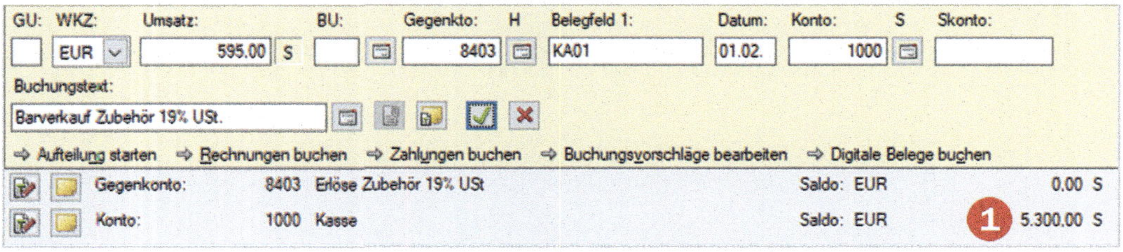

Bild 11.1 Buchung eingeben

Anfangsbestand der Kasse: 5.300,00 EUR im Soll ❶.

2 Übernehmen Sie anschließend die Buchung, indem Sie auf das Symbol *übernehmen* klicken.

Hinweis: Achten Sie beim Erfassen der Kontonummer des Automatikkontos auf die Bezeichnung in der Statusleiste. Bei einem Automatikkonto ist im Allgemeinen immer % angegeben, daraus lässt sich auf ein Automatikkonto schließen.

Nachdem Sie die Buchung übernommen haben, wird Ihnen der Kassenzugang mit 595,00 EUR und der Erlösbetrag auf dem Konto *8403 Erlöse Zubehör 19% USt* von 500,00 EUR Netto angezeigt.

Bild 11.2 Ergebnis

3 Lassen Sie sich anschließend mit Klick auf den Eintrag *Details zu Nr. 1* die Summen und Salden der Buchung anzeigen.

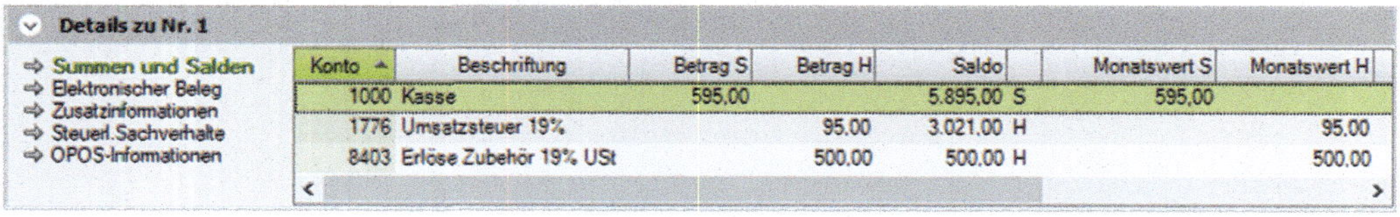

Bild 11.3 Summen und Salden der Buchung

Die Bedeutung: Das Konto *Kasse 1000* wurde im Soll mit 595,00 EUR gebucht, das Konto *8403, Erlöse Zubehör 19% USt* im Haben mit einem Wert von 500,00 EUR und das Konto *1776, Umsatzsteuer 19%* im Haben mit einem Wert von 95,00 EUR.

Bareinkauf buchen

Als zweiter Kassengeschäftsfall soll der Bareinkauf von Hardware gebucht werden. Der Beleg muss zunächst wieder kontiert und kann anschließend gebucht werden. Allgemeiner Buchungssatz:

Soll	Betrag	an	Haben	Betrag
Wareneingang Hardware 19% VSt 3401	405,00 EUR	an	Kasse 1000	481,95 EUR
Abziehbare Vorsteuer 19% 1576	76,95 EUR			

Da wir über ein Automatikkonto buchen, wird aus dem Umsatzbetrag die Vorsteuer (*1576*) automatisch herausgerechnet und verbucht.

1 Geben Sie die Buchung ein. Das Konto *Kasse* wird geschleppt. Geben Sie eine Haben-Buchung wie folgt ein:

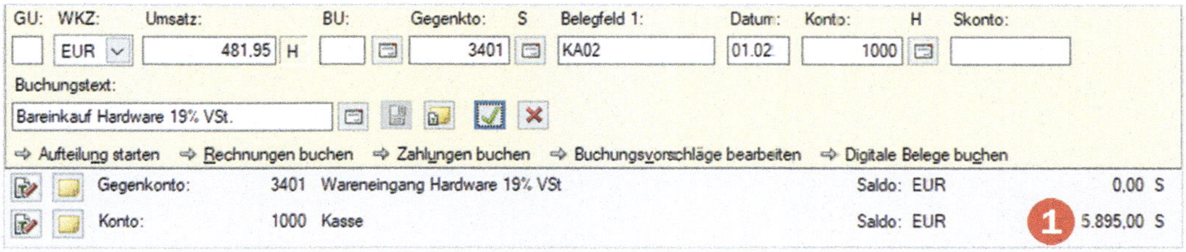

Bild 11.4 Buchung eingeben

Anfangsbestand der Kasse vor der zweiten Kassenbuchung: 5.895,00 EUR im Soll ❶.

2 Übernehmen Sie anschließend die Buchung mit einem Klick auf das Symbol *Übernehmen* ☑. Anschließend wird der neue Kassenbestand von 5.413,05 EUR im Soll und der Saldo des Kontos *Wareneingang Hardware 19% VSt* von 405,00 EUR im Soll Netto angezeigt.

Bild 11.5 Der neue Saldo

3 Lassen Sie sich zuletzt mit Klick auf *Details zu Nr. 2* die Summen und Salden der Buchung anzeigen. Das Ergebnis: Konto *3401 Wareneingang Hardware 19% VSt* wurde im Soll mit einem Wert von 405,00 EUR gebucht, das Konto *1576 Abziehbare Vorsteuer 19%* im Soll mit einem Wert von 76,95 EUR, das Konto *1000 Kasse* mit einem Wert von 481,95 EUR im Haben.

Bild 11.6 Details zur Buchung

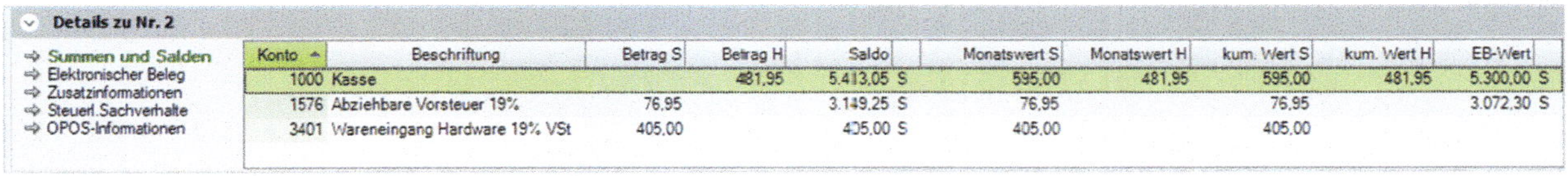

Konto	Beschriftung	Betrag S	Betrag H	Saldo	Monatswert S	Monatswert H	kum. Wert S	kum. Wert H	EB-Wert
1000	Kasse		481,95	5.413,05 S	595,00	481,95	595,00	481,95	5.300,00 S
1576	Abziehbare Vorsteuer 19%	76,95		3.149,25 S	76,95		76,95		3.072,30 S
3401	Wareneingang Hardware 19% VSt	405,00		405,00 S	405,00		405,00		

Übung: Tageskassenvorgänge vom 01.02.2019 buchen

Aufgabe 1

Buchen Sie die beiden noch fehlenden Tageskassenvorgänge. Beachten Sie, dass es sich um Automatikkonten mit 7%iger Steuer handelt.

3. Beleg:	Barverkäufe Handbücher im Wert 321,00 EUR brutto vom 01.02.2019 Kassenbelegnummer: KA03
4. Beleg:	Bareinkauf Handbücher im Wert 214,00 EUR brutto vom 01.02.2019 Kassenbelegnummer: KA04

Die Salden der einzelnen Konten zu Aufgabe 2 finden Sie im Lösungsbuch.

Aufgabe 2

- Stimmen Sie die Salden der Konten ab.
- Stimmen Sie die Salden der Konten über die FIBU-Konto-Ansicht ab.
- Wechseln Sie anschließend wieder zur Primanota-Ansicht .

Beschriftung	Konto	Saldo	Soll/Haben
Kasse	1000	5.520,05 EUR	Soll
Erlöse Zubehör 19% USt	8403	500,00 EUR	Haben
Erlöse Handbücher 7% USt	8301	300,00 EUR	Haben
Wareneingang Hardware 19% VSt	3401	405,00 EUR	Soll
Wareneingang Handbücher 7% VSt	3301	200,00 EUR	Soll
Umsatzsteuer 19%	1776	3.021,00 EUR	Haben
Umsatzsteuer 7%	1771	21,00 EUR	Haben
Abziehbare Vorsteuer 19%	1576	3.149,25 EUR	Soll
Abziehbare Vorsteuer 7%	1571	14,00 EUR	Soll

11.3 Steuerschlüssel in DATEV Kanzlei-Rechnungswesen

Verwendung

Die Möglichkeit, mit Automatikkonten zu buchen, ist natürlich nicht immer gegeben. Vielfach muss durch die Eingabe eines Steuerschlüssels entschieden werden, ob beim Buchen des Kontos mit Vorsteuer, Umsatzsteuer oder ohne Steuer gebucht werden muss. Sie sind im Kontenplan in der Spalte *Zusatzfunktion* mit „*Nur Mehrwertsteuer zulässig*" oder „*Nur Vorsteuer zulässig*" oder „*Keine Bezeichnung*" gekennzeichnet.

Automatikkonten werden in der Spalte Hauptfunktionstyp *HFTyp* mit *AV* bzw. *AM* geschlüsselt. Bei Automatikkonten kann kein Steuerschlüssel angegeben werden.

Wenn Sie beim Buchen dieser angegebenen Konten eine Steuerberechnung erwirken möchten, so muss in der Buchungszeile im Feld *BU* ein Steuerschlüssel eingetragen werden. Im Kapitel 9.4 dieses Buches wurde die Buchungsmaske bereits für diesen Zweck angepasst.

Hinweis: In der Standardeinstellung für die Buchungsmaske sind die Felder *BU* und *Gegenkonto* nicht getrennt. Man kann auch ohne die Trennung der beiden Felder buchen, allerdings müssen dann füllende Nullstellen verwendet werden, um das Umsatzsteuerfeld anzugeben.

BU Gegenkonto, 9-stellig

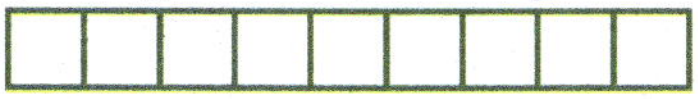

- 1. bis 4. Stelle für Sachkonto (von rechts)
- 5. Stelle für Personenkonto
- 6. bis 9. Stelle für den Buchungsschlüssel

Beispiel: Konto 3200 Wareneingang mit Steuerschlüsse 9 bzw. 401 für Vorsteuer 19%.

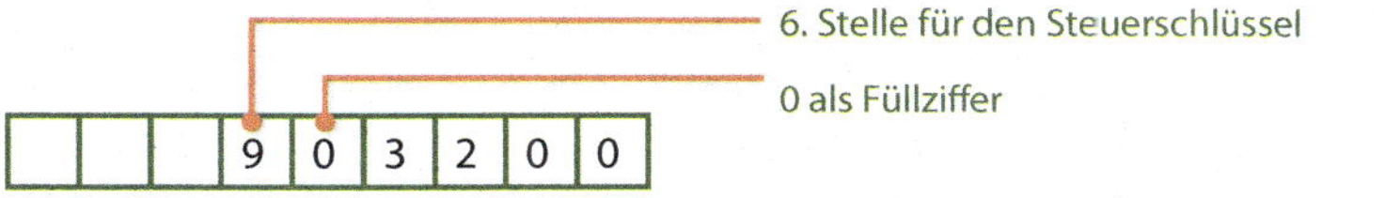

oder

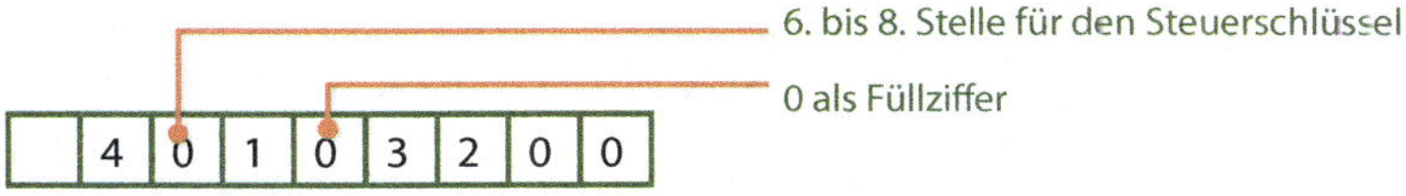

Übersicht Steuerschlüssel

Die Steuerschlüssel, die hauptsächlich in der täglichen Buchhaltung verwendet werden, sind in der nachfolgenden Tabelle ersichtlich:

Steuerschlüssel	Bedeutung
1 bzw. 171	Umsatzsteuerfrei (mit Vorsteuerabzug)
2 bzw. 102	Umsatzsteuer 7%
3 bzw. 101	Umsatzsteuer 19%
5	Umsatzsteuer 16%
7	Vorsteuer 16%
8 bzw. 402	Vorsteuer 7%
9 bzw. 401	Vorsteuer 19%

Modernisierung der Steuerschlüsselung DATEV

Seit dem Wirtschaftsjahr 2018 können Sie zu den bisherigen einstelligen/zweistelligen Steuerschlüsseln die neuen dreistelligen bzw. vierstelligen Steuerschlüssel verwenden. Über die neuen Steuerschlüssel können alle relevanten Steuersachverhalte ohne Einrichtung von individuellen Steuerschlüsseln in der Umsatzsteuer-Voranmeldung (UStVA) und Umsatzsteuererklärung (UStE) abgebildet werden.

Die bisherigen einstelligen/zweistelligen Steuerschlüssel **werden nicht eingestellt und können nach wie vor verwendet werden**. Dabei ist eine Mischform aus den bisherigen (ein-/zweistelligen) und den neuen (drei-/vierstelligen) Steuerschlüsseln möglich.

Steuerschlüssel auswählen

Zusätzlich haben Sie beim Buchen auch die Möglichkeit, den Steuerschlüssel auszuwählen. Im Feld *BU* der Buchungsmaske können Sie über die Tastenkombination Umschalt+F3 das Fenster *Steuer-/Berichtigungsschlüssel auswählen* (Bild 11.7 auf der nächsten Seite) aufrufen, den Steuer- oder bei Stornierungen einen Berichtigungsschlüssel auswählen und mit *OK* in die Buchungsmaske übernehmen.

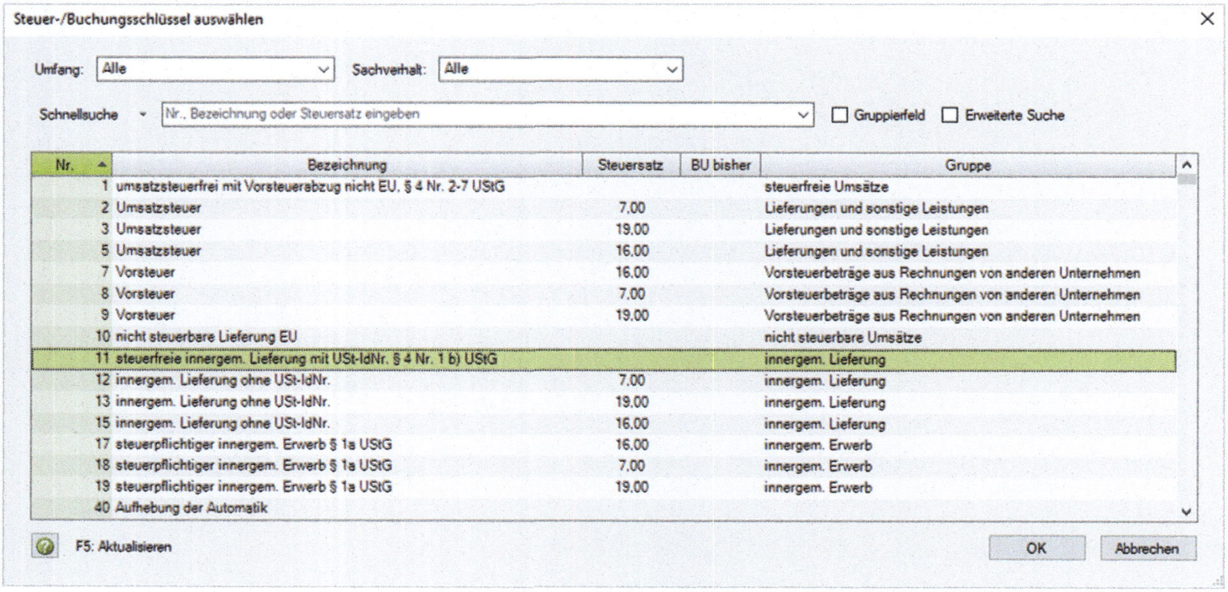

Nr.	Bezeichnung	Steuersatz	BU bisher	Gruppe
1	umsatzsteuerfrei mit Vorsteuerabzug nicht EU, § 4 Nr. 2-7 UStG			steuerfreie Umsätze
2	Umsatzsteuer	7,00		Lieferungen und sonstige Leistungen
3	Umsatzsteuer	19,00		Lieferungen und sonstige Leistungen
5	Umsatzsteuer	16,00		Lieferungen und sonstige Leistungen
7	Vorsteuer	16,00		Vorsteuerbeträge aus Rechnungen von anderen Unternehmen
8	Vorsteuer	7,00		Vorsteuerbeträge aus Rechnungen von anderen Unternehmen
9	Vorsteuer	19,00		Vorsteuerbeträge aus Rechnungen von anderen Unternehmen
10	nicht steuerbare Lieferung EU			nicht steuerbare Umsätze
11	steuerfreie innergem. Lieferung mit USt-IdNr. § 4 Nr. 1 b) UStG			innergem. Lieferung
12	innergem. Lieferung ohne USt-IdNr.	7,00		innergem. Lieferung
13	innergem. Lieferung ohne USt-IdNr.	19,00		innergem. Lieferung
15	innergem. Lieferung ohne USt-IdNr.	16,00		innergem. Lieferung
17	steuerpflichtiger innergem. Erwerb § 1a UStG	16,00		innergem. Erwerb
18	steuerpflichtiger innergem. Erwerb § 1a UStG	7,00		innergem. Erwerb
19	steuerpflichtiger innergem. Erwerb § 1a UStG	19,00		innergem. Erwerb
40	Aufhebung der Automatik			

Bild 11.7 Beispiel: Schlüssel 11 Stfr. innergemeinschaftliche Lieferung

11.4 Vorsteuer- und Umsatzsteuerbuchungen über Steuerschlüssel

Ausgangssituation (Bitte noch nicht direkt buchen!)

In der Buchhaltungsabteilung Firma Perm GmbH liegen Ihnen vier weitere Belege für die Geschäftskasse vor, die nicht über Automatikkonten gebucht werden können.

5. Beleg:	Bareinkauf von Büromaterial im Wert 69,00 EUR brutto vom 04.02.2019 Kassenbelegnummer: KA05
6. Beleg:	Barverkauf aus dem Anlagevermögen im Wert 2.380,00 EUR brutto vom 04.02.2019 Kassenbelegnummer: KA06
7. Beleg:	Tankquittung im Wert 39,80 EUR brutto vom 05.02.2019 Kassenbelegnummer: KA07
8. Beleg:	Barzahlung einer Werbeanzeige im Wert von 635,10 EUR brutto vom 06.02.2019 Kassenbelegnummer: KA08

Bareinkauf Büromaterial buchen

Der fünfte Geschäftsfall (5. Beleg) soll jetzt gebucht werden: Bareinkauf von Büromaterial im Wert von 69,00 EUR brutto vom 04.02.2019, Kassenbelegnummer: KA05.

Allgemeiner Buchungssatz

Soll	Betrag	an	Haben	Betrag
Bürobedarf 4930	57,98 EUR	an	Kasse 1000	69,00 EUR
Abziehbare Vorsteuer 19% 1576	11,02 EUR			

Im Kontenplan ist das Konto *4930 Bürobedarf* mit der Zusatzfunktion *„Nur Vorsteuer zulässig"* und mit keinem Eintrag in der Spalte Hauptfunktionstyp *HFTyp* (=kein Automatikkonto) vermerkt. Den Kontenplan können Sie sich jederzeit über die *Stammdaten* ▶ *Sachkonten* ▶ *Kontenplan* in einem zusätzlichen Arbeitsblatt anzeigen lassen.

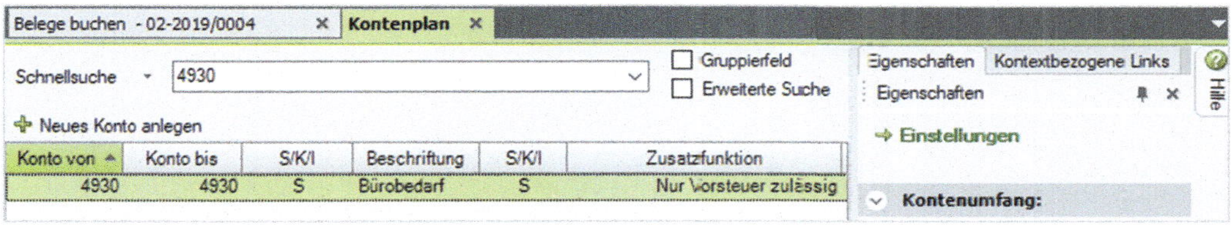

Bild 11.8 Konto 4930

Dies bedeutet, dass Sie im Feld *BU* den Steuerschlüssel 9 für *Abziehbare Vorsteuer 19%* angeben müssen. Aus dem Bruttoumsatzbetrag wird dann die abziehbare Vorsteuer *1576* automatisch herausgerechnet und verbucht.

1 Erfassen Sie die Buchung. Damit das Konto *Kasse* geschleppt wird, geben Sie - wie nachfolgend dargestellt - eine Haben-Buchung ein:

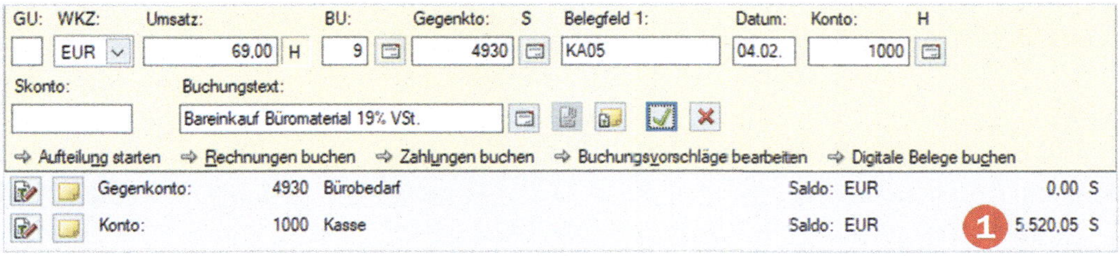

Bild 11.9 Buchung eingeben

Kassensaldo vor Übernahme der Buchung ❶.

Hinweis: Anstatt des Schlüssels 9 für 19% Abziehbare Vorsteuer können Sie selbstverständlich auch den Schlüssel 401 für 19% Abziehbare Vorsteuer verwenden.

2 Übernehmen Sie anschließend die Buchung, indem Sie auf das Symbol *Übernehmen* klicken oder die Enter-Taste drücken.

Anschließend wird der neue Kassenbestand von 5.451,05 EUR im Soll und der Saldo des Kontos *Bürobedarf* Netto von 57,98 EUR im Soll angezeigt.

Bild 11.10 Neuer Saldo

Achtung: Ohne die Angabe des Steuerschlüssels würde der Umsatzbetrag Brutto für Netto auf dem Konto *4930 Bürobedarf* mit dem Betrag von 69,00 EUR gebucht, das Vorsteuerkonto *Abziehbare Vorsteuer 19%* überhaupt nicht.

Lassen Sie sich anschließend mit Klick auf den Eintrag *Details zu Nr. 5* die Summen und Salden der Buchung anzeigen. Das Ergebnis:

- Konto *4930 Bürobedarf* wurde im Soll mit einem Wert von 57,98 EUR gebucht
- Konto *1576 Abziehbare Vorsteuer 19%* im Soll mit einem Wert von 11,02 EUR
- Konto *1000 Kasse* wurde mit einem Wert von 69,00 EUR im Haben gebucht
- Neuer Kontenstand Konto *1000 Kasse* 5.451,05 EUR im Soll.

Bild 11.11 Summen und Salden

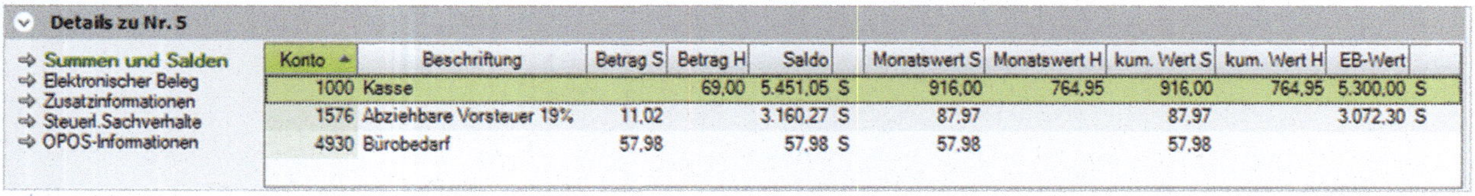

Konto	Beschriftung	Betrag S	Betrag H	Saldo		Monatswert S	Monatswert H	kum. Wert S	kum. Wert H	EB-Wert	
1000	Kasse		69,00	5.451,05	S	916,00	764,95	916,00	764,95	5.300,00	S
1576	Abziehbare Vorsteuer 19%	11,02		3.160,27	S	87,97		87,97		3.072,30	S
4930	Bürobedarf	57,98		57,98	S	57,98		57,98			

Barverkauf Anlagevermögen buchen

Der sechste Geschäftsfall (6. Beleg) der Kassenvorgänge soll ebenfalls jetzt gebucht werden: Barverkauf aus dem Anlagevermögen im Wert 2.380,00 EUR Brutto vom 04.02.2019, Kassenbelegnummer: KA06

Hinweis: Beim angegebenen Geschäftsfall handelt es sich um ein Gut des Anlagevermögens. Der Buchwert des Anlageguts, die Abschreibung, der Anlagenabgang und der Buchverlust, werden in diesem Buch thematisch bei den Jahresabschlussbuchungen behandelt. Beim Geschäftsfall wird nun der Barverkauf des Anlageguts gebucht. Allgemeiner Buchungssatz:

Soll	Betrag	an	Haben	Betrag
Kasse 1000	2.380,00 EUR	an	Erlöse Anlagenverkäufe KtoNr. ?	2.000,00 EUR
			Umsatzsteuer 19% 1776	380,00 EUR

Nach Rücksprache mit dem Steuerberater wurde das Anlagegut unter dem Buchwert vom 31.12.2019 und daher mit Verlust verkauft. Herr Wichtig, mitwirkender Steuerberater Firma Perm GmbH, empfiehlt ein spezielles Konto aus den Erlöskonten mit Buchverlust, am besten kein Automatikkonto, zu nehmen. Da wir über kein Automatikkonto buchen, muss der Steuerschlüssel 3 bzw. 101 im Feld *BU* eingetragen werden. Aus dem Bruttoumsatzbetrag wird die Umsatzsteuer *1776* automatisch herausgerechnet und verbucht. So gehen Sie dabei vor:

1. Geben Sie zunächst nur den folgenden Teil der Buchung (Bild 11.12) mit dem Steuerschlüssel 3 für 19% USt. ein. Damit das Konto *Kasse* geschleppt wird, geben Sie eine Soll-Buchung ein:

Bild 11.12 Buchung eingeben

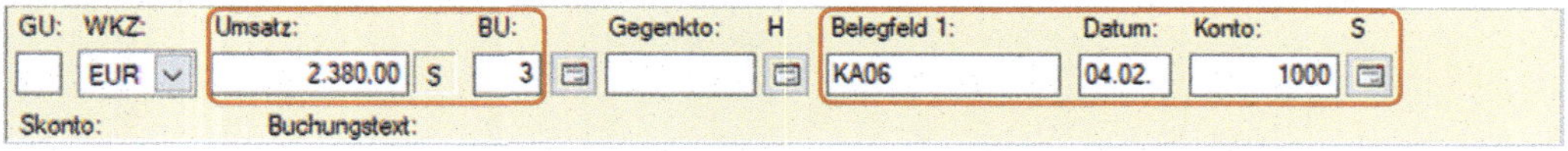

Hinweis: Anstatt des Schlüssels 3 für 19% Umsatzsteuer können Sie auch den Schlüssel 101 für 19% Umsatzsteuer verwenden.

2 Im nächsten Schritt muss jetzt das Erlöskonto für den Anlagenverkauf angegeben werden. Dazu stehen Ihnen mehrere Möglichkeiten zur Verfügung:

- Die Suche des Kontos über die Stammdaten ▶ *Sachkonto* ▶ *Kontenplan*,
- Über den Ihnen zur Verfügung gestellten Kontenrahmen SKR03 in den Fachbüchern, z. B. der Bornhofenreihe.
- Über die Direktsuche des Kontos während der Buchungserfassung.

3 Um die Suche nach dem entsprechenden Sachkonto während der Buchungserfassung durchzuführen, geben Sie im Feld *Gegenkonto* den Suchbegriff E für *Erlöse* ein. Daraufhin öffnet sich automatisch das Dialogfenster *Gegenkonto auswählen* mit Ihrer Eingabe im Feld *Schnellsuche*. Alle Möglichkeiten, die Sie beim Kontenplan bereits kennen gelernt haben, können Sie auch in diesem Dialogfenster anwenden.

4 Um den Suchbegriff genauer zu spezifizieren, geben Sie Erlöse Sach ein und klicken auf den Spaltenkopf *Konto*, um die Konten nach Nummern zu sortieren. Nun erhalten Sie nach Nummern geordnet alle Konten, die mit Sachanlagenverkäufen zu tun haben.

Hinweise zu den Konten: Das allgemeine Sachkonto für die *Erlöse Sachanlageverkäufe Buchverlust* ist das Konto *8800*. Bei den Konten *8807* und *8808* handelt es sich um steuerfreie Konten mit Buchverlust. Die Konten *8801* bis *8806* sind Automatikkonten mit dem Vermerk Buchverlust. Die Konten *8820* bis *8825* sind ebenfalls Automatikkonten mit dem Vermerk Buchgewinn. Die Konten *8827* und *8828* sind wiederum steuerfreie Konten mit Buchgewinn. Das allgemeine Sachkonto für *Erlöse Sachanlagenverkäufe Buchgewinn* ist das Konto *8829*.

5 Klicken Sie auf das Konto *8800 Erlöse Sachanlageverkäufe Buchverlust* und übernehmen Sie es mit Klick auf die Schaltfläche *OK*. Es ist nun im Feld *Gegenkonto* eingetragen.

Bild 11.13 Konto während der Buchungserfassung suchen

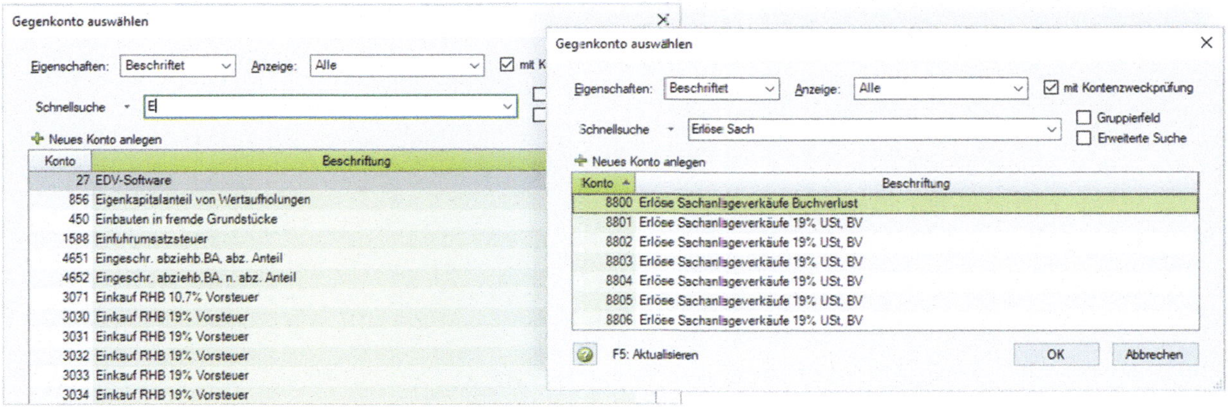

6 Vervollständigen Sie den Buchungssatz mit dem Buchungstext Barverkauf Anlagevermögen 19% USt. und übernehmen Sie die Buchung.

Anschließend wird der neue Kassenbestand von 7.831,05 EUR im Soll und der Saldo des Kontos *8800 Erlöse Sachanlageverkäufe Buchverlust* von 2.000,00 EUR im Haben Netto angezeigt.

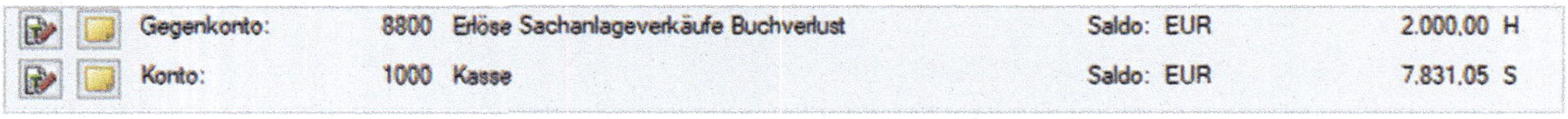

Gegenkonto:	8800	Erlöse Sachanlageverkäufe Buchverlust	Saldo:	EUR	2.000,00	H
Konto:	1000	Kasse	Saldo:	EUR	7.831,05	S

Bild 11.14 Salden

Achtung: Ohne die Angabe des Steuerschlüssels würde der Umsatzbetrag Brutto für Netto auf dem Konto *8800 Erlöse Sachanlageverkäufe Buchverlust* mit dem Betrag von 2.380,00 EUR gebucht. Das Umsatzsteuerkonto *Umsatzsteuer 19%* dagegen überhaupt nicht.

7 Lassen Sie sich zuletzt mit Klick auf *Details zu Nr. 6* die Summen und Salden der Buchung anzeigen. Das Ergebnis: Das Konto *Kasse 1000* wurde im Soll mit einem Wert von 2.380,00 EUR gebucht, das Konto *Erlöse Sachanlageverkäufe Buchverlust 8800* mit 2.000,00 EUR im Haben und das Konto *1776 Umsatzsteuer 19%* mit einem Wert von 380,00 EUR im Haben.

Bild 11.15 Summen und Salden

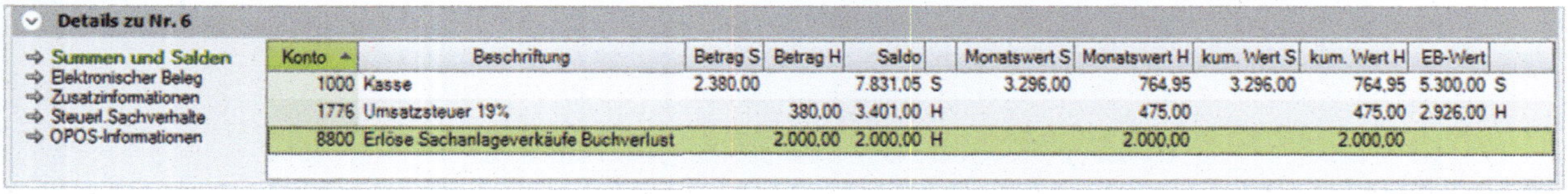

Details zu Nr. 6

- Summen und Salden
- Elektronischer Beleg
- Zusatzinformationen
- Steuerl. Sachverhalte
- OPOS-Informationen

Konto	Beschriftung	Betrag S	Betrag H	Saldo		Monatswert S	Monatswert H	kum. Wert S	kum. Wert H	EB-Wert	
1000	Kasse	2.380,00		7.831,05	S	3.296,00	764,95	3.296,00	764,95	5.300,00	S
1776	Umsatzsteuer 19%		380,00	3.401,00	H		475,00		475,00	2.926,00	H
8800	Erlöse Sachanlageverkäufe Buchverlust		2.000,00	2.000,00	H		2.000,00		2.000,00		

Übung: Kassenvorgänge mit Steuerschlüsseln buchen

Aufgabe 1

Buchen Sie die beiden noch fehlenden Kassenvorgänge.

7. Beleg:	Tankquittung im Wert 39,80 EUR brutto vom 05.02.2019 Kassenbelegnummer: KA07
8. Beleg:	Barzahlung einer Werbeanzeige im Wert von 635,10 EUR brutto vom 06.02.2019 Kassenbelegnummer: KA08

Aufgabe 2

Stimmen Sie die Salden über die FIBU-Konto-Ansicht ab.

Die Salden der einzelnen Konten, Aufgabe 2, finden Sie im Lösungsbuch

Beschriftung	Konto	Saldo	Soll/Haben
Kasse	1000	7.156,15 EUR	Soll
Bürobedarf	4930	57,98 EUR	Soll
Werbekosten	?	533,70 EUR	Soll
Tanken	?	33,45 EUR	Soll
Erlöse Sachanlageverkäufe Buchverlust	8800	2.000,00 EUR	Haben
Umsatzsteuer 19%	1776	3.401,00 EUR	Haben
Abziehbare Vorsteuer 19%	1576	3.268,02 EUR	Soll

12 Buchen von Kassenvorgängen

In diesem Kapitel lernen Sie, ...

- was man unter einer Abstimmsumme bei Kassenbuchungen versteht,
- wie Sie die automatische Belegfeld1-Erhöhung und die Kassenminusprüfung einstellen,
- welche Bedeutung Transitkonten in Bezug auf die Kasse haben,
- wie Sie weitere Buchungen der Kasse buchen,
- welche Möglichkeiten der Auswertung für die Kasse zur Verfügung gestellt werden.

12.1 Grundlagen

Das Kassenkonto

Bargeldbewegungen werden in der Finanzbuchhaltung über das Kassenkonto oder evtl. auch mehrere Kassenkonten gebucht. Das Kassenkonto ist ein aktives Bestandskonto, dessen Saldo in das Umlaufvermögen fließt. Kasseneingänge und -ausgänge müssen laut GoB und GoBD täglich festgehalten werden. In der Buchhaltung benutzt man dafür sogenannte Kassenbücher oder Kassenberichte, die alle Kassengeschäfte eines Tages und die täglichen Kassenbestände beinhalten.

In DATEV Kanzlei-Rechnungswesen wird direkt auf die Kassenkonten gebucht, wodurch sich die Führung eines Kassenbuches oder von Kassenbüchern eigentlich erübrigt. Es empfiehlt sich jedoch, zur Überprüfung der Bargeldbuchungen solche Aufzeichnungen trotzdem vorzunehmen.

Die Abstimmsumme Kasse

Die Abstimmsumme ist für die Kasse ein rechnerisches Kontrollmittel. Die Soll- und Habenbuchungen werden entsprechend verrechnet. Wichtig hierbei ist das grundsätzliche Schleppen des Kassenkontos. Die Verwendung der Abstimmsumme ist besonders für Geldkonten sehr sinnvoll, um Buchungsfehler - vor allem bei der Eingabe des Umsatzwertes - zu vermeiden.

Zu Beginn der Kassenerfassung wird der Kassenanfangsbestand eingetragen. Sie können sowohl während des Buchens als auch am Ende der Erfassung kontrollieren, ob Ihre Abstimmsumme mit der tatsächlichen Kassensumme übereinstimmt. In der Buchungsansicht sehen Sie beim Buchen den Wert im Feld *Abstimmsumme*.

12.2 Automatische Erhöhung im Belegfeld1 und Kassenminusprüfung

Belegfeld1 automatisch erhöhen

Nach den Buchführungsgrundsätzen müssen Kassenbuchungen am Anfang des Jahres mit BelegNr. 1 beginnen und über das Jahr fortlaufend weitergeführt werden. Dies ermöglicht eine chronologische Prüfung aller Kassenbelege. In DATEV Kanzlei-Rechnungswesen haben Sie die Möglichkeit, eine automatische Fortführung bzw. Erhöhung für *Belegfeld1* einzustellen, damit die Kassenbelegnummer fortlaufend weiter geführt werden kann.

1 Um die automatische Erhöhung einzustellen, wählen Sie den Menüpunkt *Bearbeiten* ▶ *Buchungszeile* ▶ *Belegfeld1 Automatisch erhöhen* oder drücken die Tastenkombination Strg+Umschalt+E. Die Buchungsmaske zeigt jetzt bei *Belegfeld 1* zusätzlich ein *A* (Automatische Belegfeld1 - Erhöhung) an (Bild 12.1).

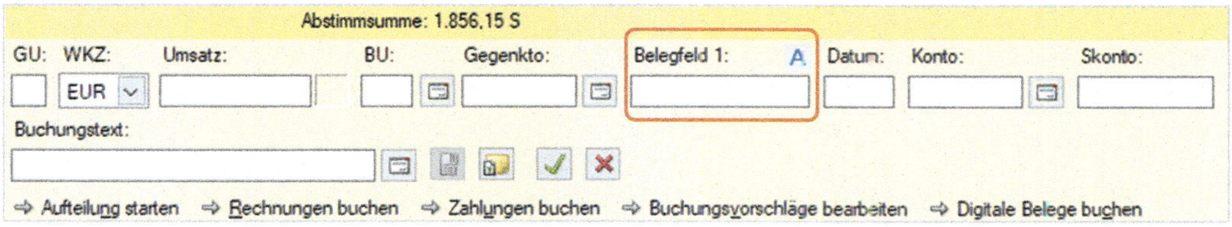

Bild 12.1 Automatische Erhöhung Belegfeld 1

Hinweis: Bei der ersten Kassenbuchung muss die Belegnummer der Kasse, z. B. KA9, noch manuell vorgegeben werden. Ab der zweiten Buchung wird die Belegnummer, z. B. KA10 usw. automatisch fortgeführt.

Kassenminusprüfung

Da es in einer Kasse keinen negativen Wert geben darf, überprüft das Programm beim Buchen der Kasse, ob der Kassenbestand nach einer Buchung negativ ist. Ist dies der Fall, erhalten Sie eine Meldung im Programm. Voraussetzung dafür ist das Aktivieren der Kassenminusprüfung, dazu gehen Sie wie folgt vor:

1 Wählen Sie den Menüpunkt *Bearbeiten* ▶ *Kassenminusprüfung…* oder drücken Sie die Tastenkombination Strg+Umschalt+K.

2 Im nachfolgenden Fenster muss nun das entsprechende Kassenkonto ausgewählt werden: Klicken Sie, wie in Bild 12.2 unten, auf das Konto *1000 Kasse* und übernehmen Sie das markierte Konto mit einem Klick auf die Schaltfläche *OK*

3 In einem weiteren Fenster wird nun der aktuelle Saldo des Kontos angezeigt. Bestätigen Sie mit der Schaltfläche *OK*, um die Kassenminusprüfung zu aktivieren.

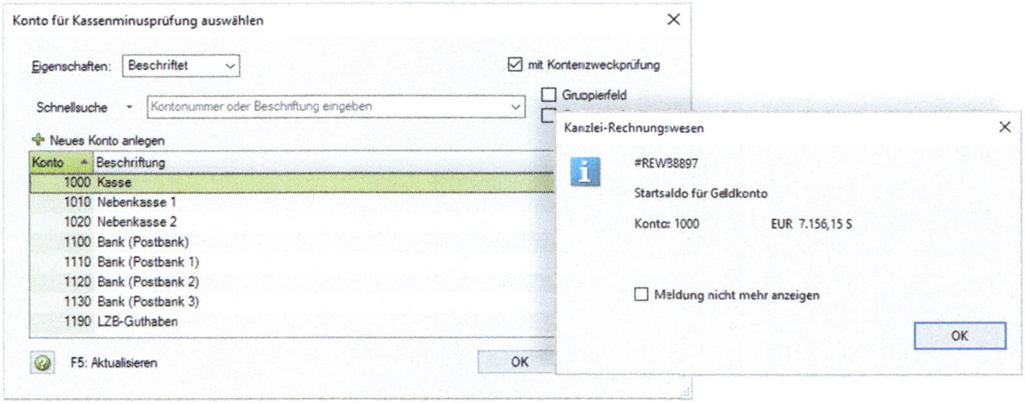

Bild 12.2 Konto auswählen

Bild 12.3 Kassensaldo

In der Buchungsmaske wird die Kassenminusprüfung rechts oben angezeigt.

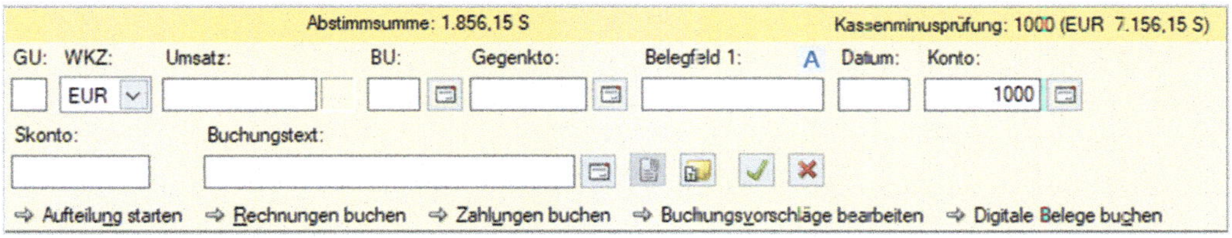

Bild 12.4 Buchungsmaske mit aktivierter Kassenminusprüfung

Hinweis: Soll die Kassenminusprüfung deaktiviert werden, wählen Sie den Menüpunkt *Bearbeiten* ▶ *Kassenminusprüfung…* nochmals.

12.3 Transitkonten in Bezug auf Kasse und Bank

Umbuchungen von Bank - Kasse und Kasse - Bank

Wenn Sie vom Geschäftskonto Geld abheben und es in die Kasse einzahlen, sind zwei Belege zu verbuchen: Der Kontoauszug der Bank mit der Barauszahlung und der Einzahlungsbetrag in die Geschäftskasse. Um Buchungsfehler und doppelte Buchungen zu vermeiden, wird über ein Geldverrechnungskonto gebucht. Dieses Geldverrechnungskonto heißt *Geldtransit 1360*.

Genauso kann es vorkommen, dass Sie Bargeld aus der Geschäftskasse entnehmen und es auf das Geschäftskonto einzahlen. Auch in diesem Fall wird über das Konto *1360 Geldtransit* gebucht.

Bareinzahlung auf das Bankkonto

Im Buchungskreis der Kasse:

Soll	an	Haben
Geldtransit 1360	an	Kasse 1000

Im Buchungskreis der Bank wird später über den Bankauszug zeitversetzt gebucht:

Soll	an	Haben
Bank 1200	an	Geldtransit 1360

Barabhebung für die Geschäftskasse

Im Buchungskreis der Kasse:

Soll	an	Haben
Kasse 1000	an	Geldtransit 1360

Im Buchungskreis der Bank wird später über den Bankauszug zeitversetzt gebucht:

Soll	an	Haben
Geldtransit 1360	an	Bank 1200

Ergebnis:

- Kasse und Bank werden nur einmal angesprochen.
- Das Geldtransitkonto gleicht sich aus.
- Leichtere Abstimmung von Buchungen zwischen den beiden Buchungskreisen.

12.4 Kassenbuchungen

Ausgangssituation (Bitte noch nicht direkt buchen!)

Für die Geschäftskasse der Firma Perm GmbH liegen Ihnen alle übrigen Kassenbelege vom Monat Februar vor. Die Kassenbuchungen für den Monat Februar 2019 sollen im Anschluss gebucht werden. Die einzelnen Kassenbelege liegen der Buchhaltung vor.

Es soll mit Abstimmsumme, automatischer Belegfeld1-Erhöhung und eingeschalteter Kassenminusprüfung gebucht werden.

9. Beleg:	Barabhebung von 500,00 EUR von der Bank für die Geschäftskasse vom 11.02.2019, Kassenbelegnummer: KA09
10. Beleg:	Barzahlung von Ausgangsfracht im Wert 269,00 EUR brutto vom 13.02.2019, Kassenbelegnummer: KA10
11. Beleg	Bareinzahlung auf das Bankkonto 4.500,00 EUR vom 14.02.2019, Kassenbelegnummer: KA11
12. Beleg:	Barzahlung von Postwertzeichen im Wert 16,90 EUR vom 18.02.2019, Kassenbelegnummer: KA12
13. Beleg:	Wareneinkauf Software im Wert von 1.036,50 EUR brutto vom 20.02.2019, Kassenbelegnummer: KA13
14. Beleg:	Barverkäufe Hardware im Wert 2.895,00 EUR brutto vom 23.02.2019, Kassenbelegnummer: KA14
15. Beleg	Barverkäufe Handbücher im Wert von 599,28 EUR brutto vom 28.02.2019, Kassenbelegnummer: KA15

Abstimmsumme festlegen

1. Um die Abstimmsumme für den aktuellen Kassenanfangsbestand einzufügen, klicken Sie auf den Menüpunkt *Bearbeiten* ▶ *Abstimm-/Gruppensummen* ▶ *Abstimmsumme Neu…*.

2. Geben Sie im Dialogfenster *Abstimmsumme* den Kassenanfangsbestand von 7.156,15 EUR ein.

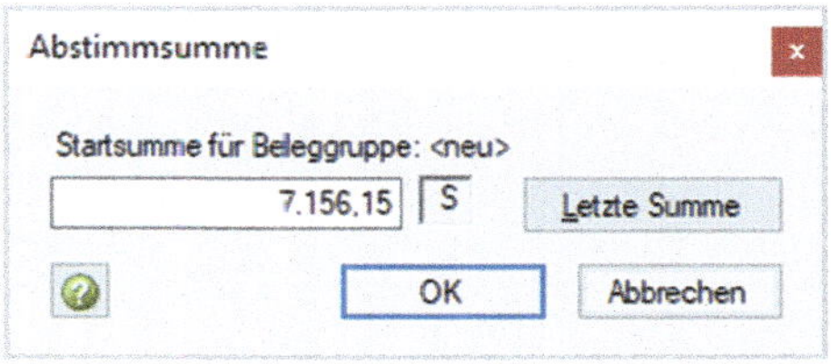

Bild 12.5 Abstimmsumme

   Über die Kennzeichnung Soll/Haben können Sie angeben, ob der Betrag als Sollsaldo (Enter-Taste) oder Habensaldo (+-Taste) angezeigt werden soll. Da das Konto *1000 Kasse* ein Aktivkonto ist, kann der Standardeintrag *Sollsaldo* übernommen werden.

3. Klicken Sie zuletzt auf die Schaltfläche *OK*. Sowohl in der Primanota ❶ als auch in der Buchungsmaske ❷ wird nun der Anfangsbestand der Kasse als Abstimmsumme angezeigt (Bild 12.6).

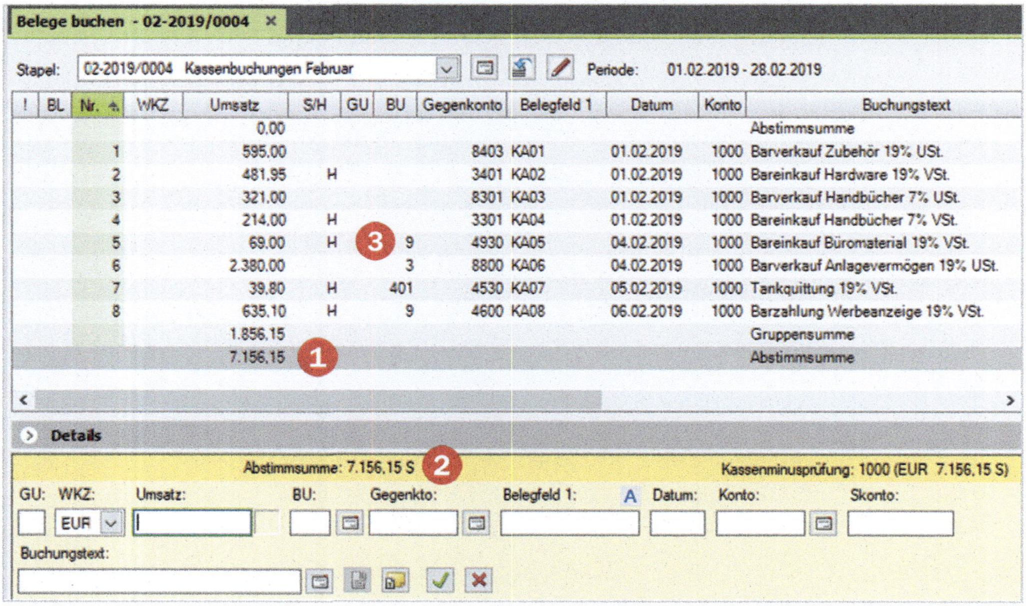

Bild 12.6 Anzeige Abstimmsumme

❶ Sollte Ihnen beim Definieren der Abstimmsumme ein Fehler unterlaufen sein, so klicken Sie einfach doppelt auf den Wert in der Zeile *Abstimmsumme*.

❸ Steuerschlüssel 9 bzw. 401 für 19% Vorsteuer und Steuerschlüssel 3 für 19% Umsatzsteuer

Barabhebung buchen

Der Beleg 9, Barabhebung von 500,00 EUR von der Bank für die Geschäftskasse vom 11.02.2019, Kassenbelegnummer: KA9 soll jetzt gebucht werden. Der Beleg muss zuerst kontiert und kann anschließend gebucht werden.

Allgemeiner Buchungssatz

Soll	Betrag	an	Haben	Betrag
Kasse 1000	500,00 EUR	an	Geldtransit 1360	500,00 EUR

1 Geben Sie die Buchung ein. Damit das Konto *Kasse* geschleppt wird, geben Sie eine Soll-Buchung ein:

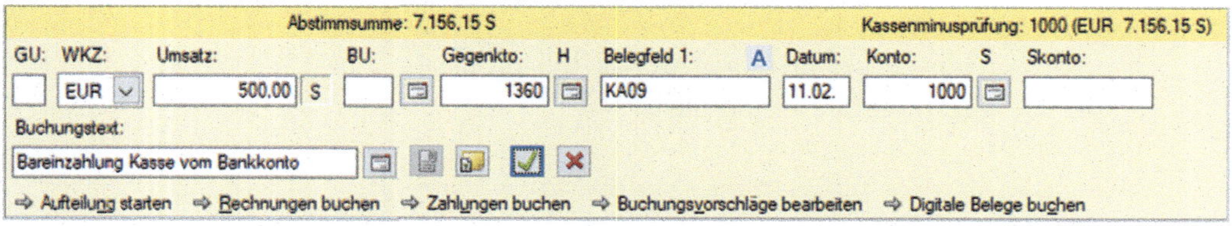

Bild 12.7 Buchung erfassen

2 Übernehmen Sie anschließend die Buchung, indem Sie auf das Symbol *Übernehmen* ✓ klicken. Folgende Informationen werden nach Erfassung der Buchung angezeigt:

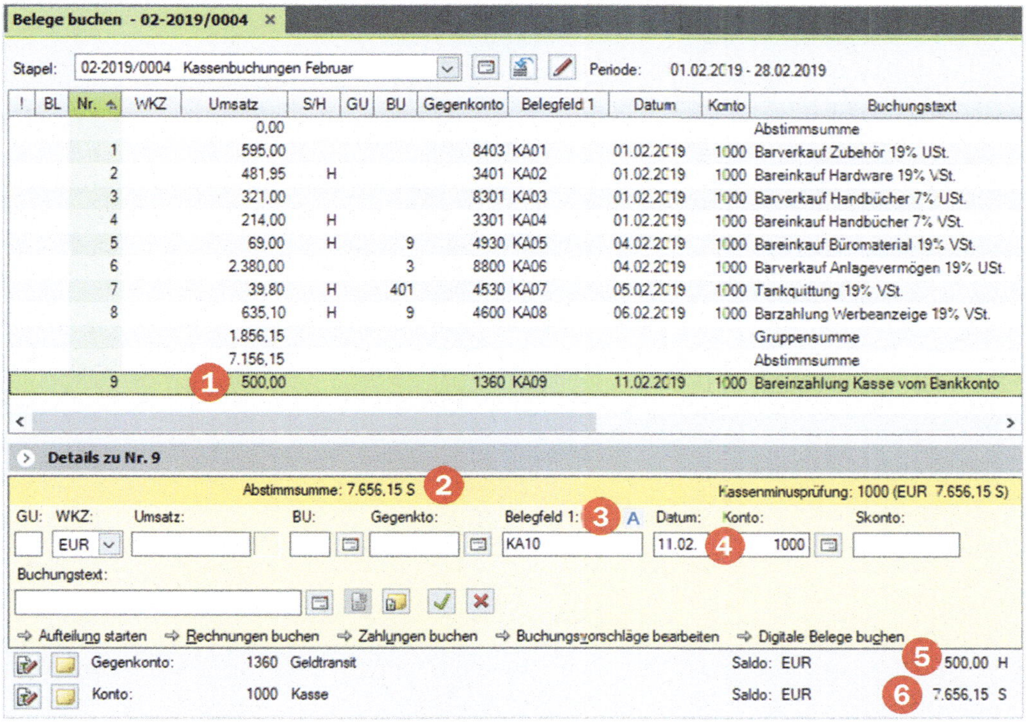

Bild 12.8 Ergebnis

1. Kassenzugang von 500,00 EUR (Sollbuchung).
2. Kassenendbestand nach der Buchung: 7.156,15 + 500,00 = 7.656,15 im Soll.
3. Automatische Belegfeld 1-Erhöhung nächste Kassenbuchung Belegnummer KA10.
4. Datum und Konto 1000 werden geschleppt.
5. Konto Geldtransit 1360; 500,00 EUR im Haben.
6. Kassensaldo Konto 1000; 7.656,15 im Soll.

3 Lassen Sie sich anschließend mit Klick auf *Details zu Nr. 9* die Summen und Salden der Buchung anzeigen. Ergebnis: Das Konto *Kasse 1000* wurde im Soll mit einem Wert von 500,00 EUR gebucht. Das Konto *Geldtransit 1360* mit einem Wert von 500,00 EUR im Haben.

Bild 12.9 Summen und Salden

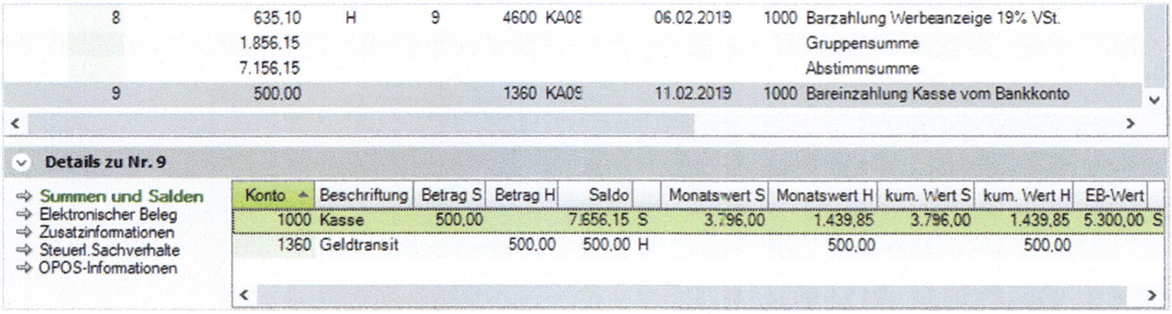

Barzahlung buchen

Der Beleg 10, Barzahlung von Ausgangsfracht im Wert 269,00 EUR brutto vom 13.02.2019, Kassenbelegnummer: KA10 soll ebenfalls gebucht werden.

Allgemeiner Buchungssatz

Soll	Betrag	an	Haben	Betrag
Ausgangsfrachten 4730	226,05 EUR	an	Kasse 1000	269,00 EUR
Abziehbare Vorsteuer 19% 1576	42,95 EUR			

1 Geben Sie zunächst die Buchung ein.

Bild 12.10 Buchung erfassen

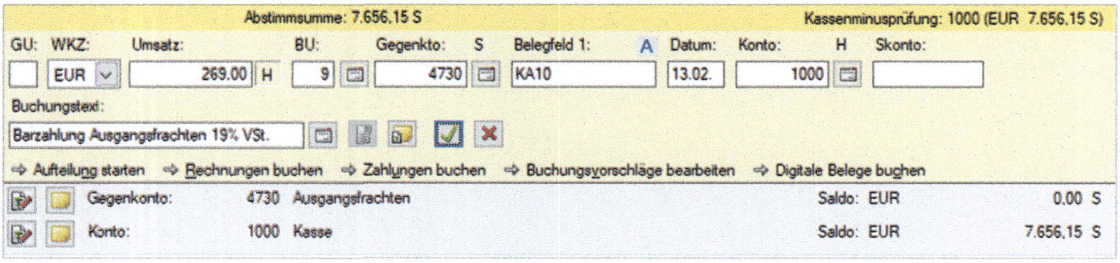

Alternativ können Sie auch den Steuerschlüssel 401 für 19% Abziehbare Vorsteuer verwenden.

2 Übernehmen Sie die Buchung, indem Sie auf das Symbol *Übernehmen* klicken. Anschließend erhalten Sie folgendes Ergebnis (Bild 12.11).

Bild 12.11 Ergebnis der Buchung

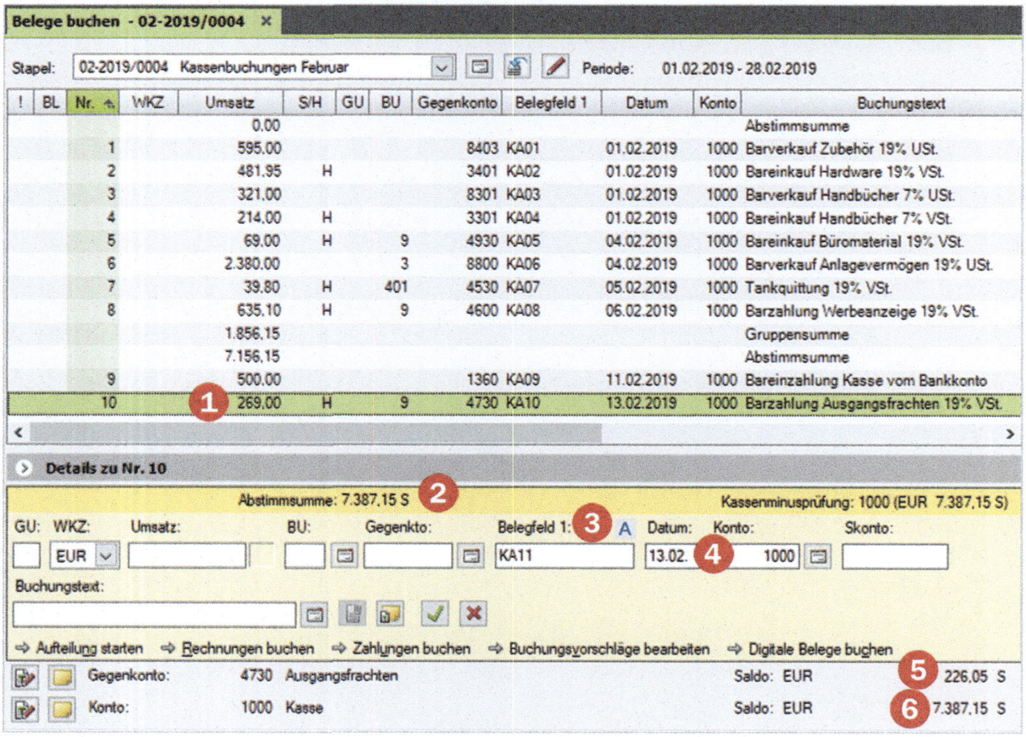

1. Kassenabgang von 269,00 EUR (Habenbuchung).
2. Kassenendbestand nach der Buchung: 7.656,15 - 269,00 = 7.387,15 im Soll.
3. Automatische Belegfeld 1-Erhöhung, nächste Kassenbuchung Belegnummer KA11 .
4. Datum und Konto 1000 werden geschleppt.
5. Konto 4730 Ausgangsfrachten; 226,05 EUR netto im Soll
6. Kassensaldo Konto 1000; 7.387,15 EUR im Soll

3 Lassen Sie sich anschließend mit Klick auf *Details zu Nr. 10* die Summen und Salden der Buchung anzeigen. Das Konto *Ausgangsfrachten 4730* wurde im Soll mit einem Wert von 226,05 EUR, das Konto *1576 Abziehbare Vorsteuer 19%* im Soll mit einem Wert von 42,95 EUR und das Konto *Kasse 1000* im Haben mit einem Wert von 269,00 EUR gebucht.

Bild 12.12 Summen und Salden

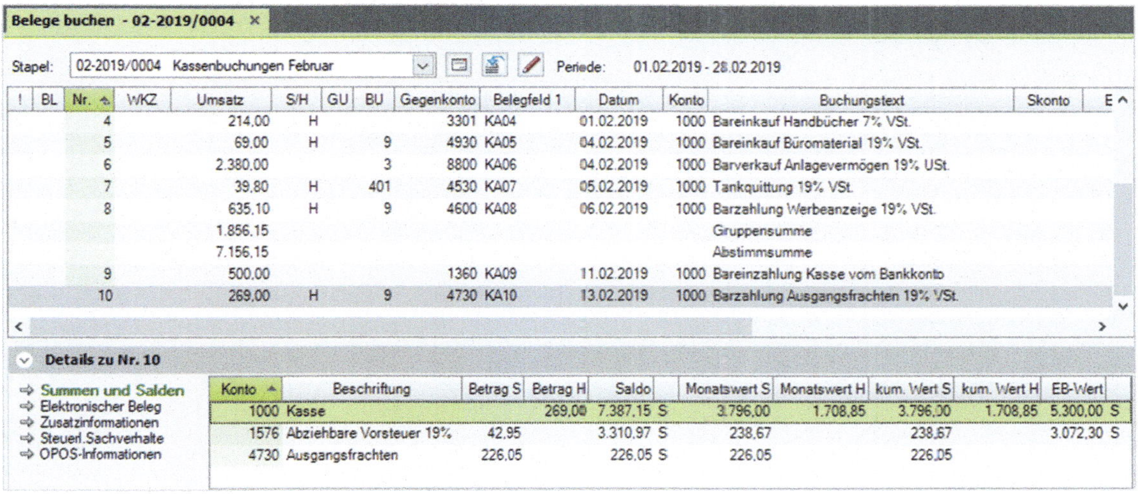

Übung: Kassenvorgänge Februar 2019

Aufgabe 1

Kontieren und buchen Sie die übrigen Kassenvorgänge. Denken Sie daran, die Geschäftsvorfälle zu kontieren und die Konten im Kontenplan zu suchen.

11. Beleg	Bareinzahlung auf das Bankkonto 4.500,00 EUR vom 14.02.2019, Kassenbelegnummer: KA11
12. Beleg:	Barzahlung von Postwertzeichen im Wert 16,90 EUR vom 18.02.2019, Kassenbelegnummer: KA12
13. Beleg:	Wareneinkauf Software im Wert von 1.036,50 EUR brutto vom 20.02.2019, Kassenbelegnummer: KA13
14. Beleg:	Barverkäufe Hardware im Wert 2.895,00 EUR brutto vom 23.02.2019, Kassenbelegnummer: KA14
15. Beleg	Barverkäufe Handbücher im Wert von 599,28 EUR brutto vom 28.02.2019, Kassenbelegnummer: KA15

Aufgabe 2

Die Salden der einzelnen Konten Aufgabe 2 finden Sie im Lösungsbuch.

Stimmen Sie die Salden über die FIBU-Konto-Ansicht ab.

Beschriftung	Konto	Saldo	Soll/Haben
Kasse	1000	5.328,03 EUR	Soll
Geldtransit	1360	4.000,00 EUR	Soll
Ausgangsfrachten	4730	226,05 EUR	Soll
Wareneingang Software 19% VSt	?	871,01 EUR	Soll
Postwertzeichen	?	16,90 EUR	Soll
Erlöse Hardware 19% USt	?	2.432,77 EUR	Haben
Erlöse Handbücher 7% USt	?	860,07 EUR	Haben
Umsatzsteuer 19%	1776	3.863,23 EUR	Haben
Umsatzsteuer 7%	1771	60,21 EUR	Haben
Abziehbare Vorsteuer 19%	1576	3.476,46 EUR	Soll

Aufgabe 3

Schließen Sie anschließend den Buchungsstapel Kassenbuchungen Februar. Den Buchungsstapel bitte noch nicht festschreiben.

12.5 Auswertungen der Kasse

Wichtige Mittel, um die Kasse abzustimmen, bietet der Menüpunkt *Auswertungen* ▶ *Finanzbuchführung*. Analog dazu können Sie die Auswertungen auch über die Navigationsübersicht und den Ordner *Finanzbuchführung auswerten* durchführen.

Bild 12.13 Finanzbuchführung auswerten

Primanota

Die Buchungssätze eines Buchungsstapels werden in der Primanota dokumentiert. Sie können über diese Auswahl den Buchungsstapel anzeigen und dann drucken lassen.

1 Wählen Sie den Menüpunkt *Auswertungen* ▶ *Finanzbuchführung* ▶ *Primanota* oder klicken Sie doppelt in der Übersicht im geöffneten Ordner *Finanzbuchführung auswerten* auf *Primanota* ❶ (Bild 12.13).

2 Anschließend wählen Sie den Buchungsstapel bzw. die Primanota zum Drucken aus (Bild 12.14), und klicken auf die Schaltfläche *Öffnen*.

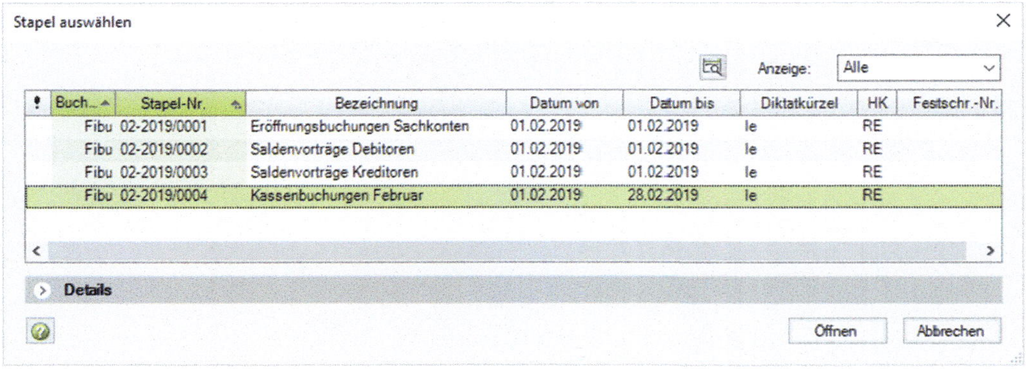

Bild 12.14 Buchungsstapel auswählen

3 Zum Ausdrucken klicken Sie auf das Symbol *Fensterinhalt drucken* 🖶.

Kontoblatt

Das eigentliche Kontenblatt mit den Buchungen auf dem Kassenkonto können Sie über das Kontoblatt ausdrucken lassen. Das entspricht dem in der Theorie bekannten T - Konto mit den Buchungen, die auf dem Kassenkonto gebucht wurden.

1 Wählen Sie den Menüpunkt *Auswertungen* ▶ *Finanzbuchführung* ▶ *Kontoblatt* oder klicken Sie in der Übersicht, im geöffneten Ordner *Finanzbuchführung auswerten* doppelt auf *Kontoblatt*.

2 Geben Sie anschließend das Konto 1000 Kasse ein.

Bild 12.15 Kontoblatt

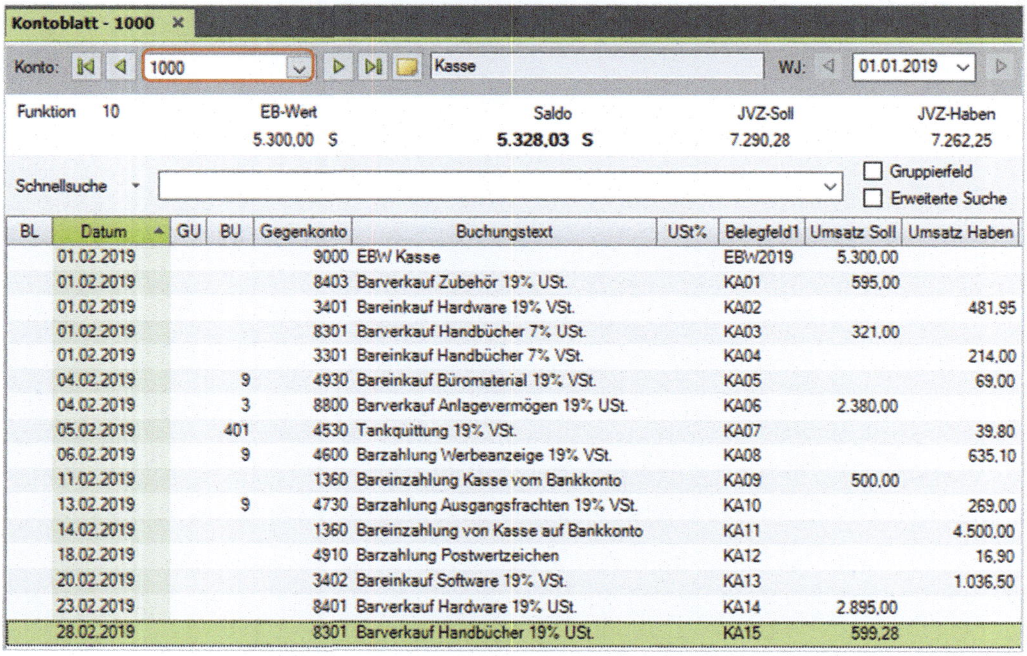

BL	Datum	GU	BU	Gegenkonto	Buchungstext	USt%	Belegfeld1	Umsatz Soll	Umsatz Haben
	01.02.2019			9000	EBW Kasse		EBW2019	5.300,00	
	01.02.2019			8403	Barverkauf Zubehör 19% USt.		KA01	595,00	
	01.02.2019			3401	Bareinkauf Hardware 19% VSt.		KA02		481,95
	01.02.2019			8301	Barverkauf Handbücher 7% USt.		KA03	321,00	
	01.02.2019			3301	Bareinkauf Handbücher 7% VSt.		KA04		214,00
	04.02.2019		9	4930	Bareinkauf Büromaterial 19% VSt.		KA05		69,00
	04.02.2019		3	8800	Barverkauf Anlagevermögen 19% USt.		KA06	2.380,00	
	05.02.2019		401	4530	Tankquittung 19% VSt.		KA07		39,80
	06.02.2019		9	4600	Barzahlung Werbeanzeige 19% VSt.		KA08		635,10
	11.02.2019			1360	Bareinzahlung Kasse vom Bankkonto		KA09	500,00	
	13.02.2019		9	4730	Barzahlung Ausgangsfrachten 19% VSt.		KA10		269,00
	14.02.2019			1360	Bareinzahlung von Kasse auf Bankkonto		KA11		4.500,00
	18.02.2019			4910	Barzahlung Postwertzeichen		KA12		16,90
	20.02.2019			3402	Bareinkauf Software 19% VSt.		KA13		1.036,50
	23.02.2019			8401	Barverkauf Hardware 19% USt.		KA14	2.895,00	
	28.02.2019			8301	Barverkauf Handbücher 19% USt.		KA15	599,28	

3 Zum Ausdrucken klicken Sie auf das Symbol *Fensterinhalt drucken*.

Analog dazu können Sie auch *Arbeitskonto* auswählen, bei dem Ihnen verschiedene Sortierkriterien angeboten werden: Nach Umsatz, nach Belegfeld 1 usw.. In Bild 12.16 als Beispiel das Konto *1360*, *Zeitraum: Monat* und *Sortieren nach: Belegdatum*.

Bild 12.16 Arbeitskonto

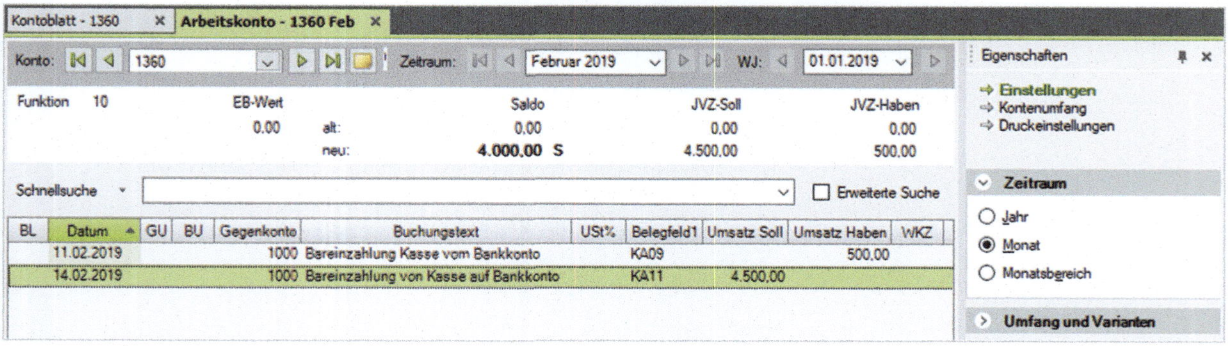

BL	Datum	GU	BU	Gegenkonto	Buchungstext	USt%	Belegfeld1	Umsatz Soll	Umsatz Haben	WKZ
	11.02.2019			1000	Bareinzahlung Kasse vom Bankkonto		KA09		500,00	
	14.02.2019			1000	Bareinzahlung von Kasse auf Bankkonto		KA11	4.500,00		

Kassenbericht

Die Auswertung der Kasse unterstützt Sie beim Prüfen der Geldkonten. Bei Kassenkonten können Sie einen Minusbestand sofort erkennen.

1 Wählen Sie dazu den Menüpunkt *Auswertungen* ▶ *Finanzbuchführung* ▶ *Kassen-/Bankbericht* oder klicken Sie in der Übersicht, im geöffneten Ordner *Finanzbuchführung auswerten* doppelt auf *Kassen-/Bankbericht*.

2 Geben Sie das Konto 1000 ein.

3 Legen Sie anschließend im Zusatzbereich *Eigenschaften* die Einstellungen wie in Bild 12.17 fest (*Zeitraum*: Monat, *Umfang und Varianten*: Einzelkonto).

Der Kassenbericht enthält eine chronologische Auflistung aller Geschäftsvorfälle für das Kassenkonto. Über *Umfang und Varianten* und die Einstellung *Einzelbuchungen* können Sie den Kassenbericht oder ohne Einzelbuchungen tageweise anzeigen.

Bild 12.17 Kassenbericht

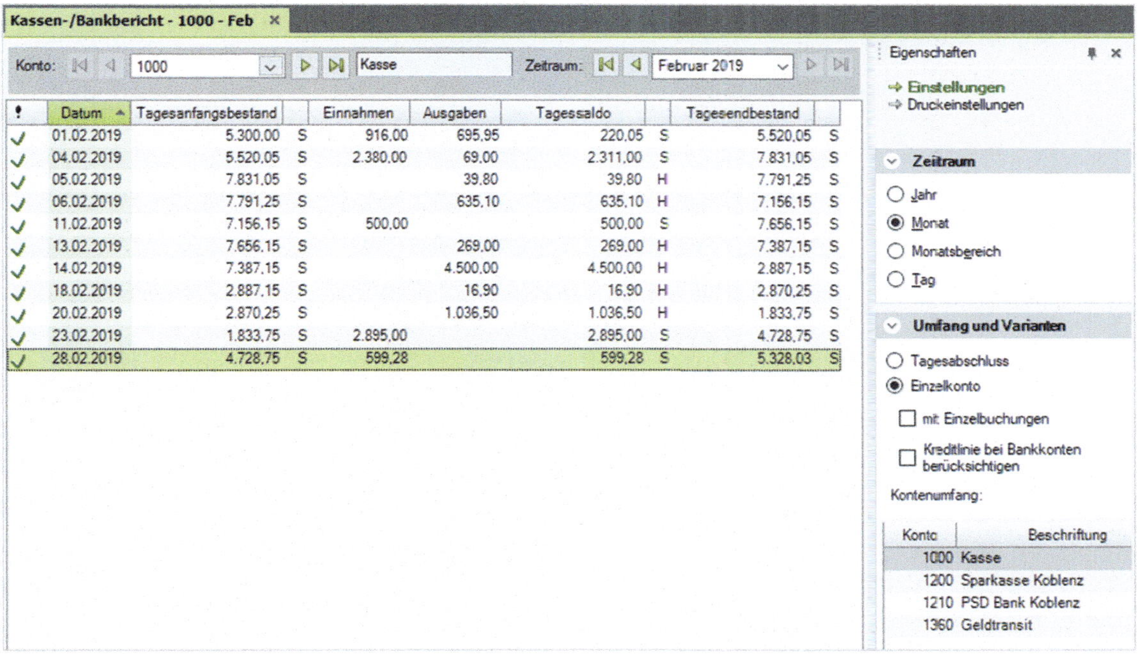
Kassen-/Bankbericht - 1000 - Feb

!	Datum	Tagesanfangsbestand		Einnahmen	Ausgaben	Tagessaldo		Tagesendbestand	
✓	01.02.2019	5.300,00	S	916,00	695,95	220,05	S	5.520,05	S
✓	04.02.2019	5.520,05	S	2.380,00	69,00	2.311,00	S	7.831,05	S
✓	05.02.2019	7.831,05	S		39,80	39,80	H	7.791,25	S
✓	06.02.2019	7.791,25	S		635,10	635,10	H	7.156,15	S
✓	11.02.2019	7.156,15	S	500,00		500,00	S	7.656,15	S
✓	13.02.2019	7.656,15	S		269,00	269,00	H	7.387,15	S
✓	14.02.2019	7.387,15	S		4.500,00	4.500,00	H	2.887,15	S
✓	18.02.2019	2.887,15	S		16,90	16,90	H	2.870,25	S
✓	20.02.2019	2.870,25	S		1.036,50	1.036,50	H	1.833,75	S
✓	23.02.2019	1.833,75	S	2.895,00		2.895,00	S	4.728,75	S
✓	28.02.2019	4.728,75	S	599,28		599,28	S	5.328,03	S

4 Um den Kassenbericht zu drucken, klicken Sie in der Standardsymbolleiste auf das Symbol *Fensterinhalt drucken* .

Hinweis: Bei der Aufbereitung ohne Einzelbuchungen werden für das ausgewählte Kassenkonto der Tagesanfangsbestand, die Tageseinnahmen und -ausgaben, der Tagessaldo sowie der Endbestand dargestellt. Zusätzlich sehen Sie für die einzelnen Tage ein Symbol, normalerweise ein Häkchen. Dies bedeutet, dass das Konto einen Soll-Saldo ausweist.

Übung: Auswertungen drucken

Aufgabe 1

Vergleichen Sie Ihren, am Bildschirm angezeigten Kassenbericht mit der nachfolgenden Musterlösung und korrigieren Sie ggf. Fehlangaben.

Kassen-/Bankbericht - 1000 - Feb

Konto: 1000 Kasse Zeitraum: Februar 2019

!	Datum	Tagesanfangsbestand		Einnahmen	Ausgaben	Tagessaldo		Tagesendbestand	
✓	01.02.2019	5.300,00	S	916,00	695,95	220,05	S	5.520,05	S
✓	04.02.2019	5.520,05	S	2.380,00	69,00	2.311,00	S	7.831,05	S
✓	05.02.2019	7.831,05	S		39,80	39,80	H	7.791,25	S
✓	06.02.2019	7.791,25	S		635,10	635,10	H	7.156,15	S
✓	11.02.2019	7.156,15	S	500,00		500,00	S	7.656,15	S
✓	13.02.2019	7.656,15	S		269,00	269,00	H	7.387,15	S
✓	14.02.2019	7.387,15	S		4.500,00	4.500,00	H	2.887,15	S
✓	18.02.2019	2.887,15	S		16,90	16,90	H	2.870,25	S
✓	20.02.2019	2.870,25	S		1.036,50	1.036,50	H	1.833,75	S
✓	23.02.2019	1.833,75	S	2.895,00		2.895,00	S	4.728,75	S
✓	28.02.2019	4.728,75	S	599,28		599,28	S	5.328,03	S

Die Lösungen zu den Aufgaben 2 und 3 finden Sie im Lösungsbuch.

Aufgabe 2

Drucken Sie den Kassenbericht mit folgenden Einstellungen aus:

Zeitraum: Monat
Umfang und Varianten: Einzelkonto mit Einzelbuchungen

Vergleichen Sie Ihren Kassenbericht mit der Musterlösung.

Aufgabe 3

Drucken Sie das Kontenblatt Konto: 8301 Erlöse Handbücher 7% USt mit folgenden Einstellungen aus:

Zeitraum: Monat
Sortieren nach: Belegdatum

Aufgabe 4

Schließen Sie alle Arbeitsblätter.

13 Buchen von Ausgangsrechnungen

In diesem Kapitel lernen Sie, ...

- was man unter einer Offenen-Posten-Buchführung Debitoren (Kunden) versteht,
- wie Ausgangsrechnungen gebucht werden,
- was man unter einer Offenen-Posten-Auswertung Debitoren versteht und wie diese geprüft wird,
- wie eine Aufteilungsbuchung erfasst wird.

13.1 Offene-Posten-Buchführung Debitoren (Kunden)

Die OPOS (Offene-Posten-Buchführung) ist eine Nebenbuchhaltung der Finanzbuchhaltung. Hauptmerkmal ist dabei, dass mit Personenkonten (Debitoren = Kunden) gebucht wird. Der Forderungsbetrag wird auf das Sammelkonto *1400 Forderungen aus Lieferungen und Leistung* automatisch gebucht.

Die Offene-Posten-Buchführung bietet eine Reihe von Vorteilen:

- Die Programmfunktionen werden durch die Offene-Posten-Buchführung erweitert. Es können zusätzliche Buchungsmodi eingestellt werden.
- Zahlungsbedingungen, die bei den Debitoren hinterlegt wurden, werden beim Buchen von Skontobuchungen geprüft und können übernommen werden.
- Bei Zahlungsbuchungen können die einzelnen offenen Posten des Debitors ausgewählt und verbucht werden.
- Die Pflege des Kontokorrents wird durch Offene-Posten-Listen erleichtert, diese können auch ausgedruckt werden.
- Für das Mahnwesen ist die OPOS zwingende Voraussetzung.

13.2 Buchen von Ausgangsrechnungen

In der Stammdatenpflege des Mandanten wurden in unserem Übungsfall bereits vielfältige Voraussetzungen für die OP-Buchhaltung festgelegt, indem sowohl Personenkonten als auch Zahlungsbedingungen hinterlegt wurden. Die Vorarbeit für die OP-Buchhaltung ist daher schon vorhanden.

Beim Buchen von Ausgangsrechnungen sind besondere Punkte zu beachten:

- Das Personenkonto des Debitors ist zwingend anzugeben.
- Benötigt wird das Feld *Belegfeld1* mit der eindeutigen Belegnummer der Rechnung also der Offene Posten.
- Ebenso erforderlich ist das Belegdatum der Rechnung, wichtig für Zahlungsbedingungen und das Mahnwesen.

Zusätzlich lässt sich der Buchungsmodus *Rechnungen buchen* einschalten. Dieser Buchungsmodus ermöglicht Ihnen eine bequeme Suche des Personenkontos (Debitors) und schaltet den Ansichtsbereich automatisch auf die *OPOS-Konto*-Ansicht. Es kann natürlich auch in der Standardansicht gebucht werden.

Ausgangssituation (Bitte noch nicht direkt buchen!)

Aus der Verkaufsabteilung werden Ihnen vier Ausgangsrechnungen vorgelegt.

1. Beleg:	Verkauf von Hardware an den Kunden Wilma Klein vom 04.02.2019 BelegNr. AR04-2019, Bruttogesamtbetrag: 890,00 EUR
2. Beleg:	Verkauf von Zubehör an den Kunden Firma Mösch vom 13.02.2019 BelegNr. AR05-2019, Bruttogesamtbetrag: 5.980,02 EUR
3. Beleg:	Verkauf von Handbüchern an den Kunden Firma Mösch vom 15.02.2019 BelegNr. AR06-2019, Bruttogesamtbetrag: 875,13 EUR

Wiederholungsübung: Buchungsstapel anlegen/Konten suchen

Legen Sie einen neuen Buchungsstapel für den Monat Februar an.
Bezeichnung: Ausgangsrechnungen Februar
Diktatschlüssel: Ihr Namenszeichen

Kontieren und suchen Sie die Konten für die oben angegebenen Buchungen.

In der Standardansicht buchen

Die Ausgangsrechnungen sollen jetzt in der Standardansicht gebucht werden.

1 Erfassen Sie - wie in der nachfolgenden Abbildung dargestellt - die erste Buchung (Beleg 1) und übernehmen Sie diese.

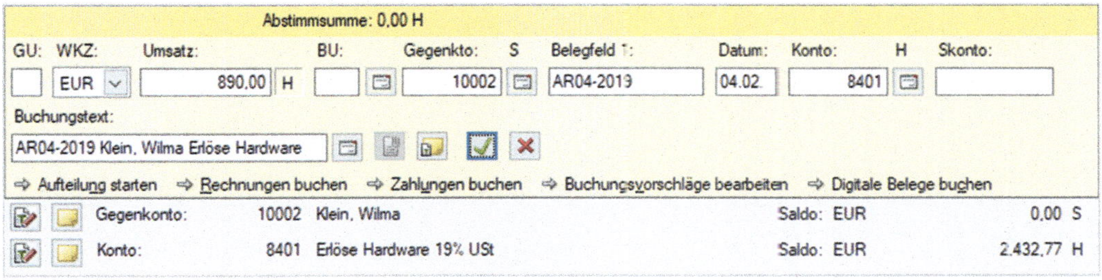

Bild 13.1 Buchung erfassen

2 Lassen Sie sich anschließend mit Klick auf *Details zu Nr. 1* die Summen und Salden der Buchung anzeigen. Hier sehen Sie, dass das Konto *1400 Forderungen aus Lieferungen und Leistung* automatisch mit gebucht wurde.

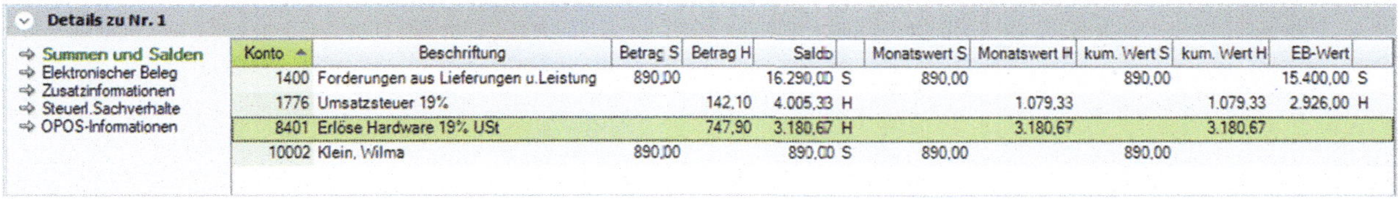

Bild 13.2 Summen und Salden

Das Konto *10002* wurde im Soll mit dem Wert von 890,00 EUR, das Sammelkonto *1400* im Soll mit einem Wert von ebenfalls 890,00 EUR, das Konto *8401 Erlöse Hardware 19% USt* im Haben mit einem Wert von 747,90 EUR und das Konto *1776 Umsatzsteuer 19%* im Haben mit einem Wert von 142,10 EUR gebucht.

3 Klicken Sie auf den Link *OPOS-Informationen* ❶. Die Zahlungsbedingung für den Kunden 10002 Klein, Wilma, zur Rechnung AR04-2019 wird angezeigt: Zahlbar innerhalb 14 Tage ohne Skontoabzug ❷.

Bild 13.3 OPOS-Informationen

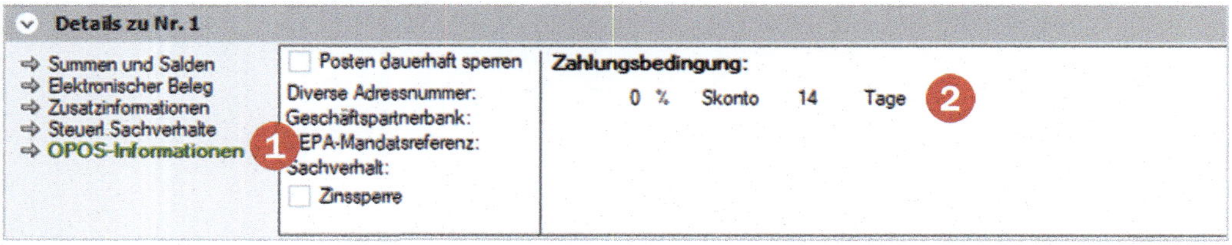

Der Buchungsmodus Rechnungen buchen

Die nächste Buchung soll über den Link *Rechnungen buchen* erfolgen. Diese Technik ist eine Alternative zum Standardbuchen. Der Vorteil liegt vor allem in der Kontrolle der offenen Posten.

Beleg 2: Verkauf von Zubehör an den Kunden Firma Mösch vom 13.02.2019, BelegNr. AR05-2019, Bruttogesamtbetrag: 5.980,02 EUR

1 Klicken Sie in der Buchungsmaske auf den Link *Rechnungen buchen*.

2 Das Dialogfenster *Rechnungen buchen (OPOS-Suche)* wird Ihnen angezeigt (Bild 13.4). Sie können jetzt über die Suche nach Konto, Rechnungsnummer oder Geschäftspartner die Rechnung einbuchen.

Bild 13.4 Fenster Rechnungen buchen

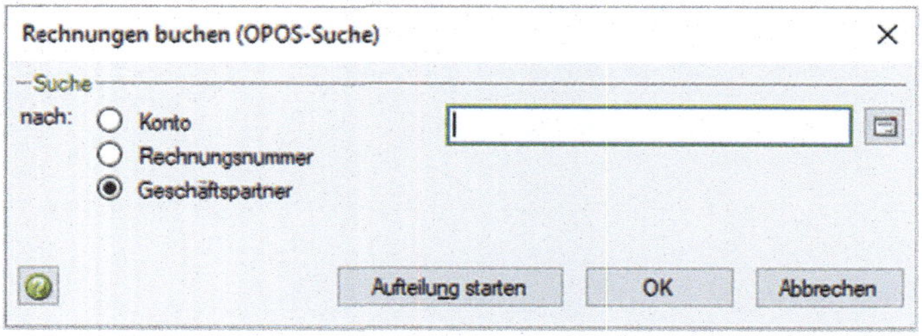

3 Wählen Sie die Option *Geschäftspartner* und geben Sie im Suchfeld den Buchstaben M für den Anfangsbuchstaben des Kunden Mösch GmbH ein. Das Dialogfenster *Geschäftspartner auswählen* wird geöffnet.

Tipp: Über den Dropdown-Pfeil des Feldes *Schnellsuche* können Sie die Suche nach bestimmten Kriterien erweitern oder einschränken.

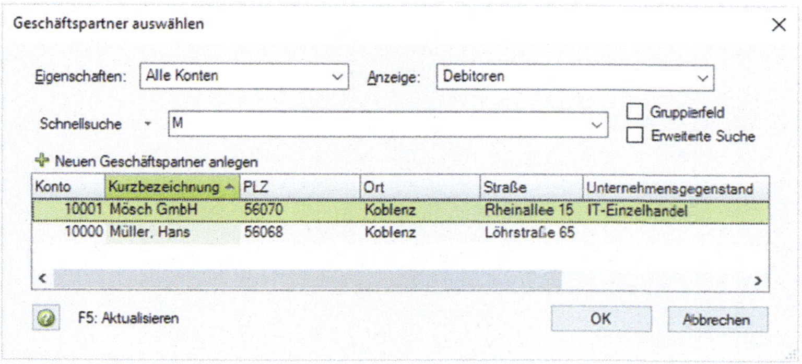

Bild 13.5 Geschäftspartner auswählen

4 Klicken Sie auf die Kundennummer *10001 Mösch GmbH* und übernehmen Sie den Geschäftspartner mit Klick auf die Schaltfläche *OK*. Das Programm wechselt automatisch in die Ansicht *OPOS-Konto* und übernimmt die Kontonummer *10001* des Kunden Mösch GmbH in das Feld *Gegenkonto*.

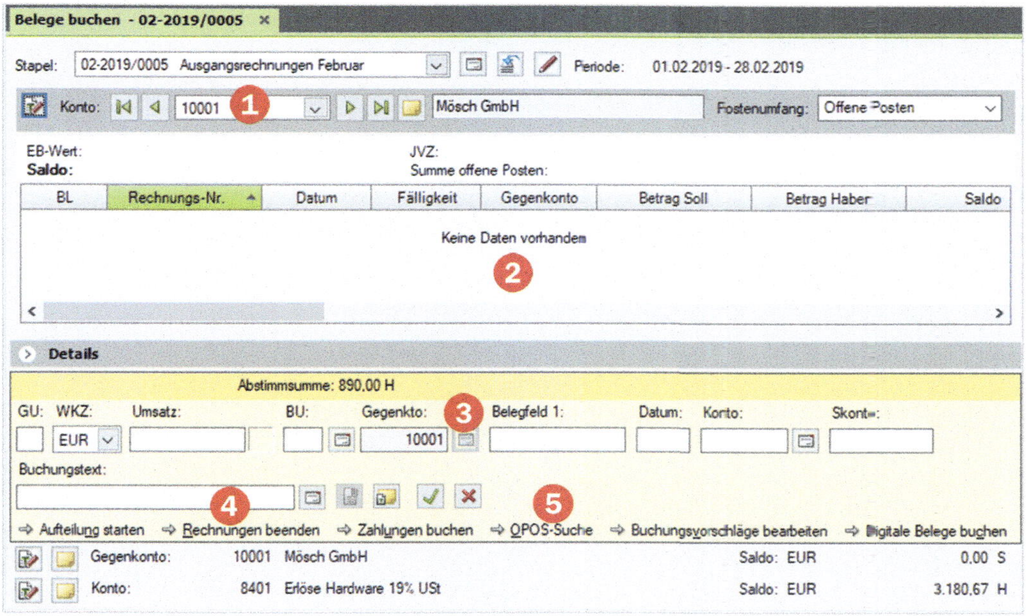

Bild 13.6 OPOS-Konto

❶ Falls das Gegenkonto des Kunden Mösch GmbH nicht angezeigt wird, geben Sie im Feld Konto die Kundennummer 10001 ein.

❷ In diesem Bereich werden die bereits gebuchten, aber noch nicht bezahlten offenen Posten für den Kunden angezeigt.

❸ Das Feld *Gegenkto* ist grau und mit der Kontennummer *10001* für den Kunden Mösch GmbH vorbelegt.

❹ Mit Klick auf den Link *Rechnungen beenden*, wechselt das Programm zurück zum Standardbuchen über die Primanotaansicht.

❺ Wenn Sie den falschen Kunden ausgewählt haben, können Sie mit Klick auf den Link *OPOS-Suche* das Dialogfenster *Rechnungen buchen (OPOS-Suche)* (siehe Bild 13.4) erneut aufrufen und ggf. ändern.

5 Erfassen Sie nun die Ausgangsrechnung wie in Bild 13.7: Verkauf von Zubehör an den Kunden Firma Mösch vom 13.02.2019, BelegNr. AR05-2019, Bruttogesamtbetrag: 5.980,02 EUR.

Bild 13.7 Beleg 2

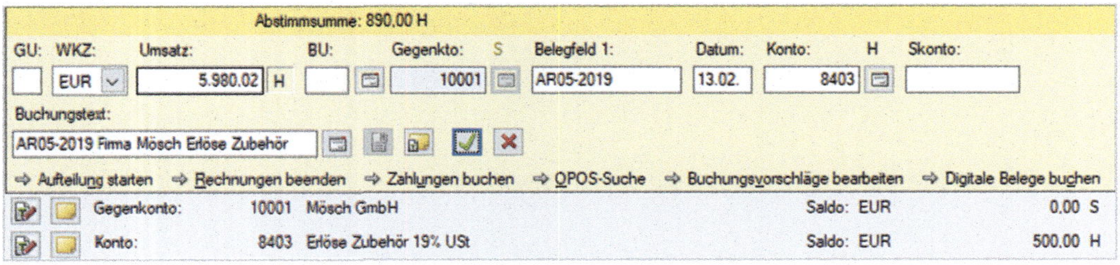

6 Nachdem Sie die Buchung übernommen haben, wird automatisch wieder das Dialogfenster *Rechnungen buchen (OPOS-Suche)* eingeblendet, um ein weiteres Personenkonto zu suchen. Klicken Sie auf die Schaltfläche *Abbrechen*. Die Buchung wird Ihnen in der Ansicht *OPOS-Konto* wie in Bild 13.8 angezeigt:

Bild 13.8 OPOS-Ansicht

Sollte der Offene Posten an Ihrem Arbeitsplatz nicht direkt angezeigt werden, geben Sie im Feld Konto die Kontonummer 10001 ein.

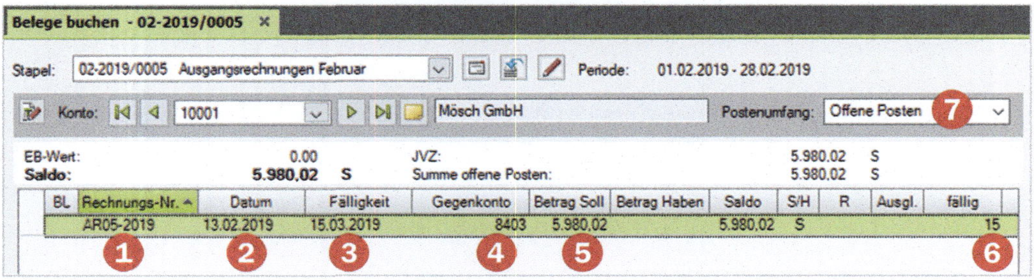

1. Rechnungsnummer (= offene Posten)
2. Rechnungsdatum
3. Fälligkeit der Rechnung (Zahlungsziel 30 Tage)
4. Gegenkonto (8403 Erlöse Zubehör 19% USt)
5. Bruttobetrag der Rechnung
6. Differenz vom Buchungsstapelende 28.02.2019:
   Datum: 13.02.2019 = +15

Hinweis: Über das Auswahlfeld *Postenumfang* 7 können Sie nach *Offenen Posten*, *ausgeglichene Posten* und *ausgeglichene und offene Posten* auswählen.

7 Lassen Sie sich anschließend mit Klick auf *Details zu Nr. 2* die Summen und Salden der Buchung anzeigen. Sie sehen, dass das Konto *1400 Forderungen aus Lieferungen und Leistung* automatisch mit gebucht wurde.

Bild 13.9 Summen und Salden

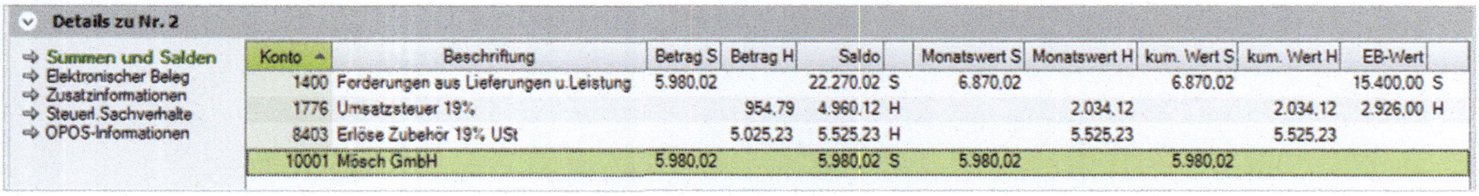

Das Konto *10001* wurde im Soll mit dem Wert von 5.980,02 EUR gebucht, das Sammelkonto *1400* im Soll mit einem Wert von ebenfalls 5.980,02 EUR, das Konto *8403 Erlöse Zubehör 19%*

USt wurde im Haben mit einem Wert von 5.025,23 EUR und das Konto *1776 Umsatzsteuer 19%* im Haben mit einem Wert von 954,79 EUR gebucht.

8 Klicken Sie auf *OPOS-Informationen*. Die Zahlungsbedingung zur Rechnung AR05-2019 für den Kunden 10001 Firma Mösch GmbH wird angezeigt: Firma Mösch GmbH erhält auf die Rechnung als guter Kunde folgende Zahlungsbedingungen: Bei Zahlung innerhalb von 14 Tagen kann die Firma 2% Skontoabzug geltend machen. Die Rechnung ist innerhalb von 30 Tagen fällig.

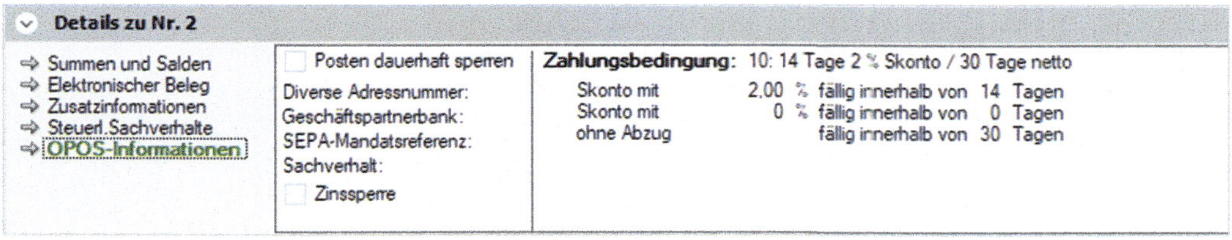

Bild 13.10 Zahlungsbedingung

Übung: Ausgangsrechnungen buchen

Aufgabe 1

Buchen Sie den Beleg Nr. 3. Denken Sie daran, die Geschäftsvorfälle zu kontieren und die Konten im Kontenplan zu suchen.

3. Beleg: Verkauf von Handbüchern an den Kunden Firma Mösch vom 15.02.2019 BelegNr. AR06-2019, Bruttogesamtbetrag: 875,13 EUR

Aufgabe 2

Prüfen Sie anschließend mit Klick auf das Symbol *FIBU-Konto anzeigen* die folgenden Salden. Korrigieren Sie ggf. Buchungen.

Die Salden der Konten zu Aufgabe 2 finden Sie im Lösungsbuch

Beschriftung	Konto	Saldo	Soll/Haben
Kunde Mösch GmbH	10001	6.855,15 EUR	Soll
Kunde Klein	10002	890,00 EUR	Soll
Forderungen aus Lieferungen und Leistung	1400	23.145,15 EUR	Soll
Erlöse Zubehör 19% USt	?	5.525,23 EUR	Haben
Erlöse Hardware 19% USt	?	3.180,67 EUR	Haben
Erlöse Handbücher 7% USt	?	1.677,95 EUR	Haben
Umsatzsteuer 7%	1771	117,46 EUR	Haben
Umsatzsteuer 19%	1776	4.960,12 EUR	Haben

Aufgabe 3

Schließen Sie anschließend den Buchungsstapel Ausgangsrechnungen Februar. Den Buchungsstapel noch nicht festschreiben.

13.3 Offene Posten Auswertungen Debitoren

Wichtige Mittel, um die offenen Posten Debitoren auszuwerten, bietet der Menüpunkt *Auswertungen* ▶ *Debitoren*. Analog dazu können Sie die Auswertungen auch über die Navigationsübersicht und den Ordner *Debitoren* durchführen (Bild 13.11). Debitoren können Sie über *OPOS-Konto*, *OPOS-Liste*, *ABC-Analyse* und über den Menüpunkt *Auswertungen* ▶ *Debitoren* ▶ *Fälligkeitsliste* auswerten.

Bild 13.11 Auswertungen Debitoren

OPOS-Konto

Das OPOS-Konto enthält zusätzliche Informationen zu den einzelnen offenen Posten, wie z. B. die Fälligkeit der Rechnungen.

Über einen Doppelklick können Sie das Konto bzw. die Konten mit offenen Posten auswählen und anschließend im Buchungsstapel bearbeiten. Möchten Sie das OPOS-Konto (OPOS-Konten) ausdrucken, klicken Sie auf das Symbol *Fensterinhalt drucken* oder wählen mit Klick der rechten Maustaste den Befehl *Liste drucken…* aus. Im Zusatzbereich *Eigenschaften: Einstellungen* können Sie (geraffte oder ungeraffte Ausgabe) Kontenumfang und Druckeinstellungen individuell bestimmen.

OPOS-Liste

Die OPOS-Liste, umgangssprachlich auch OP-Liste genannt, entspricht im Wesentlichen dem OPOS-Konto. Die offenen Posten werden in Listenform dargestellt. Über den Zusatzbereich *Eigenschaften: Einstellungen* (geraffte oder ungeraffte Ausgabe) können Sie Kontenumfang und

Druckeinstellungen individuell bestimmen. Zusätzlich können Sie Sortierkriterien einstellen oder diese auch über die erweiterte Suche im Selektionsbereich der Konten einschränken.

Fälligkeitsliste

Über den Menüpunkt *Auswertungen* ▶ *Debitoren* ▶ *Fälligkeitsliste* können Sie eine Fälligkeitsliste ausdrucken.

Die Fälligkeitsliste bietet eine Übersicht der fälligen und der fällig werdenden Rechnungsbeträge. Sie können hieraus Informationen entnehmen, wann und in welcher Höhe Zahlungseingänge zu erwarten sind. Im Zusatzbereich *Eigenschaften* können Sie angeben, ob die Fälligkeitsliste jährlich, monats-, wochen- oder tageweise dargestellt ausgegeben werden soll.

Übung: OP-Listen anzeigen und ausdrucken

Aufgabe 1

Lassen Sie sich das OPOS-Konto vom Debitorenkonto 10001 Firma Mösch GmbH am Bildschirm anzeigen.

Kontenumfang:	Konten mit offenen Posten
Einstellungen Bereich Verdichtung:	Rechnungen gerafft

Die Musterlösungen zu den Aufgaben 1 bis 3 finden Sie im Lösungsbuch

Aufgabe 2

Lassen Sie sich die OPOS-Liste aller offenen Posten Debitoren ausgeben.

Kontenumfang:	Debitoren
Einstellungen Bereich Verdichtung:	Rechnungen ungerafft

Detaillierung: Posten

Drucken Sie die OP-Liste aus.

Aufgabe 3

Lassen Sie sich eine Debitoren - Fälligkeitsliste der offenen Posten anzeigen.

Staffelung nach Fälligkeitsdatum:	monatlich

Drucken Sie die Fälligkeitsliste aus.

13.4 Aufteilungsbuchungen von Ausgangsrechnungen

In der buchhalterischen Praxis kommt es sehr häufig vor, dass beim Buchen eines Beleges nicht nur ein Sachkonto sondern mehrere angesprochen werden. Dies kommt bei Kassenbuchungen und oft bei Ausgangs- und Eingangsrechnungen vor. In unserer Firma Perm GmbH ist dies auch der Fall, da für den Bereich des Verkaufs verschiedene Erlöskonten angelegt wurden. Zu diesem Zweck bietet das Programm DATEV Kanzlei-Rechnungswesen die Schaltfläche *Aufteilung starten* an.

Ausgangssituation (Bitte noch nicht direkt buchen!)

Aus der Verkaufsabteilung werden Ihnen drei weitere Ausgangsrechnungen vorgelegt, die im Anschluss gebucht werden sollen. Diese Belege führen mehrere Erlöskonten auf den Rechnungen, wie z. B. Hardware und Software oder auch Zubehör und ähnliches, auf.

Am 18.02.2019 werden mit Ausgangsrechnungsnummer AR07-2019 an den Kunden Franz Tischler Kundennummer 10004 diverse Hardware und Zubehörartikel verkauft: Hardware im Gesamtnettowarenwert von 1.126,60 EUR und Zubehör im Gesamtnettowarenwert von 231,30 EUR zzgl. gesetzl. Mehrwertsteuer.

Bild 13.12 Ausgangsrechnung

Perm GmbH
Hard- und Software
Lohrstraße 45
56068 Koblenz

Telefon 0261 125253
FAX 0261 1252800
Internet: www.perm.de
E-Mail: info@perm.de

Rechnungsdatum: 18.02.2019

Herrn
Franz Tischler
Vogelberg 70
50667 Köln

Wir lieferten Ihnen am 16.02.2019 mit Lieferschein LS07-2019

Rech-Nr.: AR07-2019
Debitoren-Nr. 10004

ArtNr.	Artikel	Menge	Einzelpreis	Gesamtpreis
50	PC Galaxy Quad Core 4,4 GHz	1	890,60 €	890,60 €
26	Farblaserdrucker Ipswitch 5000	1	236,00 €	236,00 €
102	Pakete UWS-Papier A4	10	11,20 €	112,00 €
105	DVD-Box	1	19,80 €	19,80 €
112	Ständer PC-Gehäuse	1	99,50 €	99,50 €

Netto: 1.357,90 €
+19% MwSt. 258,00 €
Gesamt: **1.615,90 €**

Rechungsbetrag zahlbar bis zum:
04.03.2019

Geschäftsführer:
Walther Münchbacher
Thomas Phillip
USt-IdNr.: DE 130 504 827
Steuernummer: 22/127/3166/6
Registergericht: Koblenz, HRB 14520

Bankverbindung:
Sparkasse Koblenz BLZ: 570 501 20 KtoNr 112607
IBAN: DE97570501200000112607 BIC: MALADE51KOB
PSD BANK Koblenz BLZ: 570 909 00 KtoNr. 13316020
IBAN: DE60570909000013316020 BIC: GENODEF1P12

Soll	Betrag	Haben	Betrag
10004	1.615,90 €	8401	1.126,60 €
		8403	231,30 €
		1776	258,00 €

Gebucht:18.02.19 NZ: le

Die ersten beiden Positionen gehören zum Erlöskonto *8401 Erlöse Hardware 19% USt*, die Positionen 3 bis 5 zum Erlöskonto *8403 Erlöse Zubehör 19% USt*. Um die Ausgangsrechnung über eine Aufteilungsbuchung zu erfassen, gehen Sie - wie nachfolgend dargestellt - vor:

Buchungsstapel auswählen

1 Wählen Sie den Menüpunkt *Erfassen* ▶ *Belege buchen* oder klicken Sie in der Übersicht doppelt auf den Eintrag *Belege buchen*. Das Dialogfenster *Stapel auswählen* mit den bisher angelegten Buchungsstapeln wird geöffnet.

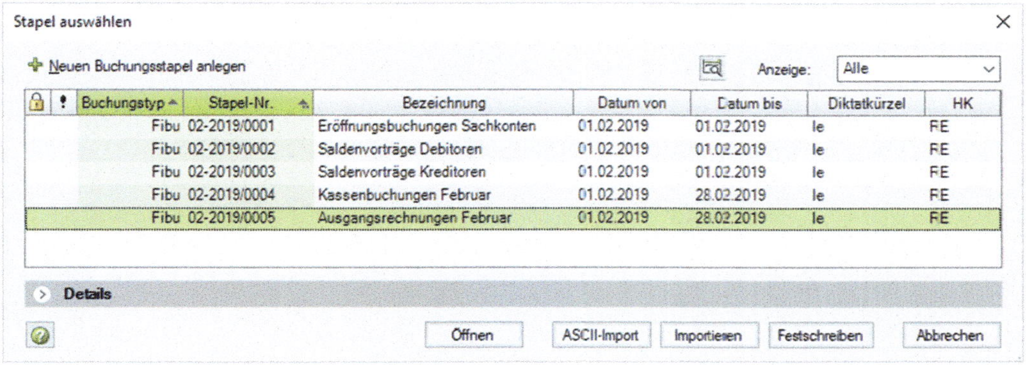

Buchungstyp	Stapel-Nr.	Bezeichnung	Datum von	Datum bis	Diktatkürzel	HK
Fibu	02-2019/0001	Eröffnungsbuchungen Sachkonten	01.02.2019	01.02.2019	le	FE
Fibu	02-2019/0002	Saldenvorträge Debitoren	01.02.2019	01.02.2019	le	FE
Fibu	02-2019/0003	Saldenvorträge Kreditoren	01.02.2019	01.02.2019	le	FE
Fibu	02-2019/0004	Kassenbuchungen Februar	01.02.2019	28.02.2019	le	FE
Fibu	02-2019/0005	Ausgangsrechnungen Februar	01.02.2019	28.02.2019	le	FE

Bild 13.13 Stapel auswählen

2 Klicken Sie auf den Buchungsstapel *Ausgangsrechnungen Februar* und anschließend auf die Schaltfläche *Öffnen*. Das Arbeitsblatt *Belege buchen* mit der Primanota der bisher erfassten Ausgangsrechnungen Februar wird Ihnen angezeigt.

Gruppen- und Abstimmsumme

Das Programm erstellt beim Öffnen des Buchungsstapels aus den enthaltenen Buchungssätzen automatisch eine Gruppen- und Abstimmsumme. Die Gruppensumme wird aus den Beträgen im Feld *Umsatz* gebildet. In der Praxis wird die Gruppensumme zur Kontrolle und zum Abstimmen der Buchungen verwendet.

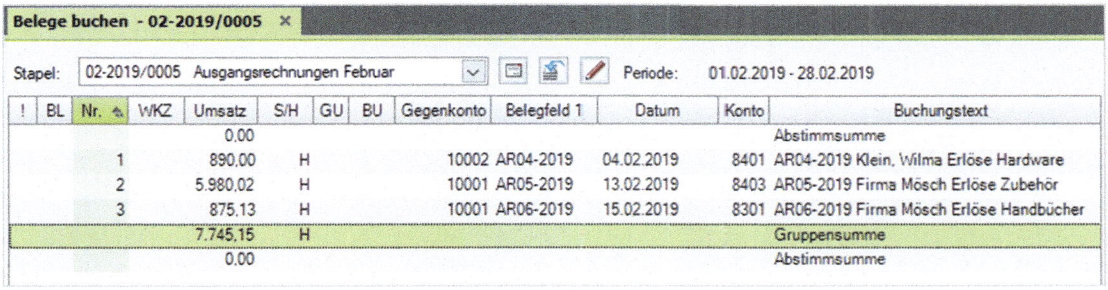

!	BL	Nr.	WKZ	Umsatz	S/H	GU	BU	Gegenkonto	Belegfeld 1	Datum	Konto	Buchungstext
				0,00								Abstimmsumme
		1		890,00	H			10002	AR04-2019	04.02.2019	8401	AR04-2019 Klein, Wilma Erlöse Hardware
		2		5.980,02	H			10001	AR05-2019	13.02.2019	8403	AR05-2019 Firma Mösch Erlöse Zubehör
		3		875,13	H			10001	AR06-2019	15.02.2019	8301	AR06-2019 Firma Mösch Erlöse Handbücher
				7.745,15	H							Gruppensumme
				0,00								Abstimmsumme

Bild 13.14 Gruppensumme

In der Primanota werden drei Ausgangsrechnungen mit den jeweilig gebuchten Bruttobeträgen angezeigt. Addiert man die Bruttobeträge aus den drei Originalrechnungen, zum Beispiel mit einem Taschenrechner, muss der Gruppensummenwert mit den Originalrechnungen übereinstimmen (Bild 13.14). Hierbei gilt es zu beachten, dass der Gruppensummenbetrag aus der Abstimmsumme 0,00 in der ersten Zeile gebildet wird. Habenbuchungen im Feld *Konto* werden addiert, Sollbuchungen im Feld *Konto* subtrahiert.

Tipp: Eine Gruppensumme können Sie auch während des Buchens über den Menübefehl *Bearbeiten* ▶ *Abstimm-/Gruppensummen* ▶ *Gruppensumme setzen* in die Primanota einfügen.

Buchung erfassen und Aufteilung starten

Im nächsten Schritt soll jetzt die Ausgangsrechnung über eine Aufteilungsbuchung gebucht werden.

1 Klicken Sie in der Buchungsmaske auf den Link *Aufteilung starten* ❶.

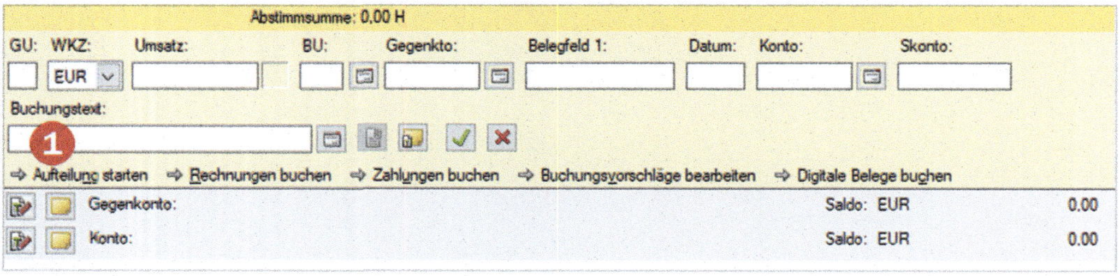

Bild 13.15 Buchungsmaske

2 Geben Sie zunächst den Bruttogesamtbetrag der Rechnung in Höhe von 1.615,90 EUR ein und drücken Sie anschließend die Plus-Taste (+), um eine Habenbuchung zu erzeugen.

Hinweis: Soll der Bruttogesamtbetrag im Soll gebucht werden, muss die Enter-Taste gedrückt werden.

3 Geben Sie im nächsten Schritt die Belegnummer AR07-2019 und das Rechnungsdatum 18.02.2019 ein (Bild 13.16).

4 Im Bereich *fixes Konto* geben Sie die Kontonummer 10004 des Kunden Tischler, Franz im Feld *Gegenkonto* ein.

5 Geben Sie im Feld *Buchungstext* den in Bild 13.16 dargestellten Text ein.

6 Im Feld *Umsatzerfassung* klicken Sie auf die Option *Netto*.

Achtung: In unserem Beispiel ist dies leicht nachzuvollziehen. Die einzelnen Positionen der Rechnung sind Netto ausgewiesen und müssen als solche auch in die Buchungsmaske eingetragen werden. Das Programm rechnet die Beträge eigenständig in Bruttobeträge um.

7 Klicken Sie zuletzt auf die Schaltfläche *OK*.

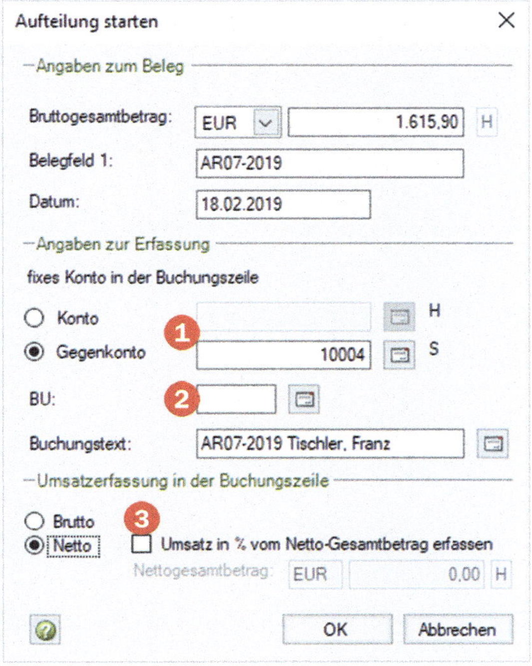

Bild 13.16 Aufteilung starten

❶ In diesem Bereich kann entweder das Feld *Konto* oder das Feld *Gegenkonto* als festes Konto in der Buchungsmaske eingestellt werden.

❷ Das Feld *BU* wird benutzt, um Steuerschlüssel beim Buchen mit anzugeben. In unserem Fall nicht notwendig, da wir mit Automatikkonten buchen.

❸ Wenn Sie das Kontrollkästchen *Umsatz in % vom Netto-Gesamtbetrag erfassen* aktivieren, muss der Netto-Gesamtbetrag erfasst werden. In der Buchungserfassung kann anschließend der Netto-Umsatz in % eingegeben werden. Sobald Sie das Feld *Umsatz* verlassen, wird danach der absolute Wert errechnet und in das Feld *Umsatz* übernommen.

In der Buchungsmaske kann jetzt die Ausgangsrechnung mit mehreren Sachkonten gebucht werden. Oberhalb der Buchungsmaske werden Ihnen der Bruttogesamtbetrag und der noch zu buchende Restbetrag angezeigt (Bild 13.17).

1 Geben Sie zunächst die Buchung der *Erlöse Hardware 19% USt* Konto *8401* mit dem Nettowert der Ausgangsrechnung von 1.126,60 EUR ein.

Bild 13.17 Buchungsmaske

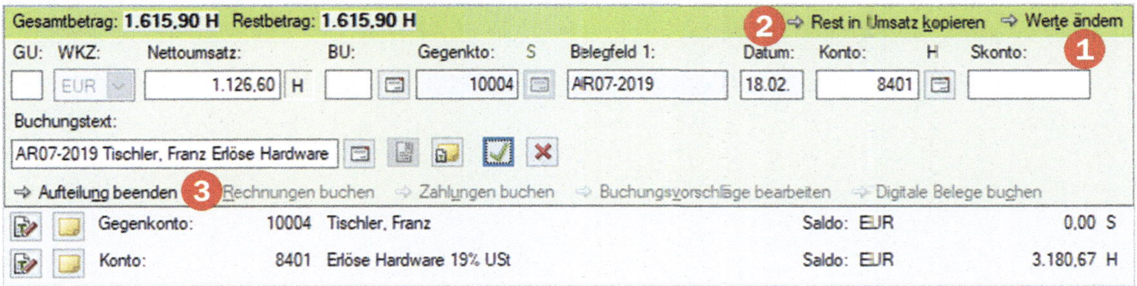

❶ Über den Link *Werte ändern* können der Bruttogesamtbetrag der Rechnung und Angaben zu *Belegfeld1, Datum* sowie die Angaben zur Erfassung geändert werden.

❷ Über den Link *Rest in Umsatz kopieren* kann der Wert im Feld *Restbetrag* in das Feld *Umsatz* übernommen werden. Nur empfehlenswert bei Erfassung von Bruttobeträgen.

❸ Der Link *Aufteilung beenden* kann verwendet werden, um die Aufteilungsbuchung abzubrechen oder Korrekturen vorzunehmen.

2 Übernehmen Sie die Buchung mit Klick auf das Symbol ☑. Nun erscheint der noch zu buchende Restbetrag von 275,25 EUR (brutto).

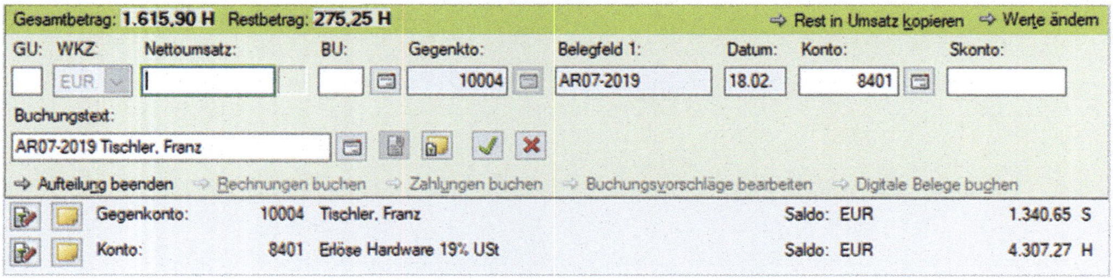

Bild 13.18 Restbetrag

3 Geben Sie im nächsten Schritt die Buchung der *Erlöse Zubehör 19% USt* Konto *8403* mit dem Nettowert der Ausgangsrechnung von 231,30 EUR ein und klicken Sie erneut auf *Buchung übernehmen*.

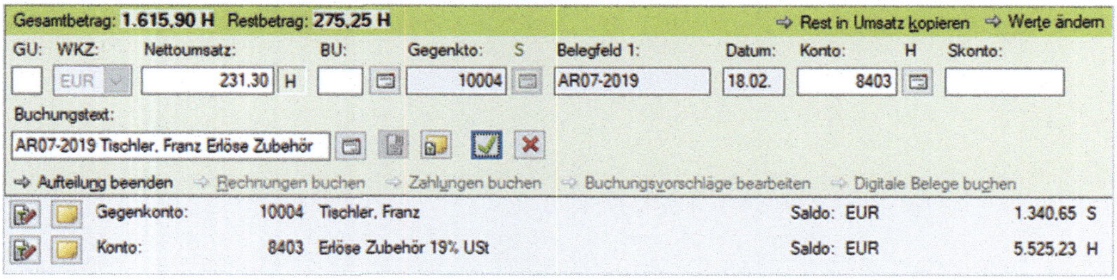

Bild 13.19 Zweite Teilbuchung

4 Das Dialogfenster *Aufteilung beenden* wird geöffnet, der Restbetrag: 0,00 EUR.

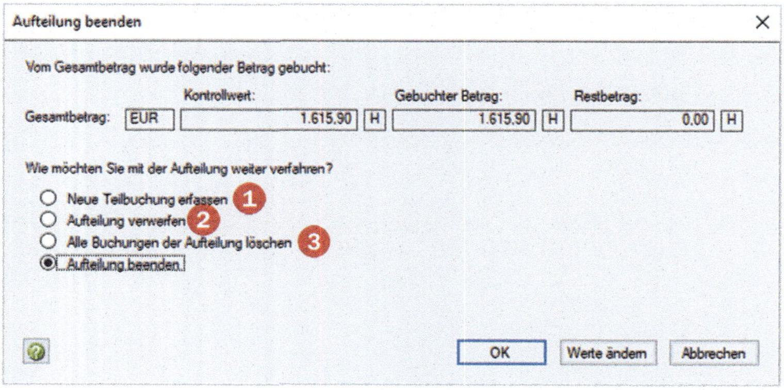

Bild 13.20 Aufteilung beenden

❶ Die Auswahl *Neue Teilbuchung erfassen* führt dazu, dass Sie wieder zurück zur Buchungszeile wechseln und unter Umständen Differenzen ausgleichen.

❷ Über die Option *Aufteilung verwerfen* werden alle zur Aufteilung erfassten Buchungen gelöscht. Die Aktion wird abgebrochen.

❸ Über diese Option werden alle Aufteilungsbuchungen gelöscht. Die Funktion *Aufteilen* ist jedoch noch aktiv und der Bruttogesamtbetrag der Rechnung bleibt erhalten.

5 Klicken Sie abschließend auf die Schaltfläche *OK*.

Achtung: Falls bei der Erfassung einer Aufteilungsbuchung Differenzen auftreten, bietet Ihnen das Programm folgende Möglichkeiten an:

- Restbetrag der letzten Teilbuchung zuschlagen und Aufteilung beenden (zumeist bei Kleindifferenzen).
- Oder Aufteilung trotz Abweichung beenden (Die Buchungen werden trotz Abweichung zum Bruttogesamtbetrag der Rechnung gespeichert. Zumeist liegt dieser Fehler darin, dass der Bruttogesamtbetrag der Rechnung falsch erfasst wurde).

In der Primanota werden die Aufteilungsbuchungen in zwei Buchungssätzen mit den Bruttobeträgen dargestellt (Bild 13.21).

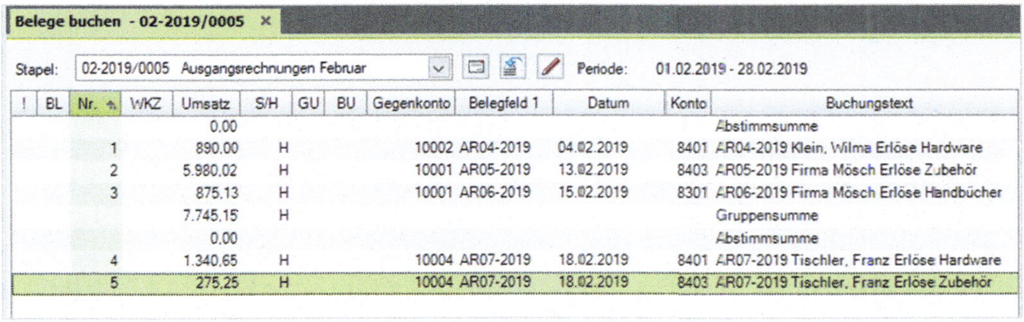

!	BL	Nr.	WKZ	Umsatz	S/H	GU	BU	Gegenkonto	Belegfeld 1	Datum	Konto	Buchungstext
				0,00								Abstimmsumme
		1		890,00	H			10002	AR04-2019	04.02.2019	8401	AR04-2019 Klein, Wilma Erlöse Hardware
		2		5.980,02	H			10001	AR05-2019	13.02.2019	8403	AR05-2019 Firma Mösch Erlöse Zubehör
		3		875,13	H			10001	AR06-2019	15.02.2019	8301	AR06-2019 Firma Mösch Erlöse Handbücher
				7.745,15	H							Gruppensumme
				0,00								Abstimmsumme
		4		1.340,65	H			10004	AR07-2019	18.02.2019	8401	AR07-2019 Tischler, Franz Erlöse Hardware
		5		275,25	H			10004	AR07-2019	18.02.2019	8403	AR07-2019 Tischler, Franz Erlöse Zubehör

Bild 13.21 Primanota

6 Klicken Sie auf den Menüpunkt *Bearbeiten* ▶ *Abstimm-/Gruppensummen* ▶ *Gruppensumme setzen*.

Die Gruppensumme führt dazu, dass die beiden Umsatzbeträge addiert werden. Sie muss mit dem Bruttorechnungsbetrag der Ausgangsrechnung in Bild 13.12 auf Seite 230 übereinstimmen.

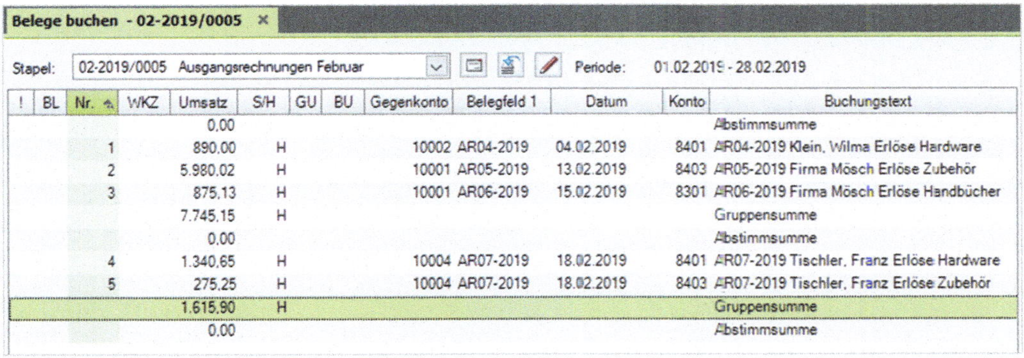

!	BL	Nr.	WKZ	Umsatz	S/H	GU	BU	Gegenkonto	Belegfeld 1	Datum	Konto	Buchungstext
				0,00								Abstimmsumme
		1		890,00	H			10002	AR04-2019	04.02.2019	8401	AR04-2019 Klein, Wilma Erlöse Hardware
		2		5.980,02	H			10001	AR05-2019	13.02.2019	8403	AR05-2019 Firma Mösch Erlöse Zubehör
		3		875,13	H			10001	AR06-2019	15.02.2019	8301	AR06-2019 Firma Mösch Erlöse Handbücher
				7.745,15	H							Gruppensumme
				0,00								Abstimmsumme
		4		1.340,65	H			10004	AR07-2019	18.02.2019	8401	AR07-2019 Tischler, Franz Erlöse Hardware
		5		275,25	H			10004	AR07-2019	18.02.2019	8403	AR07-2019 Tischler, Franz Erlöse Zubehör
				1.615,90	H							Gruppensumme
				0,00								Abstimmsumme

Bild 13.22 Gruppensumme

Der Nutzen der Gruppensumme wird an diesem Beispiel sehr deutlich. Bedenken Sie, dass in der Praxis oft Ausgangsrechnungen über mehrere Seiten und mit vielen diversen Erlöskonten gebucht werden.

Übung: Ausgangsrechnungen über eine Aufteilungsbuchung erfassen

Die Primanota zu den Buchungen Aufgabe 1 finden Sie im Lösungsbuch

Aufgabe 1

Buchen Sie die folgende Ausgangsrechnung an den Kunden Klein. Denken Sie daran, den Geschäftsvorfall zu kontieren und die Konten im Kontenplan zu suchen.

Arbeiten Sie beim Buchen auch mit Gruppensummen, um das Abstimmen der Konten später zu erleichtern.

5. Beleg:	Verkauf von Hardware mit einem Nettowarenwert von 596,26 EUR und Software mit einem Nettowarenwert von 316,90 EUR an den Kunden Klein, Wilma vom 20.02.2019, BelegNr. AR08-2019, Bruttogesamtbetrag: 1.086,66 EUR

Die Salden der einzelnen Konten Aufgabe 2 finden Sie im Lösungsbuch

Aufgabe 2

Prüfen Sie anschließend mit Klick auf das Symbol *FIBU-Konto anzeigen* die folgenden Salden und korrigieren Sie ggfs. Buchungen.

Beschriftung	Konto	Saldo	Soll/Haben
Kunde Klein	10002	1.976,66 EUR	Soll
Kunde Tischler	10004	1.615,90 EUR	Soll
Forderungen aus Lieferungen und Leistung	1400	25.847,71 EUR	Soll
Erlöse Hardware 19% USt	?	4.903,53 EUR	Haben
Erlöse Software 19% USt	?	316,90 EUR	Haben
Erlöse Zubehör 19% USt	?	5.756,53 EUR	Haben
Umsatzsteuer 19%	?	5.391,62 EUR	Haben

Die Lösung zu Aufgabe 3 finden Sie im Lösungsbuch

Aufgabe 3

Lassen Sie sich die OPOS-Liste aller offenen Posten Debitoren ausgeben.

Kontenumfang: Debitoren
Einstellungen Bereich Verdichtung: Rechnungen ungerafft
Detaillierung: Posten

Drucken Sie die OPOS-Liste aus und vergleichen Sie die Daten am Bildschirm mit der Musterlösung im Lösungsbuch.

Aufgabe 4

Schließen Sie anschließend den Buchungsstapel Ausgangsrechnungen Februar. Den Buchungsstapel noch nicht festschreiben.

14 Buchen von Eingangsrechnungen

In diesem Kapitel lernen Sie, ...

- was man unter einer Offenen-Posten-Buchführung Kreditoren (Lieferanten) versteht,
- wie Eingangsrechnungen gebucht werden,
- was man unter einer Offenen-Posten-Liste Kreditoren versteht und wie diese geprüft wird,
- wie eine Aufteilungsbuchung bei Eingangsrechnungen erfasst wird.

14.1 Offene-Posten-Buchführung Kreditoren (Lieferanten)

Die OPOS (Offene-Posten-Buchführung) ist eine Nebenbuchhaltung der Finanzbuchhaltung. Hauptmerkmal ist dabei, dass mit Personenkonten (Kreditoren = Lieferanten) gebucht wird. Der Verbindlichkeitenbetrag wird auf das Sammelkonto *1600 Verbindlichkeiten aus Lieferungen und Leistungen* automatisch gebucht.

Offene-Posten-Buchführung bietet eine Reihe von Vorteilen:

- Die Programmfunktionen werden durch die Offene-Posten-Buchführung erweitert. Es können zusätzliche Buchungsmodi eingestellt werden.
- Zahlungsbedingungen, die bei den Kreditoren hinterlegt wurden, können verwendet werden, um Skonto in Abzug zu nehmen.
- Bei Zahlungsbuchungen können die einzelnen offenen Posten des Kreditors ausgewählt und verbucht werden.
- Die Pflege des Kontokorrents wird durch Offene-Posten-Listen erleichtert und es können Offene-Posten-Listen ausgedruckt werden.
- Für den automatischen Zahlungsverkehr ist die OPOS zwingende Voraussetzung.

14.2 Buchen von Eingangsrechnungen

In der Stammdatenpflege des Mandanten wurden in unserem Übungsfall bereits vielfältige Voraussetzungen für die OP-Buchhaltung gesetzt, indem sowohl Personenkonten als auch Zahlungskonditionen hinterlegt wurden. Die Vorarbeit für die OP-Buchhaltung ist daher schon vorhanden.

Beim Buchen von Eingangsrechnungen sind besondere Punkte zu beachten:

- Das Personenkonto des Kreditors ist zwingend anzugeben.
- Benötigt wird das Feld *Belegfeld1* mit der eindeutigen Belegnummer der Rechnung, also der Offene Posten.
- Ebenso erforderlich ist das Belegdatum der Rechnung, wichtig für Zahlungskonditionen und das Mahnwesen.

Zusätzlich lässt sich der Buchungsmodus *Rechnungen buchen* einschalten. Dieser Buchungsmodus ermöglicht Ihnen eine bequeme Suche des Personenkontos (Kreditors) und schaltet den Ansichtsbereich automatisch auf die *OPOS-Konto*-Ansicht. Es kann natürlich auch in der Standardansicht gebucht werden (siehe Kap. 13.2. Buchen von Ausgangsrechnungen).

Übung: Kreditor und Buchungsstapel anlegen

Aufgabe 1

Legen Sie einen Einmallieferanten an:

Kontonummer:	98000
Unternehmensname:	Diverse Lieferanten

Hinweis: Bei den Eingangsrechnungen liegen natürlich nicht nur Rechnungen aus dem Wareneinkauf vor, sondern jegliche Art von Eingangsrechnungen. In der Praxis werden für diese Fälle oft Einmallieferanten angelegt. Sie fungieren dann als Sammelkonto für diverse Lieferanten und können später beim Banklauf ausgebucht werden.

Aufgabe 2

Legen Sie einen neuen Buchungsstapel für den Monat Februar an.

Bezeichnung:	Eingangsrechnungen Februar
Diktatkürzel:	Ihr Namenszeichen

Ausgangssituation (Bitte noch nicht direkt buchen!)

Von unseren Einkäufern und der Geschäftsleitung werden Ihnen vier Eingangsrechnungen vorgelegt, die im weiteren Verlauf gebucht werden sollen.

1. Beleg:	Reparaturrechnung für den firmeneigenen Kopierer. Lieferant: Firma König, Koblenz vom 11.02.2019, BelegNr. ER85-2019, Bruttogesamtbetrag: 198,52 EUR
2. Beleg:	Wareneinkauf von Hardware, Lieferant: Firma Kuroyu AG: Deutschland vom 15.02.2019, BelegNr. ER122-19, Bruttogesamtbetrag: 5.020,00 EUR
3. Beleg:	Telefonrechnung Monat Januar 2019. Lieferant TELTEAM COM, Hannover vom 18.02.2019, BelegNr. ER583-2019, Bruttogesamtbetrag 97,50 EUR

In der Standardansicht buchen

Die erste Eingangsrechnung soll jetzt gebucht werden. 1. Beleg: Reparaturrechnung für den firmeneigenen Kopierer, Lieferant: Firma König, Koblenz vom 11.02.2019, BelegNr. ER85-2019, Bruttogesamtbetrag: 198,52 EUR.

1 Erfassen Sie die erste Buchung (Bild 14.1 auf der nächsten Seite).

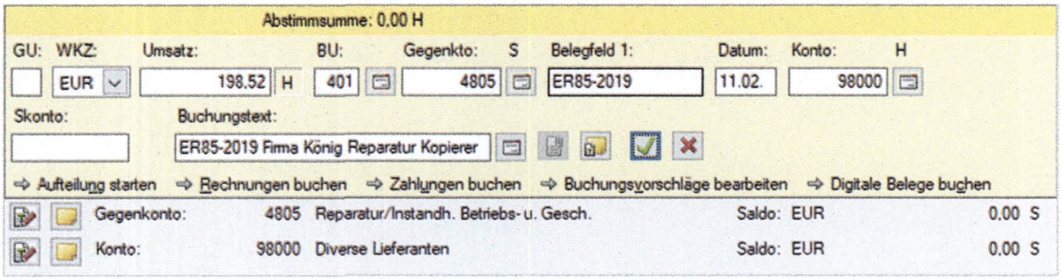

Bild 14.1 Buchung erfassen

Hinweis: Anstatt des Steuerschlüssels 401 können Sie alternativ auch den Steuerschlüssel 9 für 19% Abziehbare Vorsteuer verwenden.

2 Übernehmen Sie die Buchung mit Klick auf das Symbol *Buchung übernehmen* und klicken Sie anschließend auf *Details zu Nr. 1*. Das Konto *4805 Rep./Instandh. Betriebs- u. Gesch.* wurde im Soll mit einem Wert von 166,82 EUR, das Konto *1576 Abziehbare Vorsteuer 19%* im Soll mit einem Wert von 31,70 EUR, das Konto *Einmallieferant 98000* im Haben mit einem Wert von 198,52 EUR, das Sammelkonto *1600 Verbindlichkeiten aus Lieferungen und Leistungen* ebenfalls im Haben mit einem Wert von 198,52 EUR gebucht.

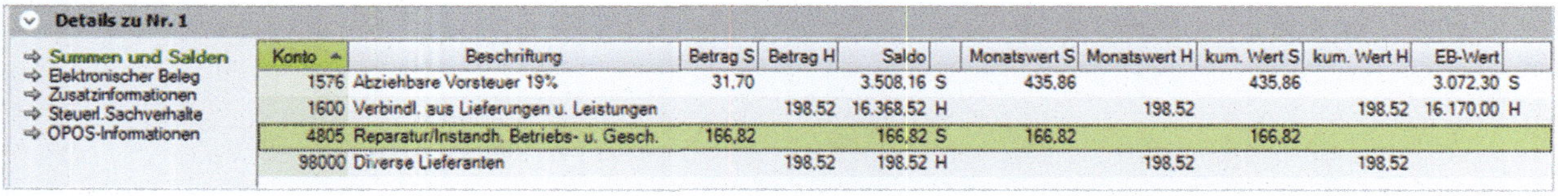

Bild 14.2 Details anzeigen

3 Klicken Sie im Anschluss auf den Link *OPOS-Informationen*. Für den Lieferanten *Diverse Lieferanten 98000* ist keine Zahlungsbedingung hinterlegt (Bild 14.3). Dies bedeutet, dass die Rechnung sofort fällig ist.

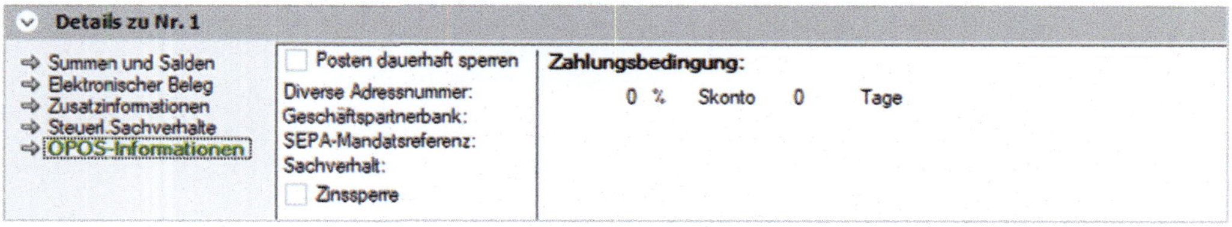

Bild 14.3 OPOS-Informationen

Der Buchungsmodus Rechnungen buchen

Die nächste Buchung soll nun über den Modus *Rechnungen buchen* erfolgen. Diese Technik ist eine Alternative zum Standardbuchen, der Vorteil liegt vor allem in der Kontrolle der offenen Posten. Beleg 2: Wareneinkauf von Hardware, Lieferant: Firma Kuroyu AG Deutschland vom 15.02.2019, BelegNr. ER122-19, Bruttogesamtbetrag: 5.020,00 EUR.

1 Klicken Sie in der Buchungsmaske auf den Link *Rechnungen buchen*. Das Dialogfenster *Rechnungen buchen (OPOS-Suche)* wird geöffnet (Bild 14.4). Sie können jetzt über die Suche nach Konto, Rechnungsnummer oder Geschäftspartner die Rechnung einbuchen.

2 Wenn Sie die Kreditorennummer des Lieferanten kennen, wählen Sie die Option *Konto*. Sie können anschließend die Kreditorennummer direkt in das Eingabefeld eintragen. Firma Kuroyu AG Deutschland hat die Kreditorennummer 70002, geben Sie diese im Feld *Konto* ein.

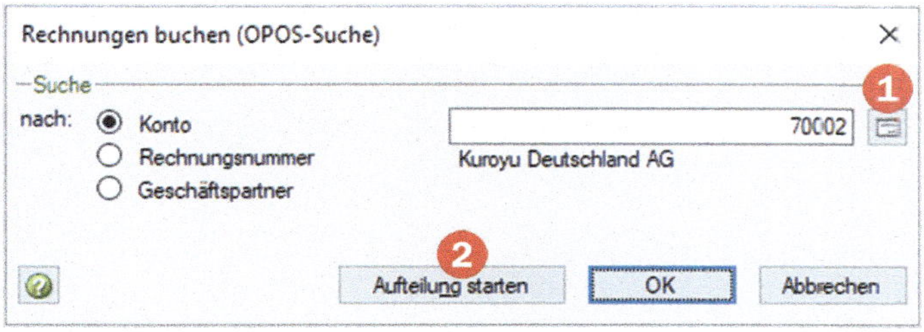

Bild 14.4 OPOS-Suche

❶ Mit Klick auf das Symbol *Konto auswählen* können Sie die Kreditorennummer nochmals kontrollieren bzw. einen anderen Kreditoren suchen. Die Möglichkeiten der Sofortsuche, wie bei den Ausgangsrechnungen Debitoren bereits angewandt, können Sie bei Kreditoren natürlich auch anwenden.

❷ Falls Sie eine Rechnung über eine Aufteilungsbuchung erfassen möchten, können Sie dies mit Klick auf diese Schaltfläche starten.

3 Klicken Sie anschließend auf die Schaltfläche *OK*. Das Programm wechselt automatisch in die Ansicht *OPOS-Konto* (Bild 14.5) und übernimmt die Kontonummer *70002* des Lieferanten Firma Kuroyu Deutschland AG in das Feld *Gegenkonto*.

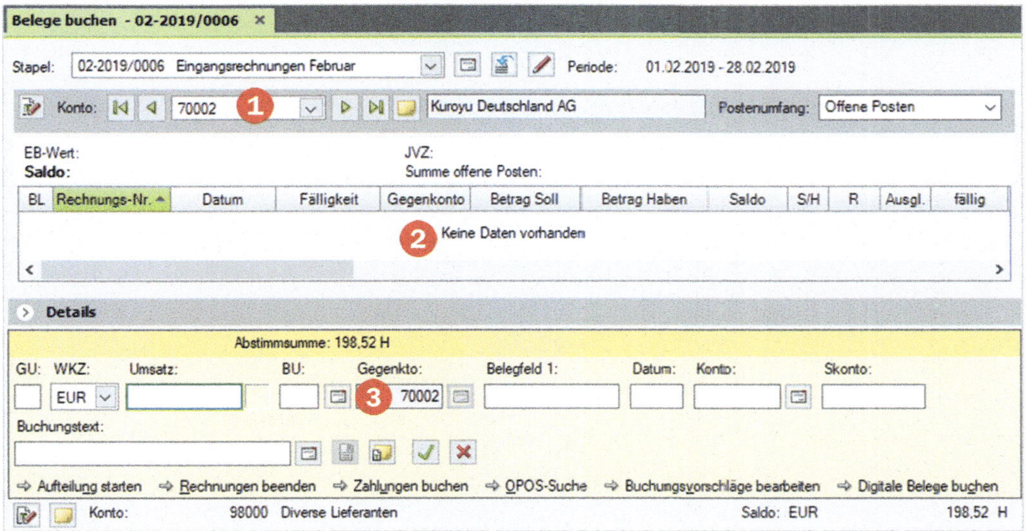

Bild 14.5 OPOS-Konto

4 Geben Sie im Feld *Konto* ❶ die Kreditorennummer 70002 ein.

❷ In diesem Bereich (siehe Bild 14.5) werden Ihnen die bereits gebuchten aber noch nicht bezahlten offenen Posten für den Lieferanten angezeigt.

❸ Feld *Gegenkonto* (Bild 14.5) ist grau und mit der Kontennummer 70002 für den Lieferanten Kuroyu Deutschland AG vorbelegt.

Hinweise: Mit Klick auf den Link *Rechnungen beenden* wechselt das Programm zurück zum Standardbuchen über die Primanotaansicht. Wenn Sie den falschen Lieferanten ausgewählt haben, können Sie mit Klick auf den Link *OPOS-Suche* das Dialogfenster *Rechnungen buchen (OPOS-Suche)* erneut aufrufen und ggf. ändern.

5 Geben Sie jetzt die Buchung für die Eingangsrechnung wie in Bild 14.6 ein und übernehmen Sie die Buchung mit dem Symbol *Buchung übernehmen*.

Bild 14.6 Buchung erfassen

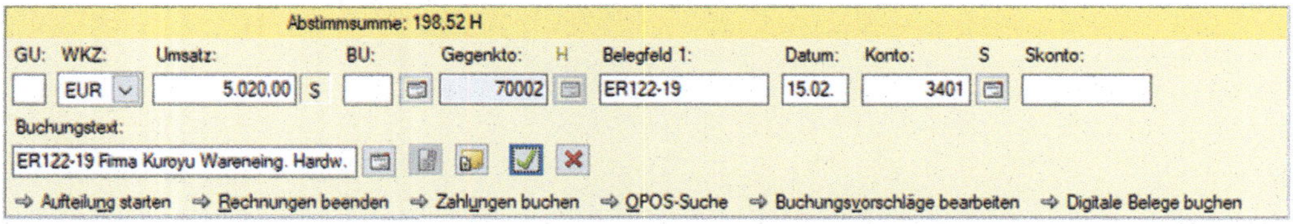

6 Nach Übernahme der Buchung wird automatisch erneut das Dialogfenster *Rechnungen buchen (OPOS-SUCHE)* eingeblendet, um ein weiteres Personenkonto zu suchen, klicken Sie auf die Schaltfläche *Abbrechen*. Die Buchung wird nun in der Ansicht OPOS-Konto wie folgt angezeigt:

Bild 14.7 OPOS-Konto

Sollte der Offene Posten an Ihrem Arbeitsplatz nicht direkt angezeigt werden, geben Sie im Feld Konto die Kontonummer 70002 ein.

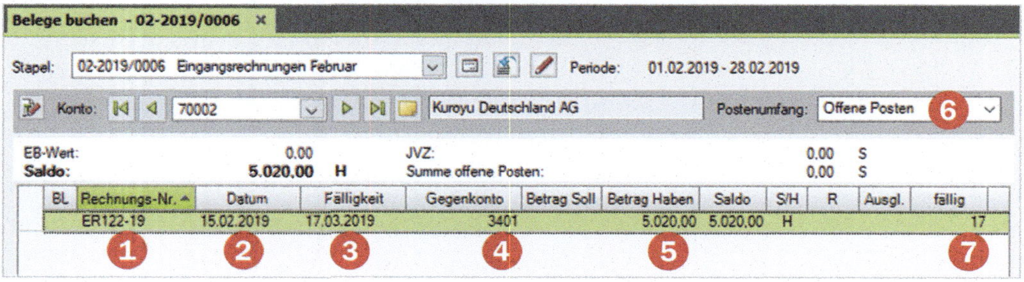

1. Rechnungsnummer (= offene Posten)
2. Rechnungsdatum
3. Fälligkeit der Rechnung (Zahlungsziel 30 Tage)
4. Gegenkonto (3401 Wareneingang Hardware 19% VSt)
5. Bruttobetrag der Rechnung
6. Über das Auswahlfeld *Postenumfang* können Sie nach Offenen Posten, ausgeglichenen Posten und ausgeglichene und offene Posten auswählen.
7. Differenz zwischen Buchungsstapelende: 28.02.2019 und Fälligkeit: 17.03.2019 = +17

7 Lassen Sie sich anschließend mit Klick auf *Details zu Nr. 2* die Summen und Salden der Buchung anzeigen. Sie sehen, dass das Konto *1600 Verbindlichkeiten aus Lieferungen und Leistungen* automatisch mit gebucht wurde.

Bild 14.8 Summen und Salden

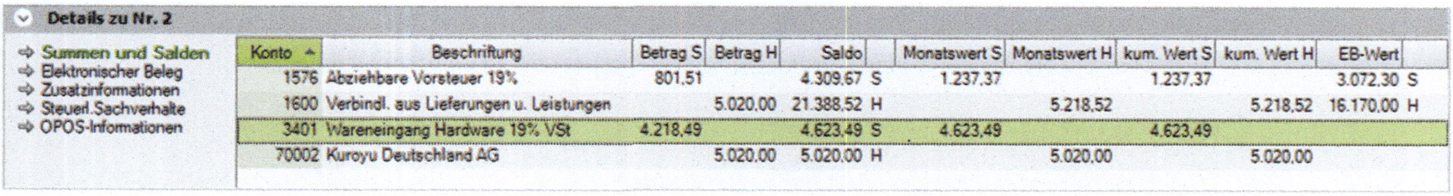

Konto	Beschriftung	Betrag S	Betrag H	Saldo		Monatswert S	Monatswert H	kum. Wert S	kum. Wert H	EB-Wert	
1576	Abziehbare Vorsteuer 19%	801,51		4.309,67	S	1.237,37		1.237,37		3.072,30	S
1600	Verbindl. aus Lieferungen u. Leistungen		5.020,00	21.388,52	H		5.218,52		5.218,52	16.170,00	H
3401	Wareneingang Hardware 19% VSt	4.218,49		4.623,49	S	4.623,49		4.623,49			
70002	Kuroyu Deutschland AG		5.020,00	5.020,00	H		5.020,00		5.020,00		

Das Konto *3401 Wareneingang Hardware 19% VSt* wurde im Soll mit einem Wert von 4.218,49 EUR, das Konto *1576 Abziehbare Vorsteuer 19%* wurde im Soll mit 801,51 EUR, das Konto *70002 Kuroyu Deutschland AG* wurde im Haben mit einem Wert von 5.020,00

EUR, das Sammelkonto *1600* ebenfalls mit einem Wert von 5.020,00 EUR im Haben gebucht.

8 Klicken Sie auf den Link *OPOS-Informationen*. Hier wird die Zahlungsbedingung zur Rechnung ER122-19 des Lieferanten 70002 Kuroyu Deutschland AG angezeigt: Zahlbar innerhalb 30 Tage ohne Skontoabzug.

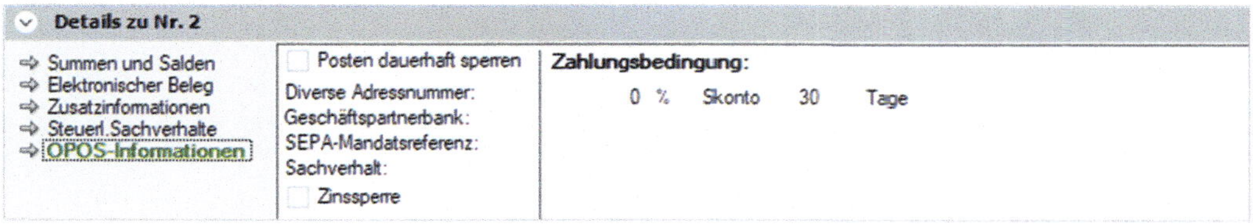

Bild 14.9 OPOS-Informationen

Übung: Eingangsrechnungen buchen

Aufgabe 1

Buchen Sie die folgende Eingangsrechnung. Denken Sie daran, die Geschäftsvorfälle zu kontieren und die Konten im Kontenplan zu suchen.

3. Beleg: Telefonrechnung Monat Januar 2019, Lieferant TELTEAM COM, Hannover vom 18.02.2019, BelegNr. ER583-2019, Bruttogesamtbetrag 97,50 EUR

Die Primanota zur Buchung Aufgabe 1 finden Sie im Lösungsbuch

Aufgabe 2

Prüfen Sie anschließend mit Klick auf das Symbol *FIBU-Konto anzeigen* die folgenden Salden und korrigieren Sie ggfs. Buchungen.

Beschriftung	Konto	Saldo	Soll/Haben
Lieferant Firma Kuroyu Deutschland AG	70002	5.020,00 EUR	Haben
Diverse Lieferanten	98000	296,02 EUR	Haben
Verbindlichkeiten aus Lieferungen und Leistungen	1600	21.486,02 EUR	Haben
Wareneingang Hardware 19% VSt	?	4.623,49 EUR	Soll
Rep./Instandh. Betriebs- Gesch.	4805	166,82 EUR	Soll
Telefon	?	81,93 EUR	Soll
Abziehbare Vorsteuer 19%	1576	4.325,24 EUR	Soll

Die Salden der einzelnen Konten, Aufgabe 2 finden Sie im Lösungsbuch

Aufgabe 3

Wechseln Sie mit Klick auf das Symbol in die Ansicht Primanota.

14.3 Aufteilungsbuchungen von Eingangsrechnungen

In Zusammenhang mit Ausgangsrechnungen haben Sie bereits gesehen, dass es in der buchhalterischen Praxis häufig vorkommt, dass beim Buchen eines Beleges nicht nur ein Sachkonto, sondern mehrere angesprochen werden. Dies kommt auch bei Eingangsrechnungen vor. Auch in unserer Firma Perm GmbH ist dies der Fall, da zum einen verschiedene Wareneinkaufskonten und zum anderen weitere Kosten - wie z. B. Transportkosten - in der Eingangsrechnung mit aufgeführt sein können. Auch bei Eingangsrechnungen können Sie über die Schaltfläche *Aufteilung starten* eine Aufteilungsbuchung aktivieren.

Bild 14.10 Eingangsrechnung

Auszug aus der Eingangsrechnung Highdrive GmbH

Soll	Betrag	Haben	Betrag
3401	3.671,70 €	70001	4.724,30 €
3403	202,50 €		
3800	95,80 €		
1576	754,30 €		

Gebucht: 22.02.19 NZ: le

Firma
Perm GmbH
Hard- und Software
Löhrstraße 45
56068 Koblenz

Ihre Bestellung vom: 15.02.2019

Rechnungsdatum 22.02.2019
Rech-Nr.: ER2019A651
Kunden-Nr: 52360
Lieferdatum: 20.02.2019

BestNr.	Artikel	Menge	Einzelpreis	Gesamt
5862	PC Phonenium 8200 Basissteile	10	135,60 €	1.356,00 €
8952	PC Phonenium 9600 Basissteile	15	154,38 €	2.315,70 €
8532	PC-Ständer IT 50	15	9,60 €	144,00 €
9536	Tastaturhalter Rolli 10	15	3,90 €	58,50 €
			Ware (netto):	3.874,20 €
			zzgl. anteilige Transportkosten:	95,80 €
			Gesamt (netto):	3.970,00 €
			zzgl. 19 % Mwst.	754,30 €
			Gesamt (brutto):	4.724,30 €

Zahlbar gemäß unseren allgemeinen Geschäftsbedingungen

Ausgangssituation (Bitte noch nicht direkt buchen!)
Der Buchhaltung liegen weitere Eingangsrechnungen vor. Die Belege führen Wareneinkäufe von Hardware, Software, etc. sowie auch anteilige Transportkosten, z. B. Eingangsfrachten, auf.

Vom Lieferanten 70001, Firma Highdrive GmbH liegt folgende Rechnung vor (Bild 14.10, Auszug aus der Eingangsrechnung):

Diese Aufteilungsbuchung weist eine Besonderheit auf: Die Wareneinkaufskonten *Hardware und Zubehör* sind Konten mit automatischer Vorsteuer 19%. Das Konto *3800 Bezugsnebenkosten* ist kein Automatikkonto und muss mit Steuerschlüssel gebucht werden.

1 Damit die Aufteilungsbuchung am Ende der Buchungen besser abgestimmt werden kann, klicken Sie auf den Befehl *Bearbeiten* ▶ *Abstimm-/Gruppensummen* ▶ *Abstimmsumme neu* und bestätigen den Wert 0,00 mit der Schaltfläche *OK*.

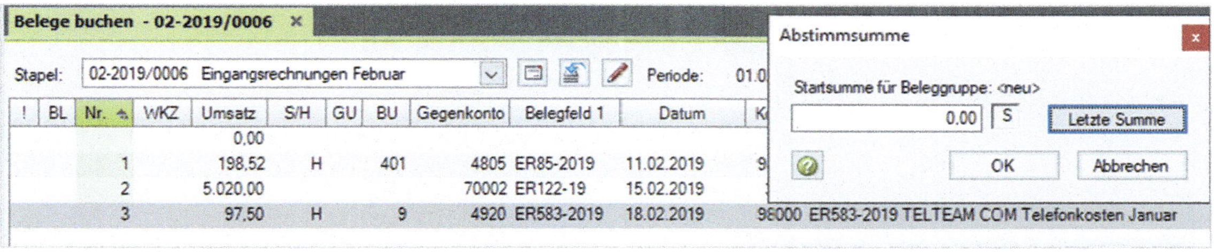

Bild 14.11 Abstimmsumme

2 Klicken Sie dann in der Buchungsmaske auf den Link *Aufteilung starten*, um das gleichnamige Fenster zu öffnen.

3 Geben Sie die Daten zur Aufteilungsbuchung - wie in Bild 14.12 - ein und klicken Sie anschließend auf die Schaltfläche *OK*.

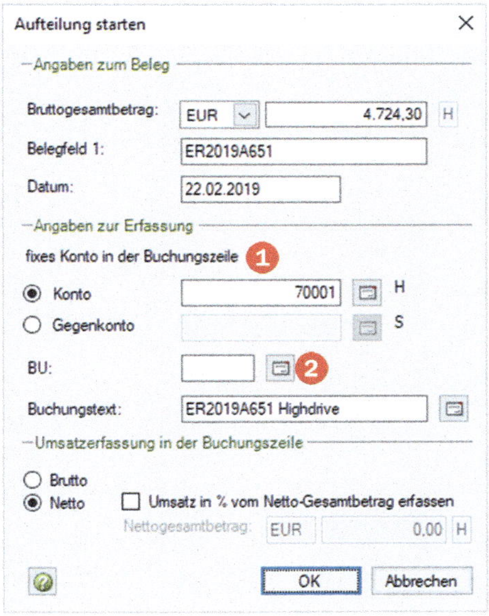

Bild 14.12 Aufteilung starten

1. In diesem Bereich kann entweder das Feld *Konto* oder das Feld *Gegenkonto* als festes Konto in die Buchungsmaske eingestellt werden.
2. Der Buchungsschlüssel kann hier angegeben werden. Da wir mit verschiedenen Sachkonten buchen, bitte zunächst leer lassen.

Hinweis: In unserem Beispiel ist dies nachvollziehbar. Die einzelnen Positionen der Rechnung sind Netto ausgewiesen und müssen als solche auch in die Buchungsmaske eingetragen werden. Das Programm rechnet die Beträge eigenständig in Bruttobeträge um.

In der Buchungsmaske kann jetzt die Eingangsrechnung mit mehreren Sachkonten gebucht werden. Oberhalb der Buchungsmaske werden der Bruttogesamtbetrag und der noch zu buchende Restbetrag angezeigt (Bild 14.13 auf der nächsten Seite).

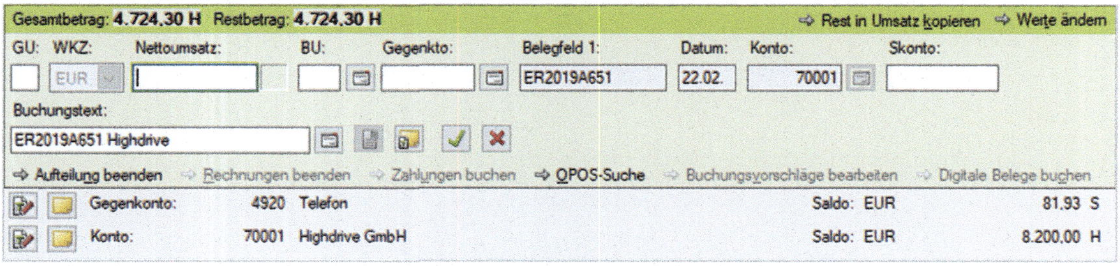

Bild 14.13 Buchungsmaske

Hinweise: Über den Link *Rest in Umsatz kopieren* kann der Wert im Feld *Restbetrag* in das Feld *Umsatz* übernommen werden - nur empfehlenswert bei Erfassung von Bruttobeträgen. Über den Link *Werte ändern* können der Bruttogesamtbetrag der Rechnung und Angaben zu *Belegfeld1*, *Datum* sowie die Angaben zur Erfassung geändert werden. Der Link *Aufteilung beenden* kann verwendet werden, um die Aufteilungsbuchung abzubrechen oder Korrekturen vorzunehmen.

4 Geben Sie zunächst die Buchung *Wareneingang Hardware 19% VSt* Konto *3401* mit dem Nettowert der Eingangsrechnung von 3.671,70 EUR ein und übernehmen Sie die Buchung.

Bild 14.14 Buchung Konto 3401

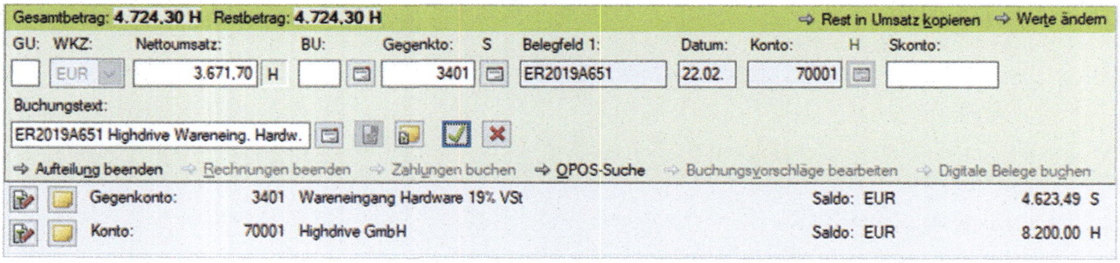

5 Anschließend wird der noch zu buchende Restbetrag (brutto) angezeigt. Geben Sie im nächsten Schritt die Buchung *Wareneingang Zubehör 19% VSt* Konto *3403* mit dem Nettowert der Eingangsrechnung von *202,50* EUR ein (Bild 14.15).

Bild 14.15 Buchung Konto 3403

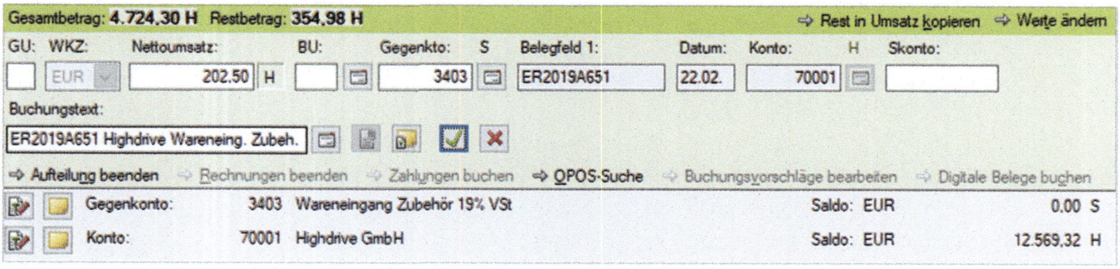

6 Klicken Sie anschließend wieder auf das Symbol *Buchung übernehmen*. Nun wird erneut der noch zu buchende Restbetrag (brutto) angezeigt.

7 Zuletzt müssen die Bezugsnebenkosten gebucht werden. Da das Konto *3800 Bezugsnebenkosten* kein Automatikkonto ist, muss der Steuerschlüssel 9 oder 401 im Feld *BU* erfasst werden. Geben Sie die Buchung der Bezugsnebenkosten wie in Bild 14.16 ein:

Bild 14.16 Buchung Konto 3800

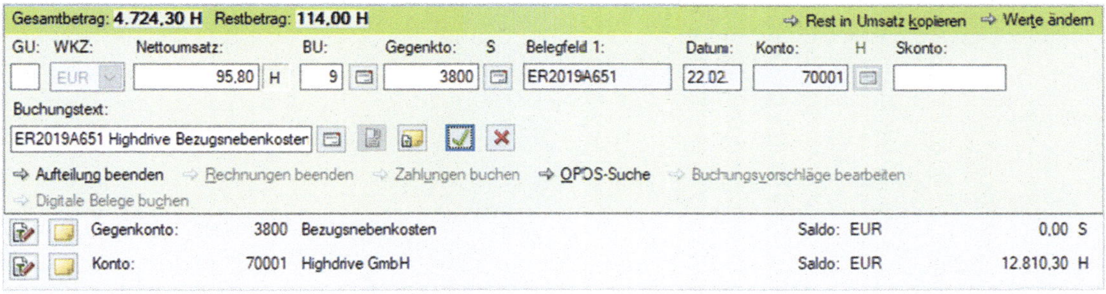

8 Klicken Sie nochmals auf das Symbol *Buchung übernehmen*. Das Dialogfenster *Aufteilung beenden* wird angezeigt, Restbetrag: 0,00 EUR. Siehe auch Kap. 13.4, Bild 13.20.

9 Klicken Sie abschließend auf die Schaltfläche *OK*.

Achtung: Falls bei der Erfassung einer Aufteilungsbuchung Differenzen auftreten, bietet Ihnen das Programm folgende Möglichkeiten an:

!

- Restbetrag der letzten Teilbuchung zuschlagen und Aufteilung beenden (zumeist bei Kleindifferenzen) oder
- Aufteilung trotz Abweichung beenden (Die Buchungen werden trotz Abweichung zum Bruttogesamtbetrag der Rechnung gespeichert. Zumeist liegt dieser Fehler darin, dass der Bruttogesamtbetrag der Rechnung falsch erfasst wurde).

In der Primanota werden die Aufteilungsbuchungen in drei Buchungssätzen mit den Bruttobeträgen dargestellt. Klicken Sie auf den Befehl *Bearbeiten* ▶ *Abstimm-/Gruppensummen* ▶ *Gruppensumme setzen*, um die Umsatzbeträge zu addieren. Die Gruppensumme muss mit dem Bruttorechnungsbetrag der Eingangsrechnung von Seite 244 übereinstimmen.

Bild 14.17 Gruppensumme

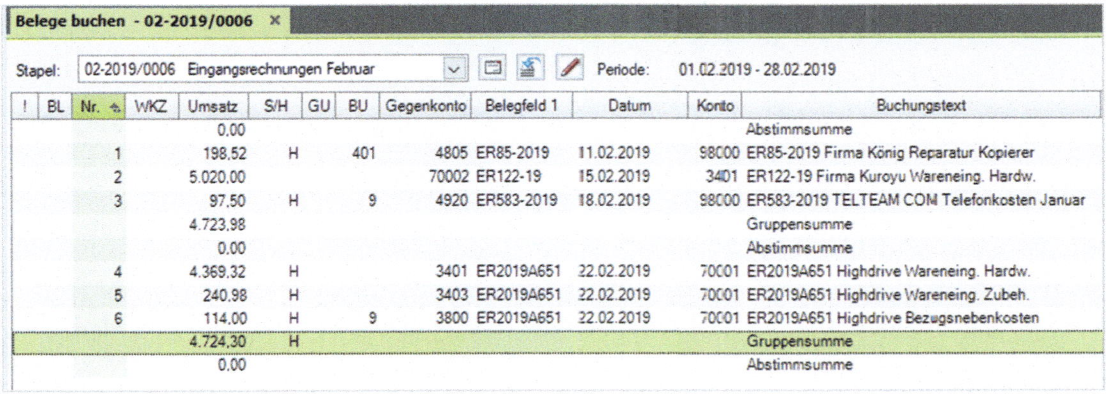

Belege buchen - 02-2019/0006

Stapel: 02-2019/0006 Eingangsrechnungen Februar — Periode: 01.02.2019 - 28.02.2019

!	BL	Nr.	WKZ	Umsatz	S/H	GU	BU	Gegenkonto	Belegfeld 1	Datum	Konto	Buchungstext
				0,00								Abstimmsumme
		1		198,52	H		401	4805	ER85-2019	11.02.2019	98000	ER85-2019 Firma König Reparatur Kopierer
		2		5.020,00				70002	ER122-19	15.02.2019	3401	ER122-19 Firma Kuroyu Wareneing. Hardw.
		3		97,50	H		9	4920	ER583-2019	18.02.2019	98000	ER583-2019 TELTEAM COM Telefonkosten Januar
				4.723,98								Gruppensumme
				0,00								Abstimmsumme
		4		4.369,32	H			3401	ER2019A651	22.02.2019	70001	ER2019A651 Highdrive Wareneing. Hardw.
		5		240,98	H			3403	ER2019A651	22.02.2019	70001	ER2019A651 Highdrive Wareneing. Zubeh.
		6		114,00	H		9	3800	ER2019A651	22.02.2019	70001	ER2019A651 Highdrive Bezugsnebenkosten
				4.724,30	H							Gruppensumme
				0,00								Abstimmsumme

Die Primanota zur Buchung Aufgabe 1 finden Sie im Lösungsbuch

Übung: Aufteilungsbuchung bei einer Eingangsrechnung erfassen

Aufgabe 1

Buchen Sie die folgende Eingangsrechnung:

- Denken Sie daran, den Geschäftsvorfall zu kontieren und die Konten im Kontenplan zu suchen.
- Arbeiten Sie beim Buchen mit Gruppensummen, um das Abstimmen der Konten später zu erleichtern.

5. Beleg:	Einkauf von Hardware mit einem Nettowarenwert von 359,50 EUR und Zubehör mit einem Nettowarenwert von 420,80 EUR vom Lieferant Hofmeister e. K. vom 23.02.2019, BelegNr. ER59-2019, Bruttogesamtbetrag 928,56 EUR

Die Salden der einzelnen Konten Aufgabe 2 finden Sie im Lösungsbuch

Aufgabe 2

Prüfen Sie anschließend mit Klick auf das Symbol *FIBU-Konto anzeigen* die Salden der nachfolgenden Tabelle. Korrigieren Sie ggf. Buchungen.

Beschriftung	Konto	Saldo	Soll/Haben
Wareneingang Hardware 19% VSt	3401	8.654,69 EUR	Soll
Wareneingang Zubehör 19% VSt	3403	623,30 EUR	Soll
Bezugsnebenkosten	3800	95,80 EUR	Soll
Verbindlichkeiten aus Lieferungen und Leistungen	1600	27.138,88 EUR	Haben
Lieferant Highdrive GmbH	?	12.924,30 EUR	Haben
Lieferant Hofmeister e. K.	?	928,56 EUR	Haben
Abziehbare Vorsteuer 19%	1576	5.227,80 EUR	Soll

Aufgabe 3

Schließen Sie anschließend den Buchungsstapel *Eingangsrechnungen Februar*. Den Buchungsstapel bitte noch nicht festschreiben.

14.4 Offene Posten Auswertungen Kreditoren

Wichtige Mittel, um die offenen Posten Kreditoren auszuwerten, bietet der Menüpunkt *Auswertungen* ▶ *Kreditoren*. Analog dazu können Sie die Auswertungen auch über die Navigationsübersicht *Buchführung* über den Ordner Kreditoren durchführen. Kreditoren können Sie über *OPOS-Konto*, *OPOS-Liste*, *ABC-Analyse* und über den Menüpunkt *Auswertungen* ▶ *Kreditoren* ▶ *Fälligkeitsliste* auswerten.

Bild 14.18 Übersicht - Buchführung

Tipp: Über den Eintrag *Kreditorenstammdaten* können Sie schnell die Stammdaten der Lieferanten (Kreditoren) aufrufen, ohne zum Navigationspunkt *Stammdaten* wechseln zu müssen. Dies ist bei den Kunden (Debitoren) ebenfalls möglich.

OPOS-Konto

Das OPOS-Konto enthält zusätzliche Informationen zu den einzelnen offenen Posten, wie z. B. Fälligkeit der Rechnungen. Über Doppelklick können Sie das Konto bzw. die Konten mit offenen Posten auswählen und anschließend im Buchungsstapel bearbeiten. Möchten Sie das OPOS-Konto (*OPOS-Konten*) ausdrucken, klicken Sie auf das Symbol *Fensterinhalt drucken* oder wählen mit Klick über die rechte Maustaste den Befehl *Liste drucken....* Im Zusatzbereich *Eigenschaften: Einstellungen* können Sie Einstellungen (geraffte oder ungeraffte Ausgabe), Kontenumfang und Druckeinstellungen näher bestimmen.

OPOS-Liste

Die OPOS-Liste entspricht im Wesentlichen dem OPOS-Konto. Die offenen Posten werden in Listenform dargestellt. Über den Zusatzbereich *Eigenschaften: Einstellungen* (geraffte oder ungeraffte Ausgabe) können Sie Kontenumfang und Druckeinstellungen individuell bestimmen. Zusätzlich können Sie Sortierkriterien einstellen oder diese auch über die erweiterte Suche im Selektionsbereich der Konten einschränken.

Fälligkeitsliste

Über den Menüpunkt *Auswertungen* ▶ *Kreditoren* ▶ *Fälligkeitsliste* können Sie eine Fälligkeitsliste ausdrucken. Diese bietet eine Übersicht der fälligen und der fällig werdenden Rechnungsbeträge. Diese Liste ist wichtig, damit der automatische Zahlungsverkehr mit dem

Programm abgewickelt werden kann. Sie können hieraus Informationen entnehmen, wann und in welcher Höhe Zahlungsausgänge vorgenommen werden müssen. Im Zusatzbereich *Eigenschaften* können Sie angeben, ob die Fälligkeitsliste jährlich, monats-, wochen- oder tageweise dargestellt ausgegeben werden soll.

Übung: OP-Listen Kreditoren anzeigen und ausdrucken

Die Lösungen finden Sie im Lösungsbuch.

Aufgabe 1

Lassen Sie sich das OPOS-KONTO des Kreditorenkontos 70001, Firma Highdrive GmbH am Bildschirm anzeigen und vergleichen Sie diese mit der Lösung im Lösungsbuch. Einstellungen Bereich Verdichtung: ungerafft

Aufgabe 2

Lassen Sie sich die OPOS-Liste aller offenen Posten Kreditoren ausgeben.

Kontenumfang Konten:	Kreditoren
Einstellungen Bereich Verdichtung:	Rechnungen ungerafft
Detaillierung:	Posten

Drucken Sie die OP-Liste aus und vergleichen Sie die Daten am Bildschirm mit dem Lösungsbuch.

Aufgabe 3

Lassen Sie sich eine Kreditoren-Fälligkeitsliste der offenen Posten anzeigen.

Staffelung nach Fälligkeitsdatum:	wöchentlich

Vergleichen Sie die Kreditoren-Fälligkeitsliste mit der Lösung im Lösungsbuch.

Notizen:

....

....

....

....

15 Digitale Belege

In diesem Kapitel lernen Sie, ...

- welche Grundsätze beim Buchen mit digitalen Belegen bestehen,
- welche unterschiedlichen Dokumenten-Management-Systeme von DATEV angeboten werden,
- wie digitale Belege in die Dokumentenablage importiert werden,
- wie digitale Belege gebucht werden,
- wie Buchungen mit digitalen Belegen im Buchungsstapel geändert und gelöscht werden,
- die Unterschiede beim Buchen mit den Dokumenten-Management-Systemen DATEV DMS und DATEV Belege online.

15.1 Grundlagen digitale Belege

Die GoBD (siehe Kapitel 8) schreibt vor, dass die Buchhaltung technisch und organisatorisch so eingerichtet ist, dass elektronische Buchungen und die sonst erforderlichen elektronischen Aufzeichnungen vollständig, richtig, zeitgerecht und geordnet vorgenommen werden müssen. Dabei sind „Bücher" im Sinne der GoBD nicht nur klassische Aufzeichnungen in Papierform, sondern auch elektronische Aufzeichnungs- und Archivierungsmöglichkeiten.

Darüber hinaus bestimmt diese, dass alle Geschäftsvorfälle systematisch erfasst und durch übersichtliche, eindeutige und nachvollziehbare Buchungen revisionssicher aufgezeichnet werden müssen. Jeder Geschäftsvorfall muss grundsätzlich durch einen Originalbeleg nachgewiesen werden.

Was bedeutet revisionssicher?

Die Geschäftsvorfälle dürfen nicht verändert werden können. Ihr ursprünglicher Inhalt muss feststellbar bleiben. Auch der Buchungszeitpunkt muss dabei immer erkennbar sein. Die GoBD schreibt sogar vor, dass Änderungen in den elektronischen Belegen protokolliert werden müssen. Die meisten Firmen benutzen für diese Zwecke ein programminternes oder programmexternes Dokumentenmanagementsystem.

Der Link Digitale Belege buchen

In der Buchungsmaske vom Programm DATEV Kanzlei-Rechnungswesen steht Ihnen aus diesem Grund der Link *Digitale Belege buchen* ❶ zur Verfügung. Über diesen Link können die digitalen Belege mit einer oder mehreren Buchungen verknüpfen.

Bild 15.1 Buchungsmaske

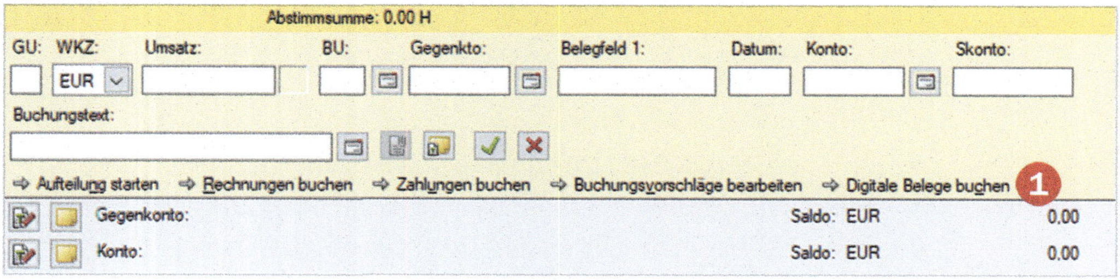

In unserem Übungsfall werden in diesem Kapitel weitere Ausgangs- und Eingangsrechnungen über den Link *Digitale Belege buchen* elektronisch gebucht. Im Gegensatz zum Papierbeleg brauchen diese Belege nicht mit einem Buchungsstempel versehen werden, da der elektronische Beleg Teil der Buchung ist.

Ausgangssituation (Bitte noch nicht direkt buchen!)

Es liegen Ihnen ein weiterer Beleg aus der Verkaufsabteilung und ein Beleg von der Einkaufsabteilung vor, die im Anschluss gebucht werden sollen.

1. Beleg:	Verkauf von Hardware an den Kunden Franz Tischler vom 20.02.2019 Beleg-Nr. AR09-2019 Gesamtbetrag brutto: 398,00 EUR Ordner: Download\Kap_15 Dateiname: AR09-2019_Tischler_20.02.2019.pdf
2. Beleg:	Einkauf von Software mit einem Nettowarenwert von 699,90 EUR zzgl. Eingangsfrachten in Höhe von 64,20 EUR vom Lieferant Wanden KG vom 23.02.2019, BelegNr. ER357-19, Bruttogesamtbetrag: 909,28 EUR Ordner: Download\Kap_15 Dateiname: ER357-19_Wanden_KG_23.02.2019.pdf

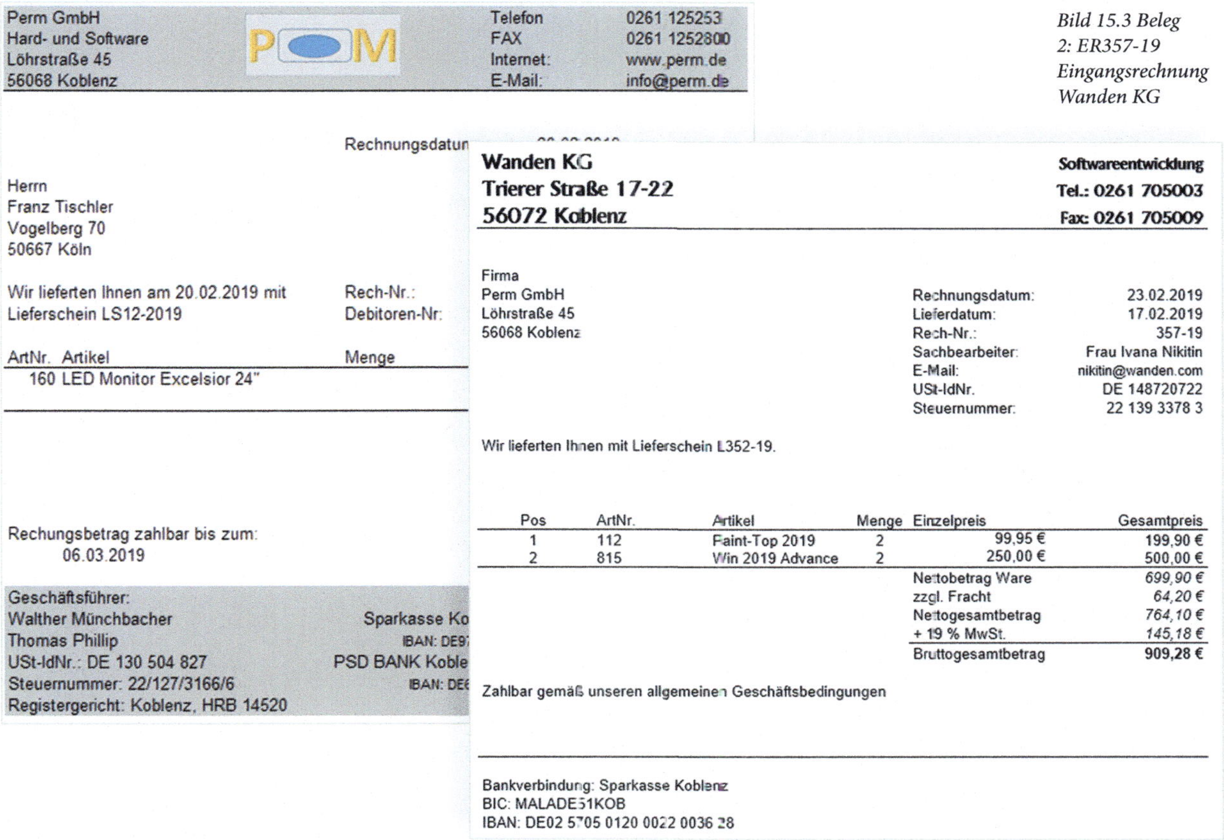

Perm GmbH
Hard- und Software
Löhrstraße 45
56068 Koblenz

Telefon 0261 125253
FAX 0261 1252800
Internet: www.perm.de
E-Mail: info@perm.de

Rechnungsdatum

Herrn
Franz Tischler
Vogelberg 70
50667 Köln

Wir lieferten Ihnen am 20.02.2019 mit Lieferschein LS12-2019

Rech-Nr.:
Debitoren-Nr:

ArtNr.	Artikel	Menge
160	LED Monitor Excelsior 24"	

Rechungsbetrag zahlbar bis zum: 06.03.2019

Geschäftsführer:
Walther Münchbacher
Thomas Phillip
USt-IdNr.: DE 130 504 827
Steuernummer: 22/127/3166/6
Registergericht: Koblenz, HRB 14520

Sparkasse Ko
IBAN: DE9
PSD BANK Koble
IBAN: DE

Wanden KG
Trierer Straße 17-22
56072 Koblenz

Softwareentwicklung
Tel.: 0261 705003
Fax: 0261 705009

Firma
Perm GmbH
Löhrstraße 45
56068 Koblenz

Rechnungsdatum:	23.02.2019
Lieferdatum:	17.02.2019
Rech-Nr.:	357-19
Sachbearbeiter:	Frau Ivana Nikitin
E-Mail:	nikitin@wanden.com
USt-IdNr.	DE 148720722
Steuernummer:	22 139 3378 3

Wir lieferten Ihnen mit Lieferschein L352-19.

Pos	ArtNr.	Artikel	Menge	Einzelpreis	Gesamtpreis
1	112	Paint-Top 2019	2	99,95 €	199,90 €
2	815	Win 2019 Advance	2	250,00 €	500,00 €
				Nettobetrag Ware	699,90 €
				zzgl. Fracht	64,20 €
				Nettogesamtbetrag	764,10 €
				+ 19 % MwSt.	145,18 €
				Bruttogesamtbetrag	909,28 €

Zahlbar gemäß unseren allgemeinen Geschäftsbedingungen

Bankverbindung: Sparkasse Koblenz
BIC: MALADE51KOB
IAN: DE02 5705 0120 0022 0036 28

Bild 15.2 Beleg 1: AR09-2019 Ausgangsrechnung Tischler

Bild 15.3 Beleg 2: ER357-19 Eingangsrechnung Wanden KG

Um die beiden Belege zu buchen, sollten diese zunächst über ein Dokumenten-Management-System eingescannt oder als Datei in dieses System importiert und archiviert werden, damit diese dann als digitale Belege gebucht werden können. Hierzu kann ein internes DATEV Dokumenten-Management-System verwendet werden.

15.2 DATEV Dokumenten-Management-Systeme

Zum Buchen von digitalen Belegen im Programm DATEV Kanzlei-Rechnungswesen stehen Ihnen verschiedene Möglichkeiten zur Verfügung. Sie können digitale Belege über folgende DATEV Programme realisieren:

- Belege online / Belegverwaltung online
- DMS
- Eigenorganisation / Digitale Dokumentenablage

DATEV Belege online bzw. DATEV Belegverwaltung online

Über das Onlineprogramm DATEV Belege online / DATEV Belegverwaltung online erfolgt ein papierloser Datenaustausch zwischen der Kanzlei und dem Mandanten (Firma) über das DATEV Rechenzentrum. Die digitalen Belege werden hierbei per Fax oder einen Upload an das DATEV Rechenzentrum übertragen und in einem digitalen Postfach des Mandanten gespeichert. Während des Buchens werden anschließend die digitalen Belege als Belegbilder in einer Belegübersichtsliste angezeigt.

Über eine OCR-Erkennung (optical character recognition = Volltexterkennung) können sogar auf den Belegen Betrag, die Rechnungsnummer, das Rechnungsdatum sowie die USt-IdNr. automatisch erkannt werden. Darüber hinaus können Sie die Belege in der Belegverwaltung auch manuell verschlagworten.

Beim Buchen der digitalen Belege im Programm DATEV Kanzlei-Rechnungswesen sind in der Buchungsmaske die Verschlagwortungsdaten wie Betrag, Rechnungsnummer und Belegdatum vorbelegt und können ggf. übernommen werden.

!

Hinweis: Belege online bzw. Belegverwaltung online kann zurzeit lediglich über die Online-Anwendung DATEV Unternehmen online und der Datenaustausch über das DATEV Rechenzentrum durchgeführt werden. Leider ist es zurzeit für Bildungspartner noch nicht möglich, auf die Cloudanwendung DATEV Unternehmen online zuzugreifen. Außerdem arbeiten wir in unserem Übungsfall ohne die Anbindung an das DATEV Rechenzentrum.

DATEV DMS

Über das Programm DATEV DMS können Sie Informationen und Dokumente auf dem Computer digital organisieren und archivieren. Dabei spielt es keine Rolle, ob der Beleg als Brief, E-Mail-Anhang oder Fax eingegangen ist. Die Belege müssen hierzu zuerst in das Programm DATEV DMS übertragen und können dann dort archiviert werden. Dies bedeutet, dass Papierbelege eingescannt und bereits digitalisierte Belege im System archiviert werden.

Genau wie unter DATEV Belege Online bzw. DATEV Belegverwaltung online können über eine OCR-Erkennung auf den Belegen Betrag, die Rechnungsnummer, das Rechnungsdatum erkannt werden. Darüber hinaus können Sie die Belege in einem Dokumentenkorb ebenfalls manuell verschlagworten.

Beim Buchen der digitalen Belege im Programm DATEV Kanzlei-Rechnungswesen sind in der Buchungsmaske die Verschlagwortungsdaten wie Betrag, Rechnungsnummer und Belegdatum vorbelegt und können ggf. übernommen werden. Im Gegensatz zum Programm DATEV Belege Online bzw. DATEV Belegverwaltung online steht hierbei der digitale Beleg allen berechtigten Mitarbeitern im DATEV Arbeitsplatz zur Verfügung und kann von den jeweiligen Arbeitsplätzen eingesehen und ggf. auch z. B. zur Wiedervorlage, zur Fristenüberwachung usw. weiterbearbeitet werden.

DATEV Eigenorganisation / Digitale Dokumentenablage

Ähnlich wie das Programm DATEV DMS funktioniert die digitale Dokumentenablage aus dem DATEV Programm Eigenorganisation classic.

Auch mit diesem Programm können Sie Informationen und Dokumente auf dem Computer digital organisieren. Dabei spielt es auch hier keine Rolle, ob der Beleg als Brief, E-Mail-Anhang oder Fax eingegangen ist. Die Belege müssen hierzu in die digitale Dokumentenablage übertragen werden. Papierbelege können eingescannt (ohne OCR-Erkennung) und bereits digitalisierte Belege im System gespeichert werden. Das Verschlagworten der Belege müssen Sie in der digitalen Dokumentenablege selbst vornehmen. Hierzu können allerdings für eine spätere Volltextsuche nach digitalen Belegen vielfältige Informationen (wie z.B. Stichworte, Beschreibungen, Monats- und Jahresangaben usw.) erfasst werden.

Erfassen Sie in den Feldern *Beleginfo* Buchungsinformationen wie z. B. Belegnummer, Belegdatum, Betrag und Kostenstellenangaben, so werden diese später beim Buchen im Programm DATEV Kanzlei-Rechnungswesen in der Buchungsmaske automatisch vorbelegt und können ggf. übernommen werden. Genau wie im DATEV DMS stehen darüber hinaus die digitalen Belege allen berechtigten Mitarbeitern zur weiteren Bearbeitung im DATEV Arbeitsplatz zur Verfügung.

In unserem Übungsfall benutzen wir die Möglichkeit, über die digitale Dokumentenablage aus dem Programm DATEV Eigenorganisation classic digitale Belege zu hinterlegen, damit diese anschließend im Programm DATEV Kanzlei-Rechnungswesen gebucht werden können.

Achtung: Wenn Sie die Versionen DATEV Mittelstand oder DATEV Softwareonline nutzen, so sind alle benötigten Komponenten bereits vorhanden. Schulen im Unterricht mit einer lokalen Installation DATEV Arbeitsplatz Kanzleisoftware benötigen zusätzlich das Programm DATEV Eigenorganisation classic. Setzen Sie sich ggf. mit DATEV in Verbindung, wenn das Programm nicht installiert sein sollte. !

15.3 Digitale Belege importieren

Ausgangssituation

Der 1. Beleg, die Ausgangsrechnung über den Verkauf eines Monitors an den Kunden Franz Tischler, soll nun in den digitalen Dokumentenkorb im DATEV Arbeitsplatz importiert werden.

1. Beleg:	Verkauf von Hardware an den Kunden Franz Tischler vom 20.02.2019 Beleg-Nr. AR09-2019 Gesamtbetrag brutto: 398,00 EUR Ordner: Download\Kap_15, Dateiname: AR09-2019_Tischler_20.02.2019.pdf

Bild 15.4 Beleg 1: AR09-2019 Ausgangsrechnung Tischler

Perm GmbH Hard- und Software Löhrstraße 45 56068 Koblenz	P M	Telefon FAX Internet: E-Mail:	0261 125253 0261 1252800 www.perm.de info@perm.de

Rechnungsdatum: 20.02.2019

Herrn
Franz Tischler
Vogelberg 70
50667 Köln

Wir lieferten Ihnen am 20.02.2019 mit Lieferschein LS12-2019

Rech-Nr.: AR09-2019
Debitoren-Nr: 10004

ArtNr.	Artikel	Menge	Einzelpreis	Gesamtpreis
160	LED Monitor Excelsior 24"	1	334,45 €	334,45 €
			Netto:	*334,45 €*
			+19% MwSt.	*63,55 €*
			Gesamt:	**398,00 €**

Rechungsbetrag zahlbar bis zum:
06.03.2019

Geschäftsführer: Walther Münchbacher Thomas Phillip USt-IdNr.: DE 130 504 827 Steuernummer: 22/127/3166/6 Registergericht: Koblenz, HRB 14520	Bankverbindung: Sparkasse Koblenz BLZ: 570 501 20 KtoNr 112607 IBAN: DE97570501200000112607 BIC: MALADE51KOB PSD BANK Koblenz BLZ: 570 909 00 KtoNr. 13316020 IBAN: DE60570909000013316020 BIC: GENODEF1P12

Der Beleg steht Ihnen im Ordner:
Download\Kap_15 Datei: AR09-2019_Tischler_20.02.2019.pdf zur Verfügung.

Um den digitalen Beleg in den digitalen Dokumentenkorb im DATEV Arbeitsplatz zu importieren, gehen Sie wie folgt vor:

1. Beenden Sie das Programm DATEV Kanzlei-Rechnungswesen. Sie befinden sich jetzt wieder im DATEV Arbeitsplatz.
2. Klicken Sie in der Symbolleiste auf das Auswahlfeld *Schnellinfo* und auf den Eintrag *Dokumente*.

!

Hinweis: Sollte in der Symbolleiste die Leiste *Schnellinfo* nicht angezeigt werden, klicken Sie auf den Befehl *Ansicht* ▶ *Symbolleisten* ▶ *Schnellinfos*.

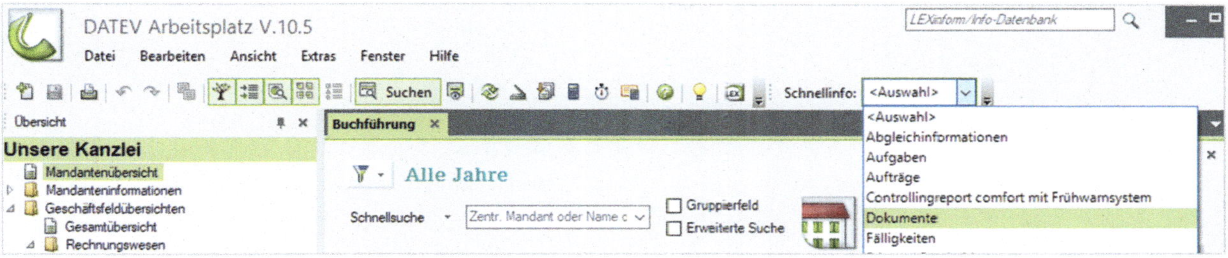

Bild 15.5 Schnellinfo

Im unteren Zusatzbereich wird Ihnen nun die digitale Dokumentenablage aus dem Programm DATEV Eigenorganisation classic zum ausgewählten Mandanten 20000 Perm GmbH angezeigt.

Mit einem Klick auf die Schaltfläche *Neu* ❶ können nun diverse Belege angelegt werden:

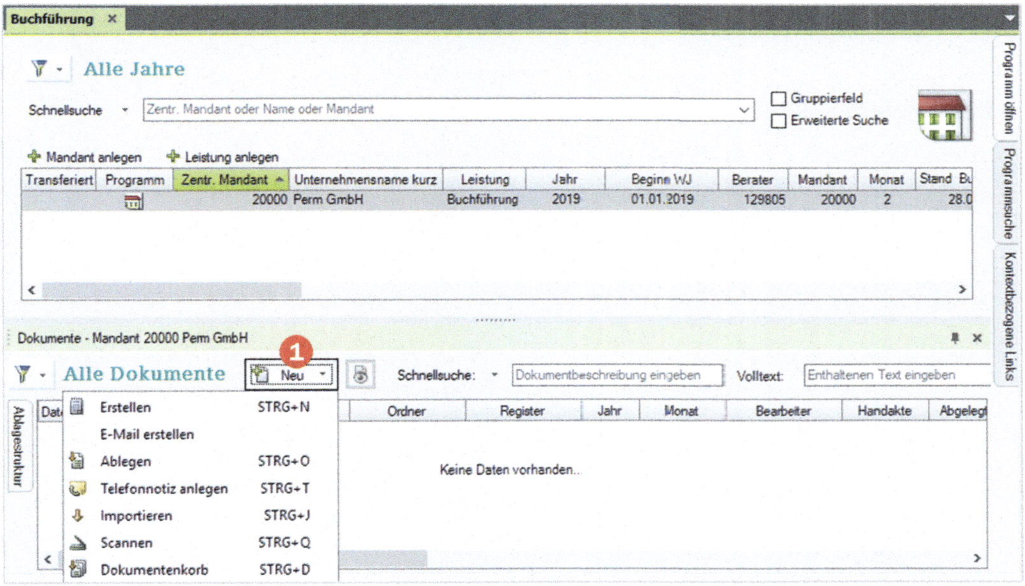

Bild 15.6 Digitale Dokumentenablage

Übersicht Belege

Symbol /Shortcut	Bedeutung
Erstellen STRG+N	Öffnet das Dialogfenster *Dokumente erstellen*. Hier können über bereits hinterlegte Anwendungsvorlagen einzelne Dokumente angelegt werden.
E-Mail erstellen	Über *E-Mail erstellen* kann auf kanzleibezogene oder mandantenbezogene E-Mail-Vorlagen zurückgegriffen und E-Mails an verschiedene Adressaten, z. B. Finanzamt, angelegt werden.

Ablegen STRG+O	Mit Klick auf *Ablegen* können über das Dialogfenster *Dokument in Dokumentenmanagement anlegen* einzelne digitale Belege über den Dateinamen direkt angelegt werden
Telefonnotiz anlegen STRG+T	Über *Telefonnotiz anlegen* können kanzleibezogene oder mandantenbezogene elektronische interne Telefonnotizen angelegt werden.
Importieren STRG+J	Mit *Importieren* können Sie über einen Assistenten digitale Belege aus einer hinterlegten Dokumentensammlung oder Dokumente aus einer Windows-Explorer-Struktur einlesen.
Scannen STRG+Q	Mit Klick auf *Scannen* können Dokumente über eine installierte Scanner-Software digitalisiert werden.
Dokumentenkorb STRG+D	Öffnet den Dokumentenkorb. Hier können Sie mehrere digitale Belege über einen Dateiimport importieren, einscannen oder ganze Verzeichnisse mit zu importierenden Daten übernehmen.

Bild 15.7 Dokumentenkorb

3 Klicken Sie auf *Dokumentenkorb* oder drücken Sie die Tastenkombination Strg + D. Das Fenster *Dokumentenkorb* wird geöffnet.

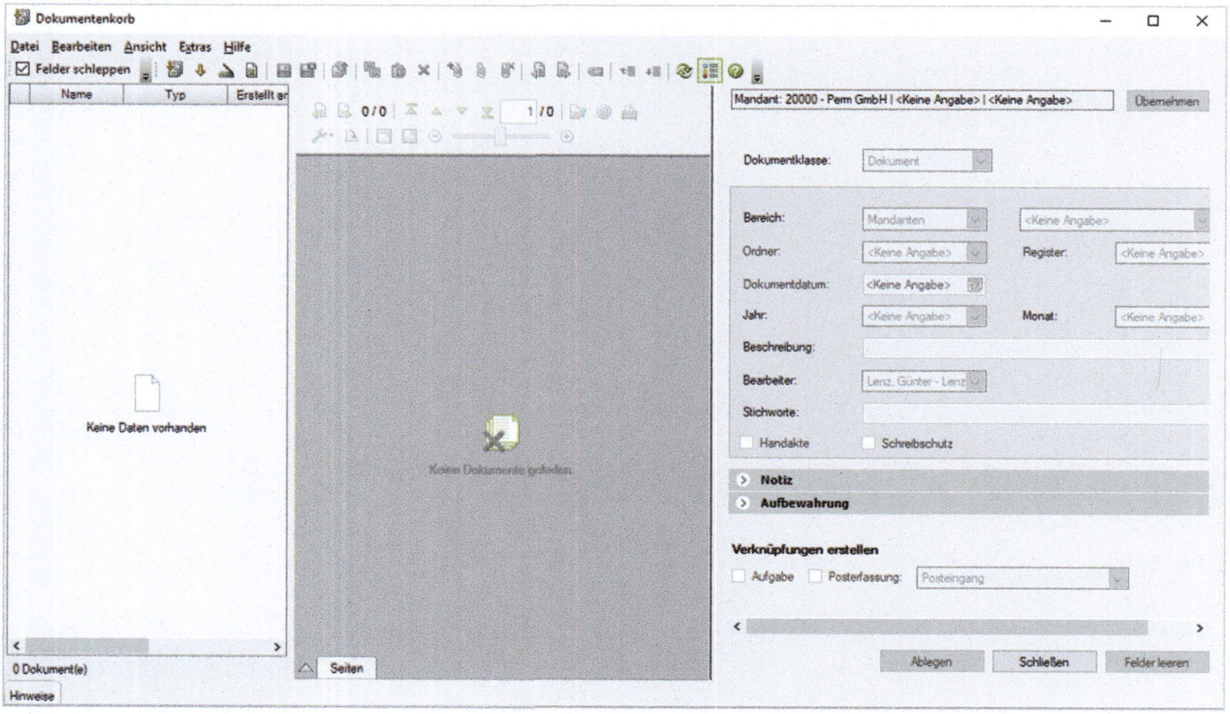

4 Um die Ausgangsrechnung in den Dokumentenkorb zu importieren, wählen Sie den Menüpunkt *Datei* ▶ *Dateien importieren* oder klicken auf das Symbol *Dateien importieren …* oder drücken die Tastenkombination Strg + O.

5 Das Dialogfenster *Auswahl der Datei(en) für den Import in den Dokumentenkorb* wird angezeigt. Wechseln Sie zum Ordner Download\Kap_15\ und klicken Sie, wie in der folgenden Abbildung dargestellt, auf die Datei *AR09-2019_Tischler_20.02.2019.pdf* und anschließend auf die Schaltfläche *Öffnen*.

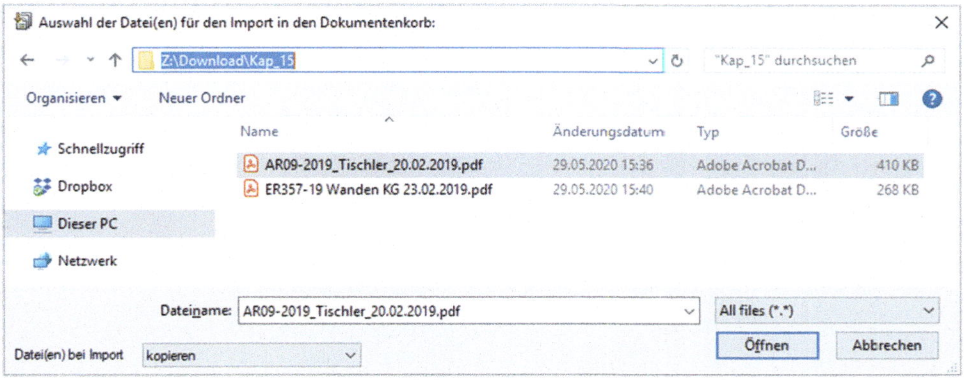

Bild 15.8 Dateiauswahl

Der Beleg wurde in den Dokumentenkorb importiert. Darüber hinaus wird dieser Ihnen in einem Vorschaufenster angezeigt und kann ggf. über die gekennzeichneten Symbole in der Symbolleiste angepasst werden.

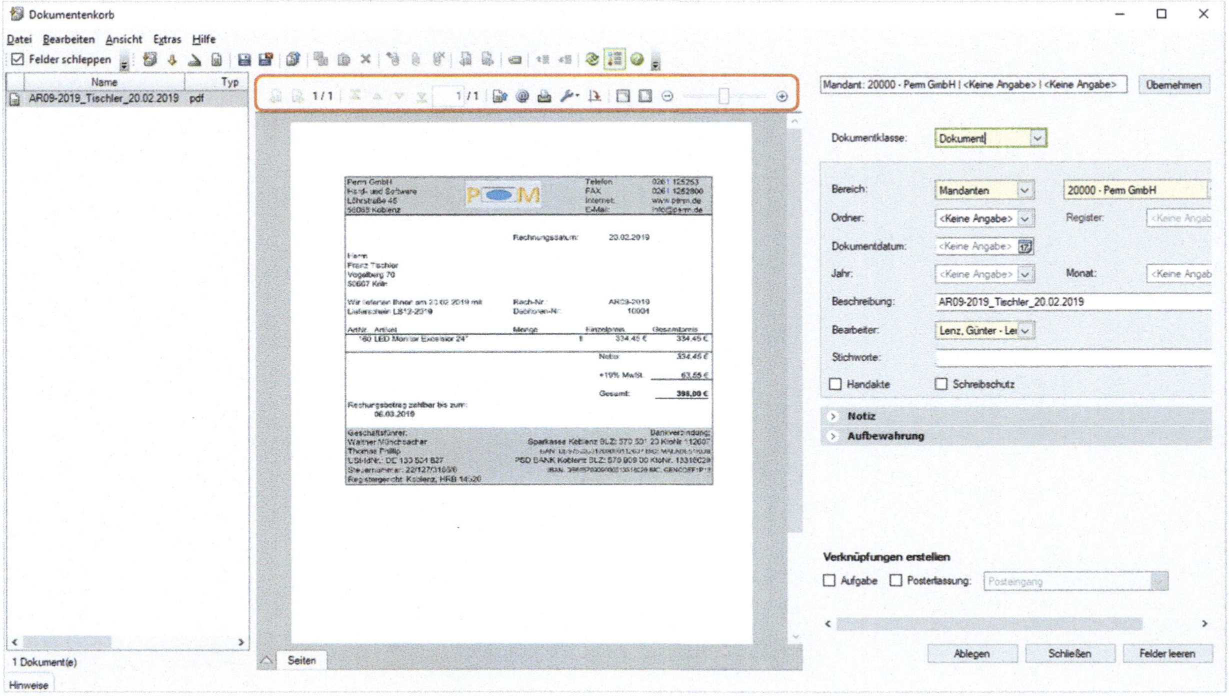

Bild 15.9 Importierter Beleg

Im nächsten Schritt können jetzt Informationen zum digitalen Beleg bzgl. Ablage, Attribute, Notizen zum Beleg, sowie Aufbewahrungsangaben und vor allem Beleginformationen eingetragen werden, die dann später beim Buchen in DATEV Kanzlei-Rechnungswesen übernommen werden.

Hinweis: Da es in der digitalen Dokumentenablage, im Vergleich zu DATEV Belege Online bzw. DATEV DMS, keine OCR-Erkennung gibt, müssen die Informationen, die anschließend beim Buchen in der Buchungsmaske übernommen werden können, manuell eingetragen werden. Damit die digitalen Belege später im Programm DATEV Arbeitsplatz leicht wiedergefunden werden können, ist es ratsam, zu den Belegen neben den Beleginformationsangaben zumindest Attribute anzugeben.

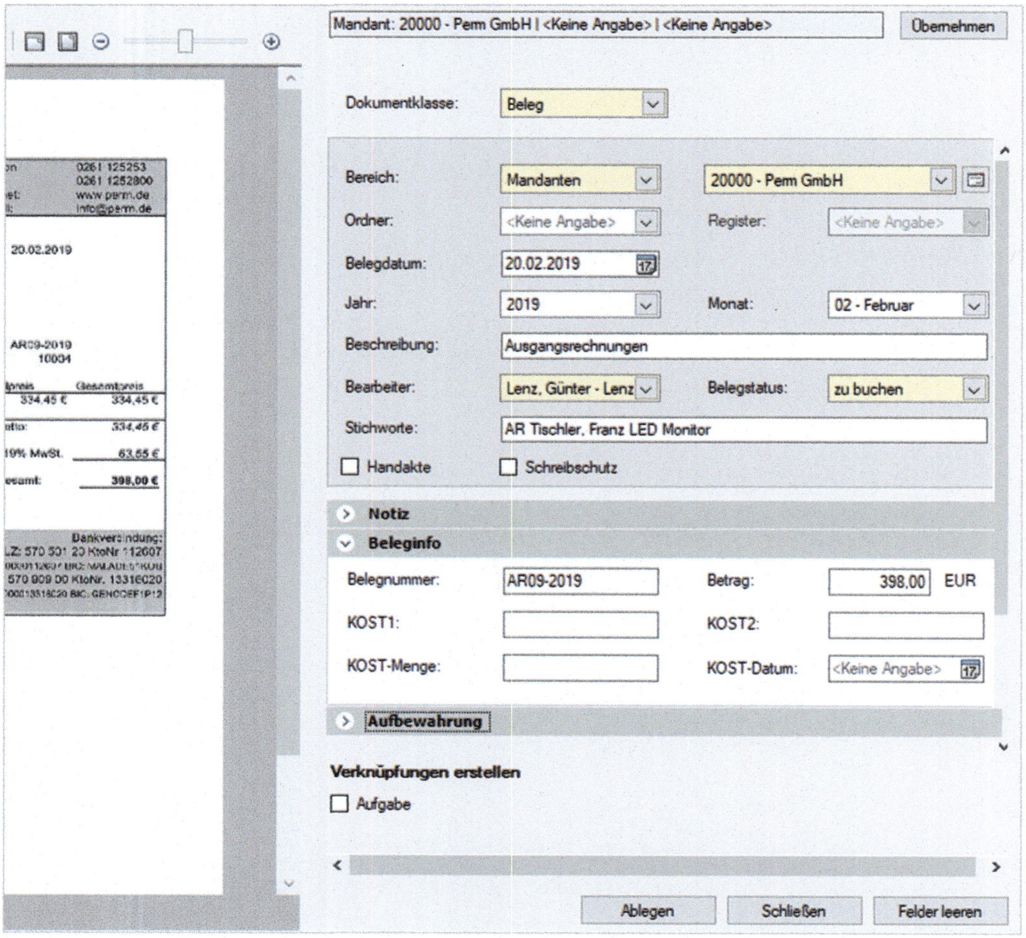

Bild 15.10 Attribute und Informationen zum Beleg

6 Klicken Sie im Auswahlfeld *Dokumentklasse* auf den Eintrag *Beleg* und geben Sie im Feld *Belegdatum* das Rechnungsdatum vom Beleg 20.02.2019, im Feld *Beschreibung* den Text Ausgangsrechnungen und im Feld *Stichworte* AR Tischler, Franz LED Monitor ein. Im Feld *Jahr* wählen Sie das Jahr 2019, sowie im Feld *Monat* den Monat 02 - Februar aus.

Hinweis: Im Feld *Belegstatus* ist der Eintrag *zu buchen* voreingestellt.

Darüber hinaus können Sie ggf. für die Ablage ein vorgefertigtes Ablagesystem mit Ordnern und Registern auswählen. Die Kontrollkästchen *Handakte* und *Schreibschutz* sind für den Bereich Eigenorganisation relevant.

7 Im nächsten Schritt sind die wichtigen Informationen zu den Beleginformationen einzutragen. Übernehmen Sie aus dem Beleg die Information *Belegnummer* sowie den *Betrag* und tragen diese in die entsprechenden Felder ein.

Hinweis: In den Feldern *Kost1*, *Kost2*, *Kost-Menge* und *Kost-Datum* können Einträge vorgenommen werden, wenn beim Mandanten mit Kostenstellen und Kostenträgern gebucht wird.

Über die Abschnitte *Notiz* und *Aufbewahrung* können noch weitere zusätzliche Angaben zum Beleg hinterlegt werden. Verwenden Sie die Version DATEV Mittelstand, so gibt es Abweichungen in den Masken, hier kann z. B. die Kreditorennummer des Lieferanten erfasst werden, die später auch bei der Buchung übernommen werden kann.

Der digitale Beleg ist somit erfasst.

8 Klicken Sie abschließend auf die Schaltfläche *Ablegen* und anschließend auf die Schaltfläche *Schließen*. Die Ausgangsrechnung an den Kunden Tischler ist hiermit in der digitalen Dokumentenablage erfasst.

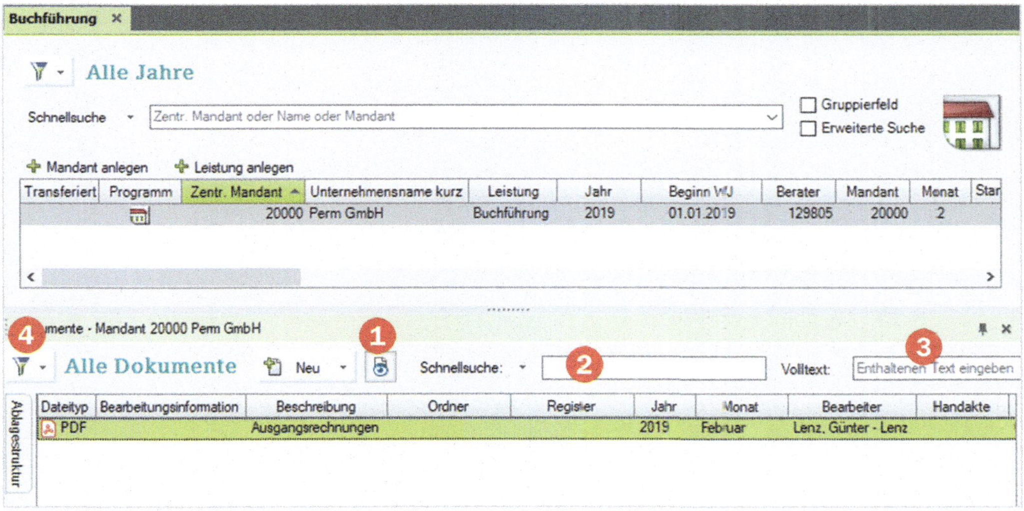

Bild 15.11 Dokumente in der digitalen Belegablage

Hinweise

- Die Spalte *Stichworte* wird standardmäßig als letzte Spalte angezeigt. Mit Klick auf eine Spaltenüberschrift und Ziehen mit der Maus kann diese jedoch an jede beliebige Stelle verschoben werden.
- Mit Klick auf das Symbol *Vorschau* ❶ kann der digitale Beleg in einem zusätzlichen Fenster angezeigt werden. Über das Auswahlfeld *Schnellsuche* ❷ und über das Eingabefeld *Volltextsuche* ❸ können Sie nach digitalen Belegen in der Dokumentenablage suchen. Über das Auswahlfeld *Filtern* ❹ können Sie die Belege nach unterschiedlichen Kriterien (z. B. der letzten 7 Tage usw.) filtern.

- Ist der digitale Beleg beim Verschlagworten einem bestimmten Ordner und Register zugewiesen (siehe Bild 15.10), kann dieser mit Klick auf das Symbol *Ablagestruktur* im entsprechenden Ordner und ggf. hinterlegtem Register gesucht werden.

9 Klicken Sie auf das Symbol *Vorschau*. Der Beleg wird Ihnen in einer Vorschau angezeigt. Über die Symbole am oberen Rand können Sie die Anzeige drehen, vergrößern, verkleinern, blättern, drucken sowie als E-Mail versenden.

Bild 15.12 Belegvorschau

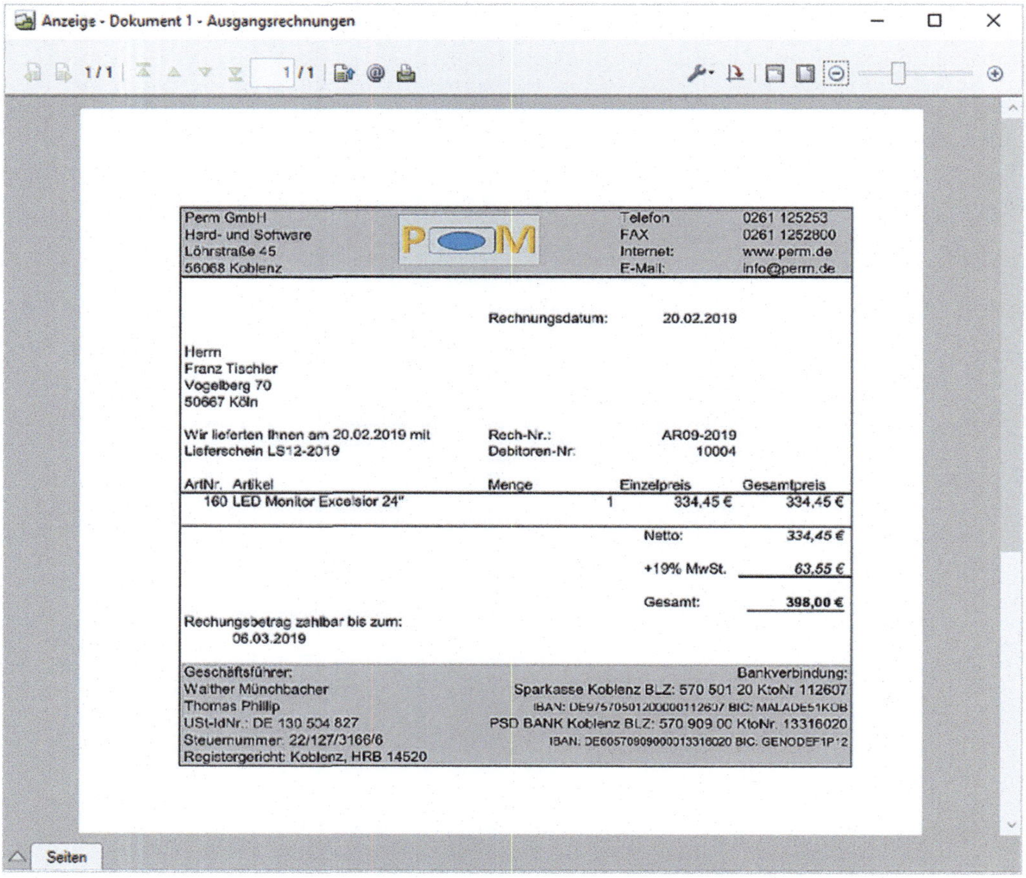

Perm GmbH
Hard- und Software
Löhrstraße 45
56068 Koblenz

PM

Telefon 0261 125253
FAX 0261 1252800
Internet: www.perm.de
E-Mail: info@perm.de

Rechnungsdatum: 20.02.2019

Herrn
Franz Tischler
Vogelberg 70
50667 Köln

Wir liefern Ihnen am 20.02.2019 mit
Lieferschein LS12-2019

Rech-Nr.: AR09-2019
Debitoren-Nr: 10004

ArtNr.	Artikel	Menge	Einzelpreis	Gesamtpreis
160	LED Monitor Excelsior 24"	1	334,45 €	334,45 €

Netto:	334,45 €
+19% MwSt.	63,55 €
Gesamt:	398,00 €

Rechungsbetrag zahlbar bis zum:
06.03.2019

Geschäftsführer:
Walther Münchbacher
Thomas Phillip
USt-IdNr.: DE 130 504 827
Steuernummer: 22/127/3166/6
Registergericht: Koblenz, HRB 14520

Bankverbindung:
Sparkasse Koblenz BLZ: 570 501 20 KtoNr 112607
IBAN: DE97570501200000112607 BIC: MALADE51KOB
PSD BANK Koblenz BLZ: 570 909 00 KtoNr. 13316020
IBAN: DE60570909000013316020 BIC: GENODEF1P12

Tipp: Arbeiten Sie an Ihrem Arbeitsplatz mit einem zweiten Monitor, so ist es hilfreich, die Belegvorschau auf diesem Bildschirm zu verschieben. Sie erhalten dadurch mehr Platz für die Anzeige der Belege.

10 Schließen Sie abschließend die Vorschau, indem Sie auf das Symbol *Schließen* × klicken.

Übung:

Importieren Sie über einen neuen Dokumentenkorb den 2. Beleg, die Eingangsrechnung vom Lieferanten Wanden KG und verschlagworten Sie den Beleg wie folgt:

Dokumentklasse:	Beleg
Belegdatum:	23.02.2019
Jahr:	2019
Monat:	02 - Februar
Beschreibungen:	Eingangsrechnungen
Belegstatus:	zu buchen
Stichworte:	ER Wanden KG Software
Beleginfo:	
Belegnummer:	ER357-19
Betrag:	909,28 EUR

2. Beleg:	Einkauf von Software mit einem Nettowarenwert von 699,90 EUR zzgl. Eingangsfrachten in Höhe von 64,20 EUR vom LieferantWanden KG vom 23.02.2019, BelegNr. ER357-19, Bruttogesamtbetrag: 909,28 EUR Ordner: Download\Kap_15 Dateiname: ER357-19_Wanden_KG_23.02.2019.pdf

Die beiden digitale Belege sind erfasst und befinden sich in der digitalen Dokumentenablage.

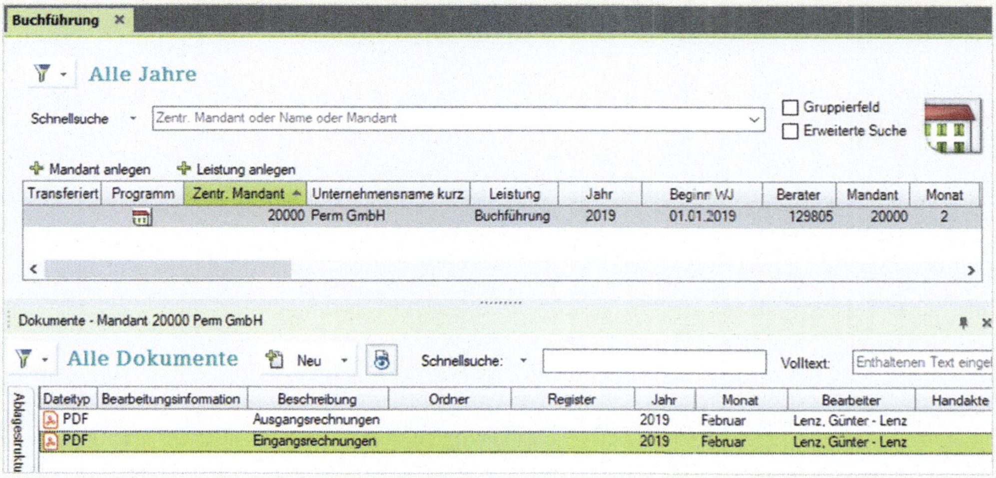

Bild 15.13 Digitale Belegablage

Im nächsten Schritt sind jetzt die beiden digitalen Belege im Programm DATEV Kanzlei-Rechnungswesen zu buchen.

15.4 Digitale Belege buchen

Ausgangssituation

Der zweite digitale Beleg, die Eingangsrechnung des Lieferanten Wanden KG, Koblenz soll nun in DATEV Kanzlei-Rechnungswesen gebucht werden.

2. Beleg:	Einkauf von Software mit einem Nettowarenwert von 699,90 EUR zzgl. Eingangsfrachten in Höhe von 64,20 EUR vom Lieferant Wanden KG vom 23.02.2019, BelegNr. ER357-19, Bruttogesamtbetrag: 909,28 EUR Ordner: Download\Kap_15 Dateiname: ER357-19_Wanden_KG_23.02.2019.pdf

Um die Eingangsrechnung zu buchen, gehen Sie wie folgt vor:

1 Klicken Sie im DATEV Arbeitsplatz im Arbeitsblatt *Buchführung* auf den Mandanten *20000 Perm GmbH* und anschließend im rechten Zusatzbereich auf den Link *Buchführung 2019 starten*.

Bild 15.14 DATEV Arbeitsplatz

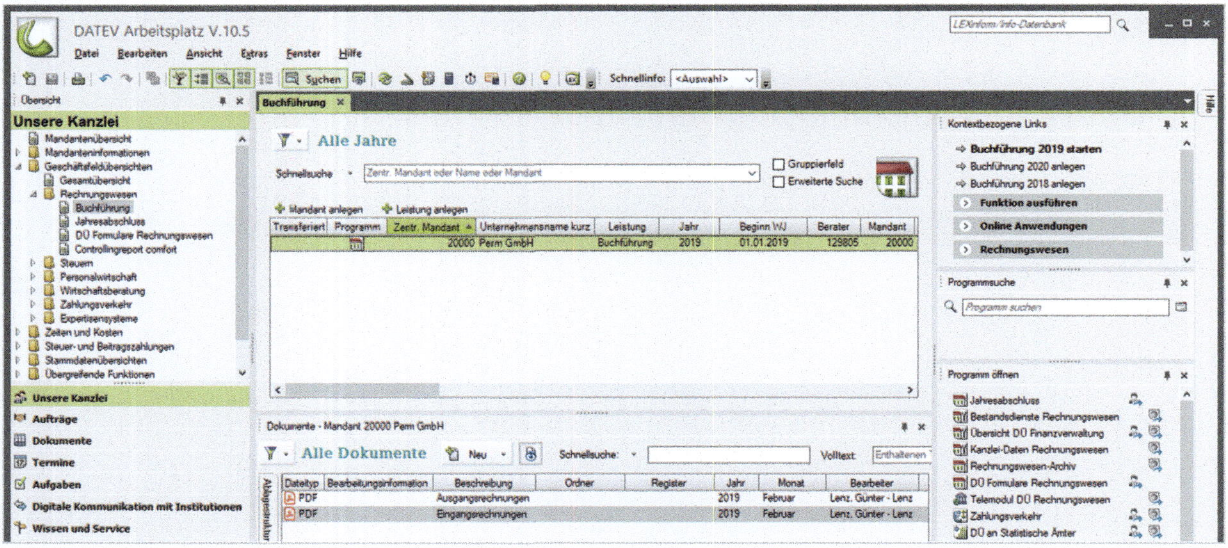

2 Klicken Sie in der Übersicht doppelt auf den Eintrag *Belege buchen*.

Bild 15.15 Belege buchen

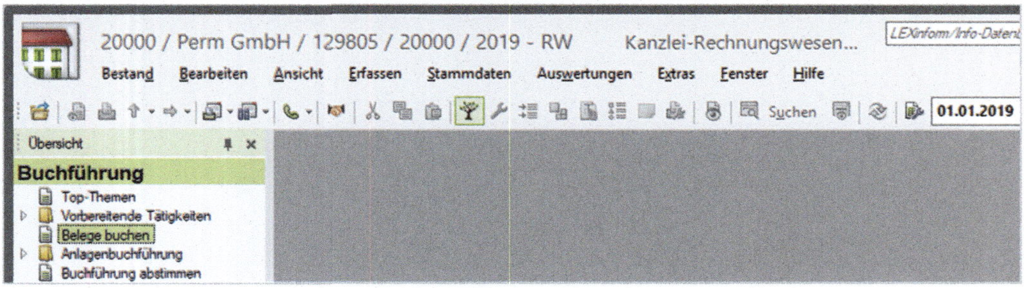

Wiederholungsübung: Buchungsstapel anlegen

Legen Sie einen neuen Buchungsstapel für den Monat Februar an:

Bezeichnung:	Digitale Belege
Diktatschlüssel:	Ihr Namenszeichen

Die Primanota zum Buchungsstapel *Digitale Belege* und die leere Buchungsmaske werden Ihnen angezeigt.

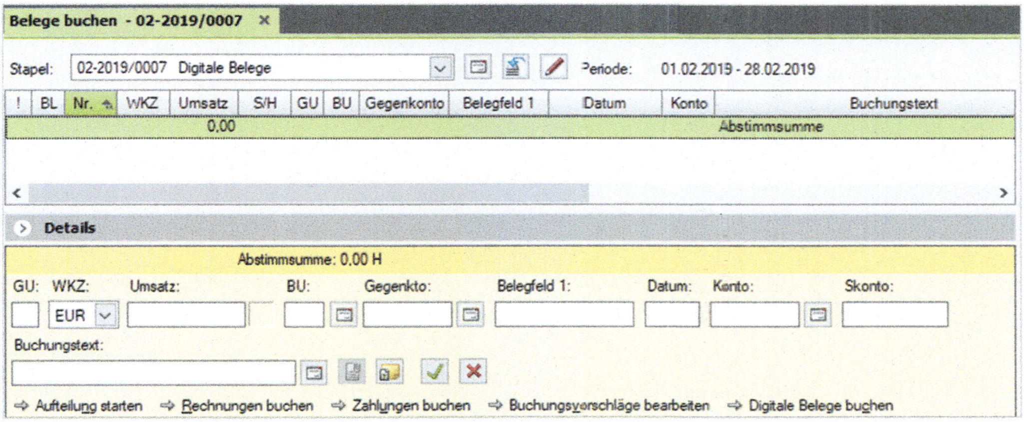

Bild 15.16 Buchungsmaske

3 Im nächsten Schritt müssen, bevor der erste digitale Beleg gebucht werden kann, Angaben zum Dokumenten-Management-System hinterlegt werden: Klicken Sie im rechten Zusatzbereich auf das Register *Eigenschaften* ❶ und auf den Link *Digitale Belege* ❷.

Bild 15.17 Einstellungen Digitale Belege

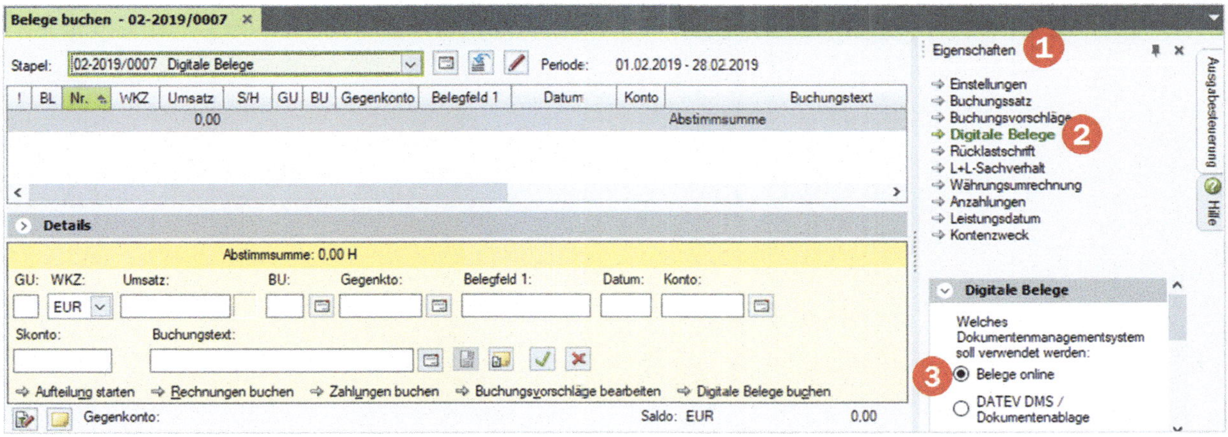

Hier kann nun das hinterlegte Dokumenten-Management-System explizit ausgewählt werden, standardmäßig ist *Belege online* ❸ aktiviert.

- Arbeiten Sie mit dem Dokumenten-Management-System *Belege online / Belegverwaltung online* in Verbindung mit dem DATEV Rechenzentrum und Unternehmen online sind die Voreinstellungen bereits getroffen.

- Haben Sie ein lokales Dokumenten-Management-System DATEV DMS oder die digitale Dokumentenablage aus dem Programm DATEV Eigenorganisation classic installiert, kann dies über die Optionsgruppe angegeben werden.

4 Klicken Sie auf *DATEV DMS / Dokumentenablage* und übernehmen Sie die Standardeinstellungen wie in Bild 15.18.

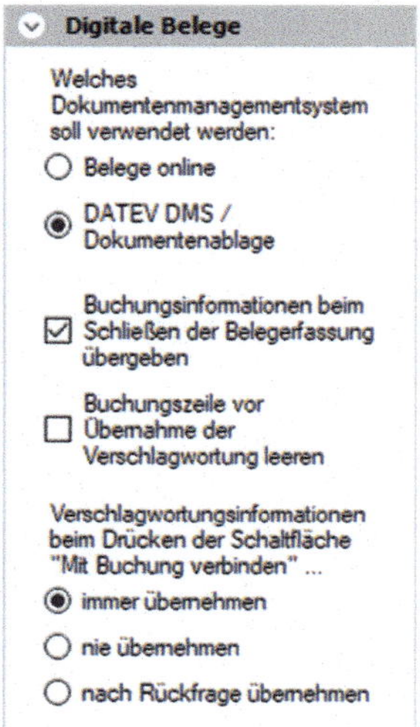

Bild 15.18 DATEV DMS - Dokumentenablage

- Das Kontrollkästchen *Buchungsinformationen beim Schließen der Belegerfassung übergeben* bedeutet, beim Schließen des Buchungsstapels wird die Information an das Dokumenten-Management-System übertragen, dass der Beleg gebucht wurde. Der Beleg wird als gebucht gekennzeichnet und weitere Buchungsinformationen werden hinterlegt.
- Über das Kontrollkästchen *Buchungszeile vor Übernahme der Verschlagwortung leeren* kann angegeben werden, ob Informationen, die bereits in der Buchungsmaske aufgeführt sind, wie z. B. Schleppinformationen zum Buchungssatz, geleert werden sollen.
- Über die Optionsgruppe *Verschlagwortungsinformationen beim Drücken der Schaltfläche „Mit Buchung verbinden"* ... kann angegeben werden, wie die Beleginformationen in die Buchungsmaske übertragen werden. Hier stehen *immer*, *nie* oder *nach Rückfrage übernehmen* zur Wahl.

5 Im nächsten Schritt kann jetzt der digitale Beleg gebucht werden. Klicken Sie in der Buchungsmaske auf den Link *Digitale Belege buchen* ❶.

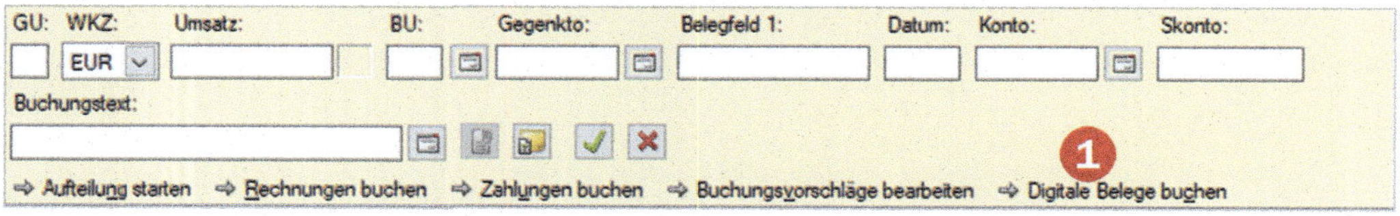

Bild 15.19 Digitale Belege buchen

Im nachfolgenden Fenster können nun Einstellungen für das Buchen in der Belegübersicht und für die Behandlung der Beleg nach dem Buchen festgelegt werden.

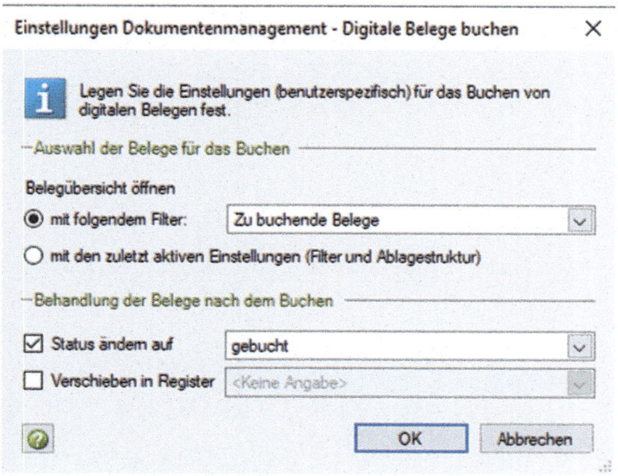

Bild 15.20 Einstellungen Dokumentenmanagement

6 Wir übernehmen die Standardeinstellungen, dass in der Belegübersicht die zu buchenden Belege angezeigt werden und nach dem Buchen der Status auf gebucht geändert wird und klicken auf die Schaltfläche *OK*.

- Im Auswahlfeld *Belegübersicht öffnen mit folgendem Filter* stehen Ihnen neben der Standardeinstellung *Zu buchende Belege* noch weitere Filtermöglichkeiten z. B. Alle Dokumente usw. zur Verfügung.
- Unter *Behandlung der Belege nach dem Buchen* können Sie im Auswahlfeld *Status ändern auf* neben der Standardeinstellung *gebucht* auch ggf. den Status auf *zu buchen*, *zu erfassen*, *erfasst* ändern.

Hinweis: Sollte das Dialogfenster *Einstellungen Dokumentenmanagement* nicht angezeigt werden, können Sie dieses in der Belegübersicht mit Klick auf das Symbol *Einstellungen* anzeigen lassen.

Der digitale Beleg aus der digitalen Dokumentenablage, die Eingangsrechnung Wanden KG, wird in einem separaten Fenster geöffnet. Die verschlagwortenden Beleginformationen (Rechnungsbetrag, Beleg-Nr, und Rechnungsdatum) werden darüber hinaus in der Buchungsmaske in die Felder *Umsatz*, *Belegfeld 1* sowie *Datum* übernommen.

Bild 15.21 Buchungsmaske

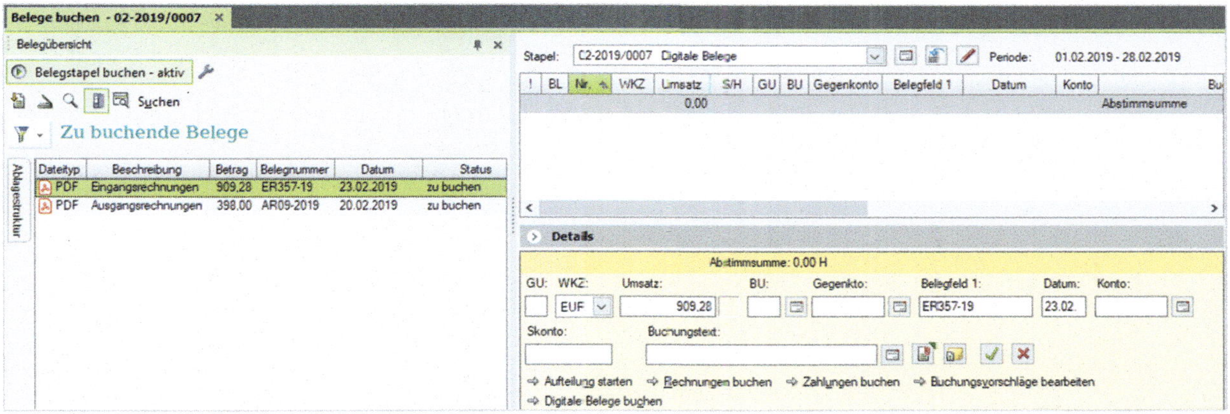

Tipp: Sollten in der Buchungsmaske die Belegfeldinformationen nicht angezeigt werden, so klicken Sie auf den Beleg und anschließend auf das Symbol *Mit Buchung verbinden* und bestätigen die Hinweismeldung mit *OK*.

Darüber hinaus wird die Vorschau auf den Beleg in einem zusätzlichen Fenster angezeigt.

Bild 15.22 Vorschau Beleg

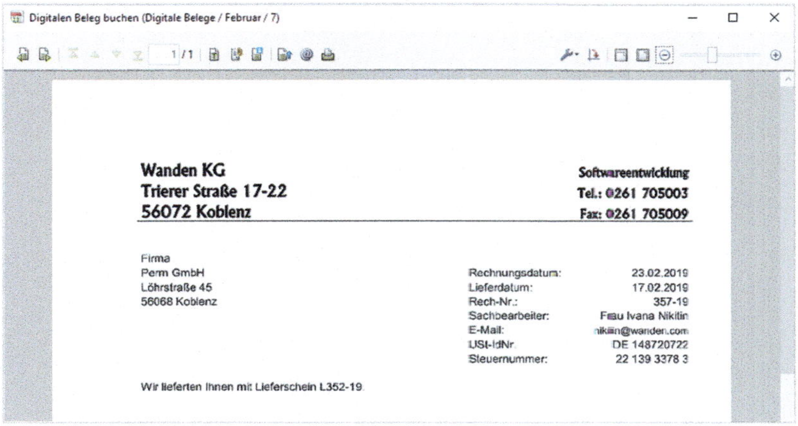

7 Im nächsten Schritt ist jetzt die Eingangsrechnung zu buchen. Da es sich bei der Rechnung um eine Aufteilungsbuchung handelt, klicken Sie auf den Link *Aufteilung starten*.

Bild 15.23 Buchungsmaske mit Beleg

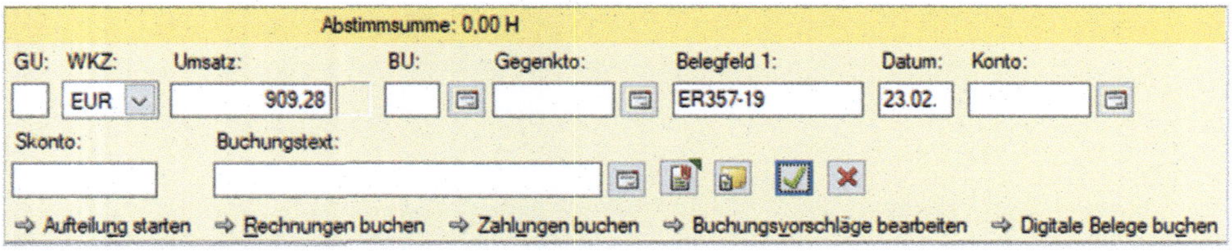

8 Geben Sie die übrigen Daten zur Aufteilungsbuchung – wie in Bild 15.24 – ein und klicken Sie anschließend auf die Schaltfläche *OK*.

Bild 15.24 Aufteilungsbuchung

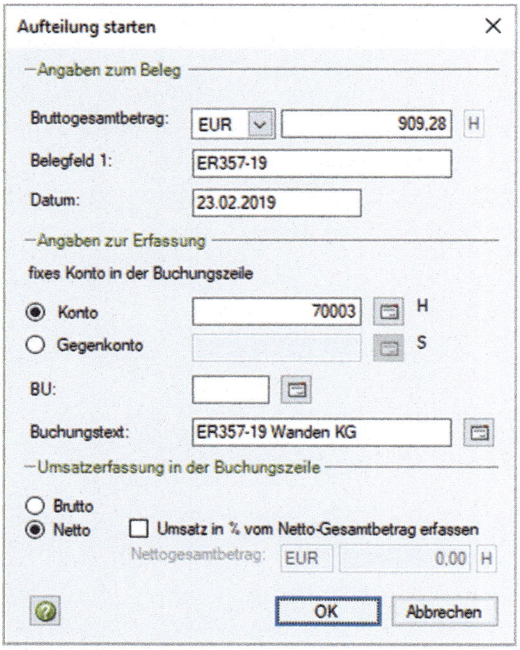

9 Geben Sie zunächst die Buchung Wareneingang Software 19% VSt Konto 3402 mit dem Nettowert der Eingangsrechnung von 699,90 EUR ein und übernehmen Sie die Buchung.

Bild 15.25 Splittbuchung

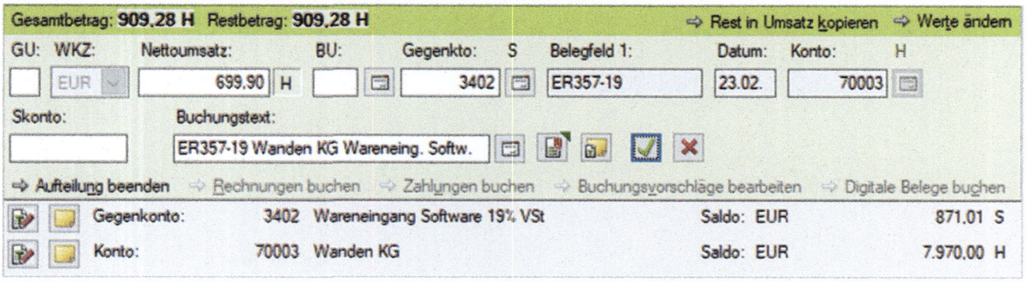

10 Anschließend wird der noch zu buchende Restbetrag (brutto) angezeigt. Zur Eingangsrechnung sind noch Frachtkosten zu buchen. Frachtkosten gehören zu den Bezugsnebenkosten und sind über das Konto 3800 Bezugsnebenkosten mit Steuerschlüssel 401 zu buchen, da es kein Automatikkonto ist. Geben Sie die Buchung der Bezugsnebenkosten wie folgt ein:

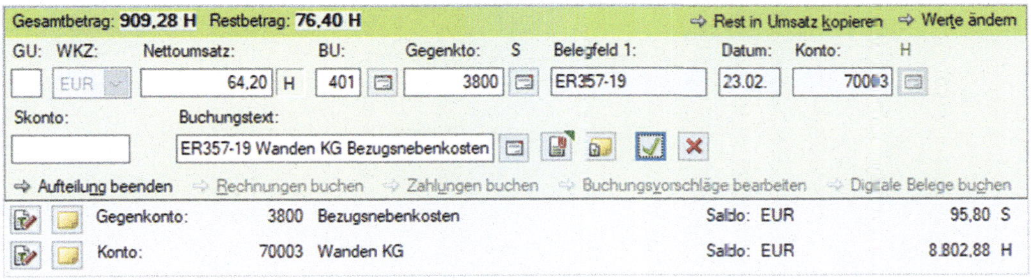

Bild 15.26 Bezugsnebenkosten

Hinweis: Anstatt des Steuerschlüssels 401 können Sie auch den Steuerschlüssel 9 für 19% Abziehbare Vorsteuer verwenden.

11 Übernehmen Sie anschließend die Buchung und bestätigen Sie das Dialogfenster *Aufteilung beenden* mit *OK*.

In der Primanota wird die erfasste Aufteilungsbuchung in zwei Buchungssätzen mit den Bruttobeträgen dargestellt. Darüber hinaus sehen Sie in der Spalte *BL* (Beleg), dass der Buchung ein digitaler Beleg zugeordnet wurde. Klicken Sie auf den Befehl *Bearbeiten* ▶ *Abstimm-/Gruppensummen* ▶ *Gruppensumme setzen*, um die Umsatzbeträge zu addieren. Die Gruppensumme muss mit dem Bruttorechnungsbetrag der Eingangsrechnung von 909,28 EUR übereinstimmen.

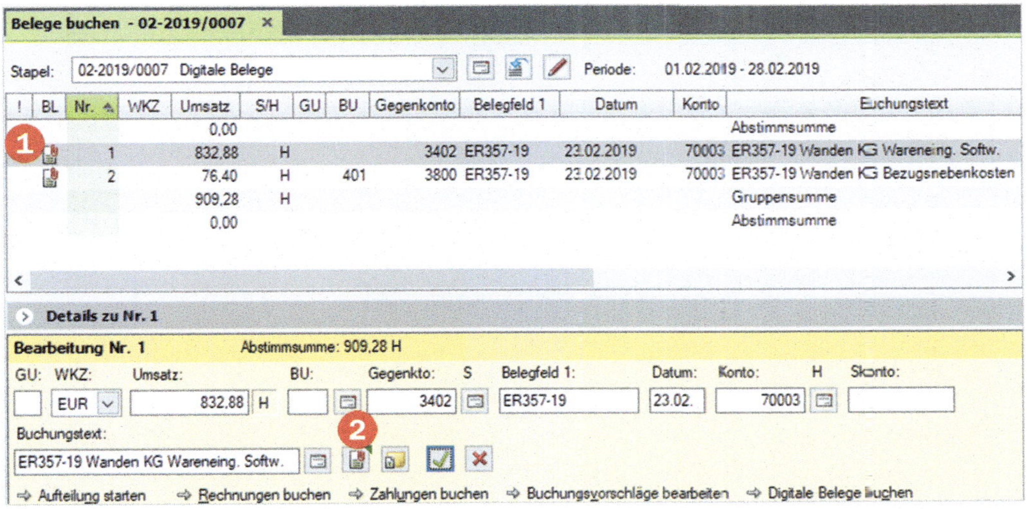

Bild 15.27 Primanota

Der Beleglink ist jetzt fest mit dem Buchungssatz verbunden. Mit Doppelklick auf das Symbol *Digitaler Beleg* ❶ (Bild 15.27 oben) in der Primanota, sowie in der Buchungsbearbeitung innerhalb der Buchungsmaske mit Klick auf das Symbol *Digitaler Beleg* ❷ oder mit der Tastenkombination Alt + G wird der Beleg im Fenster *Anzeige digitaler Beleg* dargestellt.

12 Klicken Sie abschließend – wie in Bild 15.27 auf der vorhergehenden Seite – doppelt auf die Buchung *Wareneingang Software* und dann auf das Symbol *Digitalen Beleg anzeigen*.

Die Eingangsrechnung Wanden KG wird in einem Vorschaufenster angezeigt.

Bild 15.28 Beleganzeige

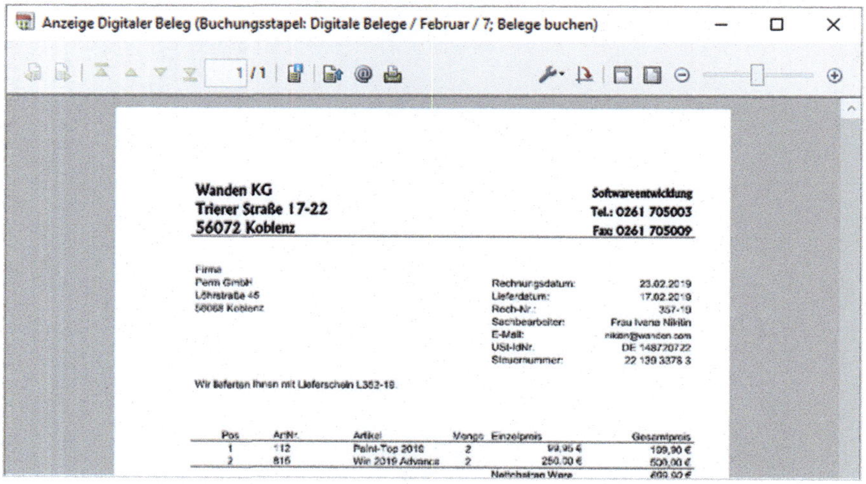

13 Schließen Sie das Fenster *Anzeige Digitaler Beleg …*, indem Sie auf das Symbol *Schließen* ✕ klicken und leeren Sie die Buchungsmaske, indem Sie auf das Symbol *Verwerfen* ☒ klicken.

Bild 15.29 Buchungsmaske leeren

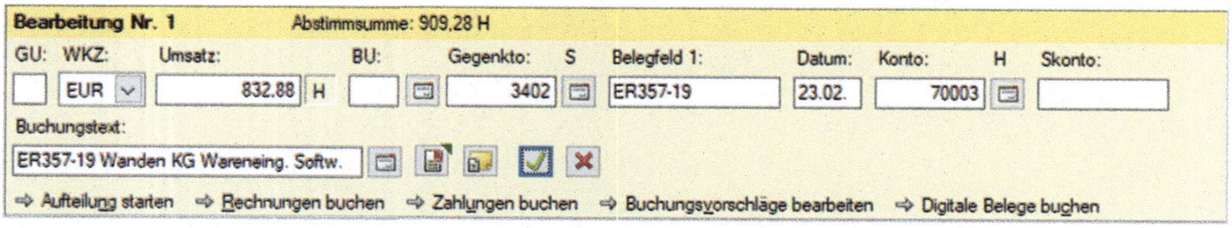

Buchen des zweiten Belegs

Ausgangssituation

Als nächster Beleg ist die Ausgangsrechnung an den Kunden Franz Tischler Verkauf von Hardware zu buchen.

1. Beleg:	Verkauf von Hardware an den Kunden Franz Tischler vom 20.02.2019 Beleg-Nr. AR09-2019 Gesamtbetrag brutto: 398,00 EUR Ordner: Download\Kap_15 Dateiname: AR09-2019_Tischler_20.02.2019.pdf

Um die Buchung vorzunehmen, gehen Sie wie folgt vor:

1 Klicken Sie in der Belegübersicht doppelt auf die Ausgangsrechnung AR09-2019.

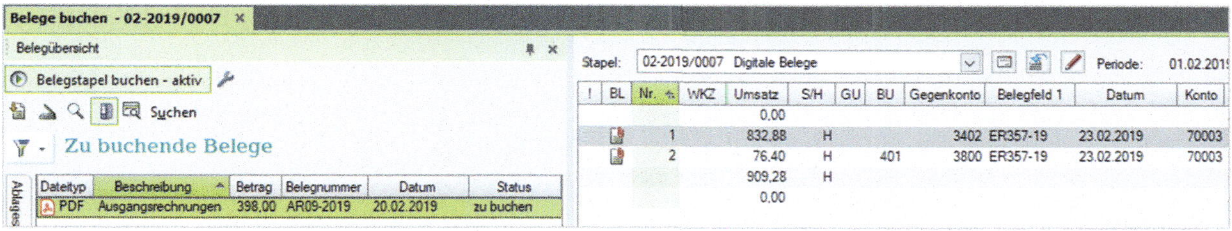

Bild 15.30 Belegübersicht

Der digitale Beleg wird im Fenster *Digitalen Beleg buchen (Digitale Belege / Februar / 7)* angezeigt.

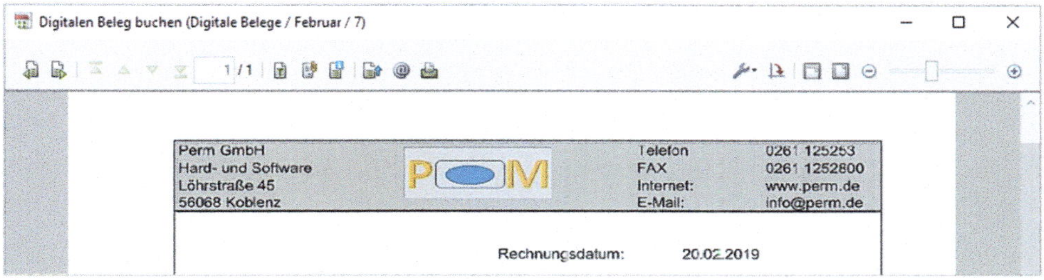

Bild 15.31 AR09-2019

2 Klicken Sie auf das Symbol *Mit Buchung verbinden* oder betätigen Sie die Tastenkombination Strg + Ü und bestätigen Sie den nachfolgenden Hinweis mit Klick auf die Schaltfläche *OK*.

Die hinterlegten Belegfeldinformationen (Rechnungsbetrag, Beleg-Nr. und Rechnungsdatum) werden in die Felder *Umsatz*, *Belegfeld 1* und *Datum* übernommen.

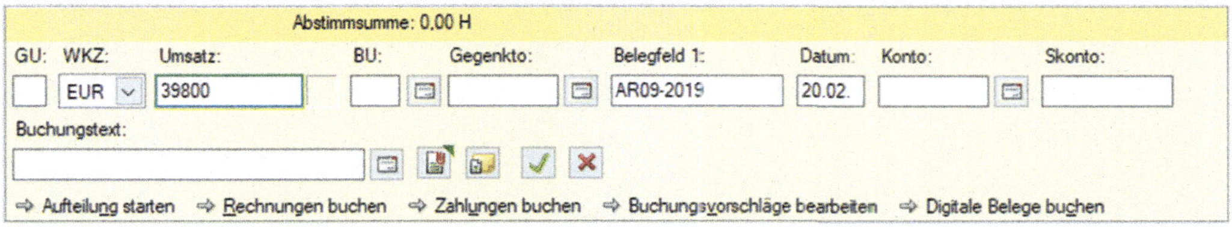

Bild 15.32 Die übernommenen Felder

3 Ergänzen Sie anschließend die Buchung der Ausgangsrechnung an den Kunden Tischler wie unten abgebildet:

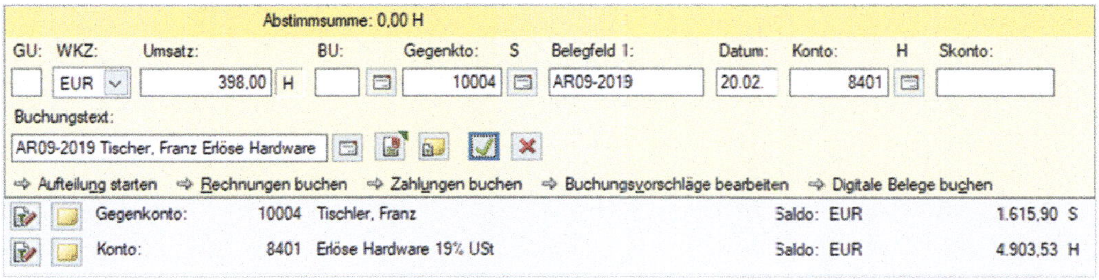

Bild 15.33 Die erfasste Buchung

4 Übernehmen Sie abschließend die Buchung, indem Sie auf das Symbol *Übernehmen* klicken.

Ergebnis: Die Ausgangsrechnung an den Kunden Tischler, Franz mit dem digitalen Beleg ist erfasst. Genau wie bei der Eingangsrechnung kann mit Doppelklick auf das Symbol *Digitaler Beleg* in der Primanota, sowie in der Buchungsbearbeitung innerhalb der Buchungsmaske mit Klick auf das Symbol *Digitalen Beleg* oder mit Tastenkombination Alt + G der Beleg im Fenster *Anzeige digitaler Beleg* angezeigt werden.

Bild 15.34 Primanota

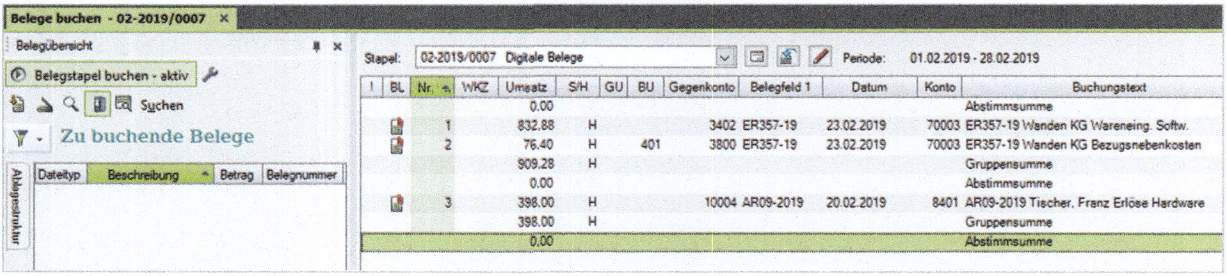

Hinweis: Digitale Belege werden Ihnen nicht nur in der Buchungsmaske und in der Primanota angezeigt, sondern z. B. auch im Kontenblatt, Arbeitskonto und in vielen weiteren Ansichten.

Bild 15.35 Belege filtern

Darüber hinaus stehen Ihnen über das Symbol *Filtern* diverse Filtermöglichkeiten (*zu buchende Belege*, *gebuchte Belege*, *alle Belege* usw.) zur Verfügung.

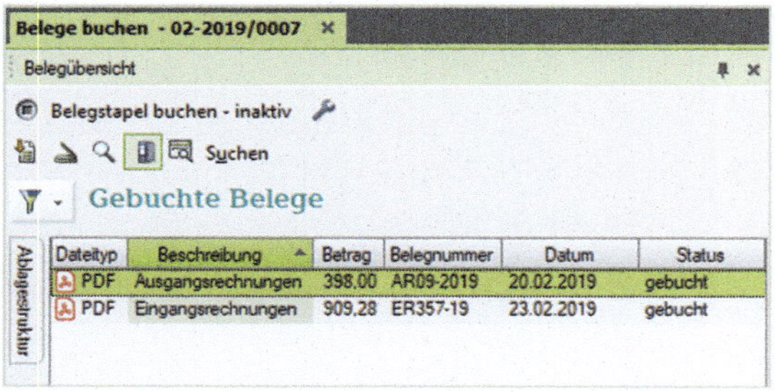

5 Klicken Sie auf den Filter *Gebuchte Belege*. Damit werden wiederum die beiden Ein- und Ausgangsrechnungen mit dem Status *gebucht* angezeigt.

Die Buchungen mit den beiden digitalen Belegen sind hiermit abgeschlossen. Über die Belegübersicht können ggf. über das Symbol *Ablegen* neue digitale Belege importiert und verschlagwortet oder über das Symbol *Scannen* eingescannt und verschlagwortet werden. Darüber hinaus können Sie mit den weiteren Werkzeugen Suchen nach digitalen Belegen suchen.

6 Schließen Sie abschließend den Buchungsstapel digitale Belege, indem Sie auf das Symbol ✖ klicken. Den Buchungsstapel noch nicht festschreiben.

Bild 15.36 Buchungsinformationen übergeben

7 Sie erhalten nun den Hinweis, dass Buchungsinformationen an die digitale Dokumentenablage übergeben werden. Die Belege müssen nun in der digitalen Dokumentenablage als gebucht gekennzeichnet und mit Buchungsinformationen belegt sein. Klicken Sie auf die Schaltfläche *Schließen*.

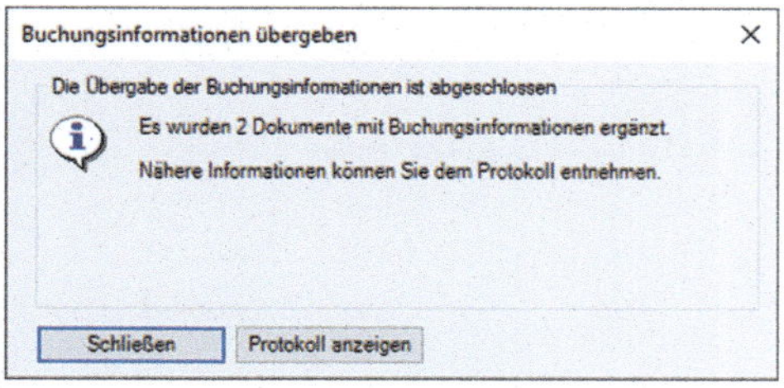

8 Beenden Sie anschließend das Programm DATEV Kanzlei-Rechnungswesen.

Im DATEV Arbeitsplatz werden in der digitalen Dokumentenablage die beiden gebuchten Belege angezeigt.

Bild 15.37 DATEV Arbeitsplatz

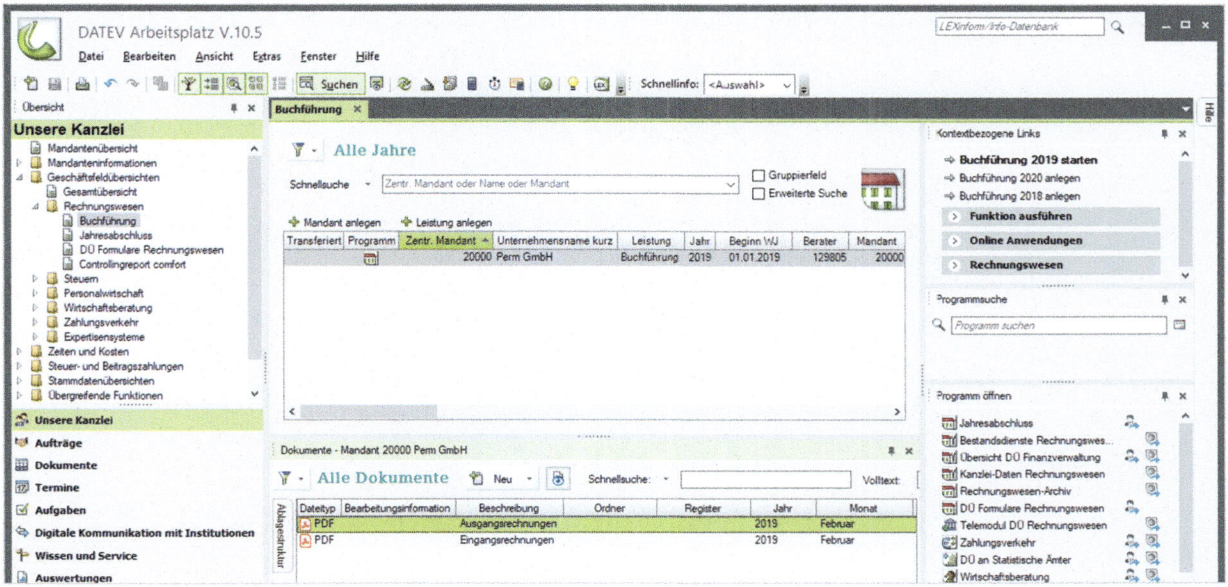

Wenn Sie über die Bildlaufleiste nach rechts scrollen, werden Informationen sichtbar, dass die Belege gebucht wurden und Sie erhalten Kurzinformationen zur Buchung.

Bild 15.38 Buchungsinformationen

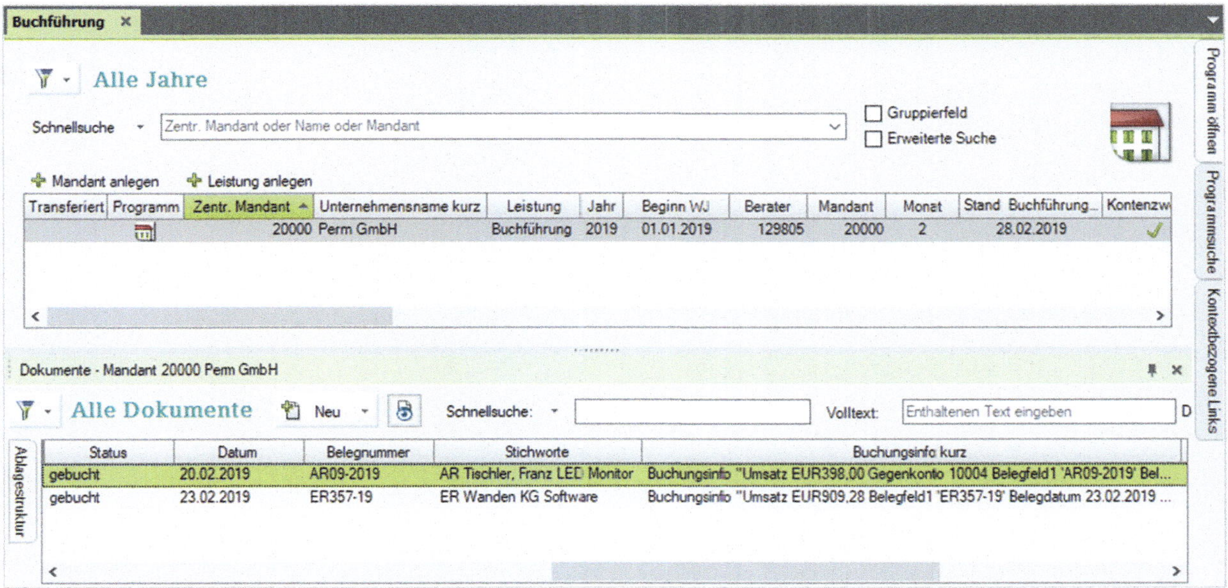

9 Klicken Sie anschließend auf den Mandanten *20000 Perm GmbH* und im rechten Zusatzbereich auf den Link *Buchführung 2019*.

Sie befinden sich nun wieder im Programm DATEV Kanzlei-Rechnungswesen.

15.5 Buchungen mit digitalen Belegen ändern und löschen

Buchungen ändern

Um eine Buchung mit digitalen Belegen zu ändern, kann folgende Vorgehensweise gewählt werden.

Bild 15.39 Belege buchen und Stapel wählen

1 Klicken Sie in der Übersicht doppelt auf den Eintrag *Belege buchen*.

2 Wählen Sie den Stapel *Digitale Belege* aus und klicken Sie auf die Schaltfläche *Öffnen*.

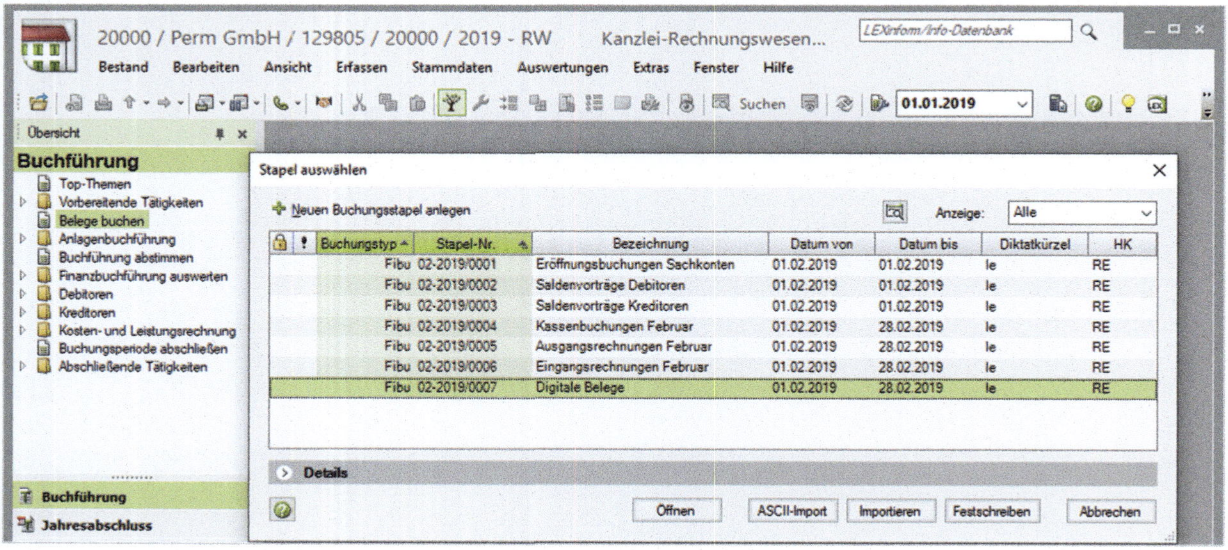

3 Die Primanota mit den Buchungen der digitalen Belege wird Ihnen angezeigt.

Bild 15.40 Primanota

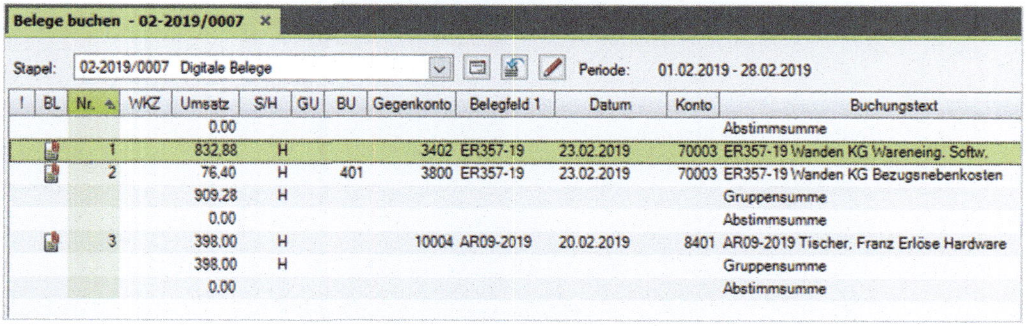

4 Mit Doppelklick auf die Buchung wird diese in die Buchungsmaske übernommen und kann ggf. geändert werden.

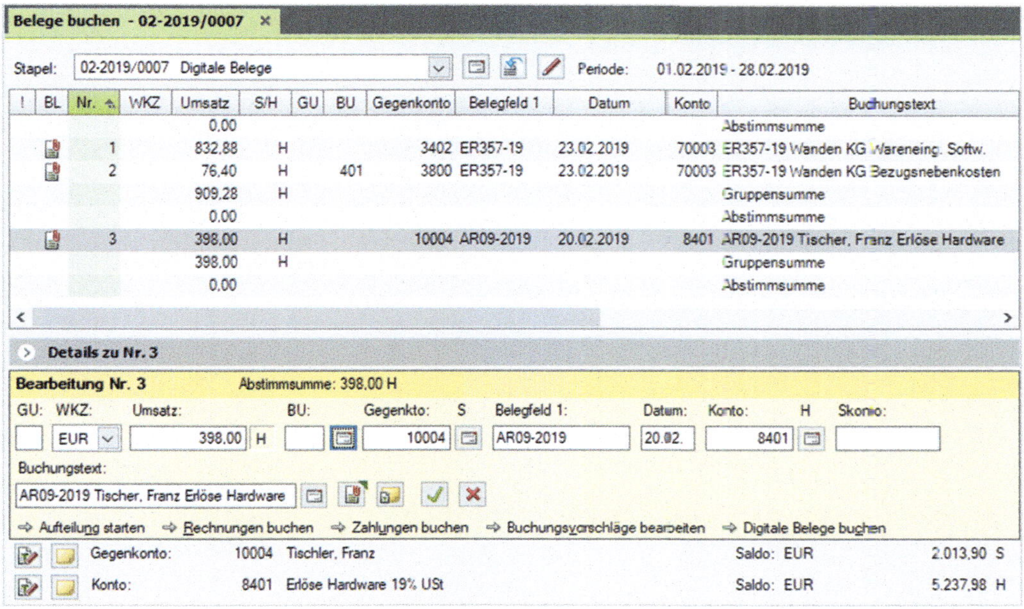

Bild 15.41 Buchung ändern

5 Falls der Beleg geändert werden muss, klicken Sie auf den Link *Digitale Belege buchen*.

Die digitale Belegübersicht wird geöffnet und zeigt die noch zu buchenden digitalen Belege an. Da alle digitalen Belege bereits gebucht wurden, ist die Beleganzeige leer.

Bild 15.42 Digitale Belegübersicht

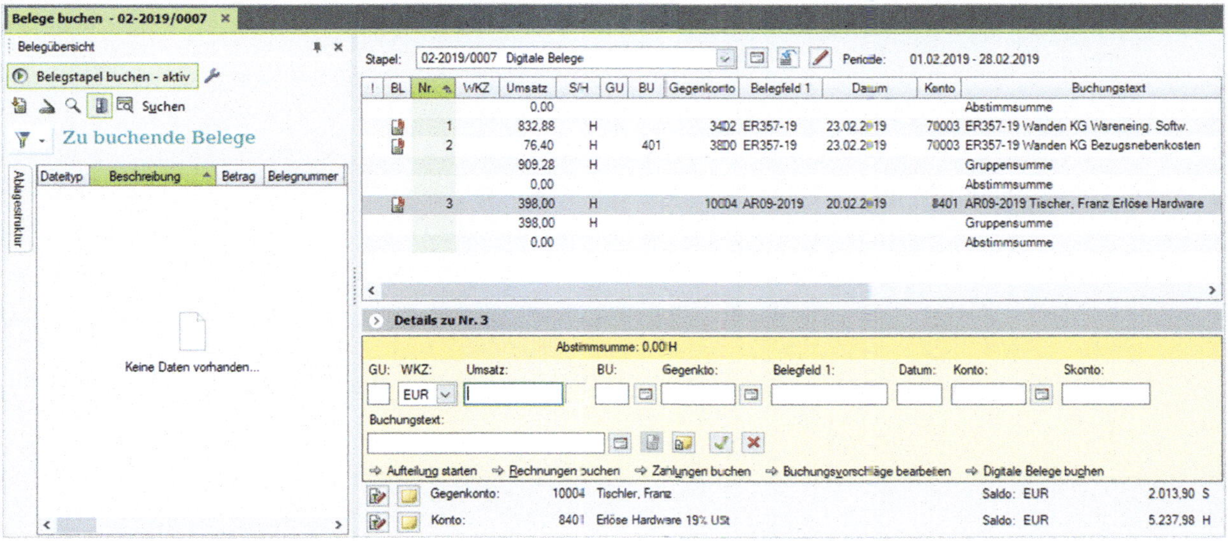

Über das Symbol *Filtern* (Bild 15.43) haben Sie nun die Möglichkeit, mit diversen Filtereinstellungen (z. B. *Alle Dokumente* usw.) digitale Belege anzeigen zu lassen.

6 Wählen Sie den Filter *Gebuchte Belege*. Damit werden Ihnen die bereits gebuchten digitalen Belege angezeigt (Bild 15.44).

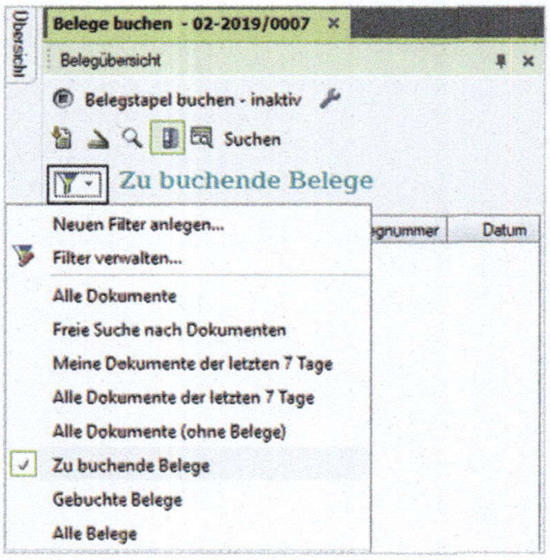

Bild 15.43 Filter

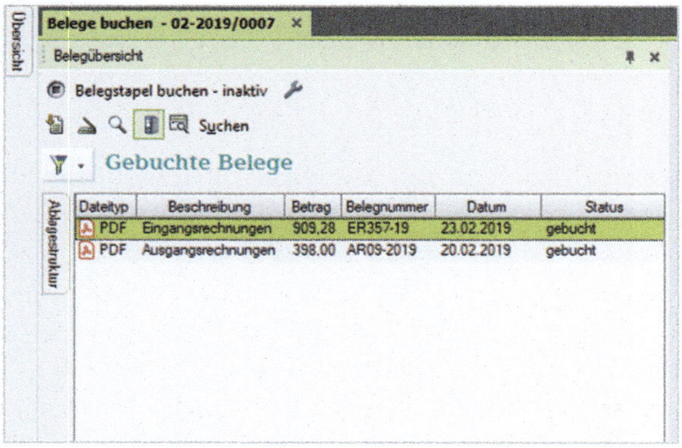

Bild 15.44 Bereits gebuchte Belege anzeigen

Mit Klick auf den Beleg kann dieser ausgewählt und ggf. neu dem zu ändernden Buchungssatz zugeordnet werden.

Handelt es sich bei der Änderung um einen neuen Beleg, kann dieser in der Belegübersicht über das Symbol *Ablegen* neu importiert und verschlagwortet oder über das Symbol *Scannen* eingescannt und verschlagwortet werden.

Buchungen mit digitalen Belegen im Buchungsstapel löschen (Info)

!

Wichtiger Hinweis: Die nachfolgende Erklärung ist für falsch erfasste Buchungen gedacht und nur in diesem Fall durchzuführen. Darüber hinaus dient sie zur Erklärung, wie falsch erfasste Buchungen mit digitalen Belegen gelöscht werden können.

Wenn Sie eine Buchung in einem Buchungsstapel löschen möchten, kann folgende Vorgehensweise gewählt werden:

1 Markieren Sie in einem geöffneten Buchungsstapel den zu löschenden Buchungssatz mit digitalem Beleg.

2 Wählen Sie den Befehl *Bearbeiten* ▶ *Buchung löschen* oder drücken auf der Tastatur die Taste F5 oder die Entf-Taste oder klicken in der Symbolleiste auf das Symbol *Buchung löschen* oder klicken mit der rechten Maustaste auf den Beleg und dann auf *Buchung löschen*.

3 Sie erhalten anschließend nochmals eine Sicherheitsabfrage, ob die Buchung gelöscht werden soll.

Wenn Sie diese mit *Ja* bestätigen, wird der Buchungssatz gelöscht. Der digitale Beleg selbst bleibt als Datei im Dokumenten-Management-System weiterhin bestehen.

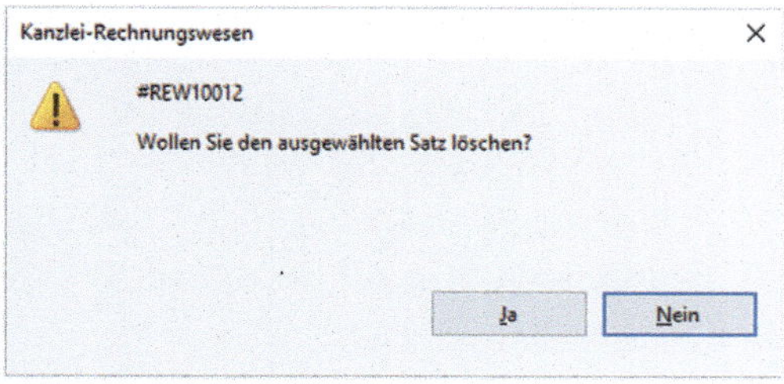

Bild 15.45 Buchungssatz löschen

!

Hinweis: Falls Sie mehrere Buchungssätze löschen möchten, können Sie wie folgt vorgehen:

- Eine Gruppe von Buchungssätzen markieren Sie, indem Sie den ersten zu löschenden Buchungssatz anklicken, anschließend die Umschalt-Taste drücken und gedrückt halten, während Sie den letzten Buchungssatz der Gruppe anklicken.
- Nicht zusammenhängende Buchungssätze können Sie markieren, indem Sie den ersten zu löschen Buchungssatz anklicken, anschließend klicken Sie mit gedrückter Strg-Taste die weiteren noch zu markierenden Buchungssätze an.
- Sollen alle Buchungssätze markiert werden, drücken Sie die Tastenkombination Strg+A.

Um die markierten Buchungssätze dann zu löschen, klicken Sie auf das Symbol *Buchung löschen*  in der Symbolleiste *Buchen* oder wählen den Befehl *Bearbeiten* ▶ *Buchung* ▶ *Buchung löschen* oder drücken auf der Tastatur die Taste F5 oder die Entf-Taste oder klicken über die rechte Maustaste auf den Befehl *Buchung löschen*.

Sie erhalten anschließend nochmals eine Sicherheitsabfrage, ob die Buchungssätze tatsächlich gelöscht werden sollen. Wenn Sie mit Ja bestätigen, werden der Buchungssatz bzw. die Buchungssätze gelöscht.

Übung: Buchen von digitalen Belegen

Die Lösungen zu den Aufgaben 1 bis Aufgabe 5 finden Sie im Lösungsbuch

Aufgabe 1

Importieren Sie im DATEV Arbeitsplatz in der digitalen Dokumentenablage über einen neuen Dokumentenkorb die folgenden Belege:

1. Beleg:	Einkauf von Handbüchern Buero 2019, Lieferant Fiebiger GmbH, Köln vom 18.02.2019, BelegNr. ER19-1802, Bruttogesamtbetrag 1.980,02 EUR Ordner: Download\Kap_15 Datei: ER19-1802_Fiebiger_18_02_2019.pdf

Fiebiger GmbH -Softwareentwicklung -

Hohe Strasse 71
50667 Köln

phone: 0221 158590

Firma
Perm GmbH
Löhrstraße 45
56068 Koblenz

Rechnungsdatum:	18.02.2019
Lieferdatum:	18.02.2019
Rech-Nr.:	ER19-1802
Kundennummer:	50600

Wir lieferten Ihnen mit Lieferschein LS19-1750.
Ihr Ansprechpartner: Herr Gerd Mauser

PNr	ArtNr.	Artikel	Menge	Einzelpreis	Gesamtpreis
1	112	Buero 2019	15 Pakete	123,366 €	1.850,49 €
				Nettogesamtbetrag	*1.850,49 €*
				+ 7 % MwSt.	*129,53 €*
				Bruttogesamtbetrag	**1.980,02 €**

Zahlbar innerhalb von 30 Tagen netto.

Bankverbindung: Sparkasse KölnBonn
BIC: COLSDE33XXX
IBAN: DE58 3705 0198 0000 0123 69

USt-IdNr. DE272239951
Steuernummer: 215 5829 2796

Verschlagworten Sie den Beleg wie folgt:

Dokumentklasse:	Beleg
Belegdatum:	18.02.2019
Jahr:	2019
Monat:	02 - Februar
Beschreibungen:	Eingangsrechnungen
Belegstatus:	zu buchen
Stichworte:	ER Fiebiger GmbH Handbücher Büro 2019

Beleginfo

Belegnummer: ER19-1802

Betrag: 1.980,02 EUR

2. Beleg: Verkauf von Software mit einem Nettowarenwert von 316,50 EUR und Handbüchern mit einem Nettowarenwert von 80,50 EUR an den Kunden Firma Mösch, Koblenz vom 22.02.2019, BelegNr. AR10-2019, Bruttogesamtbetrag: 462,78 EUR
Ordner: Download\Kap_15
Datei: AR10-2019_Moesch_GmbH_22.02.2019.pdf

Perm GmbH
Hard- und Software
Löhrstraße 45
56068 Koblenz

PM

Telefon 0261 125253
FAX 0261 1252800
Internet: www.perm.de
E-Mail: info@perm.de

Rechnungsdatum: 22.02.2019

Firma
Mösch GmbH
Rheinallee 15
56070 Koblenz

Wir lieferten Ihnen am 21.02.2019 mit Lieferschein LS18-2019

Rech-Nr.: AR10-2019
Debitoren-Nr.: 10001

ArtNr.	Artikel	Menge	Einzelpreis	Gesamtpreis
325	Betriebssystem HomeTown 2017	1	316,50 €	316,50 €
528	Fibel HomeTown 2017	2	40,25 €	80,50 €
			Netto:	397,00 €
			+ 7 % MwSt.	5,64 €
			+19 % MwSt.	60,14 €
			Gesamt:	**462,78 €**

Zahlbar innerhalb von 14 Tagen mit 2% Skonto, innerhalb von 30 Tagen netto.

Geschäftsführer:
Walther Münchbacher
Thomas Phillip
USt-IdNr.: DE 130 504 827
Steuernummer: 22/127/3166/6
Registergericht: Koblenz, HRB 14520

Bankverbindung:
Sparkasse Koblenz BLZ: 570 501 20 KtoNr 112607
IBAN: DE97570501200000112607 BIC: MALADE51KOB
PSD BANK Koblenz BLZ: 570 909 00 KtoNr. 13316020
IBAN DE60570909000013316020 BIC: GENODEF1P12

Verschlagworten Sie - wie nachfolgend dargestellt - auch die Ausgangsrechnung:

Dokumentklasse: Beleg

Belegdatum: 22.02.2019
Jahr: 2019
Monat: 02 - Februar
Beschreibungen: Ausgangsrechnungen
Belegstatus: zu buchen
Stichworte: AR Mösch GmbH Software und Handbücher

Beleginfo

Belegnummer: AR10-2019
Betrag: 462,78 EUR

In der digitalen Dokumentenablage im DATEV Arbeitsplatz befinden sich nun vier digitale Belege. In der Spalte *Status* ist bei den neu importierten Belegen der Vermerk *zu buchen* ersichtlich.

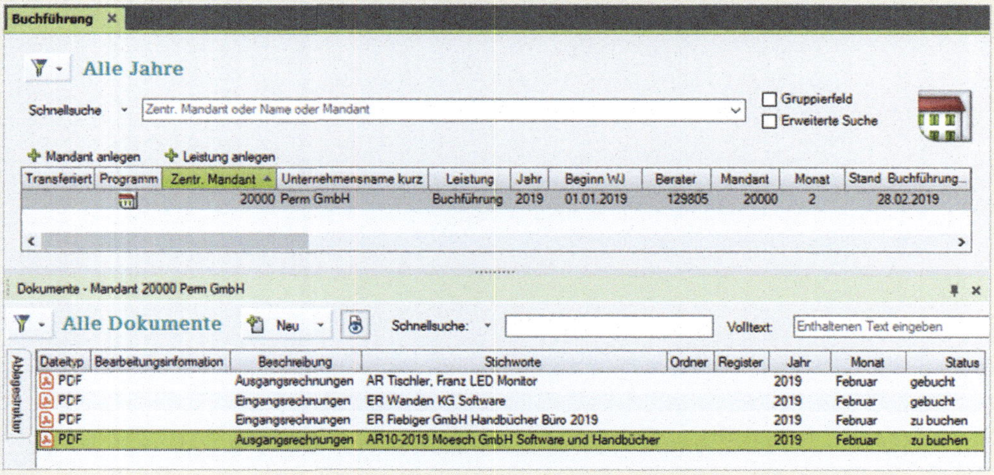

Bild 15.46 DATEV Arbeitsplatz

!

Hinweis: Sollte bei Ihnen die Spalte *Status* nicht sichtbar sein, dann scrollen Sie innerhalb des Bildschirmfensters nach rechts und ziehen die Spalte *Status* neben die Spalte *Monat*.

Aufgabe 2

Buchen Sie im Programm DATEV Kanzlei-Rechnungswesen im Buchungsstapel *Digitale Belege* über den Link *Digitale Belege buchen* die folg. Belege aus Aufgabe 1.

1. Beleg:	Einkauf von Handbüchern Buero 2019, Lieferant Fiebiger GmbH, Köln vom 18.02.2019, BelegNr. ER19-1802, Bruttogesamtbetrag 1.980,02 EUR
2. Beleg:	Verkauf von Software mit einem Nettowarenwert von 316,50 EUR und Handbüchern mit einem Nettowarenwert von 80,50 EUR an den Kunden Firma Mösch, Koblenz vom 22.02.2019, BelegNr. AR10-2019, Bruttogesamtbetrag: 462,78 EUR

Hinweis: Da bei der Ausgangsrechnung zwei verschiedene Erlöskonten gebucht werden müssen, buchen Sie die Rechnung über eine Aufteilungsbuchung.

Aufgabe 3

Prüfen Sie anschließend mit Klick auf das Symbol FIBU-Konto anzeigen die Salden der nachfolgenden Tabelle. Korrigieren Sie ggf. Buchungen.

Beschriftung	Konto	Saldo	Soll/Haben
Erlöse Handbücher 7% USt	?	1.758,45 EUR	Haben
Erlöse Hardware 19% USt	?	5.237,98 EUR	Haben
Erlöse Software 19% USt	?	633,40 EUR	Haben
Wareneingang Handbücher 7% VSt	?	2.050,49 EUR	Soll
Wareneingang Software 19% VSt	?	1.570,91 EUR	Soll
Bezugsnebenkosten	?	160,00 EUR	Soll
Abziehbare Vorsteuer 7%	1571	143,53 EUR	Soll
Abziehbare Vorsteuer 19%	1576	5.372,98 EUR	Soll
Umsatzsteuer 7%	1771	123,10 EUR	Haben
Umsatzsteuer 19%	1776	5.515,31 EUR	Haben
Kunde Firma Mösch	10001	7.317,93 EUR	Soll
Kunde Tischler	10004	2.013,90 EUR	Soll
Lieferant Fiebiger GmbH	70000	1.980,02 EUR	Haben
Lieferant Wanden KG	70003	8.879,28 EUR	Haben
Forderungen aus Lieferungen und Leistung	1400	26.708,49 EUR	Soll
Verbindlichkeiten aus Lieferungen und Leistungen	1600	30.028,18 EUR	Haben

Schließen Sie anschließend den Buchungsstapel *Digitale Belege*. Den Buchungsstapel bitte noch nicht festschreiben.

Aufgabe 4

Lassen Sie sich die OPOS-Liste aller offenen Posten Kreditoren ausgeben.

Kontenumfang Konten: Kreditoren
Einstellungen Bereich Verdichtung: Rechnungen ungerafft
Detaillierung: Posten

Drucken Sie die OPOS-Liste aus und vergleichen Sie die Daten am Bildschirm mit dem Lösungsbuch.

Aufgabe 5

Lassen Sie sich die OPOS-Liste aller offenen Posten Debitoren ausgeben.

Kontenumfang Konten:	Debitoren
Einstellungen Bereich Verdichtung:	Rechnungen ungerafft
Detaillierung:	Posten

Drucken Sie die OPOS-Liste aus und vergleichen Sie die Daten am Bildschirm mit dem Lösungsbuch.

Aufgabe 6

Schließen Sie anschließend das Programm DATEV Kanzlei-Rechnungswesen und führen über das Programm Bestandsdienste Rechnungswesen eine Datensicherung für den Mandanten 20000 Perm GmbH durch.

Schließen Sie danach das Programm Bestandsdienste Rechnungswesen, wählen im Arbeitsblatt den Mandanten 20000 Perm GmbH aus und starten das Programm DATEV Kanzlei-Rechnungswesen über den Link *Buchführung 2019 starten*.

15.6 Unterschiede beim Buchen mit DATEV DMS und DATEV Belege online

In diesem Lehrbuch wird das digitale Belegbuchen über die Dokumentenablage unter DATEV Eigenorganisation classic gezeigt. Je nach Dokumenten-Management-System bestehen beim Buchen über den Link *Digitale Belege buchen* einige Unterschiede:

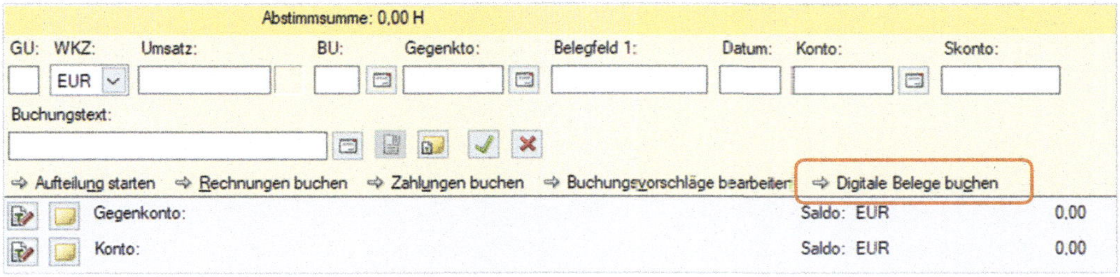

Bild 15.47 Buchungsmaske: Digitale Belege buchen

- **Digitale Belege werden aus Belege online bzw. Belegverwaltung online gebucht**
  Sie erhalten das Fenster *Eigenschaften*, in dem Sie festlegen können, aus welchem Ordner bzw. Register die digitalen Belege gebucht werden sollen. Standardmäßig ist als Quelle der Posteingang eingestellt, den Sie ggf. ändern können. Es werden alle Belegtypen (Kasse, Eingangsrechnung, Ausgangsrechnung und weitere) angezeigt. Über den Belegstatus können Sie die Belege nach vorgegebenen Kriterien filtern. Die Belege können nach dem Buchen in einen anderen Ordner bzw. ein anderes Register verschoben werden. Wenn Sie das Fenster schließen, erhalten Sie die Belegübersicht.

- **Digitale Belege werden aus dem DATEV DMS gebucht**
  Sie erhalten beim erstmaligen Aufruf das Fenster *Einstellungen Dokumentenmanagement - Digitale Belege buchen*. In diesem Fenster wird der Belegstatus der neuen (noch nicht gebuchten) und gebuchten Belege eingestellt. Außerdem legen Sie fest, ob das Belege-Archiv bzw. das Dokumenten-Archiv oder beide Archive in der Belegübersicht angezeigt werden soll. Wenn diese Angaben erfasst sind, wird das Fenster beim nächsten Aufruf nicht mehr automatisch geöffnet, Sie können es aber aus der Belegübersicht über das Symbol *Einstellungen* ändern. Sie erhalten jeweils die Belegübersicht, in der die ausgewählten digitalen Belege angezeigt werden.

- **Digitale Belege werden aus der Dokumentenablage gebucht**
  In diesem Lehrbuch wurde über die digitale Dokumentenablage gebucht. Sie erhalten beim erstmaligen Aufrufen das Fenster *Belegübersicht*. Standardmäßig ist der Filter auf *Zu buchende Belege* eingestellt und kann ggf. über das Symbol *Einstellungen* geändert werden.

  In der Belegübersicht stehen Ihnen grundsätzlich dieselben Programmfunktionen wie im Programm Dokumentenablage zur Verfügung: Auf der linken Seite können Sie die Belegauswahl mittels der Ablagestruktur weiter einschränken. Mithilfe der Funktionen *Scannen* und *Dokumentenablage* können Sie die Belege für das digitale Belegbuchen bereitstellen, ohne dass Sie in das Programm Dokumentenablage wechseln müssen.

Allgemeines

Wie die digitalen Belege in der Belegübersicht angezeigt werden und welche Funktionen zur Bearbeitung zur Verfügung stehen, ist vom Dokumenten-Management-Programm abhängig. Beim Buchen aus Belege online bzw. Belegverwaltung online werden in der Belegübersicht Vorschaubilder der einzelnen Belege angezeigt. Dies ist beim Buchen aus der Dokumentenablage bzw. dem DATEV DMS nicht der Fall.

Beim Öffnen der Belegübersicht wird automatisch der Modus *Belegstapel buchen - aktiv* gestartet. Dies bedeutet, dass die digitalen Belege der Reihe nach gebucht werden. Beim Buchen der digitalen Belege erhalten gebuchte Belege das Kennzeichen *Gebucht* und verschwinden je nach Einstellung aus der Belegübersicht. Wenn das Fenster für die Beleganzeige geschlossen ist, können Sie dieses wieder öffnen, indem Sie auf einen Beleg in der Belegübersicht doppelklicken. Wenn die Beleganzeige geöffnet ist, können Sie mit Klick in der Belegübersicht zum nächsten Beleg blättern.

Mit der vorhergehenden Übung endet das Thema Buchen mit digitalen Belegen. In den nachfolgenden Kapiteln wird ohne digitale Belege und in der herkömmlichen Papierform gebucht.

16 Buchen von Bankvorgängen

In diesem Kapitel lernen Sie, ...

- was unter einer Abstimmsumme bei Bankbuchungen verstanden wird,
- wie die Gruppensumme bei Bankbuchungen angewendet werden kann,
- welche Bedeutung Transitkonten in Bezug auf die Bank haben,
- wie Sie den Buchungsmodus Zahlungen buchen anwenden,
- wie Sie weitere Buchungen der Bank vornehmen,
- wie Sie Sammelzahlungen in der Bank vornehmen können,
- welche Auswertungsmöglichkeiten für die Bank zur Verfügung gestellt werden.

16.1 Grundlagen

Für die Erfassung von Bankbelegen stehen Ihnen in DATEV Kanzlei-Rechnungswesen zwei Möglichkeiten zur Verfügung:

Normaler Buchungsmodus

Im Buchungsmodus *Belege buchen* können Sie über den Link *Zahlungen buchen* die Buchung erfassen. In diesem Modus können Sie über das Dialogfenster *OPOS-Suche* und der dazugehörigen Rechnungsnummer bequem nach dem Personenkonto und der Rechnung suchen.

Bild 16.1 Der Link Zahlungen buchen

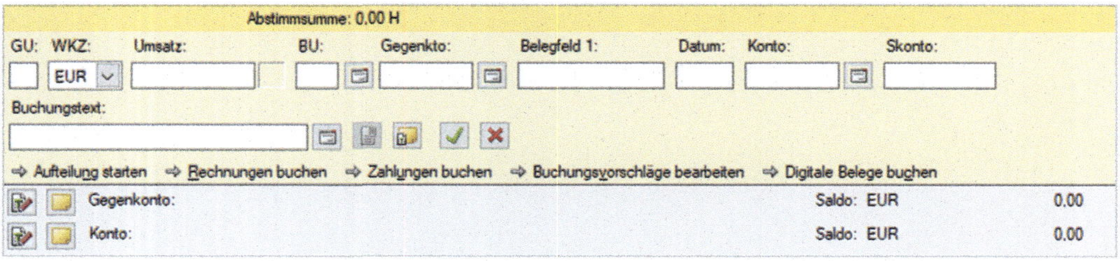

Das Programm bietet Ihnen sowohl auf Grund des Personenkontos als auch anhand der Rechnungsnummer Bankbuchungsvorschläge an. Der offene Posten wird durch die Buchung ausgeglichen und die OP-Liste reguliert. Sie buchen direkt in der Ansicht OPOS- oder FIBU-Konto und können somit Ihre Buchung sofort nachvollziehen.

Bearbeitung elektronischer Bankauszüge

Bei der zweiten Möglichkeit werden Kontoauszüge in elektronischer Form übernommen und können in Buchungsvorschläge umgewandelt werden. Elektronische Bankkontoumsätze können über das DATEV-Rechenzentrum, über das Programm Zahlungsverkehr und über diverse Bankprogramme übernommen werden. Zum Generieren nutzt das Programm den Offenen-Posten-Bestand, die Kreditoren- und Debitorensätze, bestimmte Voreinstellungen und Einträge in einer Lerndatei. Diese Datei ermöglicht es Ihnen, wiederkehrende Geschäftsvorgänge, wie z. B. Leasinggebühren automatisch zu erkennen.

Beim Buchen des Bankbelegs wird parallel der dazugehörende Buchungsvorschlag angezeigt. Er kann geprüft, geändert und ergänzt werden und dann als Buchungssatz übernommen werden.

Der Vorteil dieser Bearbeitungsmöglichkeit liegt darin, dass jede Belegposition des Kontoauszugs bereits Informationen über den Umsatz mit Soll- bzw. Haben-Kennzeichnung, das Datum und das Bankkonto enthält. Am Ende dieser Schulungsunterlage wird auf diese Thematik speziell eingegangen. Im Fall Perm GmbH wird über die konventionelle Art gebucht.

16.2 Abstimmsumme und Gruppensumme bei Bankbuchungen

Ein wichtiges Mittel, um Bankauszüge direkt mit dem Kontoauszug abzustimmen, ist die Verwendung der Abstimmsumme und der Gruppensumme. Die Abstimmsumme erhält den Wert *Kontostand alt* und nach Buchung des Kontoauszuges erhält die Gruppensumme den Wert *Kontostand Neu*.

Voraussetzung, dass mit dem System Abstimm- und Gruppensumme gearbeitet werden kann, ist das unbedingte Schleppen des Buchungssatzes über das Feld *Konto*, in der Regel das Bankkonto, Kontonummer *1200*. In der Primanota wird der Wert festgehalten. Sie können sowohl Abstimmsumme als auch Gruppensumme in der Auflistung sehen.

Übung: Buchungsstapel anlegen

Legen Sie einen neuen Buchungsstapel für den Monat Februar an.

Bezeichnung: Bankbuchungen Februar
Diktatkürzel: Ihr Namenszeichen

In Bild 16.2 sehen Sie den ersten Bankauszug der Sparkasse Koblenz für unsere Firma Perm GmbH.

Kontonummer	Auszug	Blatt	Text/Verwendungszweck	PIN	Wert	X	Umsätze
112 607	01	01					
Lastschrift	Miete Lagerhalle Februar				01.02.	S	590,00
Lastschrift	Kontoführungsgebühren				01.02.	S	9,80
Gutschrift	Zinsen				04.02.	H	651,03

Betriebsstätte

Versand	Letzter Auszug vom	Kontostand alt	
		34.988,12	H
	Kontoauszug vom	Kontostand Neu	
	04.02.2019	35.039,35	H

Perm GmbH
Löhrstraße 45
56068 Koblenz

x bei Sammelauszug — xx Schuldensaldo S
0 abweichender Buchungstag — x Guthabensaldo H

Sparkasse Koblenz BIC MALADE51KOB
IBAN DE97 5705 0120 0000 1126 07

Konto-Auszug
Kontowährung EUR

Bild 16.2 Bankauszug Sparkasse Koblenz

Anmerkung: Die Lagerhalle ist von einer Privatperson (kein Vorsteuerabzug) gemietet.

Zunächst ist dieser Kontoauszug zu kontieren, die Buchungssätze:

Soll	an	Haben	Betrag
Mietaufwand (4210)		Bank (1200)	590,00 EUR
Nebenkosten des Geldverkehrs (4970)		Bank (1200)	9,80 EUR
Bank (1200)		Zinserträge (2650)	651,03 EUR

Abstimmsumme festlegen

1 Um den Anfangskontostand aus dem Bankauszug als Abstimmsumme festzulegen, klicken Sie auf den Menüpunkt *Bearbeiten* ▶ *Abstimm-/Gruppensummen* ▶ *Abstimmsumme* ▶ *neu*.

Tipp: Alternativ können Sie die Abstimmsumme auch über die Tastenkombination Strg+* (Nummernblock!) oder mit Doppelklick in die Abstimmsumme 0 in der Primanota aufrufen oder klicken Sie mit der rechten Maustaste innerhalb der Primanota und verwenden Sie den Befehl *Abstimmsumme Neu*.

2 Geben Sie in das Feld *Startsumme* den Kontostand alt aus dem Bankauszug von 34.988,12 ein und drücken Sie anschließend die Enter-Taste, da die Abstimmsumme als Soll-Saldo geführt wird.

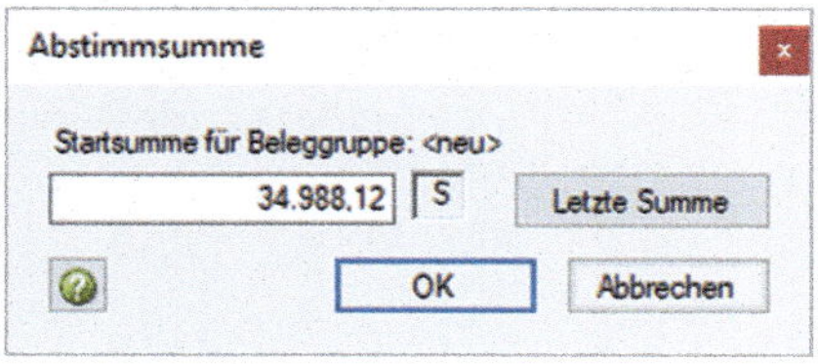

Bild 16.3 Abstimmsumme

3 Klicken Sie anschließend auf die Schaltfläche *OK*, um die Abstimmsumme in die Primanota zu übernehmen. Der Kontostand alt aus dem Bankauszug wird als Sollsaldo angezeigt ❶ (Bild 16.4).

Bild 16.4 Primanota

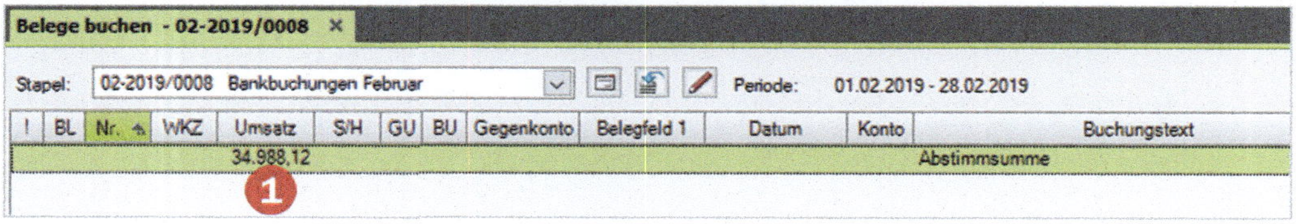

Buchung 1

1 Der Wert der Abstimmsumme wird in der Buchungsmaske ebenfalls angezeigt ❷. Geben Sie die nachfolgende erste Bankbuchung ein und übernehmen Sie diese mit dem Symbol *Buchung übernehmen*.

Bild 16.5 Buchung 1

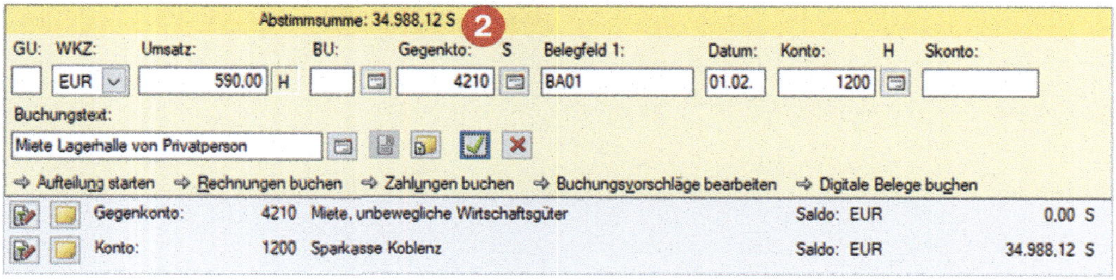

Das Ergebnis: Die Abstimmsumme hat sich durch die Buchung um den Wert von 590,00 EUR verringert. Neue Abstimmsumme: 34.398,12 S.

Buchung 2

2 Buchen Sie jetzt die zweite Position aus dem Bankauszug (Bild 16.6).

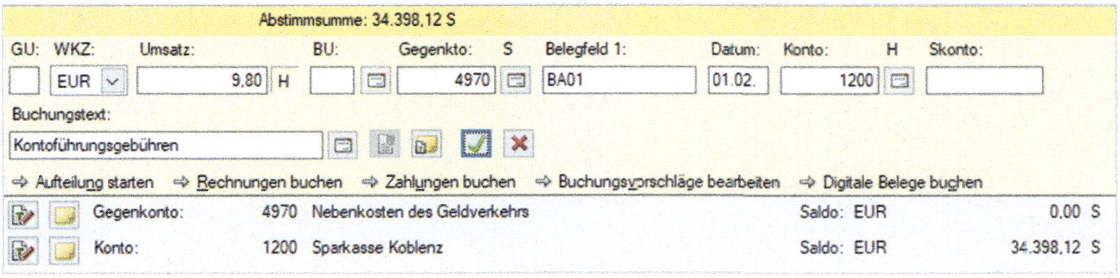

Bild 16.6 Buchung 2

3 Übernehmen Sie anschließend auch diese Buchung. Die Abstimmsumme hat sich nun um den Wert von 9,80 EUR verringert. Neue Abstimmsumme: 34.388,32 S.

Buchung 3

4 Buchen Sie die letzte Bankauszugsposition (Bild 16.7) und übernehmen Sie sie.

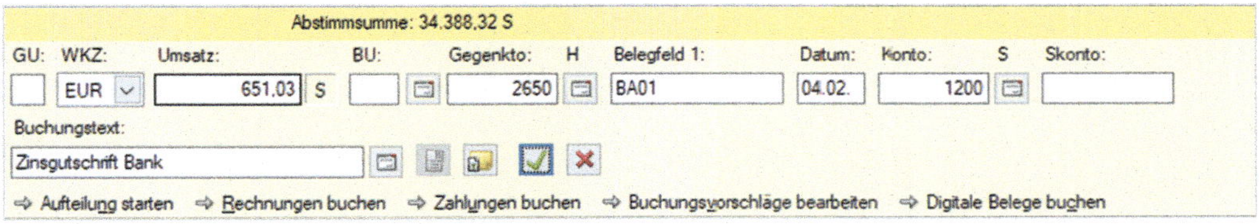

Bild 16.7 Buchung 3

5 Nachdem Sie die letzte Bankauszugsposition gebucht haben, muss sich die Abstimmsumme um 651,03 EUR erhöht haben. Neue Abstimmsumme: 35.039,35 S

Bild 16.8 Neue Abstimmsumme

6 Wählen Sie über den Menüpunkt *Bearbeiten* ▶ *Abstimm-/Gruppensummen* den Befehl *Gruppensumme setzen* oder klicken Sie mit der rechten Maustaste in die Primanota und wählen hier den Befehl *Gruppensumme setzen* aus. Der neue Kontostand wird Ihnen in der Primanota angezeigt.

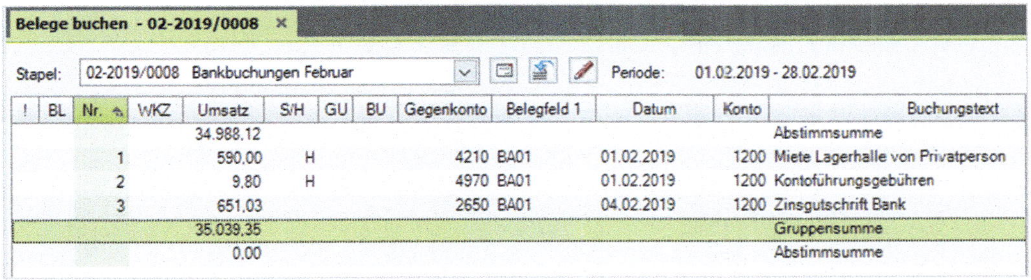

Bild 16.9 Primanota

Tipp: Wenn Sie den Buchungsstapel schließen und anschließend wieder öffnen, wird automatisch die Gruppensumme gebildet. Sollten Sie feststellen, dass Sie sich mit dem Wert der Abstimmsumme geirrt haben, klicken Sie einfach doppelt auf den Eintrag und ändern ihn.

7 Wechseln Sie über das Symbol *FIBU-Konto anzeigen* zur Ansicht FIBU-Konto und geben Sie dort das Konto 1200 ein.

Der Kontostand von 35.039,35 EUR muss als aktueller Saldo angezeigt werden und sich mit der Gruppensumme in der Primanota und dem Kontostand Neu des Bankauszugs (siehe Bild 16.2 auf Seite 287) decken.

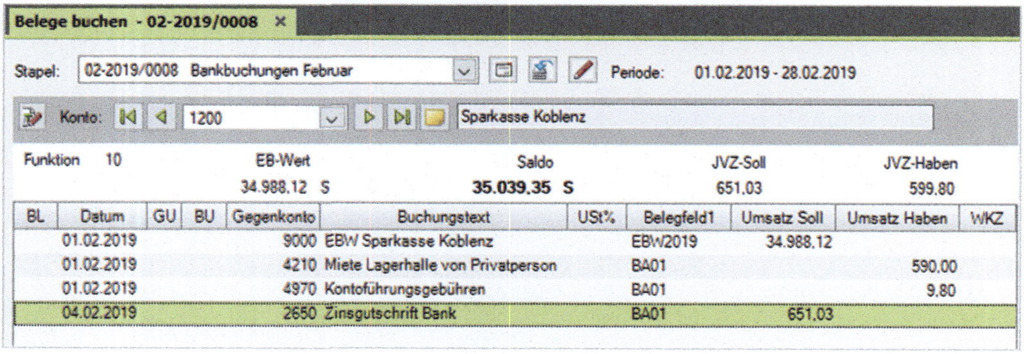

BL	Datum	GU	BU	Gegenkonto	Buchungstext	USt%	Belegfeld1	Umsatz Soll	Umsatz Haben	WKZ
	01.02.2019			9000	EBW Sparkasse Koblenz		EBW2019	34.988,12		
	01.02.2019			4210	Miete Lagerhalle von Privatperson		BA01		590,00	
	01.02.2019			4970	Kontoführungsgebühren		BA01		9,80	
	04.02.2019			2650	Zinsgutschrift Bank		BA01	651,03		

Bild 16.10 Kontrolle FIBU-Ansicht

Übung: Bankauszug buchen

Die Lösungen zu den Aufgaben finden Sie im Lösungsbuch

Aufgabe 1

Buchen Sie den Bankauszug Nr. 2. Denken Sie daran, den Kontoauszug zu kontieren.
Anmerkung: FFz = Firmenfahrzeuge.

Kontonummer	Auszug	Blatt	Text/Verwendungszweck	PIN	Wert	X	Umsätze
112 607	02	01					
Lastschrift	Mietleasinggebühren Lkw KO TH 236 Feb.				06.02.	S	345,20
Lastschrift	FFz Kfz-Steuer Kennzeichen: KO TH 236, KO TH 241, KO TH 245, KO TH 5 jährl.				06.02.	S	630,50
Lastschrift	Abbuchung Internetgebühren				08.02.	S	15,20

Betriebsstätte

Perm GmbH
Löhrstraße 45
56068 Koblenz

Versand	Letzter Auszug vom	Kontostand alt	
	04.02.2019	35.039,35	H
	Kontoauszug vom	Kontostand Neu	
	08.02.2019	34.048,45	H

x bei Sammelauszug — xx Schuldensaldo S
0 abweichender Buchungstag — x Guthabensaldo H

Sparkasse Koblenz BIC MALADE51KOB
IBAN DE97 5705 0120 0000 1126 07

Konto-Auszug
Kontowährung EUR

FIBU-Konto:
Mietleasinggebühren Lkw ____________
Kfz-Steuer ____________
Internetgebühren ____________

Aufgabe 2

Prüfen Sie anschließend mit Klick auf das Symbol FIBU-Konto anzeigen die folgenden Salden:

Korrigieren Sie ggf. Buchungen.

Beschriftung	Konto	Saldo	Soll/Haben
Bank	1200	34.048,45 EUR	Soll
Mietleasing Kfz	?	290,08 EUR	Soll
Kfz-Steuern	?	630,50 EUR	Soll
Internetgebühren	?	12,77 EUR	Soll
Abziehbare Vorsteuer 19%	1576	5.430,53 EUR	Soll

16.3 Transitkonten in Bezug auf die Bank

Umbuchungen von Bank - Kasse und Kasse - Bank

Wenn Sie vom Geschäftskonto Geld abheben und es in die Kasse einzahlen, sind zwei Belege zu verbuchen: Der Kontoauszug der Bank mit der Barauszahlung und der Einzahlungsbetrag in die Geschäftskasse.

Um Buchungsfehler und doppelte Buchungen zu vermeiden, bucht man über ein Geldverrechnungskonto. Dieses Geldverrechnungskonto heißt *Geldtransit 1360*.

Genauso kann es vorkommen, dass Sie Bargeld aus der Geschäftskasse entnehmen und es auf das Geschäftskonto einzahlen. Auch in diesem Fall bucht man über das Konto Geldtransit.

Bareinzahlung auf das Bankkonto

Im Buchungskreis der Bank:

Soll	an	Haben
Bank 1200	an	Geldtransit 1360

Im Buchungskreis der Kasse wurde vorher über die Kassenbuchung zeitversetzt gebucht:

Soll	an	Haben
Geldtransit 1360	an	Kasse 1000

Barabhebung für die Geschäftskasse

Im Buchungskreis der Bank:

Soll	an	Haben
Geldtransit 1360	an	Bank 1200

Im Buchungskreis der Kasse wurde vorher über die Kassenbuchung zeitversetzt gebucht:

Soll	an	Haben
Kasse 1000	an	Geldtransit 1360

Das Ergebnis

- Kasse und Bank werden nur einmal angesprochen.
- Das Geldtransitkonto gleicht sich aus.
- Leichtere Abstimmung von Buchungen zwischen den Buchungskreisen.

Die Primanota zu den Buchungen und die Salden der einzelnen Konten zur Übung finden Sie im Lösungsbuch

Übung: Bankauszug mit Transitkonten ausbuchen

Buchen Sie den Bankauszug Nr. 3. Denken Sie daran, den Kontoauszug zu kontieren.

Kontonummer	Auszug	Blatt	Text/Verwendungszweck	PIN	Wert	X	Umsätze
112 607	03	01					
Lastschrift	Barabhebung				11.02.	S	500,00
Gutschrift	Bareinzahlung				14.02.	H	4.500,00

Betriebsstätte

Versand	Letzter Auszug vom	Kontostand alt	
	08.02.2019	34.048,45	H
	Kontoauszug vom	Kontostand Neu	
	14.02.2019	38.048,45	H

Perm GmbH
Löhrstraße 45
56068 Koblenz

x bei Sammelauszug — xx Schuldensaldo S
0 abweichender Buchungstag — x Guthabensaldo H

Sparkasse Koblenz BIC MALADE51KOB
IBAN DE97 5705 0120 0000 1126 07

Konto-Auszug
Kontowährung EUR

Der Saldo des Kontos 1200 muss einen Betrag von 38.048,45 im Soll, das Konto 1360 Geldtransit einen Saldo von 0 EUR ausweisen.

Kontrollieren Sie über die Ansicht *FIBU-Konto* den Banksaldo und das Konto Geldtransit.

16.4 Der Buchungsmodus Zahlungen buchen

Ihre Zahlungseingänge von Debitoren und auch die Zahlungsausgänge für Kreditoren können Sie in DATEV Kanzlei-Rechnungswesen bequem über den Buchungsmodus *Zahlungen buchen* vornehmen. Dies steht Ihnen allerdings nur dann zur Verfügung, wenn Sie Offene-Posten-Buchführung (OPOS) beim Einrichten des Mandanten festgelegt haben.

Um mit dem Modus *Zahlungen buchen* zu arbeiten, gehen Sie - wie nachfolgend dargestellt - vor:

1 Klicken Sie im geöffneten Buchungsstapel *Bankbuchungen Februar* in der Buchungsmaske auf den Link *Zahlungen buchen*.

Hinweis: Alternativ können Sie den Modus über den Menüpunkt *Bearbeiten* ▶ *Zahlungen buchen* oder die Tastenkombination Strg+Umschalt+Z aktivieren.

2 Im nächsten Schritt muss das Geldkonto für die Zahlungen angegeben werden. Das Fenster *Konto auswählen* wird geöffnet, wählen Sie mit einem Klick das Konto *1200 Sparkasse Koblenz* aus und übernehmen Sie das Konto mit der Schaltfläche *OK*.

3 Nun wird das Fenster *Zahlungen buchen (OPOS-Suche)* angezeigt (Bild 16.12).

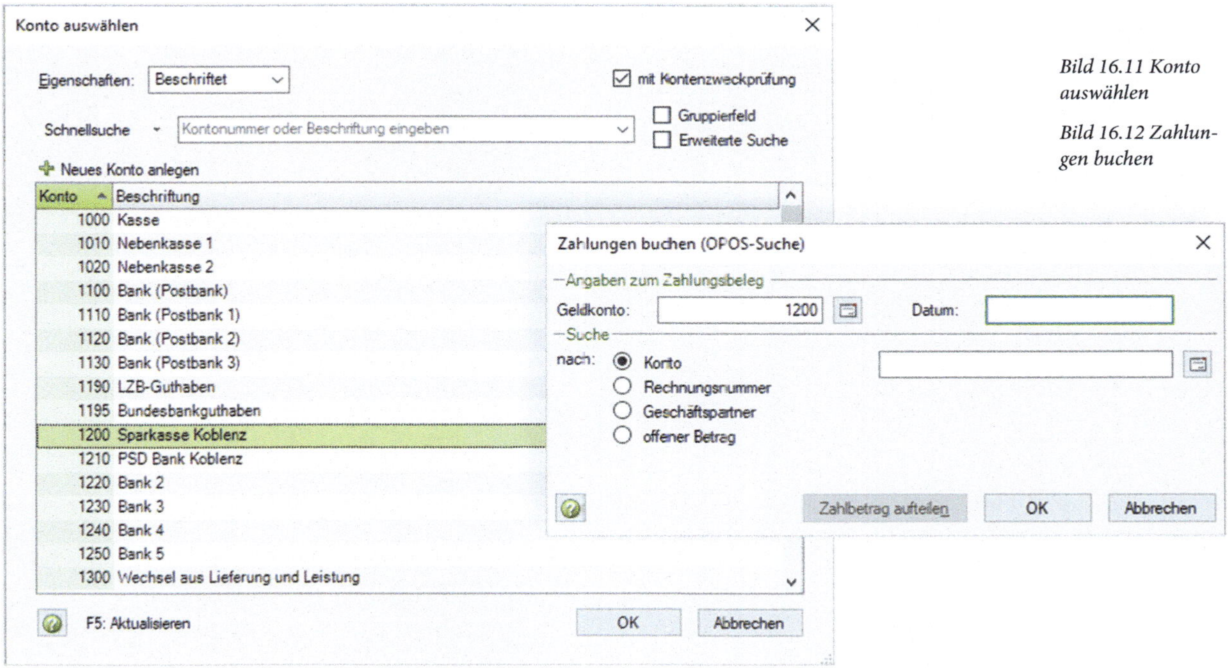

Bild 16.11 Konto auswählen

Bild 16.12 Zahlungen buchen

4 Klicken Sie hier auf die Schaltfläche *Abbrechen*. Der Buchungsmodus *Zahlungen buchen* bleibt trotzdem erhalten.

Das Geldkonto wird als fixes Konto in die Buchungszeile übernommen und grau dargestellt. Der Modus *Zahlungen buchen* ist aktiviert. Über den Link *OPOS-Suche* können

Sie das Dialogfenster *Zahlungen buchen (OPOS-Suche)* erneut aufrufen, um die offenen Posten Debitoren oder Kreditoren über das angegebene Bankkonto auszubuchen.

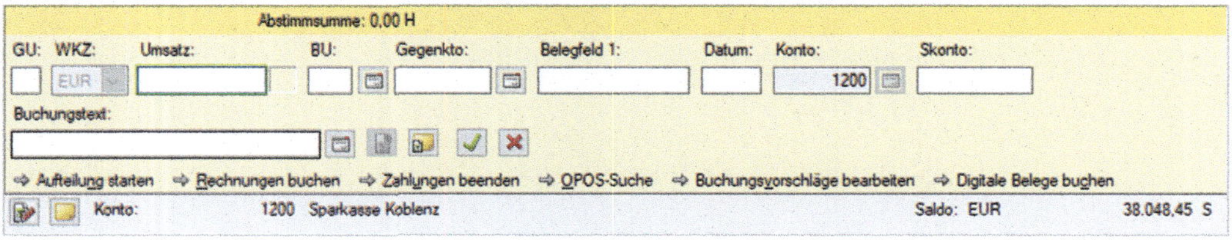

Bild 16.13 Das Finanzkonto wird übernommen

16.5 Zahlungsausgleich ohne Skonto

Ausgangssituation (Bitte noch nicht direkt buchen!)
Ein weiterer Bankauszug der Sparkasse Koblenz für die Firma Perm GmbH liegt wie nachfolgend dargestellt vor. In diesem Kontoauszug sind Zahlungseingänge von Kundenrechnungen (Debitoren) und Zahlungsausgänge für Lieferantenrechnungen (Kreditoren) aufgeführt.

Die Lastschriftüberweisungen liegen dem Kontoauszug als Anlage bei.

Bild 16.14 Kontoauszug Nr. 4

Kontonummer	Auszug	Blatt	Text/Verwendungszweck	PIN	Wert	X	Umsätze
112 607	04	01					
Gutschrift	Müller, Koblenz AR01-2019				16.02.	H	10.000,00
Lastschrift	Highdrive, Bamberg ER2019A513				16.02.	S	5.000,00
Lastschrift	Highdrive, Bamberg ER2019A528				17.02.	S	3.200,00
Gutschrift	Müller, Koblenz AR03-2019				17.02.	H	850,00

Betriebsstätte

Perm GmbH Löhrstraße 45 56068 Koblenz	Versand	Letzter Auszug vom 14.02.2019	Kontostand alt **38.048,45**	**H**
		Kontoauszug vom 20.02.2019	Kontostand Neu **40.698,45**	**H**

x bei Sammelauszug — xx Schuldensaldo S
0 abweichender Buchungstag — x Guthabensaldo H

Sparkasse Koblenz **BIC MALADE51KOB**
IBAN DE97 5705 0120 0000 1126 07

Konto-Auszug
Kontowährung EUR

Zunächst ist dieser Kontoauszug zu kontieren, Hilfsmittel dazu sind auch die OP-Listen Kreditoren und Debitoren. Die Buchungssätze:

Soll	an	Haben	Betrag
Bank (1200)		Kunde Müller (10000)	10.000,00 EUR
Lieferant Highdrive (70001)		Bank (1200)	5.000,00 EUR
Lieferant Highdrive (70001)		Bank (1200)	3.200,00 EUR
Bank (1200)		Kunde Müller (10000)	850,00 EUR

1. Position buchen

Die 1. Position des Bankauszuges, der Zahlungseingang der Rechnung AR01-2019 von Debitor (Kunde) Müller Hans, Koblenz 10000, soll jetzt gebucht werden.

1 Klicken Sie in der Buchungsmaske auf den Link *OPOS-Suche* ❶, um das Fenster *Zahlungen buchen (OPOS-Suche)* anzuzeigen.

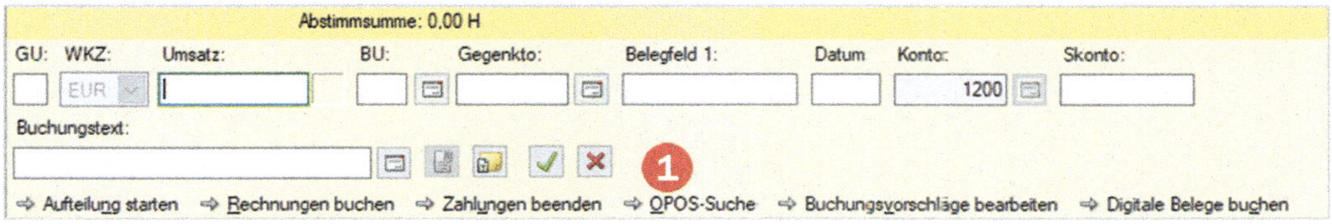

Bild 16.15 Buchungsmaske

2 Geben Sie im Feld *Konto* die Kontonummer 10000 für den Kunden Hans Müller und im Feld *Datum* das Datum der Kontoauszugsposition 16.02.2019 ein (Bild 16.16).

Tipp: Haben Sie eventuell ein falsches Geldkonto angegeben, können Sie über das Symbol *Geldkonto auswählen* ❷ das korrekte Geldkonto suchen. Natürlich können Sie auch über die bekannten Möglichkeiten *Suche nach* oder das Symbol *Konto auswählen* ❸ nach den offenen Posten suchen.

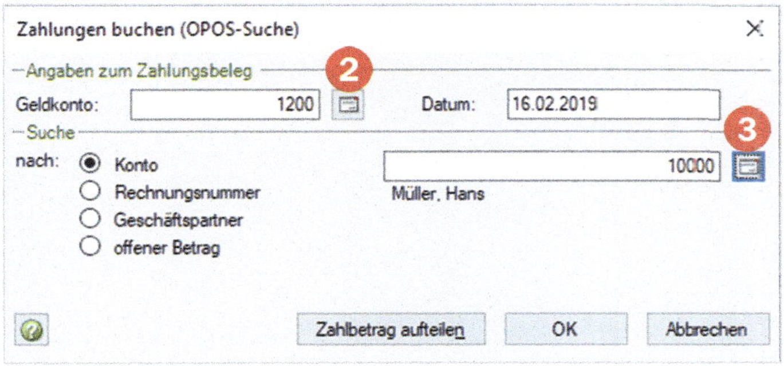

Bild 16.16 Zahlungen buchen

3 Klicken Sie anschließend auf die Schaltfläche *OK*. Das Fenster *Zahlungen bearbeiten* und die offenen Posten (Rechnungen) des Kunden Müller Hans, Koblenz werden Ihnen angezeigt.

Hinweis: Ist bei einem Kunden lediglich ein einziger offener Posten aufgeführt, wird das Fenster *Zahlung bearbeiten* nicht angezeigt und der offene Posten direkt in die Buchungsmaske übertragen.

4 Klicken Sie auf die Rechnungs-Nr. *AR 01-2019* des Kunden Hans Müller, Koblenz - wie in der folgenden Abbildung dargestellt - und übernehmen Sie den offenen Posten mit der Schaltfläche *OK* in die Buchungsmaske.

Bild 16.17 Zahlung bearbeiten

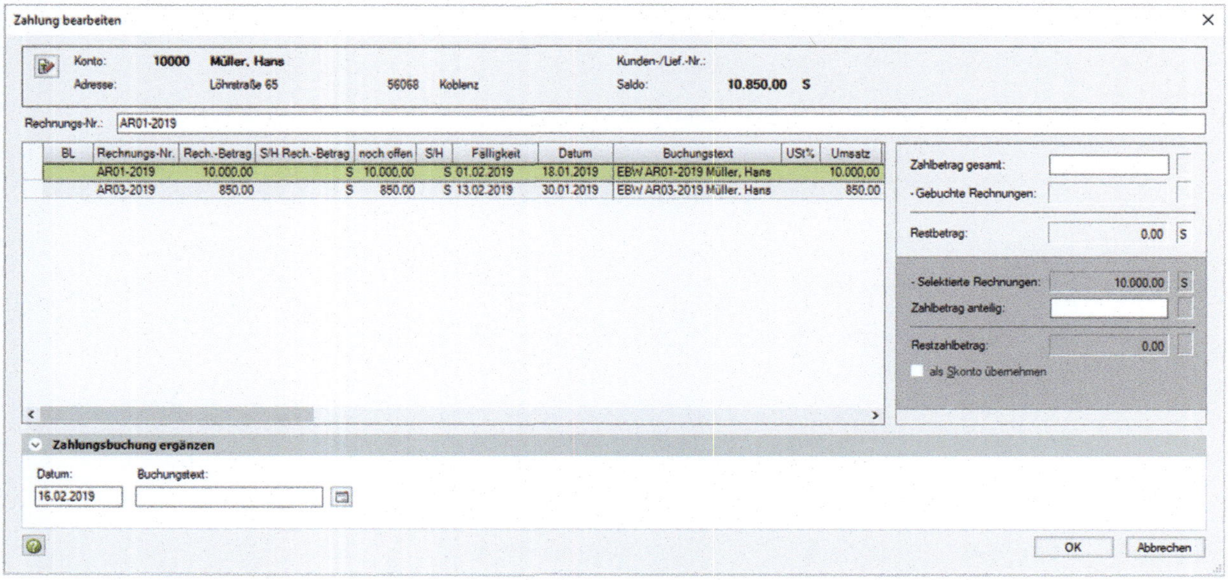

Ergebnis: Der gesamte Buchungssatz wird automatisch in die Buchungszeile übernommen. Das Sollkonto, das Habenkonto, die Beleg-Nr und das Zahldatum werden vom Programm eigenständig eingetragen. Es muss nur noch der Buchungstext erfasst werden.

5 Geben Sie im Feld Buchungstext den folgenden Text ein: Zahlungseing. Müller, Hans BA-Nr. 04 und klicken Sie anschließend auf das Symbol *Buchung übernehmen*.

Bild 16.18 Buchungsmaske

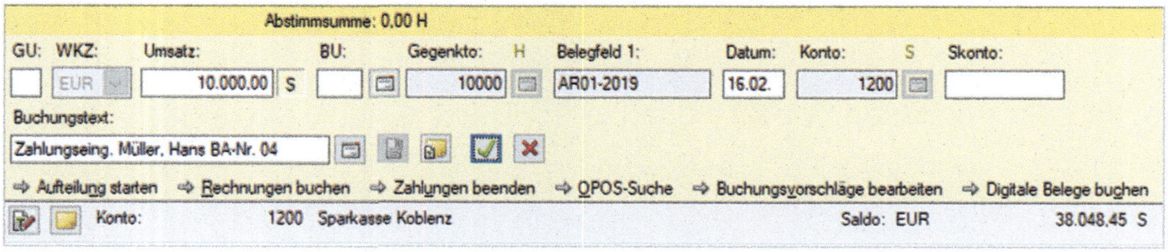

2. Position buchen

Die 2. Position des Bankauszugs soll jetzt ebenfalls gebucht werden: Zahlungsausgang der Rechnung ER2019A513 von Kreditor (Lieferant) Firma Highdrive, Bamberg 70001.

1 Geben Sie im Fenster *Zahlungen buchen (OPOS-Suche)* die Kreditorennummer des Lieferanten Firma Highdrive GmbH 70001 und das Zahlungsdatum der Kontoauszugsposition, den 16.02.2019, ein. Klicken Sie dann auf die Schaltfläche *OK*.

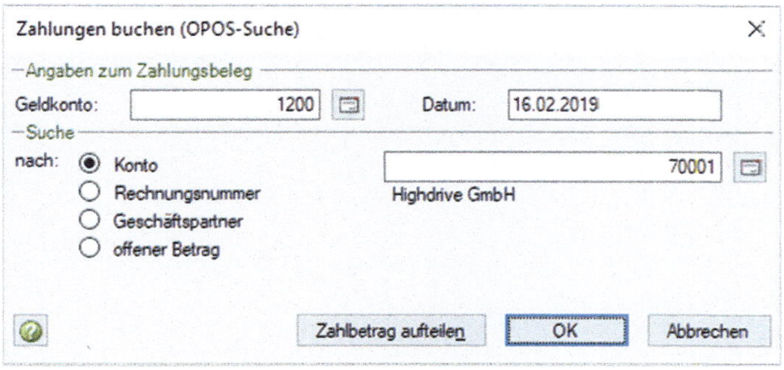

Bild 16.19 Zahlungen buchen

2 Das Fenster *Zahlungen bearbeiten* und die offenen Posten (Rechnungen) für den Lieferanten 70001 Firma Highdrive GmbH werden angezeigt. Klicken Sie auf die Rechnungs-Nr. ER2019A513.

Bild 16.20 Zahlung bearbeiten - Zahlungstext ergänzen

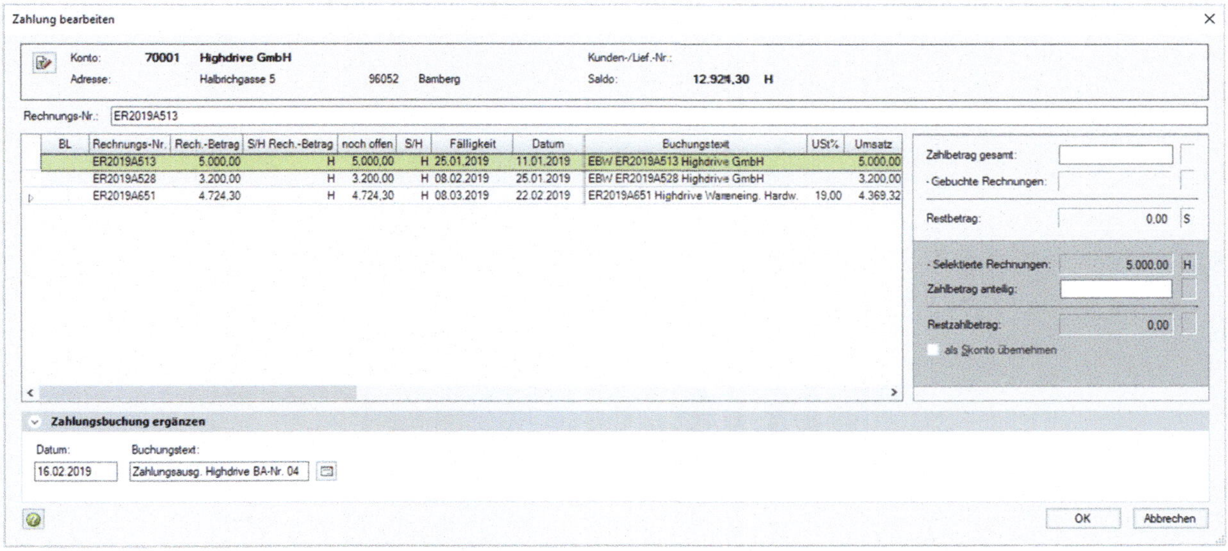

3 Klicken Sie im Bereich *Zahlungsbuchung ergänzen* in das Feld *Buchungstext* und geben Sie den Text Zahlungsausg. Highdrive BA-Nr. 04 ein (Bild 16.20) und klicken Sie anschließend auf die Schaltfläche *OK*.

4 Der Buchungssatz wird mit allen Einträgen in die Buchungsmaske übernommen.

Bild 16.21 Buchungsmaske

Das Programm wechselt beim Buchungsmodus *Zahlungen buchen* automatisch in die Ansicht *OPOS-Konto anzeigen* und zeigt Ihnen die noch offenen Posten des Lieferanten Highdrive GmbH an (Bild 16.22).

Bild 16.22 Offene Posten

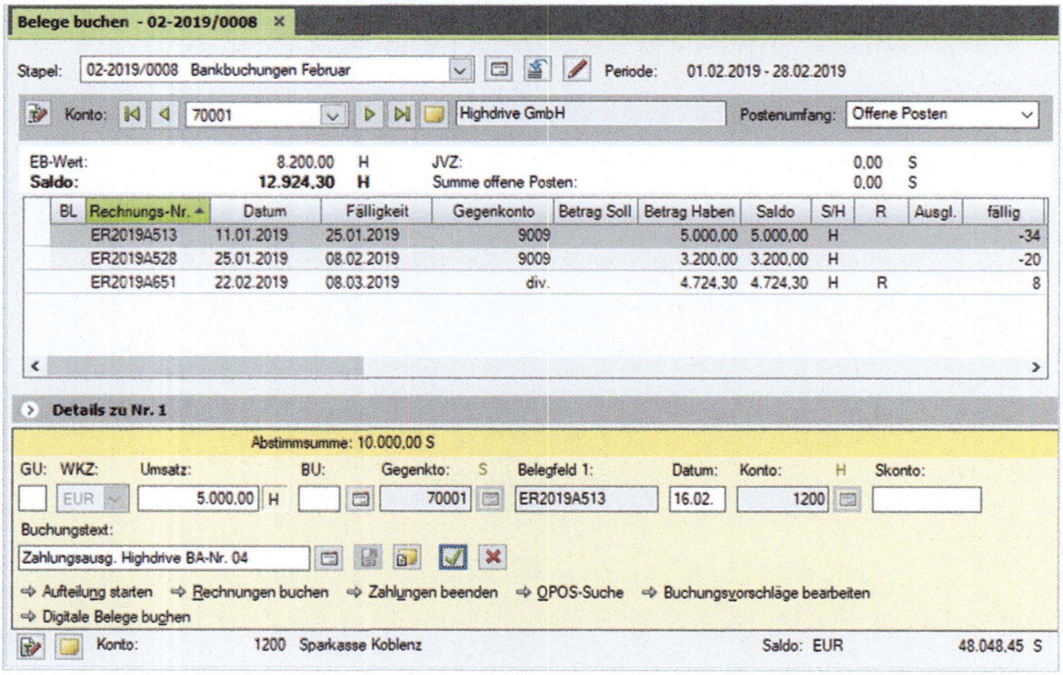

5 Klicken Sie anschließend auf das Symbol *Buchung übernehmen* und brechen Sie das anschließende Dialogfenster *Zahlungen buchen (OPOS-Suche)* mit Klick auf die Schaltfläche *Abbrechen* ab. Der ausgebuchte offene Posten ER2019A513 wird jetzt nicht mehr angezeigt (Bild 16.23).

Bild 16.23 Der offene Posten wurde ausgebucht

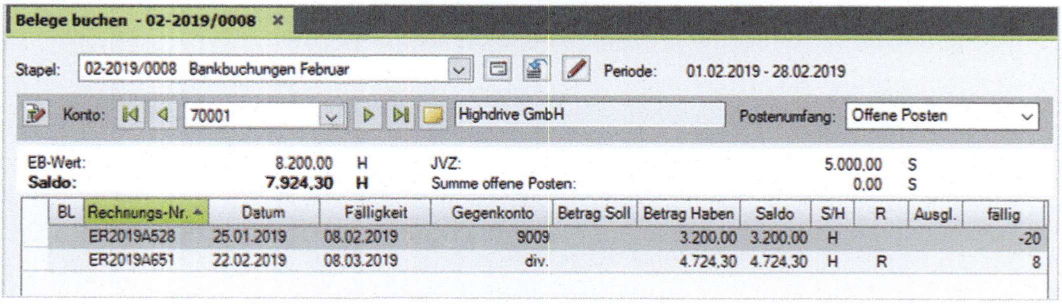

Tipp: Über das Auswahlfeld *Postenumfang* können Sie die offenen Posten, die ausgeglichenen Posten und alle Posten anzeigen lassen.

Übung: Bankauszug buchen über den Modus Zahlungen buchen

Aufgabe 1

Kontieren und buchen Sie die 3. und 4. Position des Bankauszugs Nr. 04.
Die FIBU-Konten:
Highdrive, Bamberg ____________
Müller Hans, Koblenz ____________

Die Primanota zu den Buchungen Aufgabe 1 finden Sie im Lösungsbuch

Kontonummer	Auszug	Blatt	Text/Verwendungszweck	PIN	Wert	X	Umsätze
112 607	04	01					
Gutschrift	Müller, Koblenz AR01-2019				16.02	H	10.000,00
Lastschrift	Highdrive, Bamberg ER2019A513				16.02	S	5.000,00
Lastschrift	Highdrive, Bamberg ER2019A528				17.02	S	3.200,00
Gutschrift	Müller, Koblenz AR03-2019				17.02	H	850,00

Aufgabe 2

Prüfen Sie anschließend mit Klick auf das Symbol *FIBU-Konto anzeigen* die Salden der folgenden Tabelle. Korrigieren Sie ggf. Buchungen.

Die Salden der einzelnen Konten Aufgabe 2 finden Sie im Lösungsbuch

Beschriftung	Konto	Saldo	Soll/Haben
Bank	1200	40.693,45 EUR	Soll
Müller, Hans	?	0 EUR	
Firma Highdrive GmbH	?	4.724,30 EUR	Haben
Forderungen aus Lieferungen und Leistung	?	15.853,49 EUR	Soll
Verbindlichkeiten aus Lieferungen und Leistungen	?	21.823,18 EUR	Haben

16.6 Sammelzahlungen von offenen Posten

In der Praxis kommt es oft vor, dass mehrere Lieferantenrechnungen gleichzeitig angewiesen werden. Auch Zahlungseingänge von Debitoren für mehrere Rechnungen können auf dem Bankkonto eingehen. Diese Vorgänge werden über Sammelzahlungen ausgebucht.

Mit der Funktion *Sammelzahlung* können Sie mehrere offene Posten in einem Vorgang ausgleichen. Dabei können Sammelzahlungen gleichzeitig Rechnungen mit Skontoabzug, Rechnungen mit unterschiedlichen Personenkonten, Rechnungskorrekturen (Gutschriften), Teilzahlungen und Sachkontobuchungen erfassen.

Ausgangssituation (Bitte noch nicht direkt buchen!)

Ein neuer Bankauszug Sparkasse Koblenz liegt der Firma Perm GmbH - wie nachfolgend dargestellt - vor. In diesem Kontoauszug sind Sammelzahlungseingänge von Kunden (Debitoren) und auch Sammelzahlungsausgänge für Lieferantenrechnungen (Kreditoren) aufgeführt. Bei den ersten beiden Vorgängen werden Rechnungskorrekturen (Gutschriften) mit verrechnet.

Die Lastschriftüberweisungen liegen dem Kontoauszug als Anlage bei.

Bild 16.24 Kontoauszug Nr. 5

Kontonummer	Auszug	Blatt	Text/Verwendungszweck	PIN	Wert	X	Umsätze
112 607	05	01					
Gutschrift	Polster AR02-2019, KGS01-2019				21.02.	H	4.550,00
Lastschrift	Wanden ER2-2019, GS1-2019				21.02.	S	7.970,00
Gutschrift	Mösch AR05-2019, AR06-2019				22.02.	H	6.855,15

Betriebsstätte

Versand	Letzter Auszug vom	Kontostand alt	
	20.02.2019	40.698,45	H
	Kontoauszug vom	Kontostand Neu	
	22.02.2019	44.133,60	H

Perm GmbH
Löhrstraße 45
56068 Koblenz

x bei Sammelauszug — xx Schuldensaldo S
0 abweichender Buchungstag — x Guthabensaldo H

Sparkasse Koblenz BIC MALADE51KOB
IBAN DE97 5705 0120 0000 1126 07

Konto-Auszug
Kontowährung EUR

Zunächst ist dieser Kontoauszug zu kontieren, Hilfsmittel dazu sind auch die OP-Listen Kreditoren und Debitoren. Die Buchungssätze:

Soll	an	Haben	Betrag
Bank (1200)		Kunde Polster (10003)	4.550,00
Lieferant Wanden (70003)		Bank (1200)	7.970,00
Bank (1200)		Kunde Mösch (10001)	6.855,15

Die 1. Position des Bankauszugs soll jetzt gebucht werden: Der Zahlungseingang vom Kunden Firma Polster AG 10003, AR02-2019, und die Verrechnung der Rechnungskorrektur (Kundengutschrift) GS01-2019.

1. Geben Sie im Fenster *Zahlungen buchen (OPOS-Suche)* die Debitorennummer des Kunden 10003 Firma Polster AG und das Zahlungsdatum der Kontoauszugsposition, den 21.02.2019, ein (Bild 16.25).

2. Klicken Sie anschließend auf die Schaltfläche *OK*. Das Fenster *Zahlungen bearbeiten* und die offenen Posten (Rechnungen) des Kunden *10003 Polster AG* werden angezeigt.

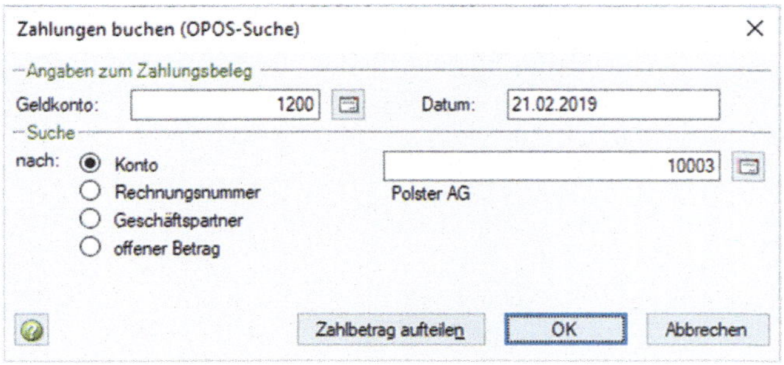

Bild 16.25 Zahlungen buchen

3 Wählen Sie mit Klick auf die Rechnungs-Nr. *AR 02-2019* den offenen Posten, der bezahlt wurde, aus. Die Rechnungskorrektur (Kundengutschrift) KGS01-2019 muss ebenfalls angegeben werden, da die Firma Polster AG die Rechnung mit der Gutschrift verrechnet hat. Markieren Sie daher mit der Maus die Rechnung AR02-2019 und die KGS01-2019 ❶ (Bild 16.26).

Tipp: Mehrere Elemente markieren Sie durch Anklicken mit gleichzeitig gedrückter Strg-Taste. Mit gedrückter Umschalt-Taste können Sie eine zusammenhängende Gruppe von Rechnungen auswählen.

4 Geben Sie unter *Zahlungsbuchung ergänzen* den Text Zahlungseing. Polster AG BA-Nr. 05 ein ❷ und klicken Sie anschließend auf die Schaltfläche *OK*.

Bild 16.26 Zahlung bearbeiten

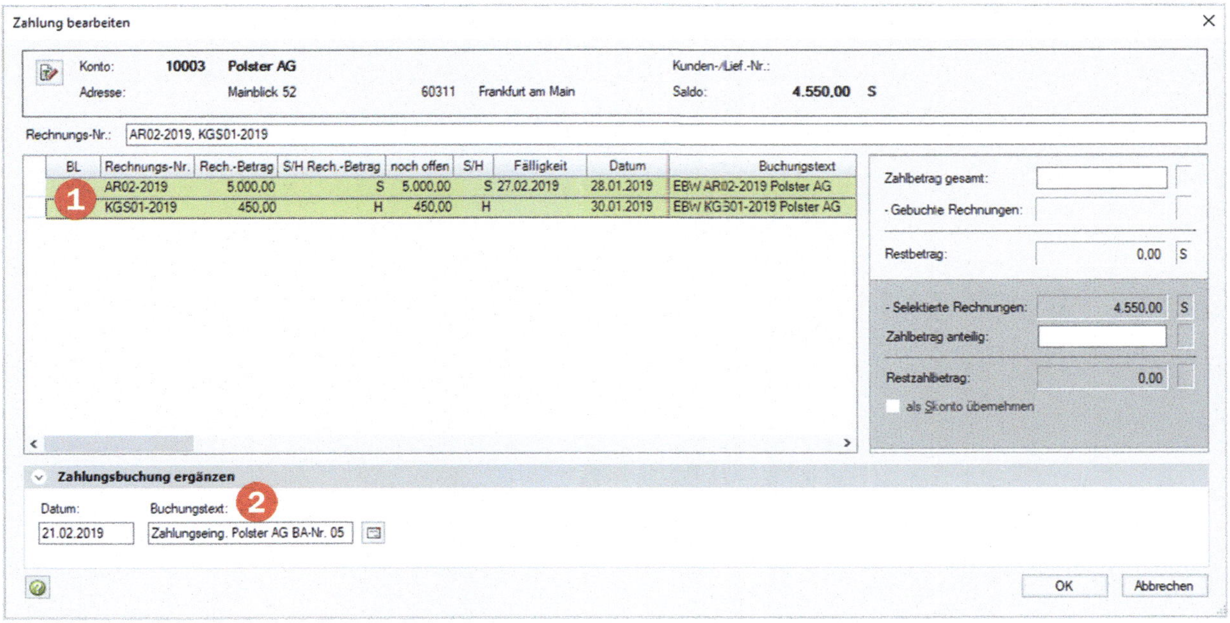

5 Sie erhalten das Fenster *Sammelzahlung beenden* (Bild 16.27). Bestätigen Sie mit der Schaltfläche *OK*.

Bild 16.27 Sammelzahlung beenden

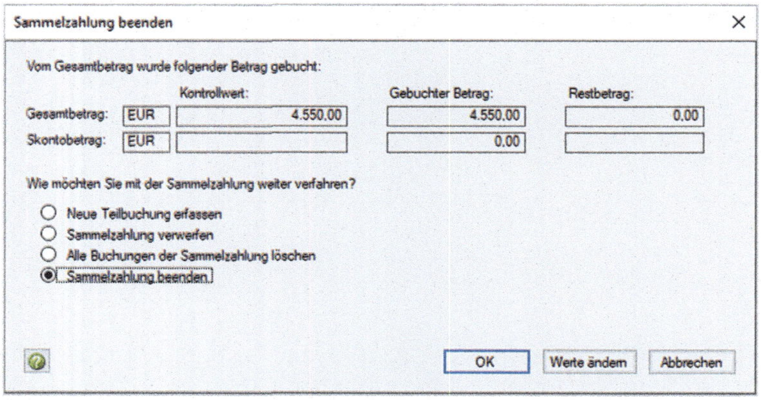

6 Schließen Sie dann das Dialogfenster *Zahlungen buchen (OPOS-Suche)* mit der Schaltfläche *Abbrechen*.

Die in der Sammelrechnung aufgeführte Rechnung AR02-2019 wurde mit der Rechnungskorrektur (Kundengutschrift) KGS01-2019 verrechnet. Da alle Rechnungen bezahlt wurden, werden in der Ansicht *OPOS-Konto* keine offenen Posten zum Kunden Polster AG angezeigt.

Bild 16.28 Keine offenen Posten mehr vorhanden

❶ Postenumfang wählen

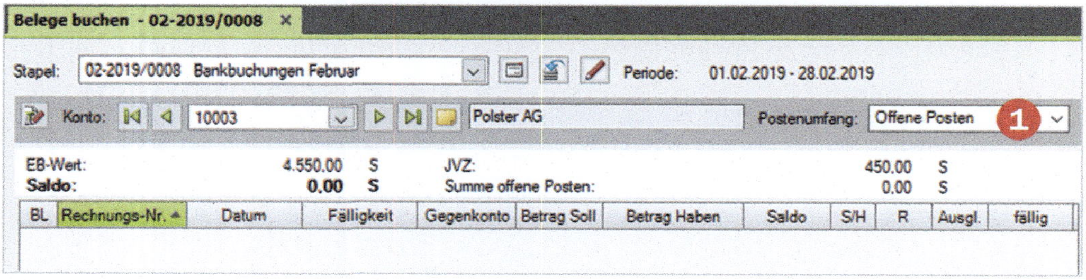

7 Wählen Sie im Auswahlfeld *Postenumfang* den Eintrag *Ausgeglichene Posten* ❷. Der Zahlungseingang über das Bankkonto *1200* zum Sammelvorgang mit den entsprechenden Buchungssätzen wird angezeigt.

Bild 16.29 Ausgeglichene Posten

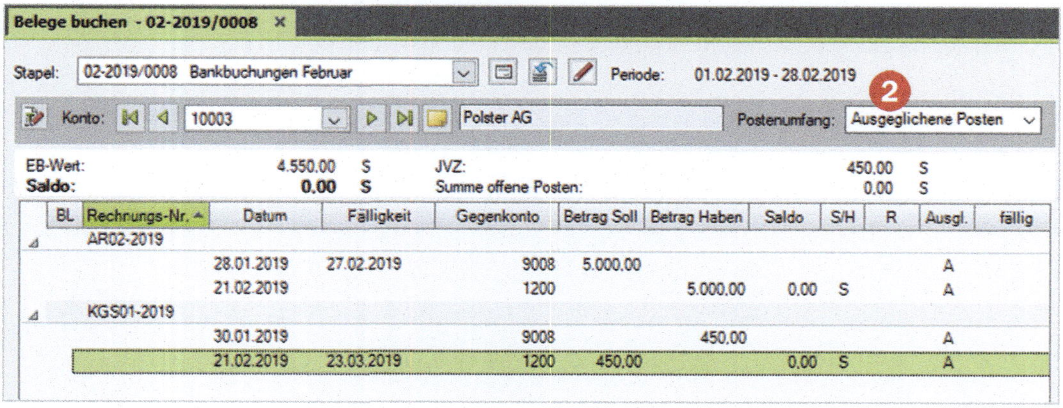

8 Da die Buchungen durch die Sammelzahlung automatisch erstellt wurden, wechseln Sie mit Klick auf das Symbol *Primanota anzeigen* zur Ansicht Primanota. Die beiden automatischen Ausgleichsbuchungen für die offenen Posten des Kunden Polster AG AR02-2019 und die Rechnungskorrektur (Kundengutschrift) KGS01-2019 werden als 13. und 14. Buchungssatz angezeigt und können selbstverständlich ggfs. geändert werden.

9 Über den Link *Zahlungen beenden* wird der Modus *Zahlungen buchen* geschlossen.

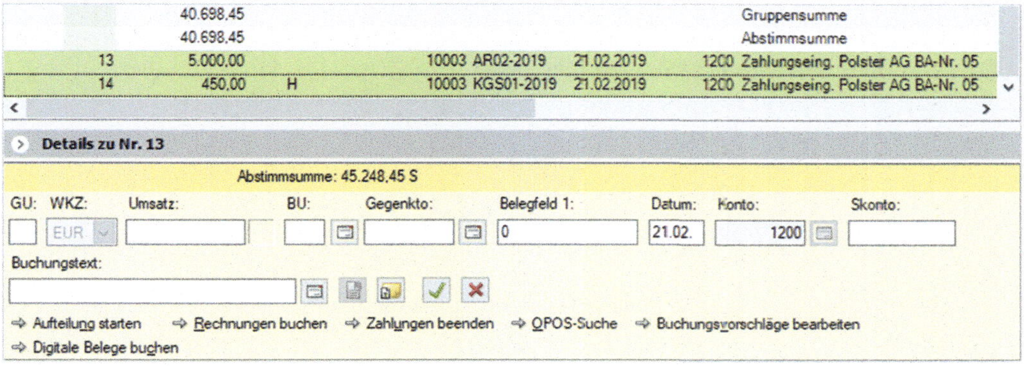

Bild 16.30 Primanota

Übung: Sammelzahlungen erfassen

Die Lösungen finden Sie im Lösungsbuch

Aufgabe 1

Kontieren und buchen Sie die 2. und 3. Position des Bankauszugs Nr.05.

Kontonummer	Auszug	Blatt	Text/Verwendungszweck	PIN	Wert	X	Umsätz
112 607	05	01					
Gutschrift	Polster AR02-2019, KGS01-2019				21.02.	H	4.550,0
Lastschrift	Wanden ER2-2019, GS1-2019				21.02.	S	7.970,0
Gutschrift	Mösch AR05-2019, AR06-2019				22.02.	H	6.855,1

Aufgabe 2

Prüfen Sie anschließend mit Klick auf das Symbol *FIBU-Konto anzeigen* die folgenden Salden: Korrigieren Sie ggf. Buchungen.

Beschriftung	Konto	Saldo	Soll/Haben
Bank	1200	44.133,60 EUR	Soll
Kunde Firma Polster AG	10003	0 EUR	
Kunde Firma Mösch	?	462,78 EUR	Soll
Lieferant Wanden KG	?	909,28 EUR	Haben
Forderungen aus Lieferungen und Leistung	?	4.453,34 EUR	Soll
Verbindlichkeiten aus Lieferungen und Leistungen	?	13.858,18 EUR	Haben

16.7 Teilzahlungen von offenen Posten

In der buchhalterischen Praxis kommt es ebenfalls vor, dass Teilzahlungen unter den Geschäftspartnern vereinbart werden. Bei der Erfassung einer Teilzahlung wird der vereinbarte Teilzahlungsbetrag gebucht und mit der Original-Rechnung verrechnet. Der offene Posten wird dadurch vermindert und bleibt als solcher als Restforderung bzw. Restverbindlichkeit offen.

Ausgangssituation (Bitte noch nicht direkt buchen!)
Hauptlieferant der Firma Perm GmbH ist die Firma Highdrive 70001. Mit der Geschäftsleitung von Highdrive wurde auf die Rechnung Nr. ER2019A651 eine Teilzahlung von 2.000,00 EUR vereinbart. Der Restsaldo soll im Monat März ausgeglichen werden.

Ein neuer Bankauszug liegt der Firma Perm - wie nachfolgend dargestellt - vor. Er weist nur den vereinbarten Teilzahlungsbetrag auf. Die Lastschriftüberweisung liegt dem Kontoauszug als Anlage bei.

Bild 16.31 Kontoauszug Nr. 6

Kontonummer	Auszug	Blatt	Text/Verwendungszweck	PIN	Wert	X	Umsätze
112 607	06	01					
Lastschrift	Highdrive ER2019A651				25.02.	S	2.000,00

Betriebsstätte

	Versand	Letzter Auszug vom	Kontostand alt	
		22.02.2019	44.133,60	H
		Kontoauszug vom	Kontostand Neu	
Perm GmbH Löhrstraße 45 56068 Koblenz		25.02.2019	42.133,60	H

x bei Sammelauszug — xx Schuldensaldo S
0 abweichender Buchungstag — x Guthabensaldo H

Sparkasse Koblenz BIC MALADE51KOB
IBAN DE97 5705 0120 0000 1126 07

Konto-Auszug
Kontowährung EUR

Zunächst ist dieser Kontoauszug zu kontieren, der Buchungssatz:

Soll	an	Haben	Betrag
Lieferant Highdrive (70001)		Bank (1200)	2.000,00

Um die Teilzahlung zu erfassen, gehen Sie wie folgt vor:

1 Aktivieren Sie über die Buchungsmaske den Modus *Zahlungen buchen*, falls Sie ihn zwischenzeitlich beendet haben.

2 Wählen Sie zunächst das Konto *1200 Sparkasse Koblenz* und klicken Sie auf *OK*.

3 Geben Sie im Fenster *Zahlungen buchen (OPOS-Suche)* die Angaben wie in Bild 16.32 ein und bestätigen Sie mit OK.

!

Achtung: Prüfen Sie, ob Ihre Rechnungsnummer identisch mit der Rechnungsnummer in der Abbildung ist, da nur dann der offene Posten übernommen wird. Ansonsten können Sie die Lieferantennummer auch über die Option *Suche nach Konto*, Nummer 70001, eintragen.

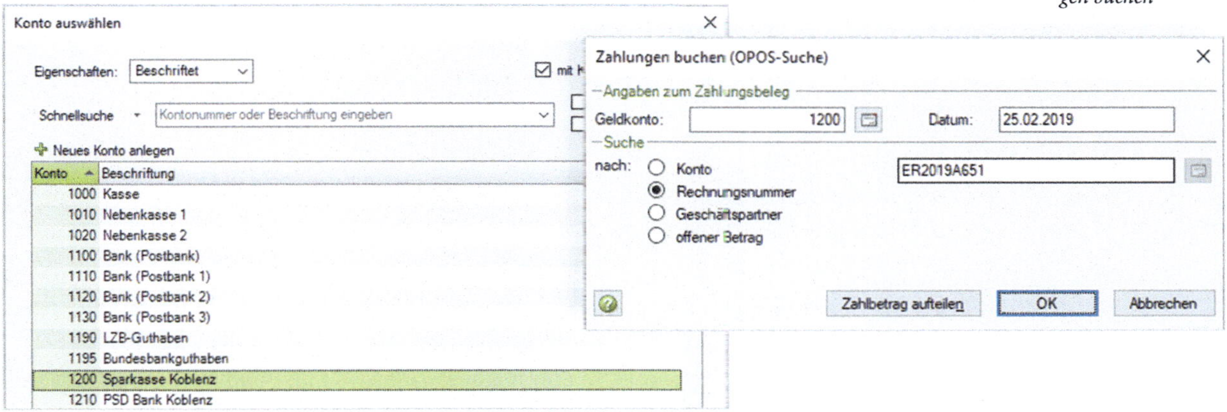

Bild 16.32 Zahlungen buchen

4 Der offene Posten, die Rechnungsnummer ER2019A651, wird automatisch mit dem Gesamtbetrag der Rechnung von 4.724,30 in die Buchungsmaske übernommen.

5 Geben Sie im Feld *Umsatz* den Teilzahlungsbetrag von 2.000,00 EUR und im Feld *Buchungstext* den Text Teilzahlung Highdrive GmbH BA-Nr. 06 ein.

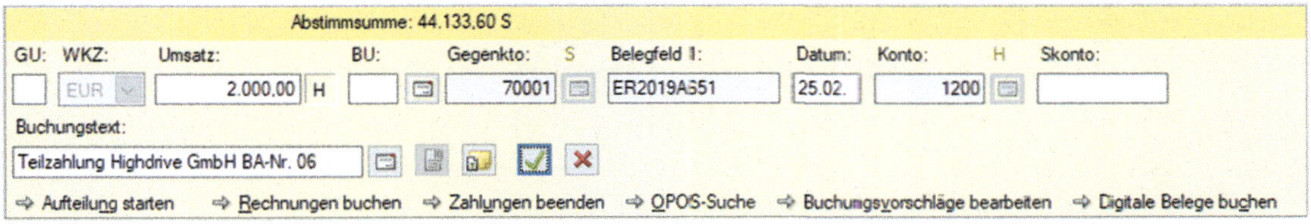

Bild 16.33 Buchungsmaske

6 Übernehmen Sie anschließend die Buchung mit dem Symbol *Buchung übernehmen* und schließen Sie dann das Dialogfenster *Zahlungen buchen (OPOS-Suche)* mit Klick auf die Schaltfläche *Abbrechen*.

7 Wechseln Sie auf die Ansicht *OPOS Konto*. In der Ansicht *OPOS Konto* wird die Teilzahlung (Anzeige *Postenumfang: Offene Posten*) wie in Bild 16.34 angezeigt: An Firma Highdrive GmbH, Kreditorennummer 70001, müssen im März auf die Rechnung ER2019A651 noch 2.724,30 EUR bezahlt werden.

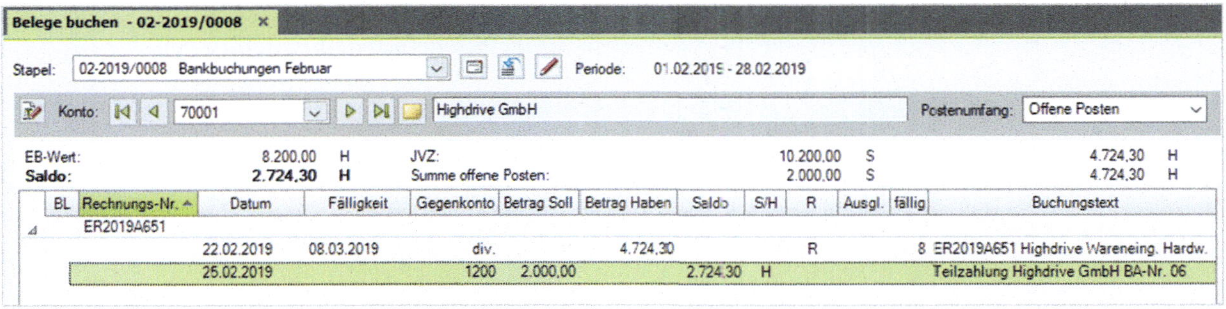

Bild 16.34 Offene Posten

8 Schließen Sie den Buchungsstapel *Bankbuchungen Februar*. Buchungsstapel noch nicht festschreiben.

16.8 Skonto

Skonti sind Preisnachlässe, die bei Bezahlung innerhalb einer Frist gewährt wird. Sie werden beim Einkauf (Lieferantenskonto) oder dem Kunden (Kundenskonto) gewährt. Buchungstechnisch sind Skonti wichtig, weil sie die Vorsteuer- bzw. Umsatzsteuerbeträge verändern und weil Skontobeträge auf besonderen Konten gebucht werden müssen.

Im Programm DATEV Kanzlei-Rechnungswesen kann dies bequem über das Feld *Skonto* eingegeben werden. Voraussetzung in Bezug auf die OPOS-Nutzung ist, dass die Zahlungsbedingungen den Kunden bzw. den Lieferanten zugeordnet wurden, damit eine Prüfung des Skontos erfolgen kann.

Ausgangssituation
Bei der Anlage von den Kunden (Debitoren) in den Debitorenstammdaten wurden bereits Zahlungsbedingungenen für Kunden definiert. Die Firmenkunden (Firma Mösch GmbH, Kontonummer 10001 und Firma Polster AG, Kontonummer 10003) haben folgende Zahlungsbedingung:

- Das Zahlungsziel für die beiden Kunden beträgt 30 Tage.
- Bei Zahlung innerhalb von 14 Tagen gewährt unsere Übungsfirma Perm GmbH Skontoabzug in Höhe von 2%.

Bisher haben beide Kunden noch keinen Gebrauch vom Skontoabzug gemacht. Alle anderen Kunden haben die allgemeine Zahlungsbedingung (definiert in den Mandantenstammdaten Rechnungswesen OPOS der Firma Perm GmbH) von 14 Tagen ohne Skontoabzug.

Übung: OP-Liste Debitoren / Kreditoren ausdrucken

Die Lösungen der Drucklisten zu den Aufgaben 1 und 2 finden Sie in den Dateien 16_OP_Debitoren.pdf und 16_OP_Kreditoren.pdf

Aufgabe 1

Drucken Sie die OPOS-Liste Debitoren mit folgenden Einstellungen aus:

Konten:	Debitoren
Einstellungen Bereich Verdichtung:	Rechnungen ungerafft
Detaillierung:	Posten

Drucken Sie die OPOS-Liste und vergleichen Sie die Daten am Bildschirm mit der Liste in Bild 16.35.

1. 10001 Firma Mösch GmbH AR10-2019, Zahlungsziel: 30 Tage, Skontoabzug: ab Rechnungsdatum innerhalb 14 Tage
2. Die Kunden Klein, Wilma 10002 und Tischler, Franz 10004 Zahlungsziel von 14 Tagen ab Rechnungsdatum

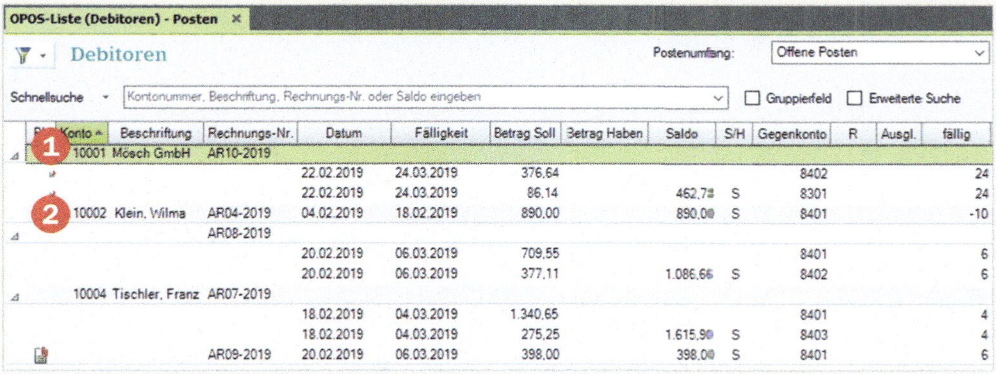

OPOS-Liste (Debitoren) - Posten

Debitoren — Postenumfang: Offene Posten

Schnellsuche: Kontonummer, Beschriftung, Rechnungs-Nr. oder Saldo eingeben — Gruppierfeld — Erweiterte Suche

BL	Konto	Beschriftung	Rechnungs-Nr.	Datum	Fälligkeit	Betrag Soll	Betrag Haben	Saldo	S/H	Gegenkonto	R	Ausgl.	fällig
1	10001	Mösch GmbH	AR10-2019										
				22.02.2019	24.03.2019	376,64				8402			24
				22.02.2019	24.03.2019	86,14		462,78	S	8301			24
2	10002	Klein, Wilma	AR04-2019	04.02.2019	18.02.2019	890,00		890,00	S	8401			-10
			AR08-2019										
				20.02.2019	06.03.2019	709,55				8401			6
				20.02.2019	06.03.2019	377,11		1.086,66	S	8402			6
	10004	Tischler, Franz	AR07-2019										
				18.02.2019	04.03.2019	1.340,65				8401			4
				18.02.2019	04.03.2019	275,25		1.615,90	S	8403			4
			AR09-2019	20.02.2019	06.03.2019	398,00		398,00	S	8401			6

Bild 16.35 OP-Liste Debitoren

Aufgabe 2

Drucken Sie die OPOS-Liste Kreditoren mit folgenden Einstellungen aus:

Konten:	Kreditoren
Einstellungen Bereich Verdichtung:	Rechnungen ungerafft
Detaillierung:	Posten

Drucken Sie die OPOS-Liste aus und vergleichen Sie die Daten am Bildschirm mit der Liste in Bild 16.36.

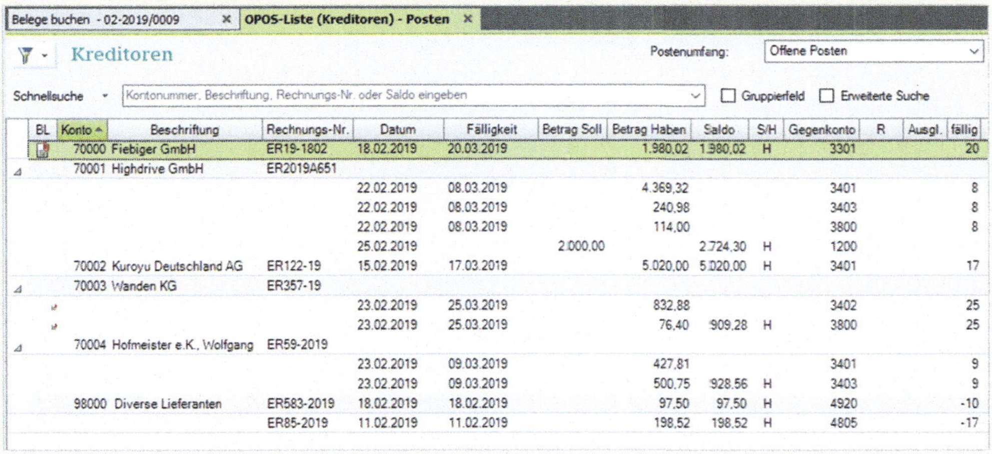

Belege buchen - 02-2019/0009 — OPOS-Liste (Kreditoren) - Posten

Kreditoren — Postenumfang: Offene Posten

Schnellsuche: Kontonummer, Beschriftung, Rechnungs-Nr. oder Saldo eingeben — Gruppierfeld — Erweiterte Suche

BL	Konto	Beschriftung	Rechnungs-Nr.	Datum	Fälligkeit	Betrag Soll	Betrag Haben	Saldo	S/H	Gegenkonto	R	Ausgl.	fällig
	70000	Fiebiger GmbH	ER19-1802	18.02.2019	20.03.2019		1.980,02	1.980,02	H	3301			20
	70001	Highdrive GmbH	ER2019A651										
				22.02.2019	08.03.2019		4.369,32			3401			8
				22.02.2019	08.03.2019		240,98			3403			8
				22.02.2019	08.03.2019		114,00			3800			8
				25.02.2019		2.000,00		2.724,30	H	1200			
	70002	Kuroyu Deutschland AG	ER122-19	15.02.2019	17.03.2019		5.020,00	5.020,00	H	3401			17
	70003	Wanden KG	ER357-19										
				23.02.2019	25.03.2019		832,88			3402			25
				23.02.2019	25.03.2019		76,40	909,28	H	3800			25
	70004	Hofmeister e.K., Wolfgang	ER59-2019										
				23.02.2019	09.03.2019		427,81			3401			9
				23.02.2019	09.03.2019		500,75	928,56	H	3403			9
	98000	Diverse Lieferanten	ER583-2019	18.02.2019	18.02.2019		97,50	97,50	H	4920			-10
			ER85-2019	11.02.2019	11.02.2019		198,52	198,52	H	4805			-17

Bild 16.36 16_OP_Kreditoren.pdf

Ergebnis: Bei den Kreditoren haben wir zurzeit noch keine Skontoabzugsmöglichkeit von den Lieferanten erhalten. Es sind lediglich die Zahlungsziele angegeben. Die Firmen Fiebiger, Kuroyu und Wanden 30 Tage; Firma Highdrive und Hofmeister 14 Tage; diverse Lieferanten sind sofort fällig.

Nachträglich Zahlungsbedingungen Kreditoren hinterlegen

Ausgangssituation
Natürlich kommt es in der Praxis sehr häufig vor, dass die Lieferanten (Kreditoren) Skontoabzug bei Zahlung innerhalb eines bestimmten Zeitraumes bieten.

Firma Kuroyu Deutschland AG bietet uns ab sofort folgende Zahlungsbedingungen an: Bei Zahlung innerhalb von 14 Tagen gewährt Sie uns ab sofort Skontoabzug in Höhe von 3%. Das Zahlungsziel beträgt 30 Tage.

Um die neue Zahlungsbedingung für den Lieferanten 70002 Kuroyu Deutschland AG zu hinterlegen, haben Sie mehrere Möglichkeiten:

- Doppelklick in der Navigation, *Buchführung* ▶ *Kreditoren* auf *Kreditorenstammdaten*
- Doppelklick in der Navigation, *Stammdaten* ▶ *Kreditoren* auf *Kreditorenstammdaten*
- Im Buchungsstapel *Belege buchen* in der FIBU-Konto Ansicht, diese Möglichkeit werden wir in der Folge nutzen.

Übung: Buchungsstapel anlegen

Legen Sie einen neuen Buchungsstapel für den Monat Februar an. Bezeichnung: *Ein- u. Ausgangsrechn. Februar*, Diktatkürzel: Ihr Namenszeichen

1 Wechseln Sie mit Klick auf das Symbol *FIBU-Konto anzeigen* in die FIBU-Konto Ansicht und geben Sie die Kontonummer 70002 Kuroyu Deutschland AG ein. Die bisher erfassten Buchungen zum Lieferanten 70002 Kuroyu Deutschland AG werden angezeigt (Bild 16.37).

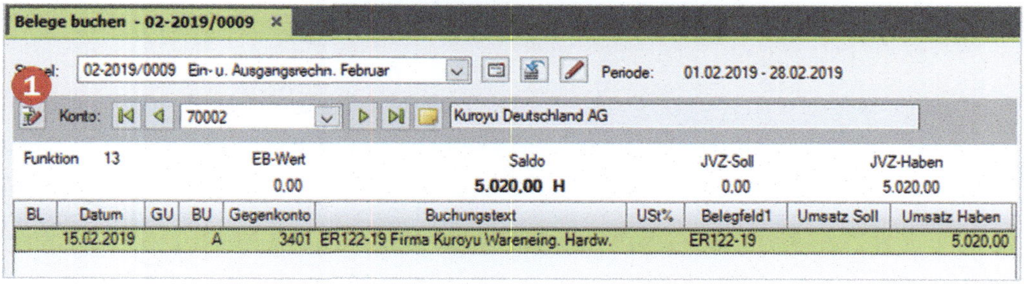

Bild 16.37 Erfasste Buchungen

2 Klicken Sie auf das Symbol *Konto bearbeiten* ❶. Damit werden die Kreditorenstammdaten des Lieferanten (Kreditoren) 70002 Firma Kuroyu Deutschland AG angezeigt. Klicken Sie auf das Register *OPOS-Allgemein* (Bild 16.38).

3 Klicken Sie auf den Link *Zahlungsarten* ❷. Die bisher gültige Zahlungsart 3 wird eingeblendet: Zahlbar innerhalb von 30 Tagen ohne Skontoabzug. Löschen Sie den Wert 30 im Feld *Zahlungsart 3* und geben den Wert 0 ein ❸, da wir eine Zahlungsbedingung für den Skontoabzug definieren müssen (im Bild Feld *Zahlungsart 3*):

4 Anschließend klicken Sie in das Auswahlfeld *Zahlungsbedingungen* ❹ und hier auf den Link *Neue Zahlungsbedingung anlegen*.

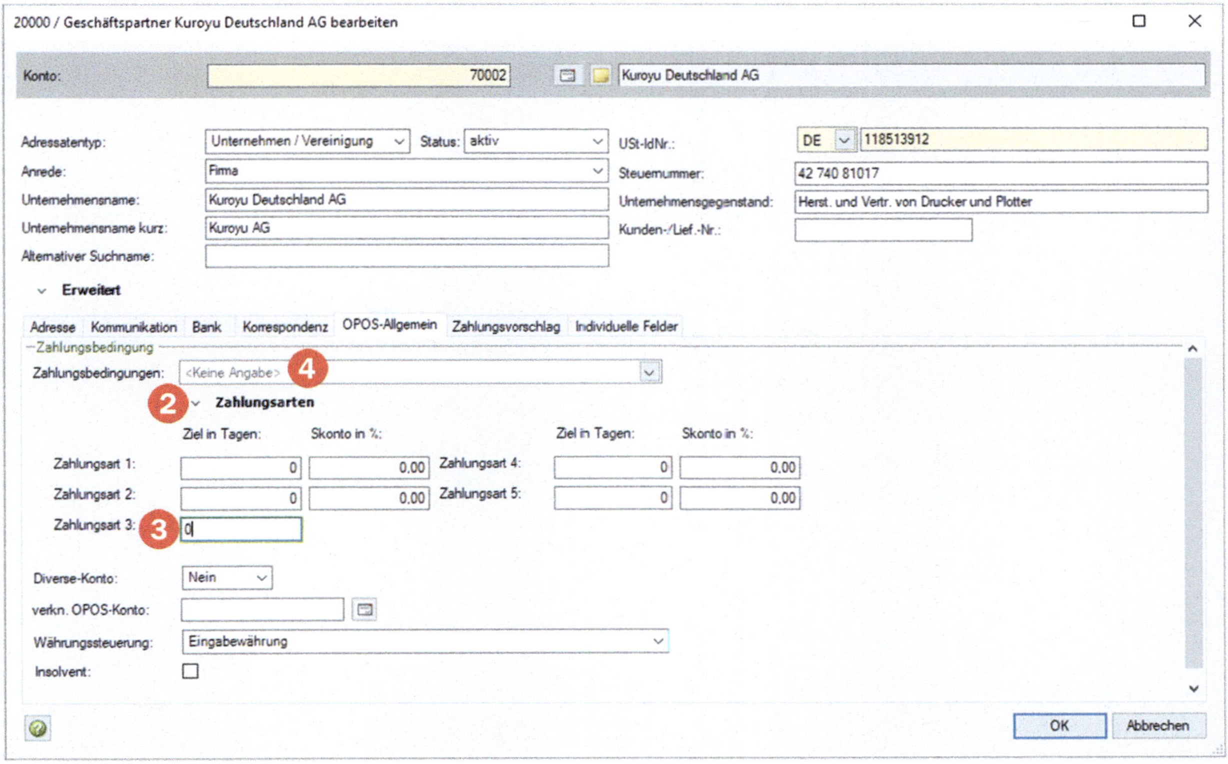

Bild 16.38 Kreditorenstammdaten OPOS-Allgemein - Zahlungsarten

5 Danach legen Sie die Zahlungsbedingung wie in Bild 16.39, an und übernehmen die neue Zahlungsbedingung mit Klick auf die Schaltfläche *OK*.

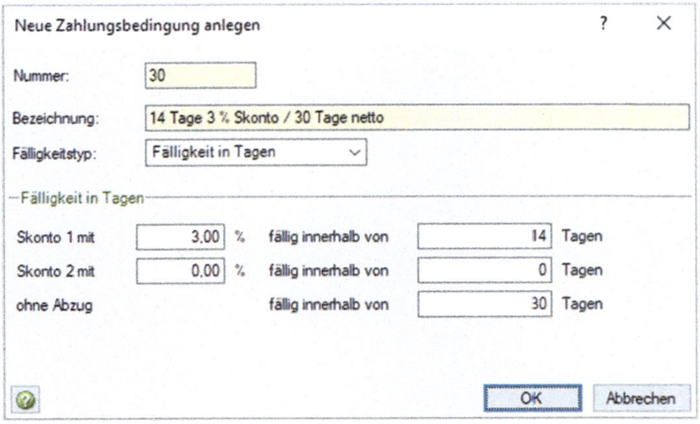

Bild 16.39 Neue Zahlungsbedingung anlegen

6 Die Zahlungsbedingung ist ab sofort dem Lieferanten 70002 Kuroyu Deutschland AG zugewiesen und gespeichert. Sie wird beim Buchen des Personenkontos in den Prüfmodus aufgenommen. Zusätzlich werden diese Einstellungen auch im automatischen Zahlungsverkehr mit berücksichtigt.

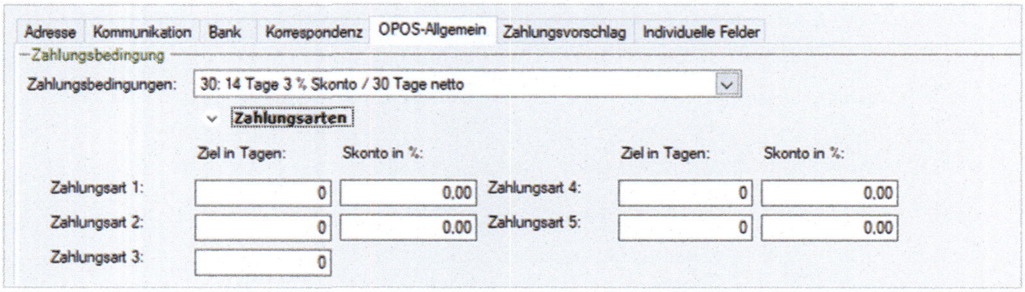

Bild 16.40 Die zugeordnete Zahlungsbedingung

Hinweise: Die Kombination von Zahlungsarten und Zahlungsbedingungen ist nicht zulässig. Ändern oder Löschen können Sie eine Zahlungsbedingung über den Menüpunkt *Stammdaten* ▶ *Kreditoren* ▶ *Zahlungsbedingungen*.

7 Klicken Sie abschließend auf die Schaltfläche *OK*, um die Änderung der Stammdaten des Lieferanten 70002 Kuroyu Deutschland AG zu übernehmen.

Tipp: Mit Klick auf das Symbol *OPOS-Konto anzeigen* können Sie im rechten Zusatzbereich mit Klick auf das Register *Stammdaten-Details* die Stammdaten des Lieferanten einsehen.

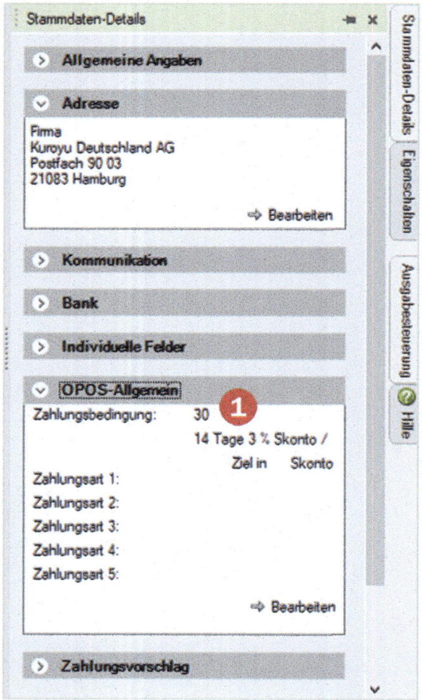

Bild 16.41 Stammdaten Details

❶ Neue Zahlungsbedingung Schlüssel 30:
Zahlbar innerhalb von 14 Tagen mit 3 % Skontoabzug, innerhalb 30 Tagen netto

Da eine Kombination von Zahlungsbedingungen und Zahlungsart im Programm nicht zulässig ist, darf bei den Zahlungsarten 1 bis 5 kein Wert eingetragen sein!

Mit Klick auf den Link *Bearbeiten* können Sie die Kreditorenstammdaten erneut anzeigen und ggf. über das Register *OPOS-Allgemein* die Zahlungsbedingungen anpassen.

Natürlich können Sie diese Vorgehensweise auch für jedes andere Kreditoren- und für jedes Debitorenkonto nutzen, um entweder die Zahlungskondition zu prüfen oder ggf. neu zu hinterlegen.

Übung: Eingangs- und Ausgangsrechnungen buchen

Aufgabe 1

Kontieren und buchen Sie die folgenden Geschäftsvorfälle.

Eingangsrechnung	Wareneingang von Hardware, Lieferant: Kuroyu Deutschland vom 23.02.2019, BelegNr. ER168-19, Gesamtbetrag 3.260,00 EUR
Ausgangsrechnung	Verkauf von Software an den Kunden Firma Mösch vom 25.02.2019, BelegNr. AR11-2019, Gesamtbetrag 980,60 EUR.
Ausgangsrechnung	Verkauf von Hardware mit einem Nettowarenwert von 420,00 EUR und Zubehör mit einem Nettowarenwert von 160,50 EUR an den Kunden Polster AG vom 25.02.2019, BelegNr. AR12-2019, Bruttogesamtbetrag 690,80 EUR.

Aufgabe 2

Prüfen Sie anschließend mit Klick auf das Symbol *FIBU-Konto anzeigen* die folgenden Salden und korrigieren Sie ggfs. Buchungen.

Beschriftung	Konto	Saldo	Soll/Haben
Erlöse Hardware 19% USt	?	5.657,98 EUR	Haben
Erlöse Software 19% USt	?	1.457,43 EUR	Haben
Erlöse Zubehör 19% USt	?	5.917,03 EUR	Haben
Wareneingang Hardware 19% VSt	?	11.394,19 EUR	Soll
Umsatzsteuer 19%	1776	5.782,18 EUR	Haben
Abziehbare Vorsteuer 19%	1576	5.951,03 EUR	Soll
Verbindlichkeiten aus Lieferungen und Leistungen	?	15.118,18 EUR	Haben
Forderungen aus Lieferungen und Leistung	?	6.124,74 EUR	Soll
Lieferant Kuroyu Deutschland AG	?	8.280,00 EUR	Haben
Kunde Mösch GmbH	?	1.443,38 EUR	Soll
Kunde Polster AG	?	690,80 EUR	Soll

Aufgabe 3

Drucken Sie jeweils die OPOS-Liste Debitoren und Kreditoren mit folgenden Einstellungen:

Konten:	Debitoren und Kreditoren
Einstellungen Bereich Verdichtung:	Rechnungen ungerafft
Detaillierung:	Posten

Die Primanota zur Aufgabe 1 sowie die Salden der einzelnen Konten Aufgabe 2 finden Sie im Lösungsbuch

Die Lösung zur Aufgabe 3 finden Sie im Ordner PDF_Musterloesungen Datei: 16_OP_Debitoren_Kreditoren.pdf

Aufgabe 4

Schließen Sie anschließend den Buchungsstapel. Die Buchungen noch nicht festschreiben.

16.9 Zahlungsausgleich mit Skontoabzug

Bei Zahlungen mit Skontoabzug werden Sie vom Programm Kanzlei-Rechnungswesen durch eine Skontoprüfung unterstützt. Bei dieser Prüfung werden der Skontobetrag, der entsprechende Prozentsatz sowie der Steuersatz der zugrunde liegenden Rechnungen ermittelt und angezeigt. Zusätzlich prüft das Programm anhand der Zahlungsbedingungen, ob der Skontoabzug berechtigt ist. Die Skontoprüfung ist allerdings nur bei OPOS-Nutzung möglich.

Ausgangssituation (Bitte noch nicht direkt buchen!)
Der letzte Bankauszug vom Monat Februar liegt Ihnen, wie nachfolgend dargestellt, vor. Die Lastschriftüberweisung liegt dem Kontoauszug als Anlage bei.

Bild 16.42 Bankauszug Nr. 07

Kontonummer	Auszug	Blatt	Text/Verwendungszweck	PIN	Wert	X	Umsätze
112 607	07	01					
Gutschrift	Mösch GmbH AR11-2019				27.02.	H	960,99
Lastschrift	Kuroyu Deutschland AG ER168-19				27.02.	S	3.162,20
Gutschrift	Polster AG AR12-2019				28.02.	H	676,98

Betriebsstätte

Perm GmbH
Löhrstraße 45
56068 Koblenz

Versand			
	Letzter Auszug vom 25.02.2019	Kontostand alt 42.133,60	H
	Kontoauszug vom 28.02.2019	Kontostand Neu 40.609,37	H

x bei Sammelauszug — xx Schuldensaldo S
0 abweichender Buchungstag — x Guthabensaldo H

Sparkasse Koblenz **BIC MALADE51KOB**
IBAN DE97 5705 0120 0000 1126 07

Konto-Auszug
Kontowährung EUR

Zunächst ist dieser Kontoauszug zu kontieren. Hilfsmittel dazu sind auch die OPOS-Listen Kreditoren und Debitoren. Die Buchungssätze:

Soll	Betrag	an	Haben	Betrag
Bank (1200)	960,99		Kunde Mösch (10001)	980,60
Gewährte Skonti 19% USt (8736)	19,61			
Lieferant Kuroyu (70002)	3.260,00		Bank (1200)	3.162,20
			Erhaltene Skonti 19% Vorsteuer (3736)	97,80

Soll	Betrag	an	Haben	Betrag
Bank (1200)	676,98		Kunde Polster (10003)	690,80
Gewährte Skonti 19% USt (8736)	13,82			

Die Konten *8736 Gewährte Skonti 19% USt* und *3736 Erhaltene Skonti 19% Vorsteuer* sind Konten mit Automatikfunktion. Die Steuer wird aus dem Bruttoskontobetrag herausgerechnet.

Hinweise

- Die Kunden Mösch und Polster haben als Firmenkunden folgende Zahlungsbedingung: Bei Zahlung innerhalb von 14 Tagen 2% Skontoabzug. Zahlbar innerhalb von 30 Tagen netto.
- Vom Lieferanten (Kreditor) Firma Kuroyu Deutschland AG erhalten wir folgende Zahlungsbedingung. Bei Zahlung innerhalb von 14 Tagen 3% Skontoabzug. Zahlbar innerhalb von 30 Tagen netto.

Gewährten Skonto buchen

Die erste Bankauszugsposition, gewährter Skonto an den Kunden Mösch, soll jetzt gebucht werden:

Vorbereitende Übung:

Aufgabe 1

Öffnen Sie den Buchungsstapel mit den Bankbuchungen Februar 2019.

Aufgabe 2

Wechseln Sie zum Modus *Zahlungen buchen* und geben Sie das Geldkonto 1200 Sparkasse Koblenz an.

1 Geben Sie im Fenster *Zahlungen buchen (OPOS-Suche)* die Rechnungsnummer AR11-2019 und das Zahldatum der Bankauszugsposition 27.02.2019 ein.

Hinweis: Über die Schaltfläche *Zahlbetrag aufteilen* können Sie Sammelüberweisungen oder vergleichbare Vorgänge vornehmen.

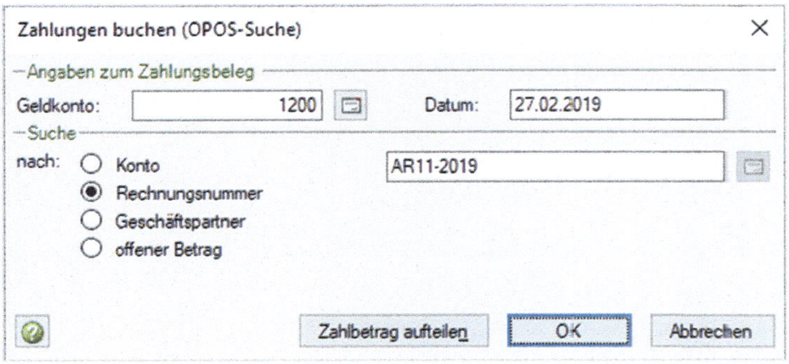

Bild 16.43 Zahlungen buchen - OPOS- Suche

2 Klicken Sie anschließend auf die Schaltfläche *OK*. Der Buchungssatz wurde mit dem Umsatzbetrag von 980,60 EUR und dem Zahldatum in die Buchungsmaske übernommen.

3 Ändern Sie den Umsatzbetrag auf den Betrag des Bankauszugs von 960,99 EUR.

4 Klicken Sie mit der rechten Maustaste in das Feld *Skonto* ❶ und wählen Sie den Befehl *Skontoprüfung* ❷ oder drücken Sie die Funktionstaste F2.

Bild 16.44 Skontoprüfung aufrufen

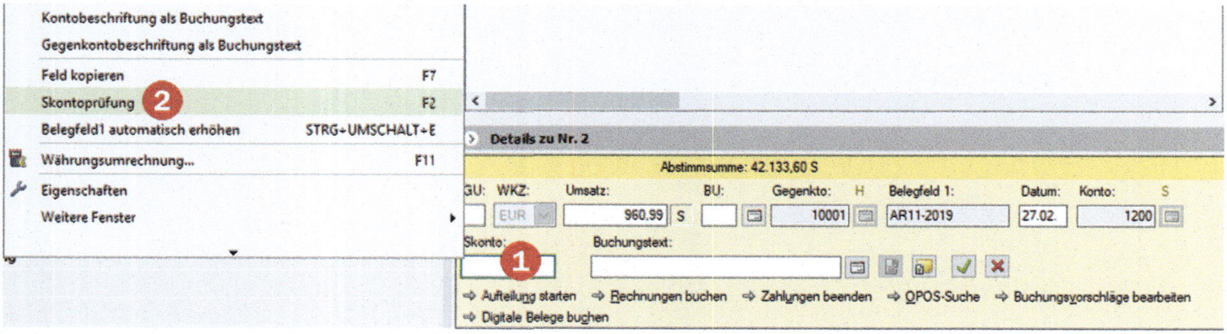

Achtung: Die Skontoprüfung lässt sich nur in diesem Fall aufrufen. Beim Ändern von Buchungssätzen ist dies nicht mehr möglich.

5 Das Dialogfenster *Skontoprüfung* wird angezeigt (Bild 16.45). Übernehmen Sie den Skontowert, indem Sie auf die Schaltfläche *Skonto übernehmen* klicken.

Bild 16.45 Skontoprüfung

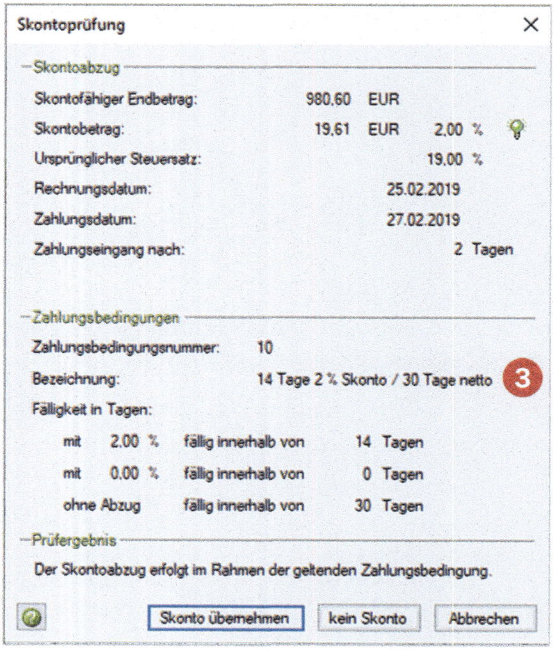

❸ Die Zahlungsbedingung

6 In der Buchungsmaske werden der Skontoprozentsatz und der Bruttoskontowert angezeigt (Bild 16.46). Die grüne Lampe ❹ bedeutet, der Skonto ist korrekt laut Zahlungsbedingung.

7 Geben Sie zuletzt den Buchungstext Zahlungseingang Mösch GmbH BA-Nr. 07 ein und klicken Sie auf das Symbol *Buchung übernehmen*.

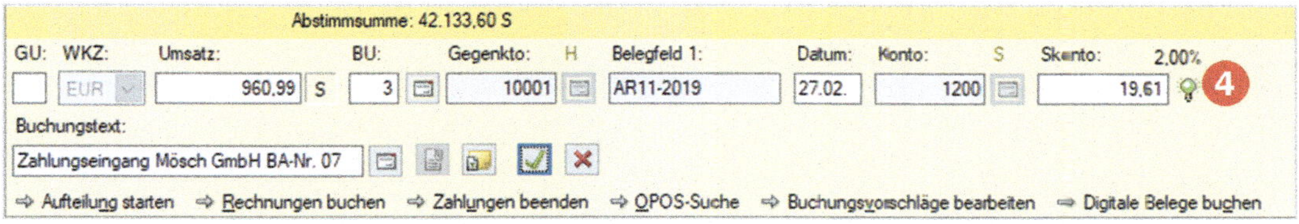

Bild 16.46 Skonto wird angezeigt

8 Das nachfolgende Dialogfenster *Zahlungen buchen (OPOS-Suche)* schließen Sie mit Klick auf die Schaltfläche *Abbrechen*.

9 Wechseln Sie mit Klick auf das Symbol *Primanota anzeigen* in die Primanota-Ansicht und klicken Sie auf *Details zu Nr. 20*. Sie sehen in den Summen und Salden, dass der Skonto über das eingestellte Automatikkonto *8736 Gewährte Skonti 19% USt* verbucht wurde.

Bild 16.47 Details

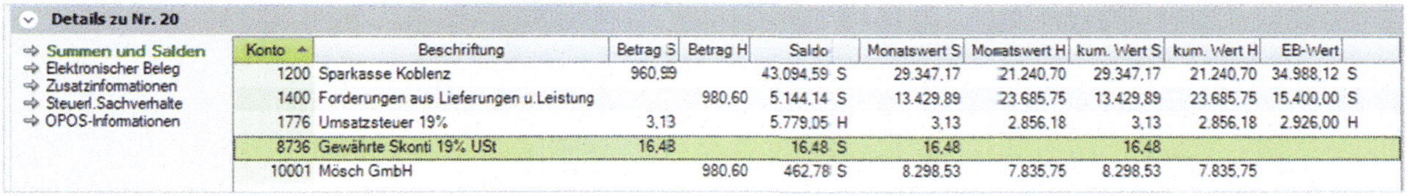

Konto	Beschriftung	Betrag S	Betrag H	Saldo	Monatswert S	Monatswert H	kum. Wert S	kum. Wert H	EB-Wert
1200	Sparkasse Koblenz	960,99		43.094,59 S	29.347,17	21.240,70	29.347,17	21.240,70	34.988,12 S
1400	Forderungen aus Lieferungen u.Leistung		980,60	5.144,14 S	13.429,89	23.685,75	13.429,89	23.685,75	15.400,00 S
1776	Umsatzsteuer 19%	3,13		5.779,05 H	3,13	2.856,18	3,13	2.856,18	2.926,00 H
8736	Gewährte Skonti 19% USt	16,48		16,48 S	16,48		16,48		
10001	Mösch GmbH		980,60	462,78 S	8.298,53	7.835,75	8.298,53	7.835,75	

10 Verschieben Sie die Bildlaufleiste nach rechts, suchen Sie die Spalte *Skonto*. Klicken Sie auf den Spaltenkopf und ziehen Sie mit gedrückter Maustaste das Feld an die gewünschte Position.

In der Primanotaansicht (Bild 16.48) ist der Skontowert in einer eigenen Spalte mit dem gebuchten Bruttowert ersichtlich. Den Buchungsschlüssel 3=19% Umsatzsteuer hinterlegt das Programm automatisch bei Eingabe des Skontobetrages im Feld *Skonto*.

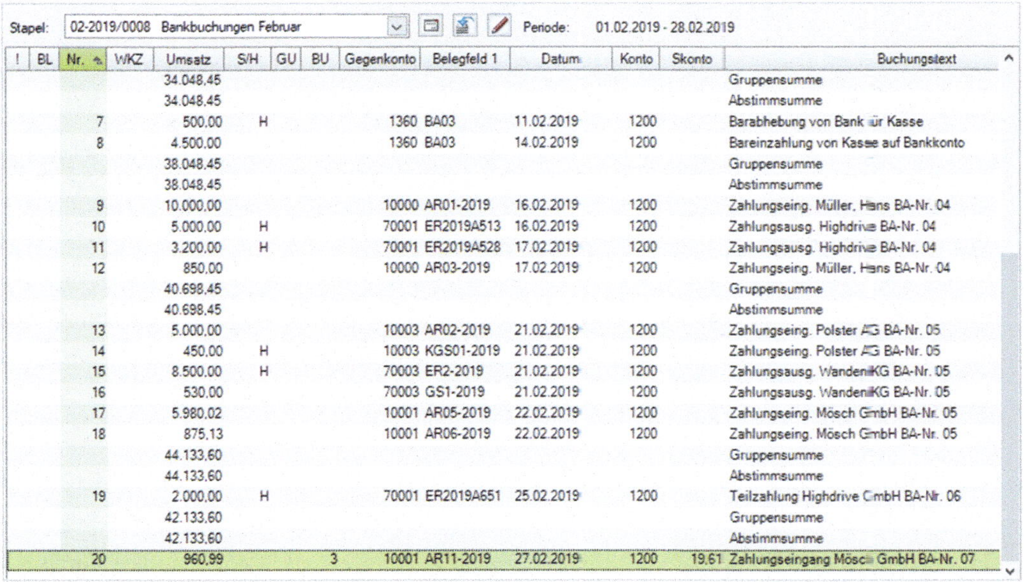

!	BL	Nr.	WKZ	Umsatz	S/H	GU	BU	Gegenkonto	Belegfeld 1	Datum	Konto	Skonto	Buchungstext
				34.048,45									Gruppensumme
				34.048,45									Abstimmsumme
		7		500,00	H			1360	BA03	11.02.2019	1200		Barabhebung von Bank für Kasse
		8		4.500,00				1360	BA03	14.02.2019	1200		Bareinzahlung von Kasse auf Bankkonto
				38.048,45									Gruppensumme
				38.048,45									Abstimmsumme
		9		10.000,00				10000	AR01-2019	16.02.2019	1200		Zahlungseing. Müller, Hans BA-Nr. 04
		10		5.000,00	H			70001	ER2019A513	16.02.2019	1200		Zahlungsausg. Highdrive BA-Nr. 04
		11		3.200,00	H			70001	ER2019A528	17.02.2019	1200		Zahlungsausg. Highdrive BA-Nr. 04
		12		850,00				10000	AR03-2019	17.02.2019	1200		Zahlungseing. Müller, Hans BA-Nr. 04
				40.698,45									Gruppensumme
				40.698,45									Abstimmsumme
		13		5.000,00				10003	AR02-2019	21.02.2019	1200		Zahlungseing. Polster AG BA-Nr. 05
		14		450,00	H			10003	KGS01-2019	21.02.2019	1200		Zahlungseing. Polster AG BA-Nr. 05
		15		8.500,00	H			70003	ER2-2019	21.02.2019	1200		Zahlungsausg. Wanden KG BA-Nr. 05
		16		530,00				70003	GS1-2019	21.02.2019	1200		Zahlungsausg. Wanden KG BA-Nr. 05
		17		5.980,02				10001	AR05-2019	22.02.2019	1200		Zahlungseing. Mösch GmbH BA-Nr. 05
		18		875,13				10001	AR06-2019	22.02.2019	1200		Zahlungseing. Mösch GmbH BA-Nr. 05
				44.133,60									Gruppensumme
				44.133,60									Abstimmsumme
		19		2.000,00	H			70001	ER2019A651	25.02.2019	1200		Teilzahlung Highdrive GmbH BA-Nr. 06
				42.133,60									Gruppensumme
				42.133,60									Abstimmsumme
		20		960,99			3	10001	AR11-2019	27.02.2019	1200	19,61	Zahlungseingang Mösch GmbH BA-Nr. 07

Bild 16.48 Primanota

11 Wechseln Sie mit Klick auf das Symbol *FIBU-Konto anzeigen* zur FIBU-Konto Ansicht. In dieser Ansicht wird die Buchung in zwei Zeilen mit dem gebuchten Skontokonto angezeigt.

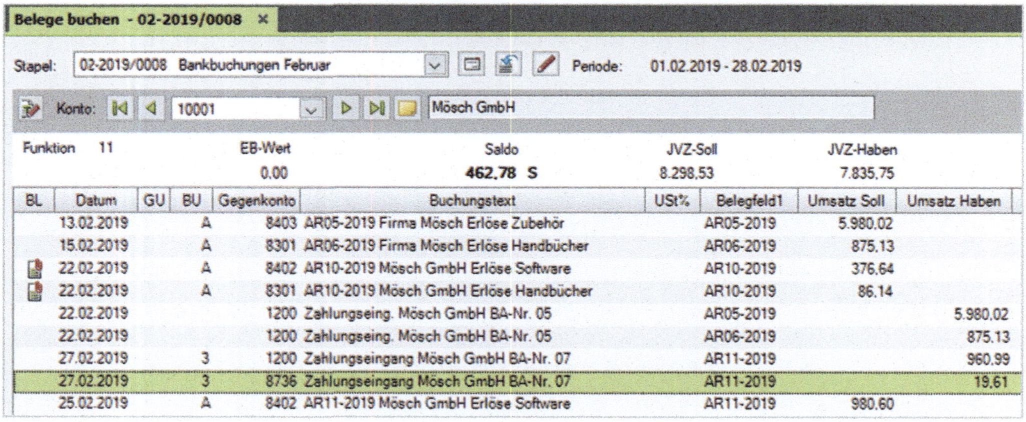

BL	Datum	GU	BU	Gegenkonto	Buchungstext	USt%	Belegfeld1	Umsatz Soll	Umsatz Haben
	13.02.2019		A	8403	AR05-2019 Firma Mösch Erlöse Zubehör		AR05-2019	5.980.02	
	15.02.2019		A	8301	AR06-2019 Firma Mösch Erlöse Handbücher		AR06-2019	875.13	
	22.02.2019		A	8402	AR10-2019 Mösch GmbH Erlöse Software		AR10-2019	376.64	
	22.02.2019		A	8301	AR10-2019 Mösch GmbH Erlöse Handbücher		AR10-2019	86.14	
	22.02.2019			1200	Zahlungseing. Mösch GmbH BA-Nr. 05		AR05-2019		5.980.02
	22.02.2019			1200	Zahlungseing. Mösch GmbH BA-Nr. 05		AR06-2019		875.13
	27.02.2019		3	1200	Zahlungseingang Mösch GmbH BA-Nr. 07		AR11-2019		960.99
	27.02.2019		3	8736	Zahlungseingang Mösch GmbH BA-Nr. 07		AR11-2019		19.61
	25.02.2019		A	8402	AR11-2019 Mösch GmbH Erlöse Software		AR11-2019	980.60	

Bild 16.49 FIBU-Ansicht

Erhaltenen Skonto buchen

Die 2. Buchungsposition des Bankauszugs Nr. 07, Lastschrift des Lieferanten Kuroyu, soll jetzt ebenfalls gebucht werden.

Bild 16.50 Bankauszug

Kontonummer	Auszug	Blatt	Text/Verwendungszweck	PIN	Wert	X	Umsätze
112 607	07	01					
Gutschrift	Mösch GmbH AR11-2019				27.02.	H	960,99
Lastschrift	Kuroyu Deutschland AG ER168-19				27.02.	S	3.162,20
Gutschrift	Polster AG AR12-2019				28.02.	H	676,98

Der allgemeine Buchungssatz:

Soll	Betrag	an	Haben	Betrag
Lieferant Kuroyu (70002)	3.260,00		Bank (1200)	3.162,20
			Erhaltene Skonti 19% Vorsteuer (3736)	97,80

Dazu gehen Sie - wie nachfolgend dargestellt - vor:

1 Klicken Sie in der Buchungsmaske auf den Link *OPOS-Suche* ❶.

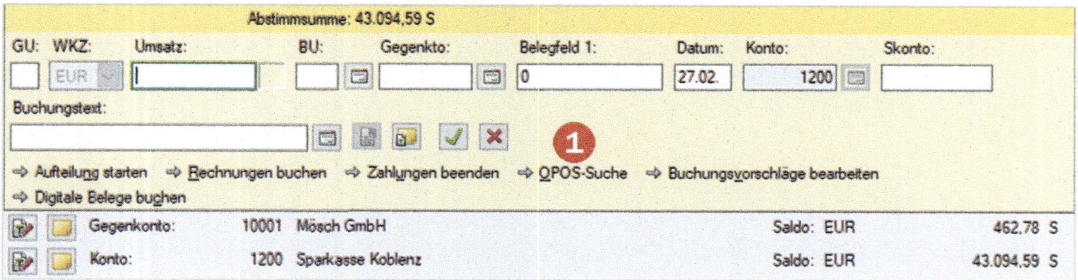

Bild 16.51 Buchungsmaske

2 Geben Sie im Fenster *Zahlungen buchen (OPOS-Suche)* (Bild 16.52) die Lieferantennummer 70002 des Lieferanten Kuroyu Deutschland AG und das Zahldatum der Kontoauszugsposition, den 27.02.2019 ein und klicken Sie auf *OK*.

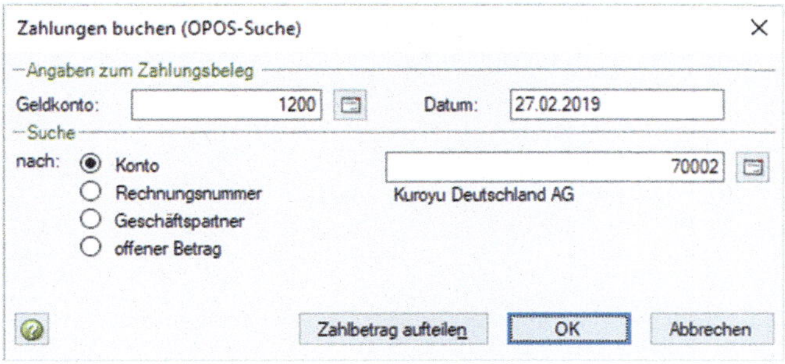

Bild 16.52 Zahlungen buchen

3 Das Fenster *Zahlung bearbeiten* wird geöffnet (Bild 16.53). Klicken Sie auf den offenen Posten *ER168-19* ❷ mit dem Wert von 3.260,00 EUR.

4 Geben Sie im Feld *Zahlbetrag Gesamt* ❸ den Betrag des Kontoauszugs von 3.162,20 EUR ein und drücken Sie die Plus (+)-Taste, um eine Habenbuchung zu erzeugen.

Wichtiger Hinweis: Das Programm ermittelt aus den Angaben automatisch, dass eine Unterzahlung stattgefunden hat und zeigt dies mit einem Betrag ❹ und einem Prozentwert an. Dieser Wert entspricht dem ermittelten Skontowert und kann mit dem Kontrollkästchen *Als Skonto übernehmen* übernommen werden.

!

5 Aktivieren Sie das Kontrollkästchen *als Skonto übernehmen* ❺, dadurch wird der anteilige Zahlbetrag selbständig ermittelt ❻. Die Angaben zur Zahlung sind jetzt vollständig. Geben Sie zum Schluss den Buchungstext Zahlungsausg. Kuroyu AG BA-Nr. 07 ein ❼ und klicken Sie auf die Schaltfläche *OK*.

Bild 16.53 Zahlung bearbeiten

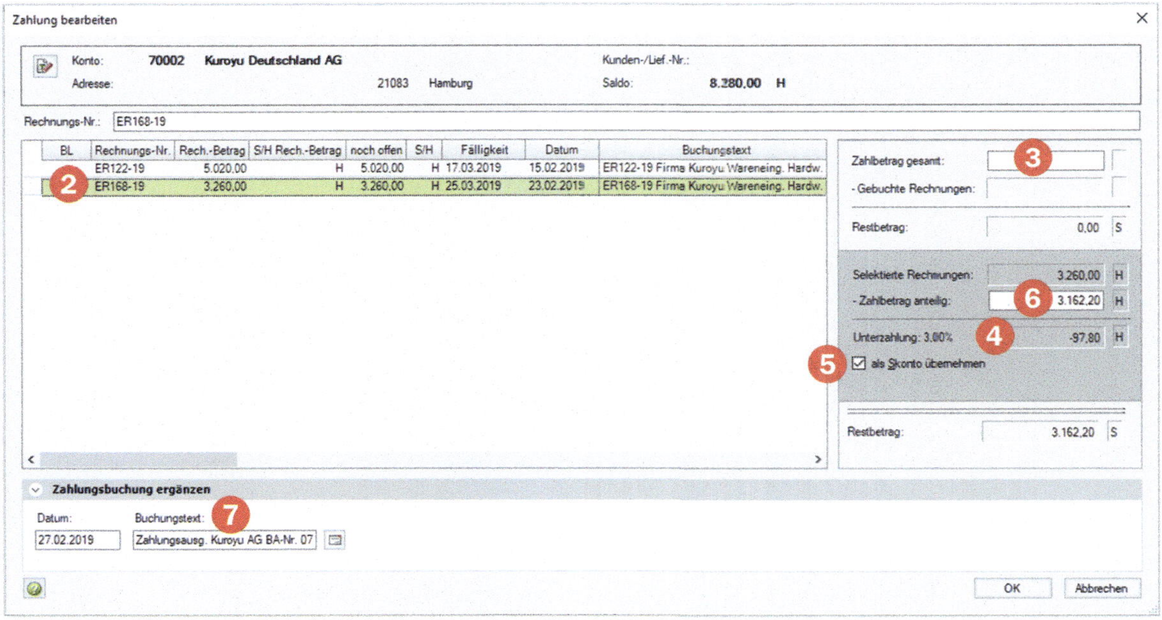

6 Die Buchung wird nun komplett in der Buchungsmaske mit dem Skontowert angezeigt. Um die Skontoprüfung einzusehen (Bild 16.54), klicken Sie in das Feld *Skonto* und drücken die Funktionstaste F2.

Bild 16.54 Buchungsmaske: Skontoprüfung

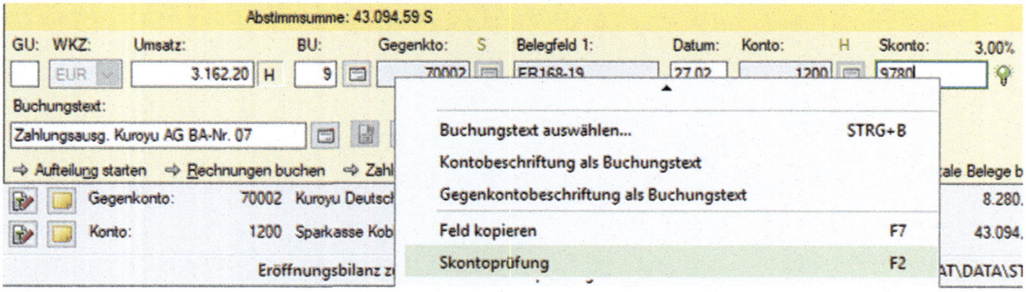

7 Klicken Sie auf das Symbol *Buchung übernehmen* und brechen Sie das anschließende Dialogfenster *Zahlungen buchen (OPOS-Suche)* ab.

8 Wechseln Sie mit Klick auf das Symbol *Primanota anzeigen* zur Primanota-Ansicht und klicken Sie auf *Details zu Nr. 21*. Sie sehen in den Summen und Salden, dass der Skonto über das eingestellte Automatikkonto *3736 Erhaltene Skonti 19% Vorsteuer* verbucht wurde.

Bild 16.55 Details

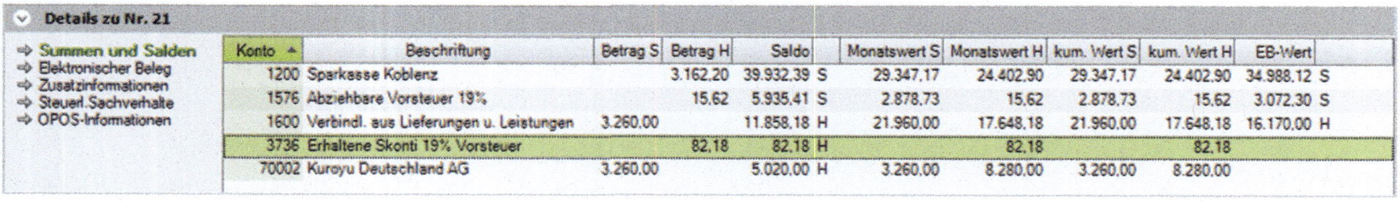

Details zu Nr. 21

- Summen und Salden
- Elektronischer Beleg
- Zusatzinformationen
- Steuerl. Sachverhalte
- OPOS-Informationen

Konto	Beschriftung	Betrag S	Betrag H	Saldo		Monatswert S	Monatswert H	kum. Wert S	kum. Wert H	EB-Wert	
1200	Sparkasse Koblenz		3.162,20	39.932,39	S	29.347,17	24.402,90	29.347,17	24.402,90	34.988,12	S
1576	Abziehbare Vorsteuer 19%		15,62	5.935,41	S	2.878,73	15,62	2.878,73	15,62	3.072,30	S
1600	Verbindl. aus Lieferungen u. Leistungen	3.260,00		11.858,18	H	21.960,00	17.648,18	21.960,00	17.648,18	16.170,00	H
3736	Erhaltene Skonti 19% Vorsteuer		82,18	82,18	H		82,18		82,18		
70002	Kuroyu Deutschland AG	3.260,00		5.020,00	H	3.260,00	8.280,00	3.260,00	8.280,00		

In der Primanotaansicht ist der Skontowert in einer eigenen Spalte mit dem gebuchten Bruttowert ersichtlich. Den Buchungsschlüssel 9 = 19% Vorsteuer hinterlegt das Programm automatisch bei Eingabe des Skontobetrages im Feld *Skonto*.

Bild 16.56 Primanota

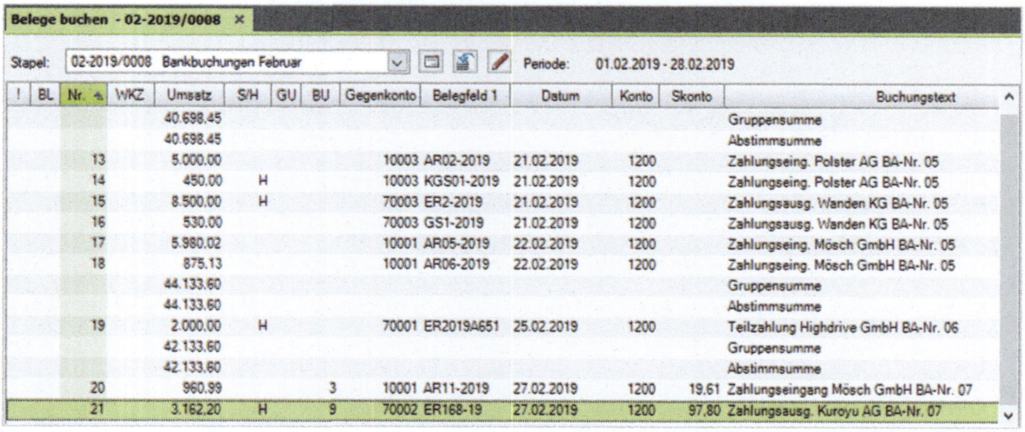

Belege buchen - 02-2019/0008

Stapel: 02-2019/0008 Bankbuchungen Februar Periode: 01.02.2019 - 28.02.2019

!	BL	Nr.	WKZ	Umsatz	S/H	GU	BU	Gegenkonto	Belegfeld 1	Datum	Konto	Skonto	Buchungstext
				40.698,45									Gruppensumme
				40.698,45									Abstimmsumme
		13		5.000,00				10003	AR02-2019	21.02.2019	1200		Zahlungseing. Polster AG BA-Nr. 05
		14		450,00	H			10003	KGS01-2019	21.02.2019	1200		Zahlungseing. Polster AG BA-Nr. 05
		15		8.500,00	H			70003	ER2-2019	21.02.2019	1200		Zahlungsausg. Wanden KG BA-Nr. 05
		16		530,00				70003	GS1-2019	21.02.2019	1200		Zahlungsausg. Wanden KG BA-Nr. 05
		17		5.980,02				10001	AR05-2019	22.02.2019	1200		Zahlungseing. Mösch GmbH BA-Nr. 05
		18		875,13				10001	AR06-2019	22.02.2019	1200		Zahlungseing. Mösch GmbH BA-Nr. 05
				44.133,60									Gruppensumme
				44.133,60									Abstimmsumme
		19		2.000,00	H			70001	ER2019A651	25.02.2019	1200		Teilzahlung Highdrive GmbH BA-Nr. 06
				42.133,60									Gruppensumme
				42.133,60									Abstimmsumme
		20		960,99			3	10001	AR11-2019	27.02.2019	1200	19,61	Zahlungseingang Mösch GmbH BA-Nr. 07
		21		3.162,20	H		9	70002	ER168-19	27.02.2019	1200	97,80	Zahlungsausg. Kuroyu AG BA-Nr. 07

9 Wechseln Sie mit Klick auf das Symbol *FIBU-Konto anzeigen* zur FIBU-Konto Ansicht. Hier wird die Buchung in zwei Zeilen mit dem gebuchten Skontokonto angezeigt.

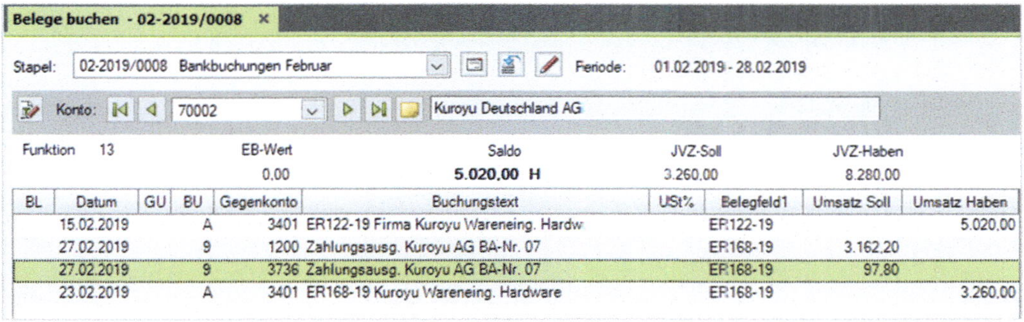

BL	Datum	GU	BU	Gegenkonto	Buchungstext	USt%	Belegfeld1	Umsatz Soll	Umsatz Haben
	15.02.2019		A	3401	ER122-19 Firma Kuroyu Wareneing. Hardw		ER122-19		5.020,00
	27.02.2019		9	1200	Zahlungsausg. Kuroyu AG BA-Nr. 07		ER168-19	3.162,20	
	27.02.2019		9	3736	Zahlungsausg. Kuroyu AG BA-Nr. 07		ER168-19	97,80	
	23.02.2019		A	3401	ER168-19 Kuroyu Wareneing. Hardware		ER168-19		3.260,00

Bild 16.57 FIBU-Konto Ansicht

Übung: Bankauszug mit Skonto buchen

Aufgabe 1

Kontieren und buchen Sie die 3. Position des Bankauszuges, Gutschrift Polster AG und stimmen Sie den neuen Kontenstand ab.

Kontonummer	Auszug	Blatt	Text/Verwendungszweck	PIN	Wert	X	Umsätze
112 607	07	01					
Gutschrift	Mösch GmbH AR11-2019				27.02.	H	960,99
Lastschrift	Kuroyu Deutschland AG ER168-19				27.02.	S	3.162,20
Gutschrift	Polster AG AR12-2019				28.02.	H	676,98

Die Primanota zur Aufgabe 1 sowie die Salden der einzelnen Konten Aufgabe 2 finden Sie im Lösungsbuch

Aufgabe 2

Prüfen Sie anschließend mit Klick auf das Symbol *FIBU-Konto anzeigen* die folgenden Salden. Korrigieren Sie ggf. Buchungen.

Beschriftung	Konto	Saldo	Soll/Haben
Bank	1200	40.609,37 EUR	Soll
Kunde Mösch GmbH	10001	452,78 EUR	Soll
Kunde Polster AG	?	0,00 EUR	
Lieferant Kuroyu Deutschland	70002	5.020,00 EUR	Haben
Erhaltene Skonti 19% Vorsteuer	3736	32,18 EUR	Haben
Gewährte Skonti 19% USt	8736	28,09 EUR	Soll
Verbindlichkeiten aus Lieferungen und Leistungen	?	11.858,18 EUR	Haben
Forderungen aus Lieferungen und Leistung	?	4.453,34 EUR	Soll

Beschriftung	Konto	Saldo	Soll/Haben
Abziehbare Vorsteuer 19%	1576	5.935,41 EUR	Soll
Umsatzsteuer 19%	1776	5.776,84 EUR	Haben

Aufgabe 3

Schließen Sie anschließend den Buchungsstapel. Die Buchungen noch nicht festschreiben.

16.10 Auswertung der Bank

Wichtige Mittel, um die Bank abzustimmen, bietet der Menüpunkt *Auswertungen* ▶ *Finanzbuchführung*. Analog dazu können Sie die Auswertungen auch in der Navigationsübersicht über den Ordner *Finanzbuchführung auswerten* durchführen.

Bild 16.58 Übersicht - Buchführung

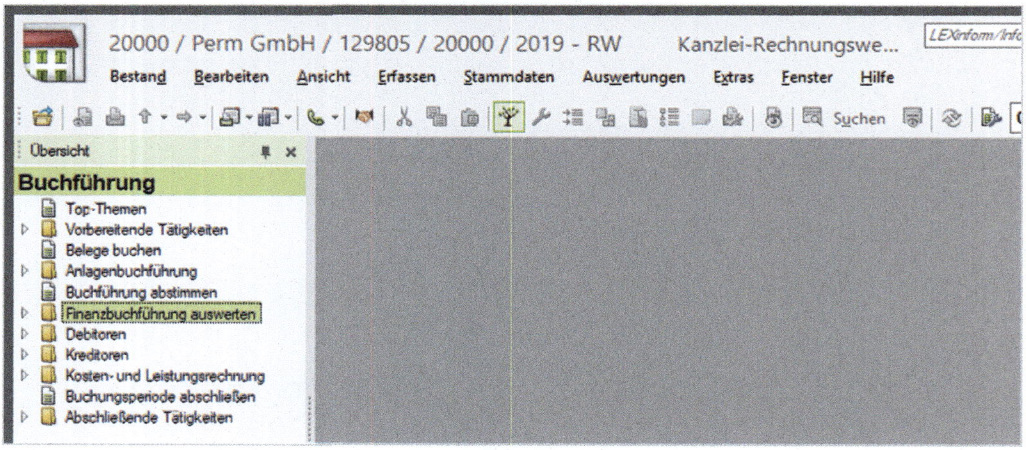

Primanota drucken

Die Buchungssätze eines Buchungsstapels werden in der Primanota dokumentiert. Sie können den Buchungsstapel anzeigen und dann drucken lassen, so gehen Sie vor.

1 Wählen Sie den Menüpunkt *Auswertungen* ▶ *Finanzbuchführung* ▶ *Primanota* oder klicken Sie in der Übersicht, im geöffneten Ordner *Finanzbuchführung auswerten*, doppelt auf *Primanota*.

2 Anschließend wählen Sie mit einem Klick den Buchungsstapel aus, den Sie drucken möchten und klicken auf die Schaltfläche *Öffnen*.

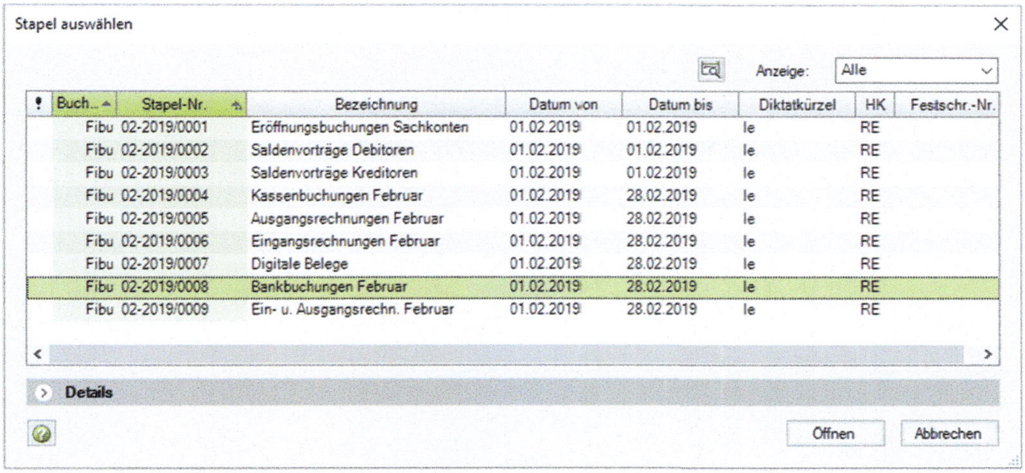

Bild 16.59 Buchungsstapel auswählen

3 Zum Drucken klicken Sie auf das Symbol *Fensterinhalt drucken* .

Kontoblatt drucken

Das eigentliche Kontenblatt mit den Buchungen auf dem Bankkonto können Sie über das Kontoblatt ausdrucken lassen. Das entspricht dem in der Theorie bekannten T-Konto mit den Buchungen, die auf dem Bankkonto gebucht wurden.

1 Wählen Sie den Menüpunkt *Auswertungen* ▶ *Finanzbuchführung* ▶ *Kontoblatt* oder klicken Sie in der Übersicht, im geöffneten Ordner *Finanzbuchführung auswerten*, doppelt auf *Kontoblatt*.

2 Geben Sie anschließend das Konto 1200 *Sparkasse Koblenz* ein.

3 Um das Kontoblatt *1200, Sparkasse Koblenz* auszudrucken, klicken Sie auf das Symbol *Fensterinhalt drucken* .

Hinweis: Analog dazu können Sie auch *Arbeitskonto* auswählen, bei dem Ihnen verschiedene Sortierkriterien angeboten werden: nach Umsatz…, nach Belegfeld 1, usw.

Bankbericht

Die Auswertung Bankbericht unterstützt Sie beim Prüfen der Geldkonten.

1 Wählen Sie dazu den Menüpunkt *Auswertungen* ▶ *Finanzbuchführung* ▶ *Kassen-/Bankbericht* oder klicken Sie in der Übersicht, im geöffneten Ordner *Finanzbuchführung auswerten* doppelt auf *Kassen-/Bankbericht*.

2 Geben Sie das Konto 1200 Sparkasse Koblenz ein und wählen Sie anschließend die in Bild 16.60 abgebildeten Einstellungen im Zusatzbereich *Eigenschaften*. Der Bankbericht enthält eine chronologische Auflistung aller Geschäftsvorfälle für das Bankkonto.

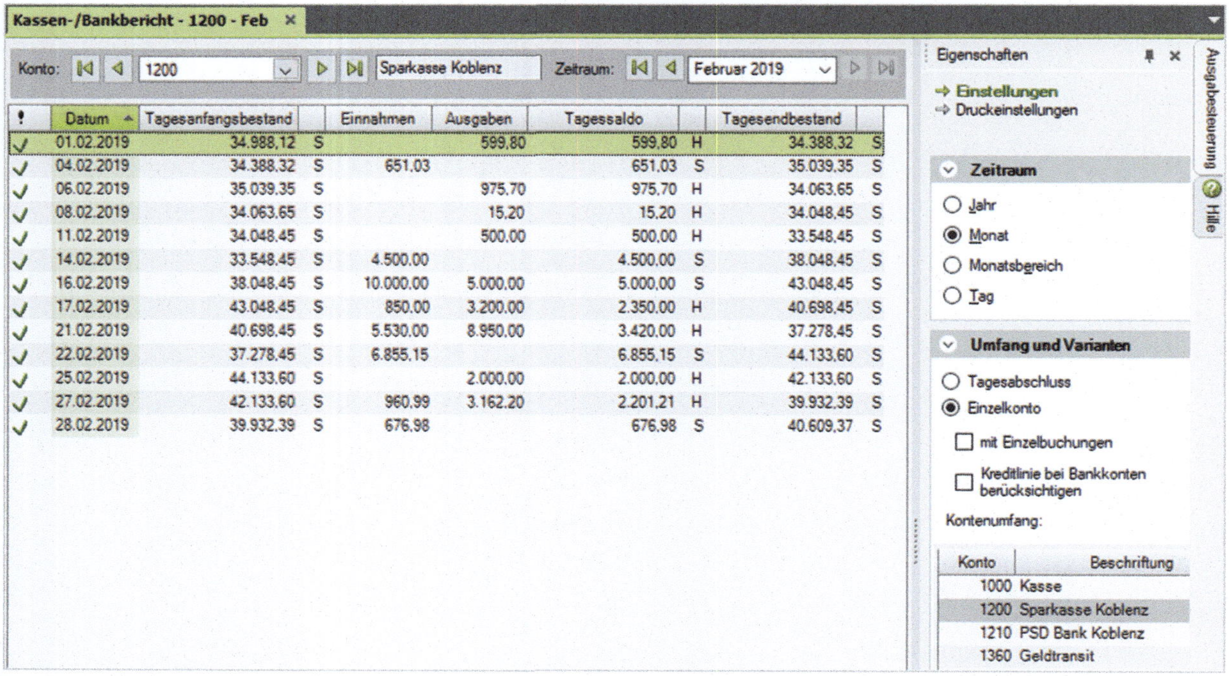

Bild 16.60 Bankbericht erstellen

Tipp: Über die Einstellungen, Abschnitt *Umfang und Varianten*, können Sie den Bankbericht mit oder ohne Einzelbuchungen tageweise anklicken.

3 Um den Bankbericht zu drucken, klicken Sie wieder auf der Standardsymbolleiste auf das Symbol *Fensterinhalt drucken*.

Bei der Aufbereitung ohne Einzelbuchungen werden für das ausgewählte Kassenkonto der Tagesanfangsbestand, die Tageseinnahmen und -ausgaben, der Tagessaldo sowie der Endbestand dargestellt. Zusätzlich sehen Sie für die einzelnen Tage ein Symbol, normalerweise ein Häkchen; dies bedeutet, dass das Konto einen Soll-Saldo ausweist.

Übung: Auswertungen der Bank ausdrucken

- Drucken Sie die Primanota *Bankbuchungen Februar*, das Kontenblatt des Kontos *1200* und den Bankbericht mit Einzelbuchungen aus.
- Schließen Sie anschließend alle Arbeitsblätter.

Die Lösung zur Übung finden Sie im Lösungsbuch

17 Besondere Buchungen

In diesem Kapitel lernen Sie, ...

- wie Rechnungskorrekturen (Gutschriften) und Boni gebucht werden,
- wie Anlagevermögen gebucht wird,
- was beim Buchen von Geringwertigen Wirtschaftsgütern GWG zu beachten ist,
- welche Verfahren beim Buchen von Löhnen und Gehältern angewandt werden.

17.1 Rechnungskorrekturen (Gutschriften) und Boni

In der kaufmännischen Praxis gibt es nachträgliche Preisminderungen. Sie entstehen dadurch, dass (beschädigte oder falsch gelieferte) Ware zurückgesendet oder ein nachträglicher Preisnachlass (Bonus) gewährt wird.

Über den Wert der zurückgesendeten Ware oder den Preisnachlass werden meist Rechnungskorrekturen (Gutschriften) erstellt, die zu verbuchen sind. Dabei wird die Rechnungskorrektur (Kundengutschrift) von der Firma ausgestellt, wenn der Kunde Ware zurücksendet oder einen Bonus erhält. Wird Ware an einen Lieferanten zurückgesendet oder gewährt er der Firma einen Bonus, stellt er die Rechnungskorrektur (Lieferantengutschrift) aus. Für die Buchhaltung ist dabei wichtig, dass eine Rechnungskorrektur (Gutschrift) - ähnlich wie der Skonto - die ursprünglich gebuchte Vorsteuer bzw. Umsatzsteuer und den zunächst gebuchten Erlös bzw. den Aufwand vermindert. Dies muss buchhalterisch erfasst werden.

Rechnungskorrekturen (Gutschriften)

Rechnungskorrektur (Kundengutschrift)

Die Voraussetzung für eine Rechnungskorrektur (Gutschrift) liegt dann vor, wenn ein Rechnungsausgang an einen Kunden gebucht und ein offener Posten angelegt wurde. Sendet der Kunde beschädigte Ware zurück, erhält er in der Regel eine Rechnungskorrektur (Kundengutschrift) über den Bruttowarenwert. Diese Rechnungskorrektur wird dann gebucht. In der Buchhaltung kann dann über das entsprechende Erlöskonto oder über ein Erlösschmälerungskonto gebucht werden.

Ausgangssituation (Bitte noch nicht sofort buchen!)
In unserer Firma Perm GmbH sind Reklamationen von Kunden eingegangen.

Fall 1. Lieferung des falschen Artikels
Aufgrund einer Falschlieferung aus Rechnung-Nr. AR04-2019, 10002 Kunde Klein, Wilma gewähren wir ihr am 27.02.2019 mit GS-NR. KGS02-2019 eine Kundengutschrift über den Bruttowert von 350,00 EUR.

Fall 2. Mängelrüge des Kunden 10004 Tischler, Franz wegen fehlerhafter Ware
Anlässlich fehlerhafter Ware (PC-Ständer) aus Rechnung-Nr. AR07-2019, Kunde 10004 Tischler, Franz gewähren wir ihm am 28.02.2019 mit Gutschrift-Nr. KGS03-2019 eine Kundengutschrift über den Bruttowert von 35,60 EUR.

Die Buchungssätze:

Soll	an	Haben	Betrag
Erlöse Hardware 19% USt (8401)		Kunde Klein (10001)	350,00 EUR
Erlöse Zubehör 19% USt (8403)		Kunde Tischler (10004)	35,60 EUR

Vorbereitende Übung

Aufgabe 1

Legen Sie einen neuen Buchungsstapel für den Monat Februar mit der Bezeichnung *Rechnungskorrekturen und Boni* an. Diktatkürzel: Ihr Namenszeichen

Aufgabe 2

Wechseln Sie zum Modus *Rechnungen buchen*.

1 Geben Sie im Fenster *Rechnungen buchen (OPOS-Suche)* die Rechnungsnummer AR04-2019 ein und klicken Sie anschließend auf die Schaltfläche *OK*. Die Kundennummer des Kunden und die Rechnungsnummer, auf die sich die Rechnung bezieht, werden übernommen.

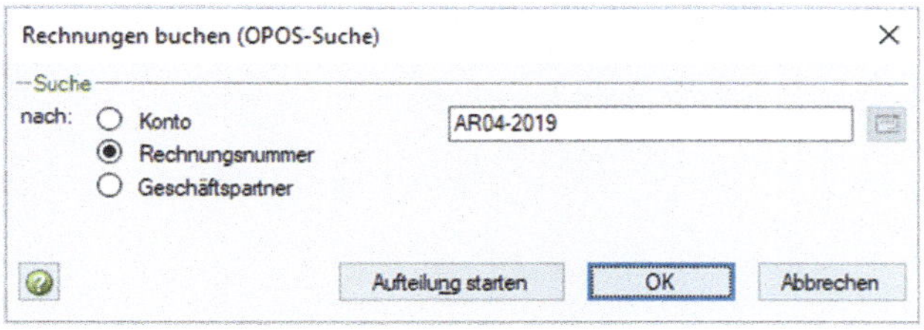

Bild 17.1 Rechnungen buchen - OPOS Suche

2 Das Programm wechselt automatisch in die Ansicht *OPOS-Konto*. Geben Sie im Feld *Konto* die Kundennummer von Frau Klein, Wilma 10002 ein. Die Kundengutschrift (Rechnungskorrektur) bezieht sich auf die Rechnungsnummer AR04-2019 mit einem Forderungsgesamtbetrag von 890,00 EUR. Markieren Sie diese Rechnungsnummer.

Bild 17.2 OPOS-Konto

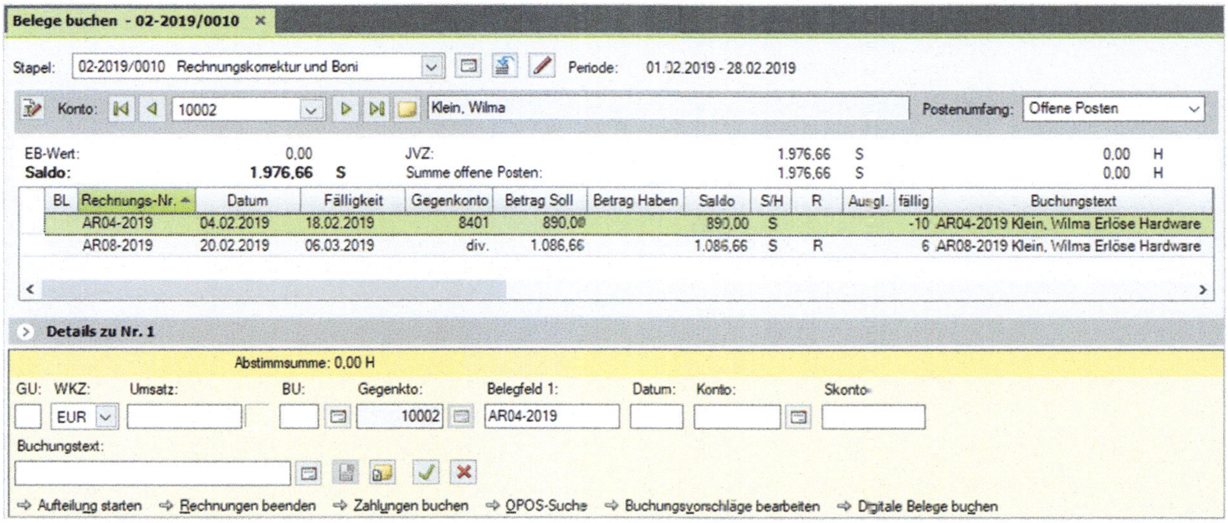

3 Erfassen Sie dann in der Buchungsmaske folgende Rechnungskorrektur:

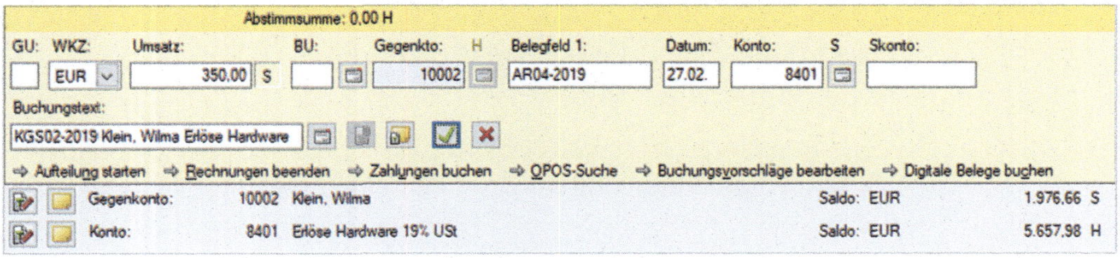

Bild 17.3 Rechnungskorrektur eingeben

4 Übernehmen Sie die Buchung mit Klick auf das Symbol *Buchung übernehmen* und brechen Sie das nachfolgende Dialogfenster *Rechnungen buchen (OPOS-Suche)* ab.

Die Kundengutschrift ist mit dem offenen Posten AR04-2019 verrechnet. Der Restforderungsbetrag beträgt jetzt 540,00 EUR.

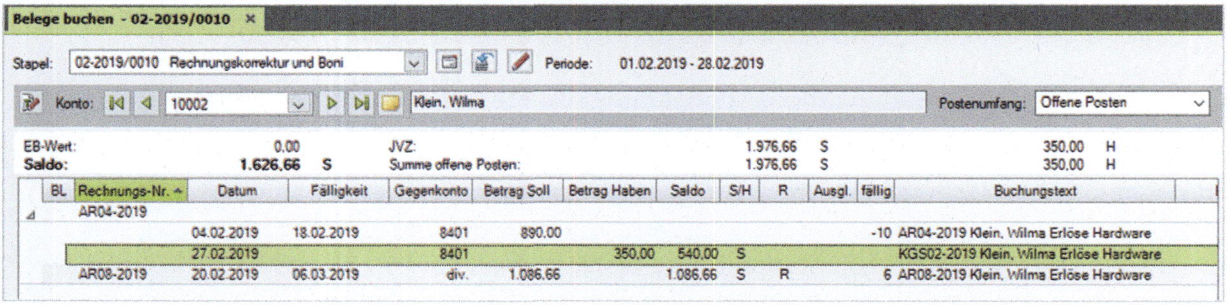

Bild 17.4 Die verrechnete Kundengutschrift

5 Blenden Sie abschließend über den Link *Details zu Nr. 1* die Summen und Salden der Buchung ein (Bild 17.5).

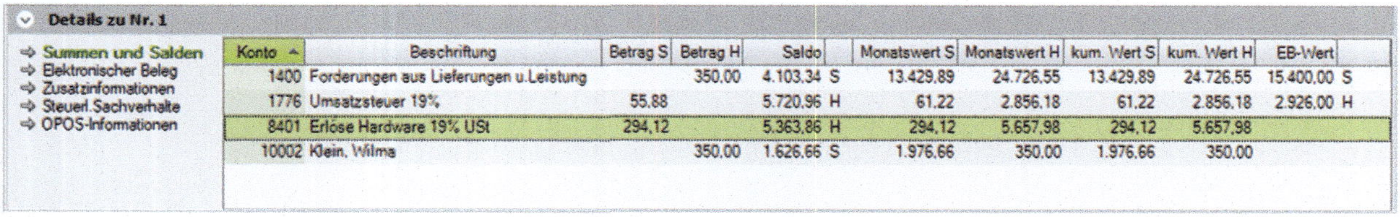

Bild 17.5 Summen und Salden

Rechnungskorrektur (Lieferantengutschrift)

Rechnungskorrekturen (Lieferantengutschriften) liegen dann vor, wenn wir beschädigte Ware oder falsche Ware an den Lieferanten zurücksenden. Auch hier muss vorher eine Eingangsrechnung gebucht und ein offener Posten dazu angelegt sein. Wir erhalten dann eine entsprechende Rechnungskorrektur (Lieferantengutschrift) über den Bruttowarenwert. Diese wird anschließend gebucht.

In der Buchhaltung kann über das *Wareneinkaufskonto* oder über das Konto *Preisnachlässe* gebucht werden.

Ausgangssituation (Bitte noch nicht sofort buchen!)
Aufgrund diverser Sachverhalte bei den Eingangsrechnungen liegen der Buchhaltung folgende Rechnungskorrekturen (Lieferantengutschriften) vor:

Fall 1. Lieferung von unbrauchbarer Handbücher Buero 2019
Aufgrund unbrauchbarer Handbücher (verschiedene Seiten in kyrillischer Schrift) Buero 2019 bei Rechnung-Nr. ER19-1802, Lieferant 70000 Firma Fiebiger GmbH, erhalten wir am 27.02.2019 mit Rechnungskorrektur-Nr. GS19-81A eine Bruttogutschrift über den Wert von 520,00 EUR.

Fall 2. Lieferung falscher Artikel
Infolge einer Falschlieferung bei Rechnung-Nr. ER122-19, Lieferant 70002 Firma Kuroyu Deutschland AG, erhalten wir am 28.02.2019 mit Rechnungskorrekur-Nr. RKO36-19 eine Bruttogutschrift im Wert von 320,85 EUR.

Die Buchungssätze:

Soll	an	Haben	Betrag
Lieferant Fiebiger (70000)		Wareneingang Handbücher 7% VSt (3301)	520,00 EUR
Lieferant Kuroyu (70002)		Wareneingang Hardware 19% VSt (3401)	320,85 EUR

Die erste Lieferantengutschrift wird jetzt gebucht:

1 Klicken Sie in der Buchungsmaske auf den Link *OPOS-Suche* und geben Sie im Fenster *Rechnungen buchen (OPOS-Suche)* die Rechnungsnummer ER19-1802 ein. Klicken Sie dann auf die Schaltfläche *OK*.

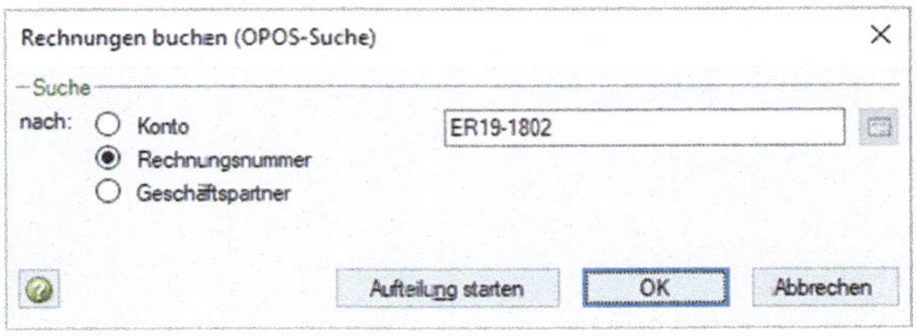

Bild 17.6 Rechnungen buchen

2 Das Programm wechselt automatisch in die Ansicht *OPOS-Konto*. Geben Sie im Feld *Konto* die Kreditorennummer des Lieferanten Fiebiger GmbH, 70000 ein, falls das Konto 70000 nicht angezeigt wird.

Bild 17.7 Offene Posten des Lieferanten

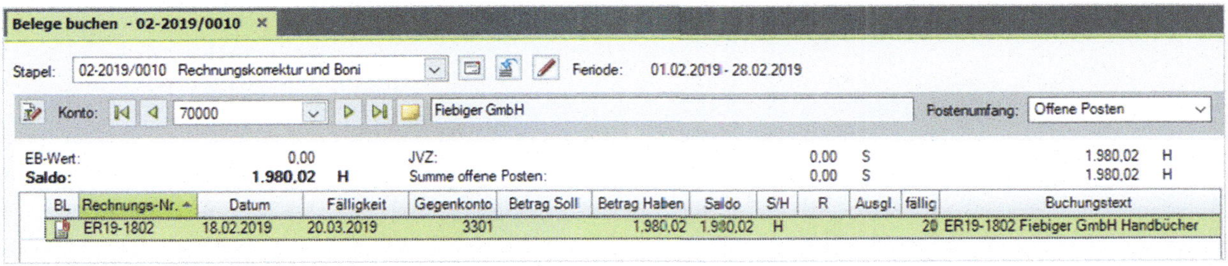

Die Rechnungskorrektur (Lieferantengutschrift) bezieht sich auf die Rechnungsnummer ER19-1802 mit einem Verbindlichkeitengesamtbetrag von 1.980,02 EUR.

3 Die Kreditorennummer des Lieferanten und die Rechnungsnummer, auf die sich die Rechnung bezieht, werden durch die OPOS-Suche automatisch in die Buchungsmaske übernommen. Geben Sie anschließend die Lieferantengutschrift wie in Bild 17.8 ein:

Bild 17.8 Erfassung Rechnungskorrektur

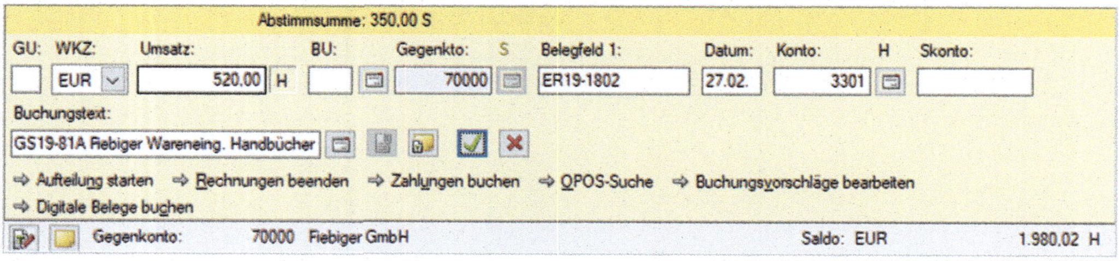

4 Übernehmen Sie die Buchung mit Klick auf das Symbol *Buchung übernehmen* und brechen Sie das nachfolgende Dialogfenster *Rechnungen buchen (OPOS-Suche)* ab. Die Gutschrift ist mit dem offenen Posten ER19-1802 verrechnet. Der Restverbindlichkeitenbetrag beträgt jetzt 1.460,02 EUR.

Bild 17.9 Die verrechnete Gutschrift

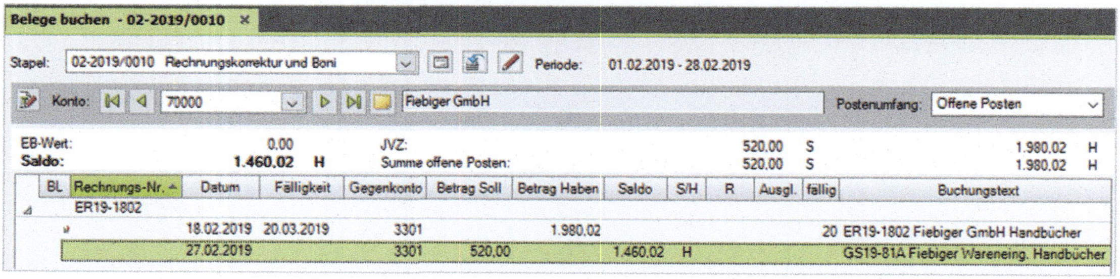

5 Lassen Sie sich über den Link *Details zu Nr. 2* die Summen und Salden der Buchung einblenden.

Bild 17.10 Summen und Salden

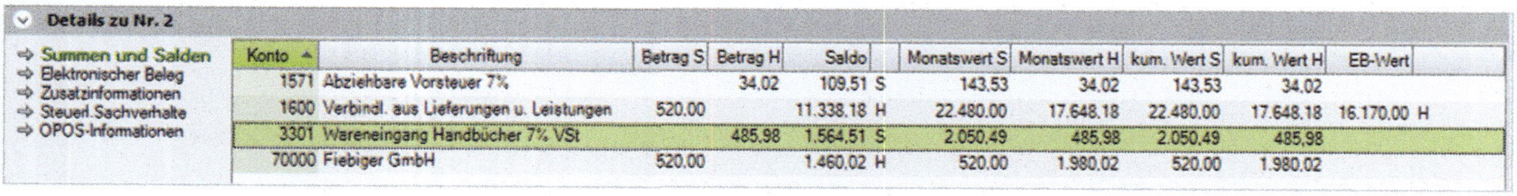

Die Primanota zur Aufgabe 1 finden Sie im Lösungsbuch.

Übung: Rechnungskorrekturen (Kunden- und Lieferantengutschriften) buchen

Aufgabe 1

Buchen Sie die Gutschrift für den Kunden Tischler, Franz:

Mängelrüge des Kunden 10004 Tischler, Franz wegen fehlerhafter Ware:
Anlässlich fehlerhafter Ware (PC-Ständer) aus Rechnung-Nr. AR07-2019, Kunde 10004 Tischler, Franz gewähren wir ihm am 28.02.2019 mit Gutschrift-Nr. KGS03-2019 eine Kundengutschrift über den Bruttowert von 35,60 EUR.

Aufgabe 2

Buchen Sie die Gutschrift für den Lieferanten Kuroyu Deutschland AG.

Lieferung falscher Artikel:
Infolge einer Falschlieferung bei Rechnung-Nr. ER122-19, Lieferant 70002 Firma Kuroyu Deutschland AG, erhalten wir am 28.02.2019 mit Rechnungskorrektur-Nr. RKO36-19 eine Bruttogutschrift über den Wert von 320,85 EUR.

Die Primanota zur Aufgabe 2 finden Sie im Lösungsbuch.

Aufgabe 3

Prüfen Sie anschließend mit Klick auf das Symbol *FIBU-Konto anzeigen* die folgenden Salden. Korrigieren Sie ggfs. Buchungen.

Die Salden der einzelnen Konten zu Aufgabe 3 finden Sie im Lösungsbuch.

Beschriftung	Konto	Saldo	Soll/Haben
Wareneingang Handbücher 7% VSt	3301	1.564,51 EUR	Soll
Wareneingang Hardware 19% VSt	3401	11.124,57 EUR	Soll
Erlöse Hardware 19% USt	8401	5.363,86 EUR	Haben
Erlöse Zubehör 19% USt	8403	5.887,11 EUR	Haben
Umsatzsteuer 19%	1776	5.715,28 EUR	Haben
Abziehbare Vorsteuer 19%	1576	5.884,18 EUR	Soll
Abziehbare Vorsteuer 7%	1571	109,51 EUR	Soll
Verbindlichkeiten aus Lieferungen und Leistungen	1600	11.017,33 EUR	Haben
Forderungen aus Lieferungen und Leistung	1400	4.067,74 EUR	Soll
Kunde Klein, Wilma	10002	1.626,66 EUR	Soll
Kunde Tischler, Franz	10004	1.978,30 EUR	Soll
Lieferant Fiebiger	70000	1.460,02 EUR	Haben
Lieferant Kuroyu Deutschland AG	70002	4.699,15 EUR	Haben

Aufgabe 4

Drucken Sie die OPOS-Liste Debitoren und Kreditoren mit folgenden Einstellungen aus:

Kontenumfang Konten:	Debitoren und Kreditoren
Einstellungen Bereich Verdichtung:	Rechnungen ungerafft
Detaillierung:	Posten

Die Lösung zu Aufgabe 4 finden Sie im Lösungsbuch.

Vergleichen Sie die OPOS-Liste mit den durchgeführten Buchungen. Die Rechnungskorrekturen (Kunden- und Lieferantengutschriften) müssen mit den offenen Posten verrechnet sein.

Boni

Gewährter Bonus

Dieser liegt dann vor, wenn wir dem Kunden Anreize geben möchten, einen möglichst hohen Anteil des Bedarfs bei uns zu decken. Der Bonus selbst liegt zumeist nachträglich vor.

Kontonummer: *8760 Gewährte Boni 19% USt, AM* = Automatische Umsatzsteuer
Gewährte Boni (Kundenboni) mindern die Erlöse. Sie werden buchungsmäßig wie Kundenskonto behandelt.

Ausgangssituation
Die Geschäftsleitung wünscht, dass wir dem Kunden 10001 Firma Mösch GmbH aufgrund von Mehrfachbestellungen des Kunden einen Kundenbonus gewähren.

Ausstellungsdatum: 27.02.2019
Bonushöhe: 119,00 EUR Brutto BelegNr.: BO1-2019

Der Buchungssatz dazu:

Soll	an	Haben	Betrag
Gewährte Boni 19% USt (8760)		Kunde Mösch (10001)	119,00 EUR

Erhaltener Bonus

Dieser liegt dann vor, wenn wir vom Lieferanten nachträglich, meist nach Umsätzen beim Lieferanten gestaffelt, einen Bonus erhalten.

Kontonummer: *3760 Erhaltene Boni 19% Vorsteuer.* AV = Automatische Vorsteuer
Das Konto *Erhaltene Boni* (Liefererboni) ist ein direktes Unterkonto des Einkaufskontos und vermindert die Anschaffungskosten.

Ausgangssituation
Vom Lieferant 70002 Kuroyu Deutschland AG 70002 erhalten wir am 28.02.2019 einen Bonus für Neukunden in Höhe von 238,00 EUR Brutto, Bonus Nr. NKB2019-8.

Der Buchungssatz dazu:

Soll	an	Haben	Betrag
Lieferant Kuroyu Deutschland AG (70002)		Erhaltene Boni 19% Vorsteuer (3760)	238,00 EUR

Übung: Boni buchen

Aufgabe 1

Öffnen Sie den Buchungsstapel *Rechnungskorrekturen und Boni*, falls Sie ihn geschlossen haben.

Buchen Sie die auf Seite 330 aufgeführten Boni.

Aufgabe 2

Prüfen Sie anschließend mit Klick auf das Symbol *FIBU-Konto anzeigen* die folgenden Salden. Korrigieren Sie ggf. Buchungen.

Beschriftung	Konto	Saldo	Soll/Haben
Gewährte Boni 19% USt	8760	100,00 EUR	Soll
Erhaltene Boni 19% Vorsteuer	3760	200,00 EUR	Haben
Kunde Mösch GmbH	10001	343,78 EUR	Soll
Lieferant Kuroyu Deutschland AG	70002	4.461,15 EUR	Haben
Umsatzsteuer 19%	1776	5.696,28 EUR	Haben
Abziehbare Vorsteuer 19%	1576	5.846,18 EUR	Soll
Verbindlichkeiten aus Lieferungen und Leistungen	1600	10.779,33 EUR	Haben
Forderungen aus Lieferungen und Leistung	1400	3.948,74 EUR	Soll

Aufgabe 3

Drucken Sie die OPOS-Konten 10001 und 70002 aus und vergleichen Sie die Liste mit der Musterlösung im Lösungsbuch.

Die Primanota zu Aufgabe 1 finden Sie im Lösungsbuch.

Die Salden der Konten zu Aufgabe 2 finden Sie im Lösungsbuch.

17.2 Buchen von Anlagevermögen

Das Anlagevermögen aus der Bilanz setzt sich aus immateriellen Vermögensgegenständen, wie z.B. Software - Lizenzen u. ä., Sachanlagen und Finanzanlagen, zusammen. Sachanlagegüter sind bewegliche und unbewegliche körperliche Gegenstände, die zum Anlagevermögen gehören.

Der Anschaffungswert des Anlagegutes muss dabei mindestens den Wert von 800 EUR (vor 01.01.2018 410 EUR) bzw. 1.000 EUR (nach Wahlrecht vom 01.01.2010) übersteigen. Firma Perm GmbH nutzt laut Rücksprache mit dem Steuerberater, Herr Wichtig, die Variante ab 1.000,00 EUR.

Unter Anschaffung versteht man den entgeltlichen Erwerb eines Anlagegutes von einem Anderen.

Die Anschaffungskosten ergeben sich aus dem Kaufpreis (Anschaffungspreis) zuzüglich Anschaffungsnebenkosten abzüglich Anschaffungspreisminderungen (z. B. Skontoabzug). Unter dem Begriff Anschaffungsnebenkosten versteht man Kosten, die neben dem Kaufpreis anfallen, bei Sachanlagegütern zumeist Anfuhr- und Abladekosten, Frachten, Montagekosten und weitere. Die Anschaffungskosten sind mit dem Nettowert zu bewerten.

Anschaffungsnebenkosten und Anschaffungspreisminderungen werden bei der Anschaffung von Gegenständen des Anlagevermögens direkt auf dem entsprechenden Anlagekonto erfasst.

Hinweis: Abschreibungen von Anlagegütern werden übungstechnisch bei den Jahresabschlussbuchungen behandelt.

Ausgangssituation

Für die Firma Perm GmbH wird ein neuer Farbkopierer mit einem Wert von 5.961,31 EUR Brutto angeschafft.

Lieferant Firma Büro Weber GmbH
Amalienstr. 52
56075 Koblenz
Tel. 0261 - 805020

USt-IdNr:	DE813170408
Steuernummer:	22 230 0201 7
Ansprechpartner	Frau Helga Weber
Bankverbindung:	PSD Bank Koblenz, KtoNr.: 12369212 BIC: GENODEF1P12 IBAN: DE11 5709 0900 0012 3692 12
Zahlungsbedingungen:	zahlbar in 30 Tagen Netto, Skontoabzug innerh. 14 Tagen mit 2%.

Uns liegt dazu folgende Eingangsrechnung vor:
ER-Nr. ER50-2019 vom 15.02.2019, Auszug aus dem Rechnungsinhalt:

Kaufpreis Netto	5.009,50 EUR
+ 19% MwSt.	951,81 EUR
Bruttogesamtbetrag	5.961,31 EUR

Anmerkung: Der Kaufpreis netto entspricht gleichzeitig den Anschaffungskosten vom Anlagegut. Fallen neben den Anschaffungskosten noch Anschaffungsnebenkosten (z.B. Montagekosten) an, müssen diese in der Rechnung separat aufgeführt werden.

Der Skonto darf nur von den Anschaffungskosten, nicht jedoch von den Anschaffungsnebenkosten in Anspruch genommen werden.

Buchungssatz:

Soll	Betrag	an	Haben	Betrag
Sonstige Betriebs- und Geschäftsausstattung (0490)	5.009,50		Lieferant Büro-Weber (70005)	5.961,31
Abziehbare Vorsteuer 19% (1576)	951,81			

Dieser Geschäftsfall soll jetzt gebucht werden.

Vorbereitende Übung

Aufgabe 1

Wechseln Sie in den Buchungsstapel *Eingangsrechnungen Februar*.

Aufgabe 2

Erfassen Sie - wie in Bild 17.11 dargestellt - den ersten Teil der Buchung für die Anschaffung des Farbkopierers.

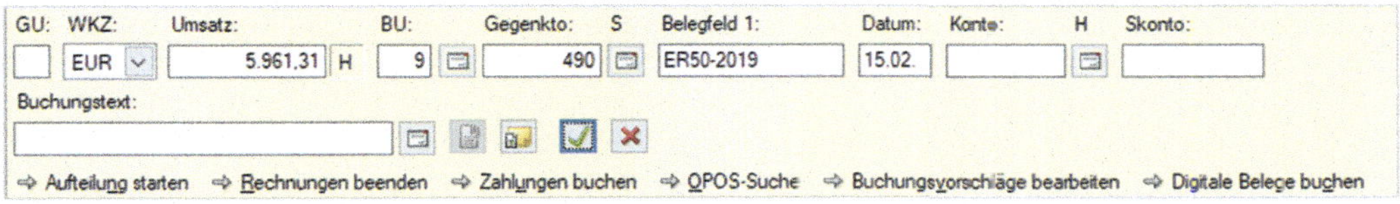

Bild 17.11 Buchung erfassen

Anschaffungswert buchen

Kreditor während der Buchung neu anlegen

Die Buchung weist an dieser Stelle jetzt ein Problem auf, da der Lieferant Büro Weber GmbH noch nicht angelegt ist. Für den Übungsfall gibt es zwei Möglichkeiten:

- Die Rechnung kann über das Konto *98000 Diverse Lieferanten* gebucht werden. Dies bedeutet allerdings, dass sie am automatischen Zahlungsverkehr nicht teilnehmen kann, zusätzlich muss über das Belegfeld 2 die Zahlungsbedingung 10 = 14 Tage 2%, 30 Tage netto angegeben werden.

  Die Buchungsmaske müsste in diesem Fall über den Zusatzbereich *Eigenschaften Buchungssatz* um das optionale Feld *Belegfeld 2* erweitert werden, (siehe Kap. 9.4, „Die Buchungsmaske anpassen" auf Seite 157) und die Zahlungsbedingung muss in den Stammdaten *Zahlungsbedingungen* angelegt sein.

- Als Alternative wird der Lieferant als dauerhafter Geschäftspartner als Kreditor neu angelegt.

Nach Rücksprache mit dem Geschäftsführer Herrn Münchbacher soll der Lieferant Büro Weber GmbH als dauerhafter Lieferant mit der Kreditorennummer 70005 neu angelegt werden.

Wichtiger Hinweis: Die Neuanlage eines Kreditors/Debitors kann über die Stammdaten oder direkt während des Buchens im Feld *Konto* oder *Gegenkonto* erfasst werden.

1 Geben Sie im Feld *Konto* die neue Kreditorennummer 70005 für den Lieferanten Büro Weber GmbH ein und drücken Sie anschließend die Enter-Taste.

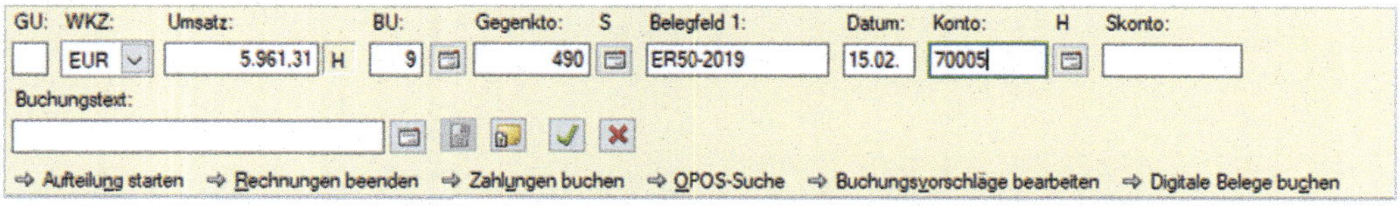

Bild 17.12 Neue Kreditorennummer eingeben

Hinweis: Anstatt des Steuerschlüssels 9 können Sie auch alternativ den Steuerschlüssel 401 für 19% Abziehbare Vorsteuer verwenden.

2 Das Fenster *Neuen Geschäftspartner anlegen* mit der Schnellerfassung wird geöffnet. Klicken Sie auf den Link *Erweitert*, damit weitere Stammdaten zum Lieferanten hinterlegt werden können (Bild 17.13). Die Geschäftsdaten für den Lieferanten (Kreditor) 70005 liegen Ihnen auf dem Beleg wie folgt vor:

Lieferant Firma Büro Weber GmbH, Amalienstr. 52, 56075 Koblenz, Tel. 0261 805020, USt-IdNr: DE813170408, Ansprechpartner Frau Helga Weber, Bankverbindung: PSD Bank Koblenz, KtoNr. 12369212, IBAN: DE11 5709 0900 0012 3692 12, BIC: GENODEF1P12. Zahlungsbedingungen: zahlbar in 30 Tagen Netto, Skontoabzug innerhalb 14 Tagen mit 2%.

Bild 17.13 Grunddaten, Adresse und Bankdaten

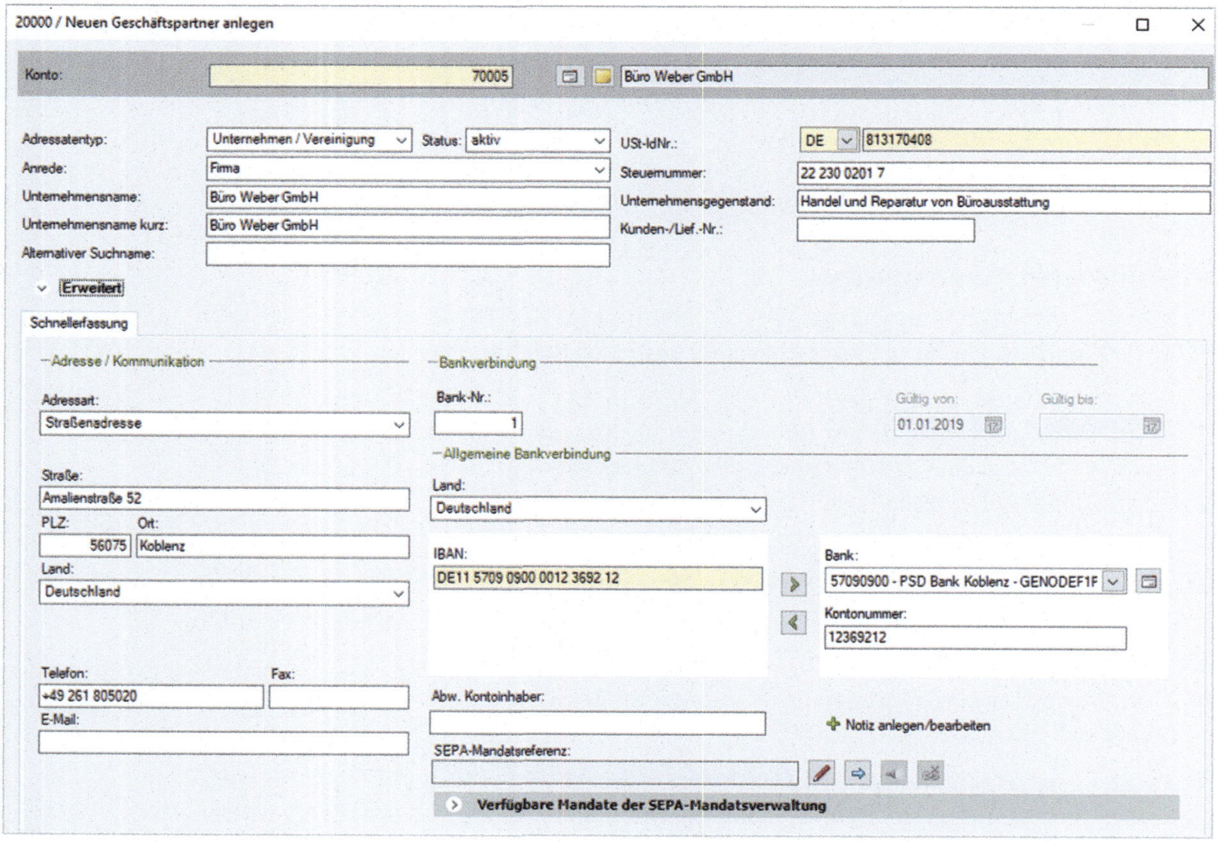

3 Geben Sie zunächst die Grunddaten des Lieferanten Büro Weber GmbH ein, siehe Bild oben.

4 Geben Sie im nächsten Schritt im Bereich *Schnellerfassung* die Daten zur Adresse/Kommunikation und die Bankverbindungsdaten gemäß Bild 17.13 ein.

Hinweis: Damit der Lieferant am automatischen Zahlungsverkehr teilnehmen kann, muss unbedingt eine Bankverbindung angegeben werden.

Bis auf die Zahlungsbedingungen und die Kontaktdaten zum Lieferanten sind über die Schnellerfassung alle notwendigen Daten erfasst.

5 Zum Anlegen der Kontaktdaten klicken Sie auf die Schaltfläche *Erweitert* (Bild 17.13).

6 Klicken Sie auf das Register *Korrespondenz* und geben Sie den Ansprechpartner wie folgt ein.

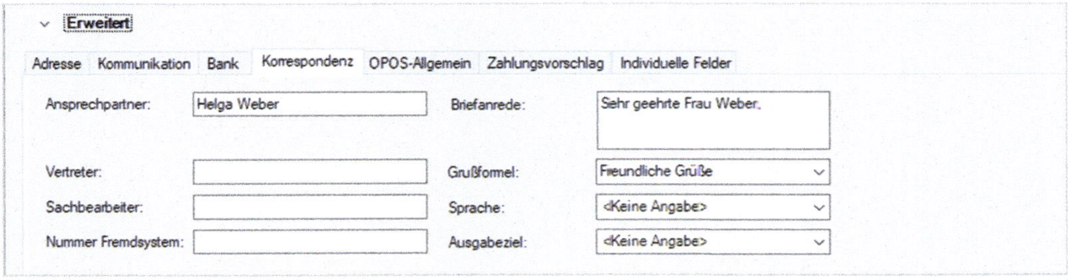

Bild 17.14 Korrespondenz

7 Im letzten Schritt geben Sie über das Register *OPOS-Allgemein* die Zahlungsbedingungen des Lieferanten Büro-Weber ein: Nummer 10 = 14 Tage mit 2% Skontoabzug und Zahlungsziel von 30 Tagen.

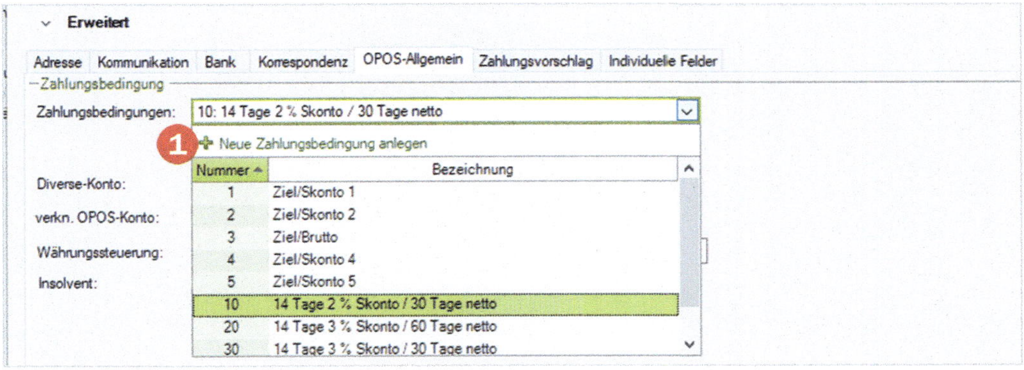

Bild 17.15 Zahlungsbedingungen

Tipp: Ist die Zahlungsbedingung nicht aufgeführt, können Sie mit Klick auf den Link *Neue Zahlungsbedingung anlegen* ❶ eine neue Zahlungsbedingung anlegen.

8 Übernehmen Sie zuletzt alle Angaben, indem Sie auf die Schaltfläche *OK* klicken.Der neue Lieferant mit den entsprechenden Stammdaten ist erfasst. In der Buchungsmaske wird Ihnen im unteren Zusatzbereich die Kontenbezeichnung *Büro Weber GmbH* ❶ angezeigt (Bild 17.16).

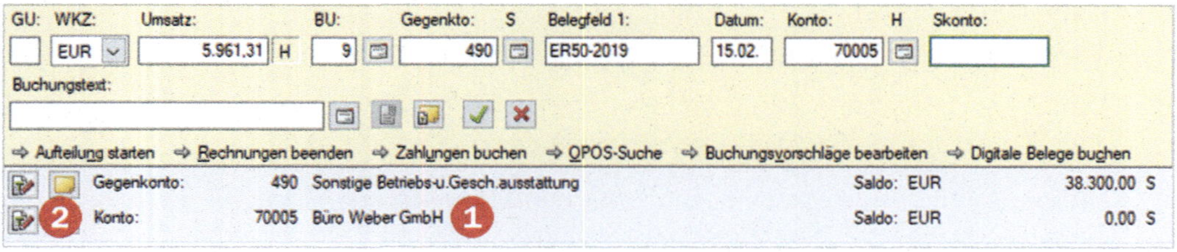

Bild 17.16 Der neu angelegte Lieferant

Tipp: Mit Klick auf das Symbol *Konto bearbeiten* ❷ können Sie jederzeit die Kreditorenstammdaten des Lieferanten einsehen und ggf. ändern. Dies gilt natürlich auch für Debitorenkonten und bei einem Sachkonto für das Sachkonto. Auf diesem Weg können Sie sowohl Debitoren als auch Kreditoren anlegen, wenn diese noch nicht im Kontenplan hinterlegt wurden.

9 Ergänzen Sie den Buchungstext für die Buchung und übernehmen Sie anschließend die Buchung.

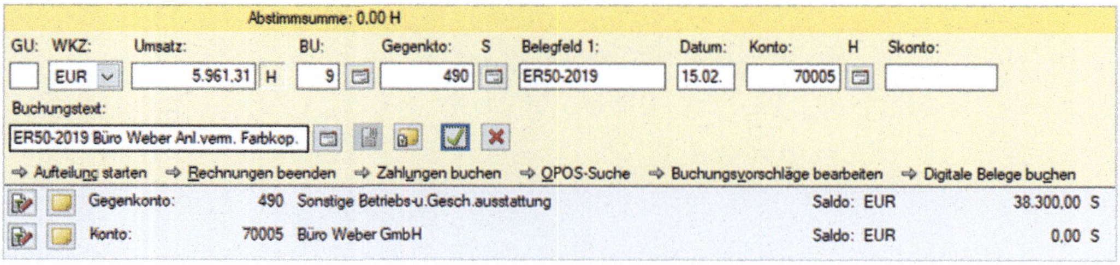

Bild 17.17 Buchungstext

10 Klicken Sie auf *Details zu Nr. 12*, um die Summen und Salden zur Buchung einzusehen. Der Farbkopierer wurde mit einem Anschaffungswert von 5.009,50 EUR auf dem Konto *490 Sonstige Betriebs- und Geschäftsausstattung* gebucht.

Bild 17.18 Summen und Salden

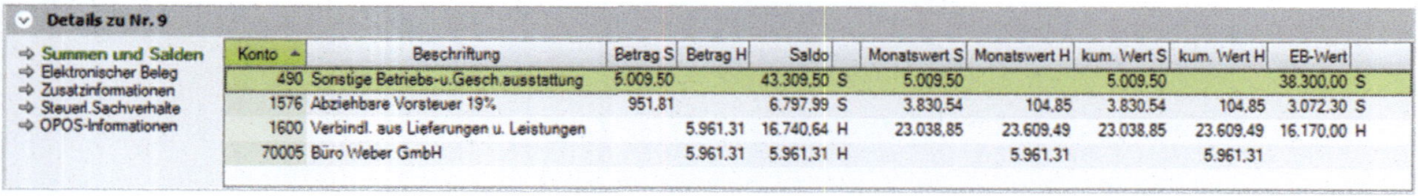
Details zu Nr. 9

Summen und Salden · Elektronischer Beleg · Zusatzinformationen · Steuerl.Sachverhalte · OPOS-Informationen

Konto	Beschriftung	Betrag S	Betrag H	Saldo	Monatswert S	Monatswert H	kum. Wert S	kum. Wert H	EB-Wert
490	Sonstige Betriebs-u.Gesch.ausstattung	5.009,50		43.309,50 S	5.009,50		5.009,50		38.300,00 S
1576	Abziehbare Vorsteuer 19%	951,81		6.797,99 S	3.830,54	104,85	3.830,54	104,85	3.072,30 S
1600	Verbindl. aus Lieferungen u. Leistungen		5.961,31	16.740,64 H	23.038,85	23.609,49	23.038,85	23.609,49	16.170,00 H
70005	Büro Weber GmbH		5.961,31	5.961,31 H		5.961,31		5.961,31	

Zahlungsausgang und Anschaffungsminderung buchen

Der Kopierer wird über das Bankkonto der PSD Bank Koblenz am 20.02.2019 bezahlt, abzüglich eines Skontoabzugs von 2%. Anschaffungsminderungswert des Anlagegutes 119,23 EUR, Zahlbetrag des Überweisungsbetrags 5.842,08 EUR.

Vorbereitende Übung

Legen Sie einen neuen Buchungsstapel mit der Bezeichnung *Bankbuchungen PSD Bank Februar* für den Monat Februar mit Ihrem Kürzel an.

Zahlungsausgang Bank

1 Um den Zahlungsausgang zu buchen, geben Sie die folgende Buchung ein und übernehmen anschließend die Buchung.

Bild 17.19 Zahlungsausgang Bank

Anschaffungsminderung buchen

2 Um die Anschaffungsminderung (Skontoabzug) auf den Farbkopierer zu buchen, geben Sie die folgende Buchung ein.

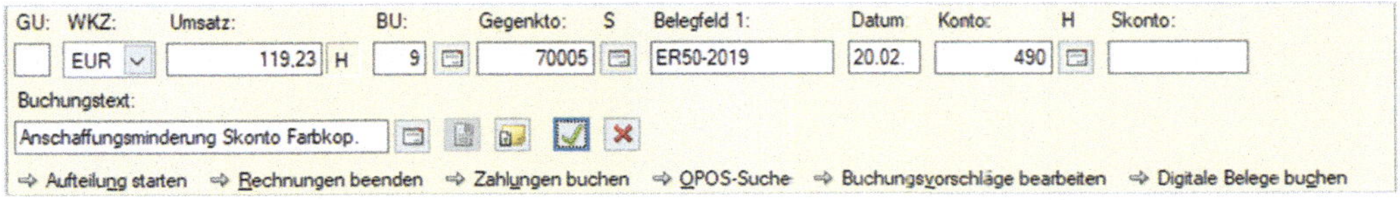

Bild 17.20 Anschaffungsminderung buchen

Hinweis: Anstatt des Steuerschlüssels 9 können Sie ebenfalls alternativ den Steuerschlüssel 401 für 19% Abziehbare Vorsteuer verwenden.

3 Übernehmen Sie anschließend die Buchung und wechseln mit Klick auf das Symbol *FIBU-Konto anzeigen* auf die FIBU-Konto Ansicht. Der Zahlungsausgang und der Skontoabgang sind gebucht, der Saldo muss 0 ergeben.

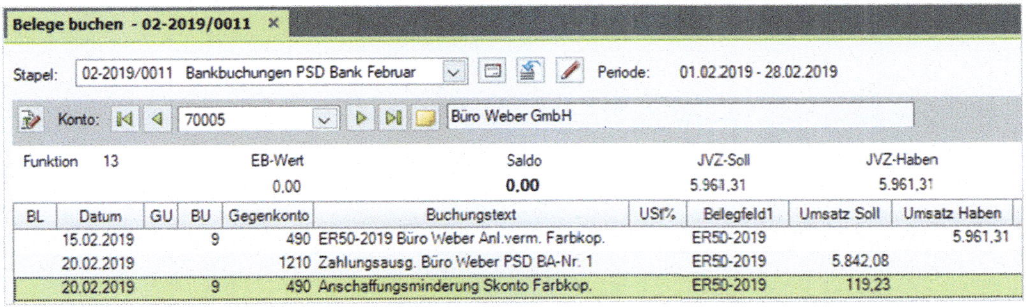

Bild 17.21 Saldo FIBU-Ansicht

4 Geben Sie im Eingabefeld *Konto* das Konto 490 Sonstige Betriebs- und Geschäftsausstattung ein ❶. Sie sehen, dass der Anschaffungswert des Kopierers um den Wert von 100,19 EUR vermindert wurde.

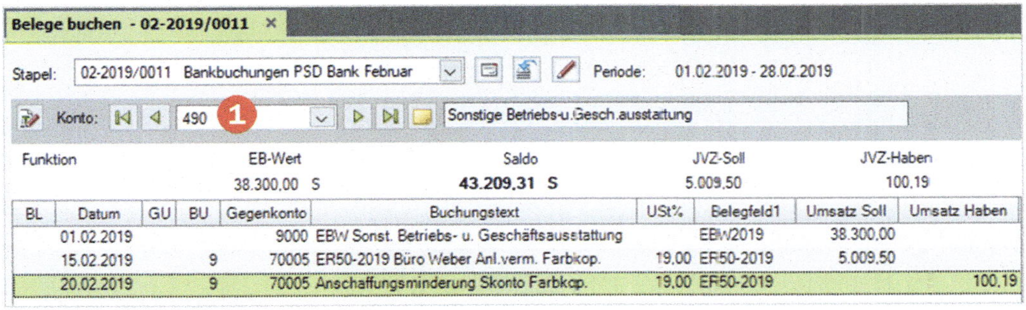

Bild 17.22 Kontrolle

Achtung: Beim Buchen von Anschaffungsminderungen bei Anlagevermögen darf in der Buchungsmaske nicht das Feld *Skonto* genommen werden, da sich hinter dem Feld *Skonto* die Automatikkonten für *8736 Gewährte Skonti 19% USt* und *3736 Erhaltene Skonti 19% Vorsteuer* für den Wareneinkauf / Warenverkauf verbergen.

Übung: Konten abstimmen

Prüfen Sie mit Klick auf das Symbol *FIBU-Konto anzeigen* die folgenden Salden. Korrigieren Sie ggf. Buchungen.

Beschriftung	Konto	Saldo	Soll/Haben
Sonst. Betriebs- und Geschäftsausstattung	490	43.209,31 EUR	Soll
Lieferant Büro Weber	70005	0	
PSD Bank Koblenz	1210	29.188,90 EUR	Soll
Abziehbare Vorsteuer 19%	1576	6.778,95 EUR	Soll
Verbindlichkeiten aus Lieferungen und Leistungen	1600	10.779,33 EUR	Haben

Schließen Sie anschließend den Buchungsstapel. Die Buchungen noch nicht festschreiben.

17.3 Geringwertige Wirtschaftsgüter GWG

GWG Regelung seit Januar 2010

Alternative 1

Selbständig nutzbare, bewegliche Wirtschaftsgüter mit Anschaffungs- oder Herstellungskosten bis 800,00 EUR (vor dem 01.01.2018 bis 410,00 EUR *) können sofort als GWG abgeschrieben werden.

Entscheidet sich das Unternehmen nicht für die Sofortabschreibung, wird das Wirtschaftsgut über die betriebsübliche Nutzungsdauer abgeschrieben. Ab einem Wert von 800,00 EUR (vor 01.01.2018 ab 410,00 EUR) tritt in jedem Fall die Abschreibung über die Nutzungsdauer ein.

Alle GWG mit einem Wert von 250,00 EUR bis 800,00 EUR (vor dem 01.01.2018 150,00 bis 410,00 EUR) müssen in einem GWG Verzeichnis aufgelistet werden. Zu erfassen ist der Tag der Anschaffung, Einlage oder Herstellung mit den dazugehörigen Kosten. Die Unternehmen können nur dann auf ein gesondertes Verzeichnis verzichten, wenn die Angaben ohne weiteres aus der Buchführung ersichtlich sind.

*Anmerkung: Am 12.05.2017 hat der Bundesrat dem Zweiten Gesetz zur Entlastung insbesondere der mittelständischen Wirtschaft von Bürokratie (Bürokratieentlastungsgesetz II) zugestimmt. Durch das Bürokratieentlastungsgesetz II wurde vom Gesetzgeber die Grenze für Kleinbetragsrechnungen (§ 33 UStDV) rückwirkend zum 01.01.2017 von 150 EUR auf 250 EUR angehoben.

Allerdings wurde in den Anwendungsvorschriften vom § 52 Absatz 12 Satz 4 EStG festgelegt, dass die Änderung erstmals bei Wirtschaftsgütern anzuwenden ist, die nach dem 31. Dezember 2017 angeschafft, hergestellt oder in das Betriebsvermögen eingelegt wurden. Mit Wirkung vom 01.01.2018 wurde die obere Grenze für Geringwertige Wirtschaftsgüter (GWG) gem. § 6 Abs. 2 EStG von 410 EUR auf 800 EUR angehoben.

Alternative 2

Wirtschaftsgüter mit einem Wert unter 250,00 EUR (vor dem 01.01.2018 unter 150,00 EUR) müssen zwingend als Betriebsausgabe oder sofort abgeschrieben werden.

Liegt der Wert zwischen 250,00 EUR und 1.000,00 EUR muss das Wirtschaftsgut in den Sammelposten des jeweiligen Jahres aufgenommen und gleichmäßig über fünf Jahre abgeschrieben werden.

Hinweise zum Wahlrecht Alternative 1 oder Alternative 2:

- Ein Wechsel zwischen den beiden Alternativen innerhalb des Jahres ist nicht möglich.
- Der Unternehmer muss die Entscheidung für die Alternative eins oder zwei jeweils für ein Wirtschaftsjahr treffen.
- Er hat nicht die Möglichkeit einzelne Wirtschaftsgüter nach der Alternative eins und andere dann nach der Alternative zwei zu behandeln.

Welche Vorteile bringt das Wahlrecht?

Beide Alternativen haben ihre Vorteile. Je nachdem welche Wirtschaftsgüter im Laufe des Jahres angeschafft werden sollen, können erhebliche Steuervorteile entstehen.

Beispiel: Ein Unternehmer kauft in 2019 eine Bohrmaschine für netto 910,00 EUR, zwei Schreibtische für 390,00 EUR und einen PC für 405,00 EUR.

- **Alternative 1**
  Entscheidet er sich für die Sofortabschreibung der Alternative 1, kann er die beiden Schreibtische und den PC sofort als Betriebsausgabe geltend machen. Die Bohrmaschine muss er über die Nutzungsdauer von 8 Jahren abschreiben, das bedeutet bei gleichmäßiger Abschreibung 113,75 EUR pro Jahr (910,00 EUR / 8 Jahre).

  Insgesamt kann der Unternehmer für 2019 einen Betrag von 1.298,75 EUR (390,00 EUR + 390,00 EUR + 405,00 EUR + 113,75 EUR) geltend machen. Der Unternehmer kann natürlich auch auf die Sofortabschreibung verzichten und alle Wirtschaftsgüter über ihre Nutzungsdauer abschreiben.

- **Alternative 2**
  Bei Anwendung der Alternative 2 müssen alle vier Wirtschaftsgüter im Sammelposten 2019 erfasst werden, der damit eine Höhe von 2.095,00 EUR (910,00 EUR + 390,00 EUR + 390,00 EUR + 405,00 EUR) aufweist.

  Bei der gleichmäßigen Abschreibung über fünf Jahre kann der Unternehmer für 2019 einen Betrag von 419,00 EUR geltend machen. Vorteilhaft ist diese Entscheidung nur für die Bohrmaschine. Statt vorher 8 Jahre Abschreibungsdauer ist sie nach bereits 5 Jahren abgeschrieben. Für die restlichen gekauften Wirtschaftsgüter ist die Alternative zwei eher unvorteilhaft.

Fazit
Plant der Unternehmer für das Jahr 2019 die Anschaffung mehrerer GWG Gegenstände, die eine betriebsgewöhnliche Nutzungsdauer von mehr als fünf Jahren haben, ist die Entscheidung für den Sammelposten in der Regel günstiger. Ist dagegen abzusehen, dass viele Gegenstände mit einem Nettoanschaffungswert von bis zu 800,00 EUR (vor dem 01.01.2018 bis zu 410,00 EUR) gekauft werden sollen, ist die Entscheidung für die Sofortabschreibung bis 800,00 EUR die bessere Alternative.

Geringwertiges Wirtschaftsgut (GWG) als Betriebsausgabe bis 250,00 EUR

Als geringwertiges Wirtschaftsgut (GWG) wird jedes Gut bezeichnet, bei dem die Anschaffungs- bzw. Herstellungskosten den Betrag von 250,00 EUR (vor dem 01.01.2018 150,00 EUR) nicht übersteigen. Sie müssen beweglich, abnutzbar sowie selbstständig nutzbar sein.

Wenn die genannten Voraussetzungen, die im Anschluss weiter erläutert werden, erfüllt sind, dann müssen diese Güter nach § 6 Abs. 2 EStG in voller Höhe als Betriebsausgaben abgesetzt werden.

Voraussetzungen

Um als geringwertiges Wirtschaftsgut abgeschrieben werden zu können, müssen Anschaffungs- oder Herstellungskosten angefallen sein.

- Der Höchstbetrag von 250,00 EUR (vor dem 01.01.2018 150,00 EUR) ist ohne Mehrwertsteuer zu betrachten, unbeachtet davon, ob das Unternehmen zum Vorsteuerabzug berechtigt ist. Dieser Betrag beinhaltet allerdings alle Anschaffungskosten, dies bedeutet laut § 255 Abs. 1 HGB auch Anschaffungsnebenkosten. Zusammen dürfen diese Beträge 250,00 EUR netto nicht überschreiten. Anschaffungspreisminderungen und ein ggf. in Anspruch genommener Investitionsabzugsbetrag sind abzuziehen.
- Das Wirtschaftsgut muss selbstständig nutzbar sein, d.h. dass es nicht nur im Zusammenhang mit anderen Wirtschaftsgütern genutzt werden kann, sondern auch allein. Eine selbstständige Nutzung hat oftmals die geforderte Beweglichkeit des Gegenstandes als Voraussetzung. Diese muss ebenfalls erfüllt sein. Zusätzlich muss das Wirtschaftsgut abnutzbar sein, damit es abgeschrieben werden kann. Solche Wirtschaftsgüter sind beispielsweise Kopierer, Einrichtungsgegenstände oder Computer.

- Ein Drucker für einen PC im Büro gilt daher nicht als GWG, weil er nicht selbstständig nutzbar ist, sondern für den Betrieb des Computers benötigt wird.
- Dabei gilt es zu beachten, dass Kombigeräte, die einen Scanner und Drucker beinhalten und dadurch eine selbstständige Kopierfunktion haben, als GWG angesetzt werden können.
- Abnutzbare, bewegliche Wirtschaftsgüter, die Anschaffungs- bzw. Herstellkosten bis 250,00 EUR (vor dem 01.01.2018 150,00 EUR) haben, sind als Betriebsausgaben gemäß § 6 Abs. 2 EStG abzusetzen.

Geringwertiges Wirtschaftsgut (GWG) Sammelposten Konto-Nr. 0485

Wenn die Anschaffungskosten für das Wirtschaftsgut über 250,00 EUR (vor dem 01.01.2018 150,00 EUR) liegen und den Betrag von 1.000,00 EUR nicht überschreiten, wird nach § 6 Abs. 2a EStG ein Sammelposten eingerichtet. In diesem Sammelposten werden alle Wirtschaftsgüter eines Jahres zusammengefasst, die höhere Anschaffungs- bzw. Herstellungskosten haben als 250,00 EUR und den Betrag von 1.000,00 EUR nicht übersteigen.

Ein Sammelposten wird über 5 Jahre linear abgeschrieben. Der Anschaffungszeitpunkt im Wirtschaftsjahr beeinflusst hierbei die Berechnung der Abschreibungssumme nicht. Wenn ein Wirtschaftsgut aus dem Unternehmen ausscheidet, wird der Sammelposten nicht wertberichtigt. Dementsprechend muss ein Sammelposten für jedes Wirtschaftsjahr neu angelegt werden. Dieser Sammelposten wird als ein separates Konto der Sachanlagen geführt. Den Bereich der Abschreibungen auf GWG werden wir bei den Jahresabschlussbuchungen behandeln.

In diesem Thema geht es jetzt um das Buchen von geringwertigen Wirtschaftsgütern (GWG) in der täglichen Buchhaltungspraxis.

Ausgangssituation 1
Der mitwirkende Steuerberater, Herr Wichtig, empfiehlt dem Geschäftsführer der Firma Perm GmbH, die Alternative 2 für das Geschäftsjahr 2019 zu wählen.

- Geringwertige Wirtschaftsgüter bis 250,00 EUR werden als Betriebsausgaben gebucht.
- Wirtschaftsgüter deren Anschaffungskosten über 250,00 EUR liegen und den Wert von 1.000,00 EUR nicht übersteigen, sollen als GWG-Sammelposten gebucht werden.

Unserer Buchhaltung liegt folgende Eingangsrechnung vor:
Lieferant: Büro-Weber Kreditoren Nr. 70005
ER- Nr. ER52-2019 vom 18.02.2019

Auszug aus dem Rechnungsinhalt:

Kopierpapier	102,00 EUR
Farbfolien	5,30 EUR
elektr. Tacker	98,00 EUR
Toner Drucker	52,30 EUR
Netto:	257,60 EUR
+ 19% MwSt.	48,94 EUR
Bruttogesamtbetrag	**306,54 EUR**

Der elektronische Tacker ist ein GWG. Da keine Aufzeichnungspflicht besteht, ist es empfehlenswert, das GWG als solches in der Buchhaltung zu kennzeichnen. Die restlichen Posten sind Verbrauchsmaterialien des Bürobedarfs.

Buchungsübung 1: Buchen von geringwertigen Wirtschaftsgütern

Der Buchungsstempel liegt wie folgt vor:

Soll	Betrag	Haben	Betrag
4930	159,60	70005	306,54
4930 (GWG)	98,00		
1576*	48,94		
Gebucht: 18.02.19		Nz: le	

* mit Steuerschlüssel buchen

Aufgabe 1

Öffnen Sie den Buchungsstapel mit den *Eingangsrechnungen Februar* und buchen Sie die Rechnung aus der Ausgangssituation oben gemäß Buchungsstempel über eine Aufteilungsbuchung (siehe Kapitel 14.3).

Aufgabe 2

Prüfen Sie mit Klick auf das Symbol *FIBU-Konto anzeigen* die folgenden Salden. Korrigieren Sie ggf. Buchungen.

Beschriftung	Konto	Saldo	Soll/Haben
Bürobedarf	4930	315,58 EUR	Soll
Verbindlichkeiten aus Lieferungen und Leistungen	1600	11.085,87 EUR	Haben
Abziehbare Vorsteuer 19%	1576	6.827,89 EUR	Soll
Lieferant Büro Weber	70005	306,54 EUR	Haben

Ausgangssituation 2

Unserer Buchhaltung liegt des Weiteren folgende Eingangsrechnung vor:

Lieferant: Fon-Com
ER- Nr. ER2019-852 vom 20.02.2019

Auszug aus dem Rechnungsinhalt:

Faxgerät UT 369 netto	360,25 EUR
Telefon UG 2, netto	80,50 EUR
Netto:	440,75 EUR
+ 19% MwSt.	83,75 EUR
Bruttogesamtbetrag	**524,50 EUR**

Beide Positionen sind geringwertige Wirtschaftsgüter. Das Faxgerät wird auf das Konto *Wirtschaftsgüter Sammelposten* Konto-Nr. *485* gebucht, da der Anschaffungswert 250,00 EUR übersteigt und unterhalb von 1.000,00 EUR liegt.

Das Telefon wird auf das Konto *Telefon 4920* gebucht, da der Anschaffungswert weniger als 250 EUR netto beträgt. Es sollte im Buchungstext als GWG gekennzeichnet sein.

Buchungsübung 2: Buchen von geringwertigen Wirtschaftsgütern

Aufgabe 1

Öffnen Sie den Buchungsstapel mit den *Eingangsrechnungen Februar* und buchen Sie die obige Rechnung aus Ausgangssituation 2 über eine Aufteilungsbuchung (Vergleiche Kapitel 14.3).

Hinweis: Für den Lieferanten Fon-Com legen wir keinen neuen Kreditoren an, sondern buchen über das Konto *Diverse Lieferanten*.

Aufgabe 2

Prüfen Sie mit Klick auf das Symbol *FIBU-Konto anzeigen* die folgenden Salden. Korrigieren Sie ggf. Buchungen.

Beschriftung	Konto	Saldo	Soll/Haben
Wirtschaftsgüter Sammelposten	485	360,25 EUR	Soll
Telefon	4920	162,43 EUR	Soll
Verbindlichkeiten aus Lieferungen und Leistungen	1600	11.610,37 EUR	Haben
Abziehbare Vorsteuer 19%	1576	6.911,64 EUR	Soll
Diverse Lieferanten	98000	820,52 EUR	Haben

Ausgangssituation 3

Unserer Buchhaltung liegt die letzte Eingangsrechnung vom Monat Februar vor:

Lieferant: Firma Tropedo
ER- Nr. ER5U12-2019 vom 20.02.2019

Auszug aus dem Rechnungsinhalt:

Werkstattschrank netto	912,60 EUR
Schreibtisch, netto	558,50 EUR
Netto:	1.471,10 EUR
+ 19% MwSt.	279,51 EUR
Bruttogesamtbetrag	**1.750,61 EUR**

Beide Positionen sind geringwertige Wirtschaftsgüter. Da der Einzelwert des GWGs 250,00 EUR netto übersteigt und weniger als 1.000,00 EUR netto beträgt, können beide GWGs auf das *Wirtschaftsgüter Sammelposten* Konto-Nr. *485* gebucht werden.

Wenn der Anschaffungswert des Werkstattschrankes den Wert von 1.000,00 EUR netto überstiegen hätte, müsste er auf das Anlagekonto *Sonstige Betriebs- und Geschäftsausstattung* gebucht werden.

Buchungsübung 3: Buchen von geringwertigen Wirtschaftsgütern

Aufgabe 1

Buchen Sie die obige Rechnung über eine Aufteilungsbuchung (vgl. Kapitel 14.3) im Buchungsstapel *Eingangsrechnungen Februar*.

Hinweis: Für den Lieferanten Tropedo legen wir ebenfalls keinen neuen Kreditoren an, sondern buchen über das Konto *Diverse Lieferanten*.

Aufgabe 2

Prüfen Sie mit Klick auf das Symbol *FIBU-Konto anzeigen* die folgenden Salden. Korrigieren Sie ggf. Buchungen.

Beschriftung	Konto	Saldo	Soll/Haben
Wirtschaftsgüter Sammelposten	485	1.831,35 EUR	Soll
Verbindlichkeiten aus Lieferungen und Leistungen	1600	13.360,98 EUR	Haben
Abziehbare Vorsteuer 19%	1576	7.191,15 EUR	Soll
Diverse Lieferanten	98000	2.571,13 EUR	Haben

Hinweis: Buchen von GWGs bis 800,00 EUR nach Alternative 1.

Entscheidet sich das Unternehmen zur Alternative 1, GWG von 250,00 EUR bis 800,00 EUR, sind die GWG über das Konto *480 Geringwertige Wirtschaftsgüter* zu buchen, da die GWGs der Aufzeichnungspflicht im Anlagevermögen unterliegen. Ist der Wert des GWGs höher als 800,00 EUR (vor dem 01.01.2018 410,00 EUR) netto, muss das Gut als Anlagevermögen gebucht werden.

Wiederholungsübung: Bankauszug buchen

Die Lösungen finden Sie im Lösungsbuch.

Aufgabe 1

Kontieren Sie den nachfolgend aufgeführten Bankauszug der PSD Bank Koblenz.

Kontoauszug PSD Bank Koblenz

Kontoinhaber:	Firma Perm GmbH Hard- und Software Löhrstraße 45 56068 Koblenz	Datum:	22.02.2019
IBAN:	DE60 5709 0900 0013 3160 20	BA-Nr.	2
BIC:	GENODEF1P12	Blatt	1 von 1

Datum	Valuta	Verwendungszweck / Erläuterungen		UMSATZ EUR
		Startsaldo am 21.02.2019		29.188,90
21.02.2019	21.02.2019	Zahlung Löhne und Gehälter	S	17.350,00
21.02.2019	21.02.2019	TELTEAM COM Telefongeb. Nr. 98000 ER583-2019	S	97,50
22.02.2019	22.02.2019	FON COM Nr. 98000 ER2019-852	S	524,50
22.02.2019	22.02.2019	Tropedo Nr. 98000 ER5U12-2019	S	1.750,61
		Endsaldo am 22.02.2019	H	9.466,29

FIBU-Konten:

....

....

Aufgabe 2

Öffnen Sie den Buchungsstapel *Bankbuchungen PSD Bank Februar* und buchen Sie den kontierten Bankauszug. Nutzen Sie für die Zahlung der offenen Posten den Modus *Zahlungen buchen*.

Aufgabe 3

Prüfen Sie anschließend mit Klick auf das Symbol *FIBU-Konto anzeigen* die folgenden Salden. Korrigieren Sie ggf. Buchungen.

Beschriftung	Konto	Saldo	Soll/Haben
PSD Bank Koblenz	1210	9.466,29 EUR	Soll
Verbindlichkeiten aus Lohn und Gehalt	?	0 EUR	
Sammellieferant div. Lieferanten	?	198,52 EUR	Haben
Verbindlichkeiten aus Lieferungen und Leistungen	1600	10.988,37 EUR	Haben

Aufgabe 4

Drucken Sie den Bankbericht für die PSD Bank Koblenz aus und vergleichen Sie ihn mit der Musterlösung im Lösungsbuch.
Einstellungen: Umfang und Varianten - Einzelkonto

Aufgabe 5

Drucken Sie das Kontenblatt der PSD Bank Koblenz aus und vergleichen es mit der Musterlösung im Lösungsbuch.

Aufgabe 6

Schließen Sie anschließend alle Arbeitsblätter. Den Buchungsstapel *Bankbuchungen PSD Bank Februar* bitte noch nicht festschreiben.

17.4 Löhne und Gehälter

Grundlagen

Was ist bei Lohn- und Gehaltsabrechnungen zu verbuchen?

Wir gehen in den Beispielen davon aus, dass die Firma Perm GmbH Lohn- und/oder Gehaltsempfänger beschäftigt. Zum Ende des Monats führt die Personalabteilung die Abrechnungen durch. Die Buchhaltung hat die Abrechnungen anschließend zu verbuchen.

Die Lohn-/Gehaltsabrechnung pro Arbeitnehmer besteht im Allgemeinen aus dem Bruttolohn /-gehalt und den Arbeitgeberbeiträgen zur Sozialversicherung (Renten-, Kranken-, Pflege- und Arbeitslosenversicherung). Der Bruttolohn bzw. das Bruttogehalt teilt sich in den Nettolohn/Nettogehalt (auszuzahlender Betrag), die Lohnsteuer, die Kirchensteuer, den Solidaritätszuschlag und die Sozialversicherungsbeiträge des Arbeitnehmers.

Die Sozialversicherungsbeträge sind mit Fälligkeit des drittletzten Bankarbeitstages über einen Prognosebeitrag zur Sozialversicherung auf das Konto 1759 Voraussichtliche Beitragsschuld gegenüber den Sozialversicherungsträgern im Soll zu buchen. Dieser Prognosebeitrag wird zumeist über das Konto Bank angewiesen oder von den Sozialversicherungsträgern eingezogen.

Am Monatsende werden anschließend über die Verrechnung der tatsächliche Arbeitgeber- und Arbeitnehmeranteil zur Sozialversicherung, der gegebenenfalls vom Prognosebeitrag abweicht, auf dem Konto 1759 Voraussichtliche Beitragsschuld gegenüber den Sozialversicherungsträgern im Haben gebucht.

Der sich bei Verrechnung ergebende Saldo ist der Erstattungsanspruch bzw. verbleibende Restbetrag für den Folgemonat.

Ausgangssituation

Der letzte Bankauszug der PSD-Bank vom Monat Februar 2019 liegt Ihnen wie folgt vor:

Bild 17.23 Kontoauszug PSD Bank

Kontoauszug PSD Bank Koblenz

Kontoinhaber:	Firma Perm GmbH Hard- und Software Löhrstraße 45 56068 Koblenz	Datum:	25.02.2019
IBAN:	DE60 5709 0900 0013 3160 20	BA-Nr.	3
BIC:	GENODEF1P12	Blatt	1 von 1

Datum	Valuta	Verwendungszweck / Erläuterungen		UMSATZ EUR
		Startsaldo am 25.02.2019		9.466,29
25.02.2019	25.02.2019	Sozialversicherungsbeiträge Gehälter Februar 2019	S	3.610,00
25.02.2019	25.02.2019	Sozialversicherungsbeiträge Löhne Februar 2019	S	1.840,00
		Endsaldo am 25.02.2019	H	4.016,29

Auf diesem Kontoauszug sind die Prognosebeiträge zur Sozialversicherung getrennt nach Gehalts- und Lohnempfängern der Firma Perm GmbH am drittletzten Bankarbeitstag überwiesen. Dieser Prognosebeitrag ist zunächst zu kontieren und zu buchen:

Buchungssatz Prognosebeitrag Gehaltsempfänger:

Soll	Betrag	an	Haben	Betrag
Voraussichtliche Beitragsschuld gegenüber den Sozialversicherungsträgern (1759)	3.610,00 EUR		PSD Bank Koblenz (1210)	3.610,00 EUR

Wiederholungsübung: Buchungsstapel anlegen

- Legen Sie einen neuen Buchungsstapel für den Monat Februar mit der Bezeichnung *Lohn und Gehalt Februar* mit Ihrem Diktatkürzel an.
- Erfassen Sie – wie in Bild 17.24 dargestellt – die voraussichtliche Beitragsschuld gegenüber den Sozialversicherungsträgern Gehaltsempfänger Firma Perm GmbH.

Bild 17.24 Buchungsmaske

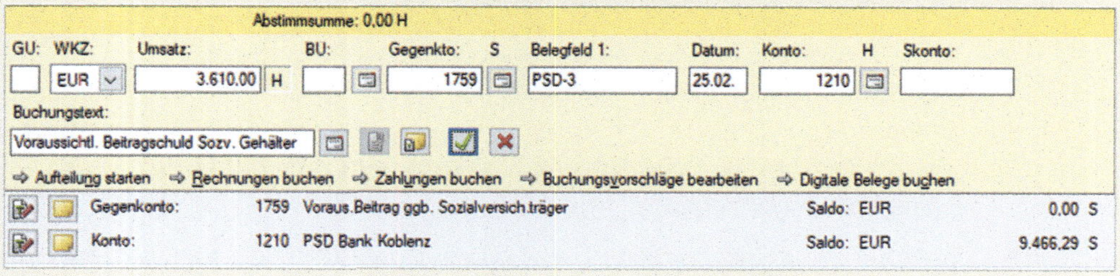

- Übernehmen Sie anschließend die Buchung mit Klick auf das Symbol *Buchung übernehmen*.
- Klicken Sie anschließend auf den Link *Details zu Nr. 1* und lassen Sie sich die Summen und Salden (Bild 17.25) anzeigen.

Ergebnis: Die voraussichtliche Beitragsschuld gegenüber den Sozialversicherungsträgern Firma Perm GmbH Gehaltsempfänger ist erfasst.

Bild 17.25 Summen und Salden

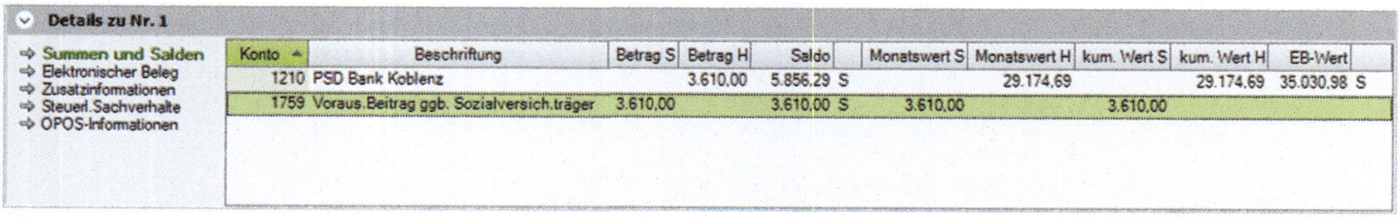

Konto	Beschriftung	Betrag S	Betrag H	Saldo		Monatswert S	Monatswert H	kum. Wert S	kum. Wert H	EB-Wert	
1210	PSD Bank Koblenz		3.610,00	5.856,29	S		29.174,69		29.174,69	35.030,98	S
1759	Voraus.Beitrag ggb. Sozialversich.träger	3.610,00		3.610,00	S	3.610,00		3.610,00			

Wiederholungsübung

Kontieren und buchen Sie im Buchungsstapel *Lohn und Gehalt Februar* die voraussichtliche Beitragsschuld zur Sozialversicherung Lohnempfänger zur Firma Perm GmbH.

Kontoauszug PSD Bank Koblenz

Kontoinhaber:	Firma Perm GmbH Hard- und Software Löhrstraße 45 56068 Koblenz	Datum:	25.02.2019
IBAN:	DE60 5709 0900 0013 3160 20	BA-Nr.	3
BIC:	GENODEF1P12	Blatt	1 von 1

Datum	Valuta	Verwendungszweck / Erläuterungen		UMSATZ EUR
		Startsaldo am 25.02.2019		9.466,29
25.02.2019	25.02.2019	Sozialversicherungsbeiträge Gehälter Februar 2019	S	3.610,00
25.02.2019	25.02.2019	Sozialversicherungsbeiträge Löhne Februar 2019	S	1.840,00
		Endsaldo am 25.02.2019	H	4.016,29

Prüfen Sie anschließend mit Klick auf das Symbol *FIBU-Konto anzeigen* die folgenden Salden:

Beschriftung	Konto	Saldo	Soll/Haben
PSD Bank Koblenz	1210	4.016,29 EUR	Soll
Voraussichtliche Beitragsschuld gegenüber den Sozialversicherungsträgern	1759	5.450,00 EUR	Soll

Schließen Sie anschließend den Buchungsstapel. Buchungen bitte noch nicht festschreiben.

Wie ist die Abrechnung am Monatsende zu buchen?

Die Lohn- und Gehaltsabrechnung wird am Monatsende in drei Stufen gebucht:

- 1. Stufe: Aufwendungen aus Lohn und Gehalt
- 2. Stufe: Verrechnung der Verbindlichkeiten
- 3. Stufe: Zahlung an Arbeitnehmer und an das Finanzamt / Umbuchung der voraussichtlichen Beitragsschuld

Stufe 1: Aufwendungen aus Lohn und Gehalt

Wenn die Abrechnungen fertig gestellt sind, werden zunächst Bruttolöhne/-gehälter und die Sozialversicherungsbeiträge des Arbeitgebers und evtl. weitere Kosten für den Arbeitgeber als Aufwand gebucht.

Soll	Konto	an	Haben	Konto
Löhne	4110		Lohn- und Gehaltsverrechnungen	1755
Gehälter	4120			
Gesetzliche Soziale Aufwendungen	4130			
AG-Anteil zur Vermögensbildung	4150			
und weitere AG-Anteile	41..			

Stufe 2: Verrechnung

Alle Aufwendungen aus Lohn und Gehalt werden dann noch nach den späteren Zahlungen gegliedert: Auszahlungen an die Arbeitnehmer, an das Finanzamt (Steuern und Soli.), an die Krankenkasse (Sozialversicherungsbeiträge) und weitere, wie z. B. Verbindlichkeiten aus vermögenswirksamen Leistungen.

Soll	Konto	an	Haben	Konto
Lohn- und Gehaltsverrechnungen	1755		Verbindlichkeiten Lohn- und Kirchensteuer	1741
			Verbindlichkeiten soziale Sicherheit	1742
			Verbindlichkeiten aus Lohn und Gehalt	1740
			Verbindlichkeiten aus Vermögensbildung	1750

Stufe 3: Zahlung

Schließlich überweist die Firma Perm GmbH die auszuzahlenden Beträge an die Arbeitnehmer, die einbehaltene Lohn- und Kirchensteuer und den Solidaritätszuschlag an das Finanzamt und die Beiträge zur Vermögensbildung an das Anlageinstitut. Die tatsächlichen Sozialversicherungsbeiträge Konto 1742 Verbindlichkeiten im Rahmen der sozialen Sicherheit sind auf das Konto 1759 Voraussichtliche Beitragsschuld gegenüber den Sozialversicherungsträgern umzubuchen.

Ein, sich durch diese Buchung ergebender Saldo, ist im nächsten Monat mit der voraussichtlichen Beitragsschuld zu zahlen bzw. wird vom Sozialversicherungsträger erstattet.

Soll	Konto	an	Haben	Konto
Verbindlichkeiten Lohn- und Kirchensteuer	1741		Bank	1200
Verbindlichkeiten aus Lohn und Gehalt	1740			
Verbindlichkeiten aus Vermögensbildung	1750			

Umbuchung

Soll	Konto	an	Haben	Konto
Verbindlichkeiten im Rahmen der sozialen Sicherheit	1742		Voraussichtliche Beitragsschuld gegenüber den Sozialversicherungsträgern	1759

Lohn und Gehalt – Aufwandsbuchungen

Wenn die Lohn- und Gehaltsabrechnungen abgeschlossen sind, nimmt die Buchhaltung zunächst die Aufwandsbuchungen vor.

Die Bruttolöhne (*4110*) / Bruttogehälter (*4120*) werden gebucht. Sie bestehen aus den auszuzahlenden Beträgen, der Lohn-, Kirchensteuer, dem Solidaritätszuschlag und den Sozialversicherungsbeiträgen des Arbeitnehmers. Die Sozialversicherungsbeiträge des Arbeitgebers bucht Perm GmbH auf das Konto *4130 Gesetzliche Sozialaufwendungen*.

Ausgangssituation
Es soll die Personalbuchung für den Monat Februar 2019 erfolgen. Gehälter:

Bruttogehälter	10.360,00 EUR	SV-Beiträge Arbeitgeber	1.760,00 EUR
LohnSt, KiSt, Soli.	860,30 EUR	Nettogehälter	7.649,70 EUR
SV-Beiträge Arbeitnehmer	1.850,00 EUR	Gesamtaufwendungen	12.120,00 EUR

Aufwendungen buchen

Im ersten Schritt wird der Aufwand/Kosten aus der Gehaltsabrechnung für den Arbeitgeber gebucht. Es wird direkt über das Konto *1755 Lohn- und Gehaltsverrechnungen* über eine Aufteilungsbuchung gebucht.

1 Öffnen Sie über *Belege buchen* den Buchungsstapel *Lohn und Gehalt Februar*.

2 Klicken Sie in der Buchungsmaske auf den Link *Aufteilung starten*.

3 Geben Sie im Feld *Bruttogesamtbetrag* den Gesamtaufwendungsbetrag von 12.120,00 EUR ein und drücken Sie die Plus (+)-Taste, damit das Verrechnungskonto auf dem Feld *Konto* im Haben gebucht wird.

4 Im Feld *Konto* geben Sie das Konto 1755 Lohn- und Gehaltsverrechnung ein. Geben Sie anschließend - wie in Bild 17.26 - die übrigen Werte ein und klicken Sie dann auf *OK*.

Bild 17.26 Aufteilung starten

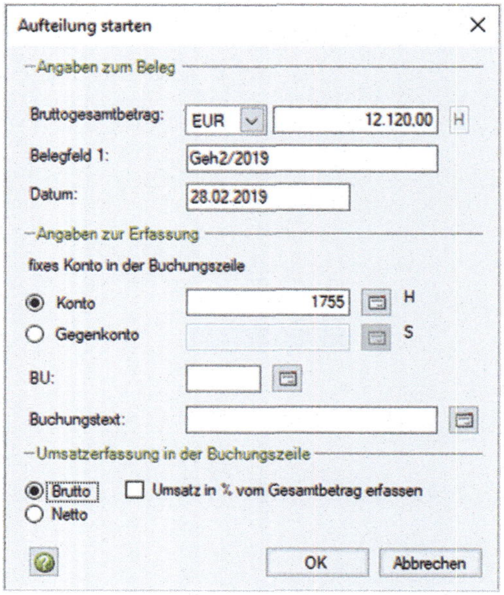

5 Geben Sie jetzt die Haben-Buchung der Bruttogehälter Konto *4120* von 10.360,00 EUR ein (Bild 17.27) und übernehmen Sie anschließend die Buchung.

Bild 17.27 Buchung Bruttogehälter

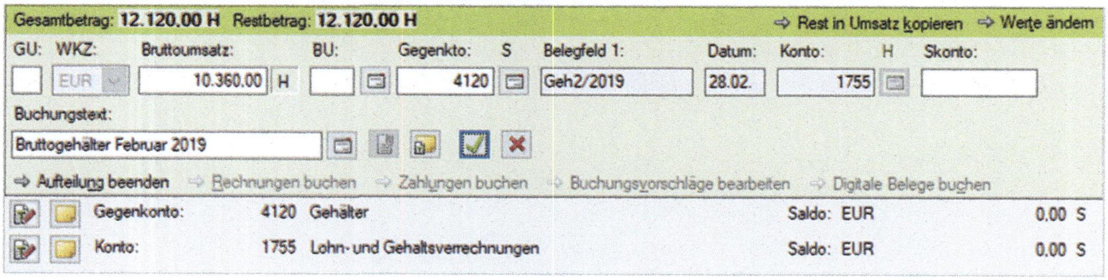

6 Geben Sie die nachfolgende Haben-Buchung für den *Sozialversicherungsanteil Arbeitgeber* Konto *4130* von 1.760,00 EUR ein (Bild 17.28).

Bild 17.28 Buchung Sozialversicherungsanteil

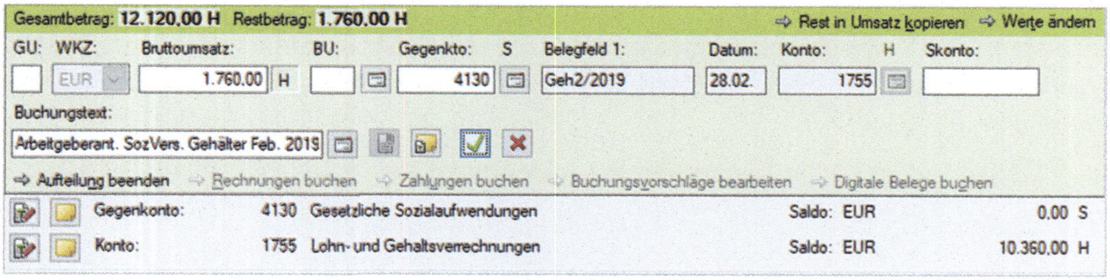

7 Übernehmen Sie anschließend wiederum die Buchung und beenden Sie mit Klick auf die Schaltfläche *OK* die Aufteilungsbuchung. Die Buchungssätze Aufwendungen aus der Gehaltsabrechnung Februar 2019 sind damit erfasst.

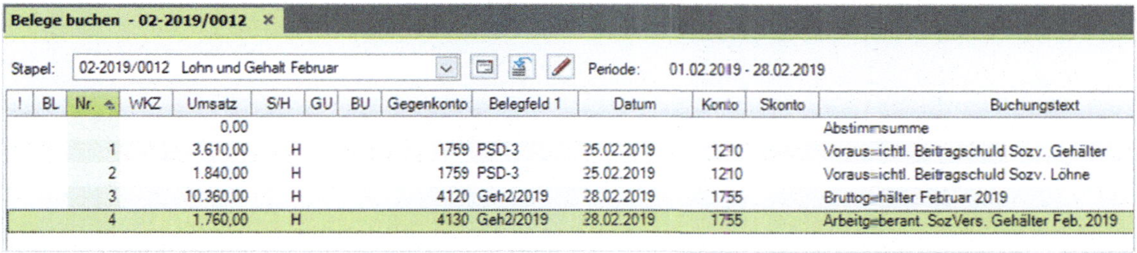

Bild 17.29 Primanota

8 Wechseln Sie mit Klick auf das Symbol *FIBU-Konto anzeigen* zur FIBU-Konto Ansicht und geben Sie das Konto Lohn- und Gehaltsverrechnungen 1755 ein.Das Lohn- und Gehaltsverrechnungskonto *1755* wurde mit einem Betrag von 12.120,00 EUR im Haben gebucht.

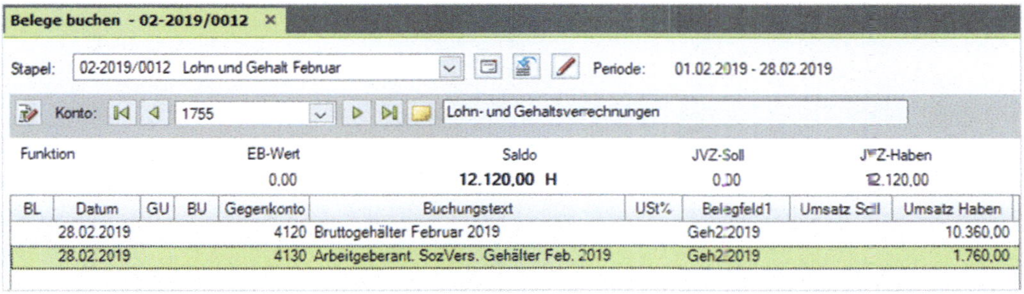

Bild 17.30 FIBU-Ansicht Konto 1755

9 Klicken Sie anschließend auf Symbol *Primanota Anzeigen*, um zur Standardansicht Primanota zurückzukehren.

Aufteilung Gehaltsverbindlichkeiten

In einem zweiten Schritt werden die Gehaltsverbindlichkeiten genau getrennt und zwar nach Verbindlichkeiten aus Lohn und Gehalt (Nettogehälter), Verbindlichkeiten aus Lohnsteuer, Kirchensteuer, dem Solidaritätszuschlag und den Verbindlichkeiten soziale Sicherheit (Krankenkassenbeiträge). Es wird wieder direkt über das Konto *1755 Lohn- und Gehaltsverrechnungen* über eine Aufteilungsbuchung gebucht.

1 Klicken Sie in der Buchungsmaske auf den Link *Aufteilung starten*.

2 Geben Sie im Feld *Bruttogesamtbetrag* den Gesamtaufwendungsbetrag von 12.120,00 EUR ein (Bild 17.31) und drücken Sie die Enter-Taste, damit das Verrechnungskonto *1755* im Feld *Konto* im Soll gebucht wird.

3 Die übrigen Felder geben Sie wie in Bild 17.31 dargestellt ein und klicken dann auf *OK*.

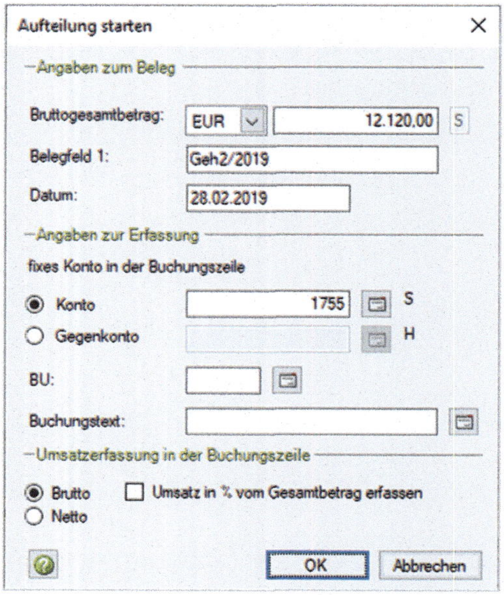

Bild 17.31 Aufteilung starten

4 Buchen Sie zunächst über eine Soll-Buchung das Konto 1741, *Verbindlichkeiten Lohn- und Kirchensteuer* in Höhe von 860,30 EUR (Bild 17.32) und übernehmen Sie anschließend die Buchung.

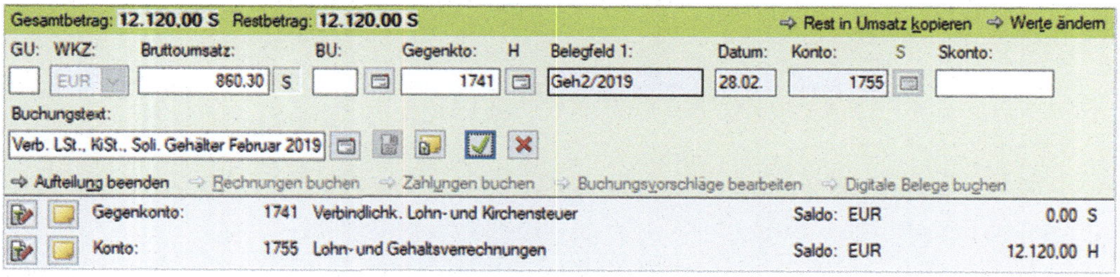

Bild 17.32 Buchung Konto 1741

5 Geben Sie dann die Soll-Buchung für Verbindlichkeiten aus Lohn und Gehalt Nettogehälter ein. Konto: 1740, Betrag: *7.649,70* EUR. Übernehmen Sie anschließend die Buchung.

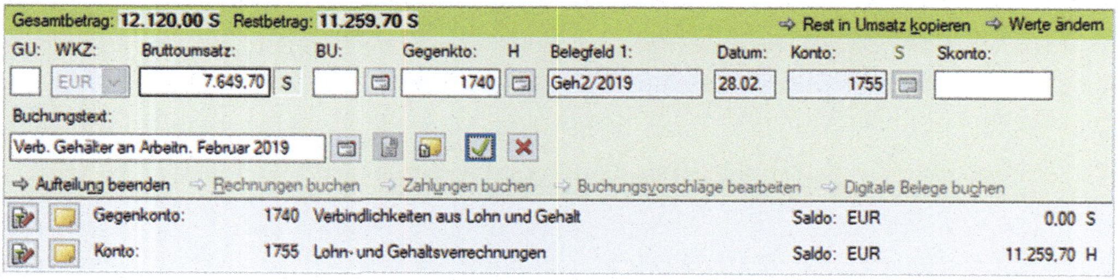

Bild 17.33 Buchung Konto 1740

Als Restbetrag bleibt jetzt der (SV) Sozialversicherungsbeitrag von Arbeitnehmer und Arbeitgeber übrig, s. Bild 17.34. Zusammen 3.610,00 EUR, Konto *1742*.

SV Beiträge Arbeitnehmer:	1.850,00 EUR und
SV-Beiträge Arbeitgeber:	1.760,00 EUR

6 Buchen Sie abschließend den Sozialversicherungsbeitrag Arbeitnehmer und Arbeitgeber. Der Betrag kann jetzt mit einer Soll-Buchung gebucht werden.

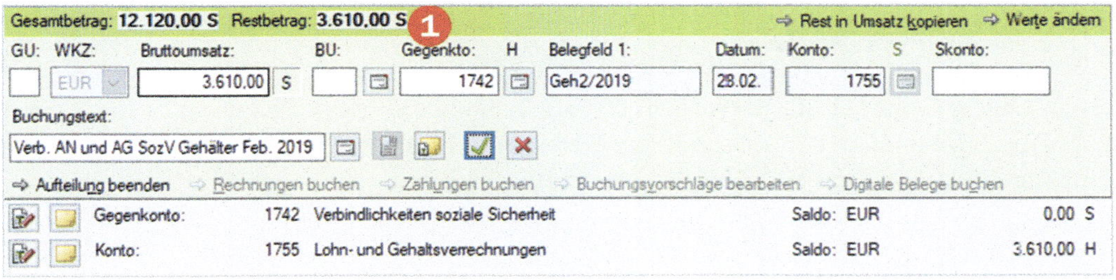

Bild 17.34 Buchung Konto 1742

❶ Restbetrag

7 Übernehmen Sie abschließend die Buchung und beenden Sie dann die Aufteilung, indem Sie auf die Schaltfläche *OK* klicken. Mit diesen Buchungen sind die Verbindlichkeiten aus der Gehaltsabrechnung genau aufgeteilt.

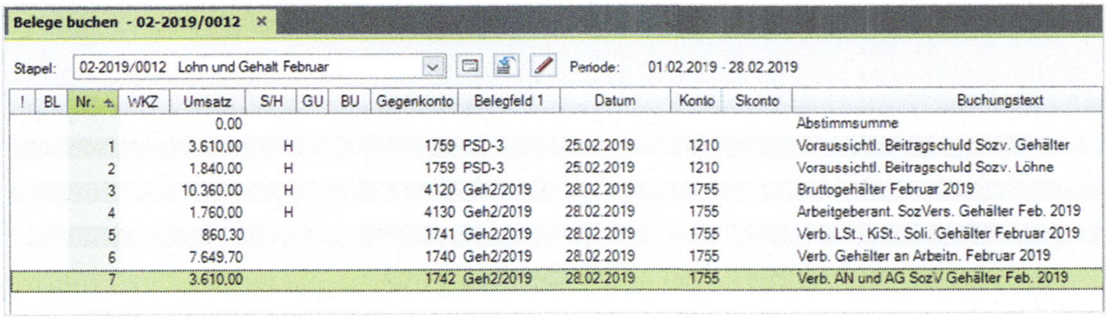
Belege buchen - 02-2019/0012

Stapel: 02-2019/0012 Lohn und Gehalt Februar Periode: 01.02.2019 - 28.02.2019

!	BL	Nr.	WKZ	Umsatz	S/H	GU	BU	Gegenkonto	Belegfeld 1	Datum	Konto	Skonto	Buchungstext
				0,00									Abstimmsumme
		1		3.610,00	H			1759	PSD-3	25.02.2019	1210		Voraussichtl. Beitragschuld Sozv. Gehälter
		2		1.840,00	H			1759	PSD-3	25.02.2019	1210		Voraussichtl. Beitragschuld Sozv. Löhne
		3		10.360,00	H			4120	Geh2/2019	28.02.2019	1755		Bruttogehälter Februar 2019
		4		1.760,00	H			4130	Geh2/2019	28.02.2019	1755		Arbeitgeberant. SozVers. Gehälter Feb. 2019
		5		860,30				1741	Geh2/2019	28.02.2019	1755		Verb. LSt., KiSt., Soli. Gehälter Februar 2019
		6		7.649,70				1740	Geh2/2019	28.02.2019	1755		Verb. Gehälter an Arbeitn. Februar 2019
		7		3.610,00				1742	Geh2/2019	28.02.2019	1755		Verb. AN und AG SozV Gehälter Feb. 2019

Bild 17.35 Die Buchungen

8 Wechseln Sie mit Klick auf das Symbol *FIBU-Konto anzeigen* auf die FIBU-Konto Ansicht und geben das Konto 1755 ein.

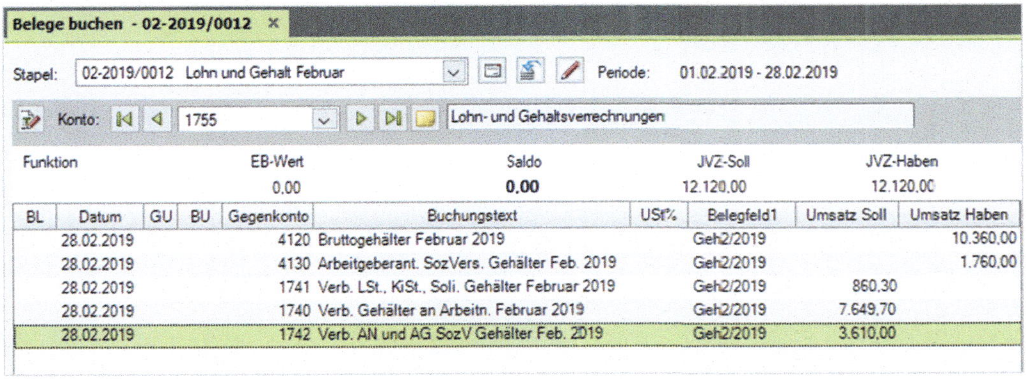
Belege buchen - 02-2019/0012

Stapel: 02-2019/0012 Lohn und Gehalt Februar Periode: 01.02.2019 - 28.02.2019

Konto: 1755 Lohn- und Gehaltsverrechnungen

Funktion	EB-Wert	Saldo	JVZ-Soll	JVZ-Haben
	0,00	**0,00**	12.120,00	12.120,00

BL	Datum	GU	BU	Gegenkonto	Buchungstext	USt%	Belegfeld1	Umsatz Soll	Umsatz Haben
	28.02.2019			4120	Bruttogehälter Februar 2019		Geh2/2019		10.360,00
	28.02.2019			4130	Arbeitgeberant. SozVers. Gehälter Feb. 2019		Geh2/2019		1.760,00
	28.02.2019			1741	Verb. LSt., KiSt., Soli. Gehälter Februar 2019		Geh2/2019	860,30	
	28.02.2019			1740	Verb. Gehälter an Arbeitn. Februar 2019		Geh2/2019	7.649,70	
	28.02.2019			1742	Verb. AN und AG SozV Gehälter Feb. 2019		Geh2/2019	3.610,00	

Bild 17.36 FIBU-Konto 1755

Das Lohn- und Gehaltsverrechnungskonto fungiert als echtes Sicherheitskonto. Die Salden verrechnen sich gegenseitig und müssen den Saldo 0 ergeben.

Achtung: Info (Bitte nicht buchen!)

Der dritte und letzte Schritt ist die Zahlung der Verbindlichkeiten, die gebildet wurden. Diese Buchungen werden in der Praxis nicht direkt gebucht, sondern erst später mit den Bankauszügen.

Die Zahlungen werden üblicherweise über die Bankkonten überwiesen. Die auszahlenden Löhne und Gehälter an die Arbeitnehmer, sowie die einbehaltene Lohn-, und Kirchensteuer und der Solidaritätszuschlag bis zum 10. des Folgemonats an das Finanzamt.

Soll	Konto	an	Haben	Konto
Verbindlichkeiten aus Lohn und Gehalt	1740		Bank	1200
Verbindlichkeiten aus Lohn- und Kirchsteuer	1741			

Zuletzt muss lediglich die Umbuchung der tatsächlichen Sozialversicherungsbeiträge vom Monat Februar 2019 mit der gebuchten voraussichtlichen Beitragsschuld gegenüber den Sozialversicherungsträgern umgebucht werden.

Buchungssatz:

Soll	Konto	an	Haben	Konto
Verbindlichkeiten im Rahmen der sozialen Sicherheit	1742		Voraussichtliche Beitragsschuld gegenüber den Sozialversicherungsträgern	1759

Geben Sie die Umbuchung – wie Bild 17.37 – ein.

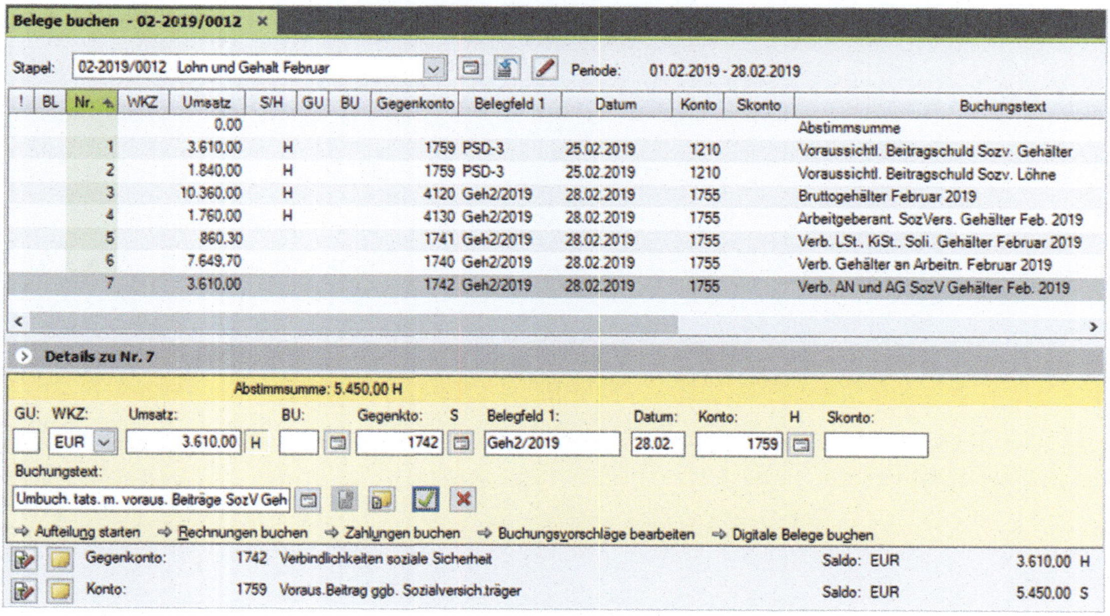

Bild 17.37 Umbuchung

Übung: Lohn- und Gehaltsbuchung

Die Lösungen zu den Aufgaben finden Sie im Lösungsbuch.

Aufgabe 1

Buchen Sie im Buchungsstapel *Lohn und Gehalt Februar* die Abrechnung für die Löhne.

Belegnummer: Lohn2/2019
Buchungsdatum: 28.02.2019

Buchen Sie die tatsächlichen Sozialversicherungsbeiträge vom Monat Februar 2019 mit der gebuchten voraussichtlichen Beitragsschuld gegenüber den Sozialversicherungsträgern Lohnempfängern um.

Bruttolöhne	3.500,20 EUR	SV-Beiträge Arbeitgeber	910,00 EUR
Lohnsteuer, Kirchensteuer, Solidaritätszuschlag	305,60 EUR	Nettolöhne	2.264,60 EUR
SV-Beiträge Arbeitnehmer	930,00 EUR	Gesamtaufwendungen	4.410,20 EUR

Aufgabe 2

Kontrollieren Sie das Konto 1755. Der Saldo muss 0 ergeben.

Aufgabe 3

Prüfen Sie mit Klick auf das Symbol *FIBU-Konto anzeigen* die folgenden Salden. Korrigieren Sie ggf. Buchungen.

Beschriftung	Konto	Saldo	Soll/Haben
Löhne	4110	3.500,20 EUR	Soll
Gehälter	4120	10.360,00 EUR	Soll
Gesetzliche Sozialaufwendungen	4130	2.670,00 EUR	Soll
Verbindlichkeiten aus Lohn und Gehalt	1740	9.914,30 EUR	Haben
Verbindlichkeiten Lohn- und Kirchensteuer	1741	1.165,90 EUR	Haben
Voraussichtliche Beitragsschuld gegenüber den Sozialversicherungsträgern	1759	0	
Verbindlichkeiten soziale Sicherheit	1742	0	

Aufgabe 4

Schließen Sie anschließend den Buchungsstapel, den Sie noch nicht festschreiben.

18 Monatsabschluss / Festschreiben von Buchungsstapeln

In diesem Kapitel lernen Sie, ...

- wie Sie die Konten der Buchhaltung abstimmen,
- welche Auswertungen am Ende des Monats durchgeführt werden,
- wie Sie den Buchungsstapel des Monats festschreiben,
- was man unter einer Generalumkehrbuchung versteht,
- wie eine Generalumkehrbuchung angewendet wird,
- wie man eine Umsatzsteuervoranmeldung erstellt,
- wie eine betriebswirtschaftliche Auswertung (BWA) geschlüsselt und ausgedruckt werden kann.

In diesem Kapitel geht es um das Abschließen eines Buchungsmonats, die dazugehörenden Abstimmarbeiten in der Buchhaltung und die Auswertungen am Monatsende.

18.1 Abstimmarbeiten in der Buchhaltung

In unserem Übungsfall Perm GmbH sind Abstimmarbeiten während des Buchens über die Summen und Salden einer Buchung und über die Ansicht FIBU-Konto oder OPOS-Konto sowie über die OP-Listen Debitoren und Kreditoren bereits vorgenommen worden.

Liste Abstimmaufgaben anzeigen

DATEV Kanzlei-Rechnungswesen bietet Ihnen als Unterstützung die Möglichkeit, die weiteren Abstimmungsarbeiten der Buchhaltung mittels einer To-Do-Liste abzuarbeiten. Dazu klicken Sie in der Navigationsübersicht auf *Buchführung* und anschließend doppelt auf den Eintrag *Buchführung abstimmen* ❶ oder wählen den Menüpunkt *Auswertungen* ▶ *Finanzbuchführung* ▶ *Buchführung abstimmen*.

Sie erhalten eine Übersicht aller möglichen Abstimmarbeiten für die Finanzbuchführung (Bild 18.1) in Form einer Kontrollliste ❷.

Bild 18.1 Übersicht Abstimmarbeiten

❸ Kontenabstimmliste

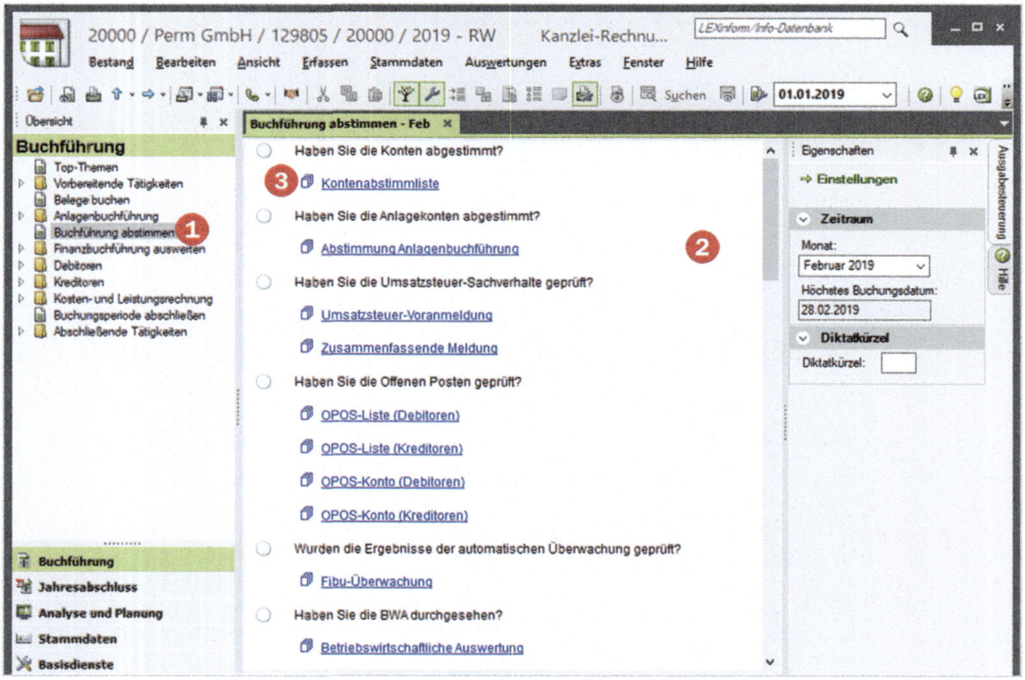

Hinweise

- Über den Zusatzbereich können Sie weitere Einstellungen vornehmen.
- Bereiche, die bereits geprüft wurden, können mit einem Klick auf das Kästchen als erledigt gekennzeichnet werden.

Die Kontenabstimmliste

Die Liste der Abstimmarbeiten enthält unter anderem die Kontenabstimmliste ❸ (Bild 18.1). Diese beinhaltet alle Buchungen des laufenden Monats und zeigt zu jedem Konto die entsprechenden Buchungen an. Dabei sind auffällige Abweichungen schnell ersichtlich.

1. Klicken Sie auf den Link *Kontenabstimmliste* ❸ (Bild 18.1). Alternativ können Sie die Liste über den Menüpunkt *Auswertungen* ▶ *Finanzbuchführung* ▶ *Summen- und Saldenliste* und die Auswertungsart: *Kontenabstimmliste* aufrufen.
2. Sie erhalten zunächst eine Meldung, dass nicht alle Spalten angezeigt werden können, da keine Vorjahresdaten vorhanden sind. Bestätigen Sie diese mit der Schaltfläche *OK*.
3. Nun werden in einem weiteren Arbeitsblatt alle gebuchten Konten für den Monat Februar 2019 mit den jeweiligen Salden und Bewegungen angezeigt. Über die Bildlaufleiste können Sie die restlichen Konten anzeigen (Bild 18.2).

Konto Kasse abstimmen

Um das Konto *1000 Kasse* abzustimmen, markieren Sie dieses Konto mit einem Klick. Sie sehen in der Liste den aktuellen Saldo der Kasse ❶ und unterhalb alle Einzelbuchungen des Monats Februar 2019 ❷ (Bild 18.2). Über den Zusatzbereich können Sie weitere Einstellungen für den Umfang und weitere Variationsmöglichkeiten bestimmen.

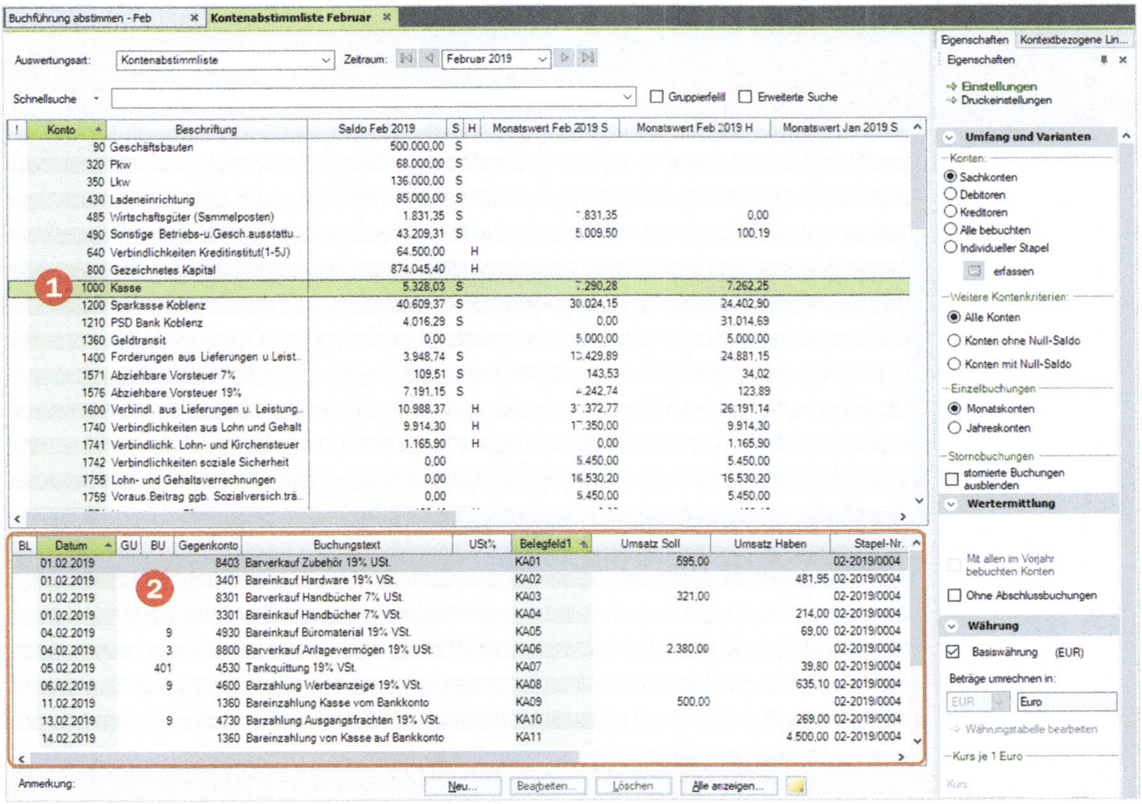

Bild 18.2 Konto Kasse abstimmen

Buchungssatz anzeigen

Falls Sie in den Buchungssätzen einen Fehler feststellen, können Sie im Bereich der Einzelbuchungen (Bild 18.2) den dazugehörigen Buchungssatz auswählen und mit einem Doppelklick im dazugehörenden Buchungsstapel korrigieren. So gehen Sie vor:

1 Klicken Sie im Bereich der Einzelbuchungen (Konto *Kasse*) doppelt auf den Buchungssatz mit dem Betrag von 595,00 EUR, Gegenkonto Konto Nr. *8403 Erlöse Zubehör 19% USt* vom 01.02.2019.

Bild 18.3 Buchungssatz öffnen

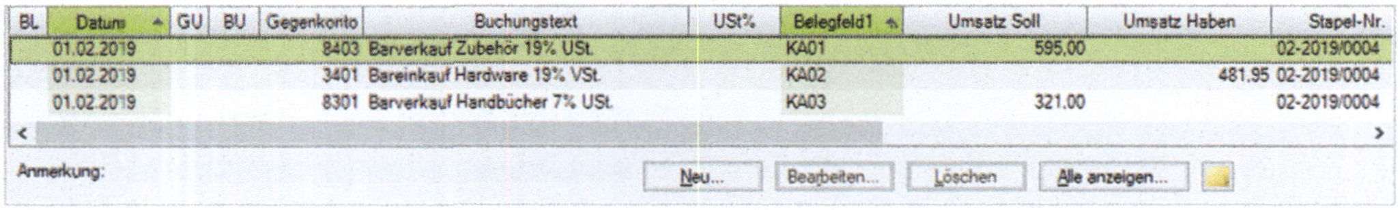

2 Der Buchungssatz wird im dazugehörenden Buchungsstapel *Kassenbuchungen Februar* geöffnet und kann anschließend bearbeitet werden (Bild 18.4).

Bild 18.4 Buchungssatz bearbeiten

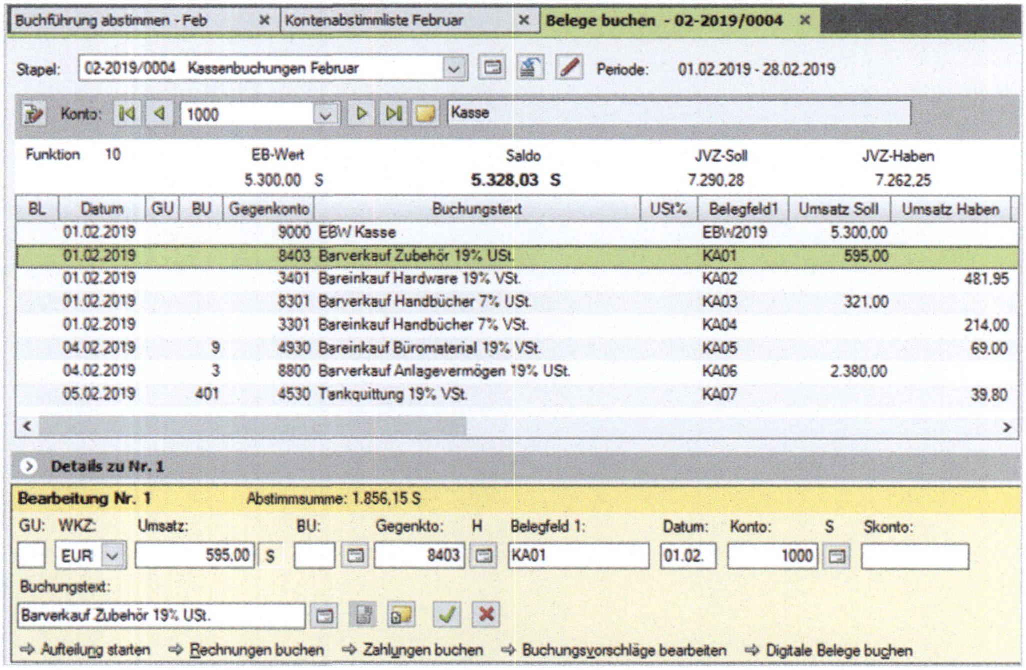

3 Schließen Sie anschließend das Arbeitsblatt *Belege buchen-02-2019/0004*. Bitte noch nicht festschreiben.

Sie können über diesen Weg alle Konten und alle Buchungssätze nochmals einzeln abstimmen, bevor der Monat abgeschlossen wird. Zusätzlich können Sie den Bearbeitungsstand in der Abstimmliste vermerken, siehe nächster Punkt.

Tipp: Über den Zusatzbereich *Details* können die Summen und Salden der Buchung einzeln eingesehen werden (Bild 18.5). Die Details können Sie ggf. über den Menüpunkt *Ansicht* einblenden lassen.

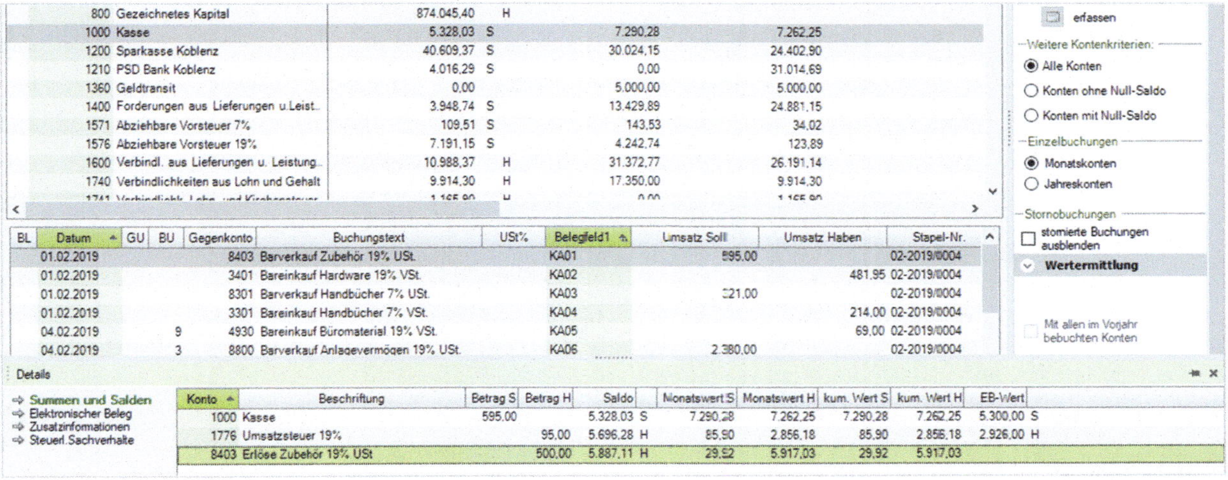

Bild 18.5 Details anzeigen

Bearbeitungsstatus

Nachdem das Konto abgestimmt wurde, kann es mit einem Bearbeitungsvermerk gekennzeichnet werden. Dazu klicken Sie in der Kontenabstimmliste mit der rechten Maustaste auf das Konto *1000 Kasse* ❶ und auf den Befehl *Erledigt* ❷ (Bild 18.6).

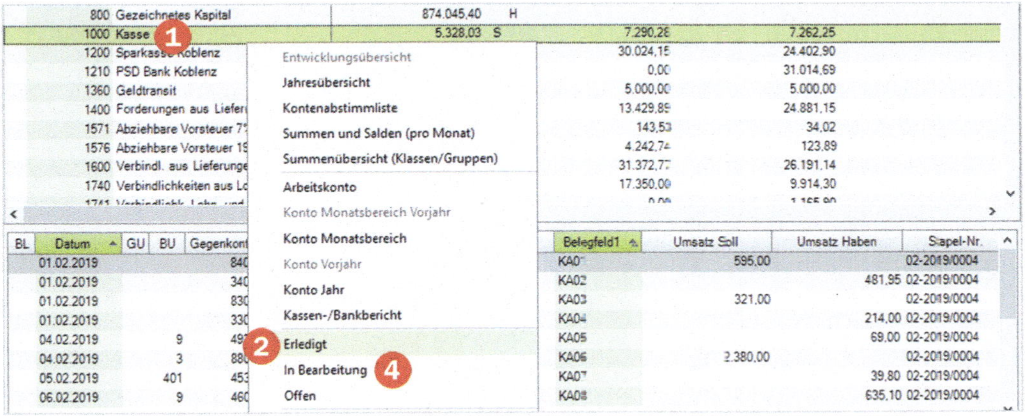

Bild 18.6 Als Erledigt kennzeichnen

- Links vom Konto erscheint in der Kontenabstimmliste ein Häkchen ❸ und kennzeichnet das Konto als Abgestimmt bzw. Erledigt (Bild 18.7).
- Mit der Auswahl *In Bearbeitung* ❹, z. B. beim Konto *1200 Sparkasse Koblenz*, erscheint ein Bearbeitungsstift vor dem Konto ❺ (Bild 18.7). Dies bedeutet, dass das Abstimmen noch nicht abgeschlossen ist.

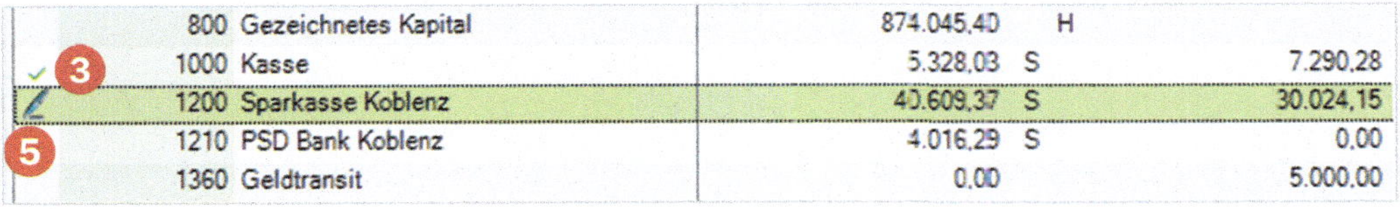

Bild 18.7 Abgestimmt / In Bearbeitung

Übung: Konten abstimmen

Aufgabe 1

- Wechseln Sie zum Konto *2650 Sonstige Zinsen und ähnliche Erträge*.
- Ändern Sie den Buchungstext in *Zinsgutschrift Bank Februar* anstatt *Zinsgutschrift Bank*.

1776	Umsatzsteuer 19%	5.696.28	H	85.90	2.856.18
2650	Sonstige Zinsen und ähnliche Erträge	651.03	H	0.00	651.03
3301	Wareneingang Handbücher 7% VSt	1.564.51	S	2.050.49	485.98
3401	Wareneingang Hardware 19% VSt	11.124.57	S	11.394.19	269.62

BL	Datum	GU	BU	Gegenkonto	Buchungstext	USt%	Belegfeld1	Umsatz Soll	Umsatz Haben	Stapel-Nr.
	04.02.2019			1200	Zinsgutschrift Bank Februar		BA01		651.03	02-2019/0008

Aufgabe 2

- Kennzeichnen Sie das Konto *2650 Sonstige Zinsen und ähnliche Erträge* als erledigt.

Aufgabe 3

- Wechseln Sie zum Konto *1755 Lohn- und Gehaltverrechnungskonto* und setzen Sie den Bearbeitungsstatus dort auf *In Bearbeitung*.

!	Konto	Beschriftung	Saldo Feb 2019	S	H	Monatswert Feb 2019 S	Monatswert Feb 2019 H
	1742	Verbindlichkeiten soziale Sicherheit	0.00			5.450.00	5.450.00
	1755	Lohn- und Gehaltsverrechnungen	0.00			16.530.20	16.530.20
	1759	Voraus.Beitrag ggb. Sozialversich.träger	0.00			5.450.00	5.450.00
	1771	Umsatzsteuer 7%	123.10		H	0.00	123.10
	1776	Umsatzsteuer 19%	5.696.28		H	85.90	2.856.18
✓	2650	Sonstige Zinsen und ähnliche Erträge	651.03		H	0.00	651.03
	3301	Wareneingang Handbücher 7% VSt	1.564.51	S		2.050.49	485.98
	3401	Wareneingang Hardware 19% VSt	11.124.57	S		11.394.19	269.62
	3402	Wareneingang Software 19% VSt	1.570.91	S		1.570.91	0.00

- Schließen Sie das Arbeitsblatt *Kontenabstimmliste Februar*.

Abstimmaufgaben als Erledigt kennzeichnen

Über die Abstimmliste kann jedes Konto einzeln abgestimmt werden. Sind alle Konten abgestimmt, können im Arbeitsblatt *Buchführung abstimmen* in der Kontrollliste der Abstimmarbeiten die entsprechenden Häkchen gesetzt werden. Aktivieren Sie die Kästchen wie im nachfolgenden Bild 18.8 und schließen Sie danach das Arbeitsblatt *Buchführung abstimmen - Feb*.

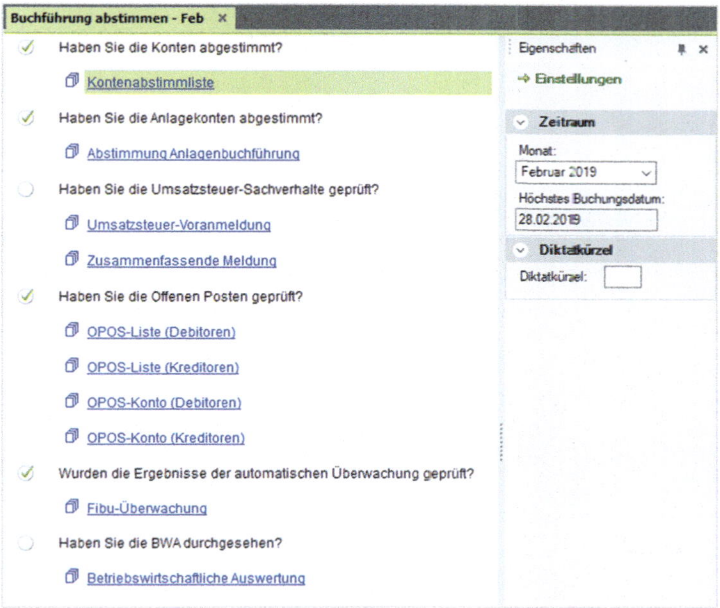

Bild 18.8 Abstimmarbeiten als Erledigt kennzeichnen

18.2 Monatliche Auswertungen der Buchhaltung

Natürlich dürfen die Buchungen nicht nur im Programm vorhanden sein, sondern müssen nach den Grundsätzen der GoB/GoBD ausgedruckt und abgelegt werden. Dazu zählen vor allem die nachfolgend aufgeführten Auswertungen:

- die Summen- und Saldenliste
- die Primanota
- das Journal
- die OP-Listen
- die Kontenblätter

Summen- und Saldenliste

Die Summen- und Saldenliste stellt Ihnen in unterschiedlichen Varianten (Grundauswertung, Abstimmliste und Zeitreihen) die Salden der Sach- und der Personenkonten (Debitoren und Kreditoren) dar. Die Kontenbewegungen werden im Soll und im Haben aufaddiert (kumuliert) dargestellt. Sie wird in erster Linie ausgedruckt, um die Buchungen zu kontrollieren und ggfs. Umbuchungen durchzuführen.

Um die Summen- und Saldenliste für den Monat auszudrucken, gehen Sie wie folgt vor:

1 Wählen Sie den Menüpunkt *Auswertungen* ▶ *Finanzbuchführung* ▶ *Summen- und Saldenliste* oder klicken Sie über die Navigationsübersicht *Finanzbuchführung* im geöffne-

ten Ordner *Finanzbuchführung auswerten* doppelt auf den Eintrag *Summen- und Saldenliste*.

Das Arbeitsblatt *Summen und Saldenliste* wird geöffnet (Bild 18.9). Über das Auswahlfeld *Auswertungsart* ❶ kann die Art bestimmt werden. Im Zusatzbereich *Eigenschaften* ❷ können Sie weitere Einstellungen für die Summen- und Saldenliste festlegen.

Bild 18.9 Summen und Salden

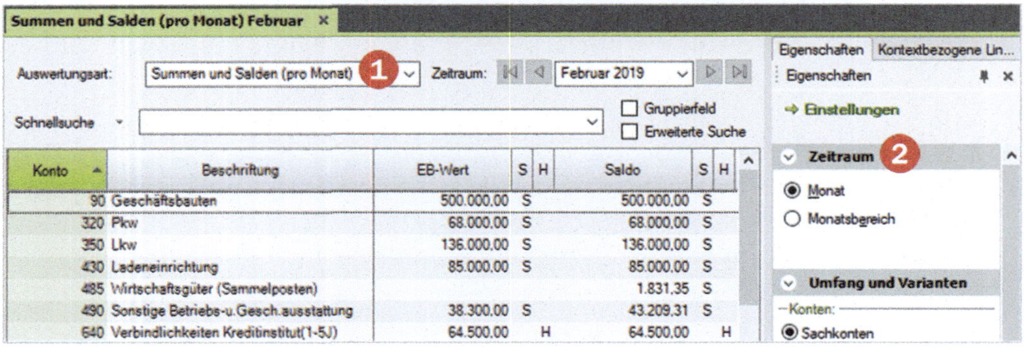

2 Klicken Sie in der Standardsymbolleiste auf das Symbol *Seitenansicht*, um sich die Summen- und Saldenliste in der Druckvorschau anzusehen. Sie erhalten die Summen- und Saldenliste für den ausgewählten Monat Februar 2019.

Bild 18.10 Seitenansicht Summen- und Saldenliste

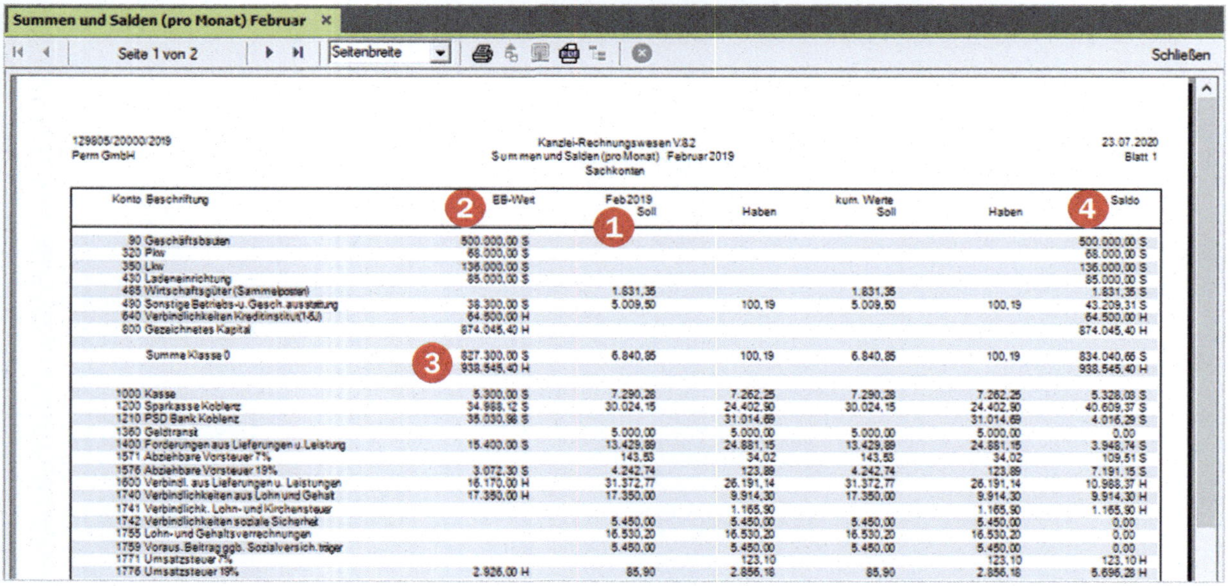

Summen und Salden (pro Monat) Februar

Seite 1 von 2 · Seitenbreite · Schließen

129805/20000/2019 · Perm GmbH

Kanzlei-Rechnungswesen V.8.2
Summen und Salden (pro Monat) Februar 2019
Sachkonten

23.07.2020 · Blatt 1

Konto Beschriftung	EB-Wert ❷	Feb2019 Soll ❶	Haben	kum. Werte Soll	Haben	Saldo ❹
90 Geschäftsbauten	500.000,00 S					500.000,00 S
320 Pkw	68.000,00 S					68.000,00 S
350 Lkw	136.000,00 S					136.000,00 S
430 Ladeneinrichtung	85.000,00 S					85.000,00 S
485 Wirtschaftsgüter (Sammelposten)		1.831,35		1.831,35		1.831,35 S
490 Sonstige Betriebs-u. Gesch. ausstattung	38.300,00 S	5.009,50	100,19	5.009,50	100,19	43.209,31 S
640 Verbindlichkeiten Kreditinstitut(1-5J)	64.500,00 H					64.500,00 H
800 Gezeichnetes Kapital	874.045,40 H					874.045,40 H
Summe Klasse 0 ❸	827.300,00 S 938.545,40 H	6.840,85	100,19	6.840,85	100,19	834.040,66 S 938.545,40 H
1000 Kasse	5.300,00 S	7.290,28	7.262,25	7.290,28	7.262,25	5.328,03 S
1200 Sparkasse Koblenz	34.988,12 S	30.024,15	24.402,90	30.024,15	24.402,90	40.609,37 S
1210 PSD Bank Koblenz	35.030,98 S		31.014,69		31.014,69	4.016,29 S
1360 Geldtransit		5.000,00	5.000,00	5.000,00	5.000,00	0,00
1400 Forderungen aus Lieferungen u. Leistung	15.400,00 S	13.429,89	24.881,15	13.429,89	24.881,15	3.948,74 S
1571 Abziehbare Vorsteuer 7%		143,53	34,02	143,53	34,02	109,51 S
1576 Abziehbare Vorsteuer 19%	3.072,30 S	4.242,74	123,89	4.242,74	123,89	7.191,15 S
1600 Verbindl. aus Lieferungen u. Leistungen	16.170,00 H	31.372,77	26.191,14	31.372,77	26.191,14	10.988,37 H
1740 Verbindlichkeiten aus Lohn und Gehalt	17.350,00 H	17.350,00	9.914,30	17.350,00	9.914,30	9.914,30 H
1741 Verbindlichk. Lohn- und Kirchensteuer			1.165,90		1.165,90	1.165,90 H
1742 Verbindlichkeiten soziale Sicherheit		5.450,00	5.450,00	5.450,00	5.450,00	0,00
1755 Lohn- und Gehaltsverrechnungen		16.530,20	16.530,20	16.530,20	16.530,20	0,00
1759 Voraus. Beitrag ggb. Sozialversich.träger		5.450,00	5.450,00	5.450,00	5.450,00	0,00
1771 Umsatzsteuer 7%			123,10		123,10	123,10 H
1776 Umsatzsteuer 19%	2.926,00 H	85,90	2.856,18	85,90	2.856,18	5.696,28 H

❶ Bewegungen im ausgewählten Monat Soll und Haben
❷ Anfangsbestände
❸ Summe Kontenklasse 0
❹ Schlusssalden des ausgewählten Monats

3 Um die Summen- und Saldenliste auszudrucken, klicken Sie in der Seitenansicht auf das Symbol *Drucken*.

Die Primanota

Die Primanota ist das Buchungserfassungsprotokoll, das alle Eingaben zu den Buchungssätzen eines Buchungsstapels darstellt. Um die Primanota auszudrucken, wählen Sie den Menüpunkt *Auswertungen* ▶ *Finanzbuchführung* ▶ *Primanota* oder klicken über die Navigationsübersicht *Finanzbuchführung* im geöffneten Ordner *Finanzbuchführung auswerten* doppelt auf den Eintrag *Primanota*.

Zunächst werden alle Buchungsstapel des ausgewählten Monats angezeigt. Markieren Sie mit einem Klick den gewünschten Buchungsstapel und klicken Sie auf *Öffnen*.

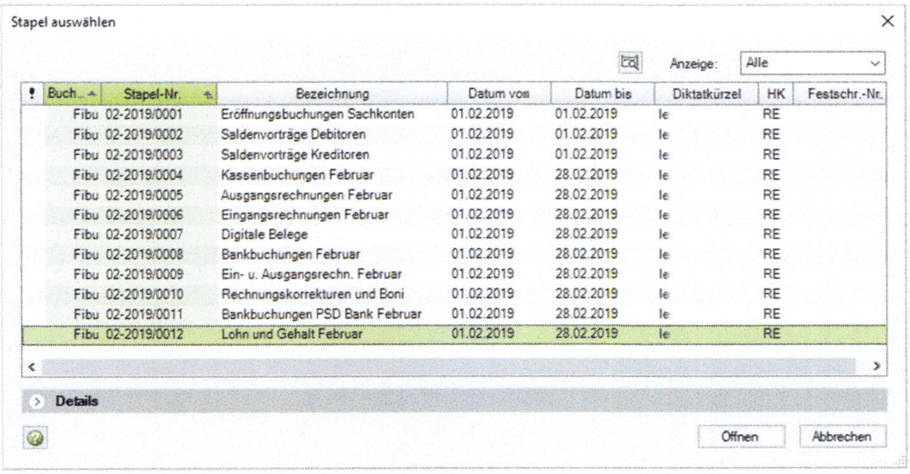

!	Buch...	Stapel-Nr.	Bezeichnung	Datum vom	Datum bis	Diktatkürzel	HK	Festschr.-Nr.
	Fibu	02-2019/0001	Eröffnungsbuchungen Sachkonten	01.02.2019	01.02.2019	le	RE	
	Fibu	02-2019/0002	Saldenvorträge Debitoren	01.02.2019	01.02.2019	le	RE	
	Fibu	02-2019/0003	Saldenvorträge Kreditoren	01.02.2019	01.02.2019	le	RE	
	Fibu	02-2019/0004	Kassenbuchungen Februar	01.02.2019	28.02.2019	le	RE	
	Fibu	02-2019/0005	Ausgangsrechnungen Februar	01.02.2019	28.02.2019	le	RE	
	Fibu	02-2019/0006	Eingangsrechnungen Februar	01.02.2019	28.02.2019	le	RE	
	Fibu	02-2019/0007	Digitale Belege	01.02.2019	28.02.2019	le	RE	
	Fibu	02-2019/0008	Bankbuchungen Februar	01.02.2019	28.02.2019	le	RE	
	Fibu	02-2019/0009	Ein- u. Ausgangsrechn. Februar	01.02.2019	28.02.2019	le	RE	
	Fibu	02-2019/0010	Rechnungskorrekturen und Boni	01.02.2019	28.02.2019	le	RE	
	Fibu	02-2019/0011	Bankbuchungen PSD Bank Februar	01.02.2019	28.02.2019	le	RE	
	Fibu	02-2019/0012	Lohn und Gehalt Februar	01.02.2019	28.02.2019	le	RE	

Bild 18.11 Buchungsstapel auswählen

Die Primanota des ausgewählten Buchungsstapels wird in einem zusätzlichen Arbeitsblatt geöffnet. Um sie auszudrucken, klicken Sie auf das Symbol *Fensterinhalt drucken*. Falls Sie die Primanota vor dem Druck in der Vorschau ansehen möchten, klicken Sie auf das Symbol *Seitenansicht*.

Hinweis: Diese Schritte müssen für jeden Buchungsstapel einzeln wiederholt werden.

Das Buchungsjournal

Unter dem Journal versteht man die Dokumentation aller Buchungssätze innerhalb eines Buchungsstapels. In ihm werden zusätzlich auch alle automatisch erstellten Buchungssätze (Vorsteuer-, Umsatzsteuer- und Skontobuchungen) aufgeführt. Es ist außerdem die Grundlage der Buchführung und muss gem. GoB und GoBD aufbewahrt werden.

Um das Journal für den Buchungsstapel *Ein- u. Ausgangsrechn. Februar* auszudrucken, gehen Sie wie folgt vor, diese Schritte müssen für jeden Buchungsstapel einzeln wiederholt werden:

1. Wählen Sie den Menüpunkt *Auswertungen* ▶ *Finanzbuchführung* ▶ *Journal*.
2. Klicken Sie im nächsten Schritt auf den Buchungsstapel *Ein- und Ausgangsrechn. Februar* (siehe Bild 18.12) und klicken Sie auf die Schaltfläche *Öffnen*.

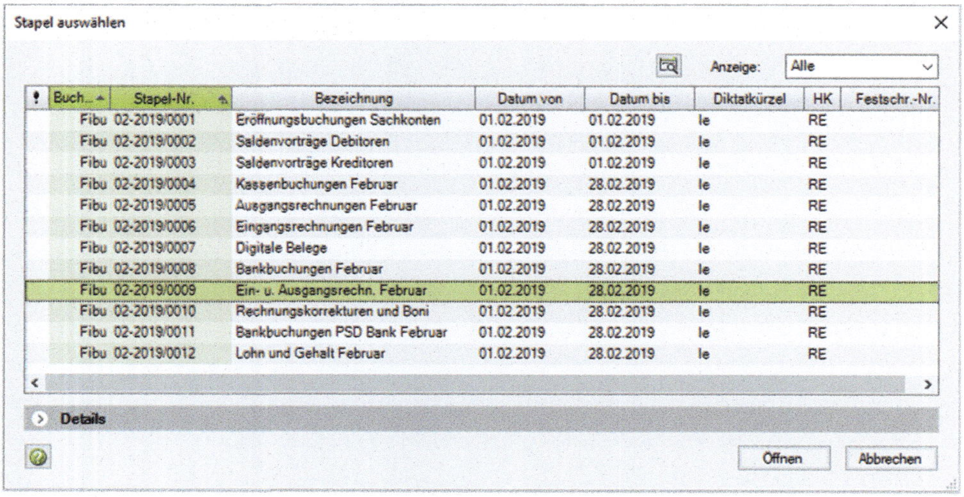

Stapel auswählen

Anzeige: Alle

!	Buch...	Stapel-Nr.	Bezeichnung	Datum von	Datum bis	Diktatkürzel	HK	Festschr.-Nr.
	Fibu	02-2019/0001	Eröffnungsbuchungen Sachkonten	01.02.2019	01.02.2019	le	RE	
	Fibu	02-2019/0002	Saldenvorträge Debitoren	01.02.2019	01.02.2019	le	RE	
	Fibu	02-2019/0003	Saldenvorträge Kreditoren	01.02.2019	01.02.2019	le	RE	
	Fibu	02-2019/0004	Kassenbuchungen Februar	01.02.2019	28.02.2019	le	RE	
	Fibu	02-2019/0005	Ausgangsrechnungen Februar	01.02.2019	28.02.2019	le	RE	
	Fibu	02-2019/0006	Eingangsrechnungen Februar	01.02.2019	28.02.2019	le	RE	
	Fibu	02-2019/0007	Digitale Belege	01.02.2019	28.02.2019	le	RE	
	Fibu	02-2019/0008	Bankbuchungen Februar	01.02.2019	28.02.2019	le	RE	
	Fibu	02-2019/0009	Ein- u. Ausgangsrechn. Februar	01.02.2019	28.02.2019	le	RE	
	Fibu	02-2019/0010	Rechnungskorrekturen und Boni	01.02.2019	28.02.2019	le	RE	
	Fibu	02-2019/0011	Bankbuchungen PSD Bank Februar	01.02.2019	28.02.2019	le	RE	
	Fibu	02-2019/0012	Lohn und Gehalt Februar	01.02.2019	28.02.2019	le	RE	

Details

Öffnen Abbrechen

Bild 18.12 Stapel auswählen

3 Das Journal zum ausgewählten Buchungsstapel *Ein- und Ausgangsrechn. Februar* wird in einem zusätzlichen Arbeitsblatt geöffnet.

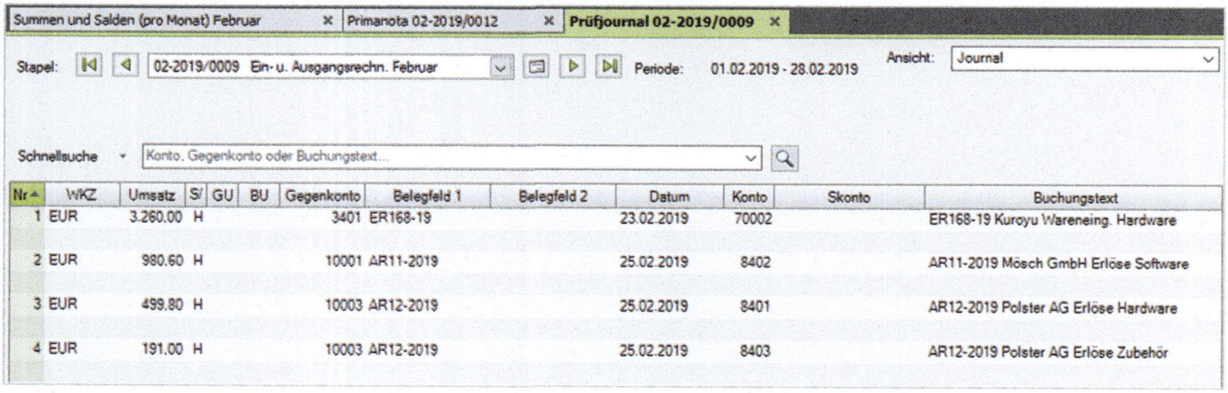

Summen und Salden (pro Monat) Februar | Primanota 02-2019/0012 | Prüfjournal 02-2019/0009

Stapel: 02-2019/0009 Ein- u. Ausgangsrechn. Februar Periode: 01.02.2019 - 28.02.2019 Ansicht: Journal

Schnellsuche: Konto, Gegenkonto oder Buchungstext...

Nr	WKZ	Umsatz	S/	GU	BU	Gegenkonto	Belegfeld 1	Belegfeld 2	Datum	Konto	Skonto	Buchungstext
1	EUR	3.260,00	H			3401	ER168-19		23.02.2019	70002		ER168-19 Kuroyu Wareneing. Hardware
2	EUR	980,60	H			10001	AR11-2019		25.02.2019	8402		AR11-2019 Mösch GmbH Erlöse Software
3	EUR	499,80	H			10003	AR12-2019		25.02.2019	8401		AR12-2019 Polster AG Erlöse Hardware
4	EUR	191,00	H			10003	AR12-2019		25.02.2019	8403		AR12-2019 Polster AG Erlöse Zubehör

Bild 18.13 Journal

Hinweis: Die automatisch erstellten Buchungen der Steuern werden weiter rechts angezeigt.

4 Klicken Sie anschließend auf das Symbol *Seitenansicht*, um das Journal für den ausgewählten Buchungsstapel in der Druckvorschau anzuzeigen. Neben den Buchungssätzen werden die automatisch erstellten Buchungen für die Vor- bzw. Umsatzsteuer mit der FIBU-Konto-Nr. und dem entsprechenden USt.-Betrag dokumentiert.

5 Um das Journal auszudrucken, klicken Sie auf das Symbol *Drucken*.

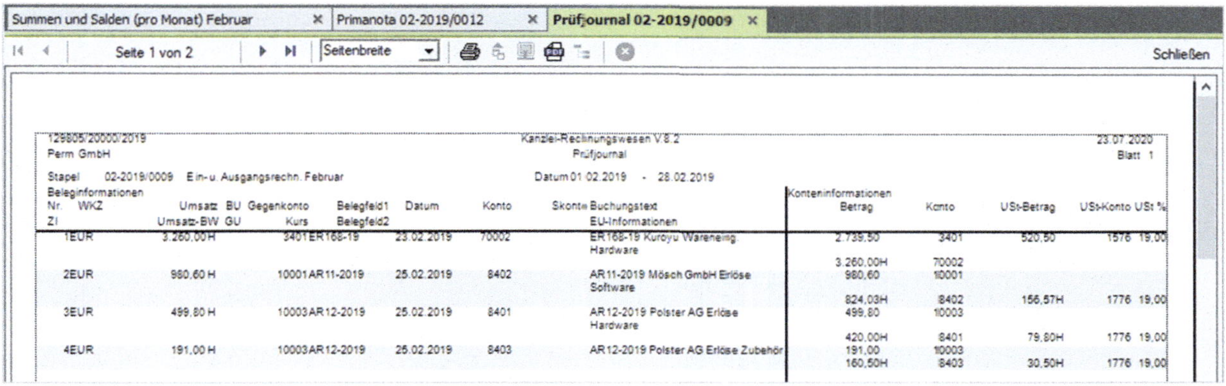

Bild 18.14 Seitenansicht Journal

Die Offene-Posten-Liste

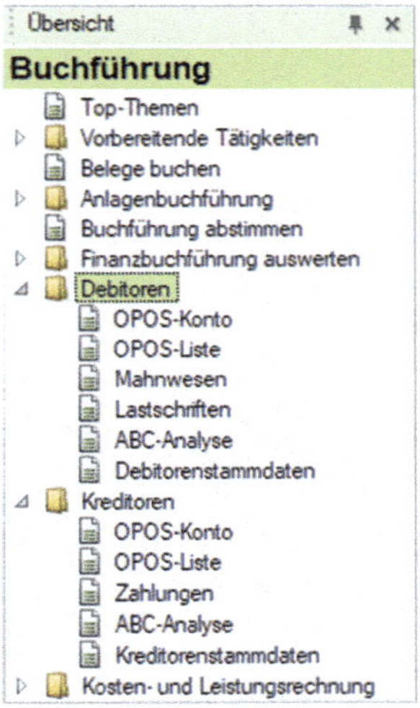

Im Bereich der Offene-Posten-Buchführung haben Sie bereits die OP-Auswertung ausführlich kennen gelernt und angewendet. Am Ende des Monats gehört die OP-Auswertung natürlich ebenfalls zum Auswertungspaket. Die wichtigsten Auswertungen nochmals im Überblick:

- **Debitoren:** Menüpunkt *Auswertungen* ▶ *Debitoren*. Analog dazu können Sie die Auswertungen auch in der Navigationsübersicht *Buchführung* und den Ordner *Debitoren* durchführen.
- **Kreditoren:** Menüpunkt *Auswertungen* ▶ *Kreditoren*. Analog können Sie die Auswertungen auch in der Navigationsübersicht *Buchführung* und den Ordner *Kreditoren* durchführen.

Beide können Sie über *OPOS-Konto*, *OPOS-Liste*, *ABC-Analyse* und über den Menüpunkt *Auswertungen* ▶ *Kreditoren* bzw. *Debitoren* ▶ *Fälligkeitsliste* auswerten.

Die Kontenblätter

Auf den Kontenblättern sind je Konto die einzelnen Buchungen verbucht und dargestellt. In der Theorie wird dies als T-Konto bezeichnet, im Programm DATEV Kanzlei-Rechnungswesen ist dies das Kontenblatt.

Je nach Größe der Buchhaltung werden die Kontenblätter am Ende des Monats oder am Jahresende komplett ausgedruckt oder elektronisch abgelegt. Empfehlenswert ist das Drucken am Jahresende, da sonst eventuelle Änderungen in den Monatsdaten erneut ausgedruckt werden müssten.

Um alle Kontenblätter auszudrucken, gehen Sie wie folgt vor:

1. Wählen Sie den Menüpunkt *Auswertungen* ▶ *Finanzbuchführung* ▶ *Kontoblatt* oder klicken Sie in der Navigationsübersicht, *Finanzbuchführung* im geöffneten Ordner *Finanzbuchführung auswerten* doppelt auf den Eintrag *Kontenblatt*. Das Arbeitsblatt *Kontoblatt* wird geöffnet (Bild 18.15).

Über den Zusatzbereich *Eigenschaften* ▶ *Einstellungen* ❶ können Sie den Zeitraum, der ausgedruckt werden soll, näher bestimmen.

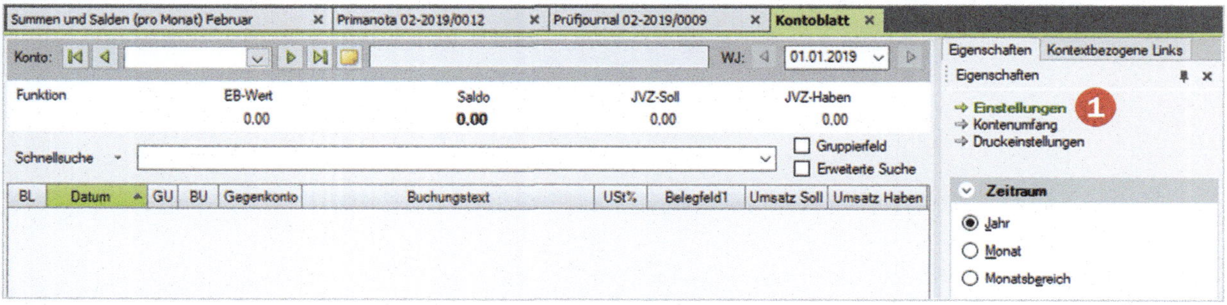

Bild 18.15 Kontoblatt

2 Um die Konten auszuwählen klicken Sie im Zusatzbereich *Eigenschaften* auf den Link *Kontenumfang* ❷.

Um ein bestimmtes Kontenblatt auszudrucken, können Sie im Bereich *Kontenumfang* per Mausklick das entsprechende Konto auswählen ❸ oder die Kontennummer eingeben ❹, siehe Bild 18.16.

3 Da gezeigt werden soll, wie man alle Konten ausdrucken könnte, wählen Sie die Option *Individueller Stapel* ❺.

Bild 18.16 Kontenblatt drucken

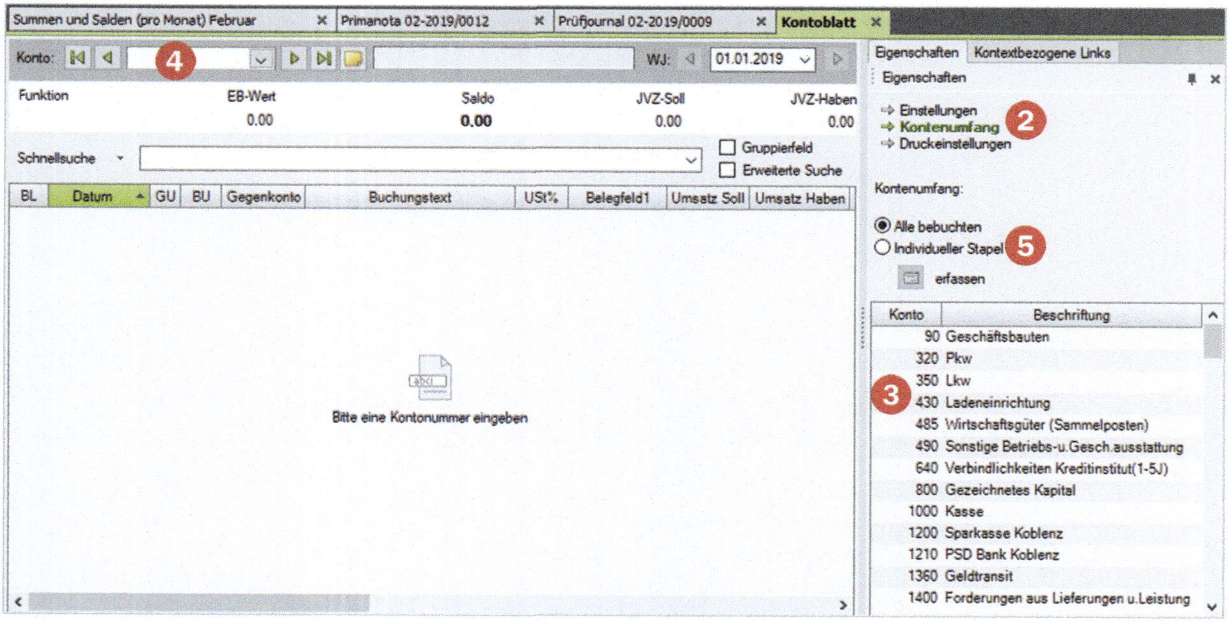

4 Das Fenster *Individuellen Stapel erfassen* wird angezeigt. Sie können hier die Kontenauswahl über einen individuellen Bereich von Konto bis Konto oder über Einzelkonten vornehmen.

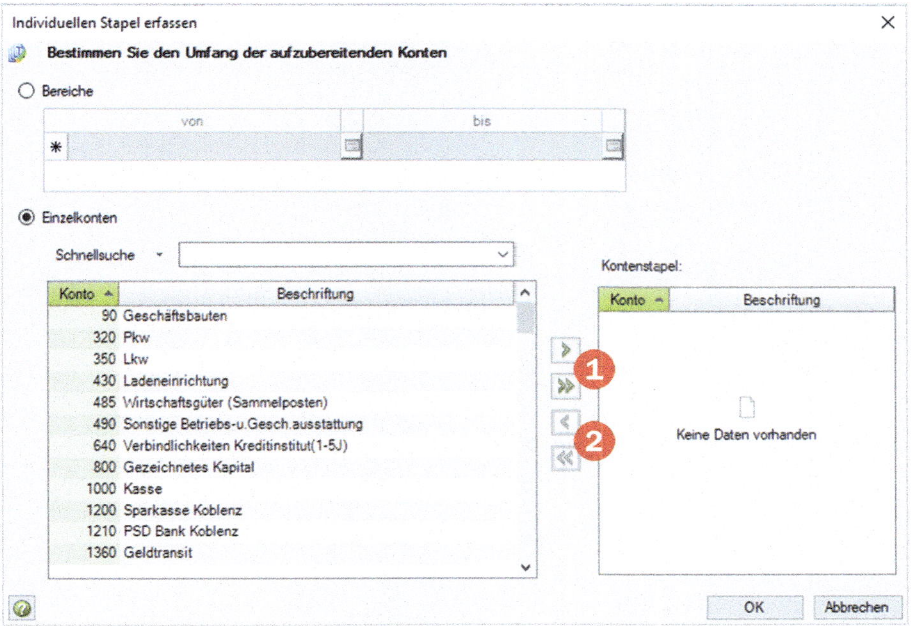

Bild 18.17 Individuellen Stapel erfassen

❶ Über diese Symbole lassen sich einzelne markierte Konten oder alle Konten dem Kontenstapel hinzufügen.

❷ Mit diesen Symbolen können einzelne markierte Konten oder alle Konten aus dem Kontenstapel entfernt werden.

5 Klicken Sie auf das Symbol [»], um alle Konten in den Kontenstapel einzufügen und klicken Sie anschließend auf *OK*.

!

6 Klicken Sie nun auf ein beliebiges Konto, im Beispiel in Bild 18.18 das Konto *1000 Kasse* und klicken Sie auf das Symbol *Seitenansicht* . Es werden alle Kontenblätter angezeigt und könnten ggf. (**Achtung! 69 Seiten - Bitte nicht drucken!**) ausgedruckt werden.

Bild 18.18 Beliebiges Konto auswählen

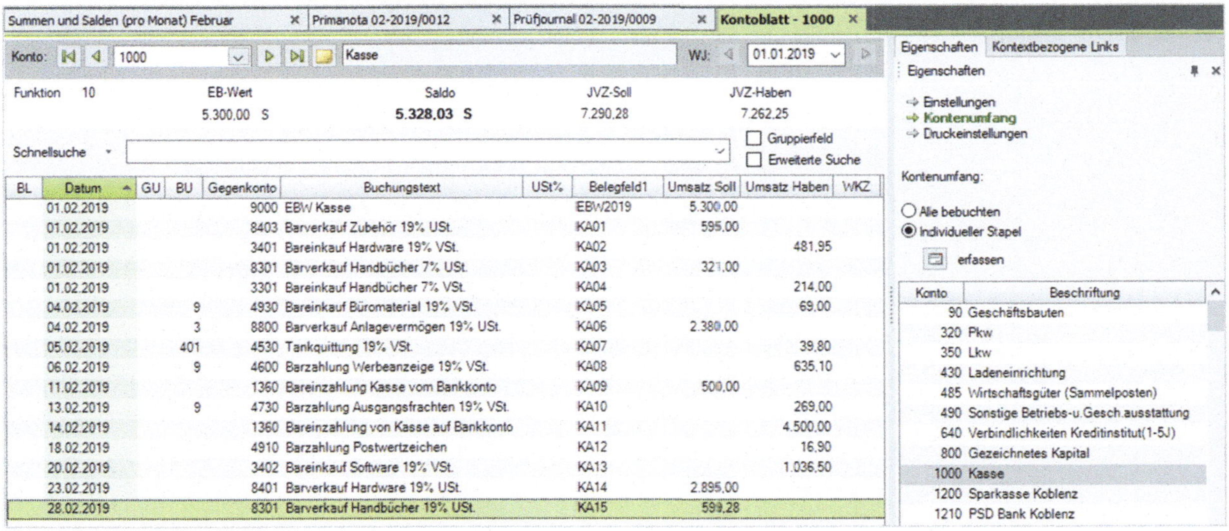

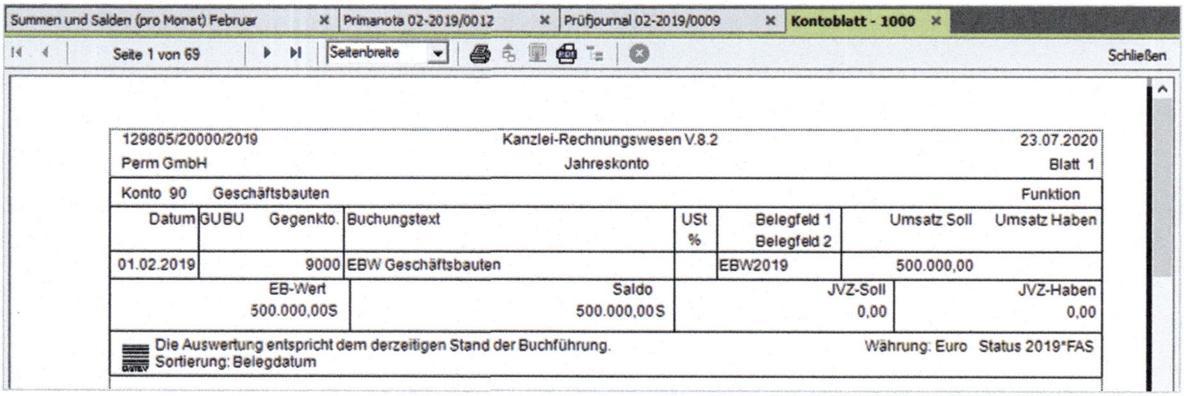

129805/20000/2019	Kanzlei-Rechnungswesen V.8.2	23.07.2020
Perm GmbH	Jahreskonto	Blatt 1
Konto 90 Geschäftsbauten		Funktion

Datum	GUBU	Gegenkto.	Buchungstext	USt %	Belegfeld 1 / Belegfeld 2	Umsatz Soll	Umsatz Haben
01.02.2019		9000	EBW Geschäftsbauten		EBW2019	500.000,00	

EB-Wert	Saldo	JVZ-Soll	JVZ-Haben
500.000,00S	500.000,00S	0,00	0,00

Die Auswertung entspricht dem derzeitigen Stand der Buchführung. Sortierung: Belegdatum — Währung: Euro Status 2019*FAS

Bild 18.19 Seitenansicht

7 Klicken Sie in der Seitenansicht auf die Schaltfläche *Schließen*.

Die Lösungen zu den Aufgaben finden Sie im Lösungsbuch.

Übung: Auswertungslisten drucken

Aufgabe 1

Herr Wichtig, unser mitwirkender Steuerberater, möchte folgende Auswertungen erhalten:

Das Journal mit den Buchungsstapel *Ein- und Ausgangsrechn. Februar* und die Summen- und Saldenliste für den Monat Februar.

Aufgabe 2

Herr Münchbacher möchte das Kontenblatt der Sparkasse Koblenz ausgedruckt erhalten.

Aufgabe 3

Schließen Sie alle Arbeitsblätter.

18.3 Buchungsstapel festschreiben

Die Grundsätze ordnungsgemäßer Buchführung verlangen, dass das Buchhaltungsprogramm so gestaltet sein muss, dass es bestimmten gesetzlichen Anforderungen genügt.

Die GoB und GoBD verlangen, dass alle Geschäftsvorgänge verbucht sind. Die Buchungen müssen endgültig verbucht sein und dürfen nicht mehr verändert werden. In DATEV Kanzlei-Rechnungswesen erreicht man dies durch die Festschreibung der Buchungsstapel. Der Zeitpunkt, zu dem die Buchungen festgeschrieben wurden, gilt als Buchungszeitpunkt.

Wiederholungsübung: Datensicherung

Um den Stand der Buchhaltung zu sichern, erstellen Sie vorab eine Datensicherung.

Aufgabe 1

Beenden Sie das Programm DATEV Kanzlei-Rechnungswesen und führen Sie in DATEV Arbeitsplatz, Arbeitsblatt *Rechnungswesen* ▶ *Buchführung*, über den rechten Zusatzbereich mithilfe des Programms *Bestandsdienste Rechnungswesen* eine Datensicherung durch.

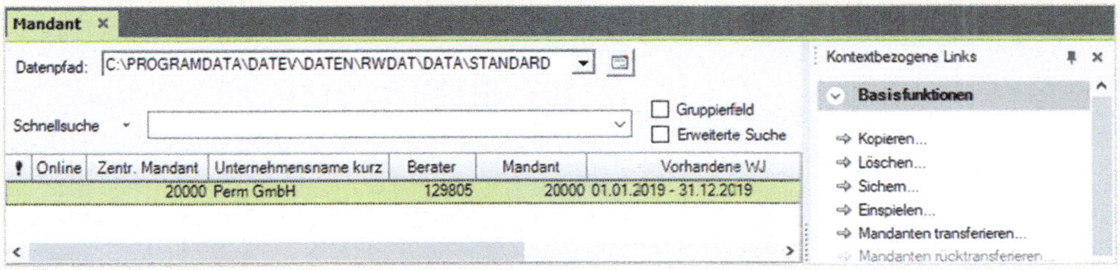

Aufgabe 2

Sichern Sie Ihren Mandanten Perm GmbH.

Aufgabe 3

Beenden Sie das Programm *Bestandsdienste Rechnungswesen* und öffnen Sie anschließend den Mandanten Perm GmbH im Programm DATEV Kanzlei-Rechnungswesen.

Um die Buchungsstapel für den Monat Februar festzuschreiben, gehen Sie so vor:

1 Wählen Sie den Menüpunkt *Erfassen* ▶ *Stapel festschreiben/verwalten* oder klicken in der Navigationsübersicht, *Finanzbuchführung* im geöffneten Ordner *Abschließende Tätigkeiten* doppelt auf den Eintrag *Stapel festschreiben/verwalten*.

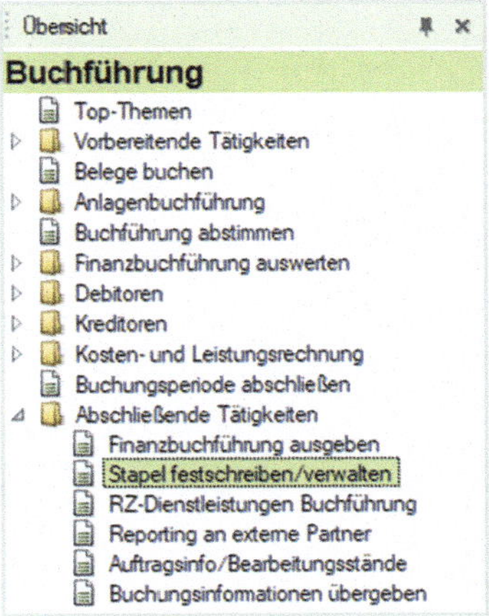

Anmerkung: Am Aufbau der Navigationsübersicht *Buchführung* ist zu erkennen dass die Einträge entsprechend der Arbeit in der Buchhaltung chronologisch von den vorbereitenden Tätigkeiten bis zu den abschließenden Tätigkeiten aufgebaut sind.

Es werden nun alle Buchungsstapel des Monats Februar 2019 angezeigt. Mit Klick auf die Kontrollkästchen in der linken Spalte können Sie einen oder mehrere Buchungsstapel zum Festschreiben auswählen. In der ersten Zeile können Sie mit Klick auf das Kontrollkästchen *Periode: Februar (12 Einträge)* alle Buchungsstapel auswählen.

!

2 Aktivieren Sie das Kontrollkästchen der Zeile *Periode: Februar (12 Einträge)* ❶, um alle Buchungsstapel auszuwählen und klicken Sie abschließend auf die Schaltfläche *Festschreiben* ❷.

Bild 18.20 Stapel auswählen

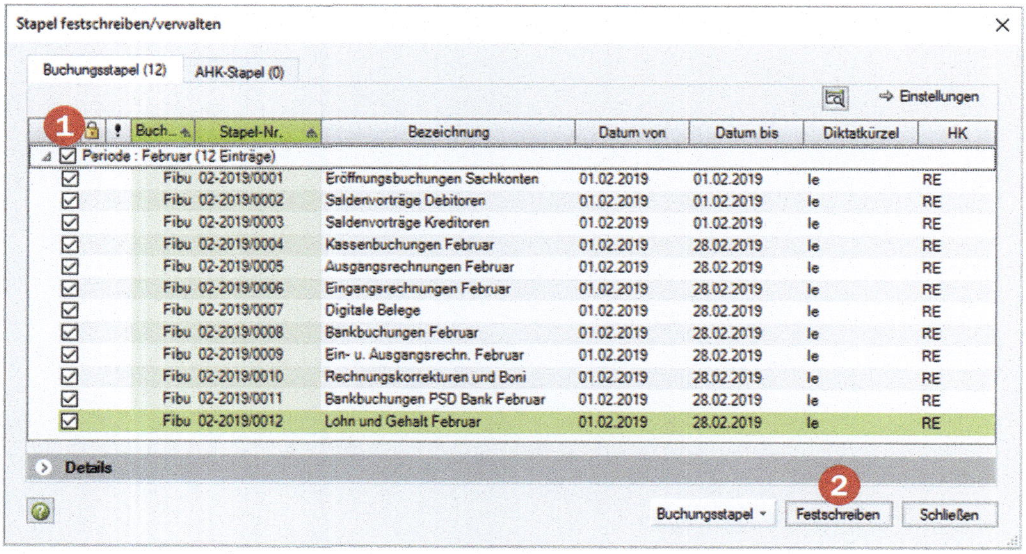

3 Sie erhalten zunächst einen Hinweis auf die Bedeutung des Festschreibens (Bild 18.21), klicken Sie auf die Schaltfläche *Ja*, um fortzufahren.

4 Anschließend erhalten Sie zusätzlich den Hinweis auf die Festschreibungsnummer, den Sie mit Klick auf die Schaltfläche *OK* bestätigen.

Bild 18.21 Hinweise

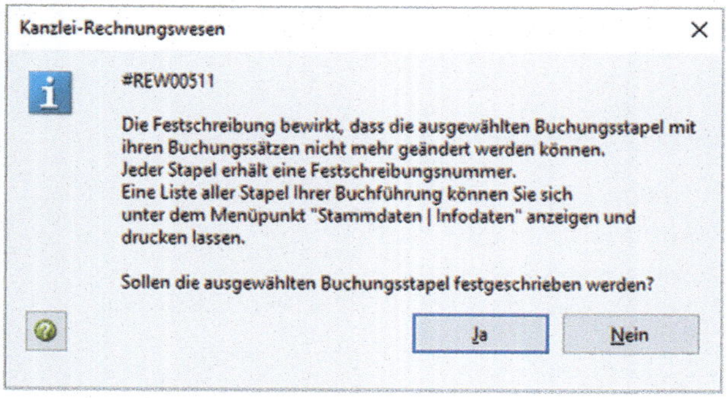

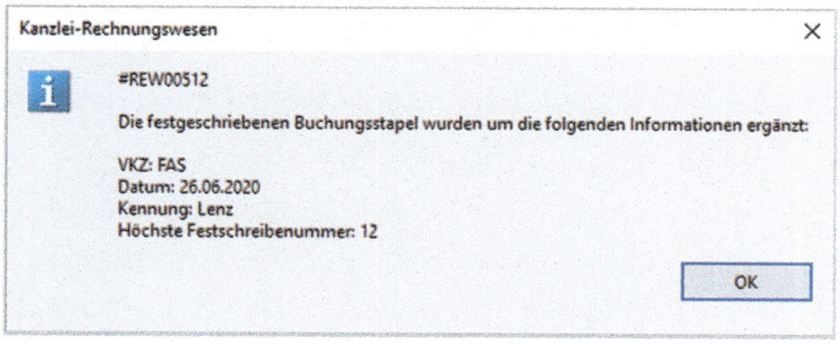

5 Alle Buchungsstapel vom Monat Februar 2019 Firma Perm GmbH sind nun festgeschrieben. Schließen Sie das Fenster *Stapel festschreiben/verwalten*.

6 Klicken Sie auf den Menüpunkt *Stammdaten* ▶ *Infodaten...*, um die festgeschriebenen Buchungsstapel anzuzeigen ❸.

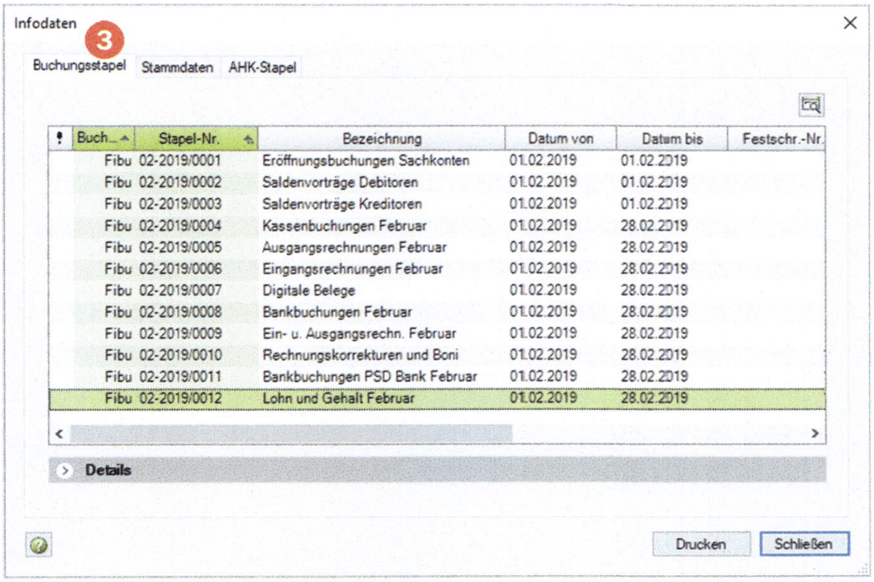

Bild 18.22 Infodaten

7 Klicken Sie auf das Register *Stammdaten* 4. Hier sehen Sie, dass die Buchungen verarbeitet wurden (Bild 18.23).

Bild 18.23 Stammdaten

Hinweis: Die Infodaten gehören mit zu den nachzuweisenden Druckunterlagen und müssen beim Monatsabschluss über diesen Befehl über die Schaltfläche *Drucken* ausgedruckt und aufbewahrt werden. Wenn die Buchhaltung über das DATEV-Rechenzentrum durchgeführt wird, werden die Stapel, sobald sie ans Rechenzentrum gesendet wurden, automatisch festgeschrieben.

8 Klicken Sie abschließend auf die Schaltfläche *Schließen*.

Wiederholungsübung: Datensicherung

Aufgabe 1

Sichern Sie jetzt nochmals den Mandanten Perm GmbH.

Achtung: Die Vorabdatensicherung wurde erstellt, damit bei Problemen beim Festschreiben von Buchungsstapeln eine Datensicherung vor dem Festschreiben vorhanden ist. Diese kann ggf. wieder eingespielt werden.

Beenden Sie das Programm DATEV Kanzlei-Rechnungswesen und führen Sie über DATEV Arbeitsplatz, Arbeitsblatt *Rechnungswesen* ▶ *Buchführung*, über den rechten Zusatzbereich mithilfe des Programms *Bestandsdienste Rechnungswesen* eine Datensicherung durch.

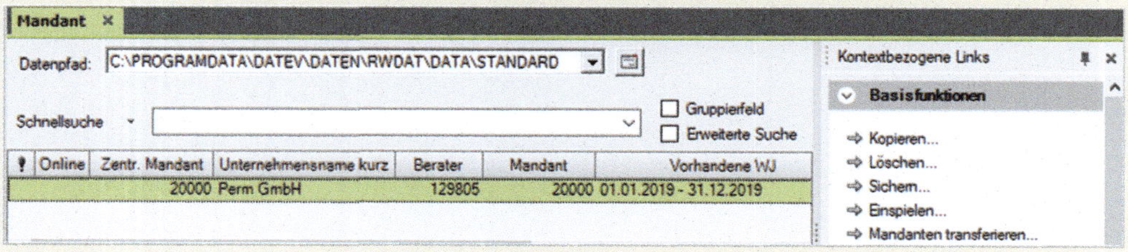

Aufgabe 2

Beenden Sie das Programm *Bestanddienste Rechnungswesen* und öffnen Sie anschließend den Mandanten Perm GmbH im Programm DATEV Kanzlei-Rechnungswesen.

18.4 Generalumkehrbuchungen (Stornierungen)

Nachdem die Buchungsstapel festgeschrieben wurden, existieren auch keine Buchungsstapel mehr. Wenn Sie den Menüpunkt *Erfassen* ▶ *Belege buchen* wählen, muss zunächst wieder ein neuer Buchungsstapel angelegt werden, damit neue Buchungen erfasst werden können.

Es kommt natürlich in der Praxis vor, dass ein Buchungsfehler erst nachträglich festgestellt wird. Wenn die Buchungsstapel festgeschrieben wurden, muss in diesem Fall eine Stornierung des Buchungssatzes erfolgen. Die Stornierung einer Buchung in DATEV Kanzlei-Rechnungswesen heißt Generalumkehrbuchung.

Bei der Generalumkehr müssen zwei Fälle unterschieden werden:

- **Fall A:** Die Buchung ist falsch und wird komplett storniert.
- **Fall B:** Die Buchung muss aufgrund eines Fehlers geändert werden.

Eine falsche Buchung komplett stornieren

Ausgangssituation zu Fall A

Der Buchhaltung liegt eine Stornorechnung der Firma König, Koblenz vor. Es betrifft die Reparatur eines Kopierers in Höhe von 198,52 EUR. Der Lieferant schickte eine Stornorechnung, weil die Reparatur über Kulanz erfolgte. Es handelt sich um folgende Buchung, Buchungssatz:

Soll	Betrag	an	Haben	Betrag
4805 Reparatur/Instandh. Betriebs- u. Gesch.	198,52 EUR		98000 Diverse Lieferanten	198,52 EUR

Diese Buchung muss storniert werden.

Um die Buchung zu stornieren, muss zunächst ein neuer Buchungsstapel angelegt werden, in dem die Generalumkehrbuchungen (Stornierungen) aufgeführt werden.

Wiederholungsübung: Buchungsstapel anlegen

Legen Sie für den Monat Februar einen neuen Buchungsstapel mit der Bezeichnung *Korrekturen Februar* mit Ihrem Diktatkürzel an.

1 Zunächst muss die Buchung über die Reparatur des Kopierers gesucht werden. Wechseln Sie daher mit Klick auf das Symbol *FIBU-Konto anzeigen* zur FIBU-Konto Ansicht. Der Buchungsstapel *Korrekturen Februar* wird angezeigt.

2 Geben Sie im Feld *Konto* die Kontonummer 98000 des Sammellieferanten *Diverse Lieferanten* ein. Nun werden alle Buchungssätze zum Sammellieferanten *98000 Diverse Lieferanten* angezeigt. Die zu stornierende Buchung für die Reparaturrechnung wird in der ersten Buchungszeile angezeigt (Bild 18.24).

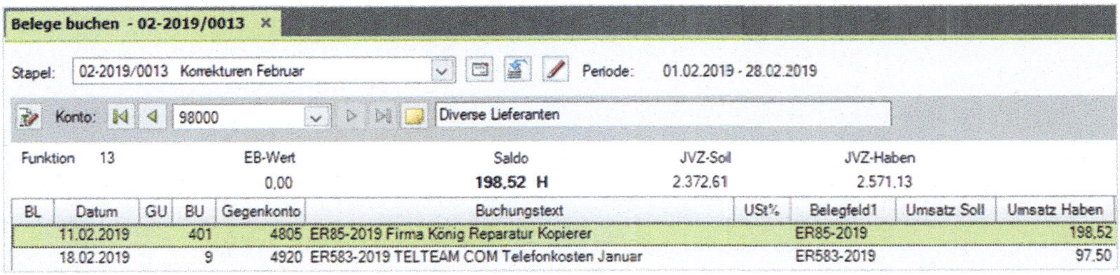

Bild 18.24 Buchungssätze anzeigen

3 Damit die Generalumkehrbuchung exakt am Bildschirm nachverfolgt werden kann, können Sie über den Zusatzbereich *Eigenschaften* ▶ *Einstellungen* den Bezug ändern. Wählen Sie anstatt der Standardeinstellung *Bezug zum Gegenkonto* die Einstellung *kein Bezug*.

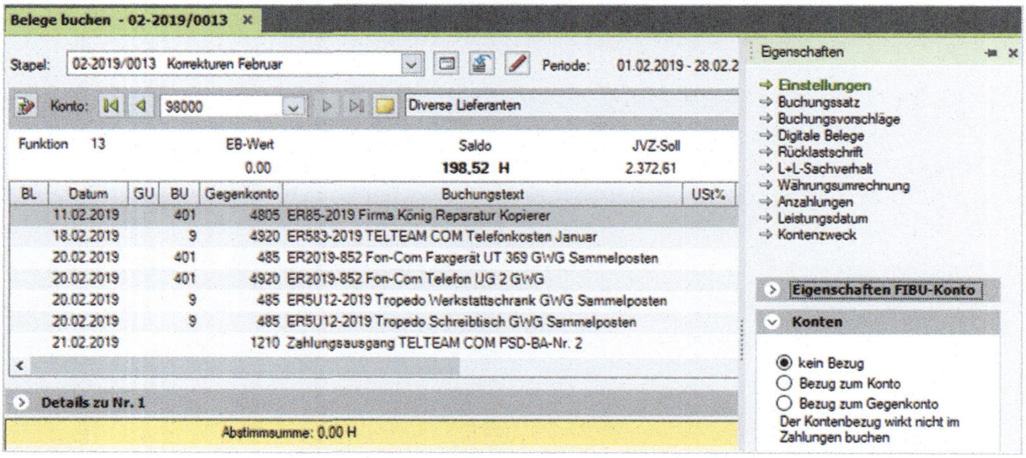

Bild 18.25 Buchungsstapel Korrekturen Februar

Bei festgeschriebenen Buchungsstapeln können Sie über diese Einstellung bequem die fehlerhaften Buchungen stornieren und das Verhalten des Stornierungsvorganges und die Änderungen leicht nachvollziehen.

4 Um die Reparaturrechnung zu stornieren, klicken Sie mit der rechten Maustaste auf den Buchungssatz *ER85-2019 Firma König Reparatur Kopierer* ❶ und wählen den Befehl *Generalumkehr-Buchung erstellen* ❷.

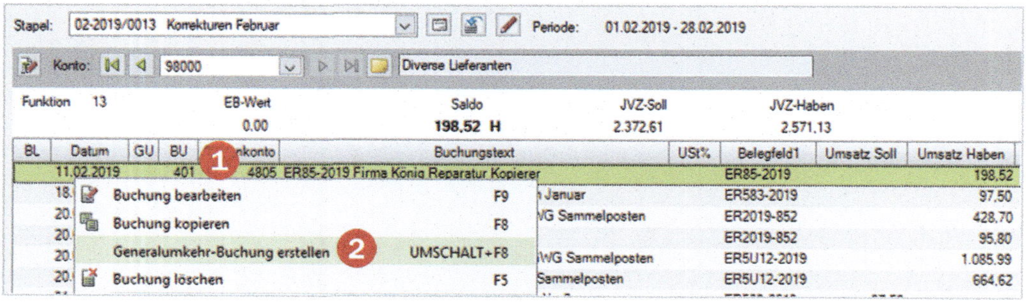

Bild 18.26 Buchungssatz auswählen

Dadurch wird der Buchungssatz in die Buchungsmaske übernommen und als Habenbuchung (Umkehr) angezeigt. Im Feld *Generalumkehr GU* ist der Schlüssel *G* für Generalumkehr eingetragen ❸ (Bild 18.27).

5 Geben Sie im Feld *Buchungstext* ER85-2019 König Rep. Kopierer Storno Kulanz ein und klicken Sie abschließend auf das Symbol *Buchung übernehmen*.

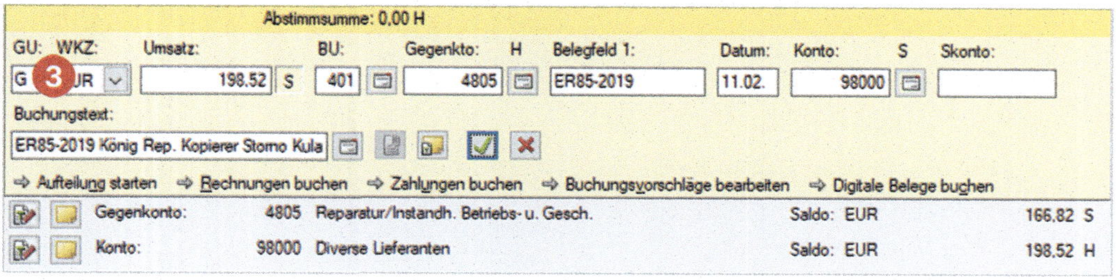

Bild 18.27 Stornobuchung erfassen

6 Die Buchung ist storniert und wird in der Übersicht angezeigt.

Hinweis: Da weder zum Feld *Konto* noch zum Feld *Gegenkonto* (*kein Bezug*) der Bezug eingestellt ist, wird die Auswirkung der Stornierung auf dem Konto *98000 Diverse Lieferanten* direkt ersichtlich. Der Umsatzbetrag wird automatisch als Minus-Betrag dargestellt.

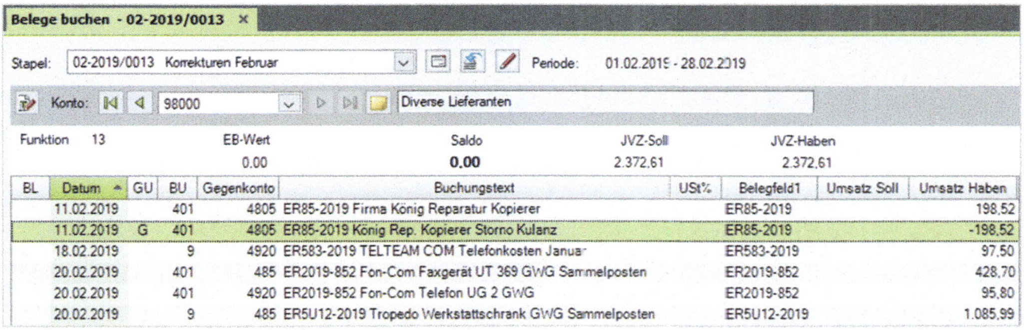

BL	Datum	GU	BU	Gegenkonto	Buchungstext	USt%	Belegfeld1	Umsatz Soll	Umsatz Haben
	11.02.2019		401	4805	ER85-2019 Firma König Reparatur Kopierer		ER85-2019		198,52
	11.02.2019	G	401	4805	ER85-2019 König Rep. Kopierer Storno Kulanz		ER85-2019		-198,52
	18.02.2019		9	4920	ER583-2019 TELTEAM COM Telefonkosten Januar		ER583-2019		97,50
	20.02.2019		401	485	ER2019-852 Fon-Com Faxgerät UT 369 GWG Sammelposten		ER2019-852		428,70
	20.02.2019		401	4920	ER2019-852 Fon-Com Telefon UG 2 GWG		ER2019-852		95,80
	20.02.2019		9	485	ER5U12-2019 Tropedo Werkstattschrank GWG Sammelposten		ER5U12-2019		1.085,99

Bild 18.28 Die Stornobuchung in der Übersicht

7 Wechseln Sie mit Klick auf das Symbol *Primanota anzeigen* zur Primanota-Ansicht.

In der Primanota wird der Buchungssatz als erste Buchungsnummer angezeigt und kann selbstverständlich geändert werden, da dieser Buchungsstapel noch nicht festgeschrieben ist.

Hinweis: Wenn Sie mit Klick auf das Symbol *OPOS-Konto anzeigen* zur Ansicht OPOS-Konto wechseln, werden Sie feststellen, dass keine offenen Posten vom Lieferanten *98000 Diverse Lieferanten* aufgeführt sind.

Buchung aufgrund eines Fehlers ändern

Ausgangssituation zu Fall B

Herr Münchbacher weist uns darauf hin, dass im Bereich der offenen-Posten-Buchführung ein Fehler vorliegt. Nach Prüfung der Rechnungen in der Abteilung Verkauf wurde festgestellt, dass der Betrag einer Rechnung falsch erfasst sein muss.

Es handelt sich um folgende Ausgangsrechnung:
Verkauf von Hardware an die Kundin Klein Wilma, Konto 10002 vom 04.02.2019, BelegNr. AR04-2019, Bruttogesamtbetrag: 890,00 EUR.

Falscher Betrag; nicht 890,00 EUR, sondern 980,00 EUR

Diese Buchung muss aufgrund des Fehlers geändert werden. Eine Änderung bedarf bei festgeschriebenen Buchungsstapeln mindestens zweier Buchungssätze: Ein Buchungssatz für die Generalumkehrbuchung (Stornierung) des falschen Buchungssatzes und mindestens ein Buchungssatz für die neue korrekte Buchung. So gehen Sie vor:

1 Wechseln Sie mit Klick auf das Symbol *FIBU-Konto anzeigen* zur FIBU-Konto Ansicht und geben die Debitorennummer 10002 der Kundin Klein, Wilma ein. Alle Buchungen zum Debitor (Kunden) werden Ihnen angezeigt (Bild 18.29).

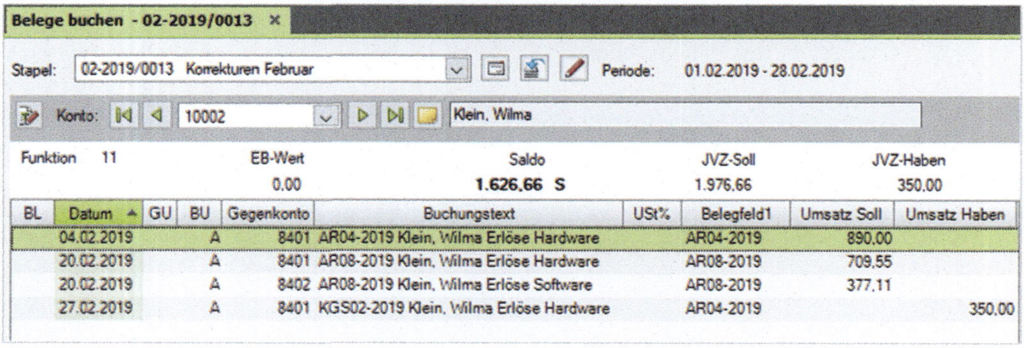

Bild 18.29 Buchungen anzeigen

2 Die Buchung vom 04.02.2019, AR04-2019 mit dem Betrag von 890,00 EUR, muss zunächst storniert werden.

Wichtiger Hinweis: Wenn Sie versuchen, die Buchung mit Doppelklick zu bearbeiten oder die Entf-Taste drücken, werden Sie die Meldung erhalten, dass die Buchung nicht geändert oder gelöscht werden kann, da sie sich in einem festgeschriebenen Stapel befindet. Sie kann lediglich über eine Generalumkehrbuchung storniert werden.

3 Klicken Sie mit der rechten Maustaste auf die *AR04-2019* vom 04.02.2019, Erlöse Hardware und wählen Sie den Befehl *Generalumkehr-Buchung erstellen*.

Hinweis: Eine Generalumkehrbuchung können Sie auch mit der Tastenkombination Umschalt+F8 oder dem Menübefehl *Bearbeiten* ▶ *Generalumkehr-Buchung erstellen* anwenden.

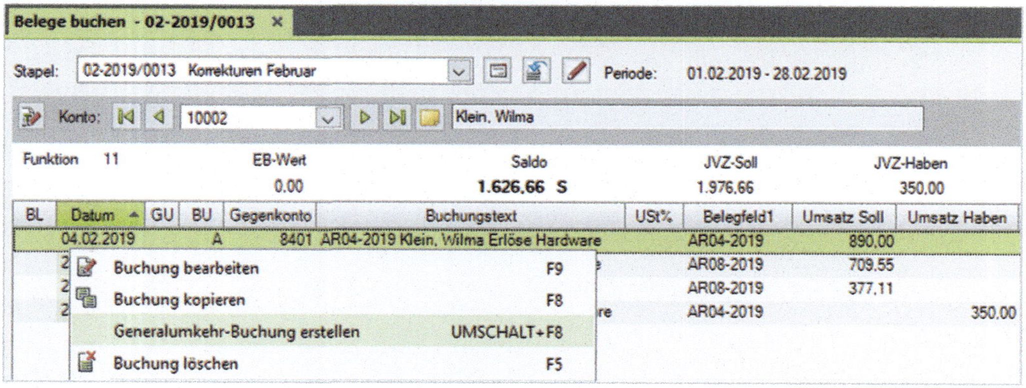

Bild 18.30 Buchung auswählen

4 Als Ergebnis wird die Generalumkehrbuchung in die Buchungsmaske als Sollbuchung übernommen. Im Feld *Generalumkehr GU* ist der Schlüssel *G* für Generalumkehr eingetragen. Ergänzen Sie den Buchungstext um den Vermerk Storno und klicken Sie auf das Symbol *Buchung übernehmen* (Bild 18.31).

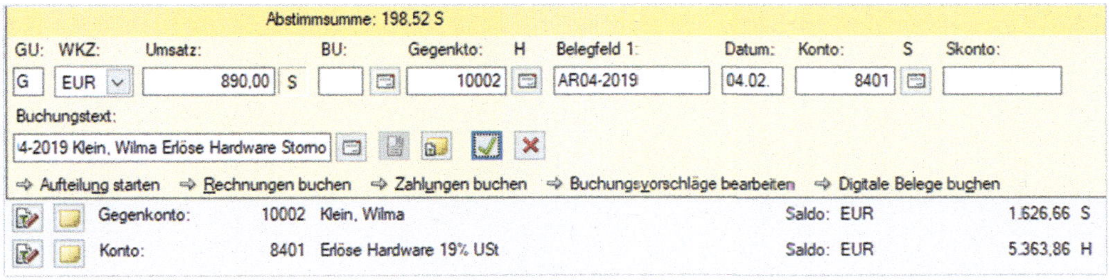

Bild 18.31 Buchungssatz

Die Buchung ist storniert und wird in der Übersicht angezeigt. Der Betrag wird nun als Minusbetrag aufgeführt (Bild 18.32).

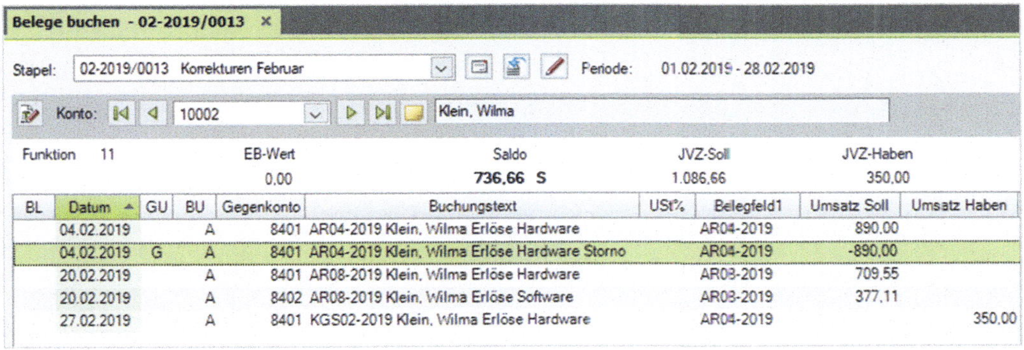

BL	Datum	GU	BU	Gegenkonto	Buchungstext	USt%	Belegfeld1	Umsatz Soll	Umsatz Haben
	04.02.2019		A	8401	AR04-2019 Klein, Wilma Erlöse Hardware		AR04-2019	890,00	
	04.02.2019	G	A	8401	AR04-2019 Klein, Wilma Erlöse Hardware Storno		AR04-2019	-890,00	
	20.02.2019		A	8401	AR08-2019 Klein, Wilma Erlöse Hardware		AR08-2019	709,55	
	20.02.2019		A	8402	AR08-2019 Klein, Wilma Erlöse Software		AR08-2019	377,11	
	27.02.2019		A	8401	KGS02-2019 Klein, Wilma Erlöse Hardware		AR04-2019		350,00

Bild 18.32 Übersicht

Hinweis: In der Primanota wird in der Spalte *GU*=Generalumkehr der Schlüssel *G* angezeigt. Der Schlüssel *G* steht für Generalumkehr. Der Schlüssel *A* bedeutet, dass es sich bei dem gebuchten Konto um ein Automatikkonto handelt. Die Umsatzsteuer wird dadurch automatisch korrigiert.

5 Die Buchung ist mit diesem Schritt noch nicht erledigt, da nun die korrekte Buchung mit dem Betrag von 980,00 EUR gebucht werden muss. Geben Sie die Buchung mit dem richtigen Rechnungsbetrag wie folgt ein und klicken Sie auf das Symbol *Buchung übernehmen*. Die neue korrekte Buchung ist nun mit dem richtigen Rechnungsbetrag erfasst.

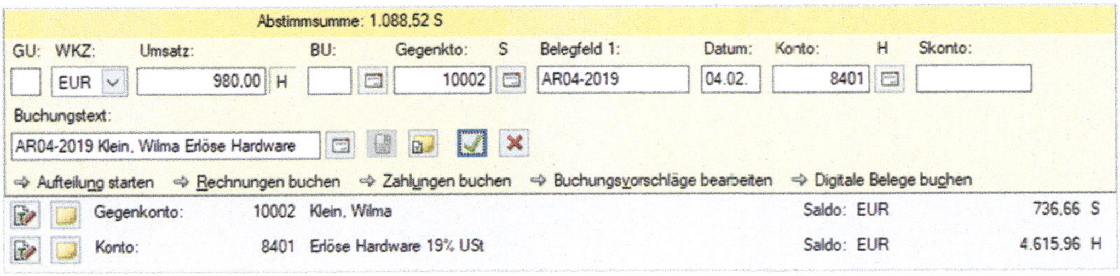

Bild 18.33 Korrekte Buchung erfassen

6 Wechseln Sie abschließend mit Klick auf das Symbol *Primanota anzeigen* zur Primanota-Ansicht. Hier sehen Sie als Ergebnis zwei Buchungssätze für die Korrektur (Bild 18.34): Buchungssatz Nr. 2, Generalumkehr (Stornierung) und Buchungssatz Nr. 3, die neue korrekte Buchung.

Bild 18.34 Primanota

Belege buchen - 02-2019/0013

Stapel: 02-2019/0013 Korrekturen Februar   Periode: 01.02.2019 - 28.02.2019

!	BL	Nr.	WKZ	Umsatz	S/H	GU	BU	Gegenkonto	Belegfeld 1	Datum	Konto	Skonto	Buchungstext
				0.00									Abstimmsumme
		1		198.52		G	401	4805	ER85-2019	11.02.2019	98000		ER85-2019 König Rep. Kopierer Storno Kulanz
		2		890.00		G		10002	AR04-2019	04.02.2019	8401		AR04-2019 Klein, Wilma Erlöse Hardware Storno
		3		980.00	H			10002	AR04-2019	04.02.2019	8401		AR04-2019 Klein, Wilma Erlöse Hardware

Übung: Generalumkehrbuchungen und Korrekturbuchungen erstellen

Die Lösungen zu den Übungen finden Sie im Lösungsbuch.

Aufgabe 1

Herr Münchbacher hat eine zweite Rechnung entdeckt, bei der ein erheblicher Fehler vorliegt. Die Rechnung wurde völlig falsch fakturiert.

Verkauf von Hardware an den Kunden Franz Tischler, Köln vom 20.02.2019, BelegNr. AR09-2019, Gesamtbetrag: korrekter Betrag: 33.980,45 EUR, gebucht: 398,00 EUR

Erstellen Sie zum Vorgang eine Generalumkehr.

Da es sich bei der Generalumkehrbuchung um einen digitalen Beleg handelt, liegt Ihnen die korrekte Ausgangsrechnung wie folgt vor:

Zu finden im Ordner: Download\Kap_18

Datei: AR09-2019 Tischler Franz 20.02.2019.pdf

Perm GmbH
Hard- und Software
Lohrstraße 45
56068 Koblenz

PM

Telefon 0261 125253
FAX 0261 1252800
Internet: www.perm.de
E-Mail: info@perm.de

Rechnungsdatum: 20.02.2019

Herrn
Franz Tischler
Vogelberg 70
50667 Köln

Wir lieferten Ihnen am 20.02.2019 mit Lieferschein LS12-2019

Rech-Nr.: AR09-2019
Debitoren-Nr: 10004

ArtNr.	Artikel	Menge	Einzelpreis	Gesamtpreis
160	LED Monitor Excelsior 27"	25	390,00 €	9.750,00 €
123	PC Hightech 2019	20	630,00 €	12.600,00 €
135	Laptop 24" LED Pulstar	5	850,00 €	4.250,00 €
115	Server Hightech 2019	1	1.955,00 €	1.955,00 €
			Netto:	28.555,00 €
			+19% MwSt.	5.425,45 €
			Gesamt:	**33.980,45 €**

Rechungsbetrag zahlbar bis zum:
06.03.2019

Geschäftsführer:
Walther Münchbacher
Thomas Phillip
USt-IdNr.: DE 130 504 827

Bankverbindung:
Sparkasse Koblenz BLZ 570 501 20 KtoNr 112607
IBAN: DE97570501200000112607 BIC: MALADE51KOB
PSD BANK Koblenz BLZ 570 909 00 KtoNr. 13316020

Im zweiten Schritt muss nun die zweite korrekte Buchung mit dem digitalen Beleg erfasst werden. Dazu gehen Sie wie folgt vor:

1 Klicken Sie auf den Link *Digitale Belege buchen*.

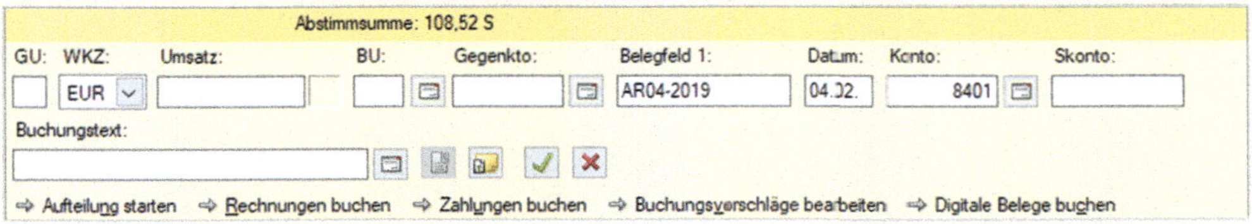

2 Klicken Sie in der Belegübersicht auf das Symbol *Ablegen* und öffnen aus dem Ordner *Download\Kap_18* die Datei *Ausgangsrechnung AR09-2019 Tischler Franz 20.02.2019.pdf*.

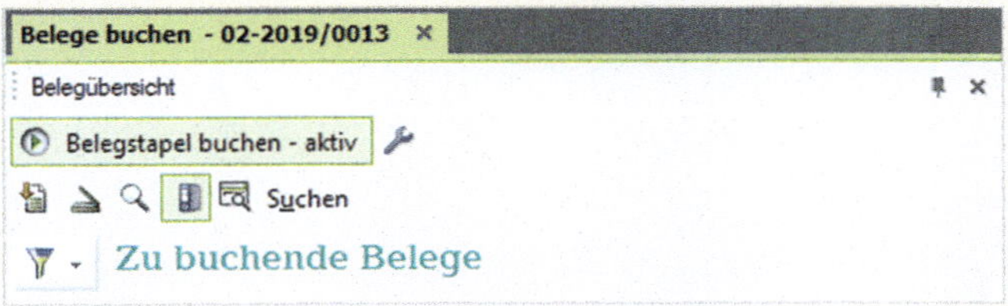

3 Verschlagworten Sie den Beleg mit folgenden Informationen:

Dokumentklasse:	Beleg
Belegdatum:	20.02.2019
Jahr:	2019
Monat:	02 – Februar
Beschreibung:	Ausgangsrechnung AR09-2019 Tischler Franz 20.02.2019
Belegstatus:	zu buchen
Stichworte:	AR Tischler, Franz Diverse Hardware
Belegnummer:	AR09-2019
Betrag:	33.980,45 EUR

4 Vervollständigen Sie anschließend die Buchung und übernehmen Sie diese mit Klick auf das Symbol *Übernehmen*.

Aufgabe 2

Herr Wichtig, unser mitwirkender Steuerberater, hat in den Salden einen Fehler entdeckt. Bei den Kassenbuchungen im Monat Februar handelte es sich bei den Frachtkosten nicht um eine Ausgangsfracht, sondern um eine Eingangsfracht.

Erstellen Sie ebenfalls zu diesem Vorgang eine Generalumkehr und anschließend die korrekte Buchung mit der Eingangsfracht. Bruttobetrag vom Kassenvorgang: 269,00 EUR.

Aufgabe 3

Prüfen Sie mit Klick auf das Symbol *FIBU-Konto anzeigen* die folgenden Salden. Korrigieren Sie ggfs. Buchungen.

Beschriftung	Konto	Saldo	Soll/Haben
Kasse	1000	5.328,03 EUR	Soll
Abziehbare Vorsteuer 19%	1576	7.159,45 EUR	Soll
Umsatzsteuer 19%	1776	11.072,55 EUR	Haben
Eingangsfrachten	?	386,05 EUR	Soll
Ausgangsfrachten	4730	0 EUR	
Reparatur/Instandh. Betriebs- u. Gesch.	4805	0 EUR	
Erlöse Hardware 19% USt	8401	33.660,04 EUR	Haben
Kundin Klein, Wilma	?	1.716,66 EUR	Soll
Kunde Tischler, Franz	?	35.560,75 EUR	Soll
Diverse Lieferanten	98000	0 EUR	
Forderungen aus Lieferungen und Leistung	1400	37.621,19 EUR	Soll
Verbindlichkeiten aus Lieferungen und Leistungen	1600	10.789,85 EUR	Haben

Aufgabe 4

Schreiben Sie anschließend den Buchungsstapel mit den Korrekturen fest und sichern Sie den Mandanten Perm GmbH.

Hinweis: Wenn Sie den Buchungsstapel schließen, werden die Buchungsinformationen zu den digitalen Belegen an die digitale Dokumentenablage übertragen. Die Belege werden in der digitalen Dokumentenablage als gebucht gekennzeichnet und mit Buchungsinformationen belegt.

Öffnen Sie anschließend den Mandanten Perm GmbH wieder.

18.5 Umsatzsteuervoranmeldung UVA / Dauerfristverlängerung

Grundlagen, Umsatzsteuerverprobung

Die Umsatzsteuervoranmeldung wird normalerweise monatlich (je nach Mandant, siehe Mandant anlegen, Kapitel 3.2) abgegeben und muss bis zum 10. e nes jeden Monats elektronisch an das Finanzamt übermittelt werden. Dafür wird das Programm *DATEV Telemodul DÜ Rechnungswesen* genutzt.

Bevor die Daten an das Finanzamt übermittelt werden, sollte eine Umsatzsteuerverprobung durchgeführt werden. Um die Umsatzsteuerverprobung anzeigen zu lassen, gehen Sie wie folgt vor:

1 Wählen Sie den Menüpunkt *Auswertungen* ▶ *Finanzbuchführung* ▶ *Umsatzsteuer-Voranmeldung* oder klicken Sie in der Navigationsübersicht *Buchführung* im geöffneten Ordner *Finanzbuchführung auswerten* doppelt auf den Eintrag *Umsatzsteuer-Voranmeldung*.

Sie erhalten zunächst einen Hinweis, dass die Beraterdaten für das DATEV Rechenzentrum noch nicht festgelegt wurden.

2 Da wir ohne die Anbindung an das DATEV RZ arbeiten, bestätigen Sie mit Klick auf die Schaltfläche *OK*. Anschließend erhalten Sie einen zweiten Hinweis zur Datenübermittlung über das DATEV Rechenzentrum, den Sie bitte mit Klick auf die Schaltfläche *Nein* bestätigen.

In einem Arbeitsblatt werden Ihnen die Umsatzsteueranmeldungszahlen als Werteblatt für den Monat Februar 2019 angezeigt. Laut Werteblatt hat Firma Perm GmbH Umsatzsteuer in Höhe von 4.072,99 EUR als Umsatzsteuer-Vorauszahlung zu leisten (Bild 18.35).

Bild 18.35 Umsatzsteuervoranmeldungen

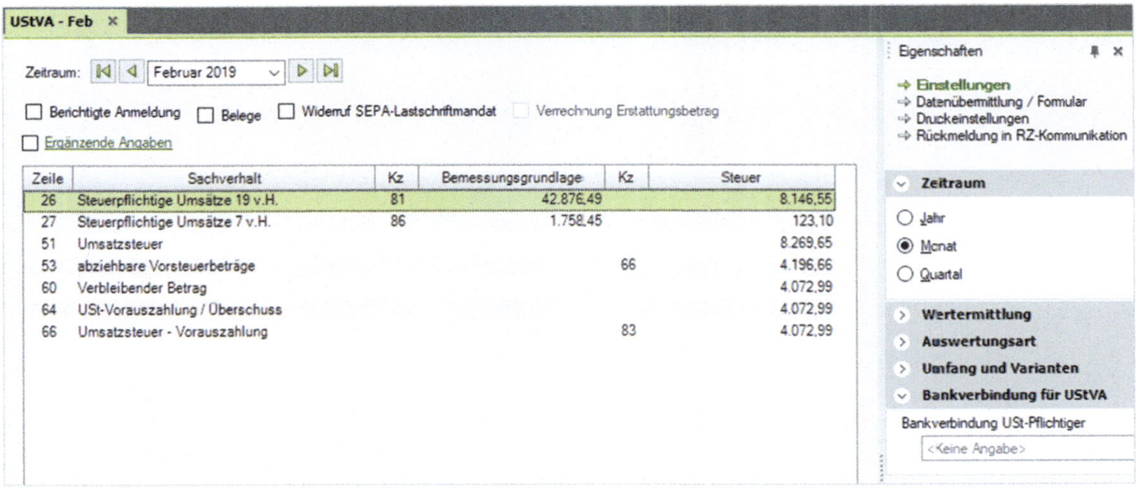

3 Um die Verprobung anzeigen zu lassen, klicken Sie im rechten Zusatzbereich *Eigenschaften* auf den Link *Einstellungen* ❶ und im Bereich *Umfang und Varianten* auf den Link *UStVA-Details (Verprobung) einblenden* ❷ (Bild 18.36).

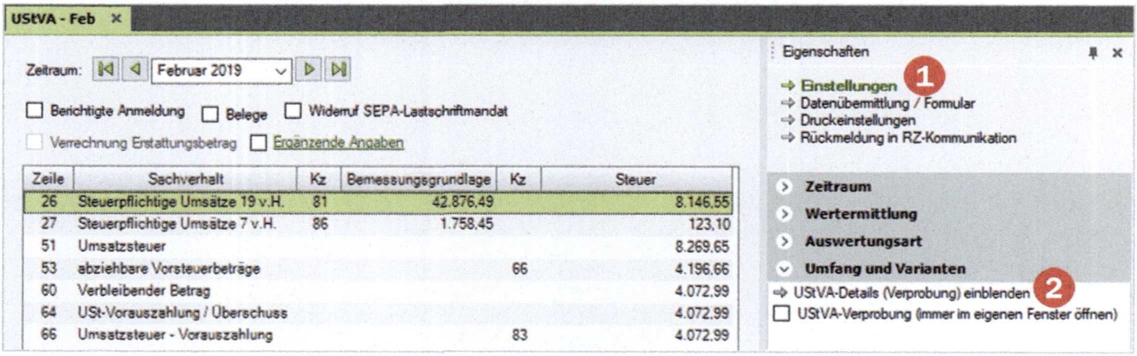

Bild 18.36 Details einblenden

Im unteren Zusatzbereich *UStVA-Details* werden die möglichen Auswertungen Kontennachweis, Umsatzsteuer-Verprobung und Vorsteuer-Verprobung angezeigt. Der Kontennachweis zur Umsatzsteuervoranmeldung wird im rechten Teil des Fensters ausschnittweise dargestellt.

4 Um den Kontennachweis zur Umsatzsteuer-Voranmeldung übersichtlich einzusehen, ziehen Sie mit der Maus die Trennlinie zum unteren Zusatzbereich ❸ nach oben, bis das gesamte Fenster ersichtlich wird (Bild 18.37).

Tipp: Mit Klick auf das *Pin*-Symbol ❹ kann das Fenster anschließend automatisch nach Bedarf in voller Größe ein- oder ausgeblendet werden.

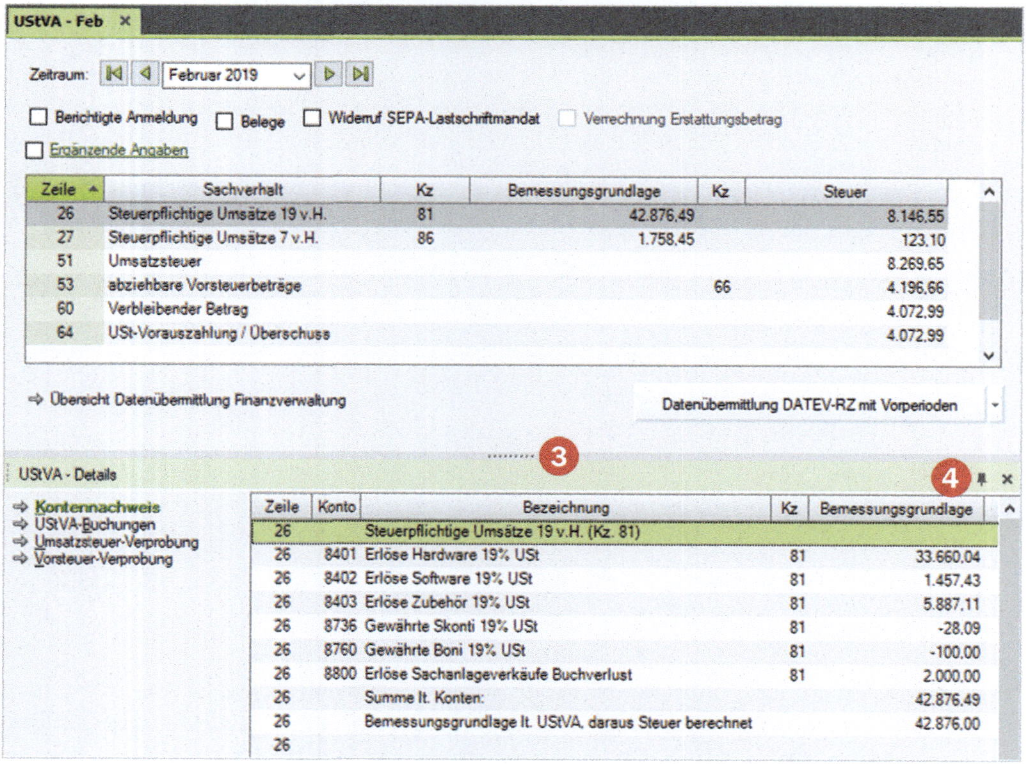

Bild 18.37 UStVA-Details

Mit dem Kontennachweis zur Umsatzsteuer-Voranmeldung kann nachvollzogen werden, wie die Teilbeträge von welchen Konten in den einzelnen Zeilen der Umsatzsteuervoranmeldung eingeflossen sind (Bild 18.38).

Bild 18.38 Kontennachweis UStVA

UStVA - Details

- Kontennachweis
- UStVA-Buchungen
- Umsatzsteuer-Verprobung
- Vorsteuer-Verprobung

Zeile	Konto	Bezeichnung	Kz	Bemessungsgrundlage	Kz	Steuer	Kontenmonatswerte	S/H
26		Steuerpflichtige Umsätze 19 v.H. (Kz. 81)						
26	8401	Erlöse Hardware 19% USt	81	33.660,04		6.395,41	33.660,04	H
26	8402	Erlöse Software 19% USt	81	1.457,43		276,92	1.457,43	H
26	8403	Erlöse Zubehör 19% USt	81	5.887,11		1.118,56	5.887,11	H
26	8736	Gewährte Skonti 19% USt	81	-28,09		-5,34	28,09	S
26	8760	Gewährte Boni 19% USt	81	-100,00		-19,00	100,00	S
26	8800	Erlöse Sachanlageverkäufe Buchverlust	81	2.000,00		380,00	2.000,00	H
26		Summe lt. Konten:		42.876,49		8.146,55	42.876,49	H
26		Bemessungsgrundlage lt. UStVA, daraus Steuer berechnet		42.876,00		8.146,44		
26								
27		Steuerpflichtige Umsätze 7 v.H. (Kz. 86)						
27	8301	Erlöse Handbücher 7% USt	86	1.758,45		123,10	1.758,45	H
27		Summe lt. Konten:		1.758,45		123,10	1.758,45	H
27		Bemessungsgrundlage lt. UStVA, daraus Steuer berechnet		1.758,00		123,06		
27								
53		abziehbare Vorsteuerbeträge (Kz. 66)						
53	485	Wirtschaftsgüter (Sammelposten)		1.831,35	66	347,96	1.831,35	S
53	490	Sonstige Betriebs-u.Gesch.ausstattung		4.909,31	66	932,77	4.909,31	S

5 Um die Umsatzsteuer-Verprobung einzublenden, klicken Sie auf den Link *Umsatzsteuer-Verprobung* (Bild 18.39).

In der Umsatzsteuerverprobung sind nur die Umsatzsteuerwerte enthalten, die über ein Automatikkonto oder mit einem Steuerschlüssel gebucht wurden. Wenn z. B. Umsatzsteuersammelkonten angesprochen wurden, führt dies zu Differenzen zwischen der Umsatzsteuer laut UStVA und dem bebuchten Steuersammelkonto.

Bild 18.39 Umsatzsteuer-Verprobung

UStVA - Details

- Kontennachweis
- UStVA-Buchungen
- **Umsatzsteuer-Verprobung**
- Vorsteuer-Verprobung

Sachverhalt	Konto	Betrag	S/H	Summe	S/H
Umsatzsteuer lt. Voranmeldung		8.269,65			
Andere Umsatzsteuerbeträge lt. Voranmeldung					
Summe Umsatzsteuer lt. Voranmeldung				8.269,65	
Bebuchte Umsatzsteuer-Sammelkonten					
Umsatzsteuer 7%	1771	123,10	H		
Umsatzsteuer 19%	1776	11.072,55	H		
Sonstige Umsatzsteuerkonten					
Umsatzsteuer lt. Konten				11.195,65	H
Differenzen in der Umsatzsteuer-Voranmeldung				-2.926,00	
Zusätzliche Informationen					
Direktbebuchte Umsatzsteuer-Sammelkonten (nicht berücksichtigt)					
Umsatzsteuer 19%	1776	2.926,00	H		
Summe Direktbuchungen Umsatzsteuer-Sammelkonten				2.926,00	H

6 Um die Vorsteuer-Verprobung einzublenden, klicken Sie auf den Link *Vorsteuer-Verprobung*.

Im Bereich der Vorsteuer können die Sammelkonten direkt angesprochen werden und führen zu einem Ausweis in der Umsatzsteuervoranmeldung, da hier keine Bemessungsgrundlagen berechnet werden müssen. Die Vorsteuerverprobung darf keine Differenzen ausweisen.

Bild 18.40 Vorsteuer-Verprobung

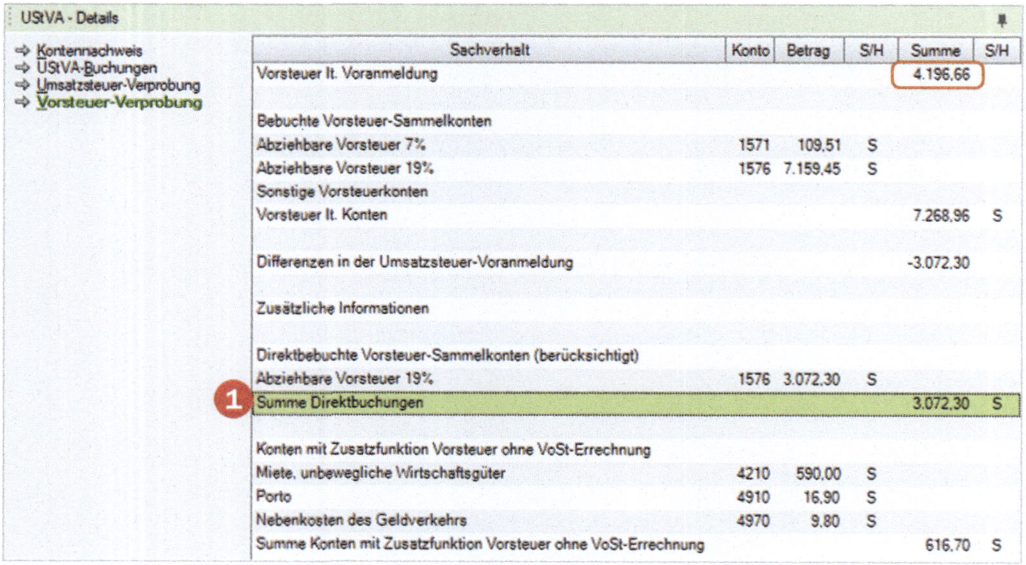

Differenzen laut Umsatzsteuer-Voranmeldung -3.072,30 EUR, abzüglich Abziehbare Vorsteuer 19% aus der Eröffnungsbilanz 3.072,30 EUR ❶ = 0,00 EUR.

7 Um das Werteblatt wieder anzeigen zu lassen, ziehen Sie mit der Maus die Trennlinie des Fensters wieder nach unten, siehe Bild 18.37.

Hinweis: Wenn Sie die Werte der Verprobung zu Hilfe nehmen (siehe umrandete Werte in den vorhergehenden Abbildungen), erkennen Sie die Bedeutung der Zahlen aus dem Werteblatt für die Umsatzsteuervoranmeldung.

Umsatzsteuervoranmeldung erstellen

Die Umsatzsteuervoranmeldung muss bis zum 10. eines jeden Monats elektronisch (seit 2005) an das Finanzamt übermittelt werden. Über einen Rechtsklick im Wertebereich der Umsatzsteuer-Voranmeldung können Sie hierzu eine Elster-Datei erzeugen und diese über das *Telemodul DÜ Rechnungswesen* an das Finanzamt übermitteln.

Bild 18.41 UStVA übermitteln

❶ Über die Kontrollkästchen können Sie z.B. eine berichtigte Anmeldung angeben.

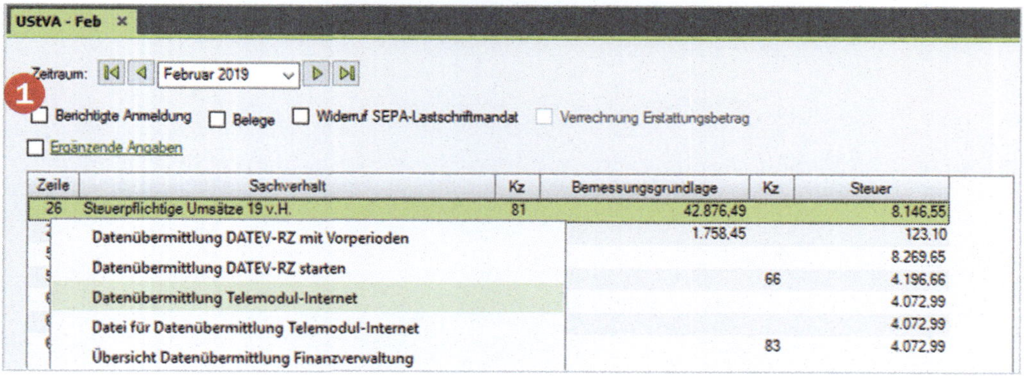

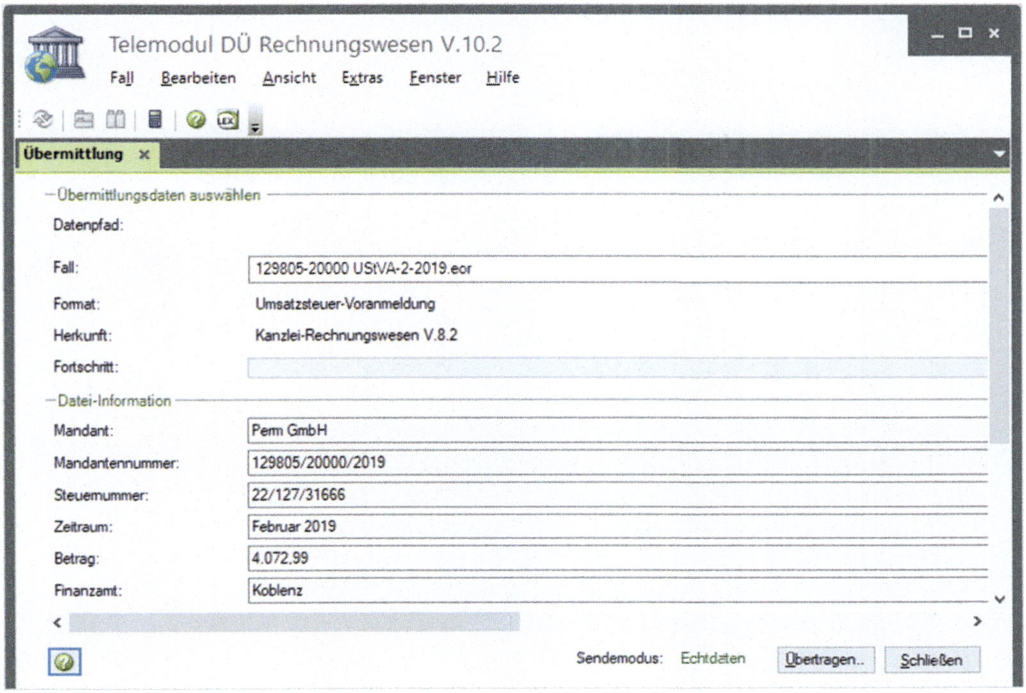

Bild 18.42 Telemodul DÜ Rechnungswesen

1 In absoluten Ausnahmefällen duldet das Finanzamt auch die, vor 2005 übliche, Praxis in Formularform. Sie kann nach wie vor über die Druckeinstellungen ausgedruckt werden. Klicken Sie im Zusatzbereich *Eigenschaften*, Link *Druckeinstellungen - Umfang und Varianten* auf die Option *Formular* (Bild 18.43).

Bild 18.43 Formular drucken

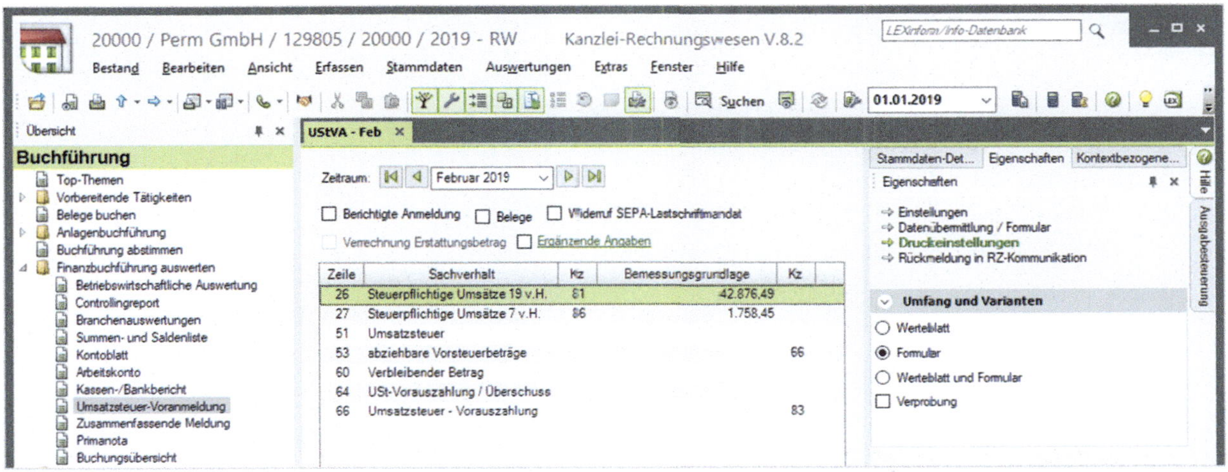

2 Klicken Sie anschließend auf das Symbol *Seitenansicht*. Das amtliche Formular Umsatzsteuer-Voranmeldung 2019 für den Monat Februar 2019 wird angezeigt und kann ausgedruckt werden.

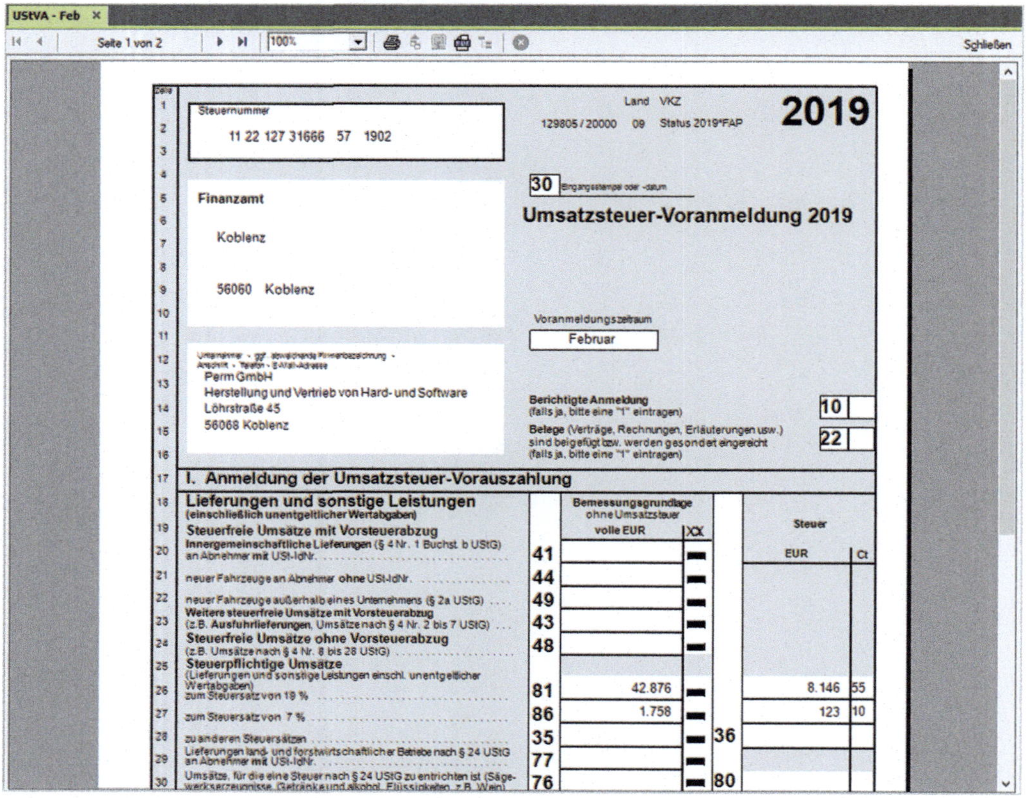

Bild 18.44 Seitenansicht Umsatzsteuer-Voranmeldung

3 Schließen Sie anschließend die Seitenansicht.

Einstellungen im Zusatzbereich

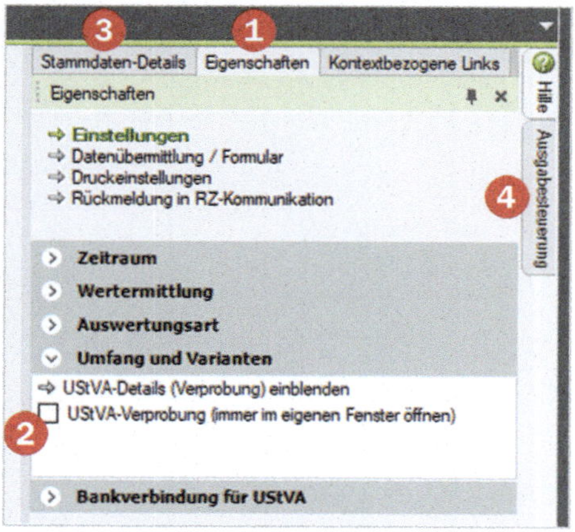

Bild 18.45 Weitere Einstellungen

- Im Zusatzbereich können Sie über die Eigenschaften ❶ und die dazugehörigen Links weitere Einstellungen zur UStVA, für die Datenübermittlung/Formular und Einstellungen für das DATEV RZ vornehmen.
- Mit Klick auf das Kontrollkästchen ❷ *UStVA-Verprobung (immer im eigenen Fenster öffnen)* kann die Verprobung der Umsatz- sowie der Vorsteuer in einem zusätzlichen Fenster eingesehen werden.
- Über das Register *Stammdaten-Details* ❸ können Sie die Stammdatenangaben der Firma Perm GmbH, wie z. B. Steuernummer, Adressdaten usw. einsehen.

- Das Register *Ausgabesteuerung* ❹ beinhaltet Einstellungen für die elektronische Übertragung zur UStVA.

4 Schließen Sie anschließend das Arbeitsblatt *UStVA-Feb*.

Umsatzsteuervoranmeldung buchen

Der Betrag der monatlichen Umsatzsteuervoranmeldung muss auf ein spezielles Umsatzsteuervorauszahlungskonto, Konto-Nr. 1780 gebucht werden.

Buchungssatz Zahlung (Umsatzsteuerzahllast)

Soll	Konto	an	Haben	Konto
Umsatzsteuervorauszahlungen	1780		Geldkonto	z. B. 1200

Buchungssatz Erstattung (Vorsteuerüberhang)

Soll	Konto	an	Haben	Konto
Geldkonto	z. B. 1200		Umsatzsteuervorauszahlungen	1780

Dauerfristverlängerung: UST1/11

Vielfach wird in der Praxis die Dauerfristverlängerung in Anspruch genommen. Dies bedeutet, dass die Umsatzsteuervoranmeldung immer 1 Monat später abgegeben werden kann, also die Umsatzsteuervoranmeldung Januar nicht bis zum 10. Februar, sondern erst bis zum 10. März. Sie muss schriftlich beim Finanzamt beantragt werden. Für diese Fristverlängerung ist ein Elftes der Steuerschuld des Vorjahres im Januar als so genannte Vorauszahlung an das Finanzamt zu leisten. Die Vorauszahlung wird im Dezember dann wieder verrechnet.

Beispiel: Perm GmbH beantragt erstmalig für 2020 eine Dauerfristverlängerung. Die Umsatzsteuervorauszahlungen für das Kalenderjahr 2019 haben insgesamt 48.520,00 EUR betragen. Berechnung: 48.520 EUR davon 1/ 11 = 4.411 EUR als Sondervorauszahlung

Die Sondervorauszahlung ist grundsätzlich bei der Berechnung der Umsatzsteuervorauszahlung für den Monat Dezember anzurechnen. Da wir in unserem Übungsbeispiel zurzeit nur einen Monat gebucht haben, wird der 1/11 Wert nur auf den Monat Februar 2019 angezeigt.

1 Wählen Sie den Menüpunkt *Auswertungen* ▶ *Finanzbuchführung* ▶ *UST1/11*. Sie erhalten zunächst den Hinweis, dass die Berateradressdaten für das DATEV Rechenzentrum noch nicht festgelegt wurden. Da wir ohne die Anbindung an das DATEV RZ arbeiten, bestätigen Sie einfach mit der Schaltfläche *OK*.

2 Klicken Sie im rechten Zusatzbereich auf das Register *Eigenschaften* und legen Sie die Einstellungen für die Sondervorauszahlung wie in Bild 18.46 fest.

Ergebnis: Die Sondervorauszahlung für das Jahr 2019 wird angezeigt: 370,00 EUR = 1/11 der Umsatzsteuervoranmeldung 2019, zurzeit aus Monat Februar 4.072,99 EUR.

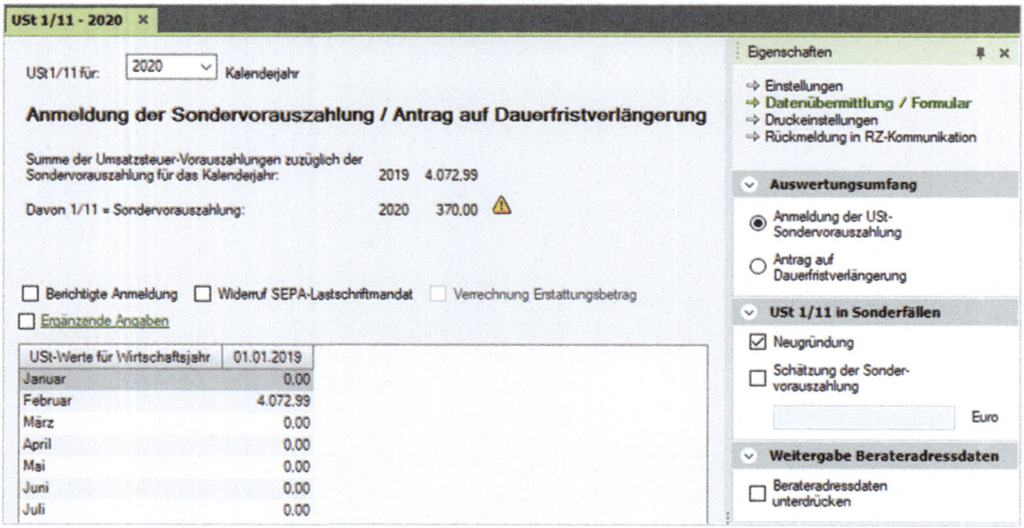

Bild 18.46 Sondervorauszahlung anzeigen

Per Rechtsklick im Wertebereich der USt 1/11 können Sie ebenfalls eine Datei für das Tele-Modul erzeugen. Über den Zusatzbereich lassen sich auch hierbei vielfache weitere Einstellungen vornehmen.

Tipp: Über den Eintrag *Datenübermittlung / Formular* in Verbindung mit dem Eintrag *Druckeinstelllungen* können diverse Formulare für die USt 1/11 Meldung und der Antrag auf Dauerfristverlängerung über die Seitenansicht ausgedruckt werden.

3 Schließen Sie anschließend das Arbeitsblatt *USt 1/11 – 2020*.

ZM Meldung erstellen

Wichtiger Hinweis: Seit dem Jahr 2001 müssen innergemeinschaftliche Lieferungen und Leistungen (EU-Lieferungen) mit der ZM Meldung (quartalsweise oder jährlich) gemeldet werden.

Über den Menüpunkt *Auswertungen* ▶ *Finanzbuchführung* ▶ *Zusammenfassende Meldung* können diese erstellt, bearbeitet und an das Bundeszentralamt für Steuern elektronisch oder in Ausnahmefällen per Formular ZM übermittelt werden.

18.6 Schlüsseln einer BWA (kurzfristige Erfolgsrechnung)

In einer betriebswirtschaftlichen Auswertung, kurz BWA, können die Werte aus der monatlichen Buchführung nach betriebswirtschaftlichen Aspekten zusammengestellt und ausgewertet werden. Dabei bietet das Programm verschiedene BWA-Schemata an, wie die Konten nach welchen betriebswirtschaftlichen Kriterien ausgewertet werden sollen.

BWA-Schema erstellen

Um ein BWA-Schema zuzuweisen, muss dies zunächst in den Mandantendaten hinterlegt werden. Hier können dann verschiedene BWA-Profile angelegt werden, in denen die Form der Auswertung definiert ist. Um ein BWA-Schema für den Mandanten Perm GmbH zuzuweisen, gehen Sie wie folgt vor:

1 Wählen Sie den Menüpunkt *Auswertungen* ▶ *Finanzbuchführung* ▶ *Betriebswirtschaftliche Auswertung* oder klicken Sie in der Navigationsübersicht *Buchführung* im geöffneten Ordner *Finanzbuchführung auswerten* doppelt auf den Eintrag *Betriebswirtschaftliche Auswertung*. Das Dialogfenster *BWA-Stammdaten verwalten* wird Ihnen angezeigt.

2 Klicken Sie auf den Link *Neue BWA-Nummer anlegen* ❶. Das Dialogfenster *BWA-Nummer anlegen* wird geöffnet. Die Standardeinstellung *DATEV-BWA* und der Wareneinsatz *Wareneinkauf* sind bereits vorbelegt ❷ (Bild 18.47) und können für den Übungsfall übernommen werden.

Bild 18.47 Neue BWA-Nummer anlegen

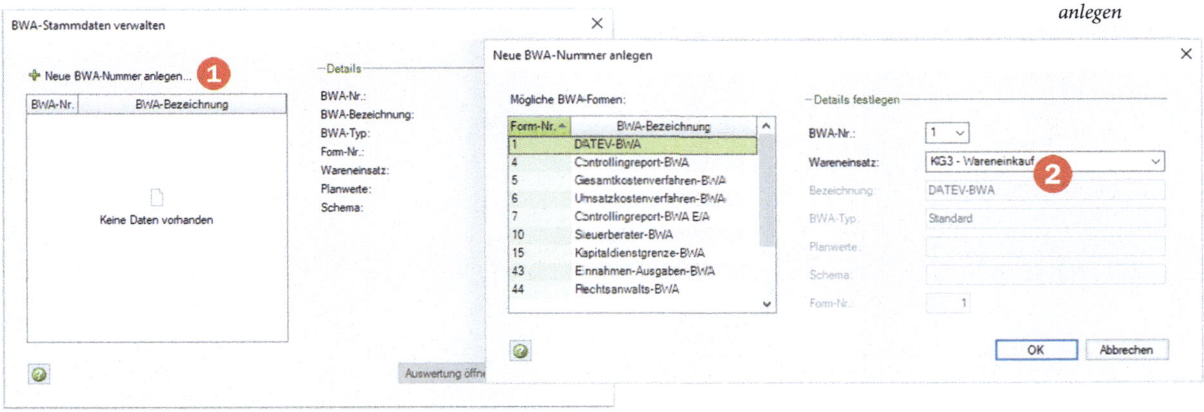

In der Übungsfirma Perm GmbH werden die Waren über die Kontenklasse 3 eingekauft, daher entspricht der Wareneinsatz dem Wareneinkauf und passt auf den Übungsfall. Durch die Auswahlmöglichkeiten stehen sehr viele Variationen zur Verfügung und können individuell angelegt werden. In unserem Fall genügen die Standardeinstellungen.

3 Klicken Sie anschließend auf die Schaltfläche *OK*. Die BWA-Nummer 1: *DATEV-BWA* ist angelegt. Sie kann ab sofort für die Firma Perm GmbH verwendet werden.

Hinweis: Mit Klick auf den Link *Ändern* kann sie geändert, mit der Entf-Taste in der Liste der BWA-Formen auch wieder gelöscht werden.

4 Klicken Sie abschließend auf die Schaltfläche *Schließen*.

Wichtiger Hinweis: Die BWA ist jetzt für den Mandanten Perm GmbH geschlüsselt und kann ab sofort verwendet werden. Wenn Sie die Stammdaten für die BWA ändern möchten, können Sie diese über das Navigationsmenü *Stammdaten* Eintrag *BWA-Stammdaten* ggf. anpassen bzw. neue erstellen.

Betriebswirtschaftliche Auswertung für den Monat Februar 2019 starten

Um die BWA einzusehen, klicken Sie nochmals auf den Menüpunkt *Auswertungen* ▶ *Finanzbuchführung* ▶ *Betriebswirtschaftliche Auswertung* oder klicken in der Navigationsübersicht *Buchführung* im geöffneten Ordner *Finanzbuchführung auswerten* doppelt auf den Eintrag *Betriebswirtschaftliche Auswertung*. Die kurzfristige Erfolgsrechnung für den Monat Februar 2019 wird Ihnen angezeigt.

Bild 18.48 Kurzfristige Erfolgsrechnung

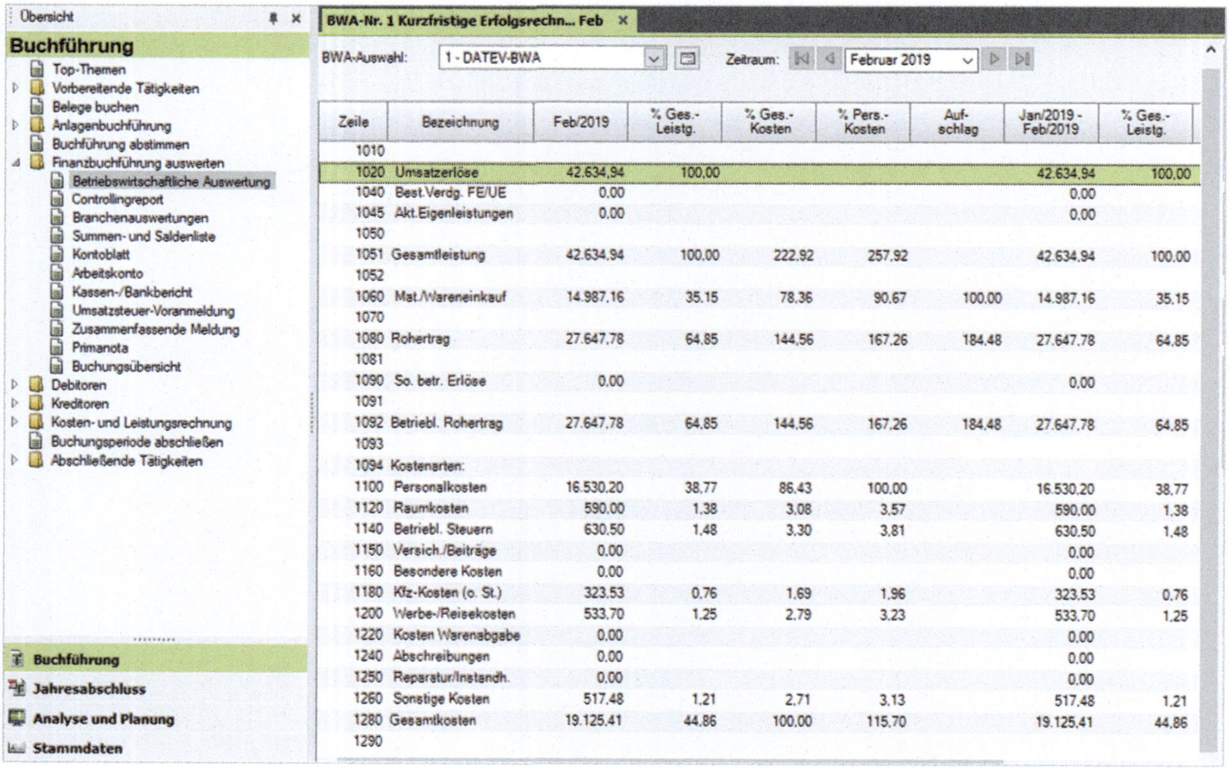

Zeile	Bezeichnung	Feb/2019	% Ges.-Leistg.	% Ges.-Kosten	% Pers.-Kosten	Aufschlag	Jan/2019 - Feb/2019	% Ges.-Leistg.
1010								
1020	Umsatzerlöse	42.634,94	100,00				42.634,94	100,00
1040	Best.Verdg. FE/UE	0,00					0,00	
1045	Akt.Eigenleistungen	0,00					0,00	
1050								
1051	Gesamtleistung	42.634,94	100,00	222,92	257,92		42.634,94	100,00
1052								
1060	Mat./Wareneinkauf	14.987,16	35,15	78,36	90,67	100,00	14.987,16	35,15
1070								
1080	Rohertrag	27.647,78	64,85	144,56	167,26	184,48	27.647,78	64,85
1081								
1090	So. betr. Erlöse	0,00					0,00	
1091								
1092	Betriebl. Rohertrag	27.647,78	64,85	144,56	167,26	184,48	27.647,78	64,85
1093								
1094	Kostenarten:							
1100	Personalkosten	16.530,20	38,77	86,43	100,00		16.530,20	38,77
1120	Raumkosten	590,00	1,38	3,08	3,57		590,00	1,38
1140	Betriebl. Steuern	630,50	1,48	3,30	3,81		630,50	1,48
1150	Versich./Beiträge	0,00					0,00	
1160	Besondere Kosten	0,00					0,00	
1180	Kfz-Kosten (o. St.)	323,53	0,76	1,69	1,96		323,53	0,76
1200	Werbe-/Reisekosten	533,70	1,25	2,79	3,23		533,70	1,25
1220	Kosten Warenabgabe	0,00					0,00	
1240	Abschreibungen	0,00					0,00	
1250	Reparatur/Instandh.	0,00					0,00	
1260	Sonstige Kosten	517,48	1,21	2,71	3,13		517,48	1,21
1280	Gesamtkosten	19.125,41	44,86	100,00	115,70		19.125,41	44,86
1290								

Hinweis: Das Feld *BWA-Auswahl* zeigt das aktuelle Schema, *1 - DATEV-BWA*, an. Mit Klick auf den Dropdown-Pfeil können zusätzliche Schemata ausgewählt werden. Über das Symbol *BWA-Stammdaten verwalten* können Sie die BWA-Stammdaten verwalten und ggf. neue anlegen.

Innerhalb einer BWA wird die Gesamtleistung des Monats den Gesamtkosten gegenübergestellt.

BWA-Nr. 1 Kurzfristige Erfolgsrechn... Feb ×

BWA-Auswahl: 1 - DATEV-BWA Zeitraum: Februar 2019

Zeile	Bezeichnung	Feb/2019	% Ges.-Leistg.	% Ges.-Kosten	% Pers.-Kosten	Auf-schlag	Jan/2019 - Feb/2019	% Ges.-Leistg.
1010								
1020	Umsatzerlöse	42.634,94	100,00				42.634,94	100,00
1040	Best.Verdg. FE/UE	0,00					0,00	
1045	Akt.Eigenleistungen	0,00					0,00	
1050								
1051	Gesamtleistung	42.634,94	100,00	222,92	257,92		42.634,94	100,00
1052								

Bild 18.49 BWA

Das Ergebnis ist das Betriebsergebnis und das Gesamtergebnis des eingestellten Monats. In Zeile 1300 ist das Betriebsergebnis im Monat Februar zu sehen:

Zeile	Bezeichnung	Feb/2019	% Ges.-Leistg.	% Ges.-Kosten	% Pers.-Kosten	Auf-schlag	Jan/2019 - Feb/2019	% Ges.-Leistg.
1240	Abschreibungen	0,00					0,00	
1250	Reparatur/Instandh.	0,00					0,00	
1260	Sonstige Kosten	517,48	1,21	2,71	3,13		517,48	1,21
1280	Gesamtkosten	19.125,41	44,86	100,00	115,70		19.125,41	44,86
1290								
1300	Betriebsergebnis	8.522,37	19,99				8.522,37	19,99
1301								
1310	Zinsaufwand	0,00					0,00	
1312	Sonst. neutr. Aufw	-2.000,00	-4,69				-2.000,00	-4,69
1320	Neutraler Aufwand	-2.000,00	-4,69				-2.000,00	-4,69

Bild 18.50 Betriebsergebnis Februar

Das Betriebsergebnis + das neutrale Ergebnis = das Gesamtergebnis des Monats. Fazit: Firma Perm erreicht im Monat Februar ein Betriebsergebnis mit einem Gewinn in Höhe von 8.522,37 EUR.

Das Gesamtergebnis vom Monat Februar ist noch höher. Durch Zinserträge und Verkäufe Sachanlagen erhöht sich der Gewinn auf 11.173,40 EUR.

Zeile	Bezeichnung	Feb/2019	% Ges.-Leistg.	% Ges.-Kosten	% Pers.-Kosten	Auf-schlag	Jan/2019 - Feb/2019	% Ges.-Leistg.
1355	Steuern Eink.u.Ertr	0,00					0,00	
1360								
1380	Vorläufiges Ergebnis	11.173,40	26,21				11.173,40	26,21
1390								

Bild 18.51 Vorläufiges Gesamtergebnis

1 Jede Zeile der kurzfristigen Erfolgsrechnung ist mit einem Wertenachweis belegt. Klicken Sie auf die Zeile 1020, *Umsatzerlöse* mit dem Wert von 42.634,94 EUR.

Zeile	Bezeichnung	Feb/2019	% Ges.-Leistg.	% Ges.-Kosten	% Pers.-Kosten	Auf-schlag	Jan/2019 - Feb/2019	% Ges.-Leistg.
1010								
1020	Umsatzerlöse	42.634,94	100,00				42.634,94	100,00
1040	Best.Verdg. FE/UE	0,00					0,00	
1045	Akt.Eigenleistungen	0,00					0,00	

Bild 18.52 Zeile 1020, Umsatzerlöse

2 Im unteren Zusatzbereich können Sie mit Klick auf das Register *Wertenachweis* alle Erlöskonten vom Monat Februar 2019 einsehen (Bild 18.53).

Bild 18.53 Wertenachweis

Wertenachweis

Konto		Zeile	Bezeichnung	Feb/2019 Konten/Zeilen	Jan/2019-Feb/2019 Konten/Zeilen	Fkt.-Schl.
8301	H		Erlöse Handbücher 7% USt	1.758,45	1.758,45	0
8401	H		Erlöse Hardware 19% USt	33.660,04	33.660,04	0
8402	H		Erlöse Software 19% USt	1.457,43	1.457,43	0
8403	H		Erlöse Zubehör 19% USt	5.887,11	5.887,11	0
8736	H		Gewährte Skonti 19% USt	-28,09	-28,09	0
8760	H		Gewährte Boni 19% USt	-100,00	-100,00	0

Wertenachweis

3 Klicken Sie anschließend auf die Zeile 1280, *Gesamtkosten* mit dem Wert von 19.125,41 EUR. Im unteren Zusatzbereich können Sie nun mit Klick auf das Register *Wertenachweis* die Kostenverteilung vom Monat Februar 2019 einsehen.

Bild 18.54 Zeile 1280

Zeile	Bezeichnung	Feb/2019	% Ges.-Leistg.	% Ges.-Kosten	% Pers.-Kosten	Auf-schlag	Jan/2019 - Feb/2019	% Ges.-Leistg.
1240	Abschreibungen	0,00					0,00	
1250	Reparatur/Instandh.	0,00					0,00	
1260	Sonstige Kosten	517,48	1,21	2,71	3,13		517,48	1,21
1280	Gesamtkosten	19.125,41	44,86	100,00	115,70		19.125,41	44,86

Wertenachweis

Über das Symbol *Seitenansicht* können Sie die kurzfristige Erfolgsrechnung in der Seitenansicht anzeigen lassen und dann über das Symbol *Drucken* sowohl in der Seitenansicht als auch über die Standardsymbolleiste, Symbol *Fensterinhalt drucken*, ausdrucken.

Bild 18.55 Weitere Einstellungen BWA

Variationsmöglichkeiten für die BWA stehen sehr viele zur Verfügung. Auch im Arbeitsblatt für die BWA lassen sich über den Zusatzbereich weitere Einstellungen tätigen.

BWA-Nr. 1 Kurzfristige Erfolgsrechn... Feb

Zeile	Bezeichnung	Feb/2019	% Ges.-Leistg.	% Ges.-Kosten	% Pers.-Kosten	Auf-schlag	Jan/2019 - Feb/2019
1010							
1020	Umsatzerlöse	42.634,94	100,00				42.634,94
1040	Best.Verdg. FE/UE	0,00					0,00
1045	Akt.Eigenleistungen	0,00					0,00
1050							
1051	Gesamtleistung	42.634,94	100,00	222,92	257,92		42.634,94
1052							
1060	Mat./Wareneinkauf	14.987,16	35,15	78,36	90,67	100,00	14.987,16
1070							
1080	Rohertrag	27.647,78	64,85	144,56	167,26	184,48	27.647,78
1081							
1090	So. betr. Erlöse	0,00					0,00
1091							
1092	Betriebl. Rohertrag	27.647,78	64,85	144,56	167,26	184,48	27.647,78
1093							
1094	Kostenarten:						

Eigenschaften | Kontextbezogene Links

Eigenschaften

- Einstellungen
- Druckeinstellungen

- Einzelauswertungen
- Zeitraum
- Umfang und Varianten
- Wertermittlung
- Wertedarstellung
- Währung

Ausgangssituation
Herr Münchbacher, der Geschäftsführer der Firma Perm GmbH, wünscht eine kurzfristige Erfolgsrechnung für den Monat Februar 2019 mit Wertenachweisen in ausgedruckter Form.

1 Um die BWA mit Wertenachweisen auszudrucken, klicken Sie auf den Zusatzbereich *Eigenschaften* und klicken bei den Einstellungen, Rubrik *Einzelauswertungen* - wie in Bild 18.56 - im geöffneten Ordner *Wertenachweis* auf *Wertenachweis Kurzfristige Erfolgsrechnung*. Das Ergebnis wird sofort im Arbeitsblatt angezeigt. Um die Liste auszudrucken, klicken Sie lediglich auf das Symbol *Fensterinhalt drucken* .

Bild 18.56 Wertenachweis

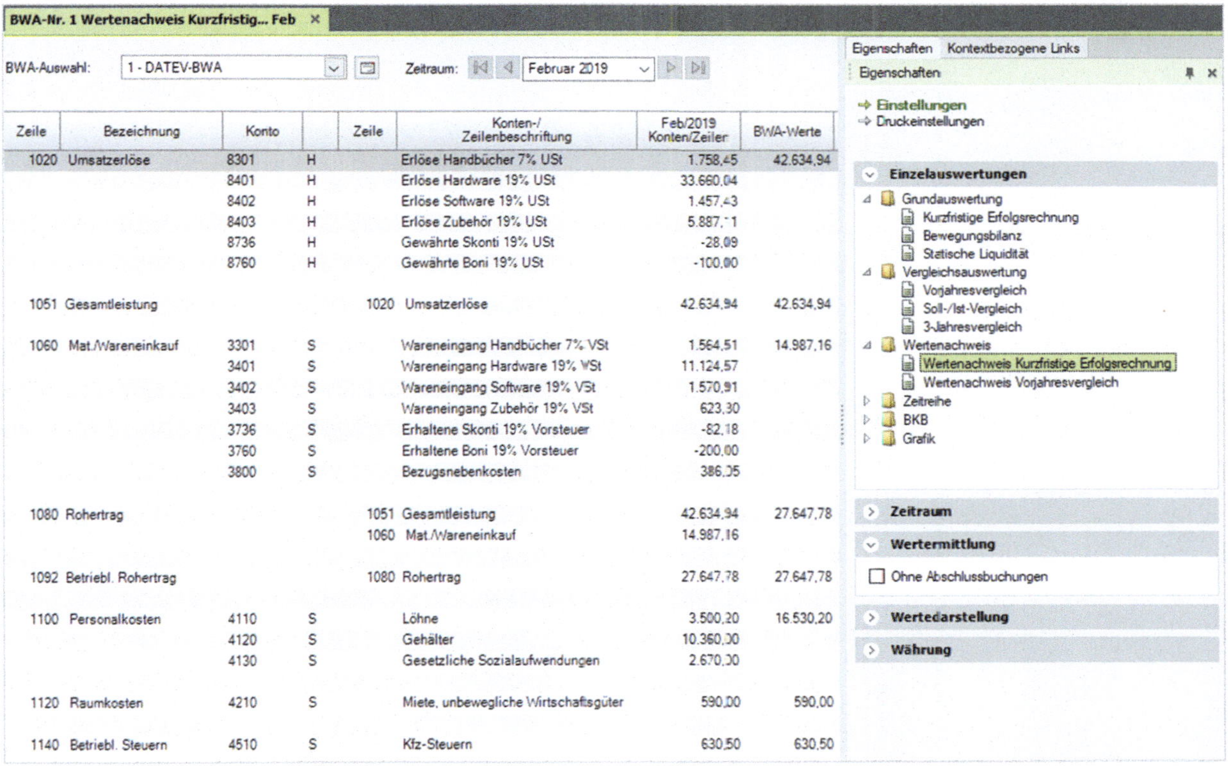

Die BWA ist ein Mittel, um den Erfolg im Unternehmen im jeweiligen Monat zu erkennen. Er wird kumuliert und kann über das gesamte Geschäftsjahr mit verfolgt, angezeigt und analysiert werden. Sie ist für den Unternehmer ein wichtiges Kontrollmittel. Wird die Buchführung über mehrere Jahre in DATEV Kanzlei-Rechnungswesen durchgeführt, bietet sie auch Vergleichsmöglichkeiten mit Vorjahren an.

2 Schließen Sie zuletzt das Arbeitsblatt.

Damit ist der Monat Februar komplett abgeschlossen. Ausgedruckt werden müssten laut GoB und GoBD:

- Die Summen und Saldenliste, alle Primanoten des Monats, alle Journale des Monats.
- Die Infodaten, evtl. die Kontenblätter (besser wie erwähnt allerdings erst am Ende des Jahres).
- Änderungsprotokolle, Menüpunkt *Stammdaten* ▶ *Änderungsprotokolle….*

Mit Hilfe von Änderungsprotokollen können Sie nachvollziehen, von welchem Mitarbeiter an welchem Arbeitsplatz zu welchem Zeitpunkt Änderungen bei den Stammdaten (Personenkonten, Sachkonten, Adressdaten, FIBU-/BWA-Programmdaten, OPOS-Programmdaten, Funktionen, ggf. Bilanz-Programmdaten) vorgenommen wurden.

1 Klicken Sie doppelt auf den Eintrag *Buchführung abstimmen* oder wählen Sie den Menüpunkt *Auswertungen* ▶ *Finanzbuchführung* ▶ *Buchführung abstimmen*.

2 Die noch nicht abgehakten Punkte können jetzt aktiviert werden. Aktivieren Sie die beiden Kontrollkästchen (Häkchen) für die Umsatzsteuer-Sachverhalte ❶ und die BWA ❷.

Bild 18.57 Buchführung abstimmen - Kontrollliste

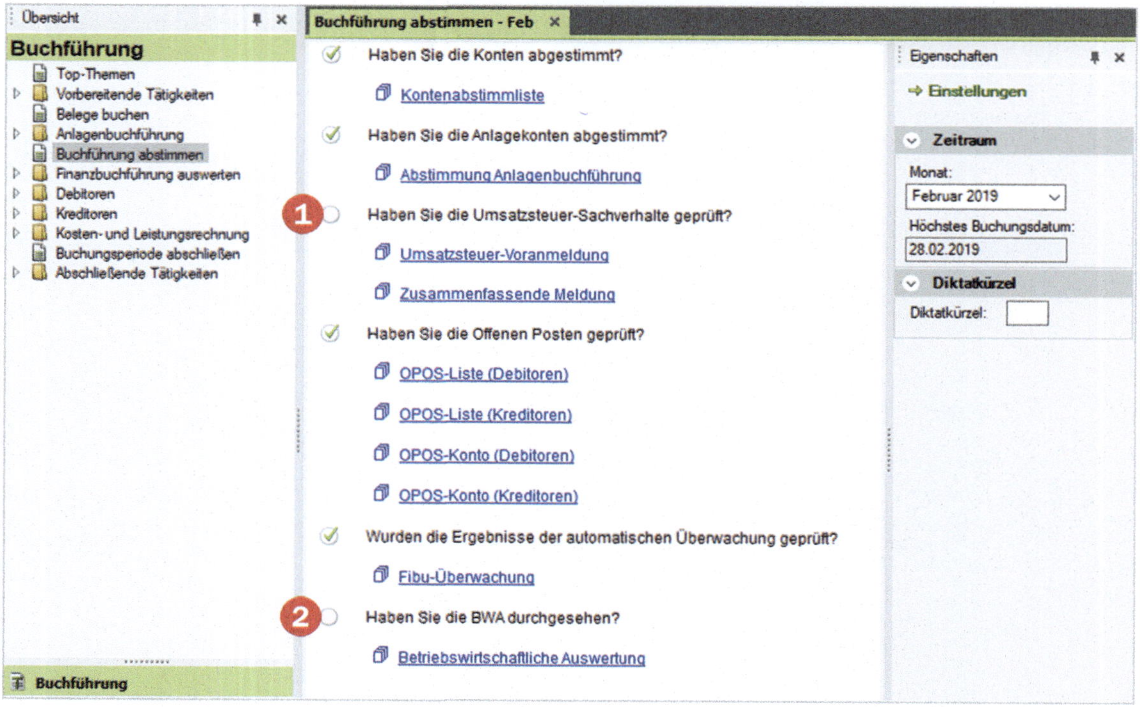

Hinweis: Die FIBU-Überwachung kann nur angewendet werden, wenn mehrere Geschäftsjahre gebucht wurden, da mit ihr Kontenbewegungen vom aktuellen Monat mit dem gleichen Monat vom Vorjahr verglichen und damit Auffälligkeiten geprüft werden können.

3 Schließen Sie anschließend das Arbeitsblatt *Buchführung abstimmen*.

19 Mahnwesen und automatischer Zahlungsverkehr

In diesem Kapitel lernen Sie, ...

- wie das Mahnwesen in DATEV Kanzlei-Rechnungswesen funktioniert,
- wie Sie Mahnungen (Stufe 1 - 3) mit Mahngebühr und Verzugszinsen ausdrucken,
- was der automatische Zahlungsverkehr ist,
- wie Sie Zahlungsvorschlagslisten aufrufen,
- wie Sie Überweisungen drucken,
- welche Ausgleichsbuchungen durch das Programm automatisch erstellt werden,
- wie Sie die endgültige Buchung der Zahlung vornehmen.

19.1 Grundlagen Mahnwesen

Mit dem Mahnwesen können Sie Mahnungen für Forderungen erstellen, die nach den Zahlungsbedingungen überfällig geworden sind. Diese können im Programm erstellt, bearbeitet und schließlich ausgedruckt werden. Damit das Mahnwesen funktioniert, müssen diverse Einstellungen in den Mandantenstammdaten vorgenommen werden.

Stammdaten für das Mahnwesen

Im Programm Kanzlei-Rechnungswesen sind bereits vorgefertigte Mahntexte hinterlegt, die Ihnen das Mahnwesen erleichtern. Diese Texte machen auf die offene Rechnung aufmerksam und sind nach Mahnstufen gestaffelt. Sie können individuell verändert und nach eigenen Vorstellungen angepasst werden. Die Mahntexte werden sogar in 5 Sprachen unterstützt (interessant, wenn es sich um ausländische Kunden handelt).

Mahntexte anzeigen und bearbeiten

Um die Mahntexte einzusehen, wählen Sie den Menüpunkt *Stammdaten* ▶ *Debitoren* ▶ *Texte Mahnwesen* oder klicken Sie in der Navigationsübersicht, *Stammdaten* im geöffneten Ordner *Debitoren* doppelt auf den Eintrag *Texte Mahnwesen* (Bild 19.1). Das gleichnamige Dialogfenster wird geöffnet (Bild 19.2).

Bild 19.1 Übersicht - Stammdaten

Bild 19.2 Textbausteine bearbeiten

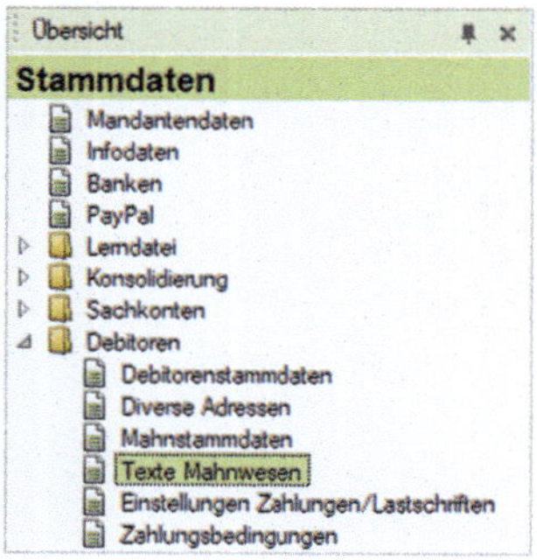

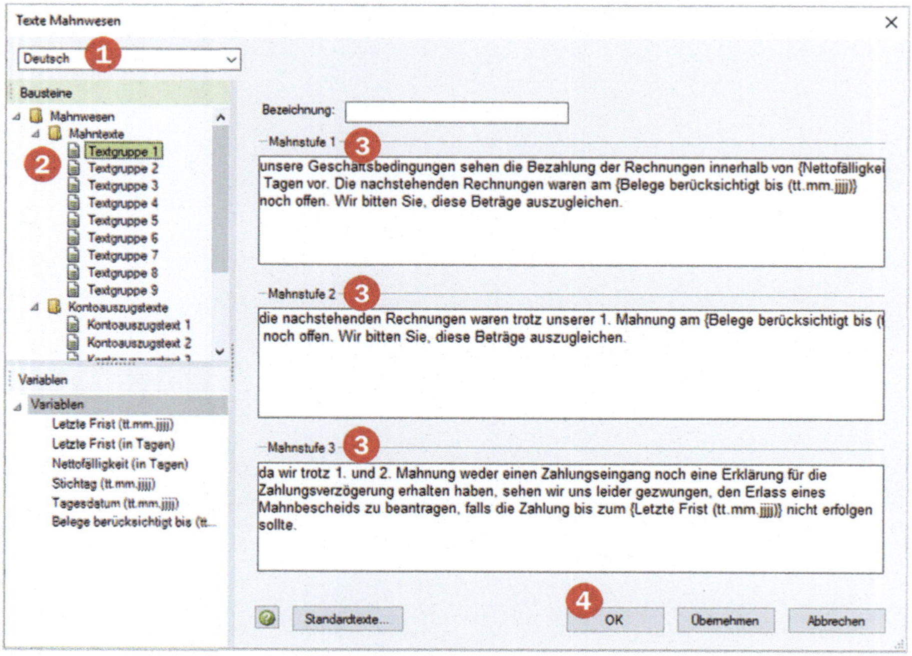

❶ Für ausländische Kunden, z. B. Kunden aus Italien, können hier bis zu 5 Sprachen mit vordefinierten Mahntexten ausgewählt werden.

❷ Auswahl verschiedener individueller Textbausteingruppen; 1 - 9 Gruppen auswählbar

3 Texte der Mahnungen, diese sind individuell änderbar.

4 Mit der Schaltfläche *OK* schließen Sie das Fenster und übernehmen die Änderungen.

Einstellungen Mahnwesen

Die grundlegenden Einstellungen für das Mahnwesen müssen in den Debitorenstammdaten der Firma Perm hinterlegt werden.

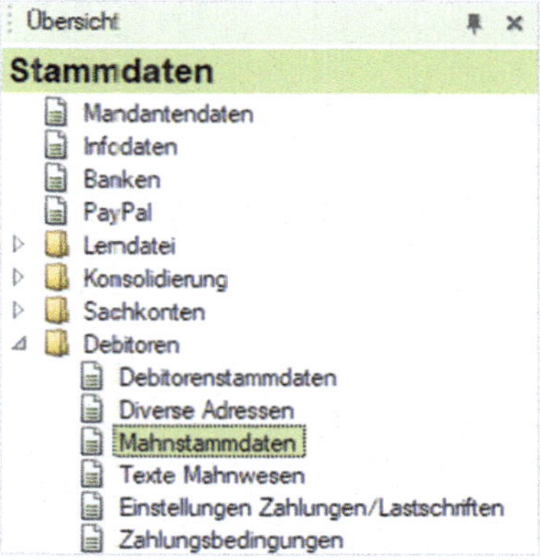

Bild 19.3 Mahnstammdaten

1 Klicken Sie links in der Übersicht doppelt auf den Eintrag *Mahnstammdaten*.

Der Mahnschlüssel ist die wichtigste Einstellung für das Mahnwesen, da hier die Voraussetzung für das Erstellen von Mahnungen hinterlegt wird. Über das Auswahlfeld *Mahnung* (Bild 19.4) können verschiedene Mahnschlüssel ausgewählt werden.

2 Die Firma Perm GmbH wählt die Variante *1., 2. + 3, Mahnung*. Klicken Sie auf den Dropdown-Pfeil des Feldes *Mahnung* und wählen Sie diese aus. Im Bereich *Mahnlimit* kann ein Mahnlimit als Betrag oder in % eingetragen werden. Darüber hinaus kann eingestellt werden, ob das Mahnlimit auf Rechnungsnummern- oder Mahnungsebene erfolgen soll. Laut unserem Steuerberater, Herrn Wichtig, sind dort keine Einstellungen vorzunehmen. Die Mahntexte der Stufe 1 sind ebenfalls für den Übungsfall ausreichend.

Bild 19.4 Mahnschlüssel festlegen

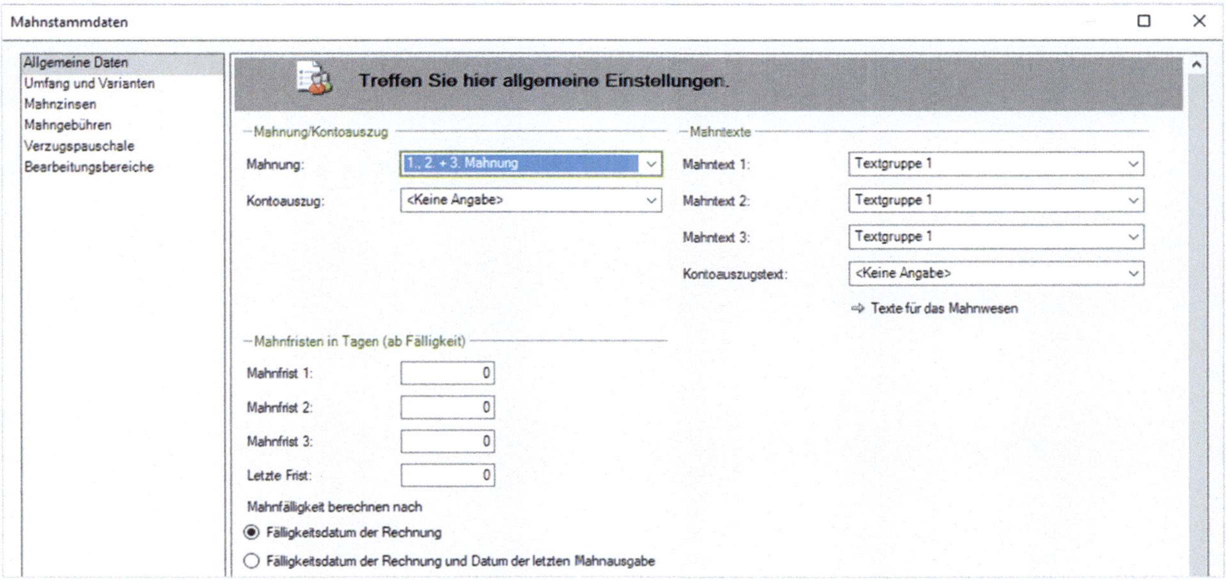

3 Im Bereich *Mahnfristen in Tagen (ab Fälligkeit)* wird angegeben, wie viele Tage ab Fälligkeitsdatum vergangen sein müssen, bis die jeweilige Mahnstufe erstellt wird.

Laut Herrn Wichtig sind dies: 1. Mahnung: 10 Tage, 2. Mahnung: 20 Tage, 3. Mahnung: 30 Tage und letzte Frist 40 Tage. Erfassen Sie die Tage der Mahnfristen (siehe Bild 19.5).

Bild 19.5 Mahnfristen festlegen

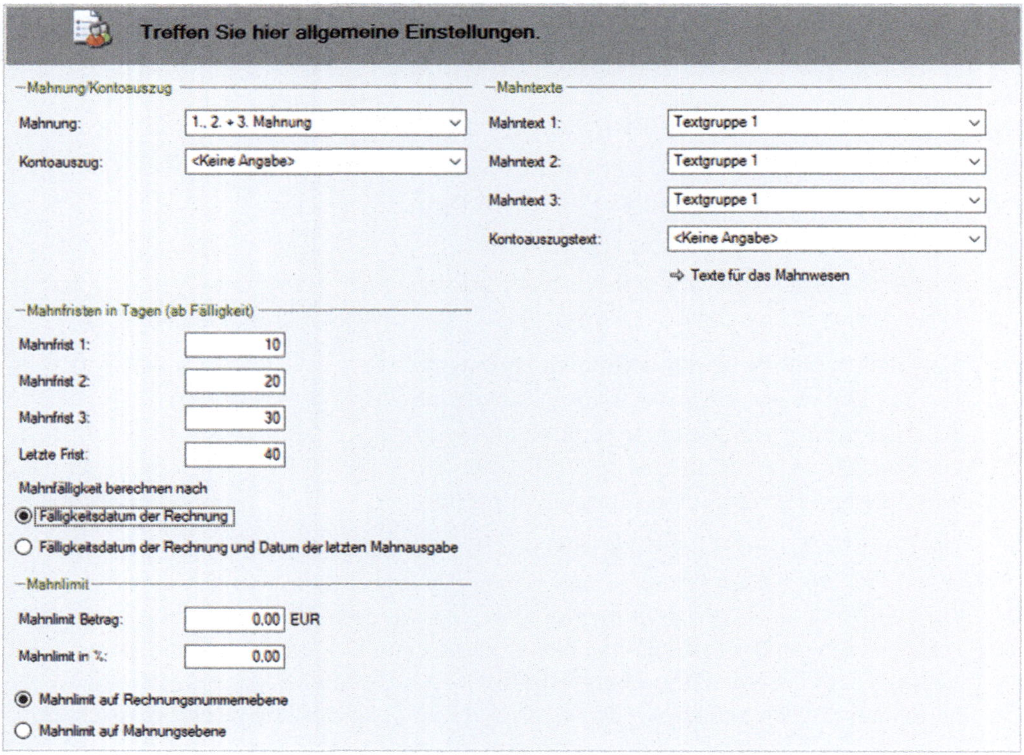

4 Im nächsten Schritt sind die Mahngebühren ab der 2. Mahnung zu erfassen. Klicken Sie in der Übersicht doppelt auf den Eintrag *Mahngebühren*. Im Bereich *Mahngebühren* werden ab der 2. Mahnung Gebühren in Höhe von 10,00 EUR und ab der 3. Mahnung 15,00 EUR erhoben. Diese Mahngebühr wird dem Rechnungsbetrag hinzugerechnet. Geben Sie die Mahngebühren wie in Bild 19.6 ein:

Bild 19.6 Mahngebühren erfassen

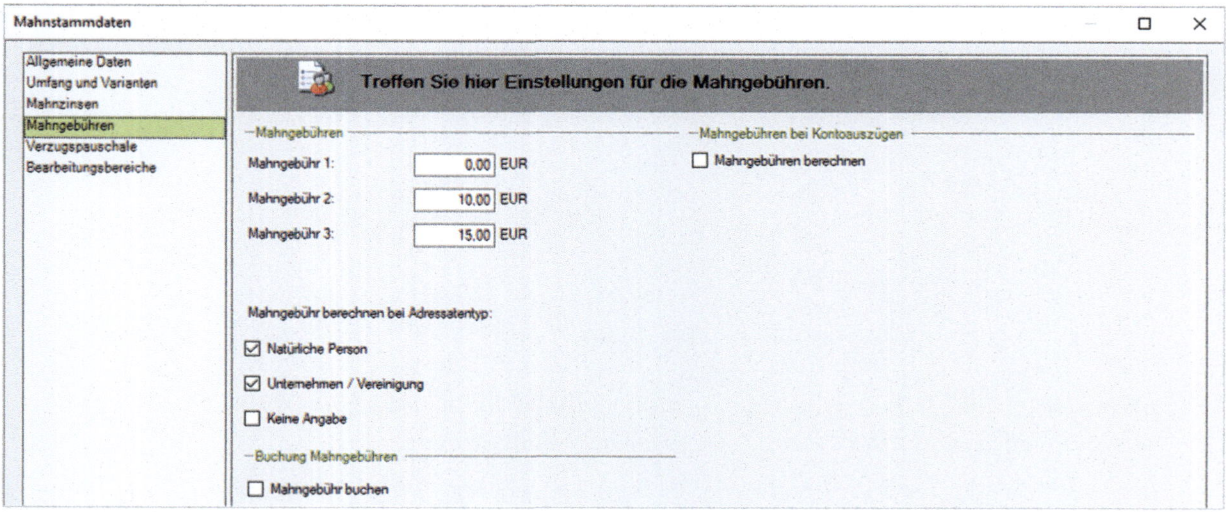

5 Da die Mahngebühren für natürliche Personen und Firmen berechnet werden sollen, aktivieren Sie die Kontrollkästchen *Natürliche Person* und *Unternehmen/Vereinigung*. Ggf. muss auch das Kontrollkästchen *Keine Angabe* aktiviert werden, wenn beim Anlegen des Kunden keine Angabe festgelegt wurde.

Hinweis: Im Bereich *Buchung Mahngebühren* können Einstellungen für das Buchen der Mahngebühren vorgenommen werden. Laut Herrn Wichtig sollen die Buchungen für die Mahngebühren manuell vorgenommen werden und sind daher nicht notwendig.

6 Im nächsten Schritt sind die Mahnzinssätze für das Mahnwesen zu hinterlegen. Klicken Sie dazu in der Übersicht doppelt auf den Eintrag *Mahnzinsen*.

7 Über das Auswahlfeld *Zinsberechnung* kann die Zinsberechnung entweder über einen festen Zinssatz oder eine Mahnzinssatzstaffel erfolgen. Laut Herrn Wichtig wählen Sie hier Fester Zinssatz aus.

Für das Mahnwesen der Firma Perm GmbH gilt, dass ab der 2. Mahnung 5% Zinsen erhoben werden. Geben Sie die Zinssätze wie in Bild 19.7 an. Darüber hinaus können Sie anstelle von Mahnzinsen ggf. über den Eintrag *Verzugspauschale* feste Verzugspauschalen für die einzelnen Mahnstufen definieren.

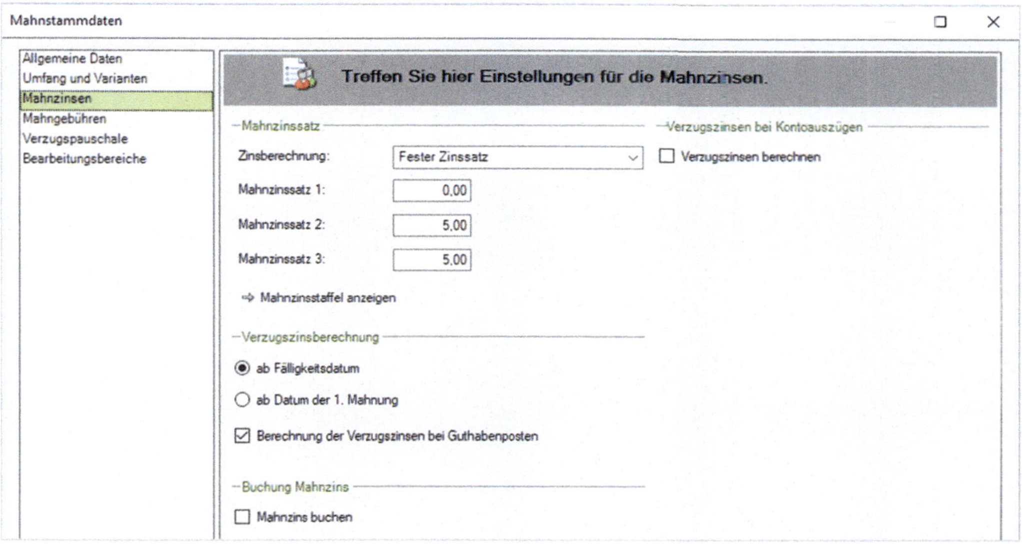

Bild 19.7 Mahnzinssatz

Hinweis: Im Bereich *Buchung Mahnzins* können Einstellungen für das Buchen der Mahnzinsen vorgenommen werden. Laut Herrn Wichtig sollen die Buchungen für die Mahnzinsen manuell vorgenommen werden und sind daher nicht notwendig.

Damit sind alle Einstellungen für das Mahnwesen hinterlegt.

Tipp: Über den Eintrag *Umfang und Varianten* können ggf. Zusatzeinstellungen für die Konten/Posten, Anzeige dauerhaft und temporär gesperrter Posten, Sprache, Ausgabemedien, Mahnungsausgabe vorgenommen werden.

8 Klicken Sie anschließend auf die Schaltfläche *OK*, um die Einstellungen zu übernehmen.

Mahnung erstellen

Ausgangssituation

Die Geschäftsbuchhaltung der Firma Perm GmbH befindet sich mittlerweile im Monat März mit den Buchungen, die tagtäglich anfallen.

Diverse Kunden haben bisher noch keine Zahlungen geleistet und sollen angemahnt werden.

Mahnvorschlag erstellen

Im ersten Schritt ist zunächst ein Mahnvorschlag zu erstellen.

1 Wählen Sie den Menüpunkt *Auswertungen* ▶ *Debitoren* ▶ *Mahnwesen* oder klicken Sie in der Navigationsübersicht, *Buchführung* im geöffneten Ordner *Debitoren* doppelt auf den Eintrag *Mahnwesen* ❶.

2 Bestätigen Sie ggf. den nachfolgenden Hinweis mit *Ja*. Das Arbeitsblatt *Mahnwesen* wird geöffnet (Bild 19.8). In diesem Arbeitsblatt werden die Mahnvorgänge angezeigt, die bisher hinterlegt wurden.

Bild 19.8 Arbeitsblatt Mahnwesen

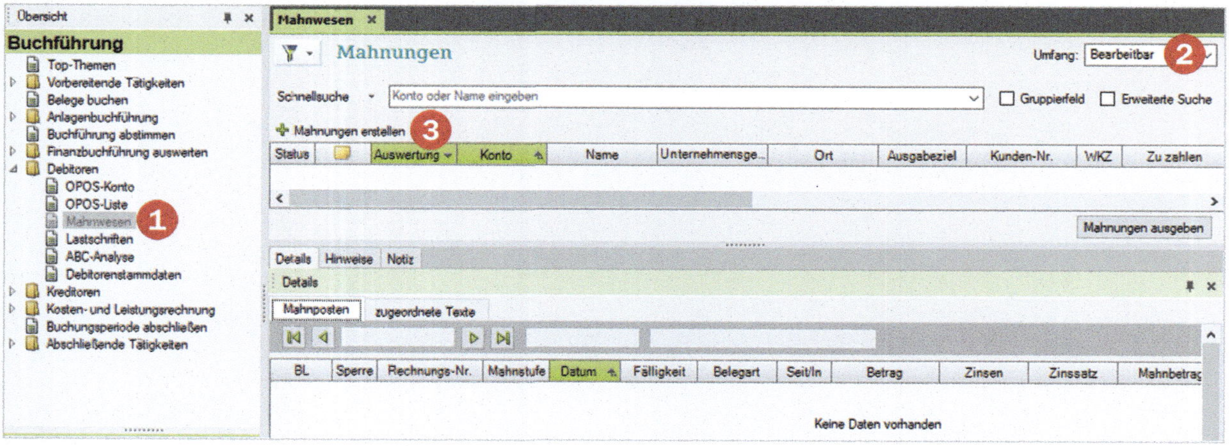

Tipp: Über das Auswahlfeld *Umfang* ❷ können Sie *Bearbeitbar*, *Mahnstufe übernommen* und *Alle* anzeigen.

3 Da bisher noch kein Mahnvorschlag in unserem Übungsfall erstellt wurde, klicken Sie auf den Link *Mahnungen erstellen* ❸.

4 Das Dialogfenster *Mahnungen erstellen* wird geöffnet (Bild 19.9). Im Feld *Stichtag* geben Sie den 22.03.2019 ein. Im Feld *Mahnungen* ist die Standardeinstellung: *Eine Mahnung für alle Mahnstufen (mit ausgemahnten)* völlig ausreichend.

5 Klicken Sie auf die Schaltfläche *OK*, um den Mahnvorschlag erstellen zu lassen. Sie erhalten ein Hinweisfenster, dass zwei Mahnungen erstellt werden (Bild 19.10).

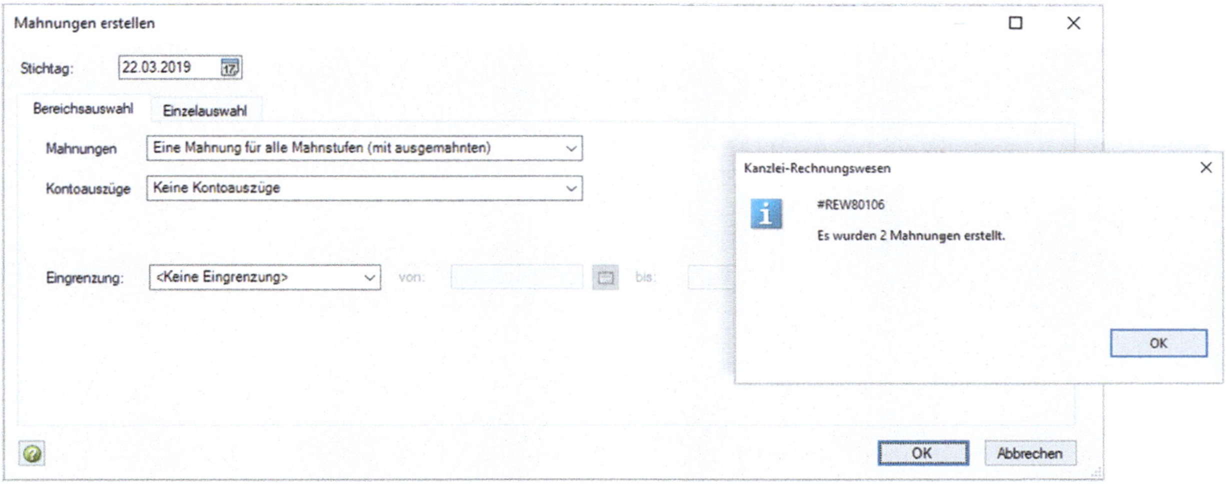

Bild 19.9 Mahnung erstellen

Bild 19.10 Hinweis

6 Die Mahnungen erscheinen anschließend in der Liste:

1. Mahnung für Kunde 10002 Klein, Wilma, Bonn und 1. Mahnung für Kunde 10004 Tischler, Franz Köln, da beide bisher noch keine Zahlungen geleistet haben (Bild 19.11). Das Häkchen in der Spalte *Status* in der linken Spalte zeigt an, dass alle Stammdaten für die Mahnung vorhanden sind.

Mit der Schaltfläche *Mahnungen ausgeben* ❶ können Mahnungen gedruckt werden.

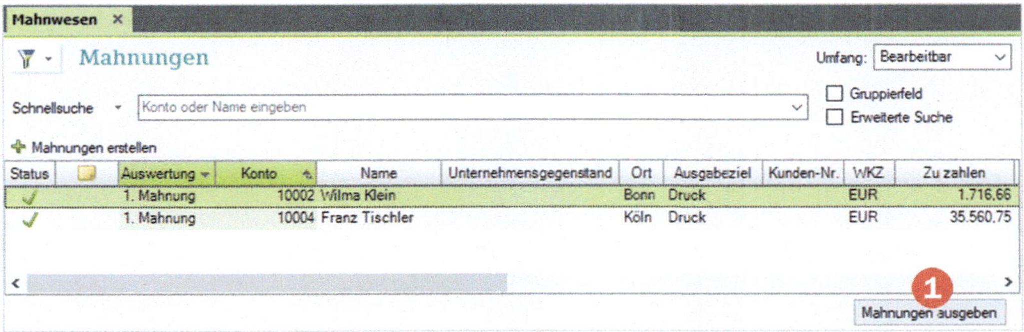

Bild 19.11 Ergebnis

Mahnvorschläge kontrollieren und drucken

Bevor die Mahnungen ausgedruckt werden, können die Mahnvorschläge einzeln eingesehen und ggf. angepasst werden.

1 Um die 1. Mahnung für den Kunden 10002 Klein, Wilma einzusehen, klicken Sie auf die Zeile *1. Mahnung*, Konto *10002 Wilma Klein*. Im unteren Zusatzbereich werden nun für den Mahnvorschlag zum Kunden Klein Details angezeigt (Bild 19.12).

Die offenen Posten der Kundin Klein, Wilma: Die Ausgangsrechnung AR04-2019 und die Ausgangsrechnung AR08-2019, die zum Stichtag 22.03.2019 noch nicht bezahlt wurden, werden angezeigt (Mahnbetrag insgesamt 1.716,66 EUR).

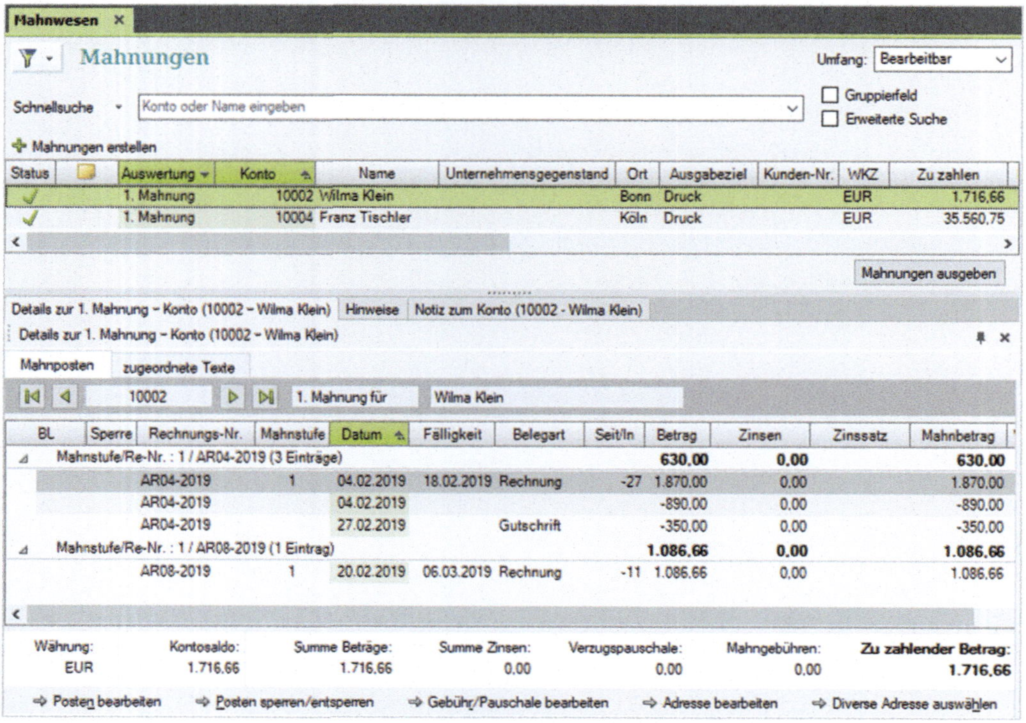

Bild 19.12 Mahnposten anzeigen

2 Um zum nächsten Mahnvorschlag zu wechseln, klicken Sie auf die Zeile 2, *1.Mahnung Konto 10004 Tischler, Franz*.

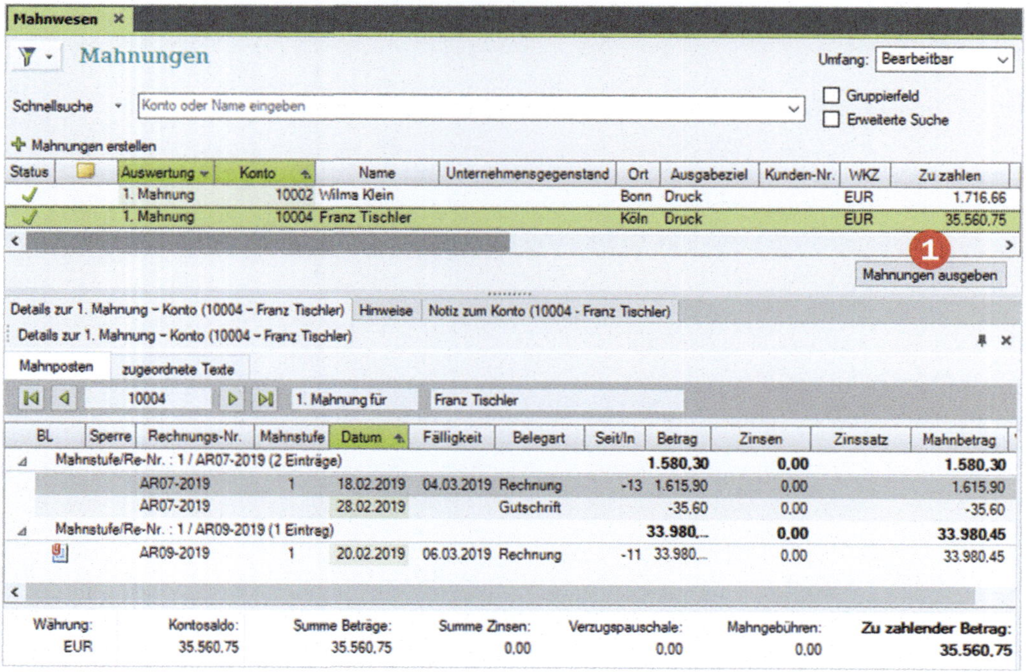

Bild 19.13 Mahnvorschlag Franz Tischler

Im unteren Zusatzbereich werden die Details zum Mahnvorschlag zum Kunden 10004 Franz Tischler, Köln angezeigt. Bis zum Stichtag wurden die Rechnungen AR07-2019 und AR09-2019 des Kunden noch nicht bezahlt. Mahnbetrag insgesamt 35.560,75 EUR.

3 Um die Mahnungen auszudrucken, klicken Sie auf die Schaltfläche *Mahnung ausgeben* ❶ (Bild 19.13). Wählen Sie im Dialogfenster *Mahnung ausgeben* bei *Datum der Mahnung* Eingabe und geben Sie als Datum der Mahnung den 22.03.2019 ein. Bei *Zahlung berücksichtigt bis* wählen Sie ebenfalls Eingabe und geben den *22.03.2019* ein.

4 Klicken Sie anschließend auf die Schaltfläche *Seitenansicht*.

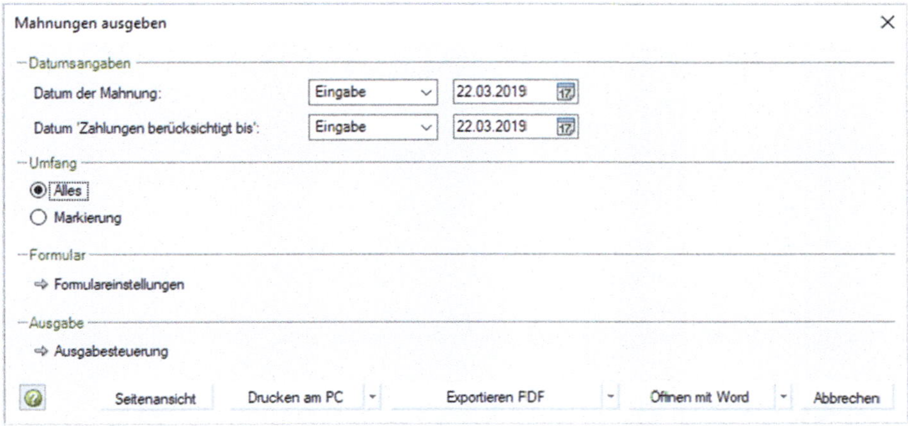

Bild 19.14 Mahnungen ausgeben

5 Die beiden Mahnungen werden in der Seitenansicht angezeigt. Klicken Sie auf die Schaltfläche *Nächste Seite*, um die nächste Mahnung an den Kunden Franz Fischler anzuzeigen.

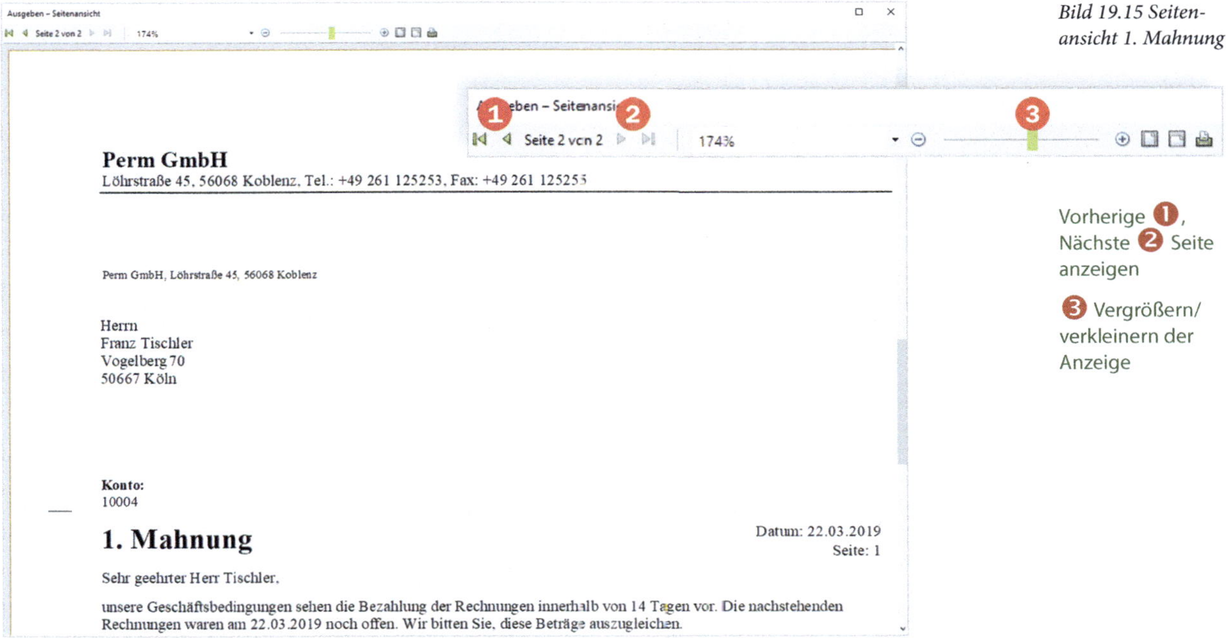

Bild 19.15 Seitenansicht 1. Mahnung

Vorherige ❶, Nächste ❷ Seite anzeigen

❸ Vergrößern/verkleinern der Anzeige

!

Achtung: Mahnungen müssen unbedingt ausgedruckt werden. Nur dann werden die Mahnstufe und die Gebühren in die Rechnungsposten übernommen.

6 Schließen Sie die Seitenansicht und klicken Sie im Dialogfenster *Mahnungen ausgeben* auf die Schaltfläche *Drucken am PC*. Sie erhalten nach dem Drucken nacheinander die in Bild 19.16 abgebildeten in Hinweismeldungen, die Sie mit Klick auf die Schaltfläche *Ja* bzw. *OK* bestätigen.

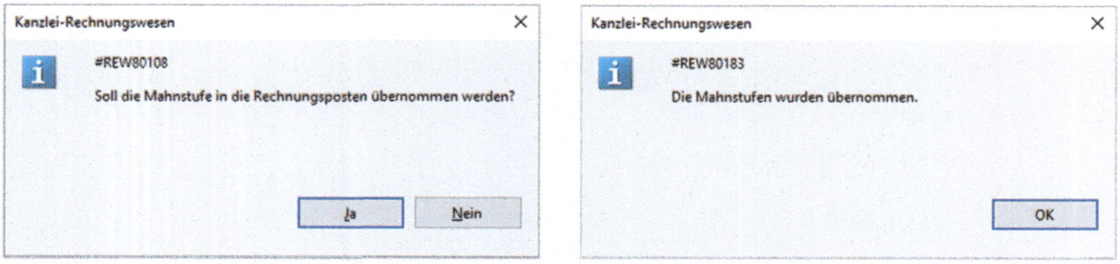

Bild 19.16 Hinweise nach dem Drucken

Die Musterlösung zur Mahnung finden Sie im Ordner: PDF_Musterloesungen Datei: 19_Mahnungen_1.pdf

Die Mahnungen sind ausgedruckt. Mit der Auswahl *Bearbeitbar* im Feld *Umfang* ❶ werden jetzt keine Einträge mehr aufgeführt, da die Mahnstufe übernommen wurde. In diesem Bereich können Sie jetzt lediglich neue Mahnvorschläge erstellen.

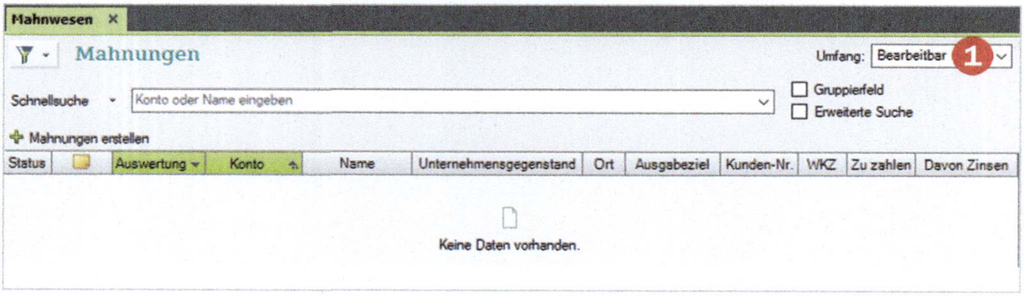

Bild 19.17 Umfang Bearbeitbar

7 Um die übernommen Mahnstufen einzusehen, klicken Sie im Auswahlfeld *Umfang* auf den Eintrag *Mahnstufe übernommen* ❷.

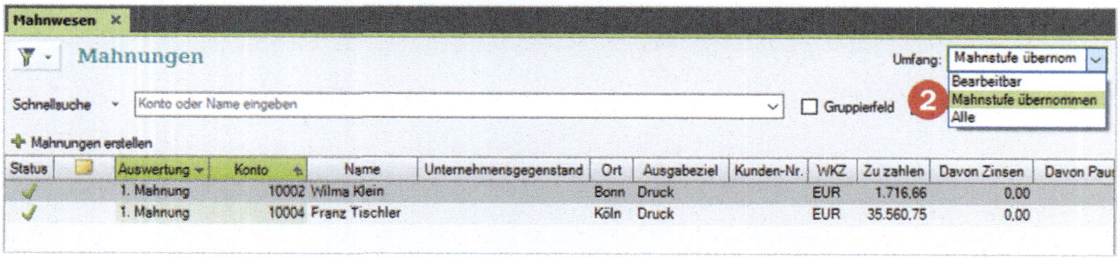

Bild 19.18 Umfang Mahnstufe Übernommen

Ab der 2. Mahnung werden zusätzlich Mahngebühren und Mahnzinsen berechnet. Mahnzinsen und Mahngebühren werden später beim Zahlungseingang der Kunden auf das Konto *Sonstige Zinsen und ähnliche Erträge 2650* gebucht. Das Mahnwesen kann jederzeit wieder aufgerufen werden. Es können natürlich auch wieder neue Mahnungen erstellt werden.

Basis dazu sind immer die Offene-Posten-Listen Debitoren und der Kalendertag, an dem gemahnt werden soll (in der Praxis oftmals an einem bestimmten Tag der Woche).

Übung: Mahnungen erstellen

Erstellen Sie mit folgenden Angaben einen zweiten Mahnlauf:

Datum der Mahnungen:	05.04.2019
Mahnungen:	Nur 2. Mahnung

Die 2. Mahnung für die Kunden Klein und Tischler muss vorgeschlagen werden. Lassen Sie die Mahnungen mit dem Datum 05.04.2019 ausdrucken und übernehmen Sie die Mahnstufen.

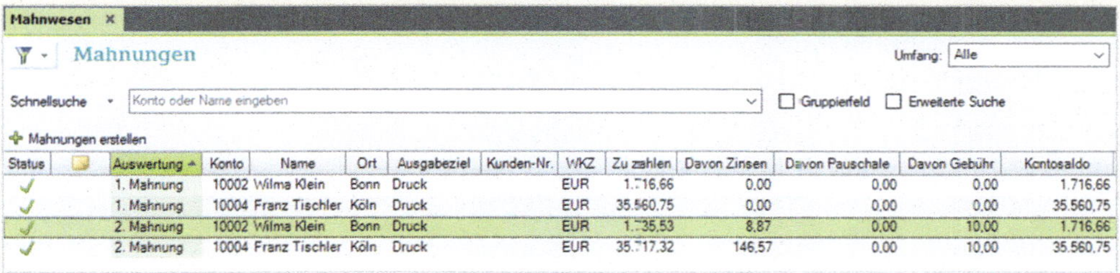

Status		Auswertung	Konto	Name	Ort	Ausgabeziel	Kunden-Nr.	WKZ	Zu zahlen	Davon Zinsen	Davon Pauschale	Davon Gebühr	Kontosaldo
✓		1. Mahnung	10002	Wilma Klein	Bonn	Druck		EUR	1.716,66	0,00	0,00	0,00	1.716,66
✓		1. Mahnung	10004	Franz Tischler	Köln	Druck		EUR	35.560,75	0,00	0,00	0,00	35.560,75
✓		2. Mahnung	10002	Wilma Klein	Bonn	Druck		EUR	1.735,53	8,87	0,00	10,00	1.716,66
✓		2. Mahnung	10004	Franz Tischler	Köln	Druck		EUR	35.717,32	146,57	0,00	10,00	35.560,75

Beenden Sie anschließend das Arbeitsblatt.

Die Musterlösung zur Mahnung finden Sie im Ordner: PDF_Musterloesungen Datei: 19_Mahnungen_2.pdf

19.2 Automatischer Zahlungsverkehr

Zusätzlich zum Mahnwesen unterstützt DATEV Kanzlei-Rechnungswesen den automatischen Zahlungsverkehr. Es können Zahlungsvorschläge erstellt, bearbeitet und termingerecht durchgeführt werden.

Die Zahlungsvorschläge können an das Programm-Modul *„Zahlungsverkehr“* übergeben und dort entweder online an das RZ oder per Datenträger an die Bank übergeben oder auf Überweisungsträger gedruckt werden.

Über eine automatische Stapelbuchung können die offenen Posten Kreditoren ausgebucht werden.

Einstellungen in den Stammdaten

In den Stammdaten des Mandanten müssen natürlich auch für den Zahlungsverkehr Einstellungen vorgenommen werden. Dazu gehen Sie wie folgt vor:

1 Wählen Sie den Menüpunkt *Stammdaten* ▶ *Kreditoren* ▶ *Einstellungen Zahlungen/Lastschriften* oder klicken Sie in der *Navigationsübersicht*, *Stammdaten* auf den Eintrag *Kreditoren* und anschließend doppelt auf den Eintrag *Einstellungen Zahlungen/Lastschriften*.

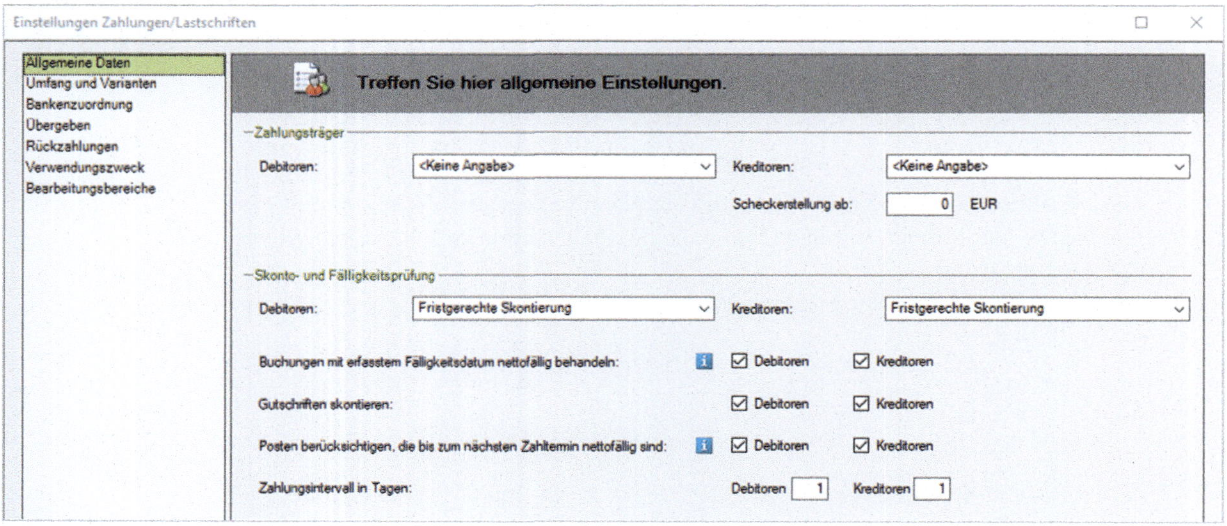

Bild 19.19 Einstellungen Zahlungen/ Lastschriften

Firma Perm GmbH hat sich nach Rücksprache mit der Hausbank Sparkasse Koblenz für Einzelzahlungsträger mit einer Rechnung entschieden.

2 Um den Zahlungsträger für den automatischen Zahlungsverkehr festzulegen, klicken Sie im Auswahlfeld *Kreditoren* auf den Eintrag *SEPA-/ Auslands-Überweisung mit einer Rechng*.

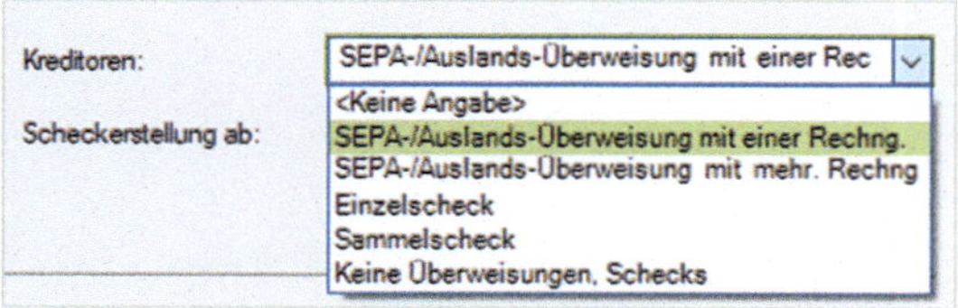

3 Klicken Sie zuletzt auf den Eintrag *Bankenzuordnung*. Hier kann nun kontrolliert werden, ob die korrekte Bank für den Zahlungsverkehr zugeordnet ist.

Bild 19.20 Bankenzuordnung

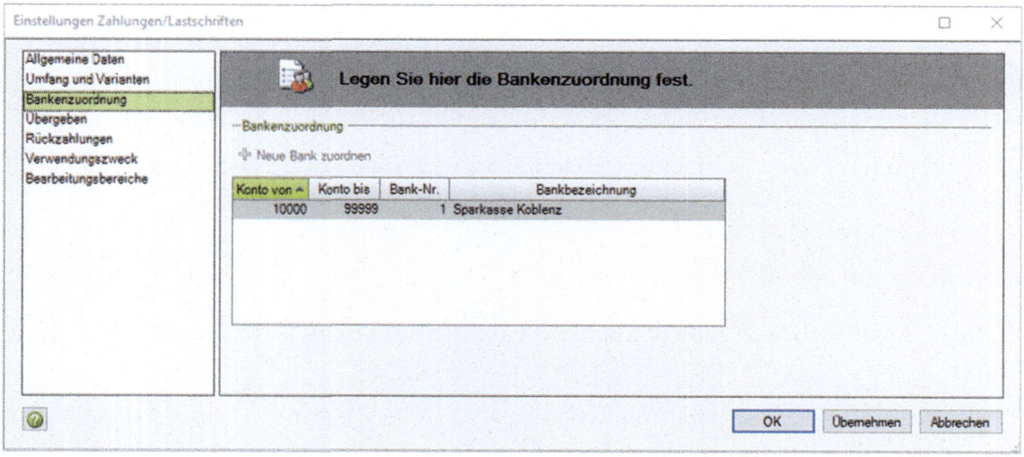

4 Um die Einstellungen für den Zahlungsverkehr zu übernehmen, klicken Sie auf die Schaltfläche *OK*. Die Stammdaten für den Zahlungsverkehr sind jetzt gespeichert.

Ausgangssituation

Die Firma Perm GmbH möchte bestimmte Zahlungen über den Zahlungsverkehr abwickeln.

Um den automatischen Zahlungsverkehr kontrolliert durchführen zu können, ist es unbedingt erforderlich, zuvor die benötigten Kreditorenstammdaten wie Bankverbindungen, Zahlungskonditionen und die offene Postenliste zu kontrollieren.

In unserem Übungsfall sollen die Lieferanten Highdrive, Fiebiger, Hofmeister und Büro-Weber über den automatischen Zahlungsverkehr abgewickelt werden.

Wiederholungsübung: Stammdaten Kreditoren kontrollieren

Kontrollieren Sie über den Menüpunkt *Stammdaten* ► *Kreditoren* ► *Kreditorenstammdaten* die erforderlichen Stammdaten:

Aufgabe 1

Firma Fiebiger GmbH	Kreditorennummer: 70000
Bankverbindung:	BLZ: 37050198 Sparkasse KölnBonn KtoNr: 12369 BIC: COLSDE33XXX IBAN: DE58 3705 0198 0000 0123 69
OPOS-Allgemein:	Zahlungsarten: 30 Tage

Aufgabe 2

Firma Highdrive GmbH	Kreditorennummer: 70001
Bankverbindung:	BLZ: 75090300 LIGA Bank Regensburg KtoNr. 109042440 BIC: GENODEF1M05 IBAN: DE13 7509 0300 0109 0424 40
OPOS-Allgemein:	Zahlungsarten: 14 Tage

Aufgabe 3

Firma Hofmeister e.K.	Kreditorennummer: 70004
Bankverbindung:	BLZ: 38040007 Commerzbank Bonn KtoNr: 12036090 BIC: COBADEFFXXX IBAN: DE23 3804 0007 0012 0360 90
OPOS-Allgemein:	Zahlungsarten: 14 Tage

Aufgabe 4

Firma Büro-Weber GmbH	Kreditorennummer: 70005
Bankverbindung:	BLZ: 57090900 PSD Bank Koblenz KtoNr: 12369212 BIC: GENODEF1P12 IBAN: DE11 5709 0900 0012 3692 12
OPOS-Allgemein:	Zahlungsbedingungen: 10 = 14 Tage 2% Skonto, 30 Tage netto

Fälligkeitsliste anzeigen

1 Lassen Sie sich über den Menüpunkt *Auswertungen* ▶ *Kreditoren* ▶ *Fälligkeitsliste* die Fälligkeitsliste mit der Einstellung *Wöchentlich* anzeigen.

Für den Zeitraum vom 02.03.2019 - 15.03.2019 sind die Rechnungen von den Lieferanten Highdrive GmbH 70001 und Hofmeister e.K. 70004 fällig (Bild 19.21). Diese Rechnungen sind über den automatischen Zahlungsverkehr abzuwickeln.

Bild 19.21 Fälligkeitsliste

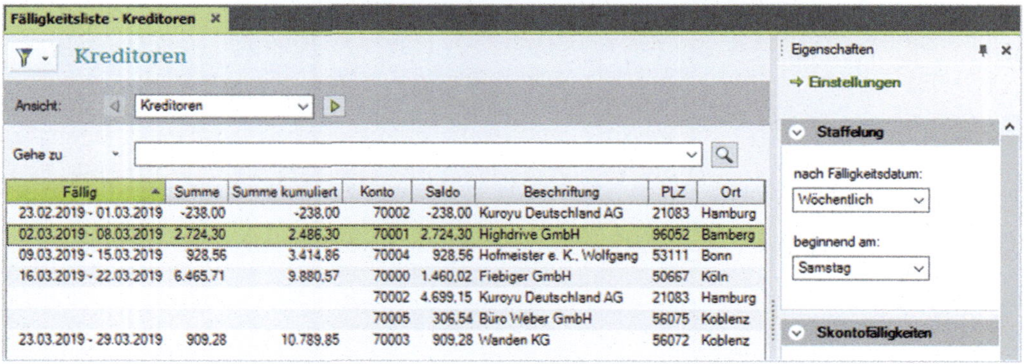

Hinweis: Der Lieferantenbonus in Höhe von 238,00 EUR des Lieferanten Kuroyu Deutschland AG soll zu einem späteren Zeitpunkt mit einer anderen Rechnung des Lieferanten verrechnet werden.

2 Die Fälligkeitsliste zeigt allerdings nicht an, welche Rechnungen angewiesen werden müssen, da lediglich der Zeitraum und der Saldo aufgeführt werden. Lassen Sie sich daher über den Menüpunkt *Auswertungen* ▶ *Kreditoren* ▶ *OPOS-Liste* die Offene Posten-Liste Kreditoren in einem zusätzlichen Arbeitsblatt mit nachfolgenden Einstellungen anzeigen (Bild 19.22).

Bild 19.22 OPOS-Liste Kreditoren

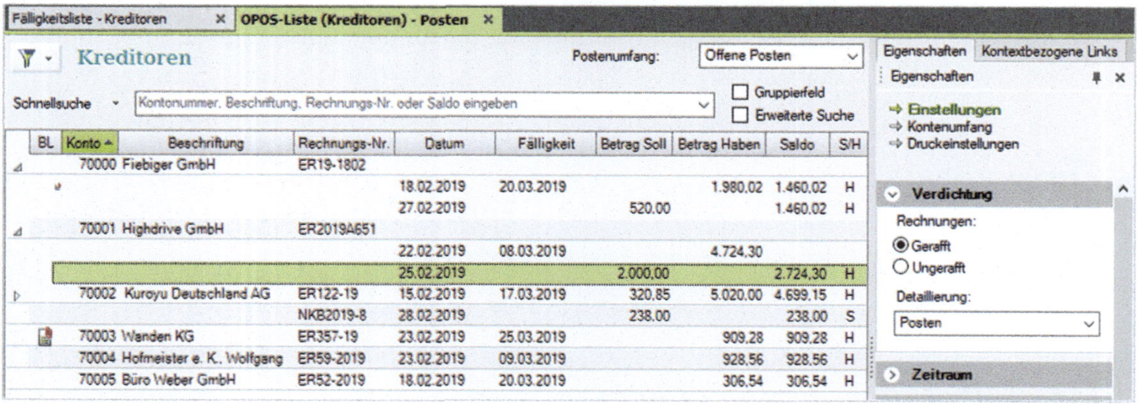

Die offenen Posten ER2019A651, Kreditorennummer 70001 Highdrive GmbH und einem Saldo von 2.724,30 EUR und ER59-2019, Kreditorennummer 70004 Hofmeister e.K., Wolfgang mit dem Saldo von 928,56 EUR sollen jetzt über den automatischen Zahlungsverkehr abgewickelt werden.

Zahlungsvorschlagsliste erstellen

Um eine Zahlungsvorschlagsliste zu erstellen, gehen Sie wie folgt vor:

1 Wählen Sie den Menüpunkt *Auswertungen* ▶ *Kreditoren* ▶ *Zahlungen* oder klicken Sie in der Navigationsübersicht, *Buchführung* im geöffneten Ordner *Kreditoren* doppelt auf den Eintrag *Zahlungen*. Im nachfolgenden Hinweisfenster klicken Sie auf *Ja*. Das Arbeitsblatt *Zahlungen* wird in einem gesonderten Arbeitsblatt geöffnet.

Bild 19.23 Arbeitsblatt Zahlungen

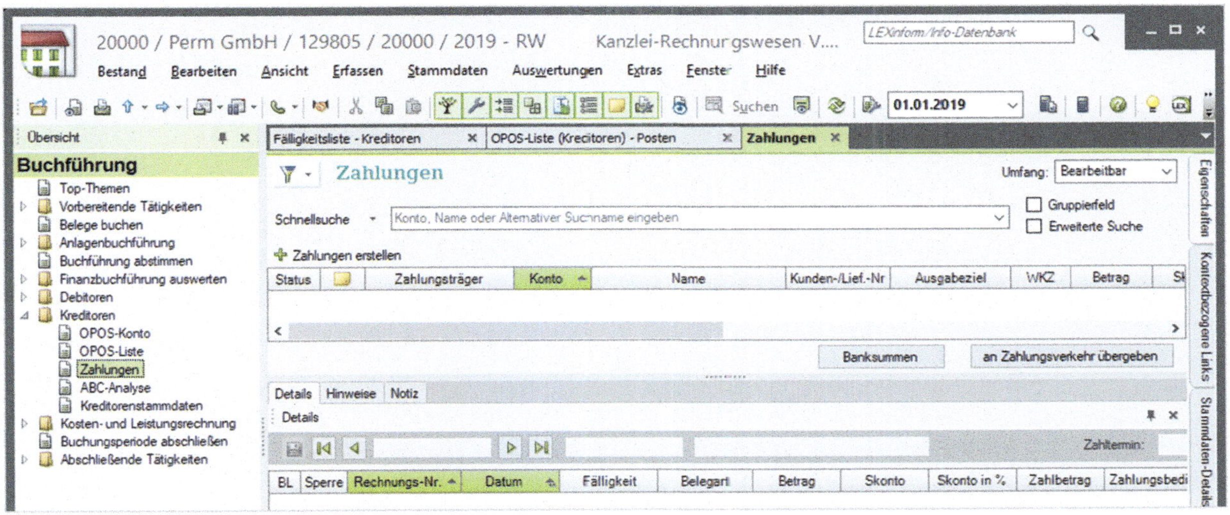

2 Gleichzeitig öffnet sich automatisch das Dialogfenster *Zahlungen erstellen*. Geben Sie nun im Fenster *Zahlungen erstellen* zunächst im Feld *Zahltermin* den 15.03.2019 und im Feld *Nächster Zahltermin* den 29.03.2019 ein.

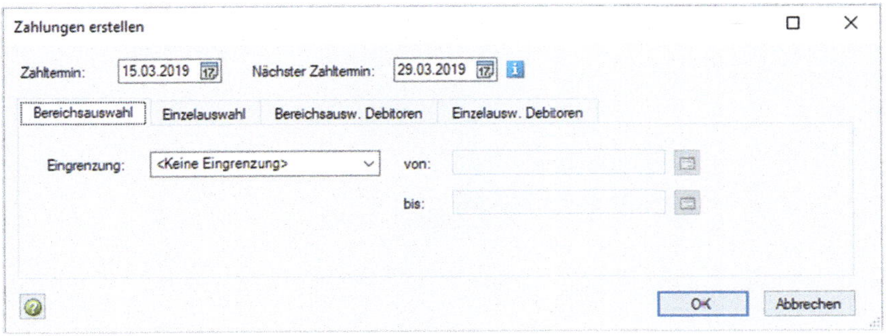

Bild 19.24 Zahlungen erstellen

Hinweise

- Im Feld *Zahltermin* wird das Datum eingetragen, zu dem die Fälligkeit und der Skontoabzug der offenen Rechnung geprüft werden. Im Feld *Nächster Zahltermin* wird der geplante nächste Zahltermin eingetragen. Diese Angabe ist erforderlich für das fristgerechte Skontieren der offenen Rechnung.
- Im Register *Bereichsauswahl* kann der Kreditorenbereich eingegrenzt werden. Dieser wird standardmäßig nicht eingegrenzt. Falls Sie den Bereich eingrenzen möchten,

können Sie ihn mit Klick auf die Auswahl *Kontonummer*, z. B. von Kontennummer 70000 bis 70003, vornehmen.

- Über das Register *Einzelauswahl* können Sie die Kreditoren, die Sie in den Zahlungsvorschlag übernehmen möchten, einzeln auswählen. Die Register *Bereichsausw. Debitoren* und *Einzelausw. Debitoren* stehen Ihnen für Bankeinzugskunden zur Verfügung.

In unserem Übungsfall sollen nur die Lieferanten 70001 Firma Highdrive GmbH, Bamberg und 70004 Firma Hofmeister e.K., Bonn ausgewählt werden.

3 Klicken Sie auf das Register *Einzelauswahl* und markieren Sie mit gleichzeitig gedrückter Strg+Taste nur die Lieferanten 70001 Highdrive GmbH und 70004 Hofmeister e.K., Wolfgang (Bild 19.25).

Hinweis: Eine Gruppe von Kreditoren können Sie auch so markieren: 1. Kreditor anklicken, die Umschalt-Taste festhalten und den letzten Kreditor der Gruppe markieren.

Achtung: Mit einem Häkchen im Kästchen *Posten mit Zahlungskennzeichnung erneut vorschlagen*, werden offene Posten, die bereits in einen Zahlungsvorschlag übernommen wurden, nochmals vorgeschlagen.

4 Um die Einstellungen für die Zahlungsvorschlagsliste abzuschließen, klicken Sie anschließend auf die Schaltfläche *OK*. Sie erhalten anschließend den Hinweis, dass 2 Zahlungen erstellt wurden.

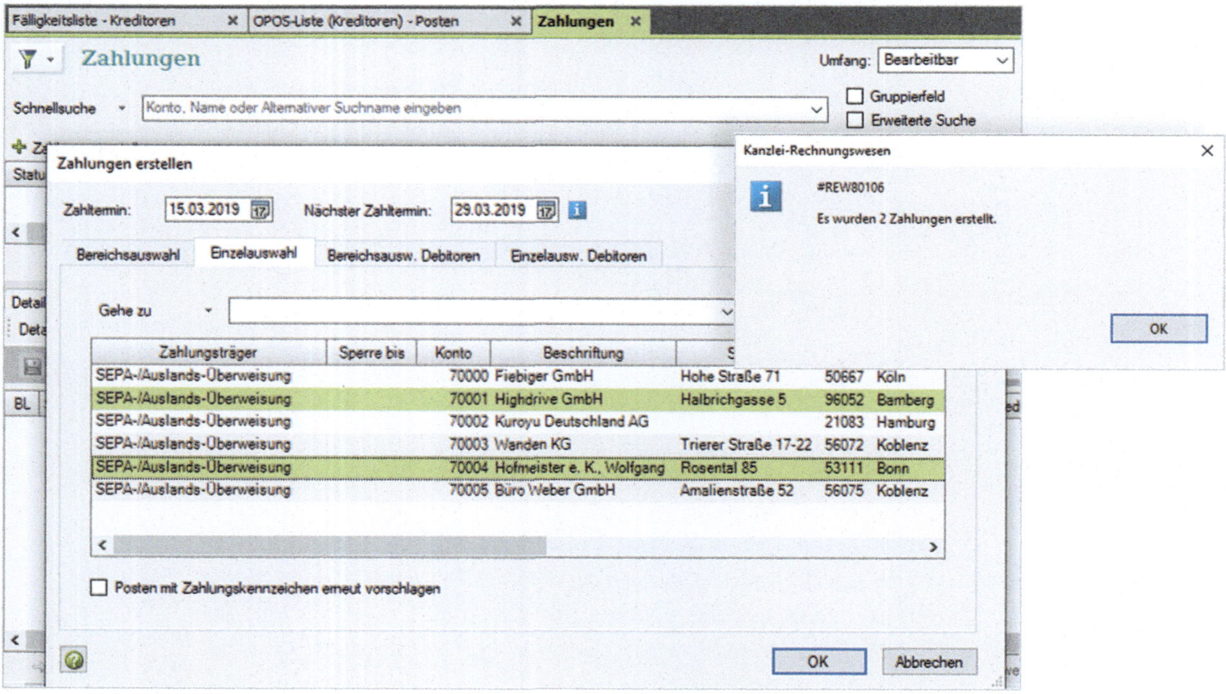

Bild 19.25 Markierte Zahlungsvorschläge übernehmen

5 Bestätigen Sie den Hinweis mit der Schaltfläche *OK*. Die beiden Zahlungsvorschläge wurden in der Liste der SEPA-Überweisungen übernommen (Bild 19.26).

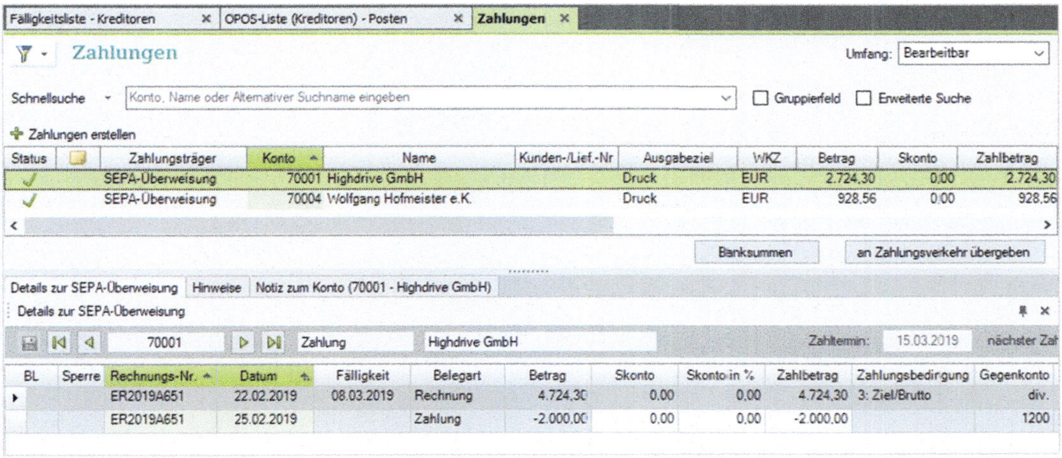

Bild 19.26 Einzelüberweisungen

Wichtiger Hinweis: Die Zahlungsvorschläge sollten natürlich, bevor sie übergeben werden, geprüft und ggf. angepasst werden.

!

6 Klicken Sie daher auf den Zahlungsvorschlag für den Lieferanten *70004 Wolfgang Hofmeister e.K.*. Der Zahlungsvorschlag wird jetzt im unteren Zusatzfenster angezeigt (Bild 19.27):

Die Rechnung ER59-2019 an den Lieferanten Wolfgang Hofmeister e.K. ist am 09.03.2019 fällig. Es müssen an den Lieferanten 928,56 EUR überwiesen werden. Sind Skontoabzüge möglich, werden Ihnen diese ebenfalls angezeigt.

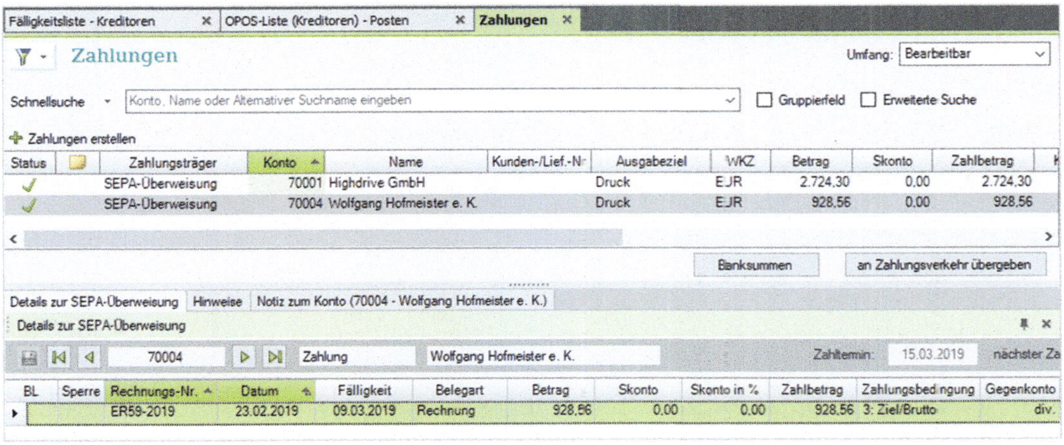

Bild 19.27 Zahlungsvorschlag bearbeiten

7 Klicken Sie anschließend auf den *Zahlungsvorschlag* an den Lieferanten 70001 Highdrive GmbH (Bild 19.28).

Die Eingangsrechnung ER2019A651 des Lieferanten 70001 Highdrive GmbH ist zum 08.03.2019 fällig. Am 25.02.2019 wurde eine Anzahlung auf die Rechnung in Höhe von 2.000,00 EUR gezahlt. Es müssen noch 2.724,30 EUR an den Lieferanten überwiesen werden.

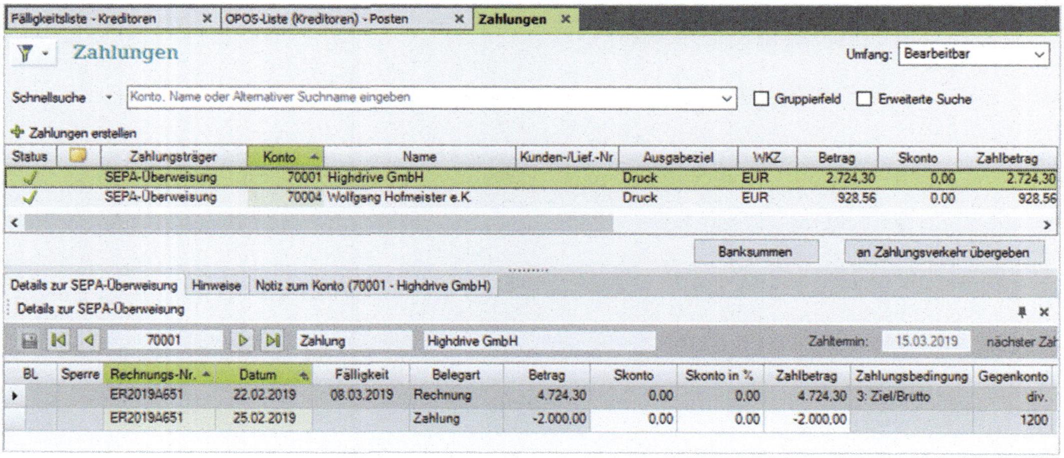

Bild 19.28 Lieferant 70001

Hinweis: Sollten Sie bei den Lieferanten nicht alle benötigten Stammdaten hinterlegt haben, wird der Status mit einem Hinweissymbol gekennzeichnet. Sind alle benötigten Stammdaten vorhanden, wird Ihnen dies mit einem Häkchen symbolisiert. Möchten Sie Zahlungen für einen bestimmten Lieferanten zu einem späteren Zeitpunkt vornehmen, können Sie über einen Rechtsklick den Zahlungsvorschlag aus der Liste löschen.

Zahlungsvorschlagsliste an den Zahlungsverkehr übergeben

Nach Prüfung der Zahlungsvorschlagsliste können die Zahlungen jetzt an das Programmmodul „*Zahlungsverkehr*" übergeben werden. Dazu gehen Sie wie folgt vor:

1 Klicken Sie im Arbeitsblatt *Zahlungen* auf die Schaltfläche *an Zahlungsverkehr übergeben*.

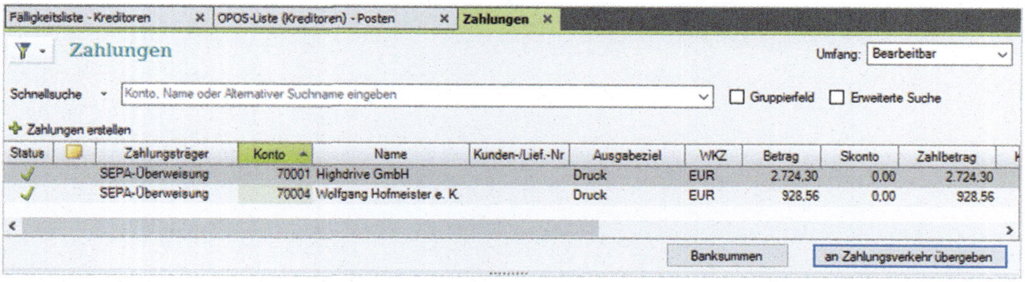

Bild 19.29 Arbeitsblatt Zahlungen

Die Bankverbindung Bank 1, Sparkasse Koblenz mit dem Saldo von 40.609,37 EUR und der zu überweisende Betrag von insgesamt 3.652,86 EUR werden angezeigt.

2 Für die automatische Ausgleichsbuchung in der Buchhaltung müssen Buchungsstapeldaten angegeben werden. Geben Sie im Feld *Datum von* den 01.03.2019 und im Feld *Datum bis* den 31.03.2019 sowie als *Belegdatum* den 15.03.2019 ein. Als *Bezeichnung* geben Sie Automatischer Zahlungsverkehr an (Bild 19.30).

3 Bestätigen Sie die Angaben mit der Schaltfläche *OK*. Sie erhalten anschließend eine Meldung, dass die Zahlungen übergeben wurden. Bestätigen Sie mit der Schaltfläche *OK* (Bild 19.31).

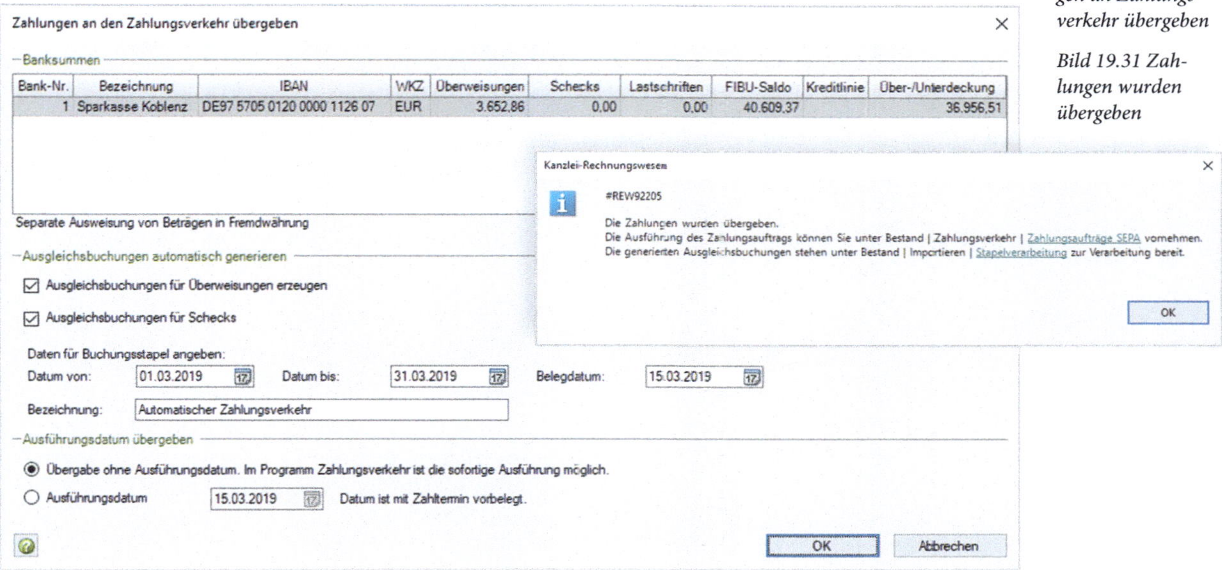

Bild 19.30 Zahlungen an Zahlungsverkehr übergeben

Bild 19.31 Zahlungen wurden übergeben

Es werden zwei Vorgänge automatisch aktiviert: Die Zahlung wird an das Modul *Zahlungsverkehr* als Zahlungsauftrag und die Ausgleichsbuchung der offenen Posten wird an die Stapelverarbeitung von DATEV Kanzlei-Rechnungswesen übergeben.

4 Nachdem Sie den Zahlungsvorschlag übergeben haben, ist das Zahlungsvorschlagsfenster leer. Es steht Ihnen lediglich für einen neuen Zahlungsvorschlag (mit Klick auf den Link *Zahlungen erstellen*) wieder zur Verfügung. Schließen Sie alle Arbeitsblätter.

Zahlungsverkehr abschließen

Um den automatischen Zahlungsverkehr abzuschließen, sind folgende zwei Vorgänge zu erledigen:

- Die Zahlungsaufträge müssen an die Bank Sparkasse Koblenz entweder kommerziell oder online übergeben werden.
- Die automatischen Ausgleichbuchungen für die offenen Posten müssen generiert werden.

Teil 1 - Zahlungsauftrag übergeben

1 Wählen Sie den Menüpunkt *Bestand* ▶ *Zahlungsverkehr* ▶ *Zahlungsaufträge SEPA*. Die Überweisungen an die Lieferanten werden im Arbeitsblatt *Zahlungsaufträge SEPA* angezeigt (Bild 19.32). Gesamtbetrag: 3.652,86 EUR.

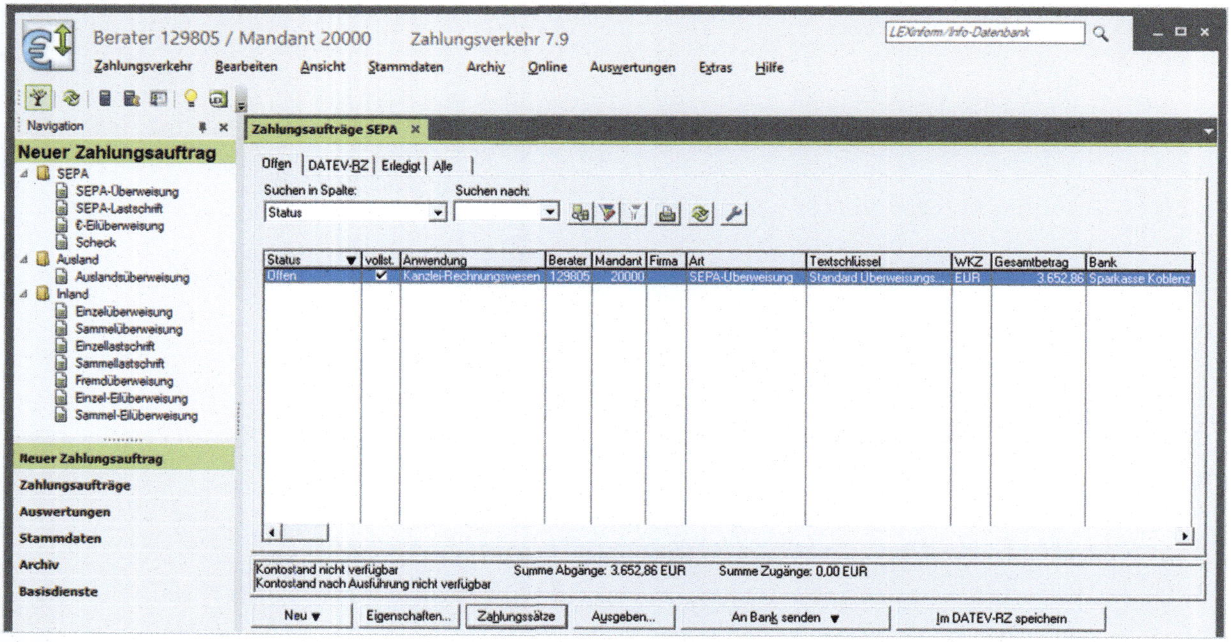

Bild 19.32 Zahlungsaufträge SEPA

2 Um die Überweisungsaufträge an die beiden Lieferanten einzusehen, klicken Sie auf die Schaltfläche *Zahlungssätze* oder klicken doppelt auf den Zahlungsauftrag. Die beiden SEPA-Überweisungen an die Lieferanten Highdrive GmbH und Wolfgang Hofmeister e.K werden im Arbeitsblatt *SEPA-Überweisung* angezeigt.

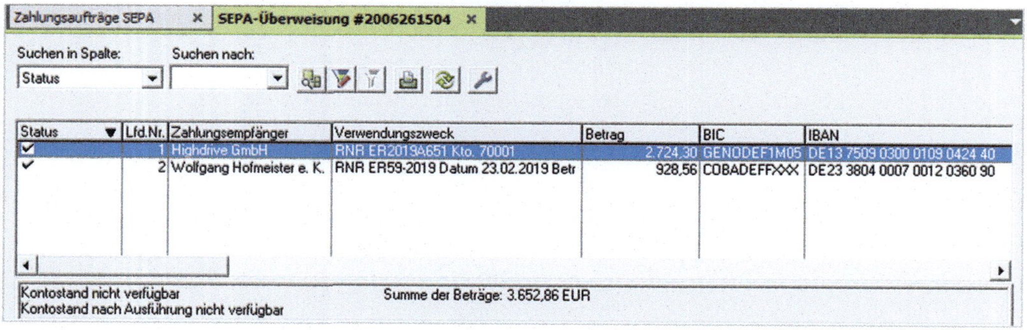

Bild 19.33 Arbeitsblatt SEPA-Überweisung

3 Im unteren Teil des Fensters können Sie mit einem Doppelklick die SEPA-Überweisungsformulare einzeln einsehen und evtl. Korrekturen vornehmen.

Klicken Sie doppelt auf den Zahlungsauftrag für den Lieferanten Highdrive GmbH. Die SEPA-Überweisungsdaten werden in den Überweisungsauftrag (Bild 19.34) übernommen und können hier ggf. angepasst oder ergänzt werden.

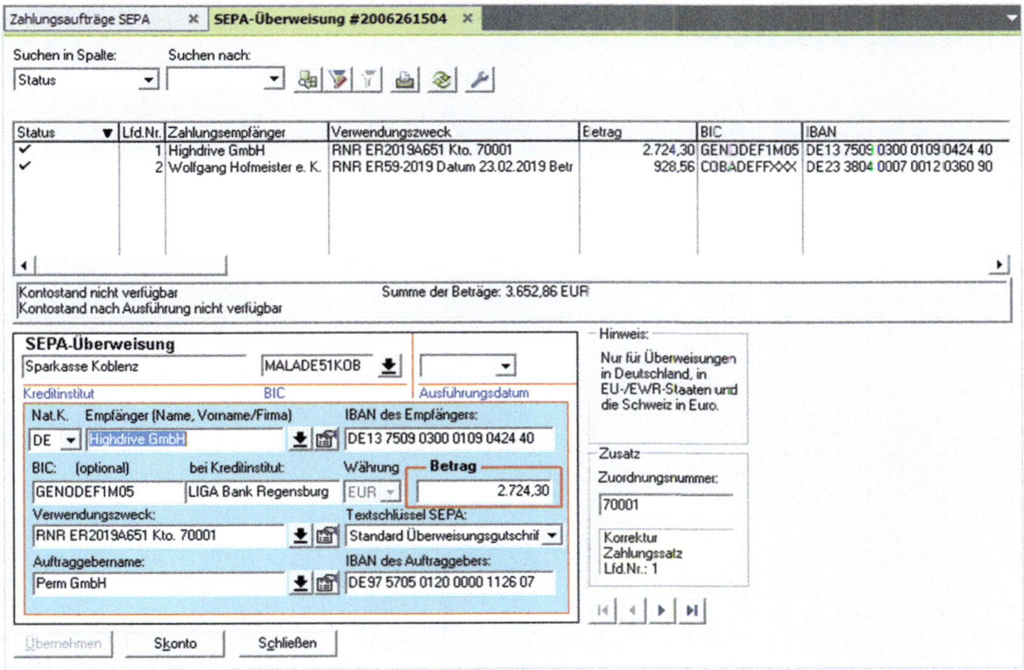

Bild 19.34 Überweisungsauftrag

4 Wiederholen Sie den Vorgang für die SEPA-Überweisung an den Lieferanten Wolfgang Hofmeister e.K., indem Sie auf den SEPA-Überweisungsauftrag doppelklicken.

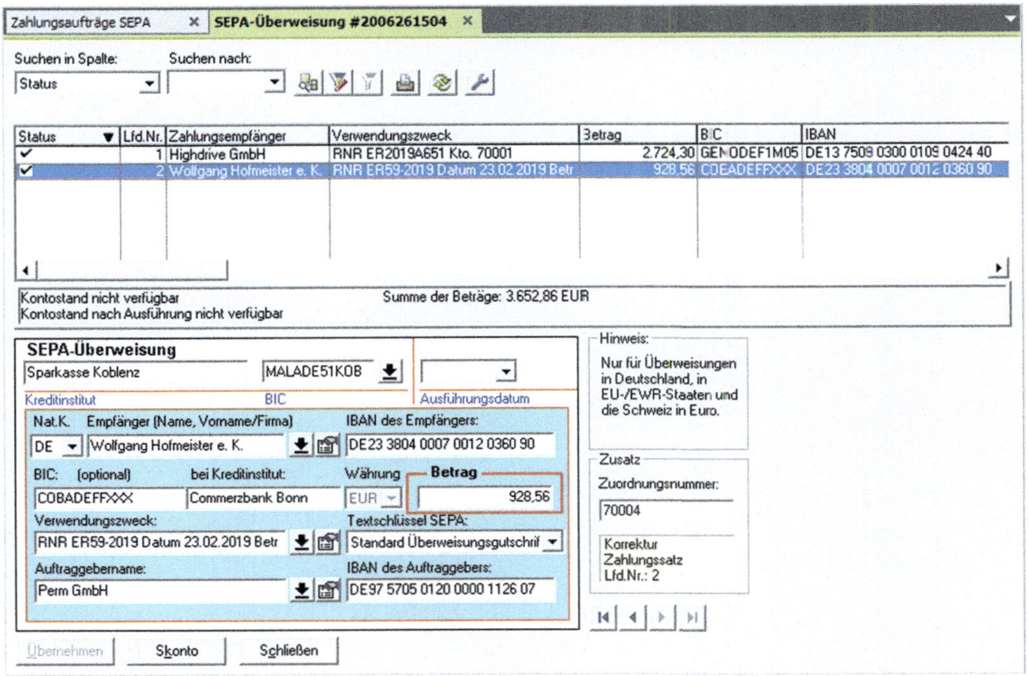

Bild 19.35 Überweisungsauftrag 2

5 Schließen Sie dann das Arbeitsblatt *SEPA-Überweisung*. Um den Zahlungsauftrag abzuschließen, klicken Sie im Arbeitsblatt *Zahlungsaufträge SEPA* auf die Schaltfläche *Ausgeben*.

Bild 19.36 Zahlungsauftrag abschließen

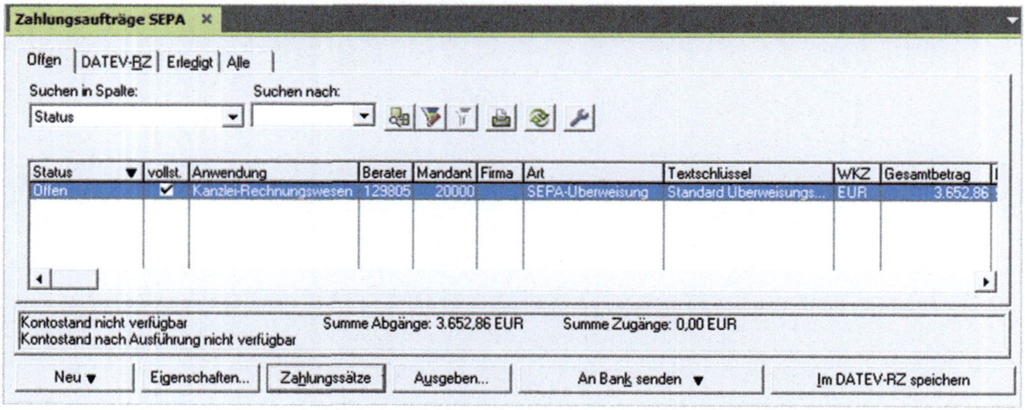

Tipp: Mit der Schaltfläche *An Bank senden* können Sie die Zahlungen über diverse Online-Möglichkeiten anweisen, z. B. mit Begleitzettel oder mit HBCI PIN/TAN.

6 Abschließend können Sie über das Fenster *Zahlungsaufträge SEPA ausgeben* (Bild 19.37) den Zahlungsauftrag auf einem Überweisungsformular ausdrucken ❶ oder auf einem Datenträger abspeichern und der Hausbank übergeben ❷. Klicken Sie auf die Option *Zahlungsverkehrsdatei ins Verzeichnis* ❷.

Bild 19.37 Zahlungsauftrag ausgeben

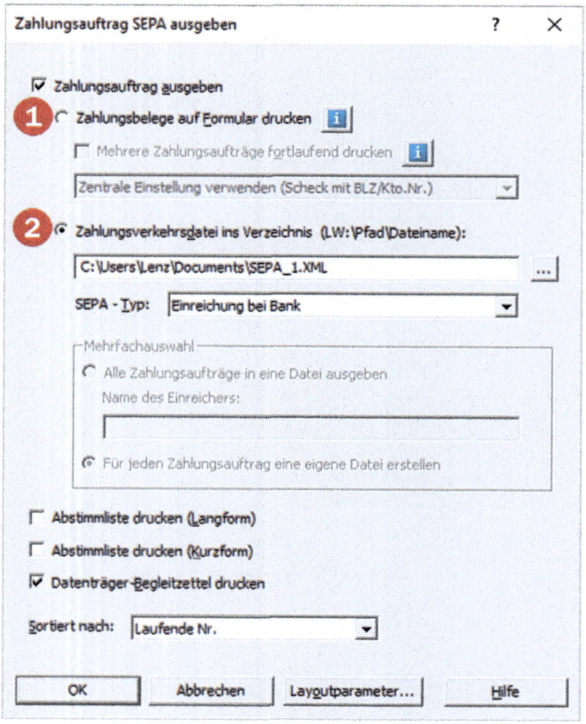

7 Klicken Sie auf die Schaltfläche *OK*.

8 Beenden Sie anschließend das Programm, indem Sie den Menüpunkt *Zahlungsverkehr* ▶ *Beenden* wählen.

Teil 2 - Generieren der automatischen Ausgleichsbuchung

Die beiden offenen Posten an die Lieferanten müssen noch ausgebucht werden. Durch die Übergabe der Zahlungsvorschläge wurden automatische Ausgleichsbuchungen in die Stapelverarbeitung übertragen. Um die Stapelverarbeitung aufzurufen und die Buchungen zu verarbeiten, gehen Sie wie folgt vor:

1 Wählen Sie den Menüpunkt *Bestand* ▶ *Importieren* ▶ *Stapelverarbeitung* oder klicken Sie in der Navigationsübersicht, *Buchführung* im geöffneten Ordner *Vorbereitende Tätigkeiten* doppelt auf den Eintrag *Stapelverarbeitung*. Die generierten Ausgleichsbuchungen aus dem Zahlungsverkehr werden angezeigt (Bild 19.38).

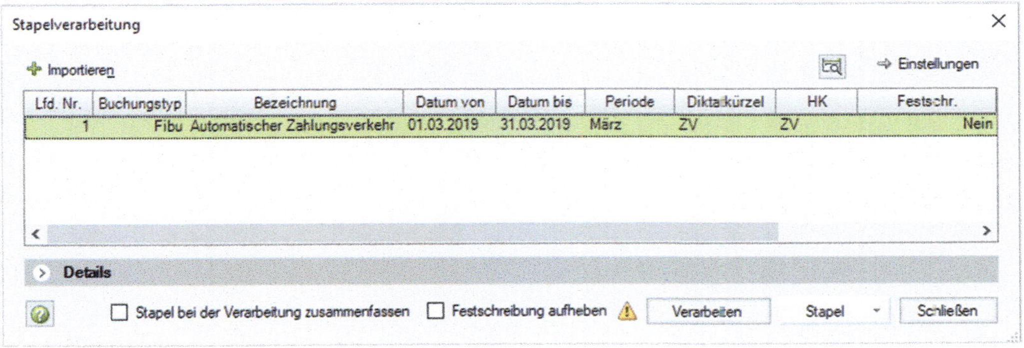

Bild 19.38 Stapelverarbeitung - Ausgleichsbuchungen

2 Klicken Sie auf die Schaltfläche *Verarbeiten*. DATEV Kanzlei-Rechnungswesen erstellt nun aus den Angaben zum Zahlungsverkehr einen neuen Buchungsstapel (Bild 19.39). Unter *Buchungstyp* können Sie festlegen, ob der Buchungsstapel zu den Buchungen des laufenden Geschäftsbetriebes oder zu den Abschlussbuchungen zugeordnet werden soll.

Bild 19.39 Neuen Buchungsstapel anlegen

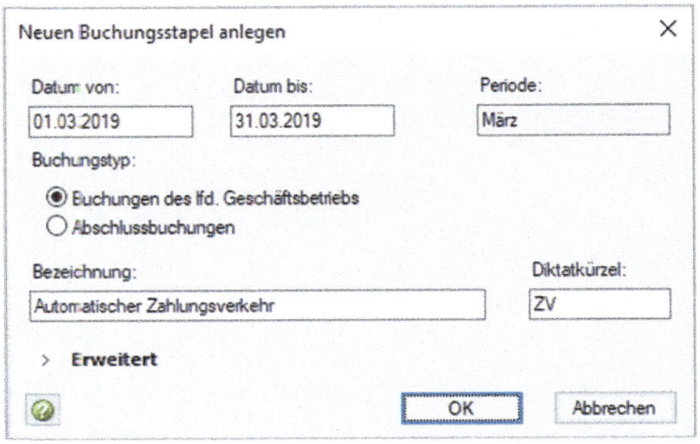

3 Klicken Sie auf die Schaltfläche *OK*. Sie erhalten den Hinweis, dass der Stapel verarbeitet wurde. Bestätigen Sie erneut mit Klick auf die Schaltfläche *OK*.

4 Schließen Sie anschließend das leere Fenster *Stapelverarbeitung* mit der Schaltfläche *Schließen*.

5 Um die Buchungen zu kontrollieren, klicken Sie doppelt auf den Eintrag *Belege buchen* und öffnen den Buchungsstapel *Automatischer Zahlungsverkehr*.

6 Die Ausgleichsbuchungen der Lieferantenrechnungen werden angezeigt. Die Offenen Posten wurden gegen das Konto *1360 Geldtransit* ausgebucht (Bild 19.40).

Tipp: Falls Sie den Buchungstext ändern möchten, können Sie den Buchungssatz in die Buchungsmaske übernehmen und ändern.

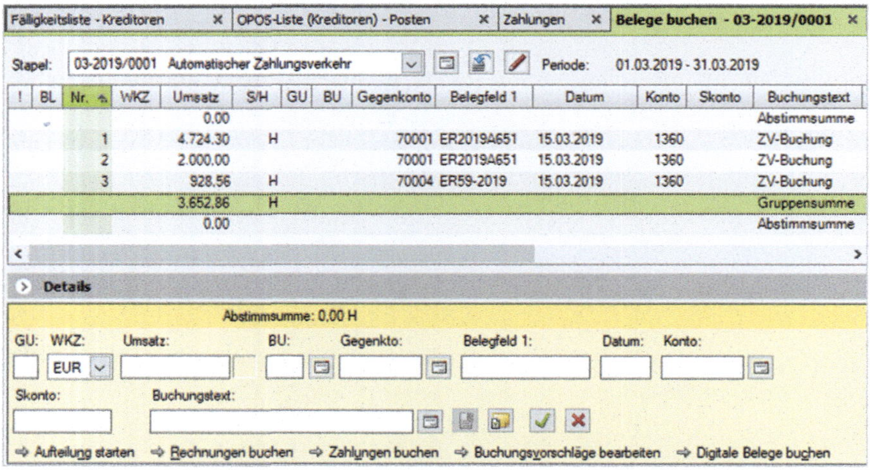

Bild 19.40 Ausgleichsbuchungen

7 Wechseln Sie mit Klick auf das Symbol *FIBU-Konto anzeigen* zur FIBU-Konto Ansicht und geben Sie die Kreditorennummer 70001 Highdrive GmbH ein. Der offene Posten ist ausgebucht, Kontosaldo 0 (Bild 19.41).

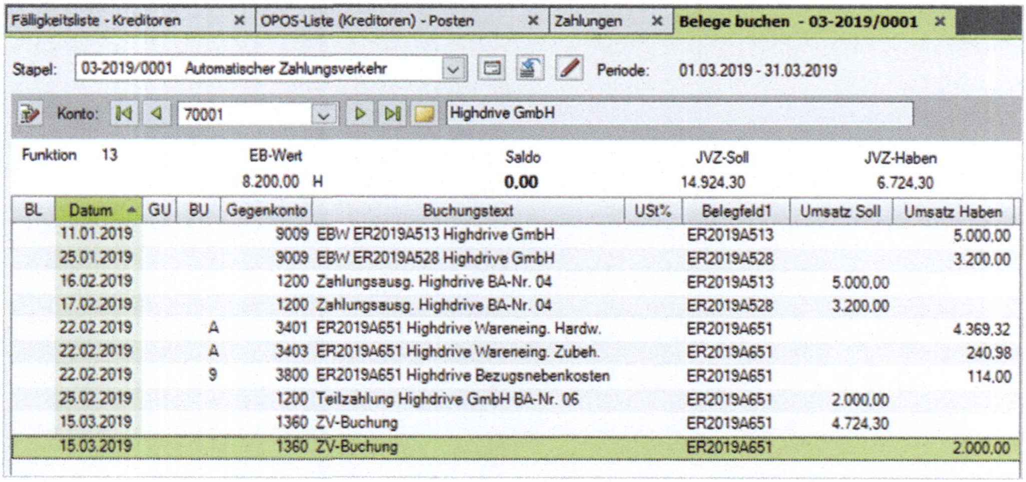

Bild 19.41 Kreditor 70001

8 Geben Sie anschließend die Kreditorennummer 70004 für den Lieferanten Wolfgang Hofmeister e.K. ein. Der offene Posten, die Eingangsrechnung ER59-2019, ist gegen das Konto *1360* ausgebucht, Kontosaldo 0.

9 Geben Sie zuletzt das Konto *1360 Geldtransit* an. Dieses Konto weist einen Haben-Saldo von 3.652,86 EUR aus (Bild 19.42). Sobald der Bankauszug vorliegt, kann der Betrag über das Konto *1360* in einer Summe ausgebucht werden, da durch den automatischen Zahlungsverkehr die Regulierung der offenen Posten bereits vorgenommen wurde.

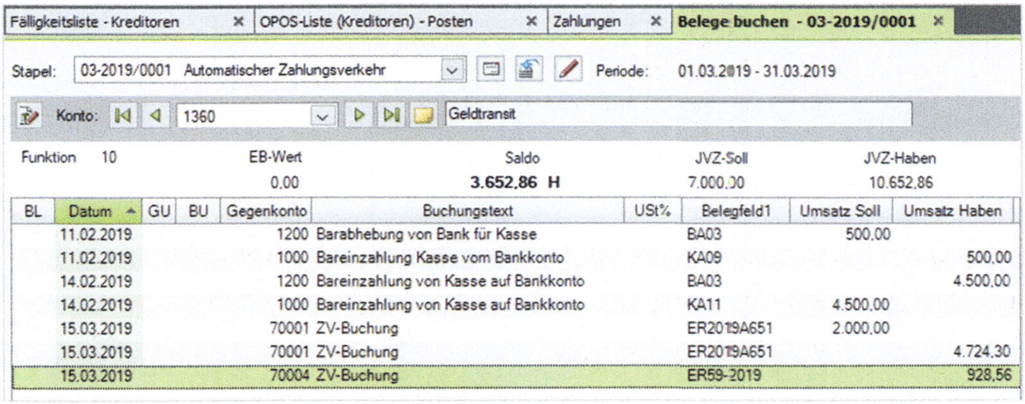

Fälligkeitsliste - Kreditoren | OPOS-Liste (Kreditoren) - Posten | Zahlungen | Belege buchen - 03-2019/0001

Stapel: 03-2019/0001 Automatischer Zahlungsverkehr Periode: 01.03.2019 - 31.03.2019

Konto: 1360 Geldtransit

Funktion	EB-Wert	Saldo	JVZ-Soll	JVZ-Haben
10	0,00	3.652,86 H	7.000,00	10.652,86

BL	Datum	GU	BU	Gegenkonto	Buchungstext	USt%	Belegfeld1	Umsatz Soll	Umsatz Haben
	11.02.2019			1200	Barabhebung von Bank für Kasse		BA03	500,00	
	11.02.2019			1000	Bareinzahlung Kasse vom Bankkonto		KA09		500,00
	14.02.2019			1200	Bareinzahlung von Kasse auf Bankkonto		BA03		4.500,00
	14.02.2019			1000	Bareinzahlung von Kasse auf Bankkonto		KA11	4.500,00	
	15.03.2019			70001	ZV-Buchung		ER2019A651	2.000,00	
	15.03.2019			70001	ZV-Buchung		ER2019A651		4.724,30
	15.03.2019			70004	ZV-Buchung		ER59-2019		928,56

Bild 19.42 Konto 1360 Geldtransit

Übung: Automatischer Zahlungsverkehr

Aufgabe 1

Erstellen Sie folgenden Zahlungsvorschlag:

Zahltermin: 29.03.2019, nächster Zahltermin: 05.04.2019

Laut OP-Liste nehmen Sie die Lieferanten 70000 Fiebiger GmbH, Köln und 70005 Büro Weber GmbH, Koblenz in den Zahlungsvorschlag auf.

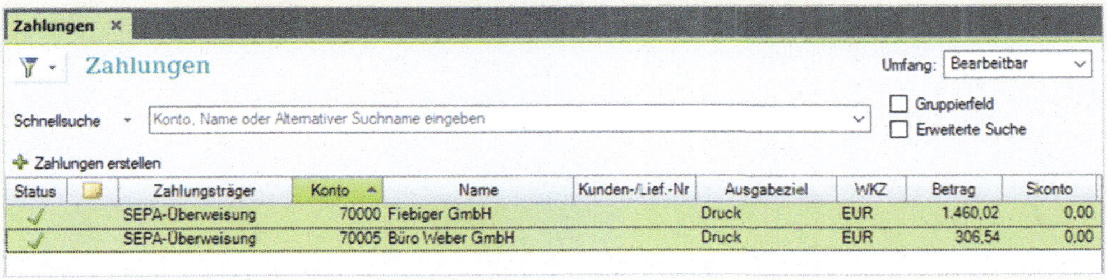

Zahlungen

Umfang: Bearbeitbar

Schnellsuche: Konto, Name oder Alternativer Suchname eingeben

Gruppierfeld | Erweiterte Suche

Zahlungen erstellen

Status		Zahlungsträger	Konto	Name	Kunden-/Lief.-Nr	Ausgabeziel	WKZ	Betrag	Skonto
✓		SEPA-Überweisung	70000	Fiebiger GmbH		Druck	EUR	1.460,02	0,00
✓		SEPA-Überweisung	70005	Büro Weber GmbH		Druck	EUR	306,54	0,00

Aufgabe 2

Lassen Sie den Zahlungsvorschlag mit folgenden Einstellungen übergeben:

Datum von: 01.03.2019, *Datum bis:* 31.03.2019, *Belegdatum:* 29.03.2019, *Bezeichnung:* Automatischer Zahlungsverkehr.

Den Zahlungsauftrag für die Bank speichern Sie als Zahlungsverkehrsdatei mit dem Dateinamen SEPA_2.xml in einem Ordner ab.

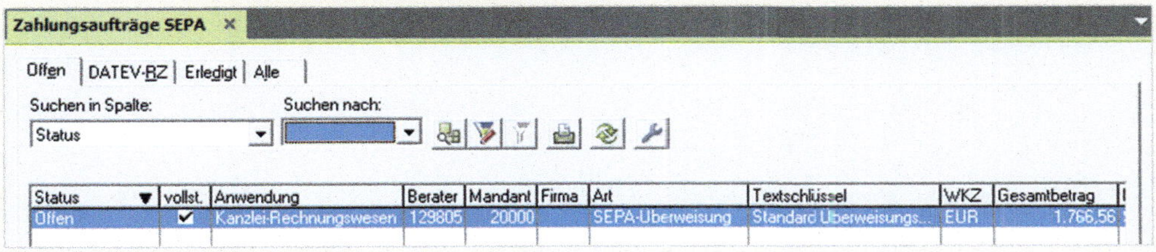

Zahlungsaufträge SEPA

Offen | DATEV-RZ | Erledigt | Alle

Suchen in Spalte: Status Suchen nach:

Status	vollst.	Anwendung	Berater	Mandant	Firma	Art	Textschlüssel	WKZ	Gesamtbetrag
Offen	✓	Kanzlei-Rechnungswesen	129805	20000		SEPA-Überweisung	Standard Überweisungs...	EUR	1.766,56

Aufgabe 3

Verarbeiten Sie die Buchungen über die Stapelverarbeitung. Kontrollieren Sie über den Buchungsstapel Automatischer Zahlungsverkehr über die FIBU - Ansicht die folgenden Salden:

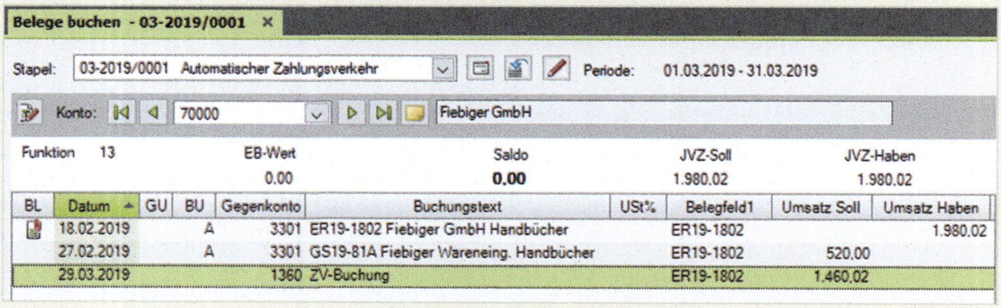

Belege buchen - 03-2019/0001

Stapel: 03-2019/0001 Automatischer Zahlungsverkehr — Periode: 01.03.2019 - 31.03.2019

Konto: 70000 Fiebiger GmbH

Funktion	EB-Wert	Saldo	JVZ-Soll	JVZ-Haben
13	0.00	**0.00**	1.980.02	1.980.02

BL	Datum	GU	BU	Gegenkonto	Buchungstext	USt%	Belegfeld1	Umsatz Soll	Umsatz Haben
	18.02.2019		A	3301	ER19-1802 Fiebiger GmbH Handbücher		ER19-1802		1.980.02
	27.02.2019		A	3301	GS19-81A Fiebiger Wareneing. Handbücher		ER19-1802	520.00	
	29.03.2019			1360	ZV-Buchung		ER19-1802	1.460.02	

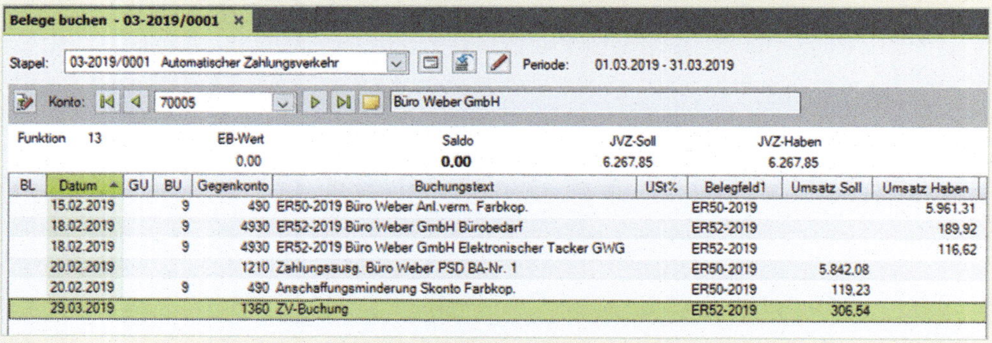

Belege buchen - 03-2019/0001

Stapel: 03-2019/0001 Automatischer Zahlungsverkehr — Periode: 01.03.2019 - 31.03.2019

Konto: 70005 Büro Weber GmbH

Funktion	EB-Wert	Saldo	JVZ-Soll	JVZ-Haben
13	0.00	**0.00**	6.267.85	6.267.85

BL	Datum	GU	BU	Gegenkonto	Buchungstext	USt%	Belegfeld1	Umsatz Soll	Umsatz Haben
	15.02.2019		9	490	ER50-2019 Büro Weber Anl.verm. Farbkop.		ER50-2019		5.961.31
	18.02.2019		9	4930	ER52-2019 Büro Weber GmbH Bürobedarf		ER52-2019		189.92
	18.02.2019		9	4930	ER52-2019 Büro Weber GmbH Elektronischer Tacker GWG		ER52-2019		116.62
	20.02.2019			1210	Zahlungsausg. Büro Weber PSD BA-Nr. 1		ER50-2019	5.842.08	
	20.02.2019		9	490	Anschaffungsminderung Skonto Farbkop.		ER50-2019	119.23	
	29.03.2019			1360	ZV-Buchung		ER52-2019	306.54	

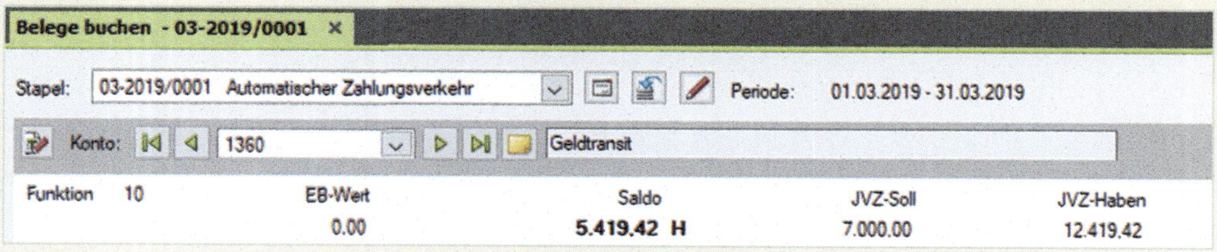

Belege buchen - 03-2019/0001

Stapel: 03-2019/0001 Automatischer Zahlungsverkehr — Periode: 01.03.2019 - 31.03.2019

Konto: 1360 Geldtransit

Funktion	EB-Wert	Saldo	JVZ-Soll	JVZ-Haben
10	0.00	**5.419.42 H**	7.000.00	12.419.42

Aufgabe 4

Schließen Sie abschließend den Buchungsstapel. Die Buchungen noch nicht festschreiben.

20 Jahresabschluss

In diesem Kapitel lernen Sie, ...

- welche Arbeitsabläufe in der Finanzbuchhaltung wann durchgeführt werden,
- wie Sie Abschreibungen buchen,
- wie Sie Jahresabschlussbuchungen vornehmen können,
- wie Sie den Jahresabschluss durchführen,
- wie Bilanz und GuV ausgedruckt werden können,
- wie Sie den Jahreswechsel durchführen,
- wie die Salden für das neue Geschäftsjahr übergeben werden können,
- wie Sie eine E-Bilanz erstellen,
- was Sie aufgrund des Konjunkturpakets 2020 in der Finanzbuchhaltung beachten müssen.

Ausgangssituation

In unserem Übungsfall ist bewusst ein Monat in der Buchhaltung der Firma Perm GmbH gebucht worden. In den nächsten Monaten würden sich die Vorgänge wiederholen. Im Buch wird hier an dieser Stelle am Ende der Periode März bereits auf den Jahresabschluss hingearbeitet. In der Realität wird natürlich Monat für Monat bis zum Jahresabschluss im Dezember gebucht.

In einer Auflistung soll hier noch einmal verdeutlicht werden, welche Arbeitsabläufe in der Buchhaltung mit DATEV Kanzlei-Rechnungswesen zu Beginn und im Laufe des Buchungsjahres erledigt werden müssen:

Zeitpunkt	Tätigkeit
Zu Beginn der Arbeit mit dem Programm	■ Programm installieren, dabei Kontenrahmen übernehmen und Standarddaten einspielen ■ Es wird mit oder ohne die Mitwirkung vom DATEV - Rechenzentrum gearbeitet ■ Mandant anlegen, aktuelles Buchungsjahr und ersten Buchungsmonat festlegen ■ Mandantenstammdaten anlegen ■ Stammdaten Banken, Zahlungskonditionen anlegen ■ Stammdaten für Debitoren, Kreditoren und Sachkonten anlegen
Täglich bzw. nach Bedarf	■ Stammdaten ergänzen ■ Laufende Buchungen erfassen ■ Offene Posten und Sachkonten abstimmen ■ Mahnwesen und Zahlungsverkehr ■ Datensicherung !!!
Monatsabschluss	■ Journal, Primanota, OP-Listen ausdrucken ■ Summen- und Saldenliste ausdrucken ■ Buchhaltung abstimmen ■ Änderungsprotokolle und Infodaten, ■ Buchungsstapel festschreiben ■ BWA, Umsatzsteuervoranmeldung und ■ Weitere Meldungen
Jahresabschluss	■ Jahresabschlussbuchungen erfassen ■ Jahresabschluss durchführen ■ Bilanz und GuV ausdrucken ■ E-Bilanz erstellen und übermitteln ■ Saldenübergabe und Jahreswechsel

20.1 Abschreibungen

Grundlagen

Im Folgenden geht es jetzt um die Jahresabschlussbuchungen, die am Ende des Jahres durchgeführt werden. Mit Abschreibungen werden Wertminderungen buchhalterisch als Kosten erfasst, und zwar von Teilen des Anlagevermögens (z. B. Maschinen, Fahrzeuge) oder des Umlaufvermögens (Forderungen, Vorräte).

Werden Anlagegüter verkauft, muss zunächst u.a. die Abschreibung gebucht werden. Daher werden in diesem Kapitel zunächst Informationen zum Verfahren der Abschreibung geliefert. Bei Abschreibungen sind zu unterscheiden:

- Gegenstand der Abschreibung
- Die Bemessungsgrundlage
- Die Berechnungsmethode und
- Die Verbuchung.

Gegenstand der Abschreibung
In diesem Kapitel geht es um abnutzbare Gegenstände des Anlagevermögens.

Bemessungsgrundlage
Die Abschreibung wird zeitgebunden vorgenommen, d.h. die Abschreibungsbeträge werden auf einen bestimmten Zeitraum verteilt. Diesen Zeitraum nennt man Nutzungsdauer. Die Nutzungsdauer wird vom Finanzamt vorgeschrieben. Es muss amtliche Tabellen bereitstellen, aus der die Nutzungsdauer abgeleitet werden kann.

Gegenstand	Nutzungsdauer	Abschreibungsprozentsatz
Büromöbel	13 Jahre	7,69%
PKW	6 Jahre	16,67%
PC	3 Jahre	33,33%
usw.		

Berechnungsmethode
Berechnet werden können die Abschreibungsbeiträge nach der linearen (gleich bleibenden) oder der degressiven (Buchwert-AfA) Methode. Bei beiden Berechnungen müssen zunächst Anschaffungskosten und Nutzungsdauer festgelegt werden.

Hinweise:

- Im Jahr 2008 wurde die degressive Abschreibungsform abgeschafft und es durfte nur noch linear abgeschrieben werden.
- Mit dem 01.01.2009 ist die geometrisch-degressive Abschreibungsform wieder eingeführt worden. Hierbei gilt ein neuer AfA-%. Bei einem AHK-Datum >= 01.01.2009 wird in Abhängigkeit der Nutzungsdauer der 2,5 fache lineare AfA-%, maximal jedoch 25% gebildet.
- Seit dem 01.01.2011 ist sie wiederum abgeschafft.

Bei der linearen Abschreibung werden die Anschaffungskosten gleichbleibend auf die Nutzungsdauer verteilt. Bei einer 5-jährigen Nutzungsdauer ergibt das einen jährlich konstanten Abschreibungssatz von 20%. Er wird dabei bis auf einen Erinnerungswert von 1 EUR abgeschrieben.

Verbuchungsmethode

Da Abschreibungen Kosten darstellen, müssen diese auf ein Aufwandkonto gebucht werden, damit sie in der Gewinn- und Verlustrechnung aufgeführt werden können. Die Abschreibungsbeträge werden nach der direkten Methode gebucht. Dabei wird direkt mit dem Aufwandskonto Abschreibungen und dem Bestandskonto der Anlage gebucht.

Geringwertige Wirtschaftsgüter

Einen Sonderfall der Abschreibungsverfahren stellen geringwertige Wirtschaftsgüter (GWG) dar. Sie können im Jahr der Anschaffung abgeschrieben werden, allerdings nur dann, wenn es sich um bewegliche Anlagegüter handelt und der Anschaffungswert höher ist als 250 EUR und nicht über 800 EUR netto liegt (vor dem 01.01.2018 höher als 150 EUR und nicht über 410 EUR). Alternative 1 der Abschreibungsmethode GWG nach dem Wahlrecht.

Entscheidet sich der Unternehmer / das Unternehmen nach dem Wahlrecht für die Alternative 2: Buchwert des GWGs größer als 250 EUR (vor dem 01.01.2018 150 EUR) und kleiner als 1.000 EUR netto, so muss über das Konto Wirtschaftsgüter Sammelposten gebucht werden. Der Abschreibungsbetrag ist anschließend auf 5 Jahre zu verteilen.

Firma Perm GmbH nutzt zurzeit noch die Alternative 2 für das Jahr 2019, kann dies allerdings ab dem 01.01.2020 ändern.

Abschreibungen sind grundsätzlich pro rata temporis (zeitanteilige monatliche Abschreibung) zu buchen. Beispiel: Wird ein Anlagegut am 01.07.2019 erworben, dürfen in diesem Jahr nur 6/12 (also sechs Monate) abgeschrieben werden.

Abschreibungen von neu angeschafften Anlagegütern

Hinweis: Die komplette Abschreibung darzustellen mit Anlagespiegel etc. würde den Rahmen dieser Unterlage sprengen.

Ausgangssituation 1

In unserer Firma Perm GmbH sollen jetzt die Abschreibungen von den neu angeschafften Anlagegütern, den GWG Sammelposten und dem Anlageverkauf durchgeführt werden.

Am 15.02.2019 wurde ein neuer Farbkopierer mit einem Anschaffungswert von 4.909,31 EUR angeschafft. Am Ende des Jahres soll jetzt die Abschreibung auf den Kopierer gebucht werden.

Anlagekonto:	490 Sonstige Betriebs- und Geschäftsausstattung
Nutzungsdauer:	7 Jahre

Abschreibungsart: lineare Abschreibung
Abschreibungsprozentsatz: 14,29%

Die jährliche Abschreibung errechnet sich wie folgt:
Der Anschaffungswert 4.909,31 EUR geteilt durch die Nutzungsdauer von 7 Jahren ergibt einen jährlichen Abschreibungsbetrag von 701,33 EUR.

Angeschafft wurde der Kopierer am 15.02.2019. Er darf daher nicht mit dem jährlichen Abschreibungsbetrag, sondern mit dem anteiligen Abschreibungswert von 11 Monaten für das Jahr 2019 abgeschrieben werden.

Berechnungsformel: Jährlicher Abschreibungsbetrag von 701,33 EUR geteilt durch 12 Monate ergibt einen monatlichen Abschreibungsbetrag von 58,44 EUR.

Anteilige Abschreibung für das Jahr 2019:
11 Monate mal monatlicher Abschreibungsbetrag von 58,44 EUR ergibt einen anteiligen Abschreibungsbetrag von 642,89 EUR, kaufmännisch gerundet 643,00 EUR.

Dieser Abschreibungswert kann im Anschluss gebucht werden. Für den allgemeinen Buchungssatz gilt:

Soll	Konto		Haben	Konto
Abschreibung auf Sachanlagen	4830	an	Anlagekonto	

Weitere Abschreibungskonten: *Abschreibung auf Kfz 4832*, *Abschreibung auf Gebäude Konto 4831*.

Soll	Konto		Haben	Konto	Betrag
Abschreibung auf Sachanlagen	4830	an	Sonstige Betriebs- und Geschäftsausstattung	490	643,00 EUR

Übung 1: Abschreibungen buchen

Aufgabe 1

Legen Sie einen neuen Buchungsstapel für den Monat Dezember mit der Bezeichnung Abschlussbuchungen mit Ihrem Diktatkürzel an.

Aufgabe 2

Buchen Sie - wie im Bild auf der nächsten Seite dargestellt - die Abschreibung mit Buchungsdatum 31.12.2019 und übernehmen Sie anschließend die Buchung.

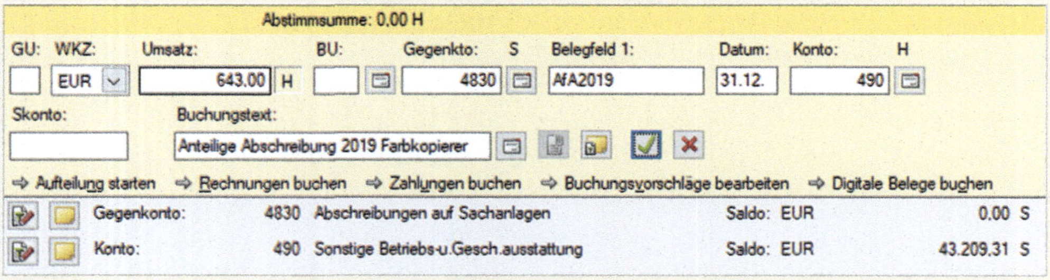

Aufgabe 3

Wechseln Sie auf die FIBU-Konto Ansicht und geben Sie das Konto *490 Sonstige Betriebs- und Geschäftsausstattung* ein.

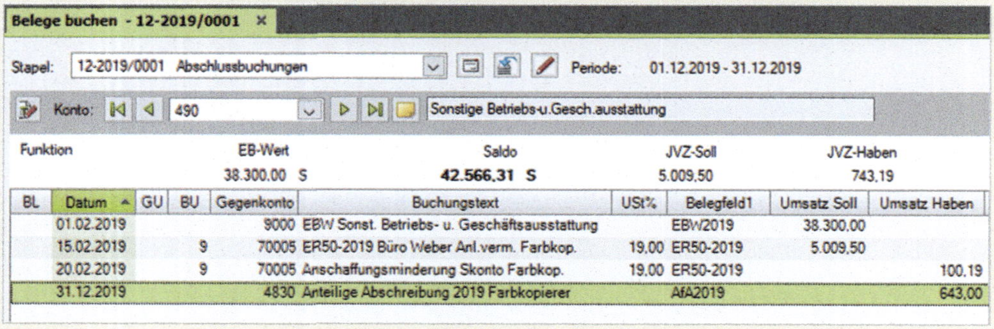

BL	Datum	GU	BU	Gegenkonto	Buchungstext	USt%	Belegfeld1	Umsatz Soll	Umsatz Haben
	01.02.2019			9000	EBW Sonst. Betriebs- u. Geschäftsausstattung		EBW2019	38.300,00	
	15.02.2019		9	70005	ER50-2019 Büro Weber Anl.verm. Farbkop.	19,00	ER50-2019	5.009,50	
	20.02.2019		9	70005	Anschaffungsminderung Skonto Farbkop.	19,00	ER50-2019		100,19
	31.12.2019			4830	Anteilige Abschreibung 2019 Farbkopierer		AfA2019		643,00

Ergebnis: Die Abschreibung ist auf das Konto *490 Sonstige Betriebs- und Geschäftsausstattung* verbucht, der Saldo entsprechend der Buchung verändert.

Hinweis: Jedes Anlagegut kann mit Ermittlung des Abschreibungswertes über den Buchungsstapel der Abschlussbuchungen erfasst und gebucht werden.

Anlagenabgänge

Ausgangssituation 2

Am 04.02.2019 wurde mit Kassenbeleg Nr. KA06 ein Gut des Anlagevermögens mit einem Wert von 2.000,00 EUR + USt. verkauft. Es handelte sich um einen gebrauchten VW Polo aus dem Fuhrpark der Firma Perm GmbH, der sich im Eröffnungsbilanzwert Pkw mit einem Anschaffungswert von 2.500,00 EUR befand.

In diesem Fall sind mehrere Buchungen notwendig:

- Die Abschreibung
- Verkauf des Anlagegutes
- Verbuchen des Anlageabganges

Die jährliche Abschreibung errechnet sich wie folgt:
Anschaffungswert 2.500,00 EUR geteilt durch die Nutzungsdauer 6 Jahre gleich Abschreibungsbetrag von 416,66 EUR.

Angeschafft wurde das Anlagegut im Januar, verkauft am: 04.02.2019

Anlagekonto:	320 Pkw
Nutzungsdauer:	6 Jahre
Abschreibungsart:	lineare Abschreibung
Abschreibungsprozentsatz:	16,67 %

Um die anteilmäßige Abschreibung auszurechnen, muss im nächsten Schritt zunächst der monatliche Abschreibungsbetrag errechnet werden.

Jährlicher Abschreibungsbetrag von 416,67 EUR geteilt durch 12 Monate ergibt einen monatlichen Abschreibungsbetrag von 34,72 EUR.

Angeschafft wurde der Pkw im Januar. Verkauft am 04.02.2019. Es dürfen daher 2 Monate anteilige Abschreibung gebucht werden.

Anteilige Abschreibung für das Jahr 2019
2 Monate mal monatlicher Abschreibungsbetrag von 34,72 EUR ergibt einen anteiligen Abschreibungsbetrag von 69,44 EUR, kaufmännisch abgerundet 69,00 EUR.

Übung 2: Abschreibungen buchen

Die Lösungen finden Sie im Lösungsbuch.

Aufgabe 1

Buchen Sie die Abschreibung des Pkws mit Datum vom 31.12.2019 im Buchungsstapel Abschlussbuchungen.

Aufgabe 2

Prüfen Sie anschließend mit Klick auf das Symbol *FIBU-Konto anzeigen* die folgenden Salden. Korrigieren Sie ggf. die Buchung.

Beschriftung	Konto	Saldo	Soll/Haben
Abschreibungen auf Kfz	?	69,00	Soll
Pkw	320	67.931,00 EUR	Soll

Verkauf des Anlagegutes

Der Pkw-Verkauf wurde bereits in der Kasse Februar gebucht. Verkaufswert 2.000,00 EUR. Der Pkw wurde daher mit Verlust verkauft, da der Buchwert im Januar noch 2.500,00 EUR betrug.

Verbuchen des Anlageabganges

Im nächsten Schritt muss der Anlagenabgang gebucht werden. Der Pkw muss aus dem Anlagevermögen ausgebucht werden. Dies wird erreicht, indem vom Buchwert des Anlagegutes die anteilige Abschreibung abgezogen wird.

Für unser Beispiel bedeutet dies, dass vom Buchwert 2.500,00 EUR zum 01.01.2019 die anteilige Abschreibung von 69,00 EUR abgezogen wird. Dieser Wert muss anschließend umgebucht werden.

Berechnung:	Buchwert:	2.500,00 EUR
	abzgl. anteilige Abschreibung für zwei Monate:	69,00 EUR
	= Umbuchungsbetrag:	2.431,00 EUR

Buchungssatz:

Soll	Konto		Haben	Konto	Betrag
Abgänge Sachanlagen Restbuchwert bei BV (Buchverlust)	2310	an	Pkw	320	2.431,00 EUR

Übung: Anlageabgang PKW buchen

Aufgabe 1

Geben Sie im Buchungsstapel Abschlussbuchungen folgende Buchung ein:

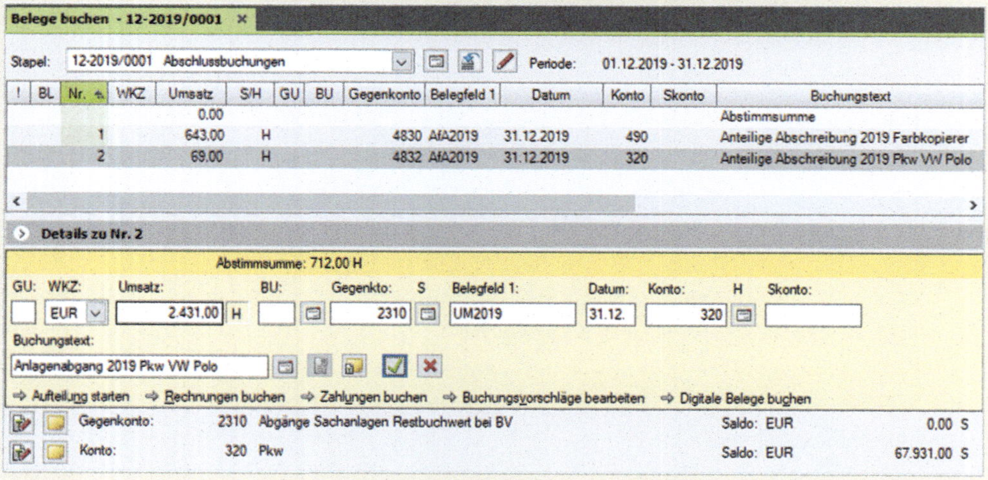

Aufgabe 2

Übernehmen Sie anschließend die Buchung und wechseln Sie zur FIBU-Konto Ansicht.

Aufgabe 3

Geben Sie anschließend das Konto 320 Pkw ein.

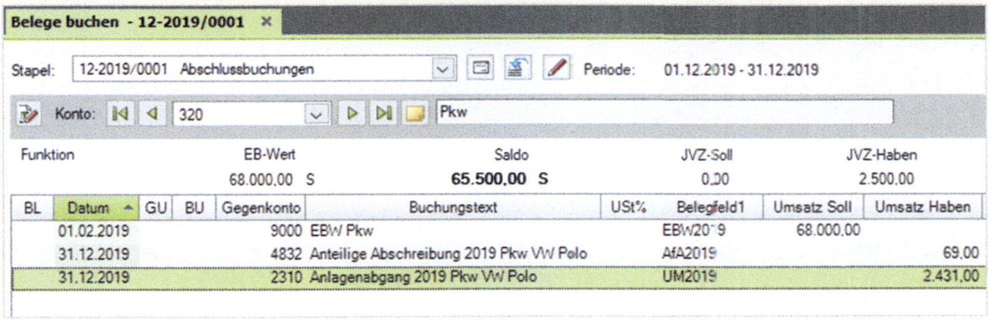

BL	Datum	GU	BU	Gegenkonto	Buchungstext	USt%	Belegfeld1	Umsatz Soll	Umsatz Haben
	01.02.2019			9000	EBW Pkw		EBW2019	68.000,00	
	31.12.2019			4832	Anteilige Abschreibung 2019 Pkw VW Polo		AfA2019		69,00
	31.12.2019			2310	Anlagenabgang 2019 Pkw VW Polo		UM2019		2.431,00

Ergebnis: Der gebrauchte Pkw VW Polo ist aus dem Anlagekonto *320* ausgebucht. An den JVZ-Haben (Jahresverkehrszahlen) sehen Sie den ehemaligen Buchwert des Pkws von 2.500,00 EUR.

Geringwertige Wirtschaftsgüter Sammelposten

GWG über 250 EUR und unter 1000 EUR wurden auf das Konto *485 Wirtschaftsgüter Sammelposten* gebucht. Der Saldo dieses Kontos beträgt 1.831,35 EUR im Soll.

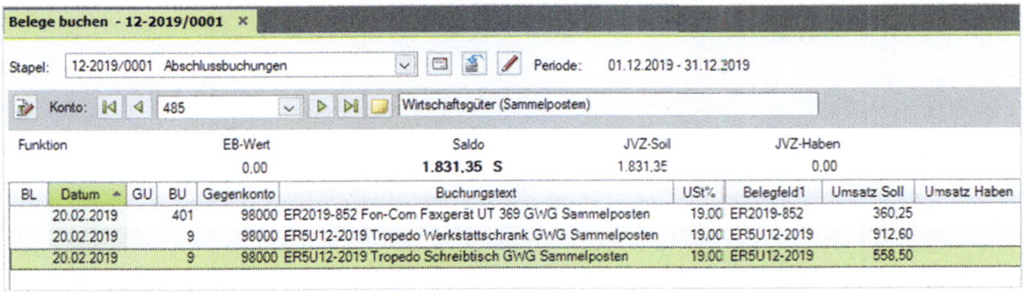

BL	Datum	GU	BU	Gegenkonto	Buchungstext	USt%	Belegfeld1	Umsatz Soll	Umsatz Haben
	20.02.2019		401	98000	ER2019-852 Fon-Com Faxgerät UT 369 GWG Sammelposten	19,00	ER2019-852	360,25	
	20.02.2019		9	98000	ER5U12-2019 Tropedo Werkstattschrank GWG Sammelposten	19,00	ER5U12-2019	912,60	
	20.02.2019		9	98000	ER5U12-2019 Tropedo Schreibtisch GWG Sammelposten	19,00	ER5U12-2019	558,50	

Bild 20.1 Konto 485

Abschreibung des Sammelpostens 2019 auf 5 Jahre: 1.831,35 EUR geteilt durch 5 Jahre ergibt einen Abschreibungsbetrag auf den Sammelposten von 366,27 EUR, kaufmännisch abgerundet auf 366,00 EUR. Der Buchungssatz:

Soll	Konto		Haben	Konto	Betrag
Abschreibung auf WG Sammelposten	4862	an	Wirtschaftsgüter Sammelposten	485	366,00 EUR

Übung: Abschreibung auf GWG Sammelposten buchen

Aufgabe 1

Geben Sie die Abschreibung für GWG Sammelposten wie folgt im Buchungsstapel Abschlussbuchungen ein:

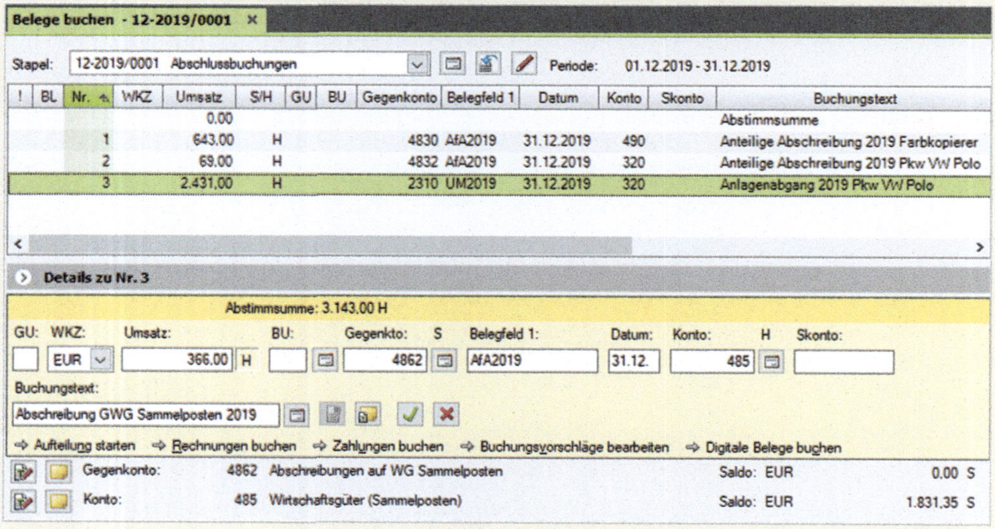

Aufgabe 2

Übernehmen Sie die Buchung und wechseln Sie auf die FIBU-Konto Ansicht. Geben Sie anschließend das Konto *485* Wirtschaftsgüter Sammelposten ein.

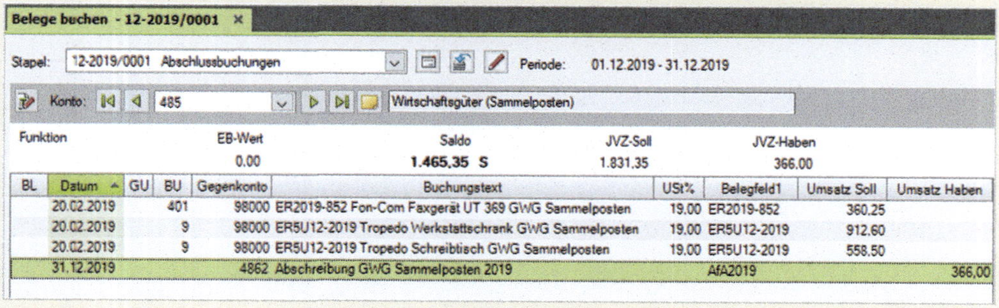

Ergebnis: Der Saldo der Wirtschaftsgüter Sammelposten 2019 führt den Betrag von 1.465,35 EUR im Soll.

20.2 Jahresabschlussbuchungen

Von den Jahresabschlussbuchungen werden in diesem Kapitel beispielhaft Rückstellungen und zeitliche Abgrenzungen behandelt. Rückstellungen und zeitliche Abgrenzungen werden in bestimmten Fällen notwendig, wenn ein Buchungsjahr abgeschlossen und ein neues eröffnet wird.

Sie werden gebildet für Aufwendungen und Erträge, bei denen die Vorgänge der Verbuchung als Aufwand bzw. Ertrag und die tatsächliche Zahlung beide Buchungsjahre berühren.

Zur zeitlichen Abgrenzung gehören:

- Aktive Rechnungsabgrenzungsposten ARA (Ausgabe im alten Jahr - Aufwand im neuen Jahr)
- Passive Rechnungsabgrenzungsposten PRA (Einnahme im alten Jahr - Ertrag in neuem Jahr)
- Sonstige Verbindlichkeiten (Aufwand im alten Jahr - Ausgabe im neuen Jahr)
- Sonstige Forderungen (Ertrag im alten Jahr - Einnahme im neuen Jahr)

Das folgende Schema soll helfen, die vier Fälle zu unterscheiden:

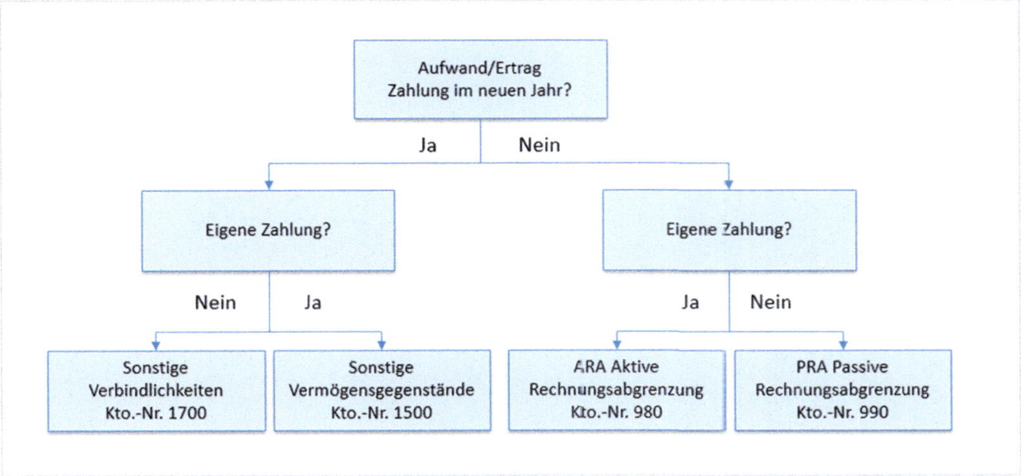

Bild 20.2 Unterscheidung zeitliche Abgrenzung

Aktive und passive Rechnungsabgrenzung

Als Rechnungsabgrenzungsposten werden Ausgaben und Einnahmen gebucht, die im alten Jahr vorgenommen wurden, deren Wirksamkeit sich aber auf einen bestimmten Zeitraum im neuen Jahr erstreckt.

Aktive Rechnungsabgrenzung (ARA)

Wenn ein Aufwand im alten Jahr gezahlt, aber für einen bestimmten Zeitraum entrichtet wird, der sowohl das alte als auch das neue Buchungsjahr betrifft, dann muss die Rechnung aktiv abgegrenzt werden.

Ausgangssituation

Am 06.02.2019 wurden mit Bankauszug NR. BA02 Sparkasse Koblenz Kfz-Steuer für Firmenfahrzeuge in Höhe von 630,50 EUR für ein Jahr im Voraus bezahlt. Die Kfz-Steuer ist jetzt abzugrenzen.

Am 31.12.2019 muss wie folgt gebucht werden. Buchungssatz

Soll	Konto		Haben	Konto	Betrag
Aktive Rechnungsabgrenzung	980	an	Kfz-Steuern	4510	52,54 EUR

Erklärung: Die Steuer beträgt für ein Jahr insgesamt 630,50 EUR. Ein Monat betrifft das neue Jahr, also 630,50 EUR geteilt durch 12 und ergibt einen Betrag von 52,54 EUR.

Diese Abgrenzung ist jetzt zu buchen.

Übung: Aktive Rechnungsabgrenzung buchen

Aufgabe 1

Geben Sie die Abgrenzungsbuchung im Buchungsstapel Abschlussbuchungen wie folgt ein:

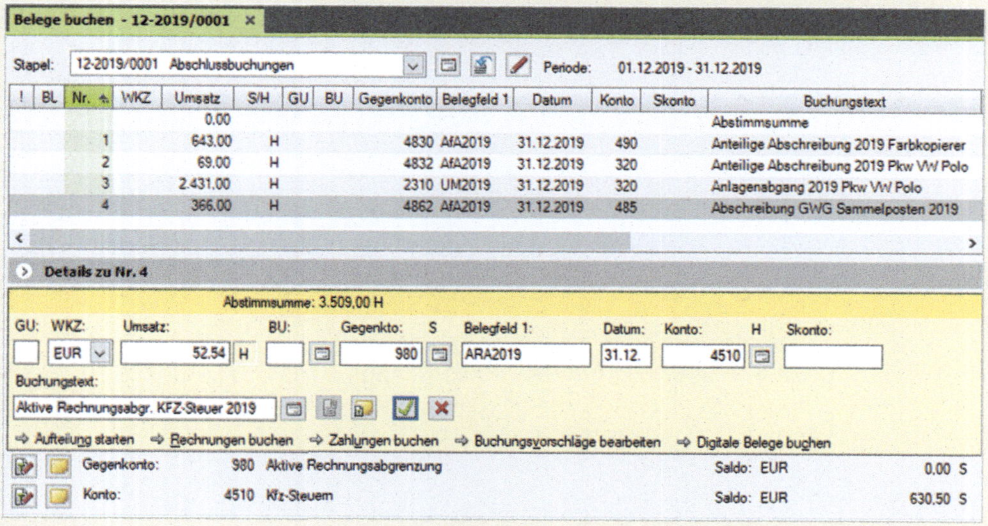

Aufgabe 2

Übernehmen Sie anschließend die Buchung. Wechseln Sie auf die Ansicht FIBU-Konto und geben Sie das Konto 4510 Kfz-Steuern ein.

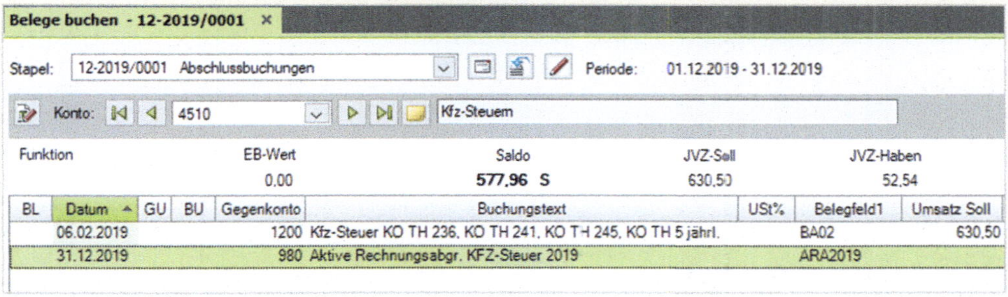

Ergebnis: Das Konto *4510 Kfz-Steuern* wurde entsprechend abgegrenzt.

Passive Rechnungsabgrenzungsposten (PRA) Konto-Nr. 990

Wenn im alten Jahr eine Einnahme-Zahlung verbucht wurde, der Ertrag aber ganz oder zum Teil zum neuen Jahr gehört, dann spricht man von einer passiven Rechnungsabgrenzung.

Beispiel Mieterträge durch Verpachtung: Die Zahlung erfolgt meist über mehrere Monate im Voraus, dann passive Rechnungsabgrenzung (PRA). In unserer Firma Perm gibt es keine PRA.

Sonstige Vermögensgegenstände und Verbindlichkeiten

Es gibt Forderungen und Verbindlichkeiten, die wirtschaftlich zum alten Jahr gehören, aber im neuen Jahr erst durch Zahlung ausgeglichen werden. Diese werden am Ende des alten Geschäftsjahres als sonstiger Vermögensgegenstand bzw. sonstige Verbindlichkeit gebucht.

Sonstige Vermögensgegenstände

Bei sonstigen Vermögensgegenständen gehört der Ertrag in das alte Jahr, die tatsächliche Zahlung findet jedoch erst im neuen Jahr statt.

Ausgangssituation

Die beiden Gesellschafter haben für das Unternehmen Perm GmbH Festgeld angelegt. Die Zinsen für November bis Januar betragen 600,00 EUR. 400,00 EUR davon sind am 31.12. fällig, der Gesamtbetrag wird aber erst im Januar gezahlt.

Am 31.12.2019 muss wie folgt gebucht werden, der Buchungssatz:

Soll	Konto		Haben	Konto	Betrag
Sonstige Vermögens-gegenstände	1500	an	Sonstige Zinsen und ähnliche Erträge	2650	400,00 EUR

Übung: Sonstige Vermögensgegenstände buchen

Aufgabe 1

Geben Sie die sonstigen Vermögensgegenstände wie folgt im Buchungsstapel Abschlussbuchungen ein:

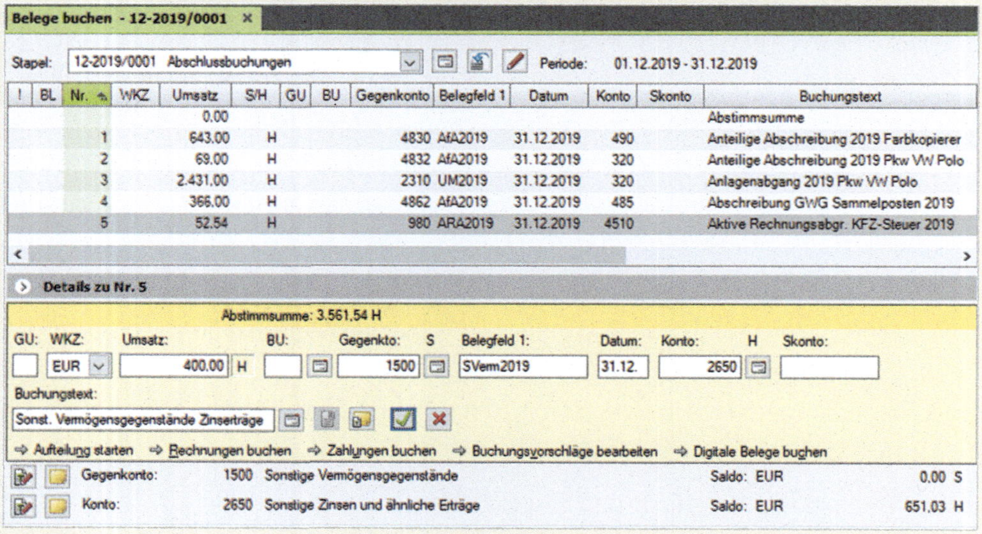

Aufgabe 2

Übernehmen Sie anschließend die Buchung.

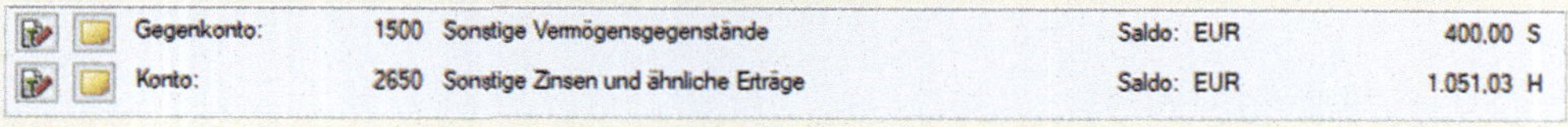

Ergebnis: Unterhalb der Buchungsmaske werden Ihnen die gebuchten Salden angezeigt. 400,00 EUR wurden im Soll auf das Konto *1500 Sonstige Vermögensgegenstände* gebucht. Der Saldo des Kontos *Sonstige Zinsen und ähnliche Erträge* hat sich durch die Buchung auf 1.051,03 EUR im Haben erhöht. Bei der Zahlung im neuen Jahr muss wie folgt gebucht werden:

Soll	Konto		Haben	Konto	Betrag
Geldkonto z. B. Bank	1200	an	Sonstige Zinsen und ähnliche Erträge	2650	200,00 EUR
			Sonstige Vermögensgegen-stände	1500	400,00 EUR

Sonstige Verbindlichkeiten

Bei sonstigen Verbindlichkeiten gehört der Aufwand in das alte Jahr, die tatsächliche Zahlung findet aber erst im neuen Jahr statt.

Ausgangssituation

Die Beiträge zur Berufsgenossenschaft von 1.500,00 EUR sind im Dezember fällig. Die Zahlung wird allerdings erst im Januar vorgenommen. Am 31.12.2019 muss gebucht werden:

Buchungssatz:

Soll	Konto		Haben	Konto	Betrag
Beiträge zur Berufsgenossenschaft	4138	an	Sonstige Verbindlichkeiten	1700	1.500,00 EUR

Übung: Sonstige Verbindlichkeiten buchen

Geben Sie die sonstige Verbindlichkeit wie folgt im Buchungsstapel Abschlussbuchungen ein:

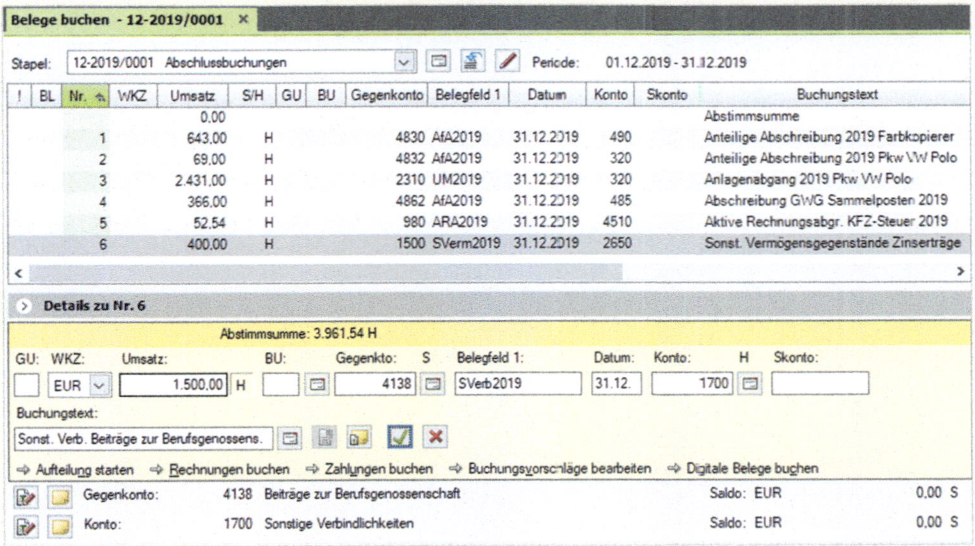

Übernehmen Sie anschließend die Buchung.

Ergebnis: Unterhalb der Buchungsmaske werden die gebuchten Salden angezeigt. 1.500,00 EUR wurden im Soll auf das Konto *4138 Beiträge zur Berufsgenossenschaft* gebucht. Der Saldo des Kontos *Sonstige Verbindlichkeiten* weist einen Saldo von 1.500,00 EUR im Haben aus. Dies bedeutet, dass die Beiträge zur Berufsgenossenschaft wirtschaftlich zum Jahr 2019 gehören und somit zu 100% in die GuV für das Jahr 2019 einfließen.

Die Zahlung wird allerdings erst im Januar angewiesen. Der Saldo des Kontos *Sonstige Verbindlichkeiten 1700* wird daher in die Schlussbilanz 2019 passiviert. Wenn Perm GmbH die Zahlung im Januar anweist, ist zu buchen:

Soll	Konto		Haben	Konto	Betrag
Sonstige Verbindlichkeiten	1700	an	Geldkonto z. B. Bank	1200	1.500,00 EUR

Rückstellungen

Rückstellungen werden am Jahresende für Aufwendungen gebildet, die ins alte Jahr gehören, deren Höhe aber nur geschätzt werden kann. Das sind ungewisse Verbindlichkeiten (z. B. zu erwartende Steuernachzahlungen, Rückstellungen für ungewisse Verbindlichkeiten (Urlaubsrückstellungen), Prozesskosten, Garantieverpflichtungen usw.).

Ausgangssituation
Perm GmbH erwartet im neuen Jahr Betriebssteuern in Höhe von 3.500,00 EUR, die für das alte Jahr nachgezahlt werden müssen. Sie bildet für diesen geschätzten Aufwand eine Rückstellung:

Am 31.12.2019 wird der geschätzte Aufwand gebucht:

Der Buchungssatz:

Soll	Konto		Haben	Konto	Betrag
Sonstige Betriebssteuern	4340	an	Steuerrückstellungen	955	3.500,00 EUR

Übung: Rückstellung buchen

Aufgabe 1

Geben Sie die Rückstellung wie folgt im Buchungsstapel Abschlussbuchungen ein.

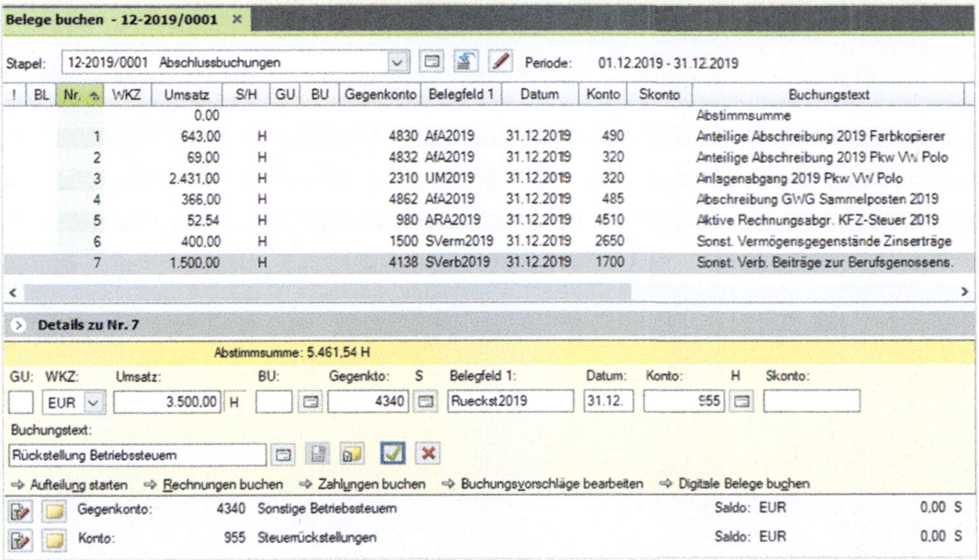

!	BL	Nr.	WKZ	Umsatz	S/H	GU	BU	Gegenkonto	Belegfeld 1	Datum	Konto	Skonto	Buchungstext
				0,00									Abstimmsumme
		1		643,00	H			4830	AfA2019	31.12.2019	490		Anteilige Abschreibung 2019 Farbkopierer
		2		69,00	H			4832	AfA2019	31.12.2019	320		Anteilige Abschreibung 2019 Pkw VW Polo
		3		2.431,00	H			2310	UM2019	31.12.2019	320		Anlagenabgang 2019 Pkw VW Polo
		4		366,00	H			4862	AfA2019	31.12.2019	485		Abschreibung GWG Sammelposten 2019
		5		52,54	H			980	ARA2019	31.12.2019	4510		Aktive Rechnungsabgr. KFZ-Steuer 2019
		6		400,00	H			1500	SVerm2019	31.12.2019	2650		Sonst. Vermögensgegenstände Zinserträge
		7		1.500,00	H			4138	SVerb2019	31.12.2019	1700		Sonst. Verb. Beiträge zur Berufsgenossens.

Aufgabe 2

Übernehmen Sie anschließend die Buchung.

Ergebnis: Unterhalb der Buchungsmaske werden die gebuchten Salden angezeigt. 3.500,00 EUR wurden im Soll auf das Konto *4340 Sonstige Betriebssteuern* gebucht. Der Saldo des Kontos *955 Steuerrückstellungen* weist einen Saldo von 3.500,00 EUR im Haben aus.

Dies bedeutet, dass die Betriebssteuern wirtschaftlich zum Jahr 2019 gehören und somit zu 100% in die GuV für das Jahr 2019 einfließen. Die Zahlung wird allerdings erst im Januar angewiesen. Das Konto *955 Steuerrückstellungen* muss daher in die Schlussbilanz 2019 passiviert werden.

Die Jahresabschlussbuchungen sind jetzt alle gebucht. Bevor es an den Jahresabschluss geht, sollten Sie unbedingt den Datenbestand sichern.

Wiederholungsübung: Mandant sichern

- Beenden Sie das Programm DATEV Kanzlei-Rechnungswesen. Die Buchungsstapel noch nicht festschreiben.
- Sichern Sie den Mandanten Perm GmbH über das Programm *Bestandsdienste Rechnungswesen*.

20.3 Jahresabschlusseinstellungen

Die Abschlussbuchungen sind jetzt alle erfasst. Die Schlussbilanz und die Gewinn- und Verlustrechnung für den Mandanten Perm GmbH können erstellt werden.

Schlussbilanz erstellen

Einstellungen Mandantendaten

Um die Schlussbilanz zu erstellen, müssen zunächst Einstellungen in den Mandantenstammdaten vorgenommen werden. Dazu gehen Sie wie folgt vor:

Bild 20.3 Mandanten bearbeiten

1 Klicken Sie im Arbeitsblatt *Buchführung* über den rechten Zusatzbereich auf den Link *Mandantendaten bearbeiten* ❶.

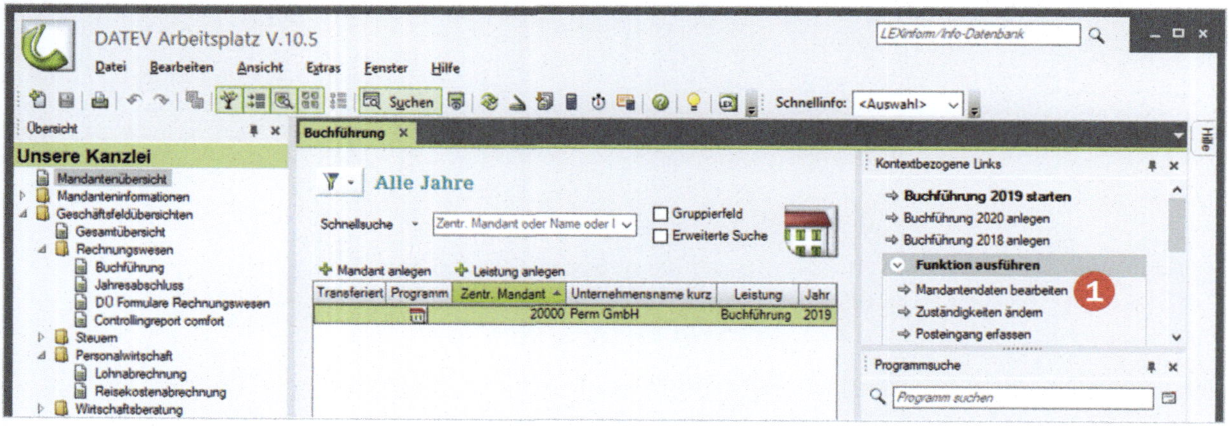

Die zentralen Mandantendaten und die Mandantendaten für das Rechnungswesen zur Firma Perm GmbH werden im Arbeitsblatt *Startseite* angezeigt.

2 Um die Einstellungen für den Jahresabschluss vorzunehmen, klicken Sie in der Übersicht *Mandantendaten Rechnungswesen* doppelt auf den Eintrag *Jahresabschluss* ❷ (Bild 20.4). Es werden nun die Einstellungen aus der Eröffnungsbilanz für den Mandanten Perm GmbH angezeigt.

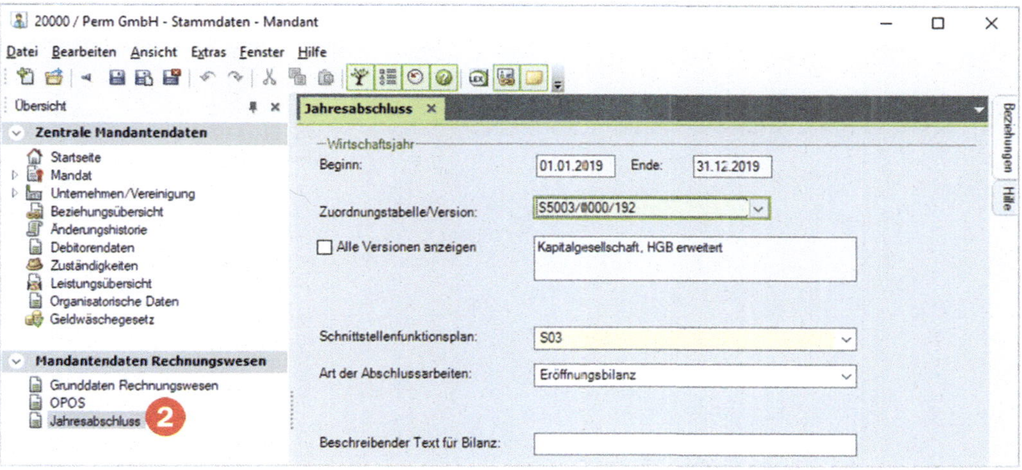

Bild 20.4 Jahresabschluss

3 Um die Schlussbilanz zu definieren, klicken Sie im Feld *Art der Abschlussarbeiten* auf den Dropdown-Pfeil und wählen *Jahresabschluss* ❸ aus. Die weiteren Einstellungen:

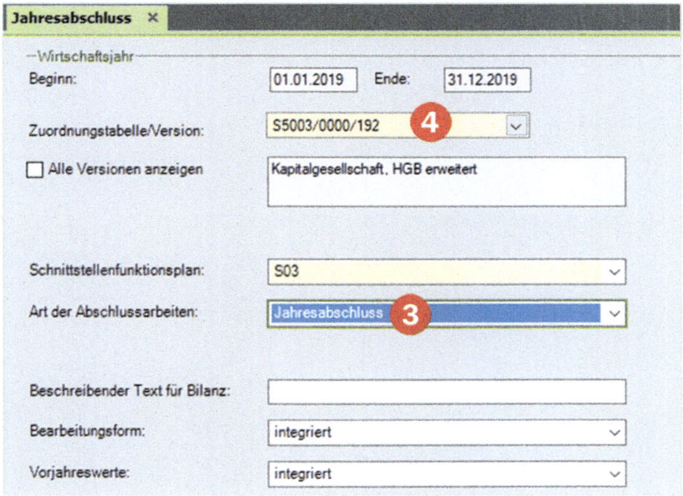

❹ Hier wird die Form der Bilanz aufgeführt. Standardeinstellung: Jahresabschluss. Bei der Anlage vom Mandanten wurde die Zuordnungstabelle bereits angegeben.

Kapitalgesellschaft, HGB erweitert.

Bild 20.5 Einstellungen Jahresabschluss

Hinweis: Der Eintrag *integriert* im Feld *Bearbeitungsform* bedeutet, dass die Buchungen aus den Buchungsstapeln im Programm DATEV Kanzel-Rechnungswesen Jahresabschluss mit angezeigt und ggfs. korrigiert werden können.

4 Zum Speichern der Einstellungen klicken Sie auf das Symbol *Speichern und schließen* .

Jahresabschluss durchführen

Um für den Mandanten Perm GmbH den Jahresabschluss durchzuführen, klicken Sie im rechten Zusatzbereich in der Rubrik *Programm öffnen* auf das Programm *Jahresabschluss* ❶ (Bild 20.6).

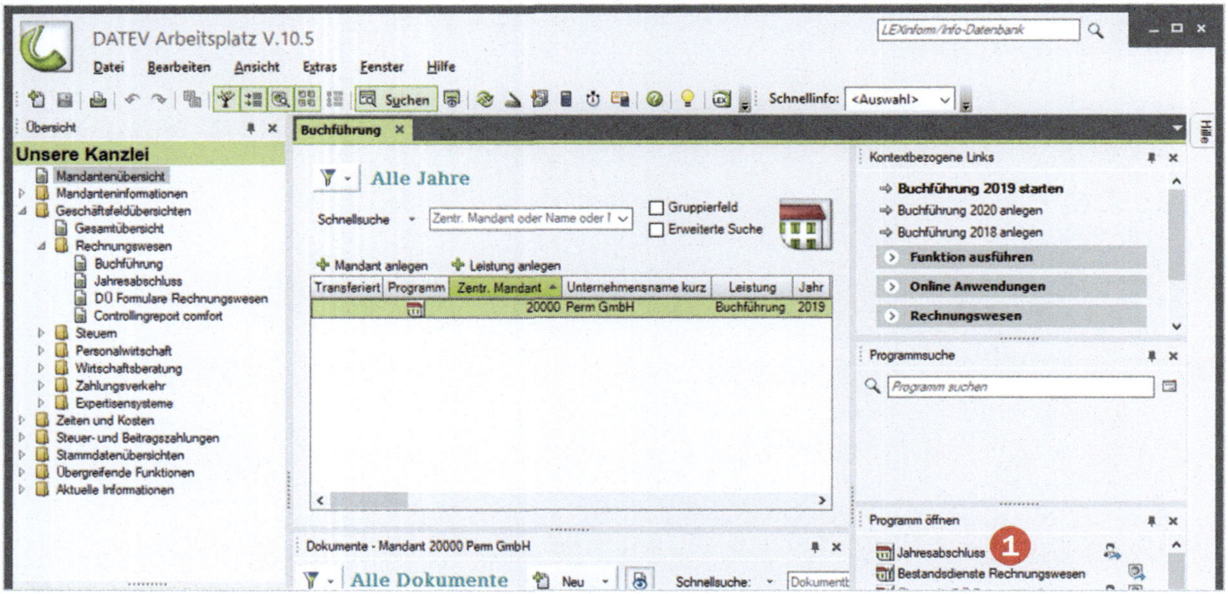

Bild 20.6 Jahresabschluss öffnen

Im Programm DATEV Kanzlei-Rechnungswesen JA (=Jahreswechsel), Bild 20.7, können jetzt sowohl die Bilanz als auch die GuV für das Geschäftsjahr 2019 sofort über die Jahresabschlussauswertungen ausgegeben werden.

Bild 20.7 Kanzlei-Rechnungswesen JA

Tipp: Über den Menüpunkt *Bestand* können Sie schnell zwischen den Programmteilen RW = Rechnungswesen und JA = Jahresabschluss wechseln.

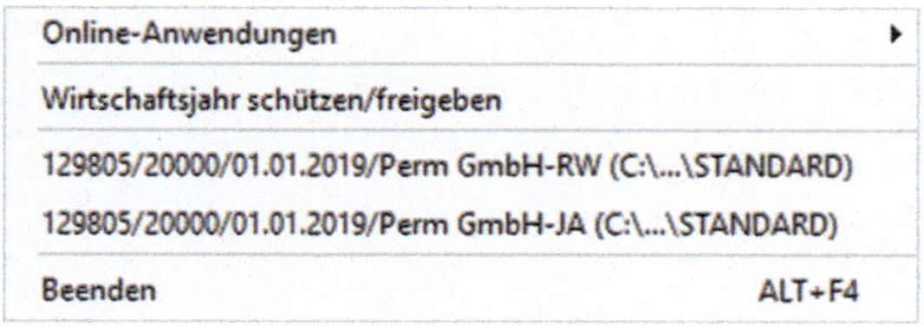

Ausgangssituation
Herr Wichtig, der mitwirkende Steuerberater, möchte für den Jahresabschluss 2019 folgende Auswertungen in ausgedruckter Form erhalten:

- Deckblatt für den Jahresabschluss
- Die Schlussbilanz
- Die Kontennachweise zur Schlussbilanz
- Die Gewinn- und Verlustrechnung (GuV) 2019
- Die Kontenachweise zur Gewinn- und Verlustrechnung
- Das Kontokorrent Debitoren und Kreditoren

Auswertungen für den Jahresabschluss festlegen

1 Um die Schlussbilanz und die Gewinn- und Verlustrechnung GuV für den Mandanten Perm GmbH und das Geschäftsjahr 2019 ausgeben zu lassen, klicken Sie auf den Menüpunkt *Auswertungen* ▶ *Jahresabschluss* ▶ *Jahresabschlussauswertungen* oder in der Übersicht, *Jahresabschluss* doppelt auf den Eintrag *Jahresabschlussauswertungen* ❶.

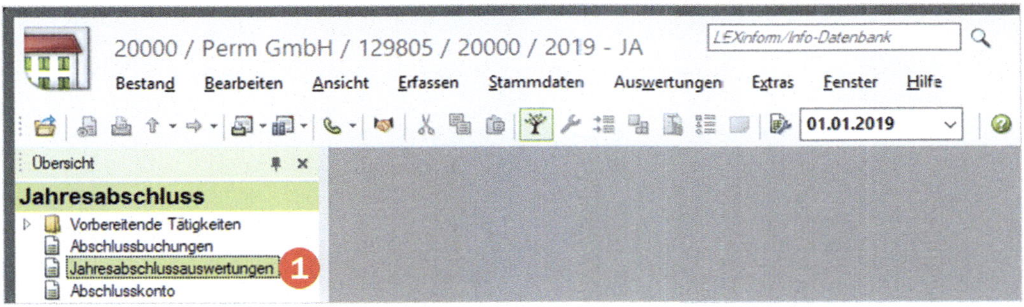

Bild 20.8 Auswertungen

2 Das Arbeitsblatt *Jahresabschlussauswertungen* wird mit der Jahresabschlussbilanz zur Firma Perm GmbH für das Jahr 2019 geöffnet. Die Einstellungen der Auswertungen wurden von der Eröffnungsbilanz übernommen und müssen im nächsten Schritt für den Jahresabschluss angepasst werden.

3 Klicken Sie dazu auf die Schaltfläche *Zur Auswahl wechseln* ❷ oder im rechten Zusatzbereich auf den Link *zur Auswahl wechseln* ❸.

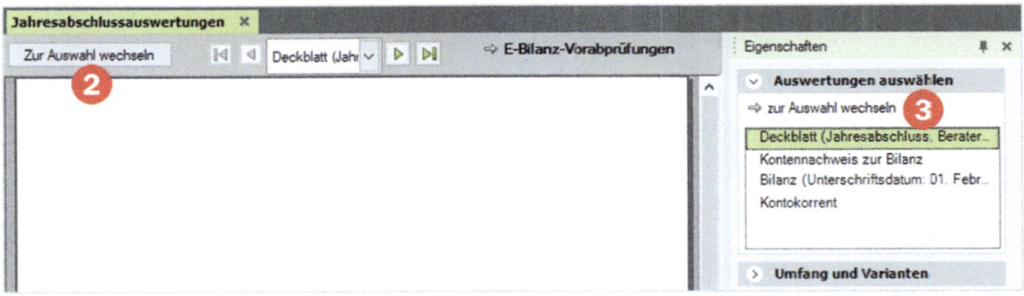

Bild 20.9 Auswertungen anpassen

Die Jahresabschlusseinstellungen (Bild 20.10) werden angezeigt und die Einzelauswertungen ❶ können jetzt für den Jahresabschluss Perm GmbH individuell ausgewählt werden.

Von der Eröffnungsbilanz können die Auswertungen *Deckblatt*, *Bilanz*, *Kontennachweise zur Bilanz* und *Kontokorrent* übernommen werden ❷. Zusätzlich werden für den Jahresabschluss die Gewinn- und Verlustrechnung (GuV) und die Kontennachweise zur Gewinn- und Verlustrechnung benötigt.

Bild 20.10 Einzelauswertungen auswählen

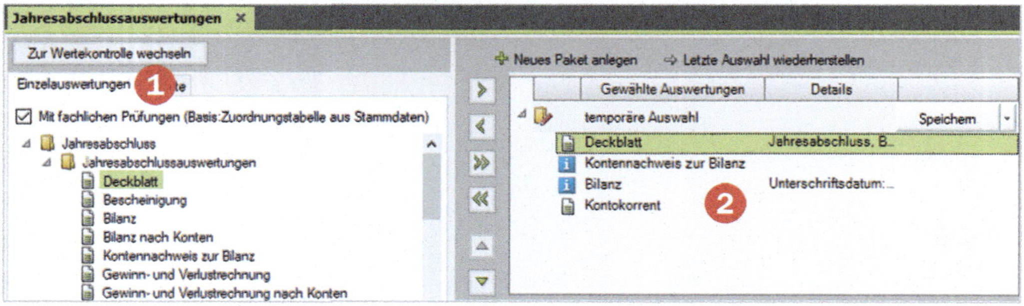

4 Klicken Sie in der Rubrik *Einzelauswertungen* auf *Gewinn- und Verlustrechnung* ❸ und anschließend auf die Schaltfläche *Pfeil nach rechts* [>] ❹, um die Gewinn- und Verlustrechnung in die *gewählten Auswertungen* zu übernehmen ❺.

Bild 20.11 GuV auswählen

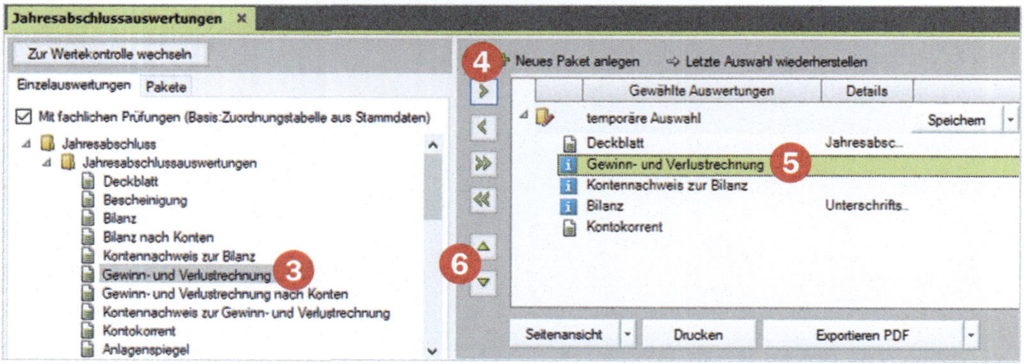

5 Übernehmen Sie auch noch die Einzelauswertung *Gewinn- und Verlustrechnung nach Konten*. Damit sind alle gewünschten Auswertungen für den Jahresabschluss 2019 Perm GmbH ausgewählt.

6 Die Reihenfolge der ausgewählten Auswertungen kann über die Symbole *nach oben* bzw. *nach unten* ❻ geändert werden. Ändern Sie die Reihenfolge wie in Bild 20.12.

7 Für jede Auswertung können im unteren Zusatzbereich über die *Eigenschaften* zusätzliche Einstellungen festgelegt werden (Bild 20.12). Beispiel Gewinn- und Verlustrechnung nach Konten: -Datum, Umfang und Varianten, Postenstruktur, Wertedarstellung und Textdarstellung.

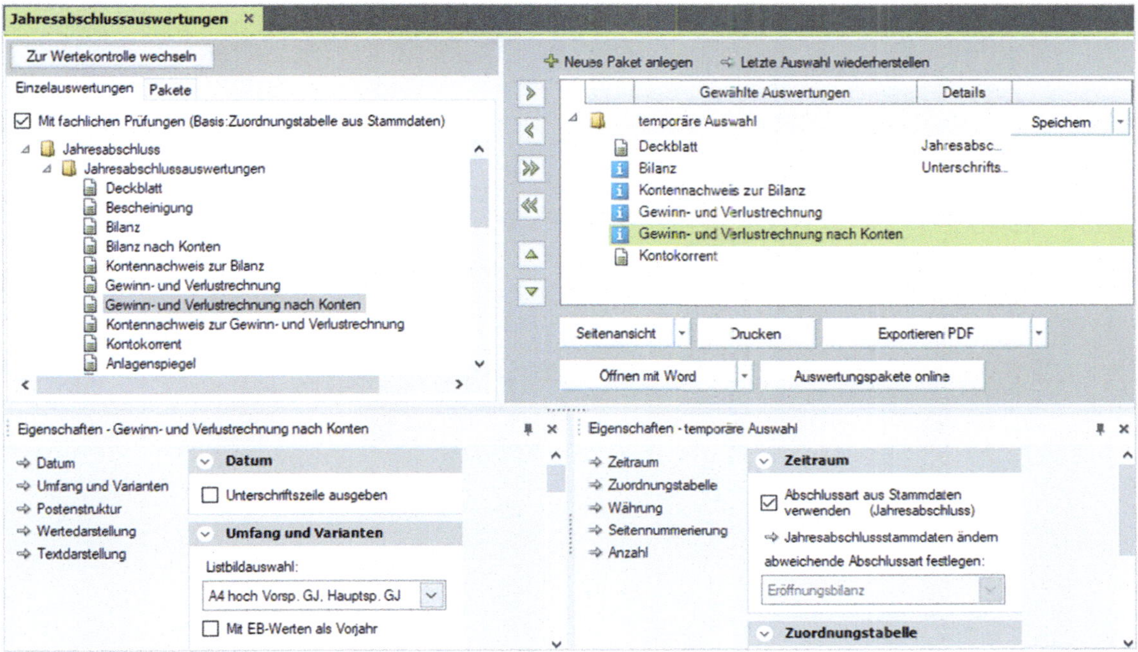

Bild 20.12 Auswertungen - Eigenschaften

8 Klicken Sie auf die Auswertung *Bilanz*, und geben Sie im unteren Zusatzbereich *Eigenschaften - Bilanz* im Feld *Datum* den 31.12.2019 ein (Option *Datum auswählen*), Bild 20.13.

9 Klicken Sie anschließend auf die Auswertung *Gewinn- und Verlustrechnung*, aktivieren Sie im unteren Zusatzbereich *Eigenschaften – Gewinn- und Verlustrechnung* das Kontrollkästchen *Unterschriftszeile ausgeben* und geben Sie das Datum 31.12.2019 ein.

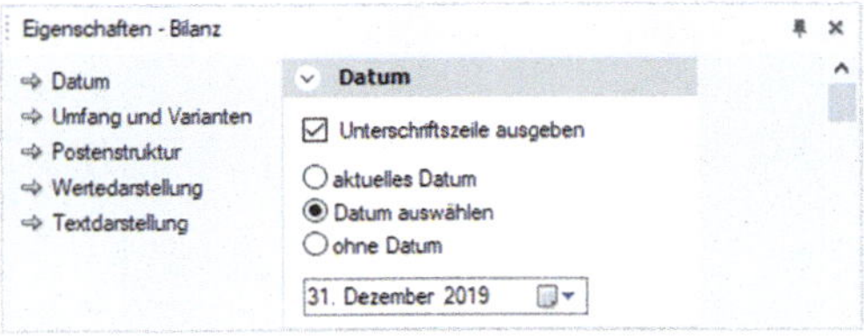

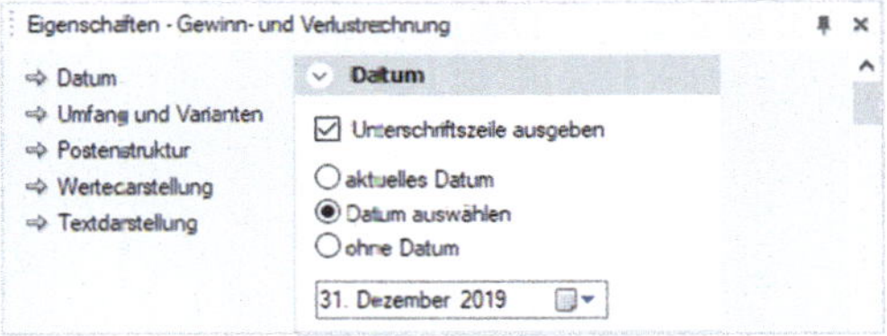

Bild 20.13 Eigenschaften - Bilanz

Bild 20.14 Gewinn- und Verlustrechnung

10 Klicken Sie zuletzt auf den Eintrag *Deckblatt*, damit das Deckblatt als erste Auswertung angezeigt wird. Die Einstellungen für die Auswertungen für den Jahresabschluss 2019 Perm GmbH sind nun komplett.

11 Um die Schlussbilanz und die GuV für die Firma Perm GmbH einzusehen, klicken Sie auf die Schaltfläche *Zur Wertekontrolle wechseln* (Bild 20.15).

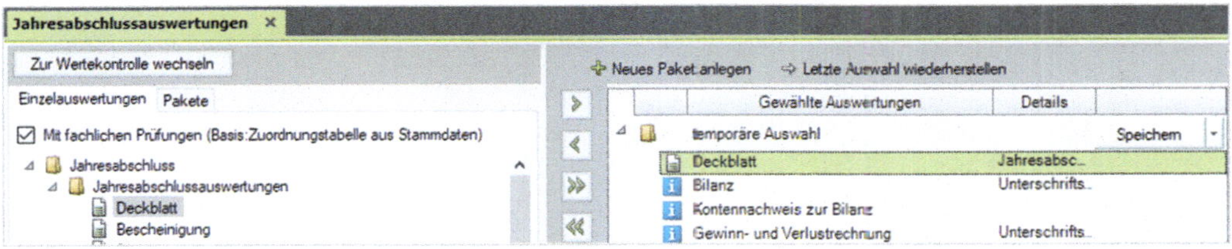

Bild 20.15 Wertekontrolle anzeigen

20.4 Jahresschlussbilanz und GuV

Auswertungen kontrollieren

Nachdem alle Auswertungen für den Jahresabschluss festgelegt wurden, kann jetzt die Schlussbilanz zum 31.12.2019 eingesehen und ausgedruckt werden. Zunächst wird das Deckblatt angezeigt. Im Eigenschaftenbereich rechts sehen Sie die verfügbaren Auswertungen (Bild 20.16).

Die vollständigen Auswertungen finden Sie in den Musterlösungen unter dem Dateinamen 20_Schlussbilanz.pdf

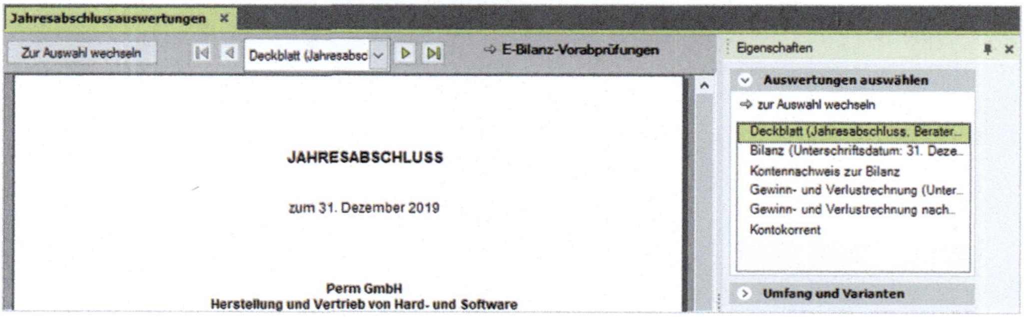

Bild 20.16 Schlussbilanz - Deckblatt

Schlussbilanz

Um die Schlussbilanz einzusehen, klicken Sie auf die Auswertung *Bilanz (Unterschriftsdatum 31.Dez...)* ❶. Die jeweiligen Salden zum 31.12.2019 werden nach Aktiva (Bild 20.17 und Passiva (Bild 20.18) gegliedert angezeigt. Über die Bildlaufleiste können Sie zu den weiteren Posten der Bilanz scrollen. Die Bilanz kann rechts über die Einstellungen *Datum*, *Umfang und Varianten*, *Postenstruktur*, *Wertdarstellung* und *Textdarstellung* ❷ noch weiter angepasst werden.

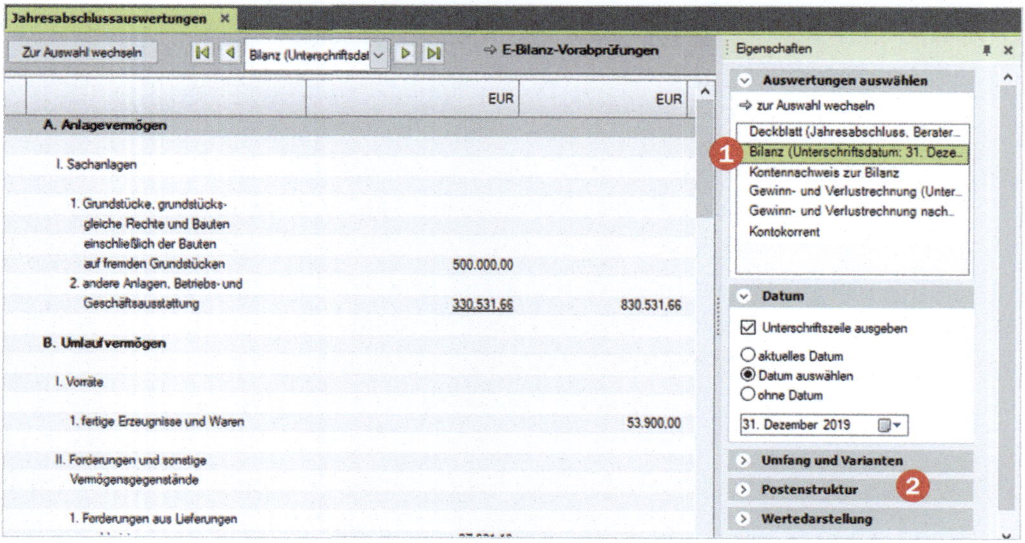

Bild 20.17 Aktiva

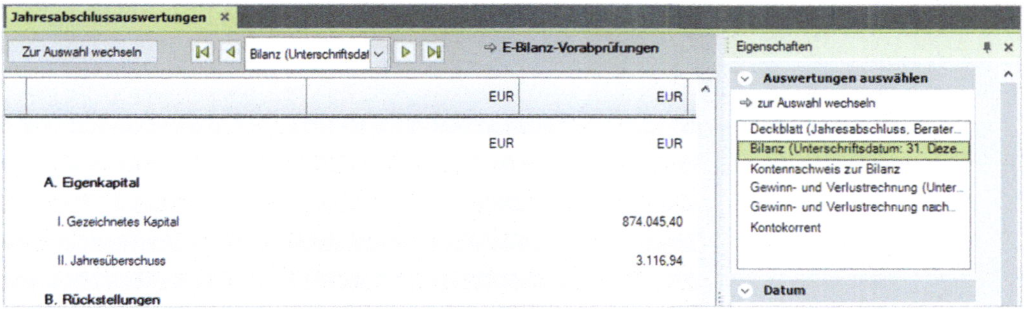

Bild 20.18 Passiva

Klicken Sie auf den Bilanzposten Aktiva *Anlagevermögen 2. Andere Anlagen, Betriebs- und Geschäftsausstattung*. Im unteren Zusatzbereich werden Ihnen die Salden der Konten angezeigt (Bild 20.19).

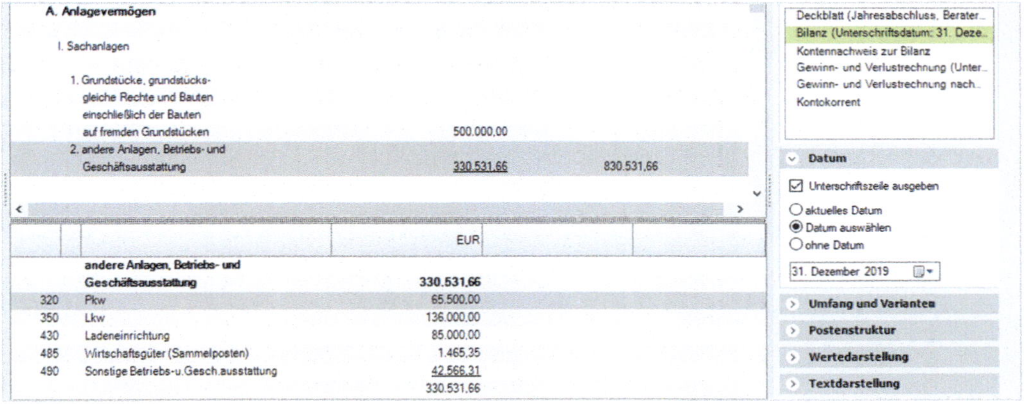

Bild 20.19 Salden anzeigen

Kontennachweise zur Bilanz

Klicken Sie auf die Auswertung *Kontennachweise zur Bilanz*. Damit werden die Konten und deren Salden einzeln angezeigt (Bild 20.20).

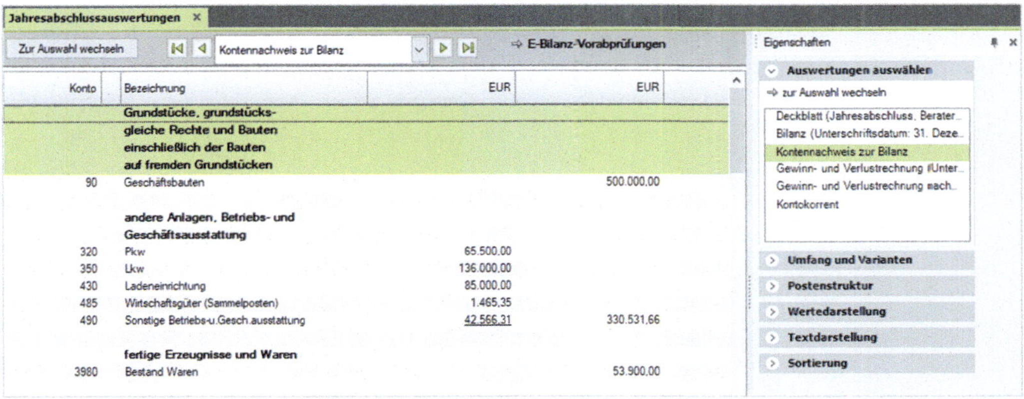

Bild 20.20 Kontennachweise - Aktiva

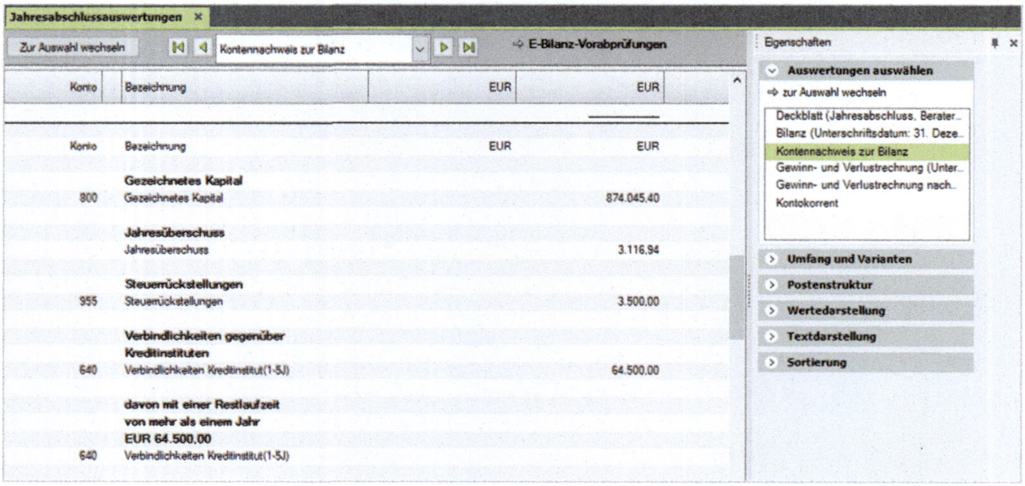

Bild 20.21 Kontennachweise - Passiva

Gewinn- und Verlustrechnung

Um die GuV einzusehen, klicken Sie auf die Auswertung *Gewinn- und Verlustrechnung*. Gewinn: 3.116,94 ❶.

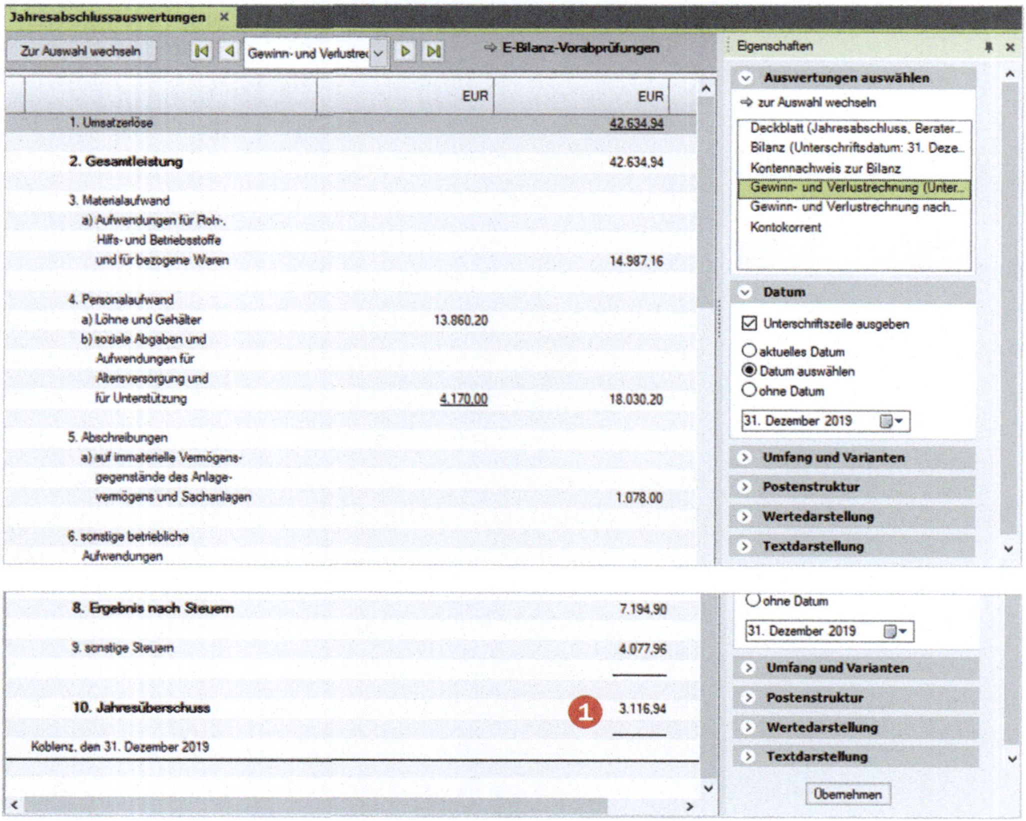

Bild 20.22 Gewinn- und Verlustrechnung Geschäftsjahr 2019

Gewinn- und Verlustrechnung nach Konten:

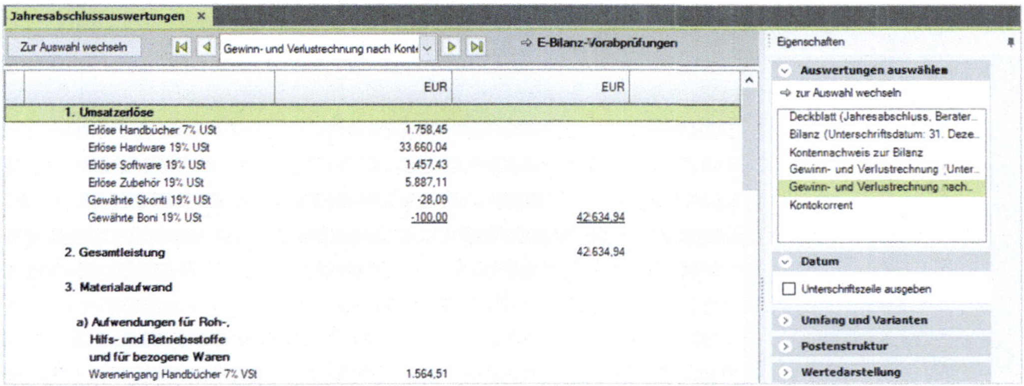

Bild 20.23 Gewinn- und Verlustrechnung nach Konten

Kontokorrentzahlen:

Debitoren - Forderungen aus Lieferungen und Leistung:	37.621,19 EUR
Kreditoren - Verbindlichkeiten aus Lieferungen und Leistungen:	5.370,43 EUR

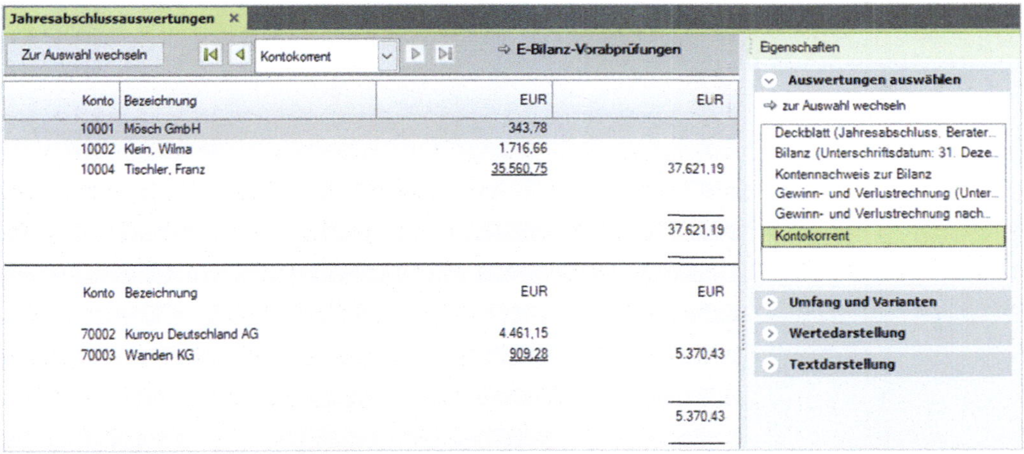

Bild 20.24 Kontokorrent

Bilanz ausdrucken

Klicken Sie im Zusatzbereich *Eigenschaften* zunächst auf die Auswertung *Bilanz*, dann auf das Symbol *Seitenansicht* und bestätigen Sie den anschließenden Hinweis mit Klick auf die Schaltfläche *OK*.

Bild 20.25 Auswertung wählen

Die Schlussbilanz wird in der Seitenansicht angezeigt und kann anschließend ausgedruckt werden. Mit der Schaltfläche *Nächste Seite* können Sie die Passiva auf der zweiten Seite einsehen. Zum Drucken klicken Sie auf das Symbol *Drucken*.

Die vollständigen Auswertungen finden Sie in den Musterlösungen unter dem Dateinamen 20_Schlussbilanz.pdf

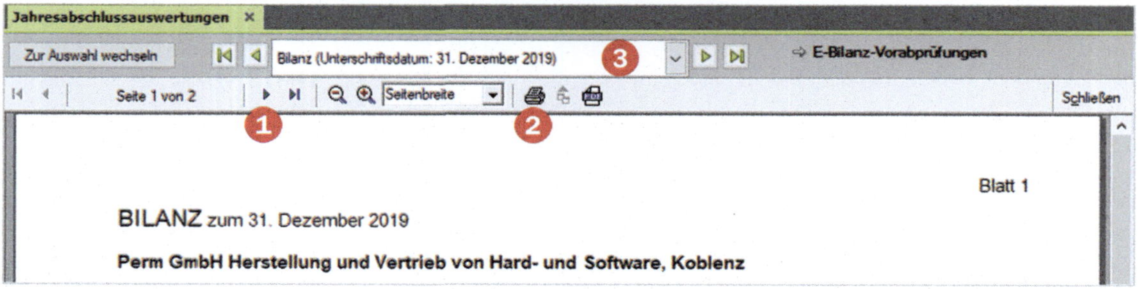

Bild 20.26 Seitenansicht Bilanz

1. Nächste Seite
2. Drucken
3. Nächste Auswertung auswählen

Um die nächste Auswertung, z. B. die GuV, auszudrucken, klicken Sie in der Seitenansicht auf auf den Dropdown-Pfeil neben der aktuell gezeigten Auswertung und wählen die gewünschte Auswertung aus. Nun erscheint diese in der Seitenansicht und kann ausgedruckt werden. Wiederholen Sie diese Schritte, bis alle Auswertungen ausgedruckt sind. Schließen Sie zuletzt die Seitenansicht.

20.5 Die E-Bilanz

Der Jahresabschluss selbst muss im Rahmen des, von der Finanzverwaltung beschlossenen, Steuerbürokratieabbaugesetzes elektronisch als E-Bilanz übermittelt werden.

Wer muss eine E-Bilanz übermitteln?
Von der E-Bilanz betroffen sind alle Unternehmen, die zur Bilanz sowie zur Gewinn- und Verlustrechnung verpflichtet sind. Es müssen sowohl die Bilanz als auch die Gewinn- und Verlustrechnung bzw. bei Abweichungen zwischen Handels- und Steuerbilanz die Überleitungsrechnung elektronisch übermittelt werden. Bilanzen dürfen also nicht mehr in Papierform beim Finanzamt eingereicht werden.

Welche Daten müssen übermittelt werden?
Damit nicht jedes Unternehmen ein anderes Format benutzt und die Bilanz unterschiedlich aufgegliedert ist, legt die Finanzverwaltung fest, in welchem einheitlichen Format und in welcher einheitlichen Aufschlüsselung die elektronische Übermittlung zu erfolgen hat. Genauso ist festgelegt, welche Mindestdaten der Betrieb übermitteln muss. Folgende Daten müssen elektronisch übermittelt werden:

- Bilanz
- Gewinn- und Verlustrechnung

- Ergebnisverwendung
- Kapitalkontenentwicklung (für Personenhandelsgesellschaften)
- steuerliche Gewinnermittlung (für Einzelunternehmen und Personengesellschaften)
- steuerliche Modifikationen (insbesondere Umgliederung/Überleitungsrechnung)

Der Inhalt der Bilanz sowie der Gewinn- und Verlustrechnung sind künftig in Form einer von der Finanzverwaltung vorgeschriebenen Datensatzes zu übermitteln. Für die Übermittlung wird der XBRL-Standard (eXtensible Business Reporting Language), ein international verbreiteter Standard für den elektronischen Austausch von Unternehmensdaten, verwendet.

Die Struktur, aus der ein XBRL-Informationspaket besteht, wird mittels einer so genannten Taxonomie genau festgelegt, der Ablauf:

1 Buchhaltungssoftware (DATEV Kanzlei-Rechnungswesen)

2 Umwandlung in den geforderten Auswertungsaufbau für die E-Bilanz nach dem XBRL-Standard Taxonomie

3 Finanzbehörde

Die Taxonomie definiert dabei sowohl die verschiedenartigen Elemente wie etwa die einzelnen Positionen der Bilanz bzw. der Gewinn- und Verlustrechnung als auch die Beziehungen untereinander. Diese Positionen dienen der Finanzverwaltung als Mindeststandard, der übermittelt werden muss.

Zuordnungstabelle für die E-Bilanz

Im ersten Schritt muss in den Mandantenstammdaten für die E-Bilanz eine spezielle Zuordnungstabelle hinterlegt werden. Dazu gehen Sie wie folgt vor:

1 Klicken Sie in der Übersicht auf die Rubrik *Stammdaten* und anschließend doppelt auf den Eintrag *Mandantendaten*.

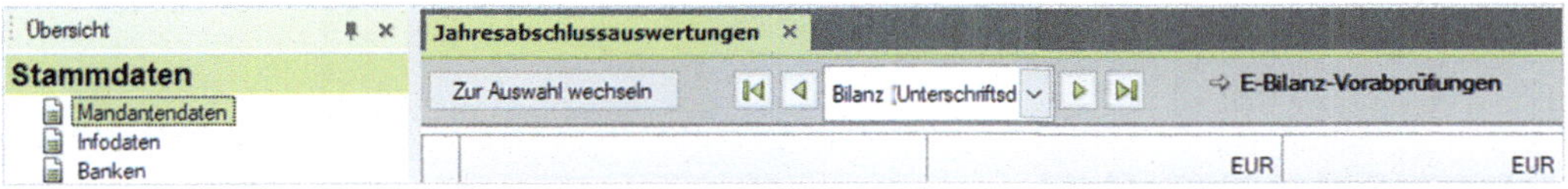

Bild 20.27 Mandantendaten anzeigen

Die Programmfenster *Stammdaten - Mandant* zur Firma Perm GmbH mit den Grunddaten zum Rechnungswesen wird geöffnet.

2 Klicken Sie in der Übersicht doppelt auf den Eintrag *Jahresabschluss*. Nun werden die Einstellungen zur Schlussbilanz für den Mandanten Perm GmbH angezeigt (Bild 20.28).

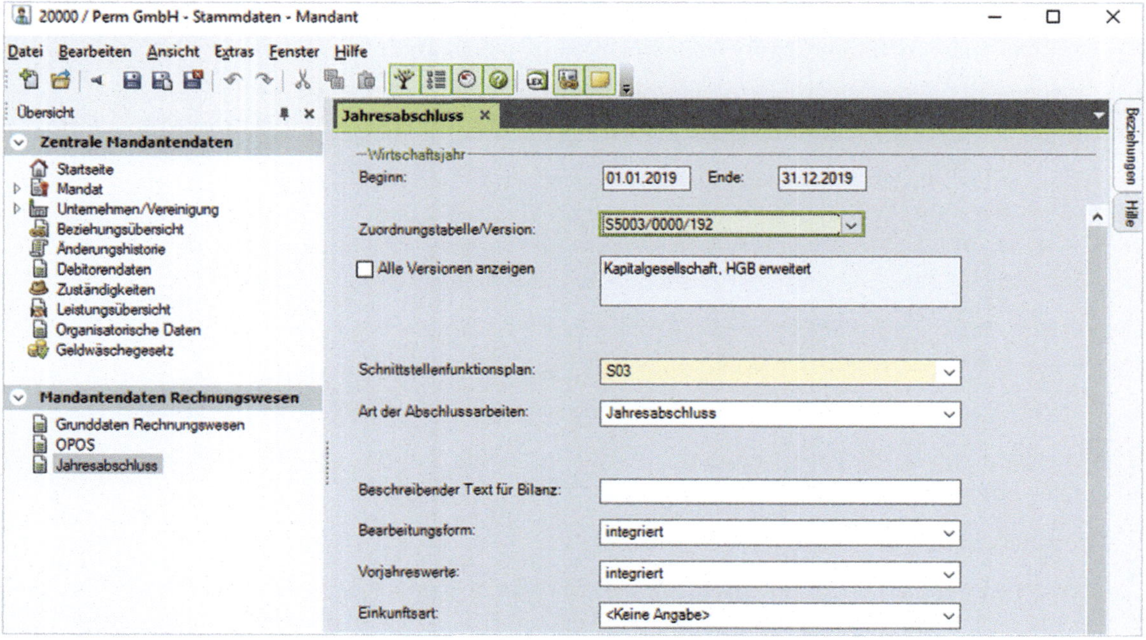

Bild 20.28 Stammdaten - Mandant: Jahresabschluss

3 Um die Zuordnungstabelle zur Schlussbilanz für die E-Bilanz zu hinterlegen, wählen Sie im Feld *Zuordnungstabelle/Version* den Eintrag *S90004/0000/192 Kapitalgesellschaft, E-Bilanz, Tax 6.3 GuV im GKV*.

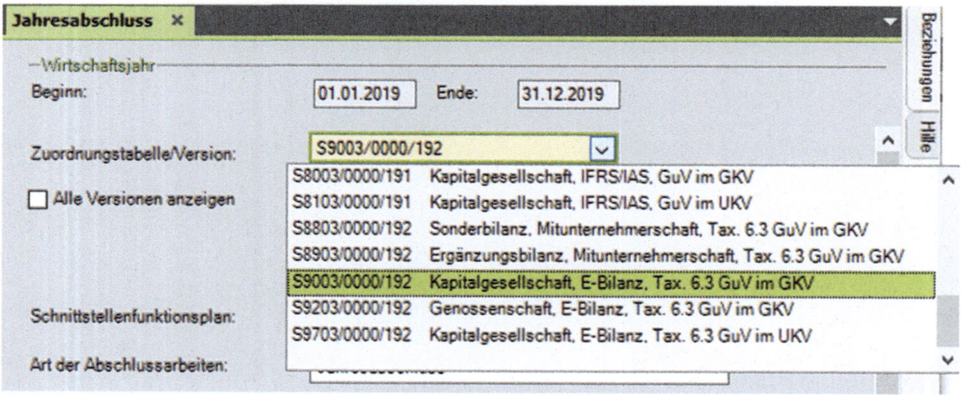

Bild 20.29 Zuordnungstabelle auswählen

Hinweis: Für Kapitalgesellschaften können zwei verschiedene Zuordnungstabellen GuV im GKV (Gesamtkostenverfahren) oder GuV im UKV (Umsatzkostenverfahren)zur E-Bilanz ausgewählt werden. Der Unterschied zwischen den Verfahren liegt lediglich in der differenzierten Behandlung von Bestandsveränderungen.

Nach Rücksprache mit dem Steuerberater ist die Standardform GuV im GKV (Gesamtkostenverfahren) zu wählen.

Tipp: Falls der Steuerberater die E-Bilanz für den Mandanten (Einverständniserklärung vom Mandanten erforderlich) übermittelt, ist das Kontrollkästchen *Das Mandat umfasst die Übermittlung der E-Bilanz* zu aktivieren.

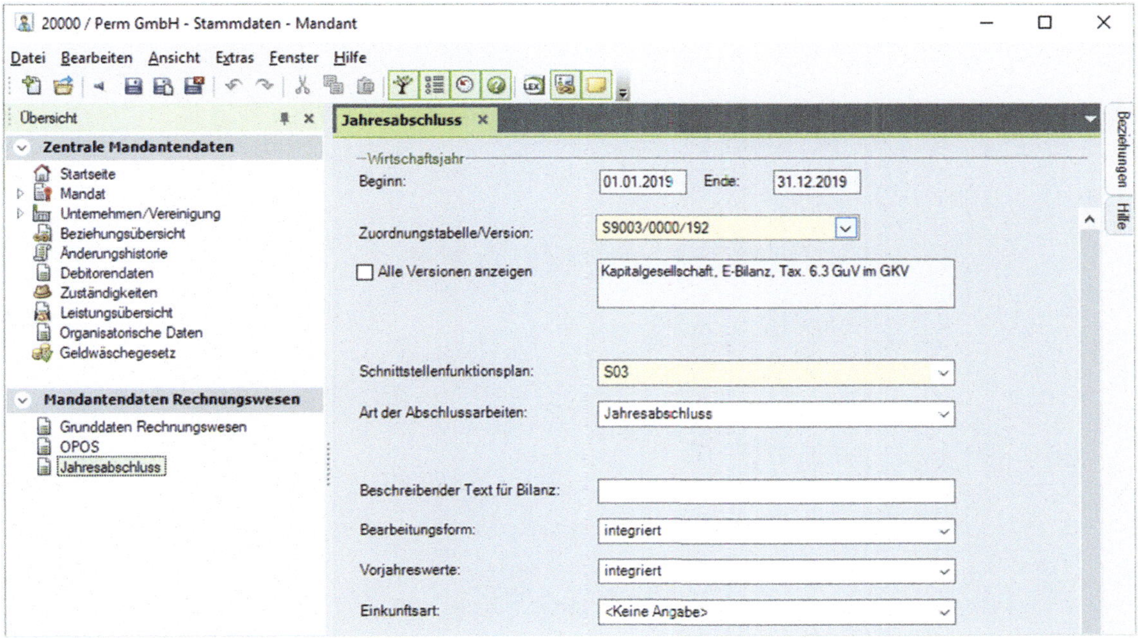

Bild 20.30 Alle Einstellungen

4 Zum Speichern der Einstellungen klicken Sie auf das Symbol *Speichern und Schließen* .

Aufbereitete Daten anzeigen

Im Gegensatz zur Schlussbilanz und GuV (Gewinn- und Verlustrechnung) nach HGB werden nun vor allem in der Gewinn- und Verlustrechnung aufbereitete Daten für die Übermittlung angezeigt.

1 Um die GuV nach GKV anzeigen zu lassen, klicken Sie im Feld *Auswertungsart* auf *Gewinn- und Verlustrechnung (Unterschriftsdatum 31. Dezember 2019)*.

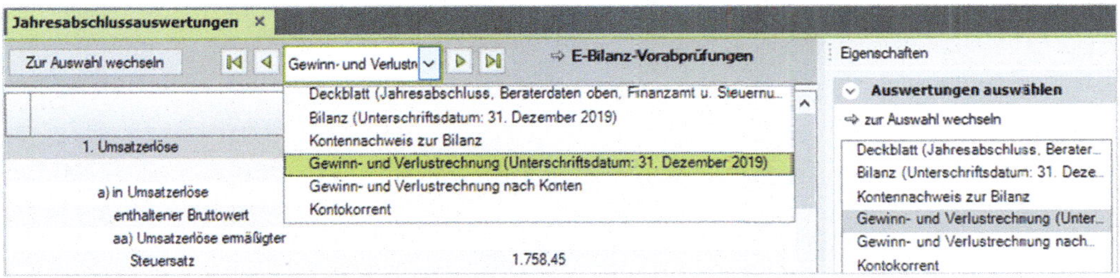

Bild 20.31 Auswertungsart wählen

Die Daten zur GuV werden in aufbereiteter Form angezeigt. Im unteren Teil des Fensters sehen Sie die Salden zu den einzelnen Konten.

Die vollständige GuV nach dem Gesamtkostenverfahren finden Sie in den Musterlösungen in der Datei 20_GuV_nach_GKV.pdf.

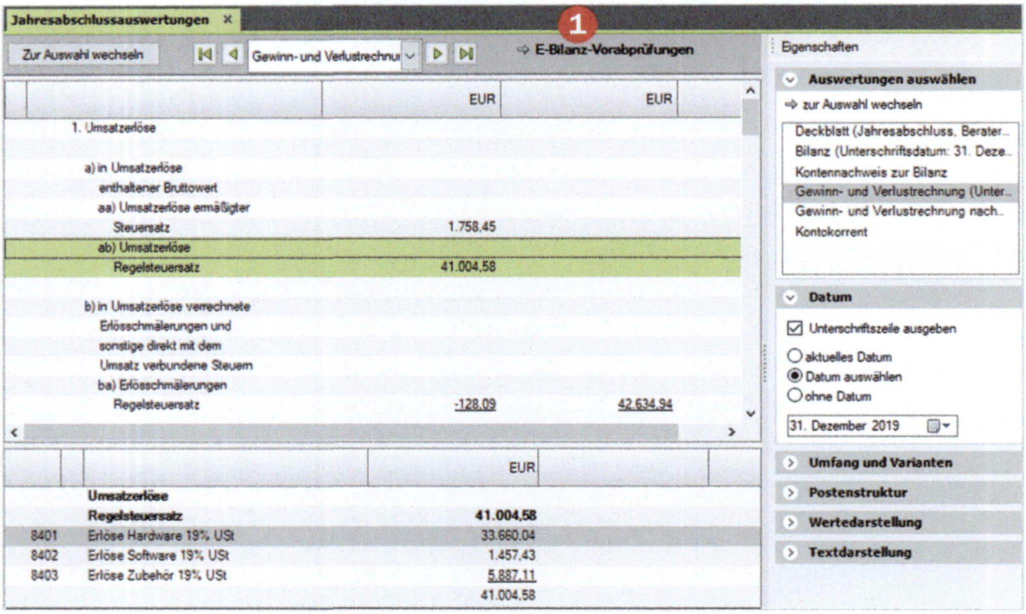

Bild 20.32 GUV nach GKV

2 Über den Link *E-Bilanz-Vorabprüfungen* ❶ können Sie vor der eigentlichen Übermittlung die Daten zur E-Bilanz überprüfen, klicken Sie auf diesen Link.

Das Programm prüft nun ihre Buchungsdaten und Sie erhalten das, in Bild 20.33 abgebildete, Ergebnis. Die Übermittlung der E-Bilanz selbst geschieht über den DATEV Arbeitsplatz.

Bei Auffälligkeiten muss natürlich auf den Grund genauer eingegangen werden.

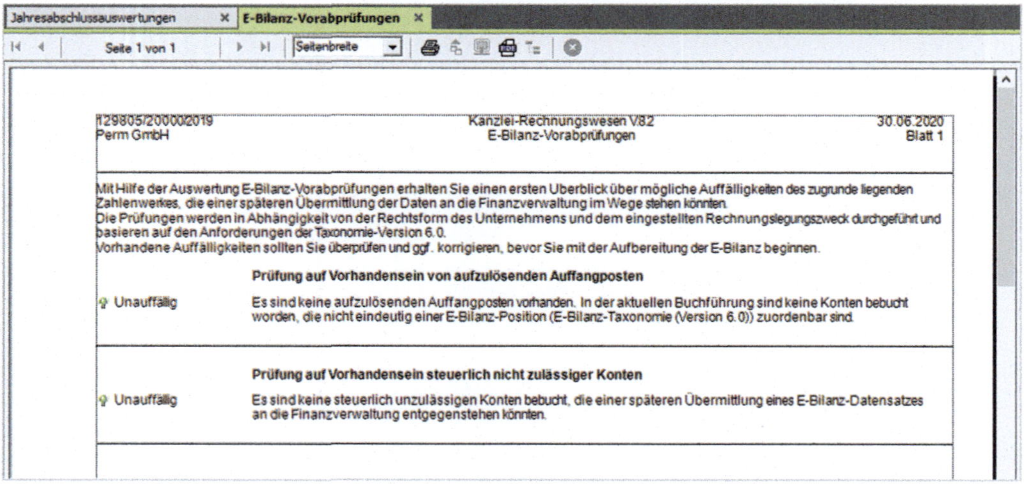

Bild 20.33 Ergebnis E-Bilanz Vorabprüfung

3 Beenden Sie abschließend das Programm *DATEV Kanzlei-Rechnungswesen*.

4 Klicken Sie in der Übersicht, *Unsere Kanzlei* doppelt auf den Eintrag *Mandantenübersicht*. In der Leistungsübersicht werden nun die Einträge *Buchführung 2019* und *Jahresabschluss 2019* aufgeführt ❷.

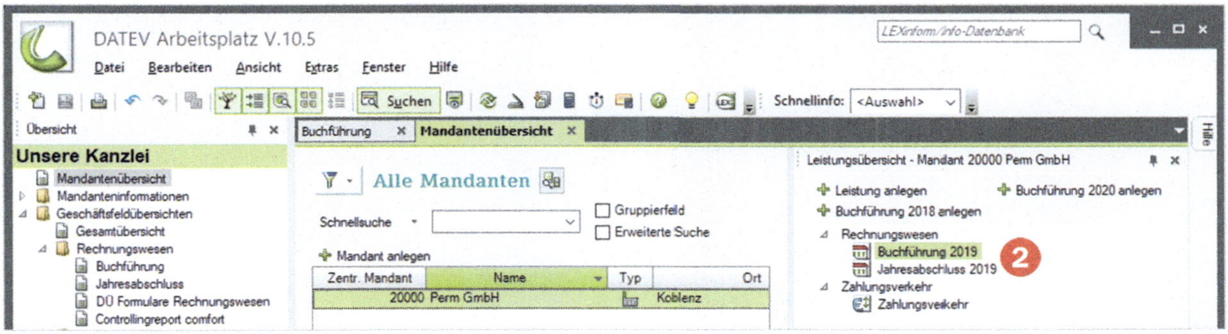

Bild 20.34 Leistungsübersicht Mandant

5 Klicken Sie mit der rechten Maustaste auf den Eintrag *Jahresabschluss 2019* und klicken Sie auf den Befehl *Übermittlung Finanzverwaltung* ▶ *E-Bilanz-Assistent starten*.

Das Assistent für die Übermittlung der E-Bilanz an die Finanzbehörde wird Ihnen angezeigt (Bild 20.35). Über die einzelnen Bearbeitungsschritte können anschließend bis zum Senden der E-Bilanz alle Einstellungen vorgenommen werden.

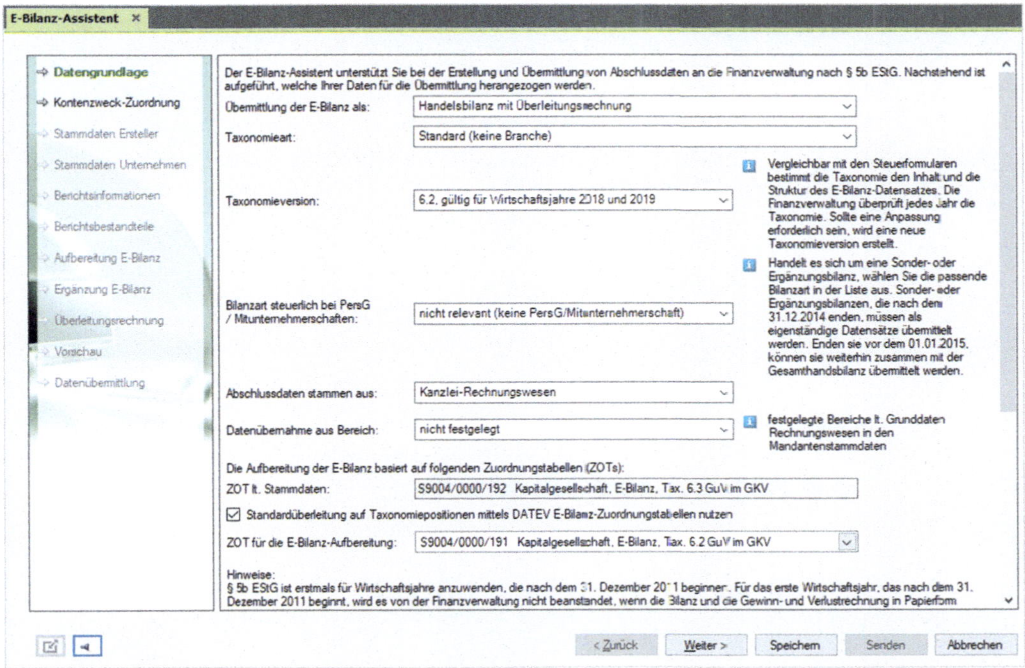

Bild 20.35 E-Bilanz-Assistent

6 In unserem Übungsfall können wir natürlich nicht die Daten an das Finanzamt übermitteln. Klicken Sie daher abschließend auf die Schaltfläche *Abbrechen*. Bestätigen Sie den nachfolgenden Hinweis mit *Ja* und beenden Sie danach das Programm *DATEV Kanzlei-Rechnungswesen JA*.

20.6 Jahreswechsel und Saldenübernahme

Sie befinden sich jetzt wieder im DATEV Arbeitsplatz. Um den Jahreswechsel durchzuführen und die Salden aus dem Geschäftsjahr 2019 zu übernehmen, gehen Sie wie folgt vor:

1 Klicken Sie in der Übersicht, *Unsere Kanzlei* doppelt auf den Eintrag *Mandantenübersicht* ❶ und anschließend auf den Link *Buchführung 2020 anlegen* ❷.

Alternativ können Sie das Buchungsjahr 2020 auch anlegen über das Arbeitsblatt *Buchführung* und den Link *Buchführung 2020 anlegen*.

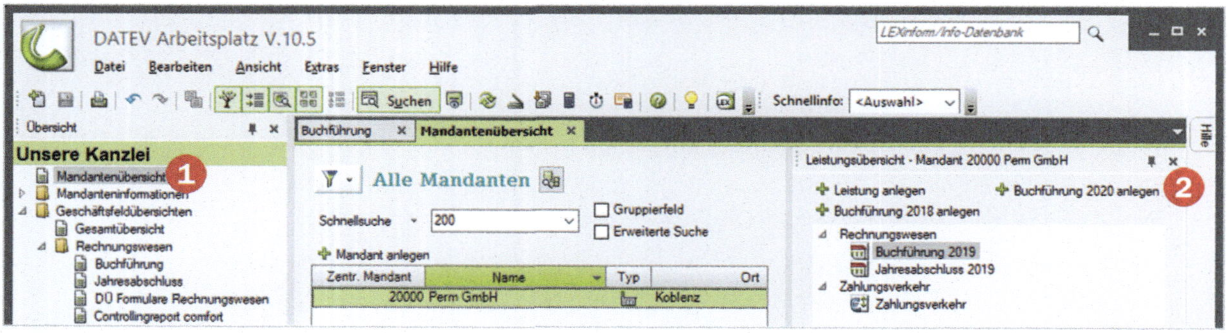

Bild 20.36 Buchführung Folgejahr anlegen

Das Programm DATEV Kanzlei- Rechnungswesen mit dem Mandanten Perm GmbH wird gestartet (Bild 20.37). Das Wirtschaftsjahr 2020 ❸ wird bereits vorgeschlagen und kann übernommen oder ggf. angepasst werden. Mit dem bereits aktivierten Kontrollkästchen *neues Buchungsjahr eröffnen* ❹ wird das neue Jahr angelegt. Zusätzlich können Sie weitere Kontenfunktionen sowie Einstellungen für die Anlagespiegelfunktion angeben.

Die OPOS Stammdaten und deren Salden ❺ (siehe Kontokorrentkonten aus der Bilanz) werden als Standardeinstellung ebenfalls automatisch mit übernommen.

Bild 20.37 Neues Wirtschaftsjahr

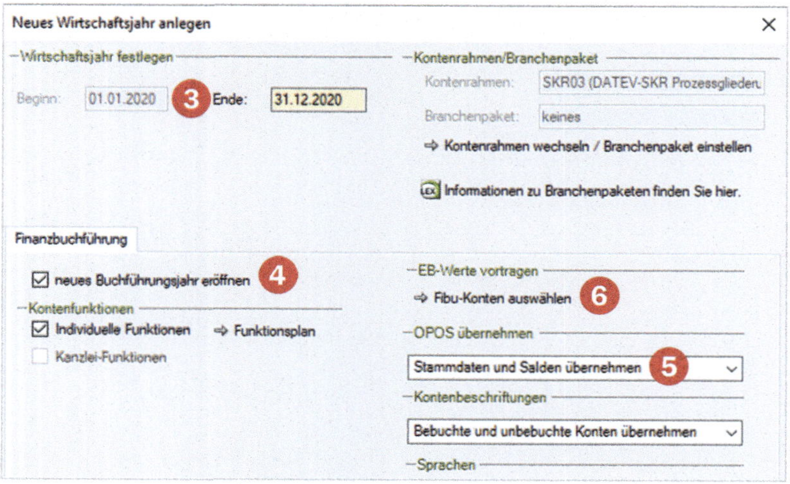

2 Damit auch die Eröffnungsbilanzwerte vorgetragen werden, klicken Sie auf den Link *Fibu-Konten auswählen* ❻ (Bild 20.37).

Das Dialogfenster *Fibu-Salden übergeben* zur Übernahme der Sachkonten für die Eröffnungsbilanzwerte wird geöffnet.

3 Um nur die Bestandskonten anzuzeigen, klicken Sie im rechten Zusatzbereich *Kontenumfang* auf die Option *Bestandskonten* ❶. Benutzen Sie die Bildlaufleiste, um weitere Sachkonten anzuzeigen und den jeweiligen Endsaldo vom Geschäftsjahr 2019 einsehen. Dieser Saldo wird durch das Programm vorgetragen.

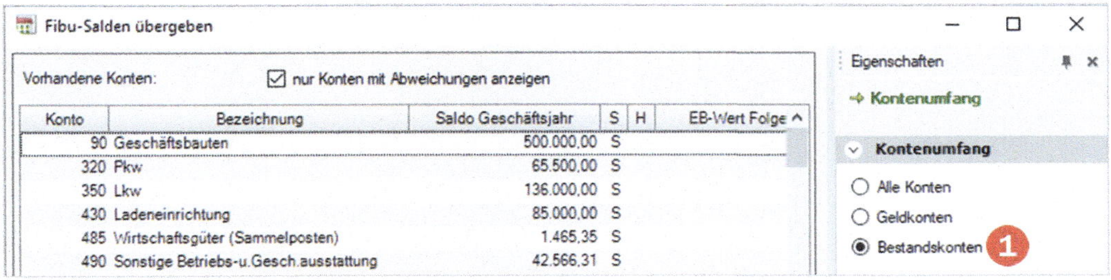

Bild 20.38 Fibu-Konten auswählen

4 Die Konten können nun einzeln markiert und über die Schaltfläche *Hinzufügen* den ausgewählten Konten hinzugefügt werden (Bild 20.39). Damit alle Bestandskonten vorgetragen werden, drücken Sie die Tastenkombination Strg+A ❷ (alle markieren) und klicken dann auf *Hinzufügen* ❸.

5 Alle ausgewählten Bestandskonten werden mit dem jeweiligen Anfangsbestand vorgetragen. Klicken Sie abschließend auf die Schaltfläche *Übergeben* ❹.

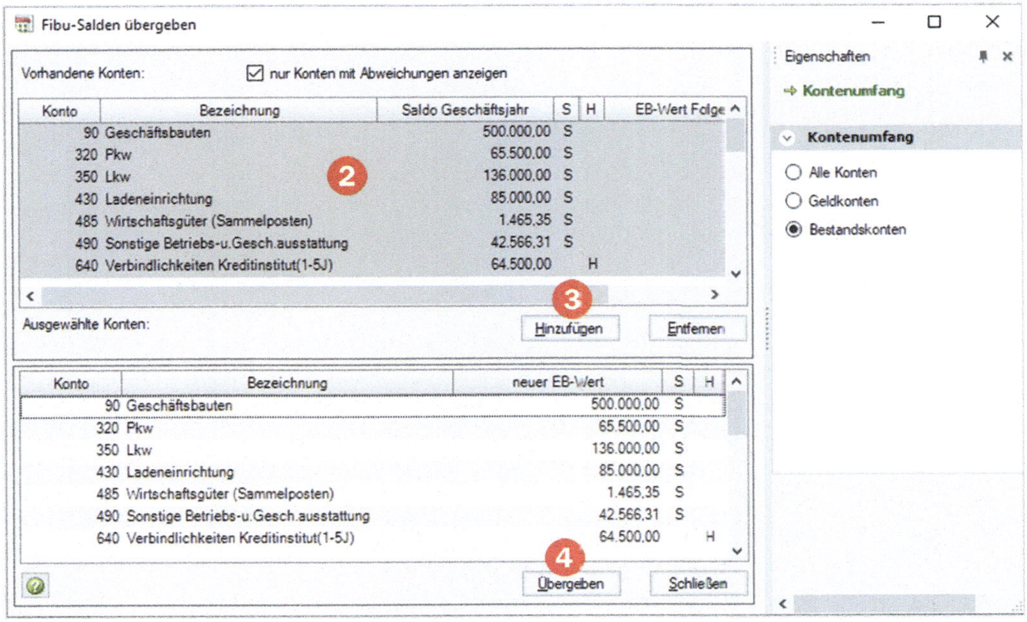

Bild 20.39 Markierte Konten hinzufügen

6 Bestätigen Sie die Angaben zum Schluss, indem Sie im Fenster *Neues Wirtschaftsjahr anlegen* auf die Schaltfläche *OK* klicken. Sie erhalten anschließend Hinweise auf Konten-

aktualisierungen zum Jahr 2020 und zur Jahresübernahme, die Sie jeweils mit Klick auf die Schaltfläche *OK* bestätigen (Bild 20.40).

Bild 20.40 Übernahme Rechnungswesendaten

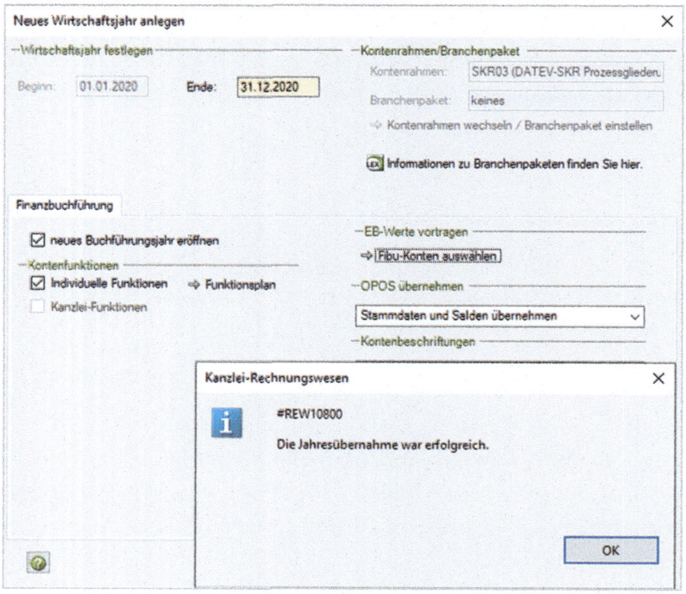

In der Titelleiste des Programms DATEV Kanzlei-Rechnungswesen sehen Sie, dass das Geschäftsjahr 2020 Perm GmbH angelegt wurde. Sie können jetzt im Geschäftsjahr 2020 buchen. Die Eröffnungsbilanzwerte wurden automatisch vorgetragen.

Vortragsbuchungen anzeigen

1 Klicken Sie in der Übersicht, Abschnitt *Buchführung* auf den Eintrag *Belege buchen* ❶.

Bild 20.41 Im Geschäftsjahr 2020

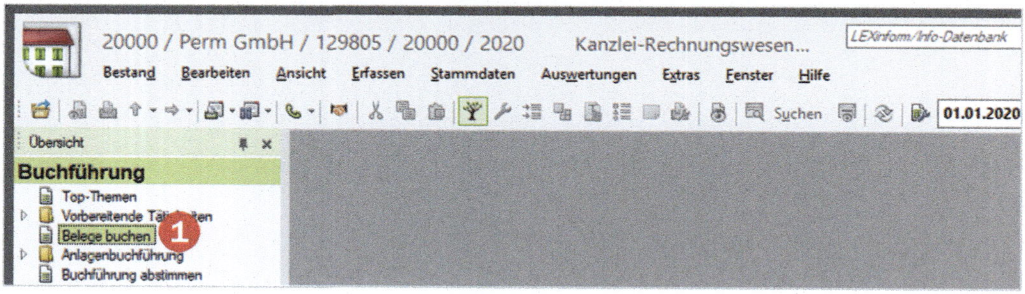

2 Das Fenster *Stapel auswählen* mit dem Buchungsstapel für die Vortragsbuchungen wird geöffnet. Öffnen Sie den Buchungsstapel *EB-Werte*.

Bild 20.42 Stapel auswählen

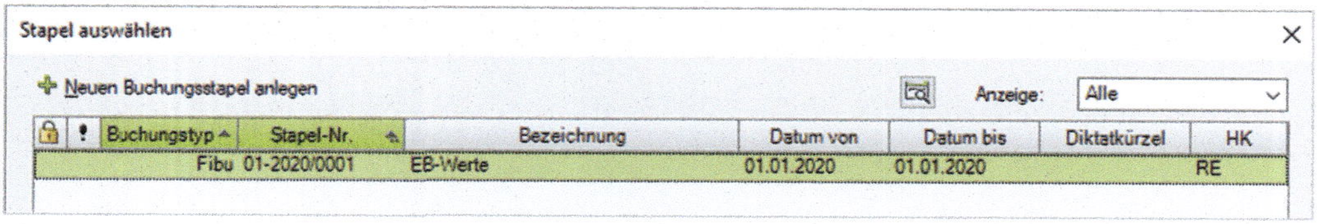

3 Das Programm wechselt zur Primanota-Ansicht und zeigt Ihnen alle automatisch erstellten Vortragsbuchungen an. Die Buchungen können hinsichtlich des Buchungstextes natürlich angepasst werden.

Belege buchen - 01-2020/0001 ×

Stapel: 01-2020/0001 EB-Werte Periode: 01.01.2020 - 01.01.2020

!	BL	Nr.	WKZ	Umsatz	S/H	GU	BU	Gegenkonto	Belegfeld 1	Datum	Konto	Skonto	Buchungstext
				0,00									Abstimmsumme
		1		500.000,00	H			90		01.01.2020	9000		EB-Wert
		2		65.500,00	H			320		01.01.2020	9000		EB-Wert
		3		136.000,00	H			350		01.01.2020	9000		EB-Wert
		4		85.000,00	H			430		01.01.2020	9000		EB-Wert
		5		1.465,35	H			485		01.01.2020	9000		EB-Wert
		6		42.566,31	H			490		01.01.2020	9000		EB-Wert
		7		64.500,00				640		01.01.2020	9000		EB-Wert
		8		874.045,40				800		01.01.2020	9000		EB-Wert
		9		3.500,00				955		01.01.2020	9000		EB-Wert
		10		52,54	H			980		01.01.2020	9000		EB-Wert
		11		5.328,03	H			1000		01.01.2020	9000		EB-Wert
		12		40.609,37	H			1200		01.01.2020	9000		EB-Wert
		13		4.016,29	H			1210		01.01.2020	9000		EB-Wert
		14		5.419,42				1360		01.01.2020	9000		EB-Wert
		15		400,00	H			1500		01.01.2020	9000		EB-Wert
		16		1.500,00				1700		01.01.2020	9000		EB-Wert
		17		9.914,30				1740		01.01.2020	9000		EB-Wert

Bild 20.43 Die Vortragsbuchungen

Hinweis: Einen kompletten Überblick über die Salden bekommen Sie, wenn Sie die Summen- und Saldenliste aufrufen und die Werte abstimmen.

Übung: Summen und Salden Debitoren/Kreditoren drucken

Die OPOS-Salden wurden durch die Einstellung *Stammdaten und Salden übernehmen* vorgetragen. Drucken Sie die Summen- und Saldenliste mit Debitoren- und Kreditorensalden aus.

Die Summen- und Saldenliste finden Sie in den Musterlösungen in der Datei 20_Summen_und_Saldenliste_Januar_2020.pdf

Die Buchhaltung für das Jahr 2020 ist jetzt eingerichtet und die tagtägliche Finanzbuchhaltung kann durchgeführt werden.

Hinweis: Es kommt in der Praxis häufig vor, dass Buchungen aus dem Vorjahr oder weitere Jahresabschlussbuchungen durch den Steuerberater durchgeführt werden. Die Salden müssen anschließend wieder aktualisiert übertragen werden. Dann verwenden Sie folgende Befehle:

- Menüpunkt *Bestand* ▶ *Jahresübernahme* ▶ *Daten aus dem Vorjahr oder Daten in das Folgejahr übergeben*.
- Über den Menüpunkt *Bestand* können Sie zwischen dem Geschäftsjahr 2019, dem Geschäftsjahr 2020 und dem Jahresabschluss 2019 schnell wechseln.

Wirtschaftsjahr schützen/freigeben
129805/20000/01.01.2020/Perm GmbH-RW (C:\...\STANDARD)
129805/20000/01.01.2020/Perm GmbH (C:\...\STANDARD)
129805/20000/01.01.2019/Perm GmbH (C:\...\STANDARD)
Beenden ALT+F4

4 Beenden Sie das Programm DATEV Kanzlei-Rechnungswesen. Buchungsstapel noch nicht festschreiben.

Zwischen Buchführung und Jahresabschluss wechseln

Sie befinden sich jetzt wieder im DATEV Arbeitsplatz. Für den Mandanten Perm GmbH sind in der Mandantenübersicht beide Geschäftsjahre 2019 und 2020 sowie der Jahresabschluss 2019 aufgeführt.

Sie können aus der Leistungsübersicht heraus in den entsprechenden Buchungsjahren und mit dem jeweiligen Bestand arbeiten.

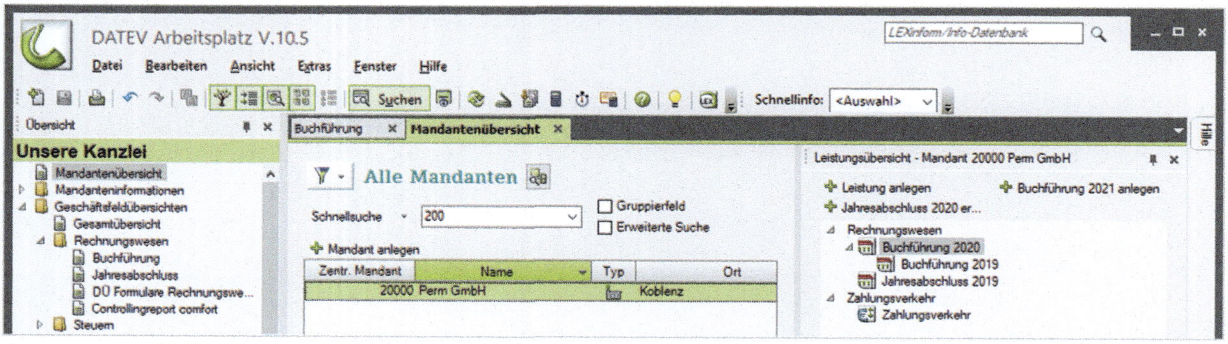

Bild 20.44 Buchungsjahr auswählen

1 Klicken Sie im Bereich *Rechnungswesen* doppelt auf den Eintrag *Buchführung*. Der Mandant Perm GmbH wird hier jetzt als Bestand Buchführung 2020 geführt.

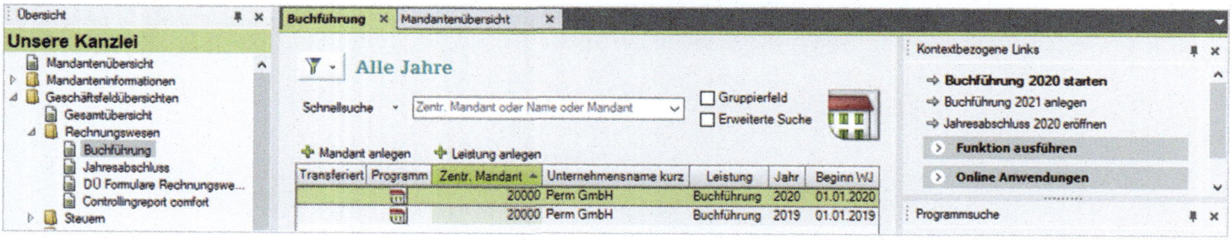

Bild 20.45 Buchführung

2 Klicken Sie im Bereich *Rechnungswesen* doppelt auf den Eintrag *Jahresabschluss*. Es kann der Jahresabschluss 2019 gestartet werden oder der Jahresabschluss für das Jahr 2018 eröffnet werden.

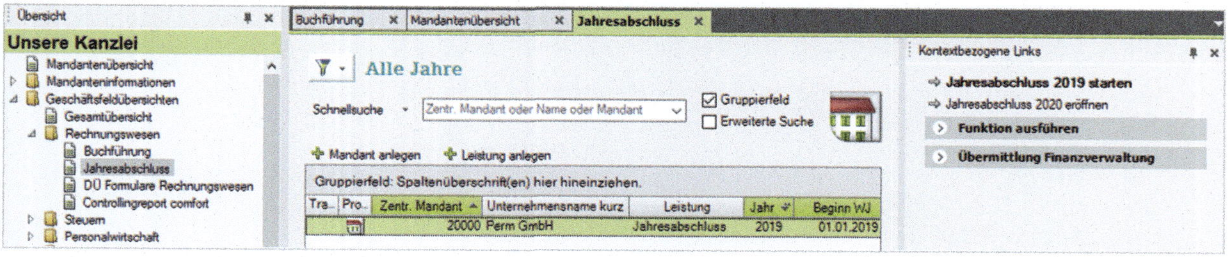

Bild 20.46 Jahresabschluss

20.7 Buchen mit vorübergehend verminderten Steuersätzen

Das Konjunkturpaket 2020 (Corona-Steuerhilfegesetz)

Mit Wirkung vom 29.06.2020 haben Bundestag und Bundesrat das Corona-Steuerhilfegesetz beschlossen und damit erste zentrale Elemente des Konjunkturpakets der Bundesregierung abschließend auf den Weg gebracht. Unter anderem wird vom 1. Juli bis 31. Dezember 2020 der normale Mehrwertsteuersatz von 19 auf 16 Prozent und der ermäßigte Satz von 7 auf 5 Prozent geändert.

Für die Buchhaltung bedeutet dies, dass bis zum 30.06.2019 und ab voraussichtlich dem 01.01.2021 mit dem normalen Steuersatz von 19% und ermäßigten Steuersatz von 7% gebucht werden muss.

Dazwischen, also vom 01.07.2020 bis 31.12.2020, gilt befristet der normale Steuersatz von 16% und ermäßigte Steuersatz von 5%.

DATEV hat zu diesem Zweck ein Service-Release zur Verfügung gestellt, damit dies technisch im Programm DATEV Kanzlei-Rechnungswesen ab Vers. 8.27 umgesetzt werden kann. Dieses Service Release (DFÜ über das DATEV Rechenzentrum (Kanzleien) / Download Unternehmen) muss unbedingt installiert werden. Für Bildungsträger wird dies erst mit der Programm- DVD Version 14.0 (September 2020) möglich sein.

Wie wird mit den verminderten Steuersätzen gebucht?

Nur mit Installation des Service-Release sind Buchungen mit den verminderten Steuersätzen von 16% USt./VSt. und 5% USt./VSt. möglich. Das bedeutet, dass Sie die meisten Standard-Konten SKR03 und die Standard-Steuerschlüssel wie gewohnt weiter nutzen können. Das Programm ermittelt aufgrund des Leistungsdatums (zumeist das Belegdatum) automatisch den korrekten Steuersatz.

Darüber hinaus sind im Kontenrahmen Kontenbeschriftungen geändert und neue Konten, hauptsächlich aufgrund des ermäßigten Steuersatzes von 5%, dazugekommen. Bei den zweistelligen Steuerschlüsseln sind für den Zeitraum vom 01.07. bis 31.12.2020 die Steuerschlüssel 4 (7% USt) und 6 (7% VSt) hinzugekommen, wenn in diesem Zeitraum aufgrund des Leistungsdatums vor 01.07.2020 mit 7% USt. bzw. VSt. gebucht werden muss.

Wichtiger Hinweis: Da die Installation des Service-Release oder die Installation der DATEV DVD (September 2020) an Ihrem Arbeitsplatz vorhanden sein muss, können Sie die nachfolgenden Buchungen nur dann durchführen, wenn dies bei Ihrem Arbeitsplatz gegeben ist, ansonsten nehmen Sie die nachfolgenden Informationen als wichtige Demonstrationsbeispiele. !

Buchen von Wareneingängen mit Belegdatum 30.06. und 06.07

Beispiel 1: (Buchungsstapel Juni 2020)

Firma Perm GmbH kauft am 30.06.2020 mit Belegdatum (=Leistungsdatum) Waren mit dem normalen Steuersatz von 19% im Wert von 1.900,00 EUR, Kassenbeleg KA80 bar ein.

1 Erfassen Sie die Buchung wie unten abgebildet.

Bild 20.47 Teilbuchung

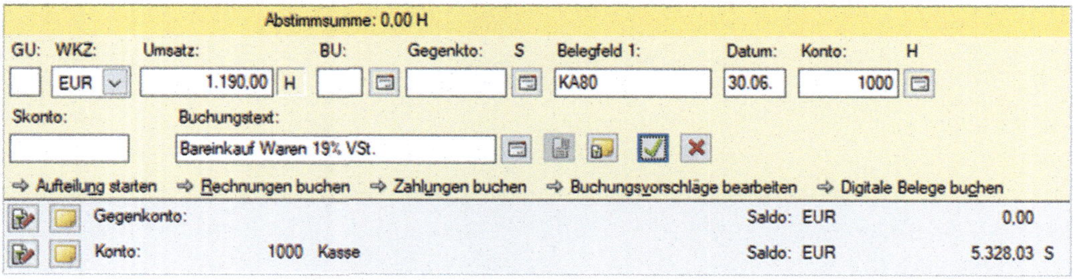

2 Geben Sie im Feld *Gegenkonto* den Begriff Waren ein. Als Ergebnis werden die neuen Konten und neuen Kontenbeschriftungen angezeigt, hier: *3400 Wareneingang 19%/16% Vorsteuer (Automatische Vorsteuer)*.

Bild 20.48 Gegenkonto suchen

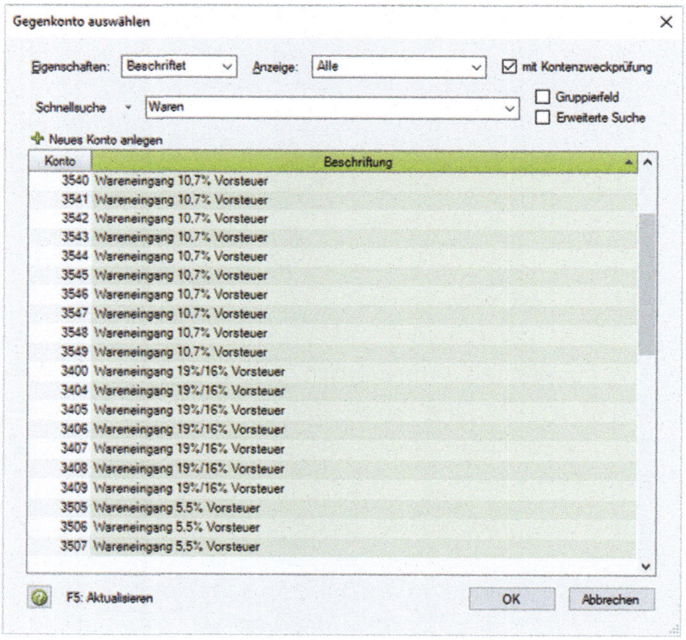

Hinweis: Die Kontenrahmenänderungen stehen Ihnen in der folgenden Datei zum Download zur Verfügung: Kontenrahmenänderungen SKR03.pdf

3 Die vollständige Buchung in der Buchungsmaske:

Bild 20.49 Die vollständige Buchung

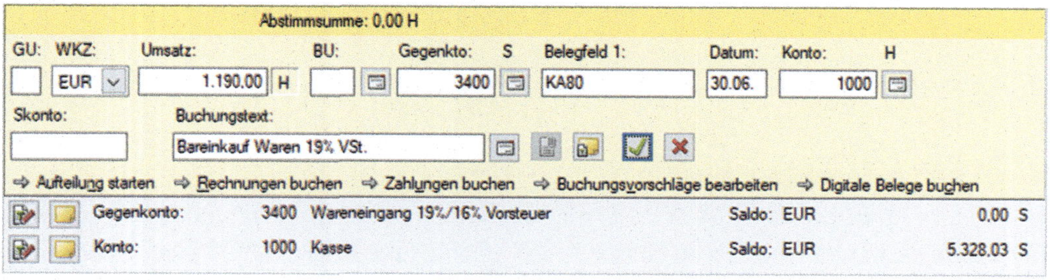

4 Die Summen und Salden der Buchung.

Details zu Nr. 1

- Summen und Salden
- Elektronischer Beleg
- Zusatzinformationen
- Steuerl.Sachverhalte
- OPOS-Informationen

Konto	Beschriftung	Betrag S	Betrag H	Saldo
1000	Kasse		1.190,00	4.138,03 S
1576	Abziehbare Vorsteuer 19%	190,00		190,00 S
3400	Wareneingang 19%/16% Vorsteuer	1.000,00		1.000,00 S

Bild 20.50 Summen und Salden

Das Konto Wareneingang 19%/16% Vorsteuer wurde im Soll mit einem Wert von 1.000,00 EUR, das Konto 1576 Abziehbare Vorsteuer 19% im Soll (also vor dem 01.07.) mit einem Wert von 190,00 EUR und das Konto Kasse 1000 im Haben mit einem Wert von 1.190,00 EUR gebucht.

Beispiel 2: (Buchungsstapel Juli 2020)

Firma Perm GmbH kauft am 06.07.2020 mit Belegdatum (=Leistungsdatum) Waren mit normalen Steuersatz von 16% im Wert von 928,00 EUR Kassenbeleg KA84 bar ein.

1 Buchung Wareneingang mit 16% Vorsteuer (Automatische Vorsteuer).

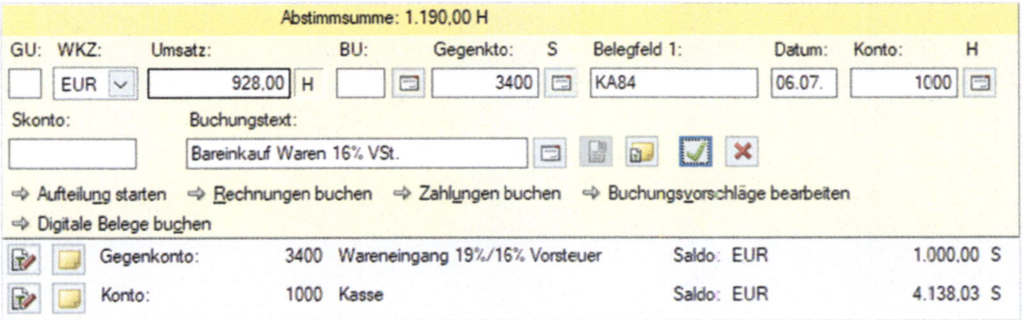

Bild 20.51 Buchung Waren 16% Vorsteuer

2 Die Summen und Salden der Buchung.

Details zu Nr. 2

- Summen und Salden
- Elektronischer Beleg
- Zusatzinformationen
- Steuerl.Sachverhalte
- OPOS-Informationen

Konto	Beschriftung	Betrag S	Betrag H	Saldo
1000	Kasse		928,00	3.210,03 S
1575	Abziehbare Vorsteuer 16%	128,00		128,00 S
3400	Wareneingang 19%/16% Vorsteuer	800,00		1.800,00 S

Bild 20.52 Summen und Salden

Das Konto Wareneingang 19% /16% VSt wurde im Soll mit einem Wert von 800,00 EUR, das Konto 1575 Abziehbare Vorsteuer 16% im Soll (also ab 01.07. bis 31.12.) mit einem Wert von 128,00 EUR und das Konto Kasse 1000 im Haben mit einem Wert von 928,00 EUR gebucht.

Beispiel 3: (Buchungsstapel Juli 2020)

Firma Perm GmbH kauft am 06.07.2020 mit Belegdatum (Leistungsdatum) Waren mit ermäßigtem Steuersatz von 5 % im Wert von 180,00 EUR Kassenbeleg KA85 bar ein.

1 Buchung Wareneingang mit 5% Vorsteuer (Automatische Vorsteuer).

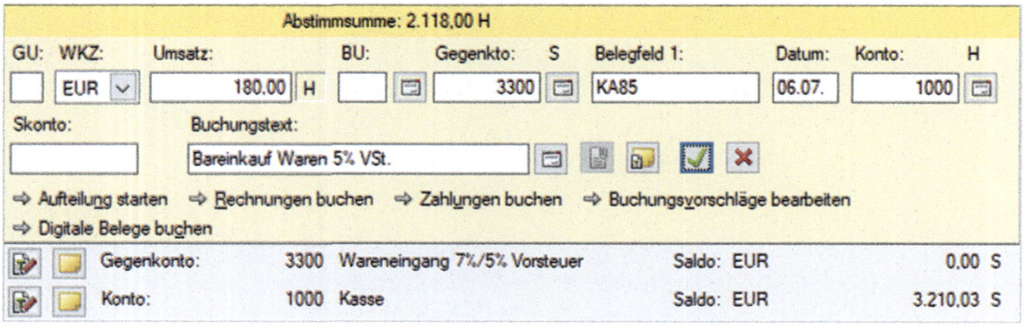

Bild 20.53 Buchung Wareneingang 5% Vorsteuer

2 Summen und Salden der Buchung.

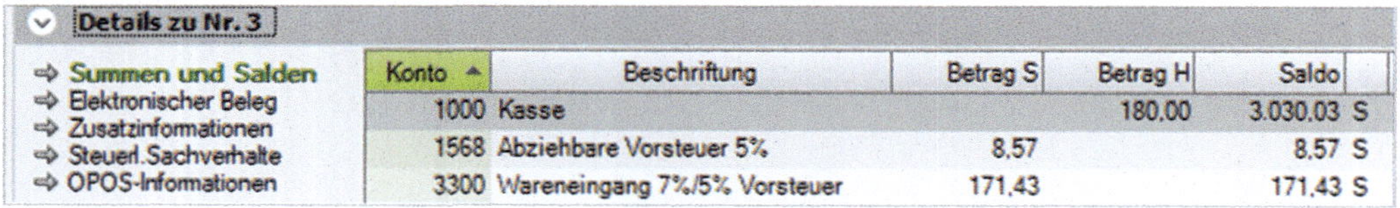

Konto	Beschriftung	Betrag S	Betrag H	Saldo
1000	Kasse		180,00	3.030,03 S
1568	Abziehbare Vorsteuer 5%	8,57		8,57 S
3300	Wareneingang 7%/5% Vorsteuer	171,43		171,43 S

Bild 20.54 Summen und Salden mit 5% Vorsteuer

Das Konto Wareneingang 7%/5% Vorsteuer wurde im Soll mit einem Wert von 171,43 EUR, das Konto 1568 Abziehbare Vorsteuer 5% im Soll (also vom 01.07. bis 31.12.2020) mit einem Wert von 8,57 EUR und das Konto Kasse 1000 im Haben mit einem Wert von 180,00 EUR gebucht.

Ergebnis: In Abhängigkeit vom Belegdatum(= Leistungsdatum) werden automatisch die korrekten Steuersätze durch das Programm ermittelt und auch korrekt in die Umsatzsteuervoranmeldung übernommen.

Buchen von Erlösen 5% / Buchen mit Steuerschlüsseln mit Belegdatum 06.07.

Beispiel 4: (Buchungsstapel Juli 2020)

Perm GmbH **verkauft** mit Belegdatum (= Leistungsdatum) 06.07.2020 Waren mit ermäßigtem Steuersatz von 5% im Wert von 1.260,00 EUR Kassenbeleg KA86 bar ein.

1 Die Buchung Verkauf Erlöse 5% Umsatzsteuer (Automatische Mehrwertsteuer).

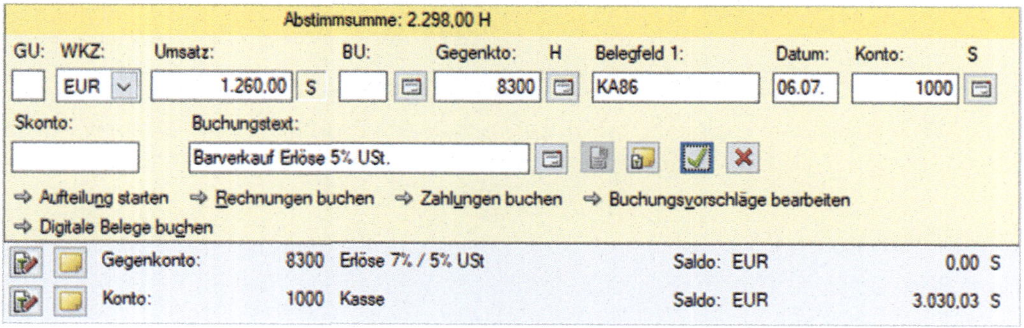

Bild 20.55 Buchung Erlöse 5%

2 Die Summen und Salden der Buchung.

Details zu Nr. 4

- Summen und Salden
- Elektronischer Beleg
- Zusatzinformationen
- Steuerl.Sachverhalte
- OPOS-Informationen

Konto	Beschriftung	Betrag S	Betrag H	Saldo
1000	Kasse	1.260,00		4.290,03 S
1773	Umsatzsteuer 5%		60,00	60,00 H
8300	Erlöse 7% / 5% USt		1.200,00	1.200,00 H

Bild 20.56 Summen und Salden Erlöse 5% USt.

Das Konto Erlöse 7%/5% USt wurde im Haben mit einem Wert von 1.200,00 EUR, das Konto 1773 Umsatzsteuer 5% im Haben (also ab 01.07. bis 31.12.) mit einem Wert von 60,00 EUR und das Konto Kasse 1000 im Soll mit einem Wert von 1.260,00 EUR gebucht.

Ergebnis: In Abhängigkeit vom Belegdatum (= Leistungsdatum) werden automatisch die entsprechenden Steuersätze durch das Programm ermittelt und auch korrekt in die Umsatzsteuervoranmeldung übernommen.

Beispiel 5: (Buchungsstapel Juli 2020)

Firma Perm GmbH **kauft** mit Belegdatum (= Leistungsdatum) 06.07.2020 ein Fachbuch mit ermäßigtem Steuersatz von 5% im Wert von 38,50 EUR Kassenbeleg KA87 bar ein.

1 Buchung Barkauf Fachbuch Steuerschlüssel 8 (5% Vorsteuer).

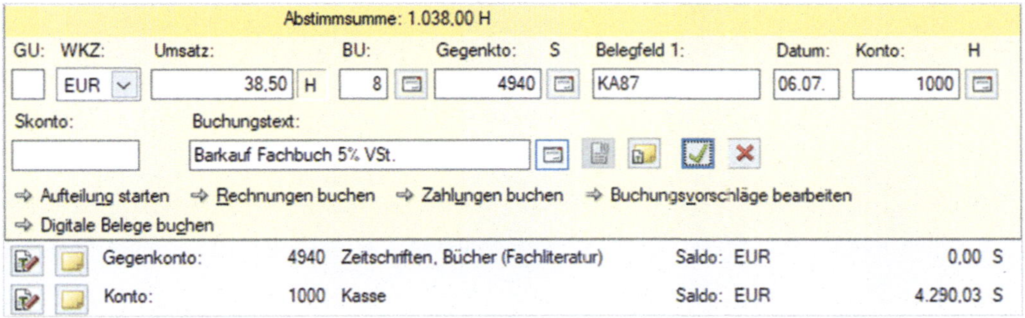

Bild 20.57 Einkauf Fachbuch 5% Vorsteuer

Hinweis: Steuerschlüssel 8 für ermäßigter Steuersatz 5% Vorsteuer im Gültigkeitsbereich (01.07. - 31.12.), ab 01.01.2021 wiederum 7% Vorsteuer.

2 Summen und Salden der Buchung.

4	1.260,00			8300	KA86	06.07.2020	1000
5	38,50	H	8	4940	KA87	06.07.2020	1000

Details zu Nr. 5

- Summen und Salden
- Elektronischer Beleg
- Zusatzinformationen
- Steuerl.Sachverhalte
- OPOS-Informationen

Konto	Beschriftung	Betrag S	Betrag H	Saldo
1000	Kasse		38,50	4.251,53 S
1568	Abziehbare Vorsteuer 5%	1,83		10,40 S
4940	Zeitschriften, Bücher (Fachliteratur)	36,67		36,67 S

Bild 20.58 Summen und Salden

Hinweis: Die Steuerschlüssel stehen Ihnen in der folgenden Datei zum Download zur Verfügung: zweistellige DATEV Steuerschlüssel ab 01.07.2020.pdf

Das Konto Zeitschriften / Literatur wurde im Soll mit einem Wert von 36,67 EUR, das Konto 1568 Abziehbare Vorsteuer 5% im Soll (also vom 01.07. bis 31.12.) mit einem Wert von 1,83 EUR und das Konto Kasse 1000 im Haben mit einem Wert von 38,50 EUR gebucht.

Das Konjunkturpaket der Bundesregierung hat die Unternehmen sowie die Softwarehersteller vor neue Herausforderungen gestellt. DATEV hat bereits schon mitgeteilt, dass noch weitere Service-Releases zum Programm DATEV Kanzlei-Rechnungswesen folgen werden.

Da es für die Buchhaltung eine zeitliche Befristung darstellt, wird wahrscheinlich ab 01.01.2021 wieder wie gewohnt mit normalen Steuersatz 19% und ermäßigtem Steuersatz 7% gebucht.

21 Elektronische Kontoauszüge

In diesem Kapitel lernen Sie, ...

- welche Bedeutung elektronische Kontoauszüge in der Finanzbuchhaltung haben,
- wie Sie einen Beispielmandanten mit elektronischen Kontenauszügen einspielen,
- wie elektronische Kontoauszüge gebucht werden,
- wie Sie mit ungeklärten Sachverhalten bei elektronischen Kontoauszügen umgehen,
- wie Lerneinträge für ungeklärte Sachverhalte hinzugefügt werden können.

In unserem Übungsfall Perm GmbH wird die Finanzbuchhaltung auf dem konventionellen Weg durchgeführt, indem alle Buchungsarbeiten selbst vorgenommen werden. Auf Vorarbeiten anderer Unternehmen wurde dabei nicht zurückgegriffen.

In der modernen Finanzbuchhaltung ist es üblich, auf Vorarbeiten anderer Unternehmen in elektronischer Form zurückzugreifen. Dies erspart dem Buchhalter sehr viel Arbeit und entlastet ihn bei der täglichen Buchhaltung.

DATEV Kanzlei-Rechnungswesen unterstützt - neben den elektronischen Kontoauszügen - auch elektronische Kassenbücher und elektronische Eingangsrechnungen von Hauptlieferanten.

Ein häufiges, in der Praxis sehr oft genutztes Mittel sind elektronische Bankauszüge. Bei den Hausbanken werden Kontoauszüge natürlich elektronisch erfasst. Sie können dem Unternehmen in der herkömmlichen Art in Papierform (Kontoauszug) oder als elektronischer Bankauszug zur Verfügung gestellt werden. Die elektronischen Bankauszüge werden dann entweder direkt von der Bank oder zumeist über das DATEV Rechenzentrum zur Verfügung gestellt.

Natürlich können wir in unserem Übungsfall Perm GmbH keine elektronischen Bankauszüge buchen, da diese von der Bank zur Verfügung gestellt werden müssten. DATEV Kanzlei-Rechnungswesen unterstützt jedoch die Möglichkeit, über mehrere mitgelieferte Mustermandanten u.a. elektronische Kontoauszüge zu buchen.

21.1 Mustermandanten einspielen

Damit das Buchen von elektronischen Bankauszügen vorgenommen werden kann, muss ein Mustermandant eingespielt werden. DATEV Kanzlei-Rechnungswesen liefert standardmäßig insgesamt acht verschiedene Mustermandanten. Einen Musterbestand im Kontenrahmen SKR03, einen SKR04, fünf spezifische Mustermandanten und einen Musterbestand Österreich.

Um den Musterbestand für den Standardkontenrahmen SKR03 einzuspielen, gehen Sie wie folgt vor:

1 Öffnen Sie das Arbeitsblatt *Buchführung* ❶ und klicken Sie im Zusatzbereich auf den Link *Bestandsdienste Rechnungswesen* ❷ (Bild 21.1). Das Programm *Bestandsdienste Rechnungswesen* wird geöffnet (Bild 21.2).

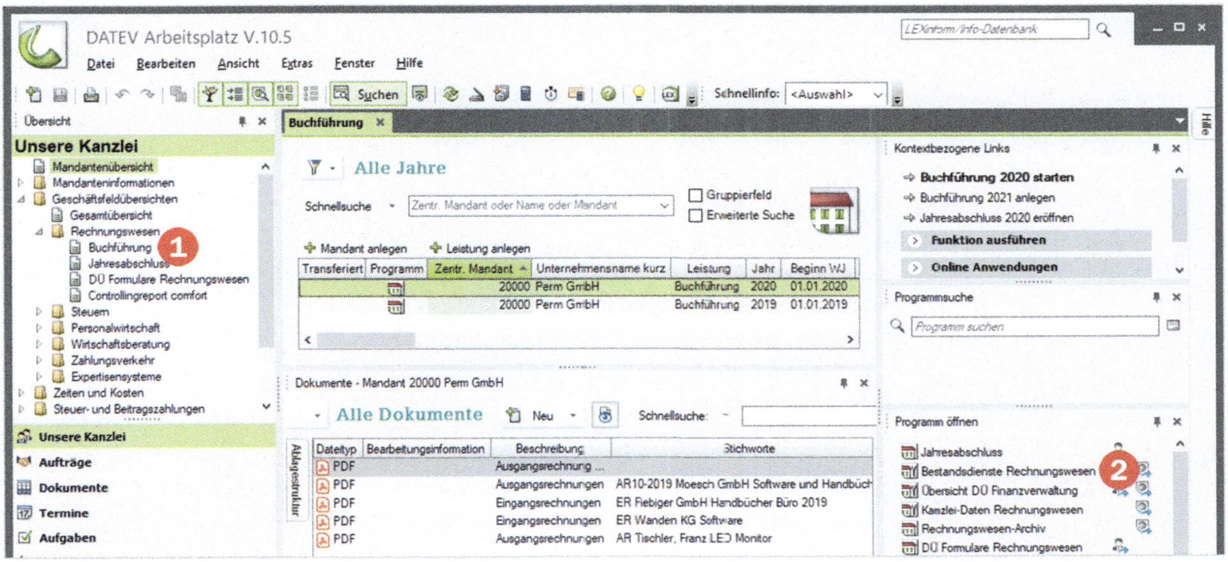

Bild 21.1 Programm starten

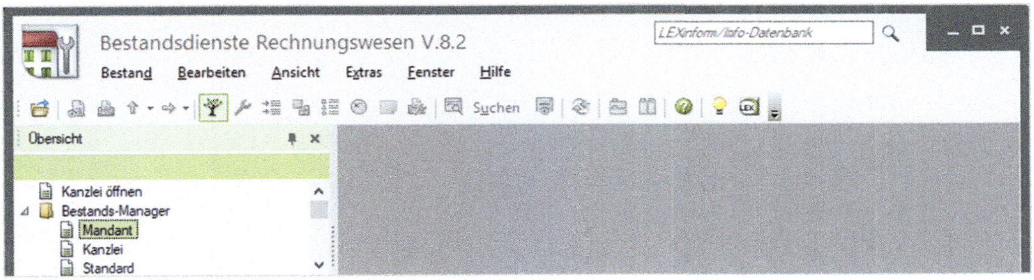

Bild 21.2 Programm Bestandsdienste Rechnungswesen

2 Öffnen Sie in der Übersicht den Ordner *Bestands-Manager* und klicken Sie doppelt auf den Eintrag *Mandant* ❸.

3 Klicken Sie im Zusatzbereich *Zusatzfunktionen* auf den Link *Musterbestand* ❹.

Bild 21.3 Musterbestand anzeigen

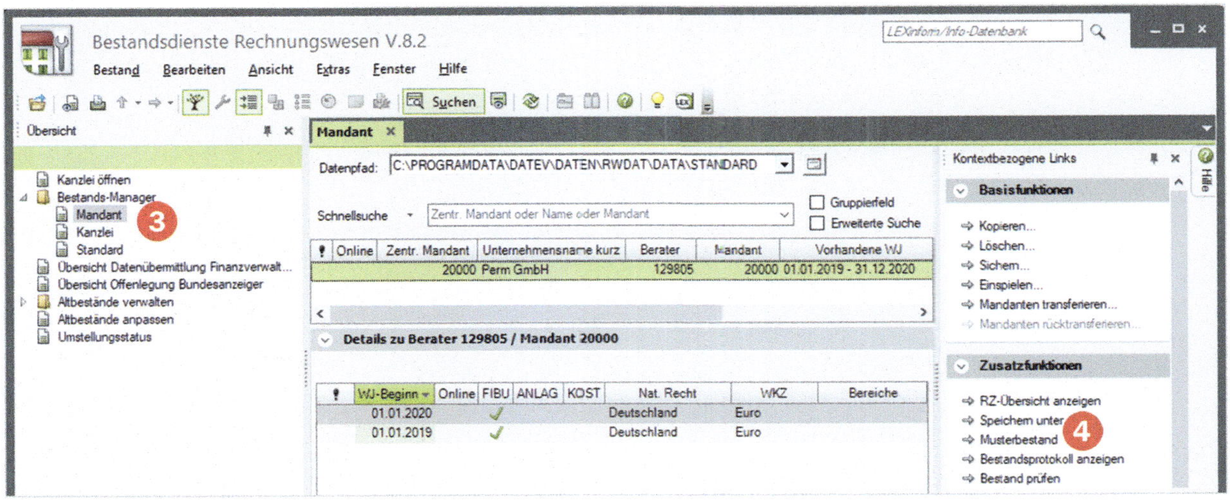

Musterbestand für den SKR03 ist die Firma Musterholz GmbH. Sie wird als erster Mustermandant vorgeschlagen und kann übernommen werden (Bild 21.4).

4 **Achtung:** Da wir lediglich den Mandanten Musterholz GmbH einspielen möchten, deaktivieren Sie unbedingt die Kontrollkästchen der anderen Mustermandanten (Bild 21.4).

5 Klicken Sie anschließend auf die Schaltfläche *Einspielen*. Das Einspielen des Mustermandanten Musterholz GmbH SKR03 nimmt anschließend einige Zeit in Anspruch, da sehr viele Daten einzuspielen sind.

Bild 21.4 Mustermandant auswählen und einspielen

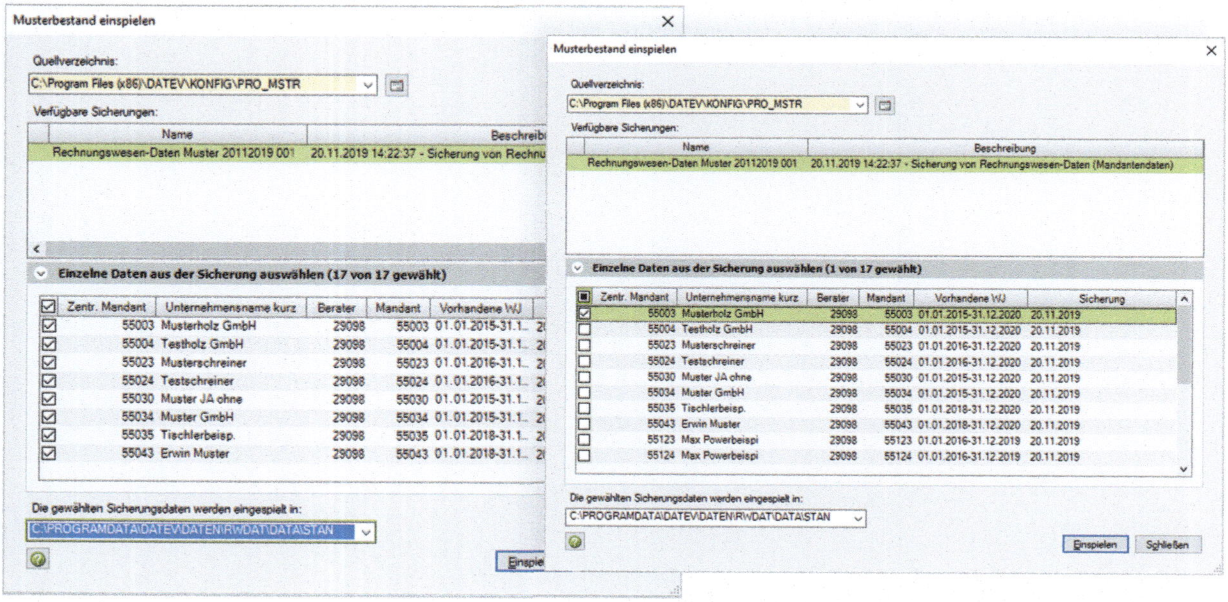

Wichtiger Hinweis: Falls der Mustermandant bereits einmal angelegt wurde, lassen Sie den Bestand komplett überschreiben. Wird er erstmalig eingespielt, geben Sie die zentrale Mandantennummer 1 ein.

6 Sie erhalten abschließend die Meldung, dass der Mustermandant erfolgreich eingespielt wurde. Bestätigen Sie mit *OK* und schließen Sie das Fenster *Musterbestand einspielen* mit der Schaltfläche *Schließen*.

7 Im Arbeitsblatt *Mandant* muss jetzt der Musterbestand 1 Musterholz GmbH aufgeführt sein (Bild 21.5).

Tipp: Um einen nicht mehr benötigten Mustermandanten zu löschen, muss dieser markiert werden und kann anschließend über den Link *Löschen...* entfernt werden.

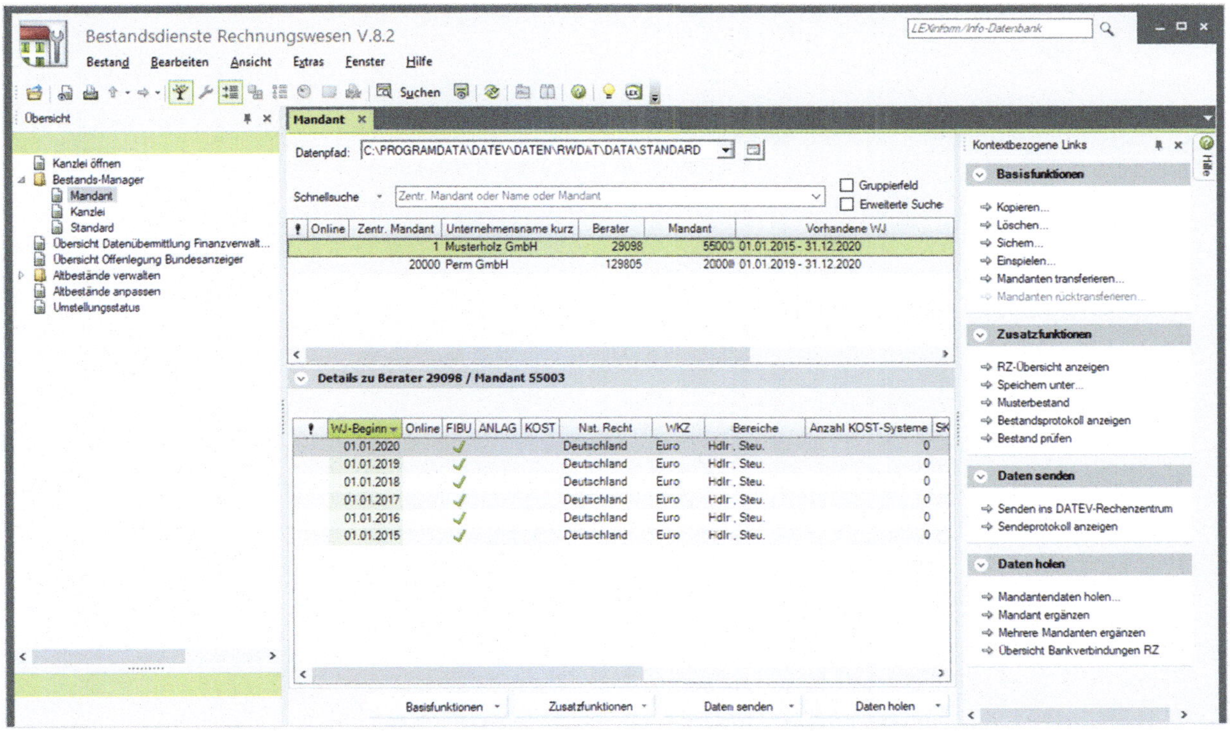

Bild 21.5 Der Musterbestand

8 Beenden Sie anschließend das Programm *Bestandsdienste Rechnungswesen*. Im Arbeitsblatt *Buchführung* muss jetzt zusätzlich die Firma mit der Mandantennummer *1, Musterholz GmbH* aufgeführt sein (Bild 21.6). Je nach Programmeinstellung (Filter) sind die Jahre 2015 bis 2020 ebenfalls aufgeführt, das Geschäftsjahr ist in der Spalte *Jahr* ersichtlich.

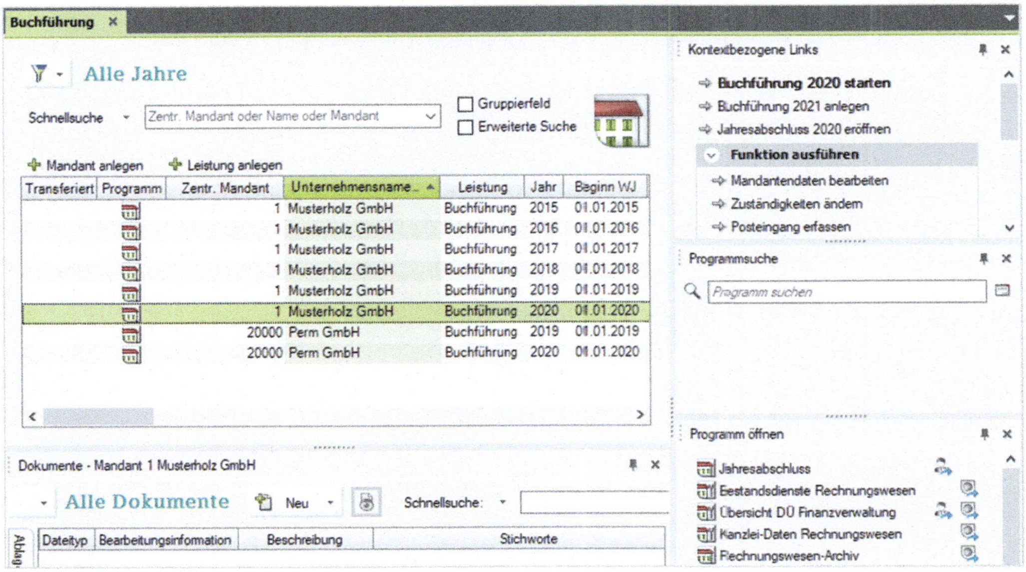

Bild 21.6 Arbeitsblatt Buchführung

21.2 Buchen von elektronischen Kontoauszügen

Buchungsvorschläge erzeugen

Um die elektronischen Bankauszüge des Mustermandanten 1, Musterholz GmbH SKR03 zu buchen, gehen Sie wie folgt vor:

1 Markieren Sie im Arbeitsblatt *Buchführung* mit einem Klick den Mandanten 1, Musterholz GmbH ❶ und klicken Sie auf den Link *Buchführung 2020 starten* ❷.

Bild 21.7 Buchführung starten

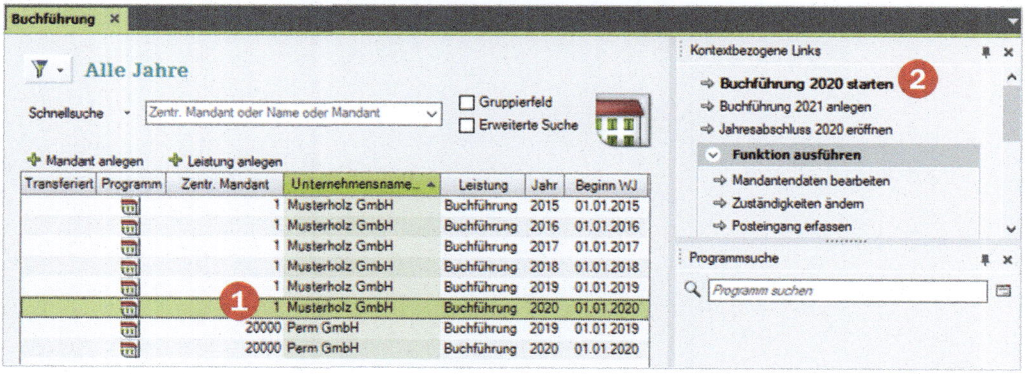

Das Programm DATEV Kanzlei-Rechnungswesen wird mit dem Mandanten 1, Musterholz GmbH (Titelleiste) geöffnet.

Bild 21.8 Mandant Musterholz GmbH

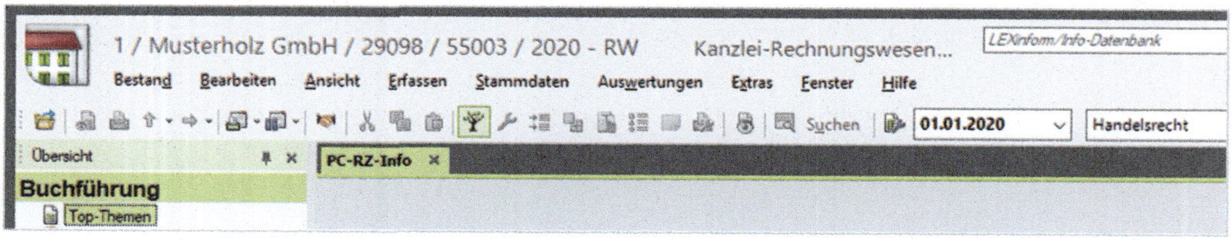

2 Legen Sie über *Belege buchen* einen neuen Buchungsstapel mit folgenden Einstellungen an (Bild 21.9) und bestätigen Sie den folgenden Hinweis mit Klick auf die Schaltfläche *Ja*.

Bild 21.9 Neuer Buchungsstapel

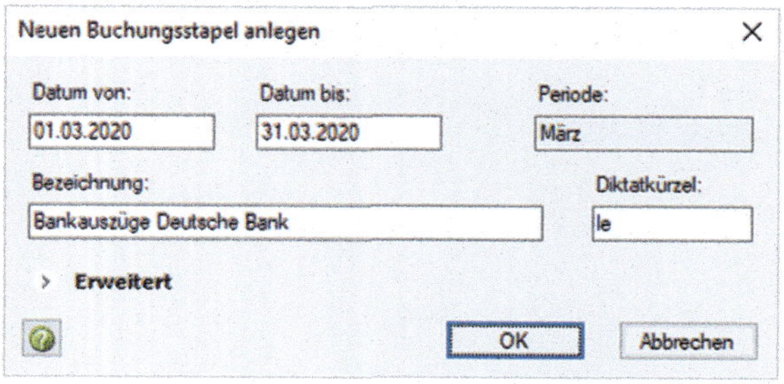

3 Wechseln Sie zur Primanota-Ansicht und klicken Sie auf den Link *Buchungsvorschläge bearbeiten* ❶.

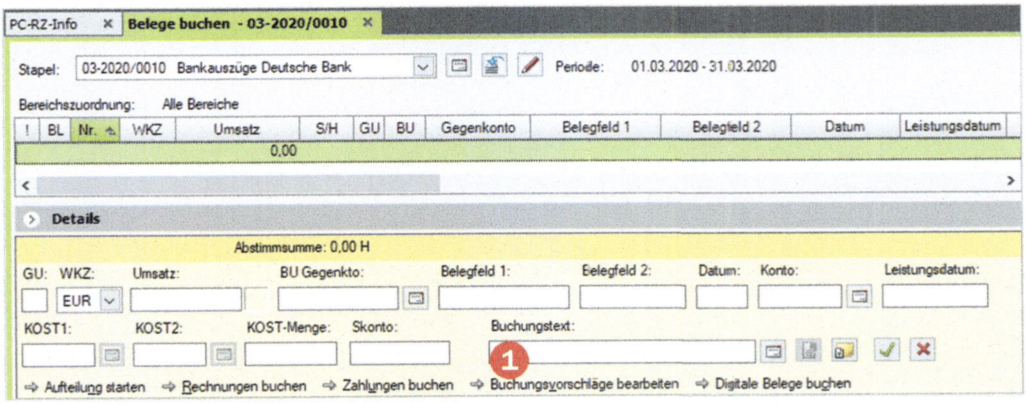

Bild 21.10 Primanota-Ansicht

4 Der Mustermandant liefert Ihnen jetzt elektronische Buchungsvorschläge für Bankbuchungen, Kassenbuchungen und elektronische Eingangsrechnungen von Hauptlieferanten (Bild 21.11).

Im Bereich *Funktionen* können Sie im Abschnitt *Kassen-/Rechnungsbelege* Daten aus anderen Formaten (PV-Format und ASCII-Daten importieren. Über *Bank* können die Einstellungen für Bank-Buchungsvorschläge angepasst und die Umsätze der Bankkonten eingesehen werden. Unter *Protokoll* kann in einem Übernahmeprotokoll angezeigt werden, wie viele Kontoumsätze in welchem Zeitraum übernommen wurden. Bei erzeugten Buchungsvorschlägen erscheint ein Verarbeitungsprotokoll und zeigt an, wie viele davon auf offene Posten zugeordnet wurden.

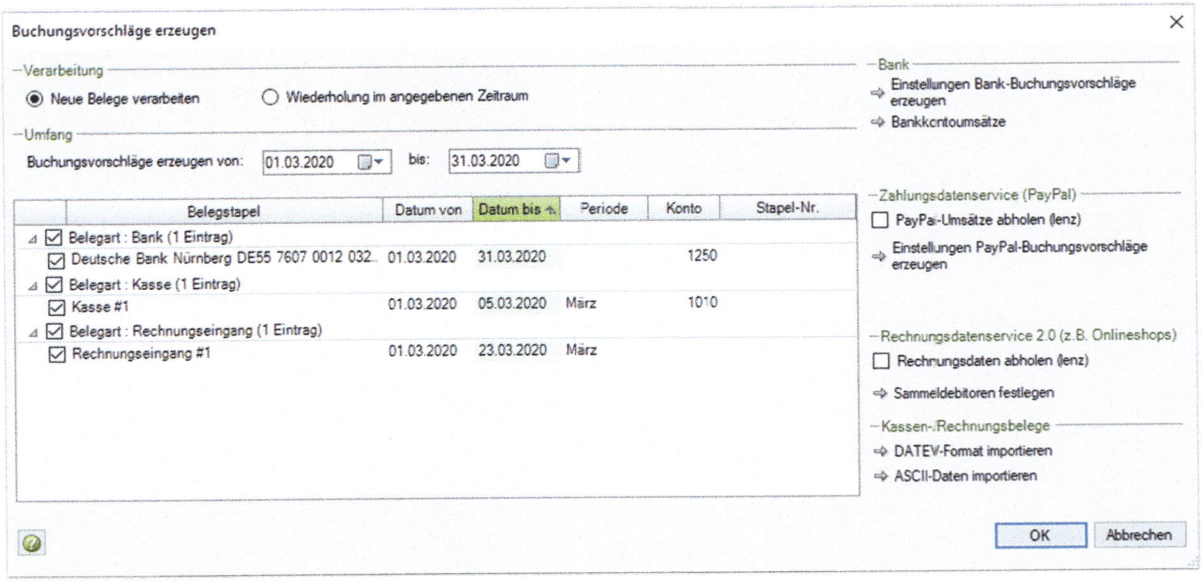

Bild 21.11 Buchungsvorschläge

5 Da wir die Bankauszüge buchen wollen, deaktivieren Sie die Kontrollkästchen der Belegarten *Kasse #1* und *Rechnungseingang #1* (Bild 21.12) und klicken Sie anschließend auf die Schaltfläche *OK*.

Bild 21.12 Belegarten auswählen und Buchungsvorschläge erzeugen

6 Es werden 16 Kontoumsätze mit insgesamt 18 Buchungsvorschlägen erzeugt. Um vorab Details zu den Buchungsvorschlägen einzusehen, klicken Sie im anschließenden Meldungsfenster auf die Schaltfläche *Protokoll* (Bild 21.12).

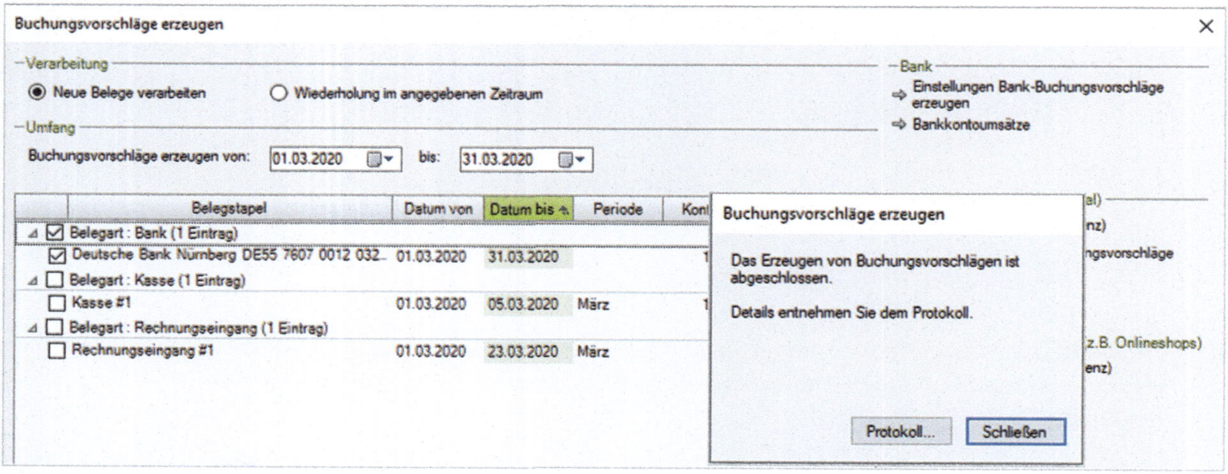

7 Sie erhalten folgendes Protokoll (Bild 21.13), Klicken Sie anschließend auf die Schaltfläche *Schließen*.

Bild 21.13 Protokoll Buchungsvorschläge

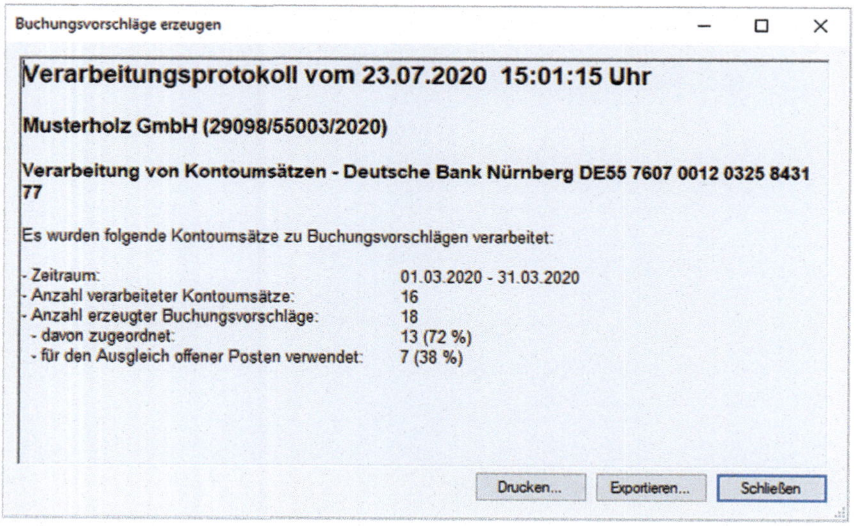

8 Im nächsten Schritt wird der übernommene Buchungsvorschlag angezeigt. Mit Klick auf den Link *Buchungsvorschläge erzeugen* ❶ (Bild 21.14) gelangen Sie wieder zurück zum Auswahlfenster *Buchungsvorschläge erzeugen*.

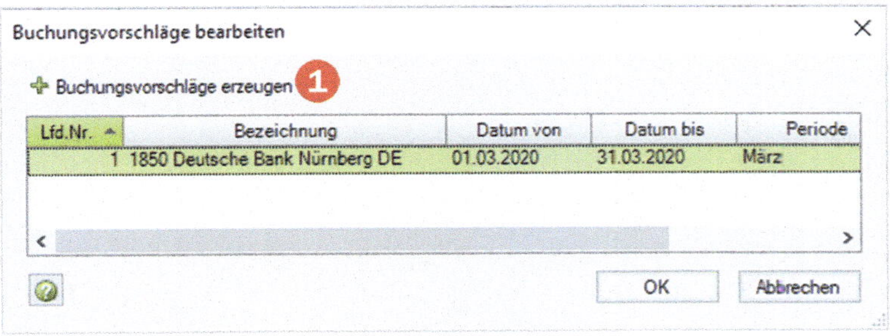

Bild 21.14 Buchungsvorschlag

9 Klicken Sie abschließend auf die Schaltfläche *OK*. Die Buchungsvorschläge werden nun in der Primanota angezeigt. Zusätzlich erscheint ein Hinweisfenster, welches Sie zunächst lediglich mit Klick auf die Schaltfläche *OK* bestätigen.

10 Verschieben Sie in der Primanotaansicht die Spalten *Konto* und *Buchungstext* rechts neben die Spalte *Datum* ❷ (Bild 21.15), damit Sie einen besseren Überblick über die Buchungsvorschläge erhalten.

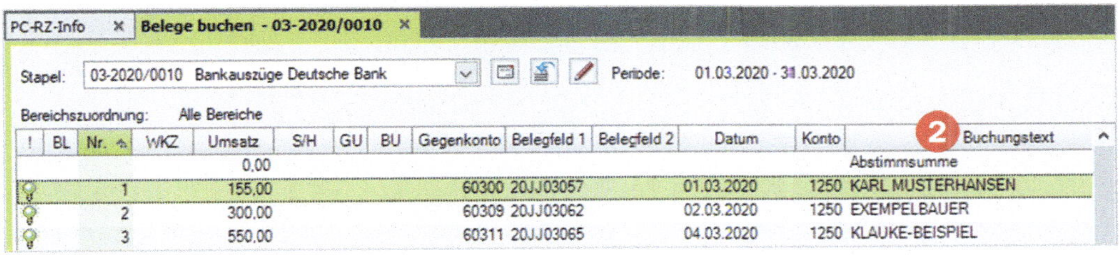

Bild 21.15 Spalte Buchungstext verschieben

Die 18 Buchungsvorschläge sind jetzt mit dem Buchungstext ersichtlich. Die einzelnen Buchungssätze sind mit Symbolen gekennzeichnet.

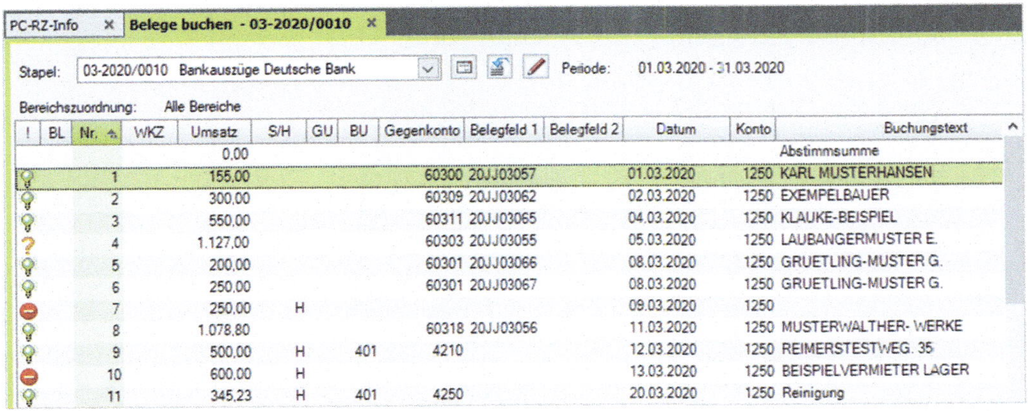

Bild 21.16 Die Buchungsvorschläge

Das Symbol grüne Lampe bedeutet, dass der Buchungssatz problemlos übernommen werden kann. Mit einem Fragezeichen ? versehene Buchungen können wahrscheinlich, ohne den Sachverhalt weiter zu klären, übernommen werden. Das rote Symbol Achtung signalisiert, dass die Buchung ohne Klärung des Sachverhaltes nicht übernommen werden kann.

!

Buchungsvorschläge verarbeiten

Um die Buchungsvorschläge anschließend zu verarbeiten, gehen Sie wie folgt vor:

Eindeutige Buchungsvorschläge (grüne Lampe)

1 Klicken Sie auf den ersten Buchungsvorschlag aus der Primanota und lassen Sie sich die Details zum Buchungssatz Nr. 1 anzeigen.

Hier sehen Sie bereits, dass es sich um eine Überweisungsgutschrift des Kunden Karl Musterhansen in Höhe von 155,00 EUR handelt (Bild 21.17).

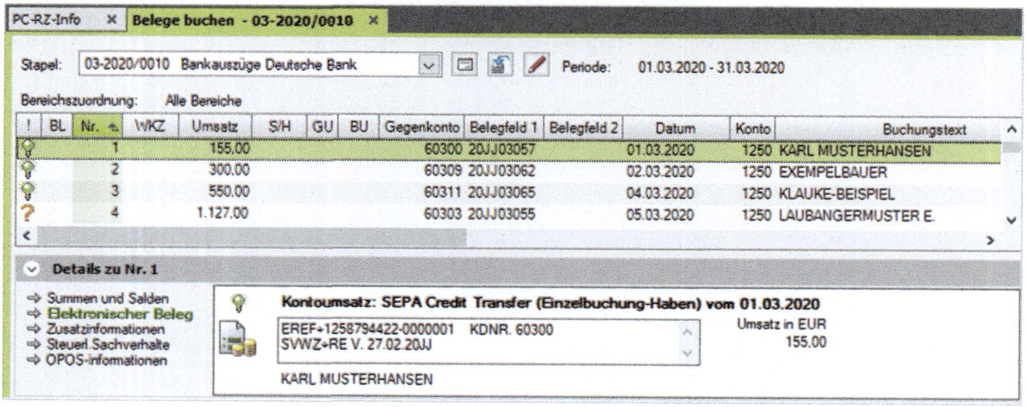

Bild 21.17 Details zur Buchung

2 Um den Buchungsvorschlag in die Buchungsmaske zu übertragen, drücken Sie die Plus (+)-Taste auf dem Ziffernblock.

3 Sie erhalten einen Hinweis auf den Endbestand der Bank nach Übernahme der Buchungsvorschläge, den Sie mit Klick auf die Schaltfläche *OK* bestätigen.

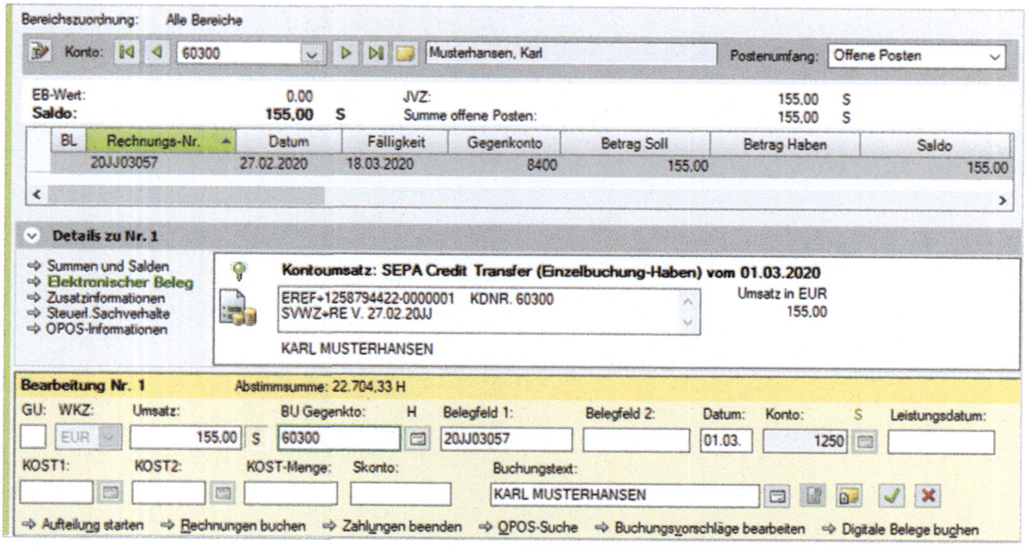

Bild 21.18 Gutschrift anzeigen

4 Das Programm wechselt automatisch auf die Ansicht OPOS-Konto und zeigt den Sachverhalt zur Gutschrift an (Bild 21.18 auf der vorherigen Seite).

Was die elektronischen Bankauszüge leisten, ist jetzt erkennbar: Da es sich um eine Zahlung eines Kunden handelt, wird die Debitorennummer von Herrn Karl Musterhansen *60300* als Gegenkonto mit Rechnungsnummer und Zahldatum übernommen. Somit ist der Buchungsvorschlag korrekt und kann problemlos übernommern werden. Der offene Posten wird ausgeglichen.

5 Um die Buchung zu übernehmen, drücken Sie nochmals die Plus(+)-Taste auf dem Ziffernblock.

Der erste Buchungssatz ist damit verarbeitet und kann natürlich noch jederzeit geändert werden.

6 Wechseln Sie anschließend auf die Primanota-Ansicht, um den nächsten Buchungsvorschlag einzusehen. Klicken Sie auf den 2. Buchungsvorschlag aus der Primanota, Exempelbauer. In den Details sehen Sie, dass es sich um eine Überweisungsgutschrift des Kunden Exempelbauer handelt.

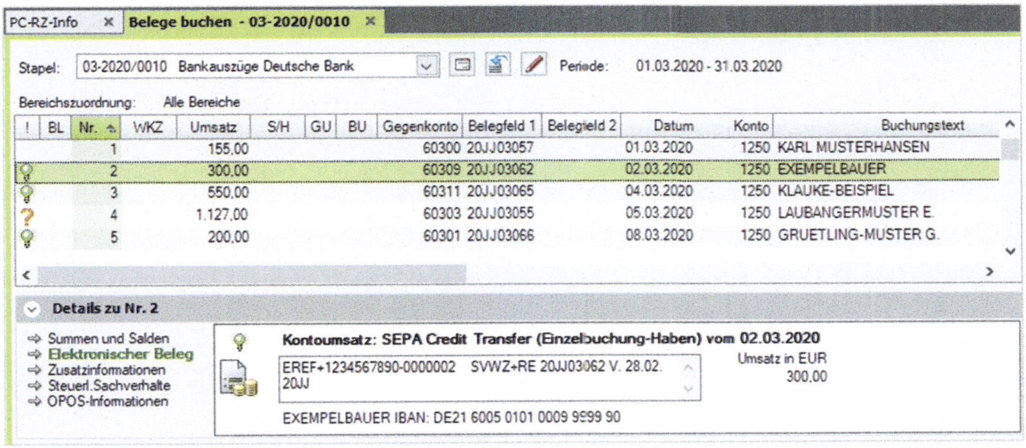

Bild 21.19 Zweite Buchung

7 Um den Buchungsvorschlag erneut in die Buchungsmaske zu übertragen, drücken Sie wieder die Plus-Taste auf dem Ziffernblock.

8 Wechseln Sie auf die Ansicht OPOS-Konto. Der dazugehörende offene-Posten wird angezeigt. Der Buchungsvorschlag kann also erneut problemlos übernommen werden, drücken Sie dazu wieder die Plus-Taste auf dem Ziffernblock.

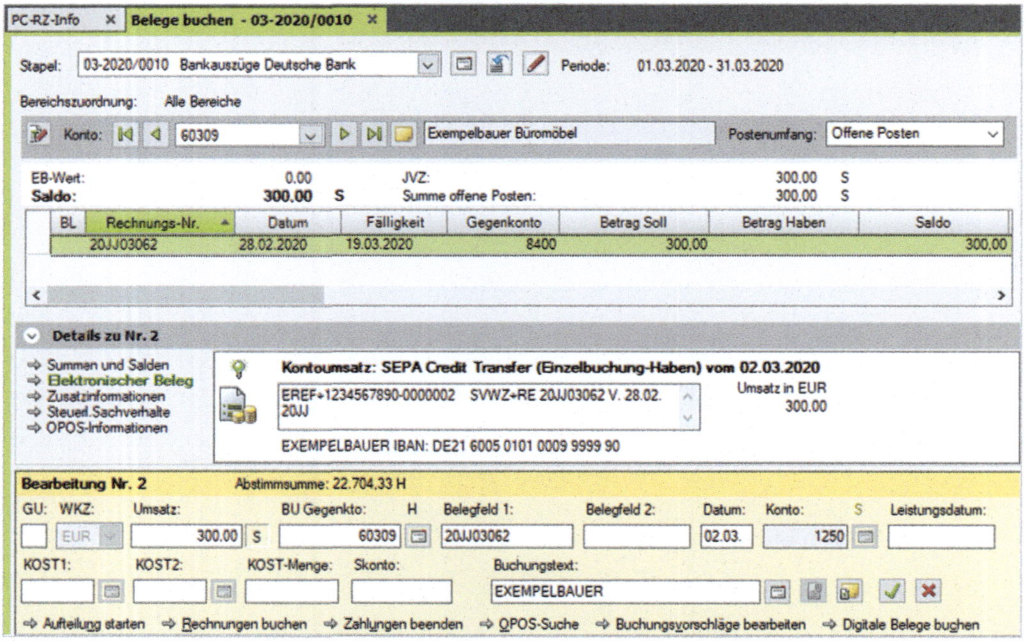

Bild 21.20 OPOS-Konto

9 Wechseln Sie anschließend wieder auf die Primanota-Ansicht, um die nächsten Buchungsvorschläge einzusehen.

Auf diese Weise können alle Buchungsvorschläge, die mit einer grünen Lampe versehen sind, übernommen werden.

Übung 1: Eindeutige Buchungsvorschläge übernehmen

Aufgabe 1

Übertragen Sie den Buchungsvorschlag 3 in die Buchungsmaske und prüfen über das OPOS-Konto den Sachverhalt.

Aufgabe 2

Übernehmen Sie anschließend die Buchung.

Buchungsvorschläge mit Fragezeichensymbol

Buchungsvorschläge mit einem Fragezeichensymbol ? müssen vor der Übernahme genauer geprüft werden.

1 Übernehmen Sie mit Drücken der Plus-Taste auf dem Nummernblock die nächste Buchung (Nummer 4) mit dem Fragezeichensymbol.

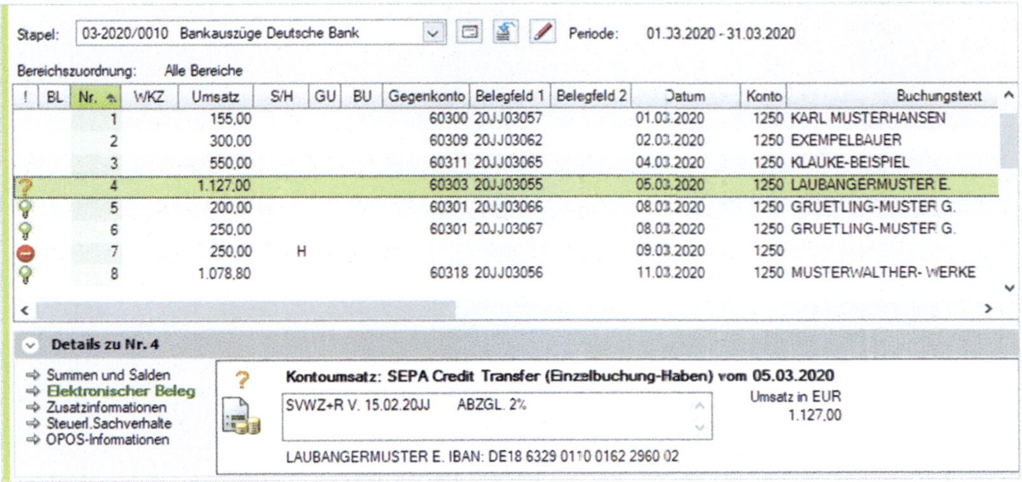

Bild 21.21 Buchung mit Fragezeichen

2 Wechseln Sie dann zur Ansicht OPOS-Konto. Folgender Sachverhalt wird vom Buchungsvorschlag angenommen:

Die Rechnung Nr. 20JJ03055 des Kunden Laubangermuster Erwin wurde mit Skontoabzug in Höhe von 2% bezahlt. Das Programm hat den Skontobetrag automatisch in das Feld *Skonto* eingetragen. Ob der Skontoabzug berechtigt ist, kann über die Skontoprüfung durchgeführt werden.

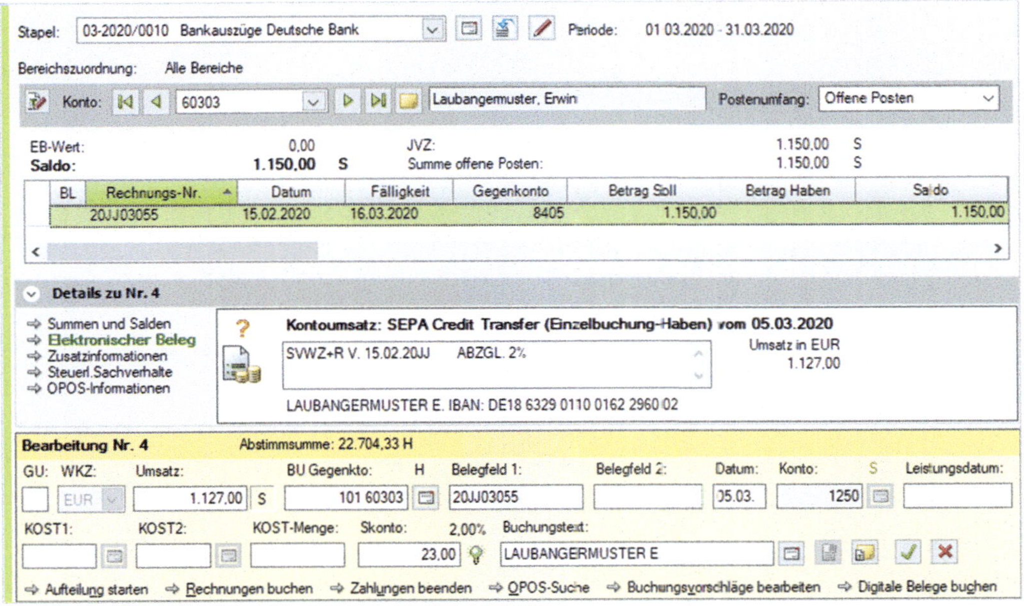

Bild 21.22 Buchungsvorschlag

3 Klicken Sie auf das Feld *Skonto* und drücken Sie die Funktionstaste F2. Der Skontoabzug ist ebenfalls korrekt (Bild 21.23). Der Buchungsvorschlag kann also nach Prüfung des Sachverhaltes übernommen werden. Drücken Sie daher zum Übernehmen die Plus-Taste auf dem Ziffernblock.

Bild 21.23 Skontoprüfung

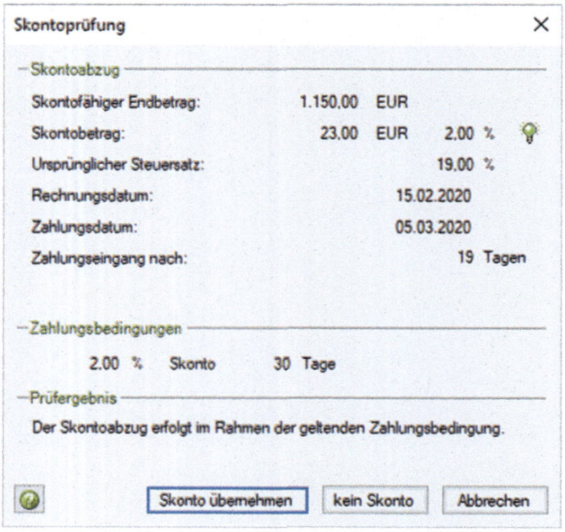

4 Wechseln Sie anschließend auf die Primanota-Ansicht, um die nächsten Buchungsvorschläge einzusehen.

Übung 2: Buchungsvorschläge übernehmen

Aufgabe 1

Übertragen Sie den Buchungsvorschlag 5 in die Buchungsmaske und prüfen Sie über das OPOS-Konto den Sachverhalt.

Da es sich um eine Sammelzahlung von zwei offenen Posten handelt, wird Ihnen die Sammelzahlung des Kunden 60301 Grütling-Muster Georg angezeigt.

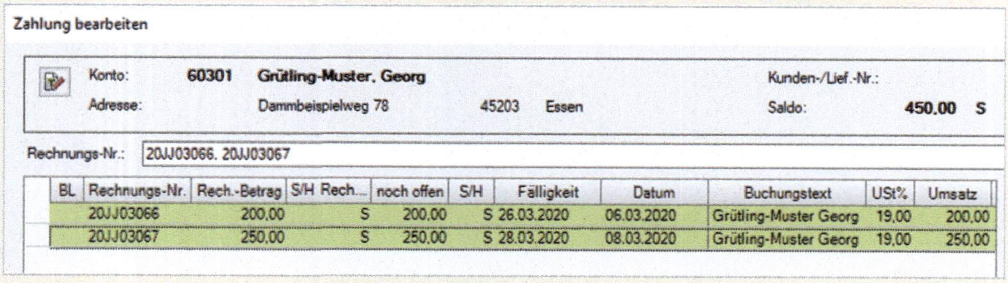

BL	Rechnungs-Nr.	Rech.-Betrag	S/H Rech...	noch offen	S/H	Fälligkeit	Datum	Buchungstext	USt%	Umsatz
	20JJ03066	200,00	S	200,00	S	26.03.2020	06.03.2020	Grütling-Muster Georg	19,00	200,00
	20JJ03067	250,00	S	250,00	S	28.03.2020	08.03.2020	Grütling-Muster Georg	19,00	250,00

Übernehmen Sie anschließend die Buchung.

Aufgabe 2

Prüfen Sie über die Ansicht FIBU-Konto den Saldo des Kontos 60301, Grütling-Muster, Georg. Kontosaldo: 0

Buchungsvorschläge mit Achtung-Symbol

Es kommt natürlich auch vor, dass Buchungen ohne eine eindeutige Prüfung des Sachverhalts nicht ohne weiteres übernommen werden können. Hierbei ist zu unterscheiden, ob der Sachverhalt geklärt werden kann oder nicht geklärt wird und zurückgestellt werden muss. So gehen Sie in diesen Fällen vor:

1 Wechseln Sie zur Ansicht Primanota und klicken Sie auf den Buchungssatz 9, dieser ist mit dem Symbol Achtung ⊖ gekennzeichnet. Lassen Sie sich die Details zu dieser Buchung anzeigen (Bild 21.24).

Aus den Details ist erkennbar, dass eine Scheckzahlung in Höhe von 250,00 EUR vom Mustermandanten Testholz GmbH veranlasst wurde. Es ist jedoch lediglich eine Schecknummer aufgeführt. Dieser Fall muss mit dem Mandanten Testholz GmbH abgeklärt werden.

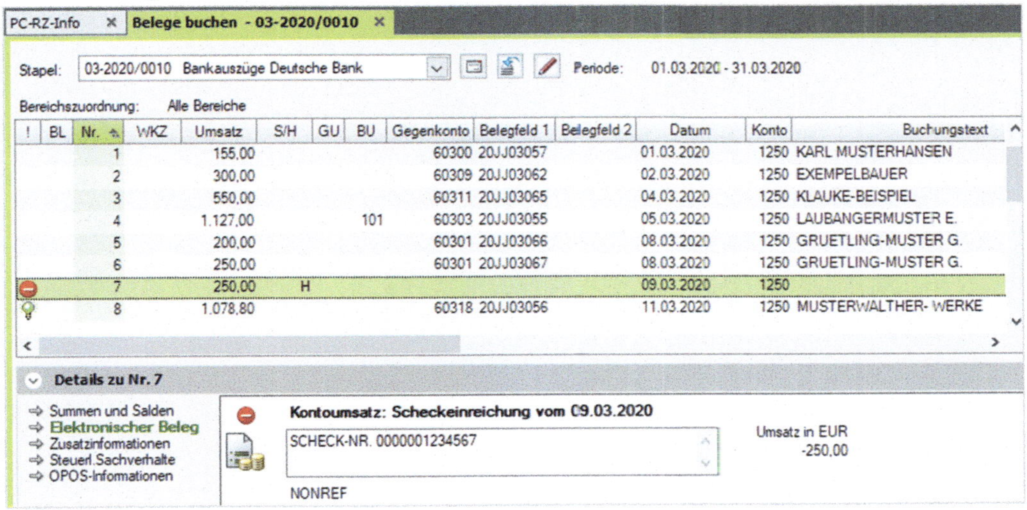

Bild 21.24 Details zu Buchung Nr. 9

2 Es empfiehlt sich für solche Fälle, den Betrag auf ein Verrechnungskonto für ungeklärte Zahlungen umbuchen zu lassen. Dazu klicken Sie im Zusatzbereich *Eigenschaften* auf den Link *Buchungsvorschläge* ❶.

Bild 21.25 Buchungsvorschläge

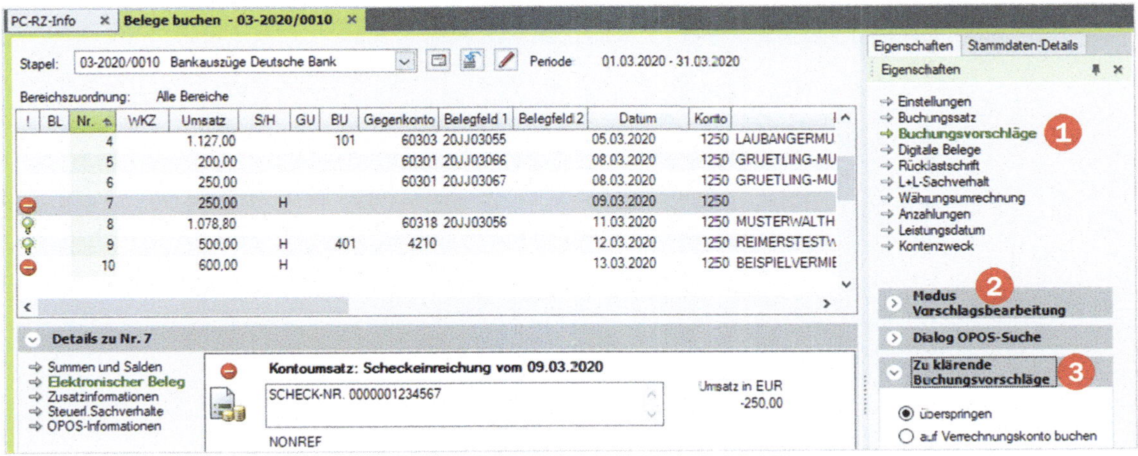

In der Rubrik *Modus Vorschlagsbearbeitung* ❷ können sichere Buchungsvorschläge automatisch übernommen werden.

3 In der Rubrik *Zu klärende Buchungsvorschläge* ❸ ist standardmäßig die Option *überspringen* aktiviert. Wählen Sie die Option *auf Verrechnungskonto buchen*.

4 Für den Mustermandanten ist als Interimskonto für unklare Fälle das Konto *1369 Unklare Posten* angelegt worden. Klicken Sie neben dem Feld *Kontonr.* auf das Symbol *Kontenauswahl* ❹ und geben Sie das Konto 1369 Unklare Posten an. Es empfiehlt sich in der Praxis, ein eigenes Konto für unklare Posten anzulegen.

Bild 21.26 Konto unklare Posten auswählen

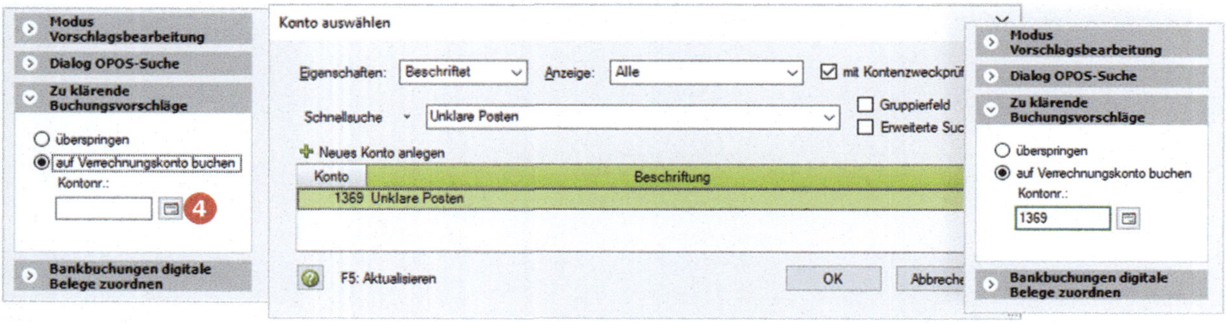

5 Drücken Sie zunächst die Plus-Taste auf dem Nummernblock, um den ungeklärten Buchungsvorschlag in die Buchungsmaske zu übernehmen und brechen Sie dann das Fenster *OPOS-SUCHE* ab. Um den Buchungsvorschlag auf das Konto *1369 Unklare Posten umzubuchen*, drücken Sie die Tastenkombination Strg+F7.

Bild 21.27 Buchungsvorschlag in der Buchungsmaske

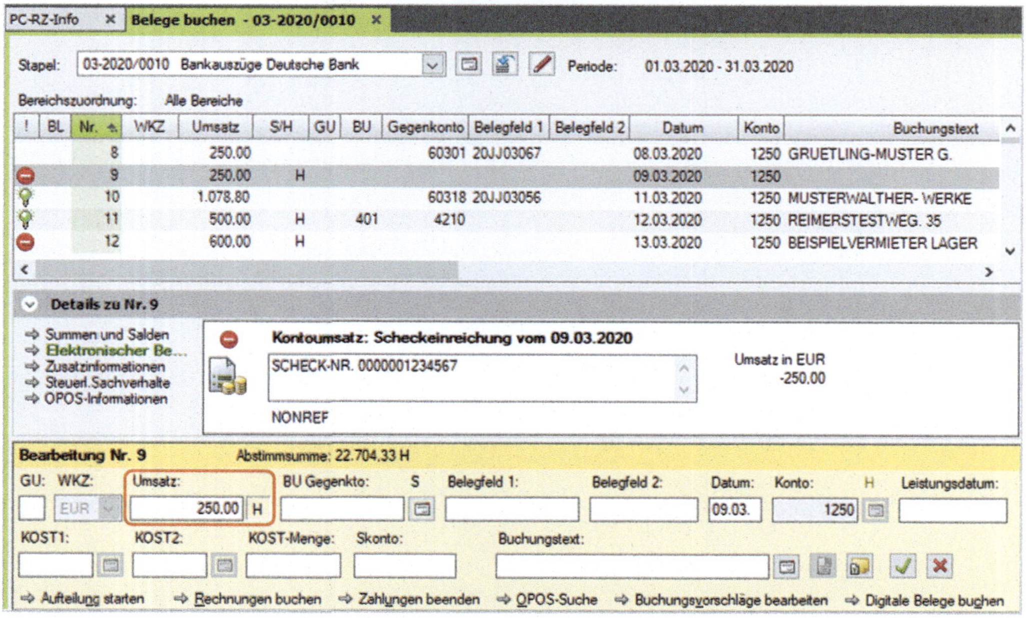

Das Symbol *Achtung* ⛔ ist nun verschwunden (Bild 21.28).

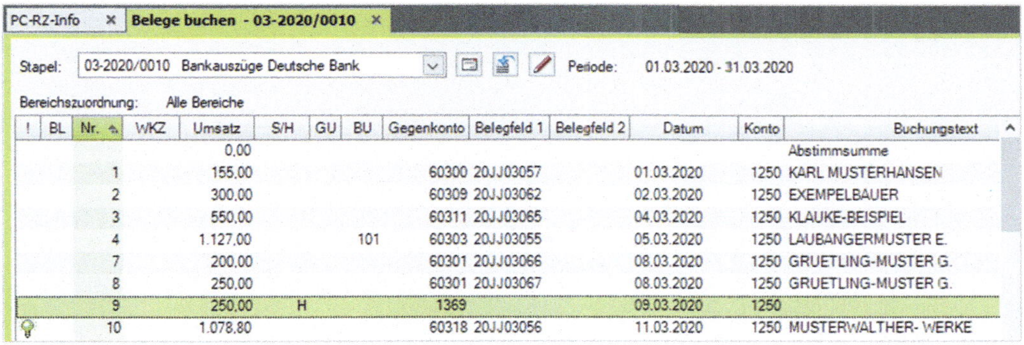
PC-RZ-Info × Belege buchen - 03-2020/0010 ×

Stapel: 03-2020/0010 Bankauszüge Deutsche Bank Periode: 01.03.2020 - 31.03.2020

Bereichszuordnung: Alle Bereiche

!	BL	Nr.	WKZ	Umsatz	S/H	GU	BU	Gegenkonto	Belegfeld 1	Belegfeld 2	Datum	Konto	Buchungstext
				0,00									Abstimmsumme
		1		155,00				60300	20JJ03057		01.03.2020	1250	KARL MUSTERHANSEN
		2		300,00				60309	20JJ03062		02.03.2020	1250	EXEMPELBAUER
		3		550,00				60311	20JJ03065		04.03.2020	1250	KLAUKE-BEISPIEL
		4		1.127,00			101	60303	20JJ03055		05.03.2020	1250	LAUBANGERMUSTER E.
		7		200,00				60301	20JJ03066		08.03.2020	1250	GRUETLING-MUSTER G.
		8		250,00				60301	20JJ03067		08.03.2020	1250	GRUETLING-MUSTER G.
		9		250,00	H			1369			09.03.2020	1250	
		10		1.078,80				60318	20JJ03056		11.03.2020	1250	MUSTERWALTHER- WERKE

Bild 21.28 Buchung Nr. 9, Primanota

6 Zur Kontrolle wechseln Sie auf die Ansicht FIBU-Konto und geben das Konto 1369 *(Unklare Posten)* an. Auf dem Konto ist jetzt ein Saldo von 249,91 EUR aufgeführt, den es im Mandanten Musterholz GmbH noch zu klären gibt.

7 Wechseln Sie anschließend wieder zurück auf die Primanota-Ansicht.

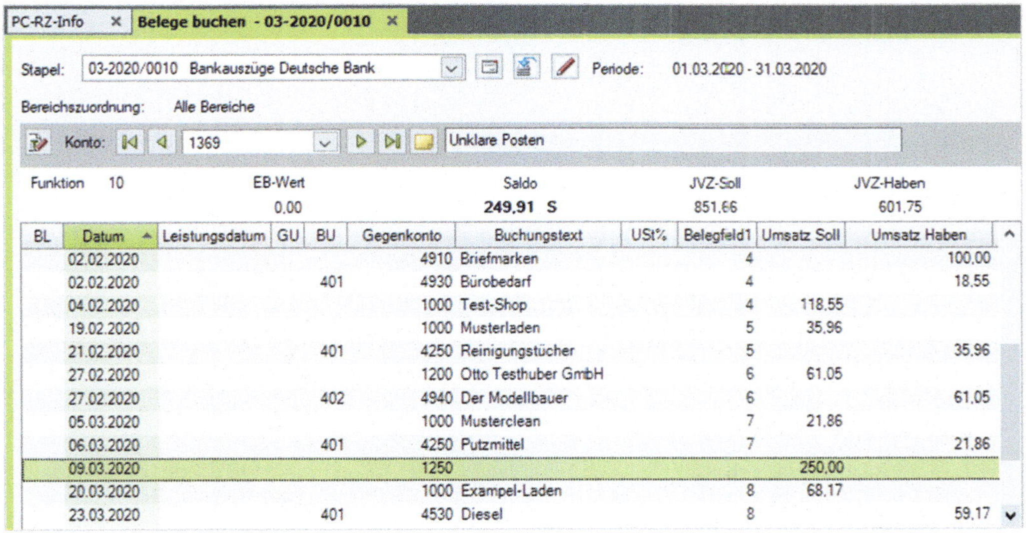
PC-RZ-Info × Belege buchen - 03-2020/0010 ×

Stapel: 03-2020/0010 Bankauszüge Deutsche Bank Periode: 01.03.2020 - 31.03.2020

Bereichszuordnung: Alle Bereiche

Konto: 1369 Unklare Posten

Funktion	EB-Wert	Saldo	JVZ-Soll	JVZ-Haben
10	0,00	**249,91 S**	851,66	601,75

BL	Datum	Leistungsdatum	GU	BU	Gegenkonto	Buchungstext	USt%	Belegfeld1	Umsatz Soll	Umsatz Haben
	02.02.2020				4910	Briefmarken		4		100,00
	02.02.2020			401	4930	Bürobedarf		4		18,55
	04.02.2020				1000	Test-Shop		4	118,55	
	19.02.2020				1000	Musterladen		5	35,96	
	21.02.2020			401	4250	Reinigungstücher		5		35,96
	27.02.2020				1200	Otto Testhuber GmbH		6	61,05	
	27.02.2020			402	4940	Der Modellbauer		6		61,05
	05.03.2020				1000	Musterclean		7	21,86	
	06.03.2020			401	4250	Putzmittel		7		21,86
	09.03.2020				1250				250,00	
	20.03.2020				1000	Exampel-Laden		8	68,17	
	23.03.2020			401	4530	Diesel		8		59,17

Bild 21.29 Konto 1369

Übung 3: Buchungsvorschläge übernehmen

Aufgabe 1

Übertragen Sie den Buchungsvorschlag 10 in die Buchungsmaske und prüfen über das OPOS-Konto den Sachverhalt. Übernehmen Sie anschließend die Buchung.

Aufgabe 2

Übertragen Sie den Buchungsvorschlag 11 in die Buchungsmaske und prüfen über das FIBU-Konto den Sachverhalt. Übernehmen Sie anschließend die Buchung.

Vorgehensweise bei Buchungsvorschlägen, die geklärt werden können.

Natürlich werden nicht alle Buchungsvorschläge, die mit dem Symbol *Achtung* gekennzeichnet sind, auf das Konto *1369 Unklare Posten* umgebucht. Wenn der Buchungsvorschlag sofort geklärt wird, kann die Buchung auf dem korrekten Gegenkonto direkt vorgenommen werden.

1 Übernehmen Sie mit Drücken der Plus-Taste auf dem Nummernblock den Buchungsvorschlag Nr. 12, die *OPOS-Suche* brechen Sie ab.

Bei diesem Buchungsvorschlag handelt es sich um einen Dauerauftrag 2 für die Miete März 2020, Elmsbeispielstr. in Höhe von 600,00 EUR.

Bild 21.30 Buchungsvorschlag 12

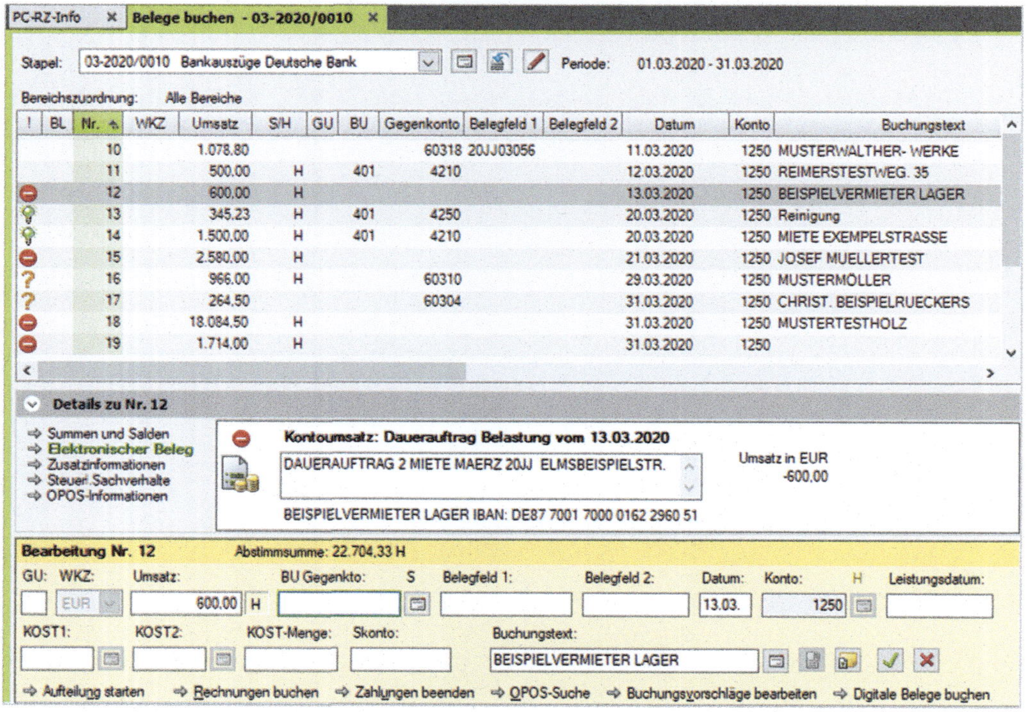

2 Geben Sie den Buchungssatz für die Miete (gewerblicher Geschäftspartner, keine Privatperson) wie in Bild 21.31 ein und drücken Sie anschließend die Plus-Taste auf dem Nummernblock, um die Buchung zu übernehmen.

Bild 21.31 Buchungssatz

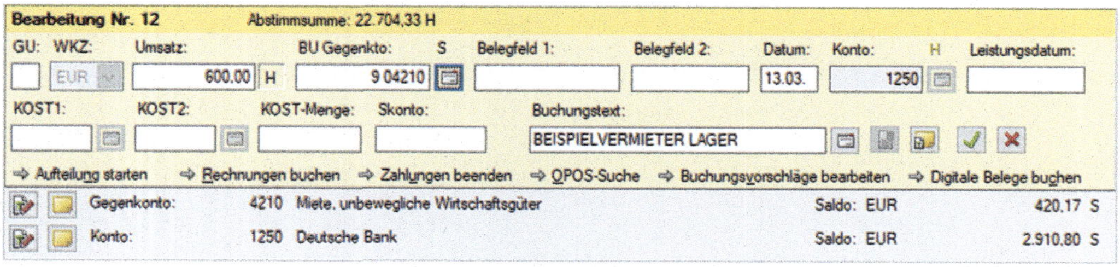

In der Primanota wird bei Buchungsvorschlag Nr. 12 das Symbol *Achtung* nicht mehr angezeigt (Bild 21.32).

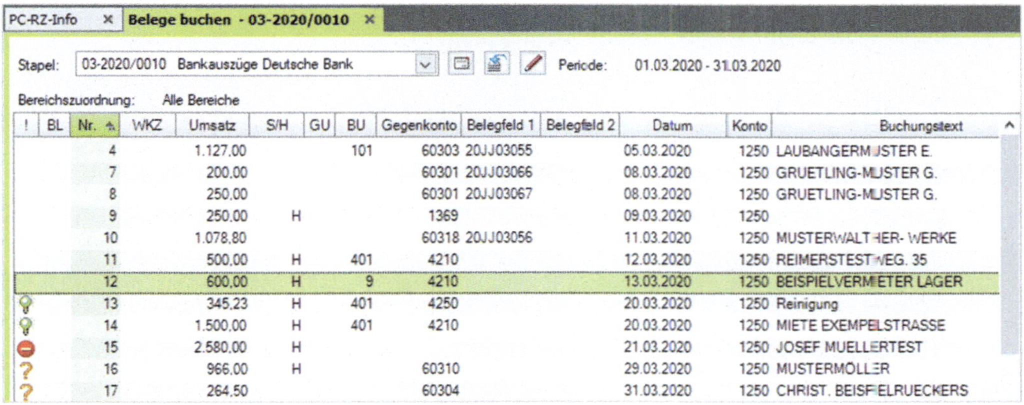

Bild 21.32 Buchungsvorschlag 12

3 Wechseln Sie auf die Ansicht FIBU-Konto und geben Sie das Konto 4210 *Miete, unbewegliche Wirtschaftsgüter* ein. Auf dem Konto *4210* sind die Mietkosten des Mustermandanten Musterholz GmbH aufgeführt. Unter anderem auch der Dauerauftrag für die Miete Beispielvermieter Lager.

4 Wechseln Sie anschließend wieder zurück zur Primanota-Ansicht.

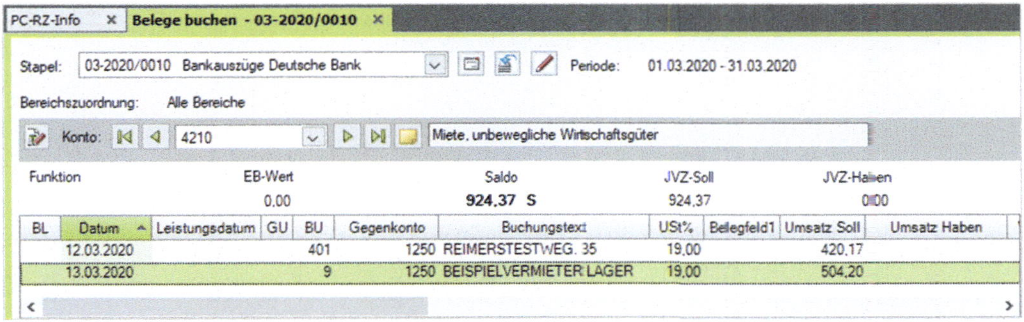

Bild 21.33 Kontrolle Konto 4210

21.3 Lerndateieinträge hinzufügen

Da es sich bei dem vorangehenden Beispiel um einen immer wiederkehrenden Vorgang handelt, ist es natürlich sinnvoll, dies für Buchungsvorschläge der Folgemonate im Programm zu hinterlegen, so dass der Buchungsvorgang als sicherer Buchungsvorschlag übernommen werden kann.

Für diese Zwecke bietet Ihnen das Programm DATEV Kanzlei-Rechnungswesen die Möglichkeit an, den Vorgang als Lerndateieintrag zu hinterlegen. Dabei gehen Sie wie folgt vor:

1 Markieren Sie in der Primanota-Ansicht den Buchungssatz Nr. 12, Dauerauftrag Miete.

2 Klicken Sie mit der rechten Maustaste auf die Buchung Nr. 12 (Bild 21.34) und wählen Sie aus dem Kontextmenü den Befehl *Lerndateieintrag neu…* oder klicken Sie auf das Symbol *Lerndateieintrag neu…* oder drücken Sie die Tastenkombination Strg+L.

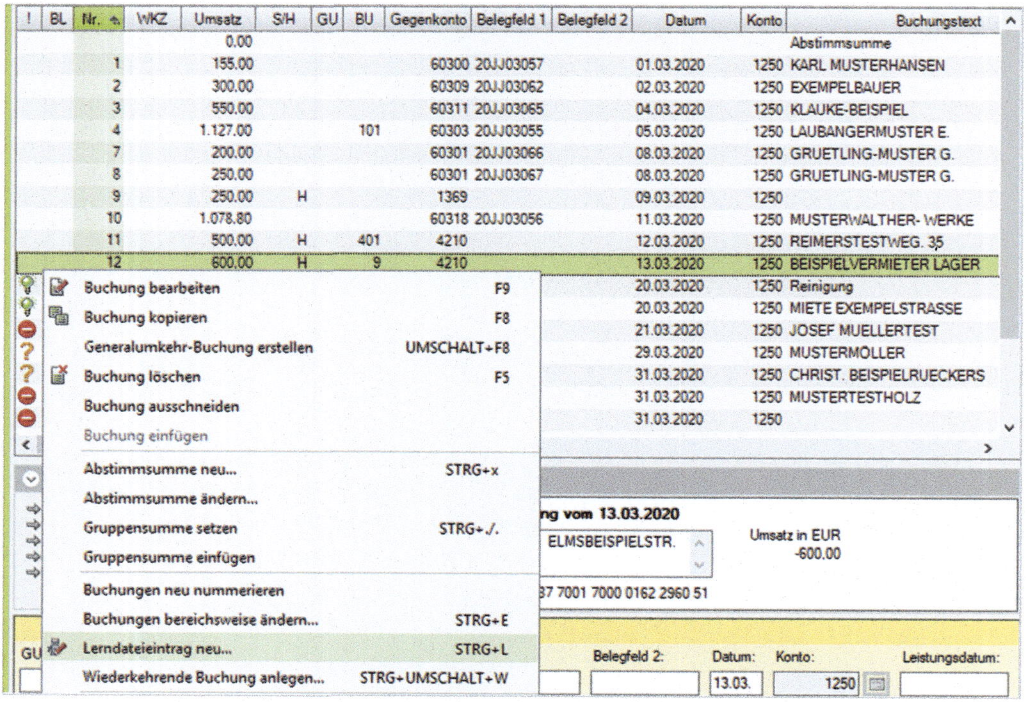

Bild 21.34 Lerndateieintrag neu

Bild 21.35 Lerndateieintrag neu Buchungsvorschlag

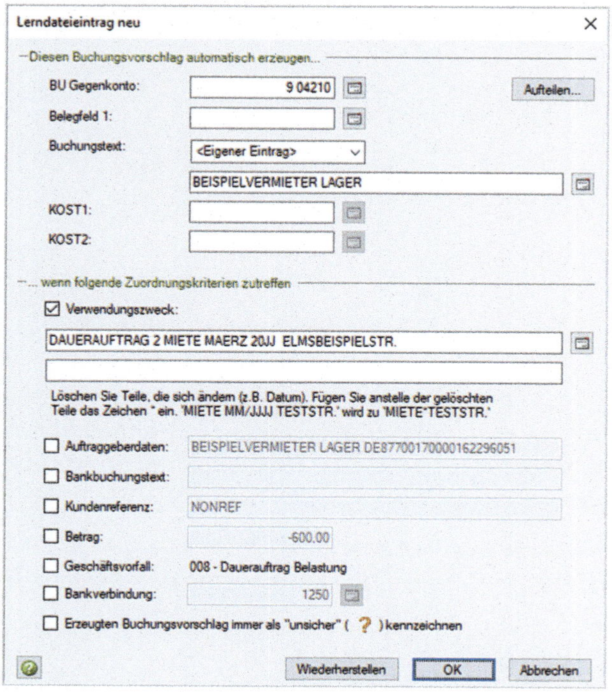

3 Das Dialogfenster *Lerndateieintrag neu* mit den Einstellungen zum Buchungssatz wird geöffnet. Geben Sie die Einstellungen für den Lerndateieintrag wie nebenstehend abgebildet an:

4 Übernehmen Sie anschließend die Lerndatei, indem Sie auf die Schaltfläche *OK* klicken. Für die nächsten elektronischen Bankauszüge des Monats April wird nun der Buchungssatz als sicherer Buchungsvorschlag angezeigt.

Übung 4: Buchungsvorschläge übernehmen

Übertragen Sie den Buchungsvorschlag 13, Aufteilungbuchung Sammelzahlung Reinigung (13) und Miete (14) in die Buchungsmaske und prüfen über das FIBU-Konto den Sachverhalt.

Übernehmen Sie anschließend die Buchungen.

Beim nächsten Buchungsvorschlag (Nr. 15) ist erneut ein Sachverhalt gegeben, der geklärt werden muss.

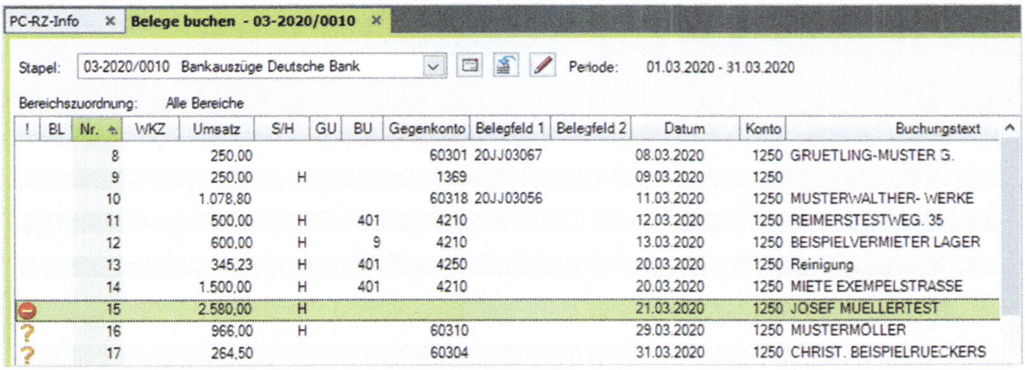

Bild 21.36 Buchungsvorschlag Nr. 15

1 Übernehmen Sie den Buchungsvorschlag durch Drücken der Plus-Taste in die Buchungsmaske, die OPOS-Suche brechen Sie ab. Mit Überweisungsauftrag vom 21.03.2020 werden Miete und Reinigungskosten angewiesen.

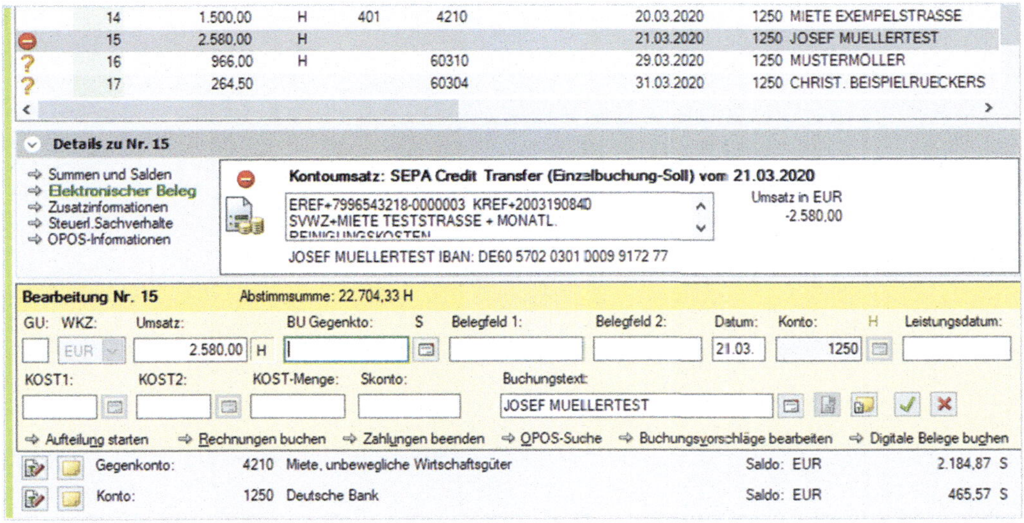

Bild 21.37 Buchungsmaske

2 Um den Buchungsvorschlag zu klären, ist eine Sammelzahlung der Miete und der Reinigungskosten vorzunehmen, klicken Sie daher auf den Link *Aufteilung starten*.

3 Das Fenster *Sammelzahlung starten* (Bild 21.38) öffnet sich, klicken Sie auf *OK*.

Bild 21.38 Sammelzahlung starten

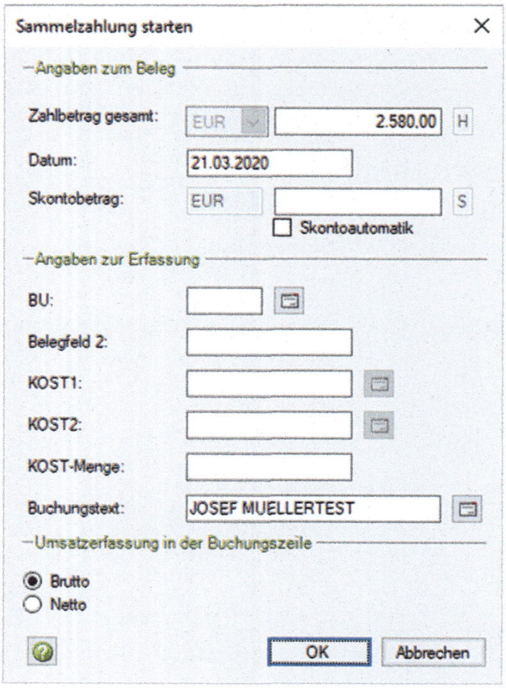

4 Geben Sie nun die Buchungen für die Sammelzahlung wie folgt ein, zunächst die Miete (Bild 21.39) und klicken Sie dann auf das Symbol *Buchung übernehmen*.

Bild 21.39 Buchung Miete

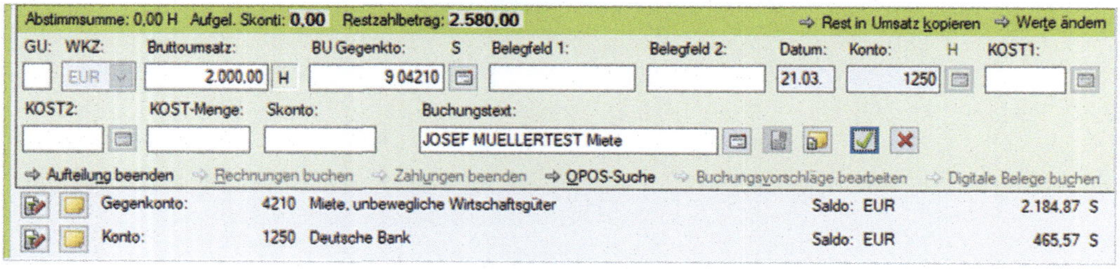

5 Geben Sie dann die Buchung für die Reinigung wie in Bild 21.40 ein und klicken Sie ebenfalls auf *Buchung übernehmen*.

Bild 21.40 Buchung Reinigung

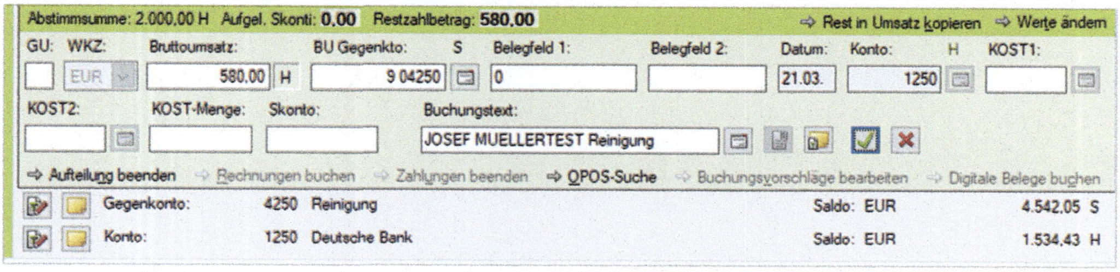

6 Übernehmen Sie abschließend die Sammelzahlung mit der Schaltfläche *OK*.

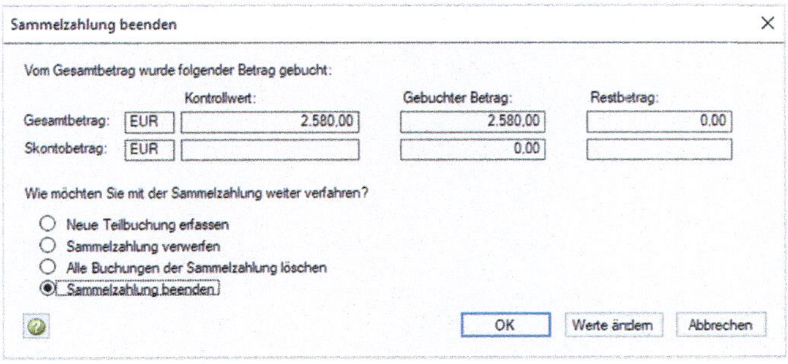

Bild 21.41 Sammelzahlung beenden

7 In der Primanota wird die Sammelzahlung jetzt wie folgt dargestellt:

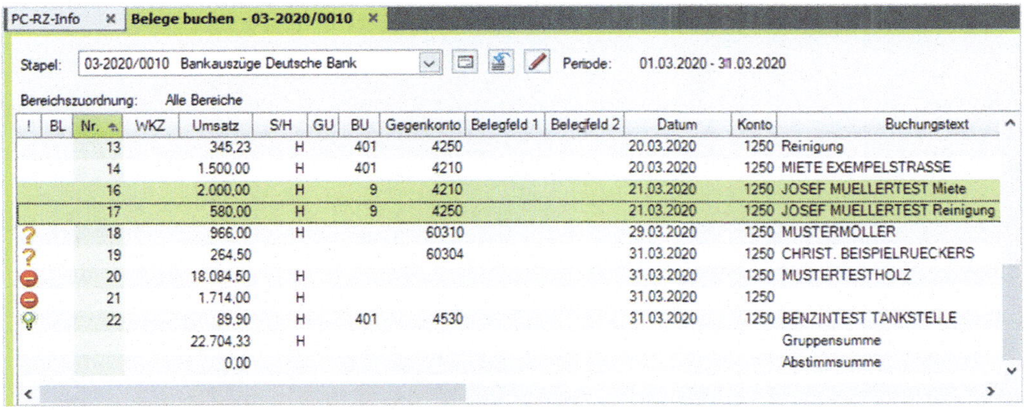

Bild 21.42 Sammelzahlung in der Primanota

8 Um die Sammelzahlung als Lerndateieintrag zu hinterlegen, markieren Sie die beiden Buchungssätze und klicken auf das Symbol *Lerndateieintrag neu...* oder klicken in der Symbolleiste auf das Symbol *Lerndateieintrag neu* oder drücken die Tastenkombination *Strg + L*.

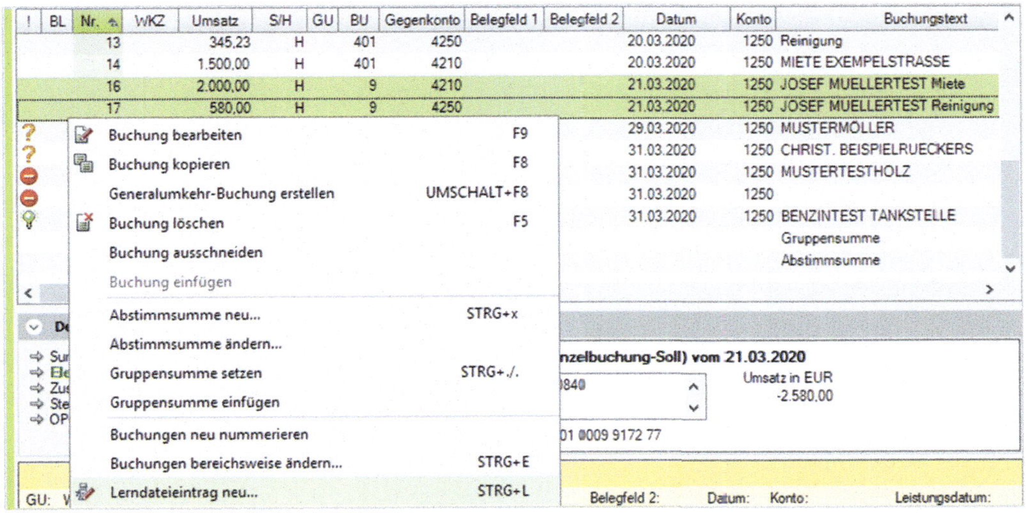

Bild 21.43 Lerndateieintrag neu

9 Das Fenster *Lerndatei Neu* wird geöffnet. Da es sich bei der Buchung um eine Sammelzahlung handelte, klicken Sie auf die Schaltfläche *Aufteilen*.

10 Die beiden Buchungen der Sammelzahlung werden angezeigt (Bild 21.44) und können gegebenfalls geändert werden. Klicken Sie abschließend auf die Schaltfläche *OK* und dann nochmals auf *OK*.

Bild 21.44 Die Buchungen

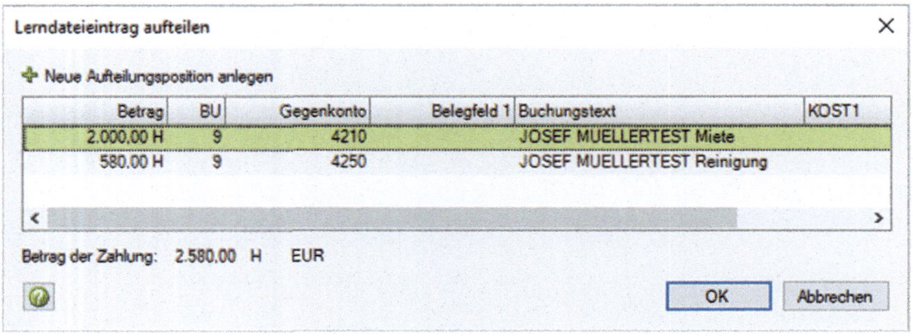

Übung 5: Buchungsvorschläge bearbeiten

In der Primanota sind jetzt noch die letzten fünf Buchungsvorschläge zu erledigen.

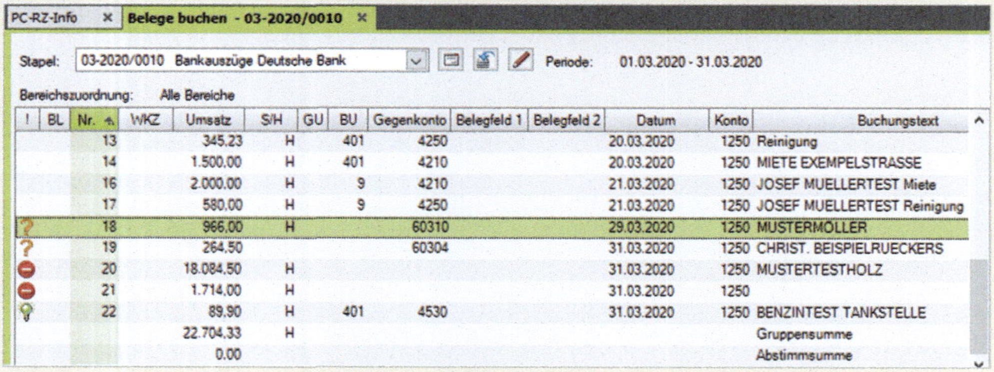

Buchungsvorschlag 18 ist eine Rücklastschrift, die noch geklärt werden muss.

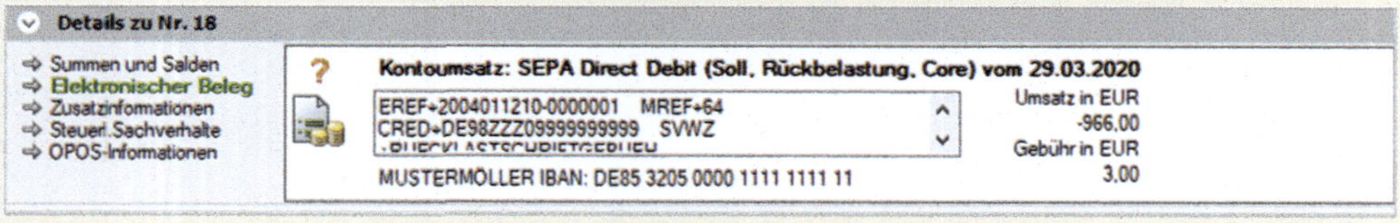

Buchungsvorschlag 20 ist unklar.

Buchungsvorschlag 21 ist ein Überweisungsauftrag, der ebenfalls geklärt werden muss.

Aufgabe 1

Buchen Sie die Buchungsvorschläge 18, 20 und 21 mit der Tastenkombination Strg+F7 auf das Konto 1369 unklare Posten.

Aufgabe 2

Bearbeiten Sie den Buchungssatz Nr. 19. den Erstbetrag der Sammelzahlung verbuchen Sie auf Skonto.

Aufgabe 3

Übernehmen Sie zuletzt den letzten Buchungssatz, der problemlos übernommen werden kann.

Alle Buchungsvorschläge sind damit verarbeitet. In der Primanota werden die Zahlungen wie in Bild 21.45 angezeigt.

Bild 21.45 Ergebnis Primanota

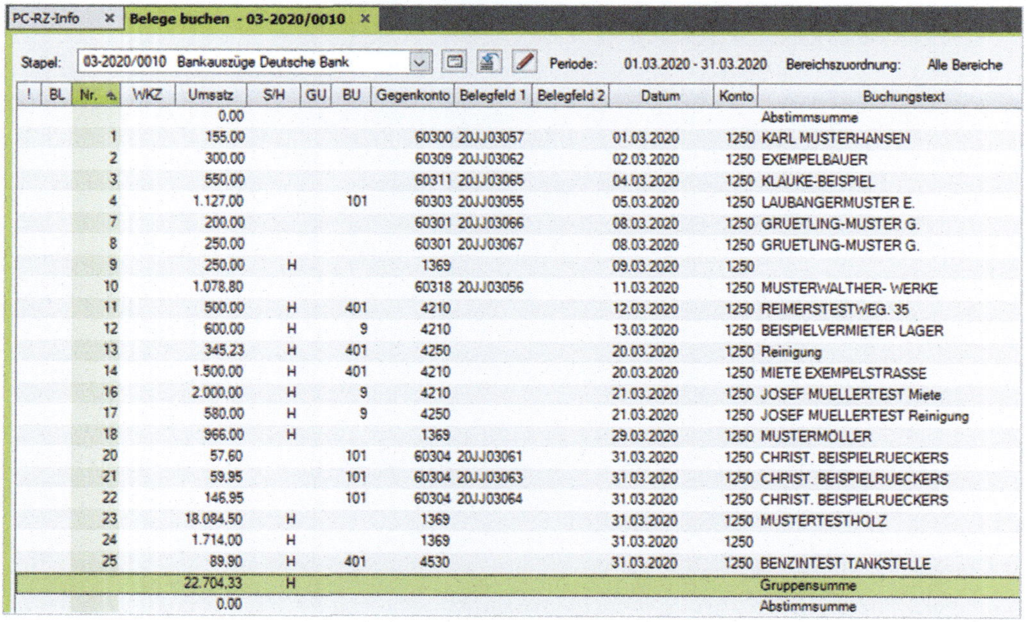

PC-RZ-Info | Belege buchen - 03-2020/0010

Stapel: 03-2020/0010 Bankauszüge Deutsche Bank Periode: 01.03.2020 - 31.03.2020 Bereichszuordnung: Alle Bereiche

!	BL	Nr.	WKZ	Umsatz	S/H	GU	BU	Gegenkonto	Belegfeld 1	Belegfeld 2	Datum	Konto	Buchungstext
				0.00									Abstimmsumme
		1		155.00				60300	20JJ03057		01.03.2020	1250	KARL MUSTERHANSEN
		2		300.00				60309	20JJ03062		02.03.2020	1250	EXEMPELBAUER
		3		550.00				60311	20JJ03065		04.03.2020	1250	KLAUKE-BEISPIEL
		4		1.127.00			101	60303	20JJ03055		05.03.2020	1250	LAUBANGERMUSTER E.
		7		200.00				60301	20JJ03066		08.03.2020	1250	GRUETLING-MUSTER G.
		8		250.00				60301	20JJ03067		08.03.2020	1250	GRUETLING-MUSTER G.
		9		250.00	H			1369			09.03.2020	1250	
		10		1.078.80				60318	20JJ03056		11.03.2020	1250	MUSTERWALTHER- WERKE
		11		500.00	H		401	4210			12.03.2020	1250	REIMERSTESTWEG. 35
		12		600.00	H		9	4210			13.03.2020	1250	BEISPIELVERMIETER LAGER
		13		345.23	H		401	4250			20.03.2020	1250	Reinigung
		14		1.500.00	H		401	4210			20.03.2020	1250	MIETE EXEMPELSTRASSE
		16		2.000.00	H		9	4210			21.03.2020	1250	JOSEF MUELLERTEST Miete
		17		580.00	H		9	4250			21.03.2020	1250	JOSEF MUELLERTEST Reinigung
		18		966.00	H			1369			29.03.2020	1250	MUSTERMÖLLER
		20		57.60			101	60304	20JJ03061		31.03.2020	1250	CHRIST. BEISPIELRUECKERS
		21		59.95			101	60304	20JJ03063		31.03.2020	1250	CHRIST. BEISPIELRUECKERS
		22		146.95			101	60304	20JJ03064		31.03.2020	1250	CHRIST. BEISPIELRUECKERS
		23		18.084.50	H			1369			31.03.2020	1250	MUSTERTESTHOLZ
		24		1.714.00	H			1369			31.03.2020	1250	
		25		89.90	H		401	4530			31.03.2020	1250	BENZINTEST TANKSTELLE
				22.704.33	H								Gruppensumme
				0.00									Abstimmsumme

Schließen Sie anschließend den Buchungsstapel *Bankauszüge Deutsche Bank*. Noch nicht festschreiben.

Bild 21.46 Saldenabstimmung

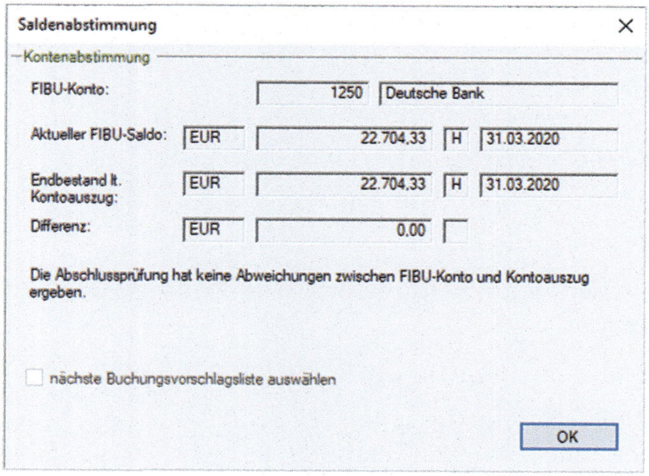

Mit dem Buchen der elektronischen Bankauszüge endet diese Schulungsunterlage. Im Anhang werden noch zusätzlich Tipps und Tricks gezeigt.

Anhang A: Tipps und Tricks

Exportfunktionen zu Word und Excel, pdf etc.

DATEV Kanzlei-Rechnungswesen bietet vielfache Exportfunktionen an, die aus den entsprechenden Listen heraus aufgerufen werden können:

Sie wollen eine Summen- und Saldenliste mit Microsoft Excel überarbeiten?

Wählen Sie den Menüpunkt *Auswertungen* ▶ *Finanzbuchführung* ▶ *Summen- und Saldenliste*. Klicken Sie dann mit der rechten Maustaste und im Kontextmenü auf den Befehl *Liste öffnen mit Excel*.

Allgemein gilt

Bei fast allen Arbeitsblättern können Sie auf diesem Weg Daten in eine Excel-Arbeitsmappe übertragen und dort weiter bearbeiten.

Liste mit Excel öffnen

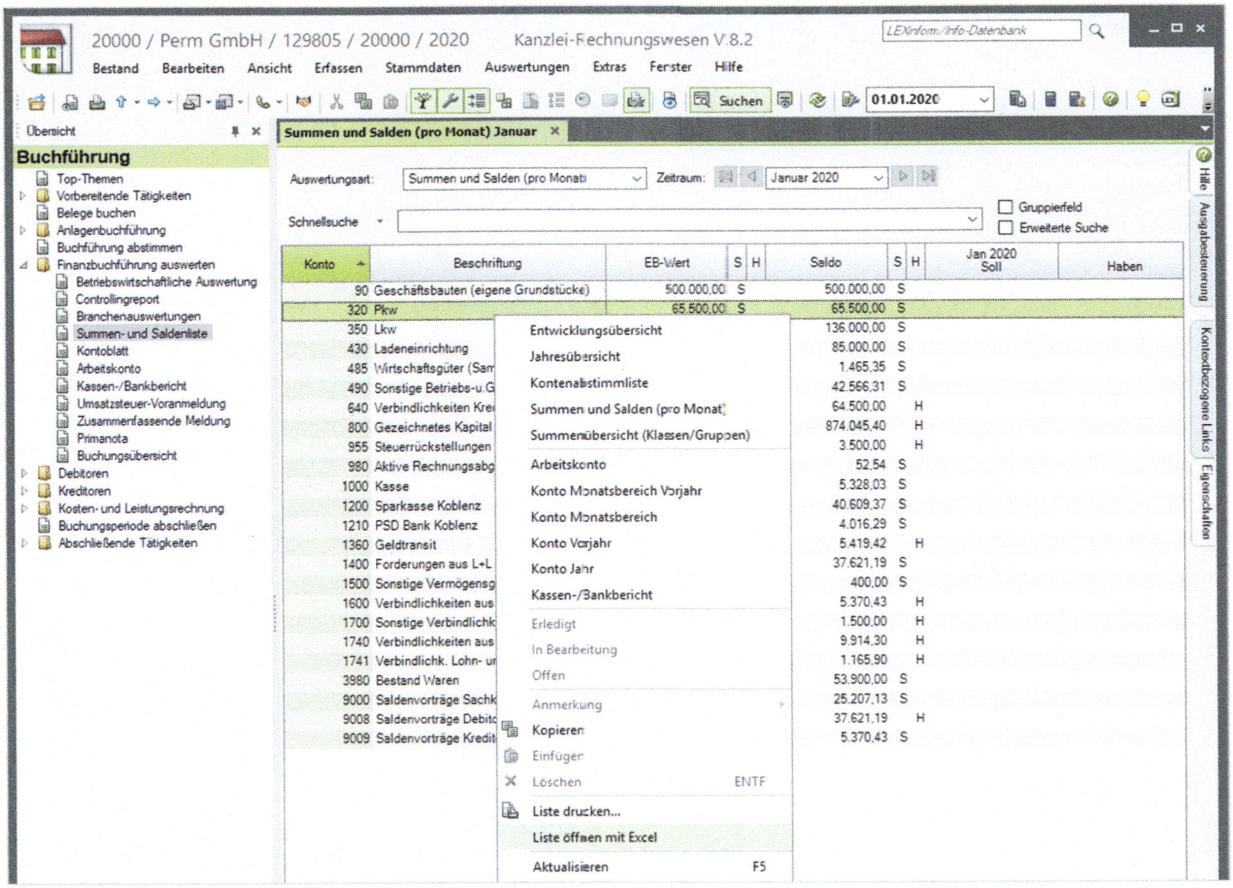

Konten mit Null-Salden

Offene Posten, die nicht über OPOS - Zahlungen ausgebucht worden sind und deren Saldo Null ergibt, werden weiterhin als offene Posten geführt.

Mit dem Menüpunkt *Extras* ▶ *Debitoren/Kreditoren* ▶ *Konten mit Nullsalden ausgleichen* werden diese ausgebucht und stehen dann nicht mehr in der OP-Liste als offene Salden.

Bestand entsperren

In seltenen Fällen kommt es vor, dass der Bestand blockiert ist. Über den Menüpunkt *Extras* ▶ *Entsperren…* kann der Bestand wieder entsperrt werden.

Offene Posten - Buchungen ausziffern

Haben Sie in der OP-Liste offene Posten, die nicht über die Belegnummer ausgebucht wurden, so können Sie diese im Bereich der OPOS-Konten, Debitoren und auch über OPOS-Konten, Kreditoren über die Schaltfläche *Buchungen ausziffern* regulieren.

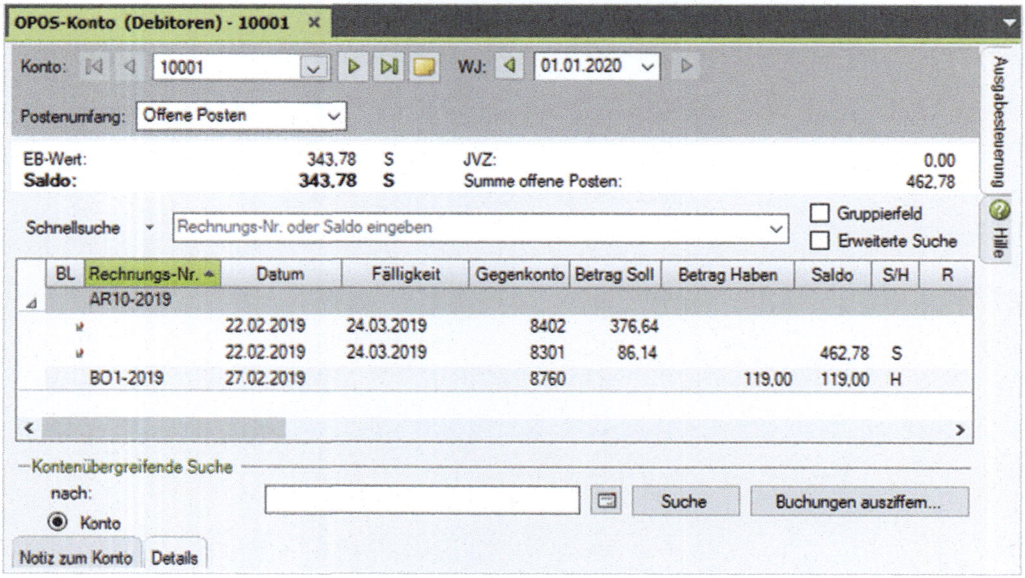

Bild 22.1 Buchungen ausziffern

Übersicht Steuerschlüssel DATEV

Steuerschlüssel	Bedeutung
Standardschlüssel	
1	Umsatzsteuerfrei (mit Vorsteuerabzug)
2	Umsatzsteuer 7%
3	Umsatzsteuer 19%
5	Umsatzsteuer 16%
7	Vorsteuer 16%
8	Vorsteuer 7%
9	Vorsteuer 19%
Steuerschlüssel EU	
10	Nicht steuerbare Lieferung EU
11	steuerfreie innergemeinschaftliche Lieferung
12	Inngemeinschaftliche Lieferung o. UStId-Nr. 7%
13	Inngemeinschaftliche Lieferung o. UStId-Nr. 19%
15	Inngemeinschaftliche Lieferung o. UStId-Nr. 16%
17	Steuerpflichtiger innergemeinschaftlicher Erwerb m. VSt 16%
18	Steuerpflichtiger innergemeinschaftlicher Erwerb m. VSt 7%
19	Steuerpflichtiger innergemeinschaftlicher Erwerb m. VSt 19%
Generalumkehrschlüssel	
20	Generalumkehr ohne Steuer
21	Berichtigung Umsatzsteuerfrei mit Vorsteuerabzug nach EU
22	Berichtigung Umsatzsteuer 7%
23	Berichtigung Umsatzsteuer 19%
25	Berichtigung Umsatzsteuer 16%
27	Berichtigung Vorsteuer 16%
28	Berichtigung Vorsteuer 7%
29	Berichtigung Vorsteuer 19%
30	Berichtigung Aufzuteilende Vorsteuer
ab Nr. 31 Steuerschlüssel für besondere Sachverhalte	

Tipp: Eine Übersicht aller weiteren, zur Verfügung stehenden Steuerschlüssel ab Nr. 31 und deren Anwendung können Sie in der Buchungsmaske im Feld *BU Gegenkto* oder *BU* über die Tastenkombination Umschalt+F3 und mit Klick auf das Symbol Fragezeichen erhalten.

B: Kontenplan Perm GmbH Koblenz

Kontenplan SKR03, sortiert nach Kontennummern

Teil 1 Sachkonten

Kontenbezeichnung	Kontennummer SKR03
Geschäftsbauten	0090
Pkw	0320
Lkw	0350
Ladeneinrichtung	0430
Geringwertige Wirtschaftsgüter	0480
Geringwertige Wirtschaftsgüter Sammelposten	0485
Sonstige Betriebs- und Geschäftsausstattung	0490
Bestand Roh-, Hilfs- und Betriebsstoffe	3970
Bestand Waren	3980
Forderungen aus Lieferungen und Leistungen	1400
Sonstige Vermögensgegenstände	1500
Abziehbare Vorsteuer 7 %	1571
Abziehbare Vorsteuer 19 %	1576
Geldtransit	1360
Geldtransit PSD Bank Koblenz	1361
Unklare Posten	1369
Kasse	1000
Sparkasse Koblenz	1200
PSD Bank Koblenz	1210
Aktive Rechnungsabgrenzung	0980
Gezeichnetes Kapital	0800
Steuerrückstellungen	0955
Verbindlichkeiten gegenü. Kreditinstituten 1-5 Jahre	0640
Verbindlichkeiten aus Lieferungen und Leistungen	1600
Sonstige Verbindlichkeiten	1700

Kontenbezeichnung	Kontennummer SKR03
Verbindlichkeiten Steuern und Abgaben	1736
Verbindlichkeiten aus Lohn und Gehalt	1740
Verbindlichkeiten Lohn und Kirchensteuer	1741
Verbindlichkeiten im Rahmen der sozialen Sicherheit	1742
Voraussichtliche Beitragsschuld gegenüber den Sozialversicherungsträgern	1759
Verbindlichkeiten aus Vermögensbildung	1750
Verrechnungskonto Lohn und Gehalt	1755
Umsatzsteuer 7%	1771
Umsatzsteuer 19%	1776
Umsatzsteuervorauszahlungen	1780
Passive Rechnungsabgrenzung	0990
Umsatzerlöse	8000
Erlöse Handbücher 7% USt	8301
Erlöse 19% USt	8400
Erlöse Hardware 19% USt	8401
Erlöse Software 19% USt	8402
Erlöse Zubehör 19% USt	8403
Gewährte Skonti 19% USt	8736
Gewährte Boni 19% USt	8760
Erlöse Sachanlageverkäufe 19% USt (Buchgewinn)	8820
Abgänge Sachanlagen (Buchgewinn)	2315
Wareneingang	3200
Wareneingang Handbücher 7% VSt	3301
Wareneingang Hardware 19% VSt	3401
Wareneingang Software 19% VSt	3402
Wareneingang Zubehör 19% VST	3403
Erhaltene Skonti 19% Vorsteuer	3736
Erhaltene Boni 19% Vorsteuer	3760
Bezugsnebenkosten	3800

Kontenbezeichnung	Kontennummer SKR03
Löhne	4110
Gehälter	4120
Aushilfslöhne	4190
Löhne für Minijobs	4195
Vermögenswirksame Leistungen	4170
Gesetzliche Sozialaufwendungen	4130
Beiträge zur Berufsgenossenschaft	4138
Abschreibungen auf Sachanlagen	4830
Abschreibungen Gebäude	4831
Abschreibungen Kfz	4832
Sofortabschreibung GWG	4855
Abschreibung Sammelposten GWG	4862
Miete (unbewegliche Wirtschaftsgüter)	4210
Reinigung	4250
Reparaturen, Instandhaltung andere Anlagen, Betriebs- und Geschäftsausstattung	4805
Laufende Kfz-Betriebskosten	4530
Mietleasing Kfz	4570
Werbekosten	4600
Ausgangsfrachten	4730
Porto	4910
Telefon	4920
Telefax und Internetkosten	4925
Bürobedarf	4930
Sonstiger Betriebsbedarf	4980
Nebenkosten des Geldverkehrs	4970
Erlöse Sachanlagenverkäufe Buchverlust	8800
Abgänge Sachanlagen (Buchverlust)	2310
Sonstige Zinsen u. ähnliche Erträge	2650
Zinsaufwendungen für kurzfristige Verbindlichkeiten	2110

Kontenbezeichnung	Kontennummer SKR03
Sonstige betriebliche Steuern	4340
Kfz-Steuern	4510
Saldenvorträge Sachkonten	9000
Saldenvorträge Debitoren	9008
Saldenvorträge Kreditoren	9009
Summenvortragskonto	9090

Teil 2 Debitorenkonten

Kontenbezeichnung	Kontennummer SKR03
Müller, Hans, Koblenz	10000
Mösch GmbH, Koblenz	10001
Klein, Wilma, Bonn	10002
Polster AG, Frankfurt a. M.	10003
Tischler, Franz, Köln	10004

Teil 3 Kreditorenkonten

Kontenbezeichnung	Kontennummer SKR03
Fiebiger GmbH, Köln	70000
Highdrive GmbH, Bamberg	70001
Kuroyu Deutschland AG, Hamburg	70002
Wanden KG, Koblenz	70003
Hofmeister e. K. , Bonn	70004

Index

A

B

J

K

L

M

N

O

P

R

S

T

U

V

W

Z